AF551753

EUL
VERLAG

Rechnungslegung und Wirtschaftsprüfung

Herausgegeben von Prof. (em.) Dr. Dr. h. c. Jörg Baetge, Münster, Prof. Dr. Hans-Jürgen Kirsch, Münster, und Prof. Dr. Stefan Thiele, Wuppertal

Band 58
Alois Panzer
Statusändernde Anteilsveräußerungen im IFRS-Konzernabschluss – Eine fallübergreifende Untersuchung der Regelungen zur Übergangskonsolidierung
Lohmar – Köln 2016 • 308 S. • € 66,- (D) • ISBN 978-3-8441-0473-8

Band 59
Thorsten Ohliger
Berücksichtigung nichtlinearer Zusammenhänge bei der Insolvenzprognose – Eine empirische Untersuchung unter Verwendung Generalisierter Additiver Modelle
Lohmar – Köln 2016 • 324 S. • € 68,- (D) • ISBN 978-3-8441-0474-5

Band 60
Ariane Kraft
Extractive Activities in der IFRS-Rechnungslegung – Die Bilanzierung investiver Aktivitäten des Upstream-Geschäfts rohstofffördernder Unternehmen
Lohmar – Köln 2016 • 304 S. • € 66,- (D) • ISBN 978-3-8441-0486-8

Band 61
Michael Alkemeier
Konzerninterne Unternehmenszusammenschlüsse – Die Bilanzierung von Business Combinations under Common Control im IFRS-Teilkonzernabschluss
Lohmar – Köln 2017 • 304 S. • € 66,- (D) • ISBN 978-3-8441-0512-4

Band 62
Stephen Weich
Rechnungslegung in der Insolvenz – Analyse konkreter Bilanzierungsfragen auf Basis eines konsistenten Zweck-Grundsatz-Systems
Lohmar – Köln 2017 • 364 S. • € 72,- (D) • ISBN 978-3-8441-0523-0

JOSEF EUL VERLAG

Reihe: Rechnungslegung und Wirtschaftsprüfung · Band 62

Herausgegeben von Prof. (em.) Dr. Dr. h. c. Jörg Baetge, Münster, Prof. Dr. Hans-Jürgen Kirsch, Münster, und Prof. Dr. Stefan Thiele, Wuppertal

Dr. Stephen Weich

Rechnungslegung in der Insolvenz

Analyse konkreter Bilanzierungsfragen auf Basis eines konsistenten Zweck-Grundsatz-Systems

Mit einem Geleitwort von Prof. Dr. Hans-Jürgen Kirsch, Westfälische Wilhelms-Universität Münster

Bibliografische Information der Deutschen Nationalbibliothek

Die Deutsche Nationalbibliothek verzeichnet diese Publikation in der Deutschen Nationalbibliografie; detaillierte bibliografische Daten sind im Internet über <http://dnb.d-nb.de> abrufbar.

Dissertation, Westfälische Wilhelms-Universität Münster, 2017

D 6

ISBN 978-3-8441-0523-0
1. Auflage Juli 2017

JOSEF EUL VERLAG GmbH
Brandsberg 6
53797 Lohmar
Tel.: 0 22 05 / 90 10 6-80
Fax: 0 22 05 / 90 10 6-88
E-Mail: info@eul-verlag.de
https://www.eul-verlag.de

Bei der Herstellung unserer Bücher möchten wir die Umwelt schonen. Dieses Buch ist daher auf säurefreiem, 100% chlorfrei gebleichtem, alterungsbeständigem Papier nach DIN 6738 gedruckt.

Geleitwort

Wenn ein Unternehmen nach § 17 InsO zahlungsunfähig wird, die Zahlungsunfähigkeit gemäß § 18 InsO droht oder nach § 19 InsO der Insolvenzeröffnungsgrund einer Überschuldung besteht, müssen bzw. können die Vertreter eines Unternehmens einen Insolvenzantrag stellen. Wenn das Insolvenzgericht diesem zustimmt, wird die werbende Gesellschaft in ein Insolvenzverfahren überführt. Das Insolvenzverfahren soll sicherstellen, dass die Gläubiger eines insolventen Unternehmens gemäß § 1 InsO durch eine Liquidation oder Fortführung des insolventen Unternehmens bestmöglich und gemeinschaftlich befriedigt werden. Mit der Eröffnung des Insolvenzverfahrens geht nach § 80 InsO die Verwaltungs- und Verfügungsmacht des insolventen Unternehmens auf den Insolvenzverwalter über. Dieser hat neben der handelsrechtlichen Rechnungslegung nach § 155 InsO gemäß §§ 66 sowie 151-153 InsO die insolvenzspezifische Rechnungslegung zu erstellen. Die insolvenzspezifische Rechnungslegung soll den Gläubigern zur Verfahrenseröffnung, während des Verfahrens und bei der Beendigung des Insolvenzverfahrens einen direkten Einblick in die Vermögenssituation des Unternehmens, sowie den Verwertungserfolg des Insolvenzverwalters ermöglichen. Indes regeln die Vorschriften der Insolvenzordnung (InsO) nur rudimentär, wie bei der insolvenzspezifischen Rechnungslegung zu bilanzieren ist. Es besteht eine Vielzahl von Regelungslücken, und die in der InsO enthaltenen Vorschriften sind auslegungs- und konkretisierungsbedürftig. Da die Gläubiger die insolvenzspezifische Rechnungslegung zu Rate ziehen, um über die Fortführung oder die Liquidation eines Unternehmens zu entscheiden, kann eine fehlerhafte oder uneinheitliche Bilanzierung zu irreversiblen Fehlentscheidungen führen. Für die insolvenzspezifische Rechnungslegung gibt es aktuell kein allgemein anerkanntes Zweck-Grundsatz-System, das bei der Auslegung der insolvenzspezifischen Vorschriften unterstützen kann.

Um die Basis für die Bilanzierung insolvenzspezifischer Rechnungslegung bzw. deren Auslegung und Konkretisierung zu legen, macht es sich der Verfasser zur Aufgabe, ein Zweck-Grundsatz-System insolvenzspezifischer Rechnungslegung zu entwickeln. Im ersten Schritt werden zunächst – mit Unterstützung der juristischen Methodenlehre – die Zwecke insolvenzspezifischer Rechnungslegung hergeleitet. Darauf aufbauend werden in einem zweiten Schritt Grundsätze insolvenzspezifischer Rechnungslegung abgeleitet. Darüber hinaus erarbeitet der Verfasser einen auf dem Zweck-Grundsatz-System basierenden Bilanzierungsvorschlag für ausgewählte Bilanzierungsfragen in der Insolvenz. Hierauf fußen die im Anschluss entwickelten zweckkonformen Verbesserungsvorschläge zu den in der InsO enthaltenen Vorschriften insolvenzspezifischer Rechnungslegung.

Der Verfasser untergliedert seine Arbeit in sechs Kapitel. Im **ersten Kapitel** erläutert er die Problemstellung sowie daran anknüpfend das Ziel und den Gang seiner Untersuchung. Daraufhin werden im **zweiten Kapitel** prägnant und systematisch die für die Untersuchung relevanten Grundlagen zur InsO gelegt. Der Verfasser geht zunächst auf die Historie der InsO ein, um sich anschließend auf den Ablauf eines Insolvenzverfahrens, auf die einzelnen Verfahrensarten sowie die am Insolvenzverfahren beteiligten Stakeholder zu beziehen (**Abschnitt 21**). Es werden ferner die Grundlagen zur handelsrechtlichen und insolvenzspezifischen Rechnungslegung bei Verfahrenseröffnung, im eröffneten Verfahren und zum Verfahrensende gelegt.

In **Abschnitt 22** bezieht sich Herr Weich vor allem auf die Rechnungslegung im Insolvenzverfahren. Hierbei steht neben den in der InsO enthaltenen Vorschriften zur handelsrechtlichen und insolvenzspezifischen Rechnungslegung der jeweilige Adressatenkreis der einzelnen Rechnungslegungssysteme im Mittelpunkt.

Im **dritten Kapitel** legt der Verfasser die methodischen Grundlagen zur Herleitung von Zwecken und Grundsätzen insolvenzspezifischer Rechnungslegung. Dafür werden zunächst in **Abschnitt 32** die Begriffe „Zwecke“ und „Grundsätze“ abgegrenzt und definiert. Darüber hinaus werden in **Abschnitt 33** die, für die Herleitung von Zwecken und Grundsätzen und folglich für die Auslegung der InsO, in der Jurisprudenz gängigen Methoden der Induktion, der Deduktion sowie der Hermeneutik vorgestellt. Der Verfasser bezieht sich dabei vor allem auf die – in der Rechtsdogmatik übliche – hermeneutische Methode (Abschnitt 333.). Das dritte Kapitel schließt in **Abschnitt 34** mit einem Zwischenfazit, in welchem der auf der Hermeneutik basierende Analyserahmen zusammengefasst wird.

Im **vierten Kapitel** widmet sich der Verfasser konkret der Herleitung der Zwecke und Grundsätze insolvenzspezifischer Rechnungslegung. Zunächst wird dafür in **Abschnitt 41** das Leitmotiv der InsO, nämlich der Grundsatz der Gläubigergleichbehandlung (*par conditio creditorum*), diskutiert, wonach die Gläubiger eines Schuldners gemeinschaftlich zu befriedigen sind und grundsätzlich eine Gleichbehandlung aller Gläubiger angestrebt wird. Die Mitsprache- und Entscheidungsrechte der Gläubiger sollen sicherstellen, dass dem Gedanken der Marktkonformität des Insolvenzverfahrens entsprochen wird.

Darauf folgend werden in **Abschnitt 42** die **Zwecke insolvenzspezifischer Rechnungslegung** hergeleitet. Zunächst stellt der Verfasser erste Ansatzpunkte vor (Abschnitt 422.). Dazu gehört zum einen die Analyse bestehender Literaturmeinungen zu Aufgaben, Zielen und Funktionen insolvenzspezifischer Rechnungslegung. Zum anderen analysiert er, ob vor dem Hintergrund der insolvenzspezifischen Rechnungslegung Analogieschlüsse zwischen den Zwecken handelsrechtlicher Rechnungslegung und den potenziellen Zwecken insolvenzspezifischer Rechnungslegung möglich sind. Im darauf folgenden Abschnitt 422.3 ist die Synthese der untersuchten Literaturmeinungen sowie der analysierten Analogien zur handelsrechtlichen Rechnungslegung verortet. Der Verfasser stellt dabei heraus, dass die Zwecke der Dokumentation, der Rechenschaft sowie die Zwecke der Entscheidungsgrundlage und der Vergütungs- und Verteilungsgrundlage als mögliche Zwecke insolvenzspezifischer Rechnungslegung in Betracht kommen. Der handelsrechtliche Zweck der Kapitalerhaltung spielt dagegen keine Rolle, da in der Insolvenz nicht davon auszugehen ist, dass das Unternehmen als nachhaltige Einkommensquelle fungiert. Im nachfolgenden **Abschnitt 423.** werden dann die Zwecke insolvenzspezifischer Rechnungslegung mit Hilfe der hermeneutischen Methode hergeleitet. Der Zweck der **Dokumentation** sowie der **Rechenschaft** können als übergeordnete Zwecke interpretiert werden, da sie die Basis für die nachgelagerten bzw. untergeordneten Zwecke der Entscheidungsgrundlage sowie der Verteilungs- und Vergütungsgrundlage bilden.

Im weiteren Verlauf leitet der Verfasser den Zweck der **Entscheidungsgrundlage** her. Danach soll die insolvenzspezifische Rechnungslegung eine intersubjektiv nachprüfbare Entscheidungsgrundlage für die Adressaten bilden. Als weiteren Zweck der insolvenzspezifischen Rechnungslegung wird der Zweck der **Verteilungs- und Vergütungsgrundlage** abgeleitet (Abschnitt 423.32). Demnach dient die insolvenzspezifische Rechnungslegung zum einen als Grundlage für die zu erwartende Vermögensverteilung gegenüber den Gläubigern und zum anderen als Grundlage für die Vergütung des Insolvenzverwalters, da sich diese am Wert der zu verteilenden Insolvenzmasse bemisst. Der Verfasser stellt in Abschnitt 423.4 heraus, dass die Zwecke von der Verfahrensart unabhängig sind.

In **Abschnitt 43** konkretisiert Herr Weich die hergeleiteten Zwecke anhand von **Grundsätzen insolvenzspezifischer Rechnungslegung**. Analog zur Methodik bei der Herleitung der Zwecke wird dafür zunächst in Abschnitt 432. analysiert, ob in der Literatur bereits Meinungen zu Grundsätzen insolvenzspezifischer Rechnungslegung bestehen und ob Analogieschlüsse zwischen den handelsrechtlichen Grundsätzen ordnungsmäßiger Buchführung und den potenziellen Grundsätzen insolvenzspezifischer Rechnungslegung möglich sind. Alsdann werden in **Abschnitt 433.** die Grundsätze insolvenzspezifischer Rechnungslegung abgeleitet. Diese untergliedert der Verfasser in Dokumentations-, Rahmen- und Systemgrundsätze sowie Ansatz-, Bewertungs- und Ausweisgrundsätze. Die **Dokumentationsgrundsätze** tragen vor allem dazu bei, den Dokumentationszweck zu erfüllen. Sie setzen sich aus dem Grundsatz des systematischen Aufbaus, dem Grundsatz der Vollständigkeit, dem Beleggrundsatz, dem Grundsatz der zeitnahen Aufstellung und dem Archivierungsgrundsatz zusammen (Abschnitt 433.2).

Die in Abschnitt 433.3 hergeleiteten **Rahmengrundsätze** sollen sicherstellen, dass die insolvenzspezifische Rechnungslegung ein Abbildungsmodell des wirtschaftlichen Geschehens ist, so dass die gegenüber den Adressaten vermittelten Informationen entscheidungsnützlich und wirtschaftlich sinnvoll sind. Die Rahmengrundsätze setzen sich aus dem Grundsatz der Richtigkeit, dem Grundsatz der Stetigkeit, dem Grundsatz der Klarheit und Übersichtlichkeit, dem Stichtagsprinzip und dem Grundsatz der Wirtschaftlichkeit zusammen.

Durch die **Systemgrundsätze** (Abschnitt 433.4) soll eine systemgerechte, folgerichtige und gleichartige Konkretisierung der Grundsätze insolvenzspezifischer Rechnungslegung ermöglicht werden. Der Verfasser leitet aus den Zwecken insolvenzspezifischer Rechnungslegung sowie mit Hilfe der Hermeneutik folgende Systemgrundsätze ab: Den Grundsatz der Fortführungs- und Zerschlagungsfunktion, das Saldierungsverbot, den Grundsatz der Gläubigerorientierung, den Diskontierungsgrundsatz und den Grundsatz der objektiv wahrscheinlichsten Verwertungsalternative.

Abschließend werden die **Ansatz-, Bewertungs- und Ausweisgrundsätze** (Abschnitt 433.5) hergeleitet, die sich auf die bilanziellen Besonderheiten der Massegegenstände sowie der Verbindlichkeiten beziehen. Durch diese Grundsätze beantwortet Herr Weich die Frage, ob ein Ansatz von Massegegenständen und Verbindlichkeiten möglich ist und wie diese ggf. zu bewerten sind. Die hergeleiteten Grundsätze bestehen aus den Ansatzgrundsätzen, dem Grundsatz der mehrdimensionalen Bewertung, dem Grundsatz der paritätischen Bewertung, dem Grundsatz der identischen Laufzeit sowie dem Grundsatz des mehrdimensionalen Ausweises. Die hergeleiteten Grundsätze sind nicht voneinander losgelöst zu betrachten. Vielmehr existieren Interdependenzen zwischen den einzelnen Grundsätzen (Abschnitt 434.). In **Abschnitt 44** werden die einzelnen Zwecke und Grundsätze insolvenzspezifischer Rechnungslegung zu einem **Zweck-Grundsatz-System** zusammengeführt.

Nach der Herleitung des Zweck-Grundsatz-Systems insolvenzspezifischer Rechnungslegung entwickelt Herr Weich darauf aufbauend im **fünften Kapitel** einen Vorschlag für konkrete Bilanzierungsfragen und leitet daran anschließend Verbesserungsmöglichkeiten für die in der InsO enthaltenen Vorschriften zur insolvenzspezifischen Rechnungslegung ab.

Der Verfasser differenziert in **Abschnitt 52** zwischen der **Bilanzierung im Verzeichnis der Massegegenstände** sowie im Gläubigerverzeichnis. In Abschnitt 521.11 wird die auf den Grundsätzen insolvenzspezifischer Rechnungslegung basierende **Ansatzkonzeption** für Massegegenstände konkretisiert. Im Rahmen dessen ist sicherzustellen, dass von dem jeweiligen Massegegenstand ein Zahlungsmittelzufluss ausgehen wird, das insolvente Unternehmen der rechtliche Eigentümer ist und der Gegenstand gegenüber Dritten verwertbar ist. Folglich können sowohl materielle als auch immaterielle Massegegenstände angesetzt werden. Auch anfechtbare Rechtshandlungen sind – im Sinne der Massemehrung – anzusetzen. Neben dem Ansatz wird die **Bewertung** der einzelnen Massegegenstände in Abschnitt 521.12 konkretisiert. Nach § 151 Abs. 2 InsO sind grundsätzlich Liquidations- und Fortführungswerte nebeneinander anzugeben. Ausgewählte Massegegenstände, wie z. B. der Kassenbestand, sind sowohl bei einer Fortführung als auch bei einer Liquidation identisch zu bewerten. Bei der Bewertung zu Liquidationswerten differenziert der Verfasser zwischen einer sofortigen Liquidation und einer Ausproduktion. Gemäß der hergeleiteten Bewertungsgrundsätze ist für die Bewertung der Liquidationswerte zunächst der beizulegende Zeitwert eines Massegegenstands zu ermitteln. Dieser ist dann – in Abhängigkeit davon wie liquide der Markt ist – um einen individuellen Wertabschlag zu korrigieren, da mit der Notwendigkeit einer zeitnahen Veräußerung der erzielbare Preis voraussichtlich gemindert wird. Bei einer Ausproduktion, die ebenfalls in der Liquidation des Unternehmens mündet, sind die zu erwartenden Veräußerungserlöse für die einzelnen Massegegenstände zu prognostizieren und ggf. auf den Zeitpunkt der Verfahrenseröffnung zu diskontieren.

Neben den Liquidationswerten konkretisiert der Verfasser in **Abschnitt 521.123.** die Bewertung zu Fortführungswerten. Eine Bewertung zu Substanzwerten ist nicht anzustreben, da die künftige Ertragskraft des Unternehmens für die Gläubiger relevant ist. Daher schlägt der Verfasser für die Bewertung der Fortführungswerte vor, dass im ersten Schritt auf Basis eines Fortführungskonzepts das Gesamtkapital des Unternehmens zu ermitteln ist, um dann im zweiten Schritt den Gesamtwert auf die beizulegenden Zeitwerte der Massegegenstände umzulegen. Die Differenz zwischen der Summe der beizulegenden Zeitwerte und dem Gesamtkapital ist im

Verzeichnis der Massegegenstände als positiver Unterschiedsbetrag anzusetzen. Somit können Liquidations- und Fortführungswerte gegenübergestellt werden. Bezogen auf den **Ausweis** im Verzeichnis der Massegegenstände analysiert der Verfasser den anzustrebenden Ausweis anhand des Zweck-Grundsatz-Systems (Abschnitt 521.13). Folglich hat der horizontale Ausweis, neben der eindeutigen Bezeichnung des Massegegenstands, die einzelnen Werte der Verwertungsalternativen zu enthalten und neben der Angabe, ob der jeweilige Massegegenstand mit Fremdrechten belegt ist, einen Verweis auf mögliche Erläuterungen zu umfassen. Die vertikale Gliederung sollte sich, zur Erfüllung der abgeleiteten Grundsätze, an der Struktur des § 266 HGB orientieren. Herr Weich analysiert einerseits die Bilanzierung zum Verfahrensbeginn und andererseits die Bilanzierung im Verfahren sowie zum Verfahrensende (Abschnitt 521.2). Ein Ergebnis der Konkretisierung ist, dass die für den Verfahrensbeginn entwickelten Bilanzierungsmethoden auch für Berichtszeitpunkte im Verfahren sowie zum Verfahrensende gelten. Weiterhin sind wertaufhellende Tatsachen bei der Bilanzierung zu berücksichtigen.

Im darauffolgenden **Abschnitt 522.** konkretisiert der Verfasser die **Bilanzierung im Gläubigerverzeichnis**. Gemäß der im Zweck-Grundsatz-System enthaltenen Ansatzkonzeption, sind die Forderungen gegenüber dem insolventen Unternehmen anzusetzen, denen eine hinreichend sichere Verpflichtung zugrunde liegt. Aus der Verpflichtung muss eine wirtschaftliche Belastung resultieren, die zu einem künftigen Zahlungsmittelabfluss führt. Auch für das Gläubigerverzeichnis schlägt der Verfasser eine mehrdimensionale Bewertung zu Liquidations- und Fortführungswerten vor (Abschnitt 522.22). Aus der Perspektive des insolventen Unternehmens bestehende Verbindlichkeiten sind auf den Zeitpunkt der Verfahrenseröffnung zu diskontieren. Mögliche von den Gläubigern zugesagte Sanierungsbeiträge sollten in der Bewertung der Fortführungswerte berücksichtigt werden. Der horizontale Ausweis im Gläubigerverzeichnis sollte, wie in **Abschnitt 522.23** konkretisiert, neben Informationen zum jeweiligen Gläubiger den Grund der Forderung und den entsprechenden Liquidations- und Fortführungswert enthalten. Vertikal ist zwischen den einzelnen Gläubigergruppen, d. h. absonderungsberechtigten Gläubigern, Massegläubigern, nachrangigen und nicht nachrangigen Gläubigern zu gliedern. Die Ergebnisse der Konkretisierung der Bilanzierung im Verzeichnis der Massegegenstände sowie im Gläubigerverzeichnis werden in **Abschnitt 523.** zusammengefasst.

Da der Verfasser in seiner Untersuchung zu dem Ergebnis kommt, dass die bestehenden Vorschriften zur insolvenzspezifischen Rechnungslegung nicht dazu geeignet sind die Informationsbedürfnisse der Adressaten zu befriedigen, schließen sich in **Abschnitt 53** Verbesserungsvorschläge für eine zweckadäquate Bilanzierung an. Darin werden die bestehenden Regelungen der InsO konkretisiert und um neue Aspekte ergänzt sowie ggf. angepasst. Der Verfasser erarbeitet konkrete Vorgaben zum Ansatz, zur Bewertung und zum Ausweis im Verzeichnis der Massegegenstände sowie im Gläubigerverzeichnis. Zudem sollte die Bilanzierung um einen, sich auf die einzelnen Wertansätze beziehenden, Erläuterungsbericht ergänzt werden. Für eine zweckadäquatere Erfüllung der insolvenzspezifischen Rechnungslegung werden ferner in **Abschnitt 533.** Prüfungs-, Berichts- und Archivierungspflichten für die Berichtsinstrumente der insolvenzspezifischen Rechnungslegung empfohlen. Die einzelnen Verbesserungsmöglichkeiten werden in **Abschnitt 54** vor dem Hintergrund des Zweck-Grundsatz-Systems gewürdigt.

Die Arbeit schließt im **sechsten Kapitel** mit einer zusammenfassenden Darstellung der wesentlichen Untersuchungsergebnisse.

Insgesamt wird in der vorgelegten Arbeit durchweg stringent, differenziert und konstruktiv kritisch argumentiert. Besonders hervorzuheben ist die gelungene und kritisch kreative Ableitung der Zwecke und Grundsätze einer insolvenzspezifischen Rechnungslegung. Die dazu erforderlichen Grundlagen werden in der angemessenen Kürze, aber prägnant gelegt. Bei der anschließenden Übertragung der Ergebnisse auf konkrete Fragestellungen zeigt sich dann das sehr gute Grundverständnis des Verfassers für die Zusammenhänge und Abläufe in konkreten Insolvenzverfahren. Schließlich gelingt es dem Verfasser sehr gut, eigene Verbesserungsvorschläge abzuleiten. Diese sind gerade vor dem Hintergrund der aktuell nur sehr unzureichenden Regelungslage sowohl konzeptionell überzeugend als auch für die praktische Umsetzung ausgesprochen wertvoll.

Ich bin sicher, dass die vorgelegte Arbeit sowohl die theoretische Diskussion als auch die praktische Entwicklung von Lösungen auf dem Gebiet der insolvenzspezifischen Rechnungslegung nachdrücklich beeinflussen wird. Insofern sei die vorgelegte Arbeit nicht nur den an Insolvenzverfahren Beteiligten, sondern auch dem Gesetzgeber nachdrücklich ans Herz gelegt.

Münster, im Juli 2017 Prof. Dr. Hans-Jürgen Kirsch

Vorwort des Verfassers

Die vorliegende Arbeit entstand während meiner Tätigkeit als wissenschaftlicher Mitarbeiter am Institut für Rechnungslegung und Wirtschaftsprüfung (IRW) der Westfälischen Wilhelms-Universität Münster und meiner Tätigkeit als Prüfungsleiter bei der Ernst & Young GmbH WPG, Niederlassung Dortmund. Sie wurde von der Wirtschaftswissenschaftlichen Fakultät der Westfälischen Wilhelms-Universität im Juli 2017 als Dissertation angenommen.

Möglich gemacht wurde diese Arbeit erst durch die Unterstützung und Begleitung ganz unterschiedlicher Personen. An erster Stelle ist hierbei mein hoch geschätzter akademischer Lehrer und Doktorvater, Herr Prof. Dr. Hans-Jürgen Kirsch zu nennen, dem ich für die umfassende wissenschaftliche Betreuung und nicht zuletzt für die Übernahme des Erstgutachtens zu großem Dank verpflichtet bin. Die Mitarbeit an dem von ihm geleiteten Institut, die maßgeblich durch ihn geprägte angenehme Arbeitsatmosphäre sowie seine jederzeitige kritisch konstruktive Diskussionsbereitschaft haben erheblich zum Gelingen meines Promotionsvorhabens beigetragen. Für die Übernahme des Zweitgutachtens bzw. für das Mitwirken an der Promotionskommission möchte ich überdies Herrn Prof. Dr. Wolfgang Berens sowie Herrn Prof. Dr. Christian Müller ganz herzlich danken. Mein Dank gilt zugleich auch Herrn Prof. Dr. Dr. h.c. Jörg Baetge für die inspirierenden Anregungen im Rahmen der gemeinsamen, institutsübergreifenden Doktorandenseminare.

Mein herzlicher Dank gilt ferner der Ernst & Young GmbH WPG für die wertvolle Praxiserfahrung, die von wesentlicher Bedeutung für die Arbeit war. Stellvertretend für alle Kollegen bedanke ich mich bei Herrn WP/StB Andreas Spielmann.

Darüber hinaus ist es mir ein großes Anliegen mich bei meinen (ehemaligen) Kollegen am IRW sowie dem eng mit unserem Institut verbundenen Forschungsteam Baetge zu bedanken. Die ausgesprochene Kollegialität, aber zugleich auch erfrischende Heterogenität der unterschiedlichen Persönlichkeiten, hat dazu geführt, dass mir die Zeit am Institut stets in bester Erinnerung bleiben wird. Namentlich hervorheben möchte in diesem Zusammenhang vor allem Frau Dr. Ariane Kraft, Frau Dr. Ilka Lappenküper, Herrn Fabian von Wieding M.Sc. sowie Herrn Frederik Engelke M.Sc, die durch ihre äußerst wertvollen Hinweise im Verlauf des Schreibprozesses erheblich zur Qualität der vorliegenden Arbeit beigetragen haben. Ilka möchte ich zudem danken, auch über die Arbeit hinaus, stets an meiner Seite zu stehen. Ihre bedingungslose Unterstützung sowie ihr unerschöpflicher Zuspruch haben maßgeblich zum Gelingen der Arbeit beigetragen.

Der größte Dank gebührt schließlich meiner Familie, vor allem meinen Eltern und meiner-Schwester, die mich auf meinem bisherigen Lebensweg mit großer Zuversicht, vertrauensvoll und bedingungslos in außergewöhnlicher Weise unterstützt und gefördert haben. Ihnen ist diese Arbeit gewidmet.

Münster, im Juli 2017 Stephen Weich

Inhaltsübersicht

Inhaltsverzeichnis

Abbildungsverzeichnis

Abkürzungsverzeichnis

A

a. A.	anderer Auffassung
Abs.	Absatz
Abt.	Abteilung
ADS	Adler/Düring/Schmaltz
AER	The American Economic Review (Zeitschrift)
a. F.	alte(-r) Fassung
AG	Aktiengesellschaft; Die Aktiengesellschaft (Zeitschrift)
AGS	Anwaltsgebühren Spezial (Zeitschrift)
AK	Anschaffungskosten
AktG	Aktiengesetz
Anm.	Anmerkung
AO	Abgabenordnung
AO-StB	Abgabenordnung-Steuerberater (Zeitschrift)
ARAP	Aktiver Rechnungsabgrenzungsposten
Art.	Artikel
Aufl.	Auflage
AV	Anlagevermögen

B

BAKinso	Bundesarbeitskreis Insolvenzgerichte e. V.
BB	Betriebs-Berater (Zeitschrift)
BBB	BeraterBrief Betriebswirtschaft (Zeitschrift)
Bd.	Band
BDU	Bundesverband Deutscher Unternehmensberater
BetrAVG	Gesetz zur Verbesserung der betrieblichen Altersversorgung
BFH	Bundesfinanzhof
BFuP	Betriebswirtschaftliche Forschung und Praxis (Zeitschrift)
BGB	Bürgerliches Gesetzbuch
BGBl	Bundesgesetzblatt
BGH	Bundesgerichtshof

BilMoG	Bilanzrechtsmodernisierungsgesetz
BMJV	Bundesministerium der Justiz und für Verbraucherschutz
BRD	Bundesrepublik Deutschland
bspw.	beispielsweise
BT	Deutscher Bundestag
BT-Drucksache	Bundestagsdrucksache
BVerfG	Bundesverfassungsgericht
BVerfGE	Entscheidung(-en) des Bundesverfassungsgerichts
BvR	Bundesverfassungsrichter
bzgl.	bezüglich
bzw.	beziehungsweise

C

ca.	circa

D

DB	Der Betrieb (Zeitschrift)
DCF	Discounted Cash-Flow
DDR	Deutsche Demokratische Republik
d. h.	das heißt
Dr.	Doktor
DRS	Deutsche(-r) Rechnungslegungs Standard(-s)
DStR	Deutsches Steuerrecht (Zeitschrift)
DStZ	Deutsche Steuer-Zeitung (Zeitschrift)
DZWir	Deutsche Zeitschrift für Wirtschafts- und Insolvenzrecht (Zeitschrift)

E

ED	Exposure Draft
EDV	Elektronische Datenverarbeitung
EGInsO	Einführungsgesetz zur Insolvenzordnung
EGInsOÄndG	Gesetz zur Änderung des Einführungsgesetzes zur Insolvenzverordnung und anderer Gesetze
EK	Eigenkapital
ESUG	Gesetz zur weiteren Erleichterung der Sanierung von Unternehmen

et al.	et alii (und andere)
etc.	et cetera (und so weiter)
EU	Europäische Union
EUInsVO	Europäische Insolvenzverordnung
EUR	Euro
e. V.	eingetragener Verein
evtl.	eventuell
EWiR	Entscheidungen zum Wirtschaftsrecht (Zeitschrift)
exkl.	exklusive

F

f.	folgende (Seite)/folgender (Paragraph)
ff.	fortfolgende (Jahre)
FK	Fremdkapital
FK-InsO	Frankfurter Kommentar zur Insolvenzordnung
FLF	Finanzierung-Leasing-Factoring (Zeitschrift)
FMStG	Gesetz zur Umsetzung eines Maßnahmenpakets zur Stabilisierung des Finanzmarktes (Finanzmarktstabilisierungsgesetz)
Fn.	Fußnote
FS	Festschrift

G

GAAP	Generally Accepted Accounting Principles
GAVI	Gesetz zur Verbesserung und Vereinfachung der Aufsicht in Insolvenzverfahren
gem.	gemäß
GesO	Gesamtvollstreckungsordnung
GesVVO	Gesamtvollstreckungsverordnung
GG	Grundgesetz
ggf.	gegebenenfalls
ggü.	gegenüber
GKG	Gerichtskostengesetz
GmbH	Gesellschaft mit beschränkter Haftung
GmbHG	Gesetz betreffend die Gesellschaften mit beschränkter Haftung

GoB	Grundsätze ordnungsmäßiger Buchführung
GoF	Geschäfts- oder Firmenwert
grds.	grundsätzlich
GUG	Gesetz über die Unterbrechung von Gesamtvollstreckungverfahren
GuV	Gewinn- und Verlustrechnung

H

HamK	Hamburger Kommentar
HdJ	Handbuch des Jahresabschlusses
HdR	Handbuch der Rechnungslegung
HdR-E	Handbuch der Rechnungslegung – Einzelabschluss
HFA	Hauptfachausschuss des Instituts der Wirtschaftsprüfer in Deutschland e. V.
HGB	Handelsgesetzbuch
HK	Herstellungskosten
Hrsg.	Herausgeber
hrsg. v.	herausgegeben von
Hs.	Halbsatz

I

IAS	International Accounting Standard(-s)
IASB	International Accounting Standards Board
i. d. F.	in der Fassung
i. d. R.	in der Regel
IDW	Institut der Wirtschaftsprüfer in Deutschland e. V.
IfM	Institut für Mittelstandsforschung
IFRS	International Financial Reporting Standard(-s)
IKS	Internes Kontrollsystem
inkl.	inklusive
insb.	insbesondere
InsBürO	Zeitschrift für Insolvenzsachbearbeitung und Entschuldungsverfahren (Zeitschrift)
InsO	Insolvenzordnung
InsOBekV	Verordnung zu öffentlichen Bekanntmachungen in Insolvenzverfahren im Internet

InsVV	Insolvenzrechtliche Vergütungsverordnung
i. O.	im Original
i. S.	im Sinne
i. S. d.	im Sinne der/des
IÜS	Internes Überwachungs-System
i. V. m.	in Verbindung mit
i. w. S.	im weiteren Sinne

K

Kap.	Kapitel
KGaA	Kommanditgesellschaft auf Aktien
KMU	Kleine und mittlere Unternehmen
KO	Konkursordnung
KoR	Zeitschrift für internationale und kapitalmarktorientierte Rechnungslegung (Zeitschrift)
KSI	Krisen-, Sanierungs- und Insolvenzberatung (Zeitschrift)
KTS	Konkurs- und Treuhandwesen (Zeitschrift)

L

LG	Landgericht

M

MARisk	Mindestanforderungen an das Risikomanagement
MG	Massegegenstand
MoMiG	Gesetz zur Modernisierung des GmbH-Rechts und zur Bekämpfung von Missbräuchen
Mrd.	Milliarden
MüKo	Münchener Kommentar zur Insolvenzordnung

N

n	Laufzeit
n. F.	neue(-r) Fassung
NJW	Neue Juristische Wochenschrift (Zeitschrift)
Nr.	Nummer

NRW	Nordrhein-Westfalen
NZG	Neue Zeitschrift für Gesellschaftsrecht (Zeitschrift)
NZI	Neue Zeitschrift für Insolvenz- und Sanierungsrecht (Zeitschrift)

O

OFD	Oberfinanzdirektion
o. V.	ohne Verfasser

P

PiR	Praxis der internationalen Rechnungslegung (Zeitschrift)
Prof.	Professor
PublG	Gesetz über die Rechnungslegung von bestimmten Unternehmen und Konzernen (Publizitätsgesetz)

R

RegB	Regierungsbegründung
rev.	revised
RH	Rechnungslegungshinweis
RHB	Roh-, Hilfs-, und Betriebsstoffe
Rn.	Randnummer(-n)

S

S	Standard
S.	Seite(-n), Satz
SGB III	Sozialgesetzbuch Drittes Buch
sic	sic erat scriptum (so stand es geschrieben)
SKR	Standardkontenrahmen
sog.	so genannte(-m, -n, -r)
Sp.	Spalte(-n)
StB	Steuerberater
StGB	Strafgesetzbuch
StuB	Unternehmenssteuern und Bilanzen (ehemals: Steuer- und Bilanz-praxis, Zeitschrift)
StuW	Steuer und Wirtschaft (Zeitschrift)

StW	Die Steuer-Warte (Zeitschrift)
s. u.	siehe unten

T

Tz.	Textziffer(-n)

U

u.	und
u. a.	und andere, unter anderem(-n)
U. S.	United States
US-GAAP	United States Generally Accepted Accounting Principles
usw.	und so weiter
u. U.	unter Umständen
UV	Umlaufvermögen

V

v. a.	vor allem
VbrInsFV	Verordnung zur Einführung von Formularen für das Verbraucherinsolvenzverfahren und das Restschuldbefreiungsverfahren
Verf.	Verfasser
vgl.	vergleiche
VglO	Vergleichsordnung
VID	Verband Insolvenzverwalter Deutschlands e. V.
vs.	versus

W

WACC	weighted average cost of capital
WM	Zeitschrift für Wirtschafts- und Bankrecht (Zeitschrift)
WPg	Die Wirtschaftsprüfung (Zeitschrift)

Z

z	Diskontierungszins
z. B.	zum Beispiel
ZEFIS	Rheinland-pfälzisches Zentrum für Insolvenzrecht und Sanierungspraxis

ZfB	Zeitschrift für Betriebswirtschaft (Zeitschrift)
zfbf	Zeitschrift für betriebswirtschaftliche Forschung (Zeitschrift)
ZfCM	Zeitschrift für Controlling und Management (Zeitschrift)
ZInsO	Zeitschrift für das gesamte Insolvenzrecht (Zeitschrift)
ZIP	Zeitschrift für Wirtschaftsrecht (Zeitschrift)
ZPO	Zivilprozessordnung
ZR	Zivilrecht
z. T.	zum Teil
zzgl.	zuzüglich

1 Einleitung

11 Problemstellung und Ziel der Untersuchung

„Wir brauchen nicht darüber hinwegzusehen, daß jedes Unternehmen eine begrenzte Lebenszeit hat."[1]

Die Zahl der Unternehmensinsolvenzen ist zwar in den vergangenen sieben Jahren kontinuierlich gesunken, im Vergleich zum Vorjahr sind im Jahr 2016 aber zugleich die daraus entstandenen finanziellen Schäden gestiegen.[2] Zuletzt lag die Höhe der in Deutschland verursachten Schäden für die Gläubiger insolventer Unternehmen bei ca. EUR 27,5 Mrd.[3] Gleichzeitig führte dies zu einem Verlust von ca. 221.000 Arbeitsplätzen.[4] Unternehmensinsolvenzen sind folglich ein fester Bestandteil des Wirtschaftslebens.[5] Eine Insolvenz hat nicht nur weitreichende Folgen für unmittelbar betroffene Stakeholder, wie z. B. das Management oder die Arbeitnehmer, sondern auch mittelbar auf Zulieferer, Kunden und Kapitalgeber.[6]

Unter einer Insolvenz wird der „Zusammenbruch einer Wirtschaftseinheit mangels ausreichend Kapital"[7] verstanden. Der Begriff ist aber weiter zu fassen. Das Wort Insolvenz (lateinisch *insolventia*, zusammengesetzt aus *solvere* i. S. v. zahlen sowie *in* i. S. v. nicht) deutet bereits auf den Insolvenztatbestand der Zahlungsunfähigkeit hin.[8] Unter dem rechtlichen Oberbegriff der Insolvenz werden die Stadien der Zahlungsunfähigkeit, der drohenden Zahlungsunfähigkeit sowie der Überschuldung gefasst.[9] Ein **Insolvenzverfahren soll sicherstellen, dass die Gläubiger eines insolventen Unternehmens bestmöglich und gemeinschaftlich** durch dessen Liquidation oder Fortführung **befriedigt** werden.[10]

---

1 LEFFSON, U., Die Grundsätze ordnungsmäßiger Buchführung, S. 187.

2 Die Zahl der Insolvenzen ist von ca. 32.930 im Jahr 2009 auf zuletzt ca. 21.700 im Jahr 2016 gesunken. Vgl. STATISTA (Hrsg.), Unternehmensinsolvenzen in Deutschland. Dieser Trend wird u. a. durch das gute gesamtwirtschaftliche Umfeld sowie durch günstige Refinanzierungskonditionen an den Kapitalmärkten gestützt. Vgl. VERBAND DER VEREINE CREDITREFORM E. V. (Hrsg.), Insolvenzen in Deutschland, 1. Halbjahr 2016.

3 Im Jahr 2015 bezifferte sich die Summe der Gläubigerschäden auf ca. EUR 19,6 Mrd. Vgl. VERBAND DER VEREINE CREDITREFORM E. V. (Hrsg.), Insolvenzen in Deutschland, Jahr 2016.

4 Vgl. STATISTA (Hrsg.), Insolvenzen – Statista-Dossier, S. 17 f.

5 Das Hauptaugenmerk der vorliegenden Arbeit liegt auf den Insolvenzen von Kapitalgesellschaften.

6 Vgl. RUINER, C./RUPPRECHT, M., Personalmanagement in der Insolvenz, S. 160, sowie HUBER, H./MAGILL, N., Der (vorläufige) Gläubigerausschuss, S. 201.

7 PÖGGELER, W., Die Aufgaben des Insolvenzrechts, S. 741.

8 Vgl. § 17 InsO.

9 Vgl. BRAUN, E./UHLENBRUCK, W., Unternehmensinsolvenz, S. 7.

10 Vgl. DEUTSCHER BUNDESTAG (Hrsg.), BT-Drucksache 12/2443, S. 108. Das Ziel einer gemeinschaftlichen Gläubigerbefriedigung ist in § 1 InsO kodifiziert. Vgl. DEPRÉ, P., Zwangsverwalter versus Insolvenzverwalter, S. 110.

Die im Jahr 1999 in Kraft getretene Insolvenzordnung (InsO) enthält die rechtlichen Vorschriften zum Insolvenzverfahren.[11] Eine der Grundideen der InsO ist eine **marktkonforme Insolvenzbewältigung**, die dazu führen soll, dass die **Gesetzmäßigkeiten des Marktes** die Insolvenzabwicklung steuern.[12] Sofern ein Eröffnungsgrund für das Insolvenzverfahren nach §§ 17-19 InsO vorliegt, müssen bzw. können die Vertreter eines Unternehmens einen Insolvenzantrag stellen.[13] Im Regelfall wird dann ein Insolvenzverwalter eingesetzt, welcher vom Insolvenzgericht gemäß § 80 InsO mit der Verwaltung des insolventen Unternehmens beauftragt wird.[14] Die **Gläubiger** haben indes gemäß § 157 InsO **über den Fortgang des Unternehmens zu entscheiden**. In Anbetracht der Tatsache, dass nach § 156 i. V. m. § 157 InsO die Entscheidung über Fortführung oder Liquidation des insolventen Unternehmens primär auf Basis der insolvenzspezifischen Berichtsdokumente getroffen wird, können aus einer nicht sachgerechten Aufstellung und Beurteilung folgenschwere Fehlentscheidungen resultieren. Der Insolvenzverwalter hat nach §§ 66 sowie 151-153 InsO die **insolvenzspezifische Rechnungslegung** und nach § 155 InsO die **handelsrechtliche Rechnungslegung** zu erstellen. Die insolvenzspezifische Rechnungslegung ist lediglich für Verfahrensbeteiligte einsehbar und soll den Adressaten einen Einblick in die Verwertungsmöglichkeiten und die Lage des insolventen Unternehmens sowie den Erfolg der Handlungen des Insolvenzverwalters vermitteln. Die Zunft der Insolvenzverwalter wird von Juristen dominiert. Dies zeigt sich darin, dass mehr als 93 % der eingesetzten Insolvenzverwalter Rechtsanwälte sind.[15] Indes spielt „das Recht der Rechnungslegung [...] in der Juristenausbildung zurzeit so gut wie keine Rolle."[16] Hinzu kommt, dass für die insolvenzspezifische Rechnungslegung – im Gegensatz zur handelsrechtlichen Rechnungslegung – bis dato keine verbindlichen Vorschriften entwickelt wurden.[17] Es gibt **kein Grundsatzsystem,**

---

11 Vgl. KELLER, U., Insolvenzrecht, Rn. 51.

12 Vgl. DEUTSCHER BUNDESTAG (Hrsg.), BT-Drucksache 12/2443, S. 77, sowie BALZ, M., Ziele der Insolvenzordnung, Rn. 5-7.

13 Vgl. ausführlich Abschnitt 212.1.

14 Vgl. ausführlich Abschnitt 212. sowie Abschnitt 213.4. Für den Fall der Eigenverwaltung kann das Verwaltungs- und Verfügungsrecht beim Schuldner verbleiben. Vgl. Abschnitt 212.23.

15 Vgl. GRAVENBRUCHER KREIS (Hrsg.), Bestellpraxis, S. 10; GARBER, T., Ein Gesetz der Wirtschaft: Insolvenz gehört saniert, S. 1937, sowie FISCHER-BÖHNLEIN, K./KÖRNER, S., Rechnungslegung von Kapitalgesellschaften im Insolvenzverfahren, S. 199.

16 UHLENBRUCK, W., Von der Notwendigkeit richterlicher „Augenhöhe" im Insolvenzverfahren, S. 718. FÖRSTER konstatiert, dass kaufmännische und damit betriebswirtschaftliche Momente in der Diskussion zur insolvenzspezifischen Rechnungslegung unterrepräsentiert sind. Vgl. FÖRSTER, K., ZInsO-Leserecho, S. 664, sowie HORSTKOTTE, M. U. A., „Ich hab' noch ein bisschen InsO dabei", S. 2192.

17 Vgl. KLOOS, I., Standardisierung insolvenzrechtlicher Rechnungslegung, S. 586; ECKARDT, D., in: Jaeger, InsO Band 5, § 151, Rn. 8; LIÈVRE, B./STAHL, P./EMS, A., Anforderungen an die Schlußrechnung, S. 23. Auch die kontinuierlichen Anpassungen der InsO haben nicht zur Klärung beigetragen, wie die insolvenzspezifische Rechnungslegung im Detail ausgestaltet sein muss. Vgl. ausführlich Abschnitt 211. Da die

das der insolvenzspezifischen Rechnungslegung zugrunde liegt.[18] Grundsätze dienen als allgemeingültige Regeln, welche die Zwecke insolvenzspezifischer Rechnungslegung konkretisieren sollen. Auch wenn es in Theorie und Praxis unterschiedliche Bestrebungen und Empfehlungen über in der insolvenzspezifischen Rechnungslegung zu Rate zu ziehende Grundsätze gibt, so hat sich bis dato noch kein einheitliches Grundsatzsystem herausgebildet.[19] Dies mag auch daran liegen, dass nach Meinung von UHLENBRUCK „die insolvenzrechtliche Rechnungslegung [...] mit zu den schwierigsten Problemen des Insolvenzrechts“[20] zählt. Da keine allgemeinen Grundsätze existieren, sind die insolvenzspezifischen Berichtsdokumente für die Gläubiger und das Insolvenzgericht nur schwer nachvollziehbar und vergleichbar. Für eine möglichst objektivierte und zielgerichtete insolvenzspezifische Rechnungslegung ist es somit unabdingbar, dass klare Zwecke und Grundsätze existieren bzw. entwickelt werden, um Informationsasymmetrien und daraus entstehende Ermessensspielräume zu reduzieren.[21]

Daraus ergibt sich das **Untersuchungsziel der vorliegenden Arbeit**: Es gilt die in der InsO hinsichtlich der insolvenzspezifischen Rechnungslegung bestehenden Regelungslücken zu schließen.[22] Dafür sollen, mit Unterstützung der juristischen Methodenlehre, Zwecke insolvenzspezifischer Rechnungslegung hergeleitet werden.[23] Darauf aufbauend werden diese anhand von Grundsätzen insolvenzspezifischer Rechnungslegung konkretisiert. Da nur ein geringer Teil der Inhalte der Grundsätze in der InsO kodifiziert ist, werden diese vornehmlich aus den Zwecken abgeleitet.[24] Der Schwerpunkt der Untersuchung liegt auf der Herleitung eines

---

Quote der veröffentlichten handelsrechtlichen Jahresabschlüsse von in der Insolvenz befindlichen Unternehmen lediglich ca. 2 % beträgt, können diese nicht zur Entscheidungsunterstützung herangezogen werden. Vgl. HAARMEYER, H./HILLEBRAND, C., Insolvenzrechnungslegung – Teil I, S. 414.

18 Nach FRYSTATZKI gehört „die Rechnungslegung in der Insolvenz [...] zu den Stiefkindern sowohl des Insolvenzrechts wie auch des Handelsrechts. Die spezifisch insolvenzrechtliche (interne) Rechnungslegung ist in der InsO nur rudimentär geregelt“, so in FRYSTATZKI, C., Hinweise zur Rechnungslegung in der Insolvenz, S. 581.

19 So empfiehlt bspw. der Verband Insolvenzverwalter Deutschlands e. V. (VID) die Beachtung der Grundsätze ordnungsmäßiger Buchführung (GoB). Vgl. VERBAND INSOLVENZVERWALTER DEUTSCHLANDS E.V. (Hrsg.), Grundsätze ordnungsgemäßer Insolvenzverwaltung (GOI), S. 10. Vgl. zudem KLOOS, I., Standardisierung insolvenzrechtlicher Rechnungslegung, S. 591, sowie HAARMEYER, H./HILLEBRAND, C., Insolvenzrechnungslegung – Teil II, S. 705.

20 UHLENBRUCK, W., in: Uhlenbruck/Hirte/Vallender, InsO, 13. Aufl., § 66, Rn. 1.

21 Vgl. HENI, B., Interne Rechnungslegung, S. 39.

22 Vgl. DEUTSCHER BUNDESTAG (Hrsg.), BT-Drucksache 16/7251, S. 9, sowie BASINSKI, A./HILLEBRAND, C./LAMBRECHT, M., Insolvenzrechnungslegung, S. 10.

23 Vgl. UHLENBRUCK, W., Von der Notwendigkeit richterlicher „Augenhöhe“ im Insolvenzverfahren, S. 714.

24 Nach MOXTER ist die „Erforschung derartiger Generalklauseln eine recht undankbare Aufgabe, gilt es doch Interessenwertungen vorzunehmen, vor deren Konkretisierung sich der Gesetzgeber selbst – aus welchen Gründen auch immer – gescheut hat.“, so in MOXTER, A., Fundamentalgrundsätze ordnungsmäßiger Rechenschaft, S. 98. Allerdings sind die Grundsätze für eine Konkretisierung und Weiterentwicklung der insolvenzspezifischen Rechnungslegung unabdingbar.

Zweck-Grundsatz-Systems der insolvenzspezifischen Rechnungslegung.[25] Anschließend wird, basierend auf den aus dem Zweck-Grundsatz-System gewonnenen Erkenntnissen, ein Bilanzierungsvorschlag für die insolvenzspezifische Rechnungslegung erarbeitet.[26] Darin werden konkrete Ansatz-, Bewertungs- und Ausweisvorschläge unterbreitet und so auf zweckadäquate Anpassungsmöglichkeiten für die Vorschriften der insolvenzspezifischen Rechnungslegung geschlossen.

12 Gang der Untersuchung

Die vorliegende Arbeit ist in sechs Hauptkapitel untergliedert. An die einleitenden Ausführungen (Kapitel 1) anschließend, werden im **zweiten Kapitel** zunächst die insolvenzrechtlichen Grundlagen und die Grundlagen zu den Vorschriften der Rechnungslegung in der Insolvenz gelegt. Da die Entstehungsgeschichte der InsO ein wesentlicher Bestandteil der im weiteren Verlauf der Arbeit angewandten hermeneutischen Methode ist, wird diese in Abschnitt 211. beschrieben. Im Anschluss daran werden die konzeptionellen Grundlagen zu den Eröffnungstatbeständen eines Insolvenzverfahrens sowie die möglichen Verfahrensarten vorgestellt. Dies ist erforderlich, um die in Abschnitt 22 diskutierten Rechnungslegungsinstrumente in den Verfahrensverlauf der Insolvenz einordnen zu können. Anschließend wird ein Überblick über die Stakeholder gegeben, um zum einen die Implikationen des eröffneten Insolvenzverfahrens für diese und zum anderen deren Einzelinteressen nachvollziehen zu können. Zum Ende des Kapitels werden die Vorschriften der handelsrechtlichen und insolvenzspezifischen Rechnungslegung sowie deren Berichtsinstrumente erläutert. Das Grundverständnis über die insolvenzspezifischen Rechnungslegungsvorschriften ist für die Herleitung der Zwecke und der Grundsätze insolvenzspezifischer Rechnungslegung zwingend erforderlich.

An diese Grundlagen anknüpfend werden die methodischen Grundlagen für die Herleitung der Zwecke und Grundsätze insolvenzspezifischer Rechnungslegung im **dritten Kapitel** gelegt. Es werden zunächst die Begriffe „Zweck" und „Grundsatz" definiert, um so die Begrifflichkeiten im Zweck-Grundsatz-System deutlich zu machen. Über die Terminologie hinausgehend werden als Kernstück des Kapitels die in der Rechtswissenschaft gängigen Auslegungsmethoden der Induktion, der Deduktion und der Hermeneutik vorgestellt. Vor allem die in der Rechtsdogmatik häufig genutzte hermeneutische Methode wird umfassend diskutiert.

25 Vgl. Abschnitt 44.
26 Vgl. Abschnitt 52.

Anschließend werden im **vierten Kapitel** die Zwecke und Grundsätze insolvenzspezifischer Rechnungslegung hergeleitet. Zunächst wird dafür auf das Leitmotiv der InsO, die Gläubigergleichbehandlung (*par conditio creditorum*), eingegangen. Anschließend werden in Abschnitt 422. Ansatzpunkte für die Herleitung der Zwecke herausgearbeitet. Neben der Analyse bestehender Literaturmeinungen wird dafür untersucht, ob Analogien zu den handelsrechtlichen Zwecken gezogen werden können. In der anschließenden Synthese werden die Ergebnisse der Literaturanalyse sowie die möglichen Analogieschlüsse aggregiert. Die Synthese dient als Impulsgeber für die Herleitung der Zwecke insolvenzspezifischer Rechnungslegung. Daran anknüpfend werden die hermeneutischen Auslegungskriterien auf die InsO angewendet. Dazu gehören Wortlaut und -sinn sowie der Bedeutungszusammenhang der Vorschriften, deren Entstehungsgeschichte, der vom Gesetzgeber intendierte Zweck sowie der objektiv-teleologische Zweck und die Verfassungskonformität der Vorschriften. Im weiteren Verlauf werden – zur Konkretisierung der Zwecke – die Grundsätze insolvenzspezifischer Rechnungslegung hergeleitet. Analog zum Vorgehen bei den Zwecken werden zunächst vorhandene Literaturmeinungen und mögliche Analogieschlüsse zu den handelsrechtlichen Grundsätzen ordnungsmäßiger Buchführung (GoB) analysiert und im Anschluss die Zwecke in Form von Grundsätzen konkretisiert. Ausgewählte Aspekte der Grundsätze sind bereits in der InsO kodifiziert. Sie sind demzufolge bei der weiteren Auslegung der Vorschriften insolvenzspezifischer Rechnungslegung zu berücksichtigen. Am Ende des Kapitels werden die Ergebnisse in Abschnitt 44 in einem Zweck-Grundsatz-System zusammengefasst.

Die im vierten Kapitel gewonnenen Erkenntnisse bilden die Basis für die im **fünften Kapitel** unterbreiteten Bilanzierungsvorschläge ausgewählter Sachverhalte der insolvenzspezifischen Rechnungslegung. Die Bilanzierungsvorschläge dienen der Konkretisierung der insolvenzspezifischen Vorschriften und widmen sich im Detail dem Ansatz, der Bewertung und dem Ausweis im Verzeichnis der Massegegenstände sowie dem Gläubigerverzeichnis. Die beiden Verzeichnisse bilden sowohl die Grundlage für die Vermögensübersicht als auch für die weiteren im Insolvenzverfahren anzufertigenden Berichtsdokumente. Daher wird der Schwerpunkt vor allem auf das Verzeichnis der Massegegenstände sowie das Gläubigerverzeichnis gelegt. Zum Ende des Kapitels werden – basierend auf dem vorgestellten Bilanzierungsvorschlag – konkrete Verbesserungsmöglichkeiten für die insolvenzspezifische Rechnungslegung erarbeitet. Die Vorschriften zur insolvenzspezifischen Rechnungslegung sollen dazu beitragen, dass die hergeleiteten Zwecke und Grundsätze besser erfüllt werden. In den vorgeschlagenen Änderungen sind neben konkreten Aussagen zur Bilanzierung auch weitreichendere Vorschläge z. B. zur Aufstellungs- oder Prüfungspflicht enthalten.

Die Arbeit schließt im **sechsten Kapitel** mit einer Zusammenfassung der wesentlichen Erkenntnisse. Darin werden die Forschungsfragen noch einmal aufgegriffen und beantwortet sowie ferner ein Ausblick über eine mögliche Umsetzung der erarbeiteten Vorschläge zur Verbesserung der insolvenzspezifischen Rechnungslegung gegeben. Die Untersuchungskonzeption wird in Abbildung 1-1 zusammengefasst.

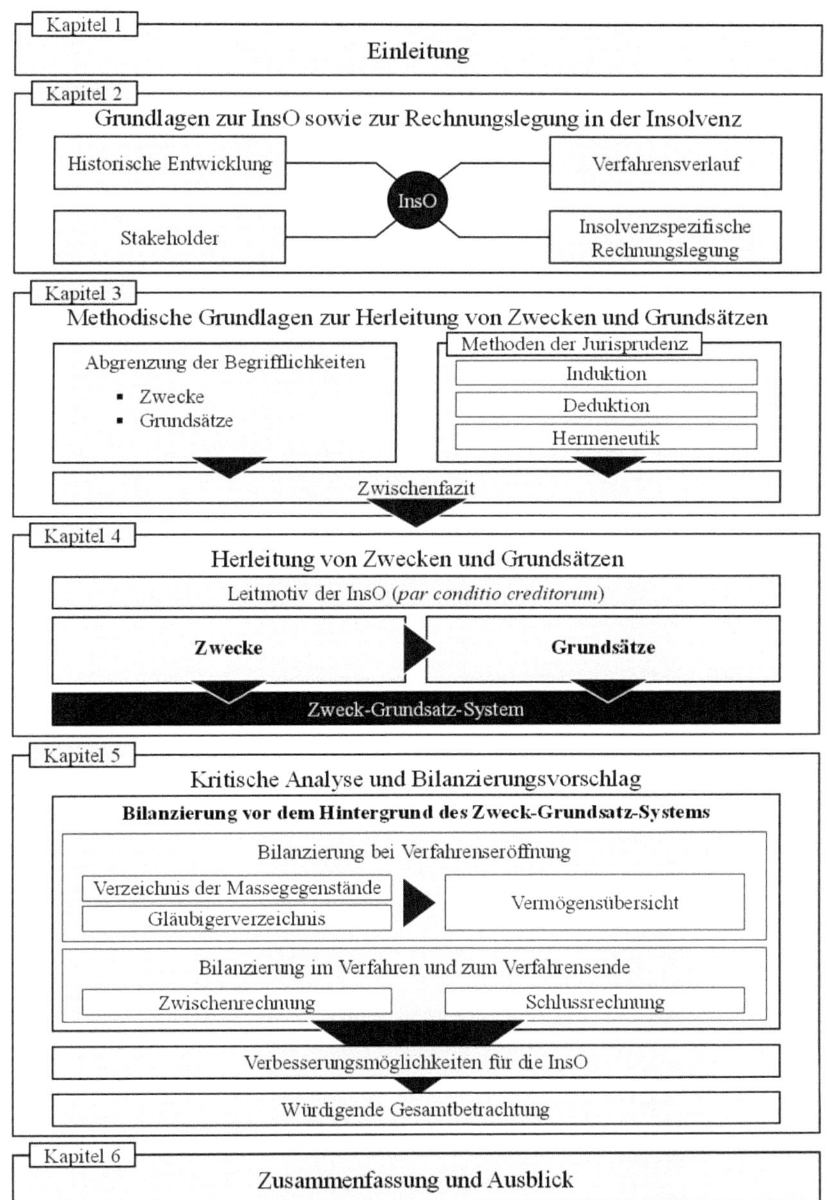

Abbildung 1-1: Untersuchungskonzeption der Arbeit

2 Grundlagen der Insolvenzordnung sowie der Rechnungslegung in der Insolvenz

21 Insolvenzordnung

211. Historie der Insolvenzordnung

Die historische Entwicklung der InsO ist die Basis für ein Verständnis der „Dauerbaustelle“[27] InsO sowie für die Herleitung der Zwecke und Grundsätze insolvenzspezifischer Rechnungslegung relevant.[28] Die Ursprünge der heutigen InsO liegen im römischen Recht. In dieser Zeit ist der jetzt noch bestehende Grundsatz der Gläubigergleichbehandlung (*par conditio creditorum)*, welcher als Hauptzweck des Insolvenzrechts angesehen wird, entstanden.[29] Im Mittelalter entwickelten sich auf dieser Basis in den einzelnen Ländern Europas jeweils eigene Insolvenzgesetze.[30] In Deutschland wurde im Mittelalter das „Gantverfahren“[31] umgesetzt, welches sich durch eine Dominanz der Gerichte auszeichnete.[32] Das deutsche Recht wich damit vom pragmatischen italienischen Verfahren ab und lehnte sich an das spanische Konkursmodell an.[33]

---

27 Statt vieler vgl. SCHMERBACH, U., in: Wimmer, FK-InsO, 8. Aufl., § 1, Rn. 48.

28 Die Entstehungsgeschichte ist ein Auslegungskriterium der Hermeneutik, vgl. Abschnitt 333.

29 Vgl. BUNDESGERICHTSHOF (Hrsg.), Urteil des IX. Zivilsenats vom 13.3.2003, S. 13; STÜRNER, R., in: Kirchhof/Stürner/Eidenmüller, Kommentar zur InsO, 3. Aufl., Einleitung, Rn. 1; FREGE, M. C. U. A., Insolvenzrecht, Rn. 11, sowie SMID, S., Praxishandbuch Insolvenzrecht, S. 23.

30 In Italien bildete sich in den Handelsstädten, wie z. B. Venedig, das „Statutarrecht“ heraus, ein speziell auf die Bedürfnisse der Kaufleute zugeschnittenes Insolvenzrecht, vgl. KELLER, U., Insolvenzrecht, Rn. 31, sowie FREGE, M. C. U. A., Insolvenzrecht, Rn. 13. Im Jahr 1645 entstand in Spanien der Begriff des „Konkurses“, definiert als ein Zusammenfinden der Gläubiger zur gemeinschaftlichen Befriedigung aus dem Schuldnervermögen (*concursus creditorum*). Dieser ist auf den spanischen Gelehrten FRANCISCO SALGADO DE SAMOZA zurückzuführen. Er differenziert bereits zwischen Privatkonkurs- und Kaufmannsrecht und räumt den Gerichten weitreichende Befugnisse ein, vgl. STÜRNER, R., in: Kirchhof/Stürner/Eidenmüller, Kommentar zur InsO, 3. Aufl., Einleitung, Rn. 28; FORSTER, W., Konkurs als Verfahren, S. 295, sowie JAEGER, E., Lehrbuch des deutschen Konkursrechts, § 1 VI., S. 12 f. In Frankreich wurden insolvenzspezifische Regelungen in der *Ordonnance de commerce* expliziert, welche die Basis für den im Jahre 1807 erlassenen *Code de commerce* bildete. Dieser enthielt insolvenzrechtliche Regelungen für den Kaufmann, welche unter Berücksichtigung der Herrschaft der Gläubiger anzuwenden waren. Vgl. BAUER, F./STÜRNER, R., Zwangsvollstreckungs-, Konkurs- und Vergleichsrecht, Rn. 3.20, sowie STÜRNER, R., in: Kirchhof/Stürner/Eidenmüller, Kommentar zur InsO, 3. Aufl., Einleitung, Rn. 29.

31 Das „*Gantverfahren*“ steht für einen öffentlichen gerichtlichen Veräußerungsprozess. Das Verfahren gliedert sich in drei Bestandteile: die Feststellung der Gläubigerforderungen, die Einteilung der Forderungen in fünf Rangklassen und anschließend die Masseverteilung. Vgl. BAUER, P. M., Der Insolvenzplan, S. 85 f., sowie KELLER, U., Insolvenzrecht, Rn. 37.

32 Vgl. STÜRNER, R., in: Kirchhof/Stürner/Eidenmüller, Kommentar zur InsO, 3. Aufl., Einleitung, Rn. 28, sowie KELLER, U., Insolvenzrecht, Rn. 39-41.

33 Vgl. KELLER, U., Insolvenzrecht, Rn. 33.

Im Jahre 1871 wurde das Zweite Deutsche Kaiserreich gegründet und damit ein erster „Entwurf einer Gemeinschuldordnung“ erarbeitet, welche im weiteren Gesetzgebungsverfahren zur Konkursordnung (KO) umbenannt wurde und im Oktober 1877 in Kraft trat.[34] Dabei stand die Deregulierung des Insolvenzverfahrens im Mittelpunkt. Den Gerichten wurde Macht zugunsten der Konkursverwalter entzogen. Ferner wurde im Gegensatz zum Gantverfahren nicht zwischen Kauf- und Privatleuten unterschieden.[35] Der Konkursverwalter sollte durch die Gläubigergremien überwacht werden.[36] Auch noch 50 Jahre nach ihrer Einführung wurde die KO als „Perle der Reichsjustizgesetze“[37] gelobt. In den Grundfesten blieb sie bis zur Einführung der InsO bestehen.[38] Eine Schwachstelle der KO war indes, dass es für den Schuldner und die Gläubiger außerhalb des Verfahrens keine institutionelle Möglichkeit gab, einen Vergleich[39] zu erzielen.[40] Um dem entgegenzuwirken, wurde im Jahr 1927 die Vergleichsordnung (VglO) verabschiedet, die im April 1935 in Kraft trat.[41] Eine wesentliche Neuerung war, dass der Schuldner im Vergleichsverfahren nicht automatisch das Verwaltungs- und Verfügungsrecht über sein Vermögen verlor.[42] Ziel der VglO war die Sanierung des Schuldners, Ziel der KO war die vollständige Abwicklung des Schuldnervermögens. Ab dem Jahr 1935 waren beide Verordnungen parallel anzuwenden.[43]

Nach dem zweiten Weltkrieg begann mit der Gründung der Deutschen Demokratischen Republik (DDR) die Teilung Deutschlands in Ost und West. In diesem Lichte wurde die Wirtschafts-

---

34 Vgl. DANN, W., Das Konkursvorrecht, S. 14 f.; STÜRNER, R., in: Kirchhof/Stürner/Eidenmüller, Kommentar zur InsO, 3. Aufl., Einleitung, Rn. 31, sowie KELLER, U., Insolvenzrecht, Rn. 45.

35 Vgl. KELLER, U., Insolvenzrecht, Rn. 46.

36 Die Gläubigergremien bestanden aus Gläubigerversammlung und Gläubigerausschuss. Vgl. RIEDEMANN, S., Zur Entwicklung des Konkursrechts, S. 25.

37 JAEGER, E., Lehrbuch des deutschen Konkursrechts, S. 15.

38 Vgl. FREGE, M. C. U. A., Insolvenzrecht, Rn. 14. Mit der Einführung des Bürgerlichen Gesetzbuches (BGB) im Jahre 1900 wurde die KO nur unwesentlich angepasst. Vgl. SEUFFERT, L., Deutsches Konkursprozessrecht, S. 25; RIEDEMANN, S., Zur Entwicklung des Konkursrechts, S. 11 f.; DANN, W., Das Konkursvorrecht, S. 15; SMID, S., Praxishandbuch Insolvenzrecht, S. 11, sowie BALZ, M./LANDFERMANN, H.-G., Die neuen Insolvenzgesetze, S. XXIX.

39 Ein Vergleich wird gemäß § 779 Abs. 1 S. 1 BGB als „[e]in Vertrag, durch den der Streit oder die Ungewissheit der Parteien über ein Rechtsverhältnis im Wege gegenseitigen Nachgebens beseitigt wird“ definiert und kann in der Insolvenz z. B. in Form eines Erlasses oder einer Stundung von Forderungen umgesetzt werden.

40 Dies hatte zur Folge, dass die Zahl der eröffneten Konkursverfahren im Jahr 1901 bereits auf über 10.000 Verfahren anstieg, vgl. KELLER, U., Insolvenzrecht, Rn. 48.

41 Offiziell wurde die VglO „Gesetz über den Vergleich zur Abwendung des Konkurses“ genannt. Vgl. KELLER, U., Insolvenzrecht, Rn. 48, sowie BAUER, P. M., Der Insolvenzplan, S. 275.

42 Vgl. BAUER, P. M., Der Insolvenzplan, S. 278.

43 Vgl. DER REICHSMINISTER DER JUSTIZ (Hrsg.), Entwurf einer Vergleichsordnung, S. 15, sowie GANTER, H. G./LOHMANN, I., in: Kirchhof/Stürner/Eidenmüller, Kommentar zur InsO, 3. Aufl., § 1, Rn. 9.

ordnung der DDR individualisiert und am 01. Januar 1976 die KO und die VglO von der Gesamtvollstreckungsverordnung (GesVVO) abgelöst.[44] Die GesVVO nahm in der DDR indes nie eine signifikante ordnungspolitische Relevanz ein.[45] Die Wiedervereinigung im Jahr 1990 führte dazu, dass die GesVVO angepasst werden musste, da diese nicht für mittelgroße und große Insolvenzen anwendbar war.[46] Anstelle einer Wiedereinführung der in der Bundesrepublik nach wie vor rechtsgültigen KO und VglO, wurde die GesVVO im Vertrag über die Schaffung einer Währungs-, Wirtschafts- und Sozialunion vom 18. Mai 1990 zur Gesamtvollstreckungsordnung (GesO) erweitert.[47] Da zur gleichen Zeit das Konkursrecht in der Bundesrepublik überarbeitete wurde, sollte so eine zweimalige Gesetzesänderung innerhalb der DDR umgangen werden. Jedoch wurden Regelungslücken hingenommen, die aufgrund der Komplexität des Vorhabens zu erwarten waren. Ansätze, die sich später in der InsO wiederfinden sollten, waren bereits in der GesO angelegt. Sie galt ausschließlich für die neuen Bundesländer.[48]

Bereits vor der Wiedervereinigung existierten in der Bundesrepublik erste Reformbestrebungen zur KO.[49] Hintergrund war, dass die KO und die VglO weitestgehend funktionsunfähig geworden waren.[50] Dies zeigte sich vor allem darin, dass ein Großteil der Verfahren mangels Masse erst gar nicht eröffnet wurde, d. h., dass das vorhandene Vermögen nicht ausreichte, um die Kosten eines Konkursverfahrens zu decken. In den Jahren 1985 bis 1990 wurden über 75 % der Anträge mangels Masse abgewiesen.[51] Ähnliches galt für die VO, lediglich 0,2 % der durchgeführten Verfahren waren im Jahr 1994 Vergleichsverfahren.[52] Auch die Befriedigungsquoten der Gläubiger waren mangelhaft und lagen im Durchschnitt bei unter 5 % der ausstehenden Forderungen.[53]

---

44 Die Intention der DDR-Regierung war es, die KO bis zur Einführung der GesVVO vor allem dafür zu nutzen, um lebensfähige Unternehmen, an denen ein volkswirtschaftliches Interesse bestand, zu verstaatlichen. Vgl. THAETNER, T., Konkurs und Verstaatlichung, Rn. 4-11. Nach Meinung der sozialistischen Justiz sollte die GesVVO ein einfacheres Insolvenzverfahren ermöglichen, als es in der KO vorgeschrieben war. Vgl. BAUER, P. M., Der Insolvenzplan, S. 282.

45 Vgl. KELLER, U., Insolvenzrecht, Rn. 49.

46 Vgl. DEUTSCHER BUNDESTAG (Hrsg.), BT-Drucksache 11/7350, S. 127.

47 Vgl. BRD UND DDR (Hrsg.), Vertrag über die Schaffung einer Währungs-, Wirtschafts- und Sozialunion.

48 Vgl. BAUER, P. M., Der Insolvenzplan, S. 268, sowie HOLZER, J., Reform des Insolvenzrechts, S. 288.

49 Diese wurden im Jahre 1977 durch den Kölner Insolvenzrechtskongress des Kölner Arbeitskreises für Insolvenz- und Schiedsgerichtswesen e. V. initiiert. Vgl. FREGE, M. C. U. A., Insolvenzrecht, Rn. 15.

50 Zu den Grundmängeln der KO und VglO vgl. SCHMIDT, K., Wege zum Insolvenzrecht, S. 17 f., sowie ENGELHARD, H. A., Politische Akzente einer Insolvenzrechtsreform, S. 1288.

51 Vgl. DEUTSCHER BUNDESTAG (Hrsg.), BT-Drucksache 12/2443, S. 72, sowie BAUER, P. M., Der Insolvenzplan, S. 294.

52 Vgl. GOTTWALD, P., in: Insolvenzrechts-Handbuch, 5. Aufl., § 1 Einführung, Rn. 22.

53 Vgl. BAUER, P. M., Der Insolvenzplan, S. 294.

Der erste Regierungsentwurf einer InsO für Gesamtdeutschland wurde am 15. April 1992 erlassen.[54] Im Mittelpunkt der Reformansätze stand, neben der Vereinheitlichung der Gesetzesvorschriften der Bundesrepublik und der DDR, die Möglichkeit der Sanierung insolvenzbedrohter und insolventer Unternehmen. Dies sollte u. a. durch erleichterte Verfahrenseröffnungen erreicht werden.[55] Darüber hinaus wurde eine stärkere Gleichbehandlung der Gläubiger bei steigender Gläubigerautonomie angestrebt.[56] Leitbild der Insolvenzrechtsreform war es, eine Marktkonformität der Insolvenzabwicklung zu schaffen, sodass die „Gesetzmäßigkeiten des Marktes auch die gerichtliche Insolvenzabwicklung steuern“[57]. Die Einführung des Insolvenzplanverfahrens konkretisierte die Regelungen und diente als Instrument für einen privatautonomen Lösungsprozess.[58] Dem Regierungsentwurf wurde seitens der Kritiker mangelnde Praktikabilität durch Detailperfektionismus und übermäßige Schuldnerfreundlichkeit unterstellt.[59] Auch die Bundesländer waren skeptisch, sodass auf der Dresdner Justizministerkonferenz im Juni 1993 fünfzehn der sechzehn Landesjustizverwaltungen gegen die Reform votierten.[60] Die Konsequenz war, dass der Bundestag die InsO zwar am 21. April 1994 verabschiedete, diese allerdings durch Verhandlungen im eingerichteten Vermittlungsausschuss bis zu ihrem Inkrafttreten am 01. Januar 1999 neun Mal modifiziert wurde.[61]

Auch nach ihrer Einführung wurde die InsO fortwährend angepasst.[62] Neben diversen Gesetzesänderungen[63] wurde mit der Einführung des Gesetzes zur Modernisierung des GmbH-

---

54 Vgl. DEUTSCHER BUNDESTAG (Hrsg.), BT-Drucksache 12/2443.

55 Vgl. DEUTSCHER BUNDESTAG (Hrsg.), BT-Drucksache 12/2443, S. 1. Mit Einführung der drohenden Zahlungsunfähigkeit als Insolvenzgrund konnten Insolvenzverfahren frühzeitig eröffnet werden. Vgl. KELLER, U., Insolvenzrecht, Rn. 52, sowie Abschnitt 212.13. Zudem wurde die Kostenschwelle für die Verfahrenseröffnung gesenkt. Vgl. BAUER, F./STÜRNER, R., Zwangsvollstreckungs-, Konkurs- und Vergleichsrecht; BAUER, P. M., Der Insolvenzplan, S. 304.

56 Die Gläubigerautonomie war in der KO nicht sehr stark ausgeprägt. Vgl. RIEDEMANN, S., Zur Entwicklung des Konkursrechts, S. 33.

57 DEUTSCHER BUNDESTAG (Hrsg.), BT-Drucksache 12/2443, S. 77.

58 Vgl. BALZ, M., Ziele der Insolvenzordnung, Rn. 7; FREGE, M. C. U. A., Insolvenzrecht, Rn. 16.

59 Vgl. BALZ, M./LANDFERMANN, H.-G., Die neuen Insolvenzgesetze, S. XLII.

60 Die Bundesländer führten vor allem die angespannte personelle Situation in den Landesjustizverwaltungen der neuen Bundesländer als Grund gegen die Reform an. Vgl. BALZ, M./LANDFERMANN, H.-G., Die neuen Insolvenzgesetze, S. XLIII.

61 Ursprünglich sollte die neue InsO ab dem 01. Januar 1997 anzuwenden sein. Vgl. FREGE, M. C. U. A., Insolvenzrecht, Rn. 15; BALZ, M./LANDFERMANN, H.-G., Die neuen Insolvenzgesetze, S. L., sowie KELLER, U., Insolvenzrecht, Rn. 51.

62 Statt vieler vgl. SCHMERBACH, U., in: Wimmer, FK-InsO, 8. Aufl., § 1, Rn. 48.

63 Im Jahr 2001 wurde das Änderungsgesetz zur InsO beschlossen, um u. a. das Eröffnungsverfahren für Unternehmensinsolvenzen zu erleichtern. Vgl. GOTTWALD, P., in: Insolvenzrechts-Handbuch, 5. Aufl., § 1 Einführung, Rn. 66, sowie SCHMERBACH, U., in: Wimmer, FK-InsO, 8. Aufl., § 1, Rn. 49. Zudem war eine Anpassung der InsO an internationale Gegebenheiten erforderlich. Daher wurden im Zuge des Gesetzes zur Neuregelung des internationalen Insolvenzrechts vom 14. März 2003 Regelungen für grenzüberschreitende Insolvenzverfahren in die InsO aufgenommen. Vgl. SCHMERBACH, U., in: Wimmer, FK-InsO, 8. Aufl., § 1, Rn. 62, sowie FREGE, M. C. U. A., Insolvenzrecht, Rn. 17. Im Jahr 2007 trat das Gesetz zur Vereinfachung

Rechts und zur Bekämpfung von Missbräuchen vom 23. Oktober 2008 in § 15a InsO die Insolvenzantragspflichten juristischer Personen und Gesellschaften ohne Rechtspersönlichkeiten vereinheitlicht.[64] Eine weitere signifikante Änderung der InsO war das Ergebnis der Finanzmarktkrise in den Jahren 2007 und 2008. Im Oktober 2008 trat das Finanzmarktstabilisierungsgesetz in Kraft, in diesem Zuge wurde der Eröffnungsgrund der Überschuldung angepasst.[65]

Ein weiterer Meilenstein war die im Jahr 2010 angekündigte dreistufige Insolvenzrechtsreform. In der ersten Stufe sollten Unternehmenssanierungen erleichtert werden, in der zweiten Stufe die Restschuldbefreiung und das Verbraucherinsolvenzverfahren verbessert sowie in der dritten Stufe ein neues Konzerninsolvenzrecht geschaffen werden.[66] Zur Umsetzung der ersten Stufe hat die Bundesregierung am 23. Februar 2011 das Gesetz zur weiteren Erleichterung der Sanierung von Unternehmen (ESUG) erlassen.[67] Ziele waren die Erleichterung der Fortführung sanierungsfähiger Unternehmen, die Stärkung des Gläubigereinflusses, vor allem bei der Auswahl des Insolvenzverwalters, der Ausbau des Insolvenzplanverfahrens[68] und ein vereinfachter Zugang zur Eigenverwaltung.[69] Da der Mittelpunkt der vorliegenden Arbeit auf der insolvenzspezifischen Rechnungslegung von Kapitalgesellschaften liegt, werden die zweite und die dritte Stufe nicht näher betrachtet. Weitere Reformbestrebungen, welche derzeit diskutiert werden, sind die Modernisierung der Insolvenzverwaltervergütungsverordnung (InsVV) sowie eine Überprüfung des Insolvenzanfechtungsrechts.[70] Abbildung 2-1 gibt einen Überblick über die Entstehungsgeschichte und wesentlichen Meilensteine der heute gültigen InsO.

---

des Insolvenzverfahrens in Kraft. Darin wurde u. a. die Auswahl des Insolvenzverwalters sowie die öffentliche Bekanntmachung in Insolvenzsachen über das Internet (§ 9 InsO) neu geregelt, vgl. Deutscher Bundestag (Hrsg.), BT-Drucksache 16/4194, S. 1.

64 Vgl. MoMiG, Art. 9 Änderung der Insolvenzordnung.

65 Vgl. ausführlich Abschnitt 212.14; Deutscher Bundestag (Hrsg.), BT-Drucksache 16/10600, S. 8; Flöther, L. F., ESUG, S. 2159 f., sowie Haarmann, W./Vorwerk, S., Rechtliche Anforderungen an die Feststellung der positiven Fortführungsprognose, S. 1604.

66 Vgl. Schmerbach, U., in: Wimmer, FK-InsO, 8. Aufl., § 1, Rn. 67; Mock, S., in: Uhlenbruck/Hirte/Vallender, InsO, 14. Aufl., § 19, Rn. 5, sowie Schulz, P./Bismarck, K. von, Rechtsentwicklungen im Insolvenz- und Sanierungsrecht 2016, S. 49-51.

67 Vgl. Braun, E./Heinrich, J., Insolvenzplankultur in Deutschland, S. 505. Das ESUG trat im März des Jahres 2012 in Kraft, vgl. Tobias, R./Meißner, F./Müller, S., Eigenverwaltungserfahrungen, S. 1.

68 Zum Insolvenzplanverfahren vgl. Abschnitt 212.22.

69 Vgl. Deutscher Bundestag (Hrsg.), BT-Drucksache 17/5712, S. 2. Eine Zusammenfassung über die (gelungene) Zielerreichung des ESUG ist u. a. zu finden bei Geiwitz, A., Hat das ESUG seine Ziele erreicht?; Vallender, H., Eigenverwaltung und Schutzschirmverfahren, sowie in Tobias, R./Meißner, F./Müller, S., Eigenverwaltungserfahrungen.

70 Vgl. Schmerbach, U., in: Wimmer, FK-InsO, 8. Aufl., § 1, Rn. 94, sowie Gottwald, P., in: Insolvenzrechts-Handbuch, 5. Aufl., § 1 Einführung, Rn. 108.

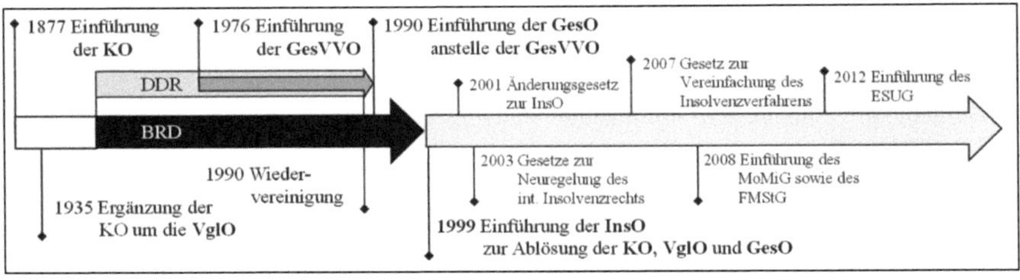

Abbildung 2-1: Entstehungsgeschichte der Insolvenzordnung[71]

212. Ablauf eines Insolvenzverfahrens

212.1 Verfahrenseröffnung und Insolvenzeröffnungsgründe

212.11 Vorbemerkungen

Für die Eröffnung eines Insolvenzverfahrens ist nach § 13 Abs. 1 S. 1 InsO der schriftliche Eröffnungsantrag durch den Gläubiger oder Schuldner Grundvoraussetzung.[72] Zudem ist für eine erfolgreiche Verfahrenseröffnung gemäß § 16 InsO erforderlich, dass ein Eröffnungsgrund vorliegt. Mögliche Gründe sind die **Zahlungsunfähigkeit** laut § 17 InsO, die **drohende Zahlungsunfähigkeit** gemäß § 18 InsO sowie die **Überschuldung** nach § 19 InsO.[73] Für die Eröffnungsgründe der Zahlungsunfähigkeit und der Überschuldung besteht für den Schuldner eine **Antragspflicht** (§ 15a InsO).[74] Der Antrag muss ohne schuldhaftes Verzögern und spätestens drei Wochen nach Eintritt des Eröffnungsgrundes gestellt werden.[75] Bei drohender Zahlungsunfähigkeit hat der Schuldner ein **Antragsrecht**. Gläubiger hingegen haben lediglich bei Zahlungsunfähigkeit und Überschuldung ein **Antragsrecht**.[76]

Liegt ein formal zulässiger Antrag vor, wird dieser vom Gericht geprüft.[77] Der Antrag des Schuldners kann bei juristischen Personen durch jedes Mitglied des Vertretungsorgans oder durch deren rechtsgeschäftliche bzw. gesetzliche Vertreter gestellt werden.[78] Der Antrag durch

---

71 Eigene Darstellung.

72 Vgl. Prütting, H., Rechtsmissbrauch und Insolvenzantrag, S. 568.

73 Mit dem IDW S 11 vom 29. Januar 2015 hat das IDW Anforderungen für die Beurteilung von Insolvenzeröffnungsgründen festgehalten, vgl. IDW (Hrsg.), IDW S 11, Rn. 2.

74 Bei juristischen Personen liegt die Antragspflicht bei den gesetzlichen Vertretern. Vgl. Vallender, H., Regelinsolvenzverfahren, S. 1342.

75 Vgl. Vallender, H., Regelinsolvenzverfahren, S. 1342.

76 Vgl. Müller, U./Rautmann, H., Antragsberechtigung des Massegläubigers, S. 2367.

77 Zu den Voraussetzungen formaler Zulässigkeit vgl. Hess, H., Insolvenzeröffnungsverfahren, S. 8.

78 Vgl. dazu § 15 InsO, sowie Frege, M. C. u. a., Insolvenzrecht, Rn. 431.

einen Gläubiger ist gemäß § 14 InsO dann zulässig, wenn dieser ein „rechtliches Interesse“[79] an der Verfahrenseröffnung hat.[80] Sofern ein zulässiger Antrag vorliegt, hat der Schuldner gemäß § 20 Abs. 1 InsO Auskunfts- und Mitwirkungspflichten ggü. dem Insolvenzgericht, damit dieses über den Insolvenzantrag entscheiden kann.[81] Das Gericht kann nach § 21 InsO bis zur endgültigen Entscheidung über den Insolvenzantrag Sicherungsmaßnahmen zur Abwendung einer Vermögensminderung treffen. Ausgewählte Sicherungsmaßnahmen sind die Bestellung eines vorläufigen Insolvenzverwalters (§ 21 Abs. 2 Nr. 1 InsO) und/oder eines Gläubigerausschusses[82] (§ 21 Abs. 2 Nr. 1a InsO i. V. m § 22a InsO) oder das Auferlegen eines allgemeinen Verfügungsverbots für den Schuldner (§ 21 Abs. 2 Nr. 2 InsO). Das Verfügungsverbot impliziert, dass das Verwaltungs- und Verfügungsrecht auf den vorläufigen Insolvenzverwalter übergeht.[83] Dieser hat nach § 21 Abs. 2 Nr. 1 InsO i. V. m. § 66 InsO ggü. dem Insolvenzgericht Rechnung zu legen.[84] Nachdem das Gericht überprüft hat, ob der Antrag begründet war, kann es diesen zurückweisen, sofern kein Insolvenzgrund vorliegt.[85] Für den Fall, dass das Vermögen nicht mehr ausreicht, um die Verfahrenskosten[86] zu decken, kann der Antrag nach § 26 InsO zudem mangels Masse abgewiesen werden. In allen anderen Fällen hat das Gericht das Insolvenzverfahren mit einem Eröffnungsbeschluss gemäß § 27 InsO zu eröffnen.[87] Im Folgenden werden die einzelnen Insolvenzeröffnungsgründe erläutert.

---

79 § 14 Abs. 1 InsO.

80 Sofern ein Gläubigerantrag gestellt wird, ist der Schuldner nach § 14 Abs. 2 InsO anzuhören. Dieser kann Einrede erheben. Vgl. KELLER, U., Insolvenzrecht, Rn. 541.

81 Vgl. ZIPPERER, H., in: Uhlenbruck/Hirte/Vallender, InsO, 14. Aufl., § 20, Rn. 6.

82 § 21 Abs. 2 Nr. 1a InsO wurde im Zuge des ESUG eingeführt und hat keinen Sicherungscharakter, sondern bezieht sich auf eine frühzeitige Einbindung der Gläubiger. Vgl. VALLENDER, H., in: Uhlenbruck/Hirte/Vallender, InsO, 14. Aufl., § 21 InsO, Rn. 16a f. Wenn das Unternehmen die Größenkriterien gemäß § 22a InsO erfüllt, besteht die Pflicht, einen vorläufigen Gläubigerausschuss einzurichten.

83 In dem Fall wird von einem „starken“ vorläufigen Insolvenzverwalter gesprochen, vgl. SCHMERBACH, U., in: Wimmer, FK-InsO, 8. Aufl., § 21, Rn. 14.

84 Vgl. § 66 InsO sowie ausführlich Abschnitt 222. Es ist mindestens eine Einnahmen- und Ausgabenrechnung zu erstellen. Vgl. SCHMERBACH, U., in: Wimmer, FK-InsO, 8. Aufl., § 21, Rn. 197-214.

85 Gegen eine Ablehnung kann der Schuldner gemäß § 34 InsO sofortige Beschwerde einlegen.

86 Diese sind die Gerichtskosten für das Insolvenzverfahren, die Vergütung und die Auslagen des vorläufigen und endgültigen Insolvenzverwalter und die Auslagen der Mitglieder des Gläubigerausschusses, vgl. § 54 InsO.

87 Auf die einzelnen Verfahrensarten wird in Abschnitt 212.2 eingegangen.

212.12 Zahlungsunfähigkeit nach § 17 InsO

Ein Schuldner ist gemäß § 17 InsO[88] zahlungsunfähig, „wenn er nicht in der Lage ist, die fälligen Zahlungspflichten zu erfüllen“[89] oder „wenn der Schuldner seine Zahlungen eingestellt hat“[90]. Indes liegt keine Zahlungsunfähigkeit sondern eine Zahlungsstockung vor, wenn der Schuldner die Liquiditätslücke innerhalb von drei Wochen schließen kann.[91] Sofern die Liquiditätslücke am Ende der Drei-Wochen-Frist größer oder gleich 10 % der fälligen Gesamtverbindlichkeiten ist, ist der Schuldner **zahlungsunfähig**.[92] Für den Fall, dass die Liquiditätslücke dann kleiner als 10 % ist, wird von einer Zahlungsstockung ausgegangen, mit welcher lediglich die Erstellung eines Liquiditätsplans erforderlich wird.[93] Zahlungsunfähigkeit besteht auch dann, wenn auf Basis des Plans ersichtlich wird, dass die Liquiditätslücke künftig größer als 10 % sein wird. Für die weiteren Fälle ist zu untersuchen, ob die Liquiditätslücke in den nächsten drei Monaten geschlossen werden kann. Ist dies nicht der Fall, ist der Schuldner zahlungsunfähig und muss unverzüglich einen Insolvenzantrag stellen.[94]

212.13 Drohende Zahlungsunfähigkeit nach § 18 InsO

Mit dem Eröffnungsgrund der drohenden Zahlungsunfähigkeit wird dem Schuldner das Recht eingeräumt, einen Insolvenzantrag zu stellen und damit frühzeitig in ein Insolvenzverfahren einzutreten.[95] Die Intention des Gesetzgebers war es, dadurch die Sanierungschancen für Unternehmen zu verbessern.[96] Mit Einführung des ESUG sollte die Akzeptanz des § 18 InsO zu-

---

88 Der Insolvenzgrund der Zahlungsunfähigkeit existierte bereits in der KO. Für eine frühzeitigere Verfahrenseröffnung wurde § 17 InsO in der InsO-Reform enger gefasst. Vgl. MOCK, S., in: Uhlenbruck/Hirte/Vallender, InsO, 14. Aufl., § 17, Rn. 3 f., sowie FREGE, M. C. U. A., Insolvenzrecht, Rn. 301.

89 § 17 Abs. 2 S. 1 InsO.

90 § 17 Abs. 2 S. 2 InsO.

91 Vgl. folgendes Urteil Bundesgerichtshof (Hrsg.), 24.05.2005 – IX ZR 123/04, Rn. 38, sowie IDW (Hrsg.), IDW S 11, Rn. 14.

92 Vgl. GROß, P. J./AMEN, M., Going-Concern-Prognosen im Insolvenz- und im Bilanzrecht, S. 1862, sowie IDW (Hrsg.), IDW S 11, Rn. 16.

93 Vgl. IDW (Hrsg.), IDW S 11, Rn. 17.

94 Vgl. IDW (Hrsg.), IDW S 11, Rn. 16.

95 Vgl. DRUKARCZYK, J./SCHÜLER, A., Insolvenztatbestände, S. 56 f., sowie MOCK, S., in: Uhlenbruck/Hirte/Vallender, InsO, 14. Aufl., § 18, Rn. 2.

96 Der Insolvenzgrund der drohenden Zahlungsunfähigkeit wurde mit der InsO neu eingeführt. Vgl. MOCK, S., in: Uhlenbruck/Hirte/Vallender, InsO, 14. Aufl., § 18, Rn. 4.

sätzlich gesteigert werden, indem dem Schuldner ermöglicht wurde, frühzeitig ein Schutzschirmverfahren[97] nach § 270b InsO zu beantragen.[98] In § 18 InsO heißt es, dass Zahlungsunfähigkeit droht, „wenn er [der Schuldner; Anm. des Verf.] voraussichtlich nicht in der Lage sein wird, die bestehenden Zahlungspflichten im Zeitpunkt der Fälligkeit zu erfüllen“[99]. Demnach besteht zum Beurteilungsstichtag zwar keine Liquiditätslücke, allerdings ist auf Basis eines Finanzplans absehbar, dass die liquiden Mittel nicht mehr ausreichen werden, um die alsbald fälligen Zahlungsverpflichtungen auszugleichen.[100] Der Eintritt der künftigen Zahlungsunfähigkeit muss überwiegend wahrscheinlich sein.[101] Der Eröffnungsgrund der drohenden Zahlungsunfähigkeit liegt grds. bei einer negativen Fortbestehensprognose vor.[102] Damit ist die Unternehmensleitung verpflichtet, die Möglichkeit einer Überschuldung zu prüfen.[103] Falls diese besteht und damit das Reinvermögen negativ ist, hat der Schuldner eine Antragspflicht.[104]

212.14 Überschuldung nach § 19 InsO

Der dritte Eröffnungsgrund für ein Insolvenzverfahren bei juristischen Personen ist die Überschuldung gemäß § 19 InsO. Grundsätzlich liegt eine Überschuldung dann vor, wenn „das Vermögen des Schuldners die bestehenden Verbindlichkeiten nicht mehr deckt“[105]. Mit Einführung des Finanzmarktstabilisierungsgesetzes wurde die Regelung in Satz 2 des § 19 InsO zunächst temporär und dann dauerhaft angepasst.[106] Darin heißt es, dass keine Überschuldung vorliegt, wenn „die Fortführung des Unternehmens [...] überwiegend wahrscheinlich [ist]“[107]. Durch die Änderung kann ein Unternehmen, welches überschuldet ist, vor einer Antragspflicht bewahrt werden, sofern eine positive Fortbestehensprognose vorliegt.[108] Dies war vor der Einführung

---

97 Beim Schutzschirmverfahren verwaltet der Schuldner sein Vermögen eigenständig. Dies ist – für maximal drei Monate – vor dem Zugriff der Gläubiger geschützt. Der Schuldner muss in der Zeit ein Sanierungskonzept erstellen, welches anschließend in Form eines Insolvenzplans umgesetzt werden soll. Vgl. FREGE, M. C. U. A., Insolvenzrecht, Rn. 2066; FOLTIS, R., in: Wimmer, FK-InsO, 8. Aufl., § 270b, Rn. 1; BRUSCHKE, G., Überblick über das Insolvenzrecht, S. 305, sowie Abschnitt 212.2.

98 Zur Einführung des ESUG siehe Abschnitt 211. Vgl. ausführlich zum Schutzschirmverfahren Abschnitt 212.23.

99 § 18 Abs. 2 InsO.

100 Vgl. IDW (Hrsg.), IDW S 11, Rn. 92.

101 Vgl. SCHMERBACH, U., in: Wimmer, FK-InsO, 8. Aufl., § 18, Rn. 24.

102 Vgl. IDW (Hrsg.), IDW S 11, Rn. 93.

103 Vgl. dazu ausführlich Abschnitt 212.14.

104 Zum Eröffnungsgrund der Überschuldung vgl. Abschnitt 212.14.

105 § 19 Abs. 2 S. 1 InsO, sowie ausführlich HAARMANN, W./VORWERK, S., Rechtliche Anforderungen an die Feststellung der positiven Fortführungsprognose, S. 1603.

106 Vgl. AMEND, A., Finanzmarktstabilisierungsergänzungsgesetz, S. 589-599, sowie Abschnitt 211.

107 § 19 Abs. 2 S. 2 InsO. Zum Tatbestand der überwiegenden Wahrscheinlichkeit vgl. DRUKARCZYK, J./SCHÜLER, A., in: Kirchhof/Stürner/Eidenmüller, Kommentar zur InsO, 3. Aufl., § 19, Rn. 77 f.

108 Eine Fortbestehensprognose fällt positiv aus, wenn eine Unternehmensfortführung überwiegend wahrscheinlich ist und demnach keine drohende Zahlungsunfähigkeit zu erwarten ist, vgl. IDW (Hrsg.),

des Finanzmarktstabilisierungsgesetzes nicht möglich. Im Gesetz ist keine Prüfungsreihenfolge der Elemente der Überschuldungsprüfung vorgegeben.[109] Der im Januar 2015 neu gefasste IDW S 11 empfiehlt jedoch ein zweistufiges Vorgehen, beginnend mit der Erstellung einer Fortbestehensprognose. Wenn diese positiv ist, liegt keine Überschuldung i. S. d. § 19 Abs. 2 InsO vor.[110] Bei einer negativen Fortbestehensprognose ist im zweiten Schritt eine Überschuldungsprüfung notwendig. Für den Fall, dass das Reinvermögen positiv ist, liegt ein Antragsrecht[111] vor, bei einem negativen Reinvermögen besteht für den Schuldner eine Antragspflicht.[112] Abbildung 2-2 fasst die Interdependenzen zwischen den Regelungen nach § 17 InsO und § 18 InsO sowie einer ggf. notwendigen Überschuldungsprüfung zusammen.

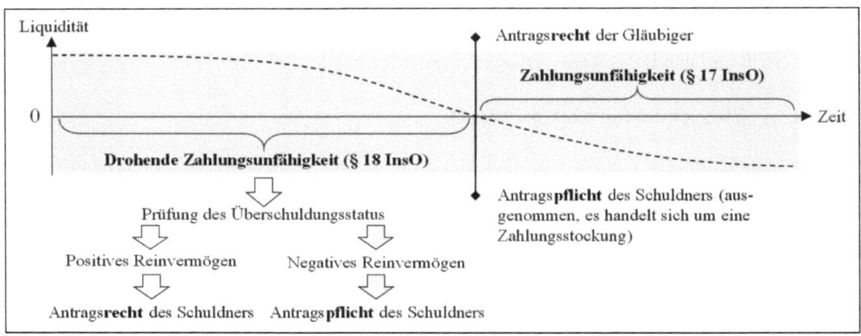

Abbildung 2-2: Insolvenzeröffnungsgründe gemäß §§ 17, 18 InsO[113]

Nach der Verfahrenseröffnung können unterschiedliche Verfahrensarten angestrebt werden. Diese werden im folgenden Abschnitt vorgestellt.

212.2 Verfahrensarten

212.21 Regelinsolvenzverfahren

Die Formulierung in § 1 InsO verdeutlicht, dass die **gemeinschaftliche Befriedigung** aller Gläubiger das Hauptziel des Insolvenzverfahrens ist.[114] Neben der Zerschlagungsalternative

IDW S 11, Rn. 51. Der Gesetzgeber wollte mit der Änderung des § 19 InsO eine schnelle Antwort auf die zeitlich begrenzten Überschuldungssituationen von Finanzmarktinstituten geben und diese vor einer Insolvenz bewahren. Vgl. STAAB, J., Die sieben häufigsten Insolvenzgründe erkennen, S. 156, sowie DEUTSCHER BUNDESTAG (Hrsg.), BT-Drucksache 16/10600, S. 12 f.

109 Vgl. SCHMIDT, K., Überschuldung, Rn. 5.110.

110 Vgl. IDW (Hrsg.), IDW S 11, Rn. 53. A. A. vgl. SCHMIDT, K., Überschuldung, Rn. 5.116.

111 Siehe dazu auch die Ausführungen zu § 18 InsO in Abschnitt 212.13.

112 Vgl. IDW (Hrsg.), IDW S 11, Rn. 53.

113 Abbildung in Anlehnung an GROß, P. J., Die Fortbestehensprognose, S. 228.

114 Vgl. § 1 InsO.

kann dieses Ziel auch durch den Erhalt des schuldnerischen Unternehmens erreicht werden. Das Insolvenzverfahren ist demnach nicht nur auf die bloße Zerschlagung eines Unternehmens ausgerichtet.[115] Mit der Eröffnung des Verfahrens ernennt das Insolvenzgericht nach § 27 InsO einen Insolvenzverwalter, gleichzeitig werden die Gläubiger aufgefordert, ihre existierenden Forderungen bei diesem anzumelden.[116] Mit der Verfahrenseröffnung tritt das Verbot der Zwangsvollstreckung nach § 89 InsO in Kraft.[117] So haben Insolvenzgläubiger keine Möglichkeit, auf Basis einzelner Vermögensgegenstände bevorzugt befriedigt zu werden.[118] Vielmehr kann eine bereits vor Verfahrenseröffnung bewirkte Einzelzwangsvollstreckung eines Gläubigers angefochten werden.[119]

Mit der Ernennung des Insolvenzverwalters geht nach § 80 InsO das Verwaltungs- und Verfügungsrecht vom Schuldner auf den Insolvenzverwalter über.[120] Dieser hat das „gesamte zur Insolvenzmasse gehörende Vermögen sofort in Besitz und Verwahrung zu nehmen“[121]. Die Insolvenzmasse ist nach § 35 InsO das gesamte Vermögen, das dem Schuldner bei Verfahrenseröffnung gehört und welches während des Verfahrens in seinen Besitz gelangt. Darüber hinaus hat der Insolvenzverwalter für den Berichtstermin die insolvenzspezifischen Berichtsdokumente[122] gemäß § 156 InsO anzufertigen. Diese dienen als Entscheidungsgrundlage für den weiteren Fortgang des Insolvenzverfahrens. Im Berichtstermin treffen die Gläubiger nach § 157 InsO[123] die Entscheidung über die Art der Verwertung des Unternehmens. Der Termin ist innerhalb der ersten drei Monate nach Verfahrenseröffnung anzusetzen.[124] Für die Gläubiger bestehen grds. zwei Verfahrenswege, zum einen das Regelinsolvenzverfahren und zum anderen das Insolvenzplanverfahren. Im Insolvenzplanverfahren kann, im Sinne der Gläubigerautonomie, von den Regelungen der InsO abgewichen werden.[125] Abbildung 2-3 verdeutlicht die unterschiedlichen Verfahrensarten.[126]

---

115 Vgl. SCHLUCK-AMEND, A., Betriebsfortführung, Rn. 7.51 f.

116 Vgl. § 28 InsO.

117 Vgl. VALLENDER, H., Regelinsolvenzverfahren, S. 1342.

118 Vgl. KELLER, U., Insolvenzrecht, Rn. 996 f.

119 Vgl. BRAUN, E./UHLENBRUCK, W., Unternehmensinsolvenz, S. 355. Die Anfechtungsregeln und -tatbestände sind im Dritten Abschnitt der InsO (§§ 129-147 InsO) kodifiziert.

120 Vgl. zu den Pflichten eines Insolvenzverwalter § 80 InsO sowie Abschnitt 213.4.

121 § 148 Abs. 1 InsO.

122 Für eine detaillierte Analyse insolvenzspezifischer Berichtsdokumente vgl. Abschnitt 222.11.

123 Die Gläubigerversammlung beschließt im Berichtstermin, „ob das Unternehmen des Schuldners stillgelegt oder vorläufig fortgeführt werden soll“ (§ 157 S. 1 InsO).

124 Vgl. § 29 Abs. 1 S. 1 InsO.

125 Vgl. BORK, R., Einführung in das Insolvenzrecht, Rn. 18 f.

126 Die Möglichkeiten der Eigenverwaltung gemäß §§ 270-285 InsO werden in Abschnitt 212.23 charakteri-

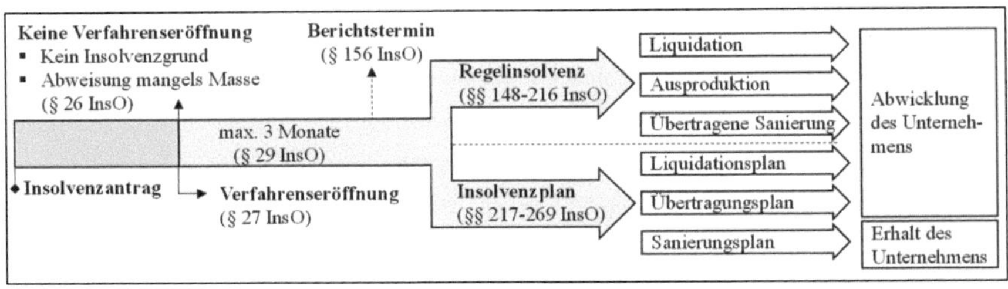

Abbildung 2-3: Verfahrensarten (exkl. Eigenverwaltungs- und Schutzschirmverfahren)[127]

Sofern im Berichtstermin die Stilllegung bzw. **Liquidation** des Unternehmens in Form einer **Regelinsolvenz** beschlossen wurde, hat der Insolvenzverwalter gemäß § 159 InsO unverzüglich, d. h. „ohne schuldhaftes Verzögern"[128], das zur Insolvenzmasse gehörende Vermögen zu verwerten.[129] Ziel der Liquidation ist die vollständige Vermögensverwertung, um eine maximale Gläubigerbefriedigung zu erreichen.[130] Sofern die von den Gläubigern angemeldeten Forderungen geprüft[131] wurden, können gemäß § 187 InsO erste Abschlagszahlungen an die Gläubiger geleistet werden.[132] Nachdem die Insolvenzmasse verwertet und das Verteilungsverzeichnis gemäß § 188 InsO erstellt wurde, wird nach § 196 InsO die Schlussverteilung durchgeführt.[133] An diese schließt sich der Schlusstermin[134] an, in welchem der Insolvenzverwalter die Schlussrechnungen[135] erörtert.

---

siert. Da der Schwerpunkt der Arbeit auf Insolvenzverfahren juristischer Personen liegt, werden Verbraucherinsolvenz- und sonstige Kleinverfahren nicht betrachtet.

127 Das Eigenverwaltungs- und Schutzschirmverfahren werden in Abschnitt 212.23 analysiert.

128 § 121 Abs. 1 BGB.

129 Vgl. SMID, S., Praxishandbuch Insolvenzrecht, S. 425. Ausnahmsweise kann ein Betrieb bereits im Eröffnungsverfahren durch den vorläufigen Insolvenzverwalter gemäß § 22 Abs. 1 S. 2 Nr. 2 InsO stillgelegt werden, wenn durch die Fortführung eine erhebliche Verminderung des Vermögens zu erwarten ist. Dafür bedarf es der Zustimmung des Gerichts. Vgl. SCHMERBACH, U., in: Wimmer, FK-InsO, 8. Aufl., § 22, Rn. 69.

130 Vgl. BORK, R., Einführung in das Insolvenzrecht, Rn. 3.

131 Die Prüfung findet im Prüfungstermin nach § 176 InsO statt.

132 Vgl. KIEßNER, F., in: Wimmer, FK-InsO, 8. Aufl., § 187, Rn. 2, sowie PEHL, D., in: Braun, InsO Kommentar, 6. Aufl., § 187, Rn. 1-3. Dies passiert im Rahmen einer Abschlagsverteilung nach § 187 Abs. 2 InsO. Für jede Verteilung ist nach § 188 InsO ein eigenständiges Verteilungsverzeichnis aufzustellen. Vgl. WEGENER, D., in: Uhlenbruck/Hirte/Vallender, InsO, 14. Aufl., § 187, Rn. 1, sowie PEHL, D., in: Braun, InsO Kommentar, 6. Aufl., § 188, Rn. 1.

133 Für die Schlussverteilung ist eine gerichtliche Zustimmung gemäß § 196 Abs. 2 InsO Voraussetzung.

134 Der Schlusstermin wird nach § 197 Abs. 1 InsO durch das Insolvenzgericht festgelegt und darf höchstens zwei Monate später als die Schlussverteilung liegen. Vgl. § 197 Abs. 2 InsO.

135 Diese ist nach § 66 InsO vorgeschrieben. Eine detaillierte Analyse der Schlussrechnung erfolgt in Abschnitt 222.12.

Neben der sofortigen Betriebsstilllegung kann im Berichtstermin eine zeitweilige Unternehmensfortführung (**Ausproduktion**) beschlossen werden.[136] Hintergrund ist, dass durch die Fertigstellung von halbfertigen Erzeugnissen höhere Verwertungserlöse erzielt werden können als bei einer sofortigen Stilllegung. Eine weitere Abwicklungsmöglichkeit ist die **übertragene Sanierung**. Darunter wird „die Übertragung eines Unternehmens, Betriebs oder Betriebsteils von dem insolventen Träger auf einen anderen“[137] verstanden. Demnach werden Wirtschaftsgüter des insolventen Unternehmens auf einen neuen Rechtsträger übertragen. Der neue Rechtsträger ist damit frei von Altverbindlichkeiten, der alte Rechtsträger wird liquidiert. Diese besonders bedeutsame Rechtshandlung bedarf im Verfahren der Regelinsolvenz nach § 160 Abs. 2 S. 1 InsO der Zustimmung des Gläubigerausschusses. Die Möglichkeit einer übertragenen Sanierung besteht auch im Rahmen eines Insolvenzplanverfahrens. In allen Ausprägungen der Verfahrensart einer **Regelinsolvenz** wird das Unternehmen abgewickelt.

212.22 Insolvenzplanverfahren

Gemäß § 157 S. 2 InsO kann sich die Gläubigermehrheit auch für die Erstellung eines **Insolvenzplans** aussprechen. Damit ist die vorläufige Fortführung des Unternehmens verknüpft und der Insolvenzverwalter wird mit der Ausarbeitung eines Insolvenzplans beauftragt.[138] Die Einführung der InsO war gleichzeitig die Premiere für den Insolvenzplan, welcher den privatautonomen Austauschprozess zwischen Schuldner und Gläubiger fördern soll.[139] Nach der Regierungsbegründung (RegB) ist der Insolvenzplan ein individuelles Instrument zur optimalen Verwertung der Masse. So kann das Unternehmen saniert und damit fortbestehen sowie liquidiert oder in Form einer übertragenden Sanierung abgewickelt werden.[140] Nach § 217 InsO ist die Planerstellung generell losgelöst von den Vorschriften der InsO. Indes gelten die Ziele der optimalen Gläubigerbefriedigung und das Gebot der Gleichbehandlung der Beteiligten auch im

---

136 Vgl. BECK, S., Insolvenz – Materiellrechtlicher Teil, Rn. 28.

137 DEUTSCHER BUNDESTAG (Hrsg.), BT-Drucksache 12/2443, S. 90, sowie MÜLLER-FELDHAMMER, R., Die übertragende Sanierung, S. 2186.

138 Der Insolvenzverwalter oder die Schuldner können auch im Vorhinein einen Insolvenzplan erarbeiten und mit Antrag auf Verfahrenseröffnung einreichen, sodass dieser bereits zum Berichtstermin vorliegt. Vgl. § 218 Abs. 1 InsO, sowie § 255 in DEUTSCHER BUNDESTAG (Hrsg.), BT-Drucksache 12/2443, S. 50.

139 Vgl. LÜER, H.-J./STREIT, G., in: Uhlenbruck/Hirte/Vallender, InsO, 14. Aufl., Vor §§ 217-269, Rn. 13 f.; FREGE, M. C. U. A., Insolvenzrecht, Rn. 1910, sowie DEUTSCHER BUNDESTAG (Hrsg.), BT-Drucksache 12/2443, S. 90. Der Insolvenzplan wird häufig als Kernstück des neuen Insolvenzrechts bezeichnet, vgl. MAUS, H., Der Insolvenzplan, Rn. 1; KELLER, U., Insolvenzrecht, Rn. 1623, sowie BURGER, A./SCHELLBERG, B., Insolvenzplan im neuen Insolvenzrecht, S. 1883. Bei der Entwicklung der Vorschriften für den Insolvenzplan diente das in den USA bestehende *Chapter 11* des *U. S. Bankruptcy Code* als Vorbild. Vgl. BORK, R., Einführung in das Insolvenzrecht, Rn. 366.

140 Vgl. DEUTSCHER BUNDESTAG (Hrsg.), BT-Drucksache 12/2443, S. 91, sowie MAUS, H., Der Insolvenzplan, Rn. 10 f.

Planverfahren.[141] Darüber hinaus muss sichergestellt sein, dass der Insolvenzplan auch tatsächlich realisierbar ist.[142]

Das Planverfahren setzt sich aus fünf Verfahrensteilen zusammen. Zunächst muss der Plan nach § 218 InsO durch den **Insolvenzverwalter oder Schuldner vorgelegt** werden. Die **Gläubiger** sind nicht berechtigt, einen Plan vorzulegen, können jedoch die Erstellung beim Insolvenzverwalter in Auftrag geben.[143] Der Insolvenzplan besteht gemäß § 220 InsO einerseits aus einem **darstellenden Teil.** Darin soll erörtert werden, welche Maßnahmen nach Verfahrenseröffnung getroffen wurden und werden sollen, „um die Grundlagen für die geplante Gestaltung der Rechte der Beteiligten zu schaffen“[144]. In diesem Teil wird zur Sanierungsfähigkeit des Unternehmens Stellung genommen.[145] Sofern der Insolvenzplan eine Sanierung und damit eine Befriedigung der Gläubiger aus den Erträgen des Unternehmens vorsieht, ist bei der Planerstellung gemäß § 229 InsO zudem eine Vermögensübersicht sowie ein Ergebnis- und Finanzplan aufzustellen. Neben dem darstellenden ist der **gestaltende Teil** nach § 221 InsO ein Pflichtbestandteil des Insolvenzplans. Darin wird die Veränderung der Rechtsstellung einzelner Gläubiger durch die Planverwirklichung, wie z. B. die Umwandlung von Forderungen in Unternehmensanteile (*debt-equity-swap*), erläutert.

Nach Vorlage des Plans findet die **Vorprüfung durch das Insolvenzgericht** statt. Dieses hat die Möglichkeit, den Insolvenzplan aufgrund von Mängeln zurückzuweisen.[146] Sofern der Plan frei von Mängeln ist, leitet das Insolvenzgericht diesen gemäß § 232 InsO an die relevanten Verfahrensteilnehmer[147] weiter und legt nach § 235 InsO einen **Erörterungs- und Abstimmungstermin** fest. In diesem wird der Plan den anwesenden Beteiligten vorgestellt, und es werden ggf. gemäß § 240 InsO kleinere Plananpassungen vorgenommen. Anschließend stim-

---

141 Die optimale Befriedung der Gläubiger ist das Hauptziel der InsO. Der Grundsatz der Gleichbehandlung der Gläubiger ist in § 226 InsO ratifiziert. Vgl. BRAUN, E./UHLENBRUCK, W., Unternehmensinsolvenz, S. 454.

142 Die Realisierbarkeit ergibt sich mittelbar aus § 231 InsO. Vgl. BRAUN, E./UHLENBRUCK, W., Unternehmensinsolvenz, S. 455.

143 Vgl. BRAUN, E./UHLENBRUCK, W., Unternehmensinsolvenz, S. 472 f.

144 § 220 Abs. 1 InsO.

145 Vgl. BECK, S., Insolvenz – Materiellrechtlicher Teil, Rn. 42.

146 Vgl. MAUS, H., Der Insolvenzplan, Rn. 76 f.; BRAUN, E./UHLENBRUCK, W., Unternehmensinsolvenz, S. 476 f., sowie § 231 InsO.

147 Diese sind der Gläubigerausschuss, der Betriebsrat und der Sprecherausschuss der leitenden Angestellten, zudem der Schuldner, für den Fall, dass der Plan vom Insolvenzverwalter vorgelegt wurde, sowie der Insolvenzverwalter, wenn der Schuldner den Plan vorgelegt hat. Vgl. § 233 Abs. 1 InsO. Die Beteiligten werden zu einer Stellungnahme zum Insolvenzplan aufgefordert.

men die Gläubiger über den Plan ab. Für die Planannahme ist eine **doppelte Mehrheit** erforderlich.[148] Demnach muss sowohl eine Kopfmehrheit (Mehrheit nach Zahl der Gläubiger) als auch eine Summenmehrheit (Mehrheit nach Anspruchshöhe) vorliegen.[149] Damit einzelne Gläubigergruppen den Prozess nicht willkürlich konterkarieren und ökonomisch sinnvolle Entscheidung behindern können, hat der Gesetzgeber in § 245 InsO das **Obstruktionsverbot** eingeführt. Dieses besagt, dass auch dann, wenn im Abstimmungstermin keine Mehrheit erreicht wurde, die Zustimmung einer Abstimmungsgruppe als erteilt gilt, sofern diese bei der Umsetzung des Plans nicht schlechter gestellt wird als ohne Plan. Zudem darf diese Gruppe bei der Verteilung des durch den Plan erwirtschafteten Mehrwerts nicht ggü. den anderen Gruppen benachteiligt werden.[150] Die für die Planannahme erforderlichen Mehrheiten werden durch das Insolvenzgericht geprüft. Anschließend werden der Insolvenzverwalter, der Gläubigerausschuss und der Schuldner angehört, und das **Gericht bestätigt die Annahme des Insolvenzplans**.[151] Damit ist der Insolvenzplan rechtskräftig. Nach § 254 InsO treten alsdann für und gegen alle Beteiligten die im gestaltenden Teil festgelegten Wirkungen in Kraft. Es folgt die **Planerfüllung**. Bei einer Fortsetzung der wirtschaftlichen Tätigkeit kann nach § 260 InsO eine Überwachung durch die Gläubiger vereinbart werden. Mit der rechtskräftigen Bestätigung des Insolvenzplans wird das Insolvenzverfahren gemäß § 258 Abs. 1 InsO aufgehoben, die eigentliche Erfüllung des Insolvenzplans ist demzufolge kein Bestandteil des Insolvenzverfahrens mehr.

212.23 Eigenverwaltungs- und Schutzschirmverfahren

Neben dem Regel- und Insolvenzplanverfahren hat der Schuldner gemäß §§ 270-285 InsO die Möglichkeit, ein Insolvenzverfahren in **Eigenverwaltung** zu beantragen.[152] Damit verbleibt das Verwaltungs- und Verfügungsrecht beim Schuldner.[153] In der RegB zur Reform des Insolvenz-

---

148 Vgl. § 244 InsO.

149 Vgl. Lüer, H.-J./Streit, G., in: Uhlenbruck/Hirte/Vallender, InsO, 14. Aufl., § 244, Rn. 2.

150 Das Obstruktionsverbot berücksichtigt das Pareto-Kriterium im Zuge der Mehrheitsfindung. Vgl. Burger, A./Schellberg, B., Insolvenzplan im neuen Insolvenzrecht, S. 1836, sowie Pöggeler, W., Die Aufgaben des Insolvenzrechts, S. 755.

151 Die Anhörung ist in § 248 Abs. 2 InsO geregelt und soll u. a. eine unlautere Herbeiführung der Annahme des Insolvenzplans ausschließen. Zur gerichtlichen Bestätigung vgl. § 248 Abs. 1 InsO.

152 Vgl. Beck, S., Insolvenz – Materiellrechtlicher Teil, Rn. 49. Die Eigenverwaltung ist lediglich eine Variante des Insolvenzverfahrens, vgl. Spliedt, J. D., 9. Teil: Eigenverwaltung, S. 959.

153 Vgl. von Buchwaldt, J., Insolvenz in der Eigenverwaltung, S. 3017, sowie Kebekus, F./Zenker, W., Das Gesellschaftsorgan als Insolvenzverwalter?, S. 332.

rechts werden die Kenntnisse und Erfahrungen der Geschäftsleitung als ein wesentliches Argument für die Eigenverwaltung genannt.[154] Da die praktische Relevanz der Eigenverwaltung nach ihrer Einführung allerdings sehr gering war, entschied sich der Gesetzgeber, den Verfahrenszugang durch das ESUG zu vereinfachen und Anreize für eine frühzeitige Verfahrenseröffnung zu schaffen, indem u. a. das **Schutzschirmverfahren** gemäß § 270b InsO implementiert wurde.[155] Das **Schutzschirmverfahren** ist eine Unterart der Eigenverwaltung, die sich auf die Verfahrenseröffnung bezieht. Es ist dem eröffneten Insolvenzverfahren vorgelagert und soll die Sanierungswahrscheinlichkeit durch eine gründliche Vorbereitung und rechtzeitige Stellung des Insolvenzantrags erhöhen. Die Kontrolle über das Unternehmen verbleibt im Schutzschirmverfahren bei der Unternehmensleitung.[156] Es handelt sich demnach um ein vorläufiges Eigenverwaltungsverfahren.[157] Damit wird dem Schuldner die Möglichkeit gegeben, bei Vorliegen eines Insolvenzgrundes nach § 18 InsO oder § 19 InsO frühzeitig einen Antrag auf vorläufige Eigenverwaltung zu stellen.[158] Bei Zustimmung des Gerichts hat der Schuldner bis zu drei Monate Zeit, einen Sanierungsplan auszuarbeiten, der anschließend durch einen Insolvenzplan umgesetzt werden soll. In diesem Zeitraum ist der Schuldner vor dem unmittelbaren Zugriff seiner Gläubiger geschützt (Vollstreckungsschutz).[159] Neben einem Antrag auf Anordnung der Eigenverwaltung und einem Antrag für das Schutzschirmverfahren hat der Schuldner gemäß § 270b Abs. 1 InsO eine Bescheinigung[160] darüber zu erbringen, dass die Sanierung nicht offensichtlich aussichtslos ist.[161] Ferner benennt der Schuldner einen vorläufigen Sachwalter.[162]

---

154 Vgl. HOFMANN, M., Eigenverwaltung insolventer Kapitalgesellschaften, S. 261, sowie DEUTSCHER BUNDESTAG (Hrsg.), BT-Drucksache 12/2443, S. 222 f.

155 Zur eingeschränkten Bedeutung der Eigenverwaltung bis zum ESUG vgl. ICKS, A./KRANZUSCH, P., Sanierungen in Insolvenzverfahren, S. 40, sowie BECK, S., Insolvenz – Materiellrechtlicher Teil, Rn. 50. Zur Intention des Gesetzgebers, durch das ESUG die Eigenverwaltung zu stärken, vgl. DEUTSCHER BUNDESTAG (Hrsg.), BT-Drucksache 17/5712, S. 19; TOBIAS, R./MEIßNER, F./MÜLLER, S., Eigenverwaltungserfahrungen, S. 73; HENKEL, A., Kultur der nachhaltigen Eigenverwaltung, S. 2478, sowie RATTUNDE, R., Vorläufige Eigenverwaltung, Rn. 1669. Vgl. zudem KRANZUSCH, P., Das eigenverwaltete Insolvenzverfahren als Sanierungsweg, S. 1081.

156 Vgl. MÖNNING, R.-D., Der Schutzschirm: Strategische Insolvenz und Haftung, S. 432.

157 Vgl. SPLIEDT, J. D., 9. Teil: Eigenverwaltung, S. 989, sowie BORK, R., Einführung in das Insolvenzrecht, Rn. 468.

158 Vgl. FREIDANK, C.-C./SCHRÖDER, M. H., Unternehmensfortführung vs. Liquidation, S. 237.

159 Um eine Zahlungsunfähigkeit bei Antragsstellung zu umgehen, da z. B. Forderungen der Gläubiger fällig gestellt werden, ist eine frühzeitige Abstimmung mit diesen erforderlich. Vgl. DEUTSCHER BUNDESTAG (Hrsg.), BT-Drucksache 17/5712, S. 40. Der „Schutzschirm" kann frühzeitig aufgehoben werden, wenn eine Sanierung aussichtslos ist, der vorläufige Gläubigerausschuss die Aufhebung beantragt oder einzelne Gläubiger diese beantragen. Vgl. § 270b Abs. 4 InsO.

160 In IDW S 9 wird der Inhalt der Bescheinigung geregelt, vgl. IDW (Hrsg.), IDW S 9, S. 1.

161 Vgl. STEFFAN, B./SOLMECKE, H., Die Bescheinigung im Schutzschirmverfahren, S. 269 f. Die Bescheinigung hat ein in Insolvenzsachen erfahrener Berufsträger, wie z. B. ein Steuerberater, zu erstellen. Vgl. § 270b Abs. 1 InsO.

162 Vgl. SPLIEDT, J. D., 9. Teil: Eigenverwaltung, S. 960.

Wie auch der vorläufige Insolvenzverwalter im Regelverfahren muss der Schuldner im Schutzschirmverfahren die Vorschriften insolvenzspezifischer Rechnungslegung einhalten. Folglich sind das Verzeichnis der Massegegenstände (§ 151 InsO), das Gläubigerverzeichnis (§ 152 InsO) sowie die Vermögensübersicht (§ 153 InsO) anzufertigen. Ziel des „Schutzschirmverfahrens" ist die Erhaltung des schuldnerischen Unternehmensträgers.

Für das Verfahren in Eigenverwaltung gelten nach § 270 Abs. 1 S. 2 InsO die allgemeinen Vorschriften der InsO. Die Voraussetzungen sind, dass der Antrag[163] nach § 270 Abs. 2 Nr. 1 InsO vom Schuldner ausgeht und dass die Gläubiger nicht durch die Eigenverwaltung benachteiligt werden.[164] Vor der Anordnung der Eigenverwaltung können zudem die Gläubiger ihre Meinung zum Antrag artikulieren. Wenn dieser gemäß § 270 Abs. 3 InsO einstimmig unterstützt wird, gilt er als nicht nachteilig für die Gläubiger. Nach Zustimmung der Gläubiger muss auch das Gericht dem Antrag zustimmen.[165] § 271 InsO sieht ferner eine nachträgliche Anordnung der Eigenverwaltung durch das Gericht vor, wenn die Mehrheit der Gläubiger diese beantragt und der Schuldner zustimmt. Ein wesentlicher Unterschied zum Regelinsolvenzverfahren ist, dass zum einen nach § 270a InsO anstelle eines vorläufigen Insolvenzverwalters ein vorläufiger Sachwalter und zum anderen gemäß § 270c InsO anstelle eines Insolvenzverwalters ein Sachwalter bestellt wird und der Schuldner damit umfassendere Rechte besitzt.[166] Der Sachwalter prüft die wirtschaftliche Lage, die Geschäftsführung des Schuldners sowie die Ausgaben für dessen Lebensführung.[167] Auch in der Eigenverwaltung wird ein Berichtstermin[168] einberufen. Für diesen sind nach § 281 InsO die Berichtsdokumente der insolvenzspezifischen Rechnungslegung, welche zu Verfahrensbeginn aufzustellen sind, anzufertigen. Sie beinhalten das Verzeichnis der Massegegenstände, das Gläubigerverzeichnis und die Vermögensübersicht (§§ 151-153 InsO).[169] Der Schuldner erstellt die Dokumente und der Sachwalter prüft diese.[170]

---

163 Auch hier ist ein Eröffnungsantrag gem. §§ 13, 15, 15a InsO einzureichen. Vgl. BETH, S., Voraussetzung des Schutzschirmverfahrens, S. 369.

164 Die Vermeidung von Gläubigernachteilen wird in § 270 Abs. 2 Nr. 2 InsO geregelt.

165 Vgl. § 270 Abs. 1 S. 1 InsO, sowie BORK, R., Einführung in das Insolvenzrecht, Rn. 469.

166 Die Regelungen der §§ 270a, 270b InsO wurden mit dem ESUG eingeführt und sollen u. a. erreichen, dass der Schuldner das Verwaltungs- und Verfügungsrecht behält. Vgl. SPLIEDT, J. D., 9. Teil: Eigenverwaltung, S. 296. Zur Rechtsstellung des Sachwalters vgl. § 274 InsO, sowie vertiefend FRIND, F., Sachwalter in der Eigenverwaltung, S. 20. Die Beauftragung eines Sachwalters ist kostengünstiger als die Installation eines Insolvenzverwalters, der Sachwalter hat lediglich eine Aufsichtsfunktion. Vgl. HOFMANN, M., Eigenverwaltung insolventer Kapitalgesellschaften, S. 261, sowie HÖLZLE, G., Insolvenzrecht im Wandel, S. 226.

167 Vgl. § 274 InsO.

168 Vgl. § 281 Abs. 2 InsO.

169 Vgl. zu Berichtsdokumenten ausführlich Abschnitt 222.11.

170 Vgl. § 281 Abs. 3 InsO.

Die Dokumente sind die Basis für die Unterrichtung der Gläubiger.[171] Diese entscheiden anschließend über die Verwertungsalternative, z. B. ob ein Insolvenzplan gemäß § 284 InsO anzufertigen ist. Weitere Verwertungsoptionen der Eigenverwaltung, wie z. B. eine übertragene Sanierung, können denen des Regelverfahrens entsprechen.[172] Eine Verfahrensaufhebung kann gemäß § 272 InsO durch den Schuldner oder die Gläubiger beantragt werden.[173] Abbildung 2-4 zeigt den Ablauf eines Insolvenzverfahrens in Eigenverwaltung mit und ohne „Schutzschirm".

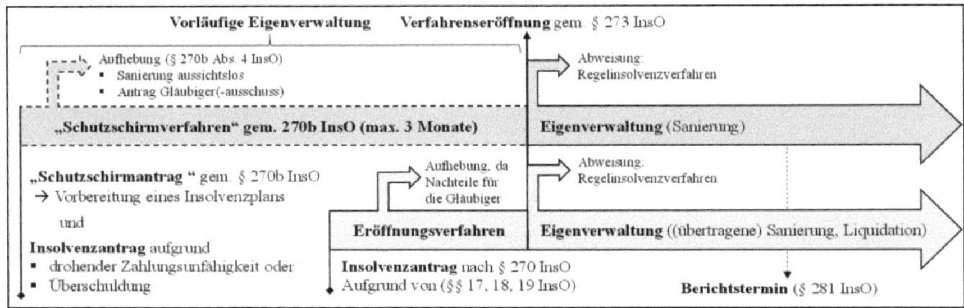

Abbildung 2-4: Verfahren in Eigenverwaltung[174]

212.3 Verfahrensbeendigung

Das Regelinsolvenzverfahren kann durch eine Verfahrenseinstellung oder -aufhebung beendet werden. Bei einer vorzeitigen Beendigung wird von einer **Verfahrenseinstellung** gesprochen.[175] Folgende Gründe können für eine Verfahrenseinstellung vorliegen: Zum einen kann die Insolvenzmasse nicht mehr ausreichen, um die Verfahrenskosten zu decken. Dies wird nach § 207 InsO als **Einstellung mangels Masse**[176] bezeichnet.[177] Der Insolvenzverwalter hat das Insolvenzgericht auf die Masselosigkeit hinzuweisen, nach § 66 InsO eine Schlussrechnung anzufertigen und diese im Schlusstermin gemäß § 197 InsO zu erörtern. Zum anderen kann **Masseunzulänglichkeit**[178] vorliegen. In dem Fall sind zwar die Verfahrenskosten durch die noch

---

171 Vgl. ZIPPERER, H., in: Uhlenbruck/Hirte/Vallender, InsO, 14. Aufl., § 281, Rn. 1.

172 Siehe Abbildung 2-4, sowie FRÖHLICH, A./ECKHARDT, J., Bewertung insolventer Unternehmen, S. 925.

173 Zur Verfahrensbeendigung vgl. ausführlich Abschnitt 212.3.

174 Eigene Darstellung.

175 Vgl. BRINKMANN, M., Verfahrensbeendigung, Rn. 7.801. Die Bestimmungen zur Einstellung des Regelinsolvenzverfahrens sind in den §§ 207-216 InsO verzeichnet. Vgl. BORK, R., Einführung in das Insolvenzrecht, Rn. 360.

176 In § 54 InsO sind die Bestandteile der Verfahrenskosten, nämlich die Gerichtskosten für das Insolvenzverfahren und die Vergütung des (vorläufigen) Insolvenzverwalter sowie des Gläubigerausschusses genannt. Vgl. RIES, S., in: Uhlenbruck/Hirte/Vallender, InsO, 14. Aufl., § 207, Rn. 5.

177 Ein Insolvenzverfahren darf grundsätzlich nicht bei Massearmut (§ 26 Abs. 1 InsO) eröffnet werden. Vgl. Abschnitt 212.21. Dies kann sich allerdings auch erst im laufenden Verfahren ergeben, wodurch das Verfahren einzustellen ist. Vgl. KELLER, U., Insolvenzrecht, Rn. 798.

178 Die Massezulänglichkeit wird in den §§ 208-211 InsO geregelt.

zur Verfügung stehende Masse gedeckt, allerdings nicht die sonstigen Masseverbindlichkeiten.[179] Es folgt keine sofortige Einstellung, sondern eine Fortführung gemäß der §§ 208-211 InsO. Der Insolvenzverwalter hat die Masse unverzüglich zu verwerten und im Anschluss die Schlussrechnung zu erstellen. Sobald die Masse verwertet wurde, wird das Verfahren nach § 211 InsO eingestellt und die Verfügungsmacht an den Schuldner übertragen.[180] Der Sachverhalt der Masseunzulänglichkeit wird häufig als „Konkurs im Konkurs" betitelt.[181] Die Information, ob einer der beiden Beendigungstatbestände vorliegt, wird durch die insolvenzspezifische Rechnungslegung und vor allem aus der Vermögensübersicht nach § 153 InsO gewonnen. Darin wird die bestehende Insolvenzmasse den aktuellen und zukünftigen Verpflichtungen gegenübergestellt, sodass analysiert werden kann, ob die zu erwartenden Verfahrenskosten gedeckt werden.[182]

Ferner kann das Verfahren eingestellt werden, wenn nach § 212 InsO der **Eröffnungsgrund des Insolvenzverfahrens entfallen** ist. Der Eröffnungsgrund besteht z. B. dann nicht mehr, wenn sich eine drohende Zahlungsunfähigkeit nicht realisiert. Folglich wird das Unternehmen zurück in den Regelbetrieb geführt. Ein weiterer Grund, das Insolvenzverfahren einzustellen, kann in der **Zustimmung der Gläubiger** gemäß § 213 InsO liegen. Der Gesetzgeber hat vorgesehen, dass ein Insolvenzverfahren auf Antrag des Schuldners eingestellt werden kann, wenn die Gläubiger dies befürworten.[183] Für den Antrag ist es erforderlich, dass alle Gläubiger, die ihre Forderungen angemeldet haben, diesen zustimmen, oder dass der Antrag vor Ablauf der Anmeldefrist der Forderungen durch sämtliche bekannte Gläubiger befürwortet wurde.[184] Die Einstellung liegt dann im Ermessen des Insolvenzgerichts.[185] Den Verfahrenseinstellungen ist gemein, dass der Schuldner nach § 215 Abs. 2 InsO das Recht zurückerhält, frei über die Insolvenzmasse zu verfügen.[186] Beim Verfahren in **Eigenverwaltung** sind gemäß § 270 Abs. 1 S. 2 InsO auch für die Verfahrenseinstellung die Vorschriften des Regelinsolvenzverfahrens anzuwenden.[187] Anstelle des Insolvenzverwalters hat allerdings der Sachwalter eine Masseunzulänglichkeit gemäß § 285 InsO beim Insolvenzgericht anzuzeigen, und der Schuldner ist für die

179 Zu den sonstigen Masseverbindlichkeiten vgl. § 55 InsO.

180 Vgl. § 211 Abs. 2 InsO i. V. m. § 66 InsO.

181 Vgl. BALZ, M., Ziele der Insolvenzordnung, Rn. 43.

182 Vgl. zur Vermögensübersicht nach § 153 InsO ausführlich Abschnitt 222.11.

183 Vgl. KIEẞNER, F., in: Wimmer, FK-InsO, 8. Aufl., § 213, Rn. 3.

184 Vgl. § 213 Abs. 1 und 2 InsO.

185 Vgl. HEFERMEHL, H., in: Kirchhof/Stürner/Eidenmüller, Kommentar zur InsO, 3. Aufl., § 213, Rn. 13-15.

186 Vgl. BORK, R., Einführung in das Insolvenzrecht, Rn. 363.

187 Vgl. FOLTIS, R., in: Wimmer, FK-InsO, 8. Aufl., § 285, Rn. 1 f.; ZIPPERER, H., in: Uhlenbruck/Hirte/Vallender, InsO, 14. Aufl., § 285, Rn. 3, sowie TETZLAFF, C./KERN, C. A., in: Kirchhof/Stürner/Eidenmüller,

Restabwicklung verantwortlich.[188] Da das **Insolvenzplanverfahren** von den Vorschriften des Regelinsolvenzverfahrens losgelöst ist, sind die Paragraphen zur Verfahrenseinstellung nicht anzuwenden.

Für die **Verfahrensaufhebung** ist es erforderlich, dass der Insolvenzverwalter die Insolvenzmasse an die Gläubiger ausgekehrt[189] hat. Dann kann das Insolvenzgericht das Regelinsolvenzverfahren gemäß § 200 InsO aufheben.[190] Der Insolvenzverwalter wird damit seines Amts enthoben und die Verfügungsmacht wird dem Schuldner zurückübertragen.[191] Ferner kann das Insolvenzverfahren durch die Bestätigung eines **Insolvenzplans** nach § 258 InsO aufgehoben werden. Dadurch wird das Verwaltungs- und Verfügungsrecht zurück an die Gesellschaft bzw. den Schuldner übertragen.[192] Eine Schlussrechnung kann im Fall der Realisation eines Insolvenzplans gemäß § 66 Abs. 1 S. 2 InsO ausnahmsweise unterbleiben.[193] Ein Verfahren in **Eigenverwaltung** kann nach § 272 Abs. 1 InsO aufgehoben werden, wenn die Gläubiger dies mehrheitlich[194] beschließen, einzelne Gläubiger einen Antrag stellen, Gläubigern durch die Eigenverwaltung Nachteile drohen oder wenn der Schuldner eine Aufhebung beantragt.[195] Mit der Verfahrensaufhebung wird ein Regelverfahren eröffnet, der bisher eingesetzte Sachwalter kann zum Insolvenzverwalter werden.[196]

213. Stakeholder im Insolvenzverfahren

213.1 Vorbemerkungen

Nachfolgend werden die am Insolvenzverfahren beteiligten Stakeholder[197] analysiert. Es soll konkretisiert werden, welche Interessen die einzelnen Stakeholdergruppen verfolgen, welche

Kommentar zur InsO, 3. Aufl., § 285, Rn. 21-24.

188 Vgl. TETZLAFF, C./KERN, C. A., in: Kirchhof/Stürner/Eidenmüller, Kommentar zur InsO, 3. Aufl., § 285, Rn. 8, sowie ZIPPERER, H., in: Uhlenbruck/Hirte/Vallender, InsO, 14. Aufl., § 285, Rn. 3.

189 Demnach muss eine Schlussverteilung der Verwertungserlöse an die Gläubiger vollzogen worden sein. Vgl. WEGENER, D., in: Uhlenbruck/Hirte/Vallender, InsO, 14. Aufl., § 200, Rn. 4.

190 Vgl. BRINKMANN, M., Verfahrensbeendigung, Rn. 7.802.

191 Vgl. WEGENER, D., in: Uhlenbruck/Hirte/Vallender, InsO, 14. Aufl., § 200, Rn. 15-17.

192 Vgl. § 259 Abs. 1 InsO sowie LÜER, H.-J./STREIT, G., in: Uhlenbruck/Hirte/Vallender, InsO, 14. Aufl., § 259, Rn. 2 f.

193 Vgl. DEUTSCHER BUNDESTAG (Hrsg.), BT-Drucksache 17/5712, S. 26 f.

194 Zur Mehrheit vgl. § 76 Abs. 2 InsO. Die in Abschnitt 212.22 erläuterte doppelte Mehrheit ist ein Spezifikum der Abstimmungsverhältnisse für den Insolvenzplan nach § 244 InsO.

195 Vgl. DEUTSCHER BUNDESTAG (Hrsg.), BT-Drucksache 17/5712, S. 42; SPLIEDT, J. D., 9. Teil: Eigenverwaltung, Rn 9.60 f., sowie DEUTSCHER BUNDESTAG (Hrsg.), BT-Drucksache 12/2443, S. 224.

196 Anstelle des ehemaligen Sachwalters kann auch ein anderer Insolvenzverwalter bestellt werden. Der Sachwalter hat allerdings bereits ein Vorwissen über die Vermögensverhältnisse des Schuldners. Vgl. FOLTIS, R., in: Wimmer, FK-InsO, 8. Aufl., § 272, Rn. 32, sowie § 272 Abs. 3 InsO.

197 Stakeholder sind Interessen- bzw. Anspruchsgruppen, die explizite oder implizite Ansprüche an das Unternehmen stellen. Hier werden auch die Fremdkapitalgeber (*Bondholder*) unter die Stakeholder gefasst.

Informationen ihnen im Insolvenzverfahren bereitstehen und welche Informationsasymmetrien sich daraus ergeben können. In den späteren Ausführungen wird u. a. darauf Bezug genommen, um zu verdeutlichen, welchen Beitrag die Rechnungslegung im Insolvenzverfahren leisten kann, um die bestehenden Informationsasymmetrien zu minimieren. Beginnend mit dem Schuldner werden die Interessen der Gläubiger, des Insolvenzverwalters und des Insolvenzgerichts untersucht. Es wird zum einen vereinfachend unterstellt, dass die Gesellschafter auch gleichzeitig die Geschäftsführer des Schuldnerunternehmens sind. Zum anderen werden die Ansprüche der EK-Geber im Insolvenzverfahren, z. B. auf ihre Stammeinlage, wie nachrangige Gläubiger behandelt und zumeist nicht mehr bedient.[198] Daher wird nicht näher gesondert auf die Eigenkapitalgeber eingegangen. Neben der Charakterisierung einzelner Stakeholder-Gruppen wird vor dem Hintergrund der Prinzipal-Agenten-Theorie auch die Beziehung der einzelnen Gruppen zueinander analysiert.

213.2 Schuldner im Insolvenzverfahren

Der **Insolvenzschuldner** ist Träger der Insolvenzmasse. Gegen ihn richten sich gemäß § 1 InsO die Gläubigeransprüche.[199] Eine Voraussetzung ist die Insolvenzfähigkeit[200] des Schuldners. Nur wenn dieser insolvenzfähig ist, kann ein Insolvenzverfahren über das Schuldnervermögen bzw. die Insolvenzmasse eröffnet werden.[201] In den weiteren Ausführungen werden ausschließlich Kapitalgesellschaften als Schuldner betrachtet. Diese sind gemäß § 50 Abs. 1 ZPO rechts- und parteifähig und demnach auch insolvenzfähig.[202] Nach erfolgreicher Antragsstellung[203] verliert der gesetzliche Vertreter des Insolvenzschuldners, wie z. B. der Geschäftsführer einer GmbH, nach § 80 InsO das Verwaltungs- und Verfügungsrecht über die Gesellschaft.[204] Abhängig davon, ob das Gericht gemäß § 21 Abs. 2 Nr. 2 InsO ein allgemeines Verfügungsverbot

---

Vgl. CORNELL, B./SHAPIRO, A. C., Corporate Stakeholders, S. 5; SPREMANN, K., Stakeholder-Ansatz versus Agency-Theorie, S. 743, sowie BAUR, M./KANTOWSKY, J./SCHULTE, A., Stakeholder Management in der Restrukturierung - Vorwort, S. V.

198 Vgl. PEEMÖLLER, V. H./KUNOWSKI, S., Ertragswertverfahren nach IDW, S. 287-290, sowie NICKERT, C., Unternehmensbewertung in der Insolvenz, S. 85.

199 Vgl. BORK, R., Einführung in das Insolvenzrecht, Rn. 33.

200 Die Insolvenzfähigkeit des Schuldners ist in §§ 11, 12 InsO geregelt. Zur Insolvenzfähigkeit vgl. KELLER, U., Insolvenzrecht, Rn. 133.

201 Vgl. BRAUN, E./UHLENBRUCK, W., Unternehmensinsolvenz, S. 195.

202 Vgl. SMID, S., Praxishandbuch Insolvenzrecht, S. 41, sowie BORK, R., Einführung in das Insolvenzrecht, Rn. 36. Ein Insolvenzverfahren kann u. a. gegenüber einer Aktiengesellschaft (AG) (§ 1 Abs. 1 S. 1 AktG), einer Kommanditgesellschaft auf Aktien (KGaA) (§ 278 Abs. 1 AktG) oder einer Gesellschaft mit beschränkter Haftung (GmbH) nach § 13 Abs. 1 GmbHG eröffnet werden.

203 Zur Antragsstellung vgl. ausführlich Abschnitt 212.1.

204 Vgl. BRAUN, E./UHLENBRUCK, W., Unternehmensinsolvenz, S. 197, sowie DEUTSCHER BUNDESTAG (Hrsg.), BT-Drucksache 12/2443, S. 85. Nach GRUB ist der Inhaber des Verwaltungs- und Verfügungsrechts der „Herr des Verfahrens". Vgl. GRUB, V., Die Stellung des Schuldners im Insolvenzverfahren,

auferlegt hat, kann dem Schuldner die Verfügungsmacht bereits im Eröffnungsverfahren und damit vor der offiziellen Verfahrenseröffnung entzogen werden. Wie bereits erläutert, stellt das Verfahren in Eigenverwaltung eine Ausnahme dar.[205] Im Eröffnungsverfahren hat der Schuldner nach § 20 InsO Auskunfts- und Mitwirkungspflichten ggü. dem Insolvenzgericht, die für die Antragsentscheidung erforderlich sind. Zudem muss er dem vorläufigen Insolvenzverwalter Einsicht in seine Bücher und Geschäftspapiere gestatten.[206] Nach der Verfahrenseröffnung bestehen die gleichen Pflichten, d. h. Auskunfts- und Mitwirkungspflichten nach § 97 InsO.[207] Sofern dies ohne nachteilige Verzögerung möglich ist, kann der Schuldner gemäß § 156 InsO für die Erstellung der Berichtsdokumente für den Berichtstermin hinzugezogen werden.[208] Der Schuldner muss grds. dem Insolvenzgericht, dem Insolvenzverwalter, dem Gläubigerausschuss und auf gerichtliche Anordnung hin auch der Gläubigerversammlung über Verhältnisse, die das Verfahren betreffen, Auskünfte erteilen.[209] Vor allem die Auskünfte ggü. dem Insolvenzverwalter sind für eine effiziente Insolvenzabwicklung unabdingbar. Der Schuldner hat diesen darüber hinaus bei seiner generellen Aufgabenerfüllung zu unterstützen.[210] Die von ihm getroffenen Aussagen muss er auf Anordnung des Gerichts nach bestem Wissen und Gewissen richtig und vollständig an Eides statt versichern.[211] Für den Fall, dass der Schuldner Auskünfte verweigert oder keine eidesstattliche Versicherung abgeben möchte, kann er gemäß § 98 Abs. 2 InsO als *ultima ratio* in Haft genommen werden. Der Schuldner muss jederzeit als Ansprechpartner zur Verfügung stehen.[212] Auch wenn für ihn der Verlust des Verwaltungs- und Verfügungsrechts mit signifikanten Kompetenzeinbußen verbunden ist, so hat der Schuldner auch nach dem Eröffnungsantrag weitreichende Pflichten.

213.3 Gläubiger im Insolvenzverfahren

Gläubiger sind nach dem Grundsatz der Gläubigergleichbehandlung gleich zu behandeln. Dieser besagt, dass nach § 1 InsO alle Gläubiger mit dem Eintritt in ein Insolvenzverfahren bezogen

Rn. 19.

205 Vgl. Abschnitt 212.23 sowie VON BUCHWALDT, J., Insolvenz in der Eigenverwaltung, S. 3017.

206 Zur Auskunfts- und Mitwirkungspflicht ggü. dem Insolvenzgericht vgl. SCHMERBACH, U., in: Wimmer, FK-InsO, 8. Aufl., § 20, Rn. 6-8. Die Einsichtspflicht ggü. dem vorläufigen Insolvenzverwalter ist in § 22 Abs. 3 S. 3 InsO geregelt.

207 Vgl. TRAMS, K., Die Auskunftsansprüche des Insolvenzverwalters, S. 149.

208 Vgl. §§ 151 Abs. 1, 152 Abs. 1 InsO.

209 Vgl. GRUB, V., Die Stellung des Schuldners im Insolvenzverfahren, Rn. 44.

210 Vgl. BRAUN, E./UHLENBRUCK, W., Unternehmensinsolvenz, S. 202, sowie § 97 Abs. 2 InsO.

211 Vgl. § 98 Abs. 1 InsO.

212 Der Schuldner ist während des Verfahrens persönlich auskunfts- und mitwirkungspflichtig. Vgl. § 97 Abs. 3 Satz 1 InsO sowie WIMMER-AMEND, A., in: Wimmer, FK-InsO, 8. Aufl., § 97, Rn. 13 f.

auf ihre Rechtsstellung deckungsgleich sind.[213] Dennoch wird im Insolvenzverfahren nach unterschiedlichen Gläubigergruppen differenziert.[214] Mit Eröffnung des Insolvenzverfahrens gelten gemäß § 41 InsO alle zum Zeitpunkt der Verfahrenseröffnung begründeten Forderungen als fällig.[215] Das wesentliche Differenzierungsmerkmal der einzelnen Gläubiger sind die verschiedenen Sicherungsrechte, welche an ihre Ansprüche gekoppelt sind. Wenn im Gesetz von Gläubigern gesprochen wird, sind grds. **Insolvenzgläubiger** gemeint.[216] Darunter sind nach § 38 InsO jene Gläubiger zu verstehen, die bei Verfahrenseröffnung einen Vermögensanspruch gegen den Schuldner haben, der nicht aufgrund von speziellen Vertragsgestaltungen besonders besichert ist.[217] Rein wirtschaftlich stehen diese einfachen Insolvenzgläubiger bei der Vermögensverteilung grundsätzlich an letzter Rangstelle und lediglich vor den nachrangigen Insolvenzgläubigern. Nachdem die aus- und absonderungsberechtigten Insolvenzgläubiger sowie die Massegläubiger bedient wurden, kommt ihnen demnach der Rest der Haftungsmasse zugute.[218] Die **nachrangigen Insolvenzgläubiger** werden bei der Verteilung erst am Ende berücksichtigt, ihre Forderungen sind in § 39 Abs. 1 InsO definiert und umfassen z. B. Forderungen aus Ordnungsgeldern.[219]

Aussonderungsberechtigte Gläubiger sind nach § 47 InsO keine Insolvenzgläubiger. Sie sind z. B. Eigentümer an einem durch den Schuldner genutzten Gegenstand, der allerdings grundsätzlich kein Teil der Insolvenzmasse ist.[220] Die Gläubiger, welche ein Aussonderungsrecht besitzen, werden im Insolvenzverfahren durch die Herausgabe des Gegenstands bzw. Ausübung des auszusondernden Rechts befriedigt.[221] Dagegen haben die **absonderungsberechtigten Gläubiger** lediglich das Recht, auf Basis eines bestimmten Gegenstands vorzugsweise befriedigt zu werden.[222] Im Gegensatz zum aussonderungsberechtigten Gläubiger kann der ab-

---

213 Vgl. FREGE, M. C./NICHT, M./SCHILDT, C., Gläubigerrechte bei der Teilabtretung von Insolvenzforderungen, S. 163, sowie EIDENMÜLLER, H., Was ist ein Insolvenzverfahren, S. 151. Gläubiger ist derjenige, der aufgrund eines Schuldverhältnisses nach § 241 BGB eine Leistung vom Schuldner fordern kann. Vgl. BÖHM, B., Die Gläubiger, S. 132.

214 Vgl. BORK, R., Einführung in das Insolvenzrecht, Rn. 81.

215 Vgl. KNOF, B., in: Uhlenbruck/Hirte/Vallender, InsO, 14. Aufl., § 41, Rn. 2.

216 Vgl. KNOF, B./SINZ, R., in: Uhlenbruck/Hirte/Vallender, InsO, 14. Aufl., § 38, Rn. 1.

217 Die Rechtsverhältnisse der Insolvenzgläubiger sind in den §§ 38-46 InsO geregelt. Vgl. zudem VOIGT-SALUS, J., Die Insolvenzgläubiger, Rn. 1.

218 Vgl. KRAMER, R./PETER, F. K., Insolvenzrecht, S. 63, sowie VOIGT-SALUS, J., Die Insolvenzgläubiger, Rn. 1.

219 Vgl. § 39 InsO; BORK, R., Einführung in das Insolvenzrecht, Rn. 83, sowie HIRTE, H., in: Uhlenbruck/Hirte/Vallender, InsO, 14. Aufl., § 39, Rn. 1.

220 Vgl. IMBERGER, F., in: Wimmer, FK-InsO, 8. Aufl., § 47, Rn. 3.

221 Vgl. SMID, S., Praxishandbuch Insolvenzrecht, Rn. 67.

222 Vgl. BORK, R., Einführung in das Insolvenzrecht, Rn. 87.

sonderungsberechtigte keine separate Herausgabe des Gegenstands verlangen, sondern hat lediglich das Recht, dass die Erlöse durch die Veräußerung des Sicherungsguts zur Befriedigung seiner Forderung vor der Befriedigung aller anderen Gläubigeransprüche genutzt wird.[223] Falls der Erlös durch die Veräußerung die gesicherte Forderung des absonderungsberechtigten Gläubigers übersteigt, fließt der Überschuss in die Masse und dient der Befriedigung der restlichen Insolvenzgläubiger.[224] Der Gegenstand bzw. das Sicherungsgut ist Teil der Insolvenzmasse, und der Insolvenzverwalter kann frei über diesen verfügen.[225] Indes haben die absonderungsberechtigten Gläubiger nach § 169 InsO einen Zinsanspruch, der durch die weitere Nutzung und damit verzögerte Veräußerung des mit Absonderungsrechten belegten Gegenstands entsteht.[226] Ferner muss gemäß § 172 InsO ein Wertverlust, der durch die weitere Nutzung des Gegenstands entstanden ist, ggü. dem Gläubiger erstattet werden.[227]

Neben den Insolvenzgläubigern, die nachrangig bedient werden, sowie den ab- und den aussonderungsberechtigten Gläubigern existiert die Gruppe der **Massegläubiger**. Damit sind all jene Gläubiger gemeint, deren Anspruch sich erst nach der Verfahrenseröffnung begründet und deren Forderungen und entgegenstehenden Kosten erst durch das Verfahren selbst entstanden sind.[228] Dazu gehören gemäß § 54 InsO die Verfahrenskosten des Insolvenzverfahrens sowie sonstige Masseverbindlichkeiten nach § 55 InsO, wie z. B. Kosten für die Masseverwertung.[229] Die Massegläubiger werden vor den Insolvenzgläubigern aus der Insolvenzmasse befriedigt.[230] Für den Fall, dass die Insolvenzmasse nicht für die vollständige Befriedung aller Massegläubiger ausreicht, ist die Befriedigungsreihenfolge nach § 209 InsO zu beachten.[231]

---

223 Vgl. VOIGT-SALUS, J., Die Absonderungsrechte, Rn. 1, sowie BORK, R., Einführung in das Insolvenzrecht, Rn. 293.

224 Vgl. BORK, R., Einführung in das Insolvenzrecht, Rn. 293.

225 Vgl. DEUTSCHER BUNDESTAG (Hrsg.), BT-Drucksache 12/2443, S. 176.

226 Vgl. SMID, S., Praxishandbuch Insolvenzrecht, S. 36. VOIGT-SALUS bezeichnet die geschuldeten Zinsen als „Verzögerungsausgleich". Vgl. VOIGT-SALUS, J., Die Absonderungsrechte, Rn. 25.

227 Ein Wertverlust kann z. B. durch die weitere Nutzung einer Maschine entstehen. Vgl. WEGENER, B., in: Wimmer, FK-InsO, 8. Aufl., § 172 InsO, Rn. 5, sowie VOIGT-SALUS, J., Die Absonderungsrechte, Rn. 22.

228 Vgl. § 53 InsO; BORK, R., Einführung in das Insolvenzrecht, S. 84, sowie HEFERMEHL, H., in: Kirchhof/Stürner/Eidenmüller, Kommentar zur InsO, 3. Aufl., § 53, Rn. 5. Kosten für ein Gläubigerinformationssystem, welches im Verfahren vom Insolvenzverwalter eingerichtet wird, dürfen laut BGH Rechtsprechung nicht als Masseverbindlichkeiten angesetzt werden und sind vom Insolvenzverwalter zu tragen. Vgl. KLUTH, D., Kosten für ein Gläubigerinformationssystem, S. 866.

229 Vgl. HESS, H., Die Rechtsstellung der Verfahrensbeteiligten, S. 203.

230 Vgl. HEFERMEHL, H., in: Kirchhof/Stürner/Eidenmüller, Kommentar zur InsO, 3. Aufl., § 53, Rn. 12.

231 Vgl. HEFERMEHL, H., in: Kirchhof/Stürner/Eidenmüller, Kommentar zur InsO, 3. Aufl., § 53, Rn. 6; HEFERMEHL, H., in: Kirchhof/Stürner/Eidenmüller, Kommentar zur InsO, 3. Aufl., § 209, Rn. 6, sowie § 209 InsO.

Aus den verschiedenen Rechtsstellungen der Gläubiger können sich diametrale Interessen und damit auch divergierende Verwertungsstrategien ergeben, die angestrebt werden.[232] So ist denkbar, dass die Gläubiger mit besonderen Sicherungsrechten, wie z. B. absonderungsberechtigte Gläubiger, risikoaverser sind und an einer zeitnahen Vermögensveräußerung interessiert sind, um möglichst schnell befriedigt zu werden. Einfache (ungesicherte) Insolvenzgläubiger sind i. d. R. risikoaffiner und könnten hingegen z. B. eine übertragene Sanierung anstreben, um eine maximale Befriedigungsquote zu erreichen.[233] Die Gläubigergruppen können die unterschiedlichen Interessen in die Organe der Gläubigermitbestimmung einbringen, innerhalb derer werden die Einzelinteressen dann zu einem Abstimmungsergebnis aggregiert.

Folglich können die Gläubiger das Insolvenzverfahren im Sinne der Gläubigerautonomie mitgestalten.[234] Die Organe der Gläubiger sind die Gläubigerversammlung und der Gläubigerausschuss.[235] Die **Gläubigerversammlung** ist das „Basisorgan für die Selbstverwaltung“[236]. In dieser werden wesentliche Verfahrensentscheidungen getroffen. Der Gläubigerausschuss ist hingegen das zentrale Aufsichtsorgan der Gläubiger. Die Gläubigerversammlung kann im Sinne der Gläubigerautonomie den Verfahrensverlauf maßgeblich beeinflussen.[237] Teilnahmeberechtigt sind nach § 74 Abs. 1 S. 2 InsO absonderungsberechtigte Gläubiger, sämtliche Insolvenzgläubiger, der Insolvenzverwalter, die Mitglieder des Gläubigerausschusses und der Schuldner. Im Verhältnis zum Teilnehmerkreis sind nur ausgewählte Gläubiger stimmberechtigt.[238] Nach § 77 InsO dürfen die Gläubiger abstimmen, die ihre (unbestrittenen) Forderungen angemeldet haben. Nachrangige Gläubiger und Massegläubiger sind hingegen nicht stimmberechtigt.[239] Für einen Beschluss der Gläubigerversammlung ist eine absolute Mehrheit erforderlich. Diese ist nach § 76 Abs. 2 InsO dann gegeben, „wenn die Summe der Forderungsbeträge der zustimmenden Gläubiger mehr als die Hälfte der Summe der Forderungsbeträge der

232 Vgl. GERHARDT, W., Von der Insolvenzrechtsreform zur Insolvenzverordnung, S. 127, sowie RAUSCH, W., Gläubigerschutz im Insolvenzverfahren, S. 24.

233 Zur Übersicht der Interessenkonflikte zwischen gesicherten und ungesicherten Gläubigern vgl. FISCHER, T. R., Agency-Probleme bei der Sanierung von Unternehmen, S. 22 f.

234 Vgl. VALLENDER, H., Der vorläufige Gläubigerausschuss, Rn. 5.446, sowie WEGENER, B., in: Wimmer, FK-InsO, 8. Aufl., § 169, Rn. 1.

235 Vgl. EHRICKE, U., in: Kirchhof/Stürner/Eidenmüller, Kommentar zur InsO, 3. Aufl., § 76, S. 119. Regelungen zu den Organen der Gläubiger finden sich im Dritten Abschnitt der InsO. Die §§ 67-73 InsO beziehen sich auf den Gläubigerausschuss, die §§ 74-79 InsO auf die Gläubigerversammlung.

236 PAPE, G., Die Beteiligung der Gläubiger in der Insolvenzordnung, Rn. 2. Vgl. zudem TRAMS, K., Gläubigerversammlung, S. 405.

237 Vgl. PAPE, G., Die Beteiligung der Gläubiger in der Insolvenzordnung, Rn. 6, sowie EHRICKE, U., Beschränkungen der Antragsbefugnis, S. 191.

238 Vgl. § 76 InsO.

239 Vgl. SCHMITT, F., in: Wimmer, FK-InsO, 8. Aufl., § 77, Rn. 4 f.; EHRICKE, U., in: Kirchhof/Stürner/Eidenmüller, Kommentar zur InsO, 3. Aufl., Rn. 23, sowie SMID, S., Praxishandbuch Insolvenzrecht, S. 304.

abstimmenden Gläubiger beträgt“[240]. Die Gläubigerversammlung wird durch das Gericht einberufen und geleitet.[241] Die Einberufung findet gemäß § 29 InsO mindestens in folgenden Fällen statt: dem Berichtstermin nach § 156 InsO, dem Prüfungstermin gemäß § 176 InsO sowie dem Schlusstermin nach § 197 InsO.[242] Im Berichtstermin beschließt die Gläubigerversammlung nach § 157 InsO den weiteren Fortgang des Verfahrens, d. h., ob das Schuldnerunternehmen liquidiert oder fortgeführt wird.[243] Im Prüfungstermin werden Betrag und Rang der angemeldeten Forderungen geprüft. Im Schlusstermin prüft die Gläubigerversammlung die Schlussrechnung des Verwalters.[244]

Die Aufgaben des **Gläubigerausschusses** liegen vor allem darin, den Insolvenzverwalter bei der Geschäftsführung zu unterstützen und zu überwachen.[245] Ferner haben sich die Mitglieder über den Gang der Geschäfte zu informieren und die Bücher und Geschäftspapiere einzusehen.[246] Durch den Gläubigerausschuss sollen die Gläubiger ständig auf das Insolvenzverfahren Einfluss nehmen können.[247] Der Ausschuss wird grds. nach § 68 InsO auf Beschluss der ersten Gläubigerversammlung bestellt. Seit Einführung des ESUG können sich die Gläubiger jedoch bereits im Eröffnungsverfahren durch einen vorläufigen Gläubigerausschuss beteiligen und u. a. bei der Bestellung eines (vorläufigen) Insolvenz- oder Sachwalters und der Anordnung der Eigenverwaltung mitwirken.[248] Ein vorläufiger Ausschuss kann auf Basis der Einberufungspflicht[249] bei Großverfahren oder eines Einberufungsrechts nach § 21 Abs. 2 Nr. 1a

240 § 76 Abs. 2 InsO. Vgl. zudem EHRICKE, U., in: Kirchhof/Stürner/Eidenmüller, Kommentar zur InsO, 3. Aufl., § 76, Rn. 29. Ausnahmen zu dieser Abstimmungsregel bestehen, wenn gemäß § 57 S. 2 InsO eine andere Person zum Insolvenzverwalter gewählt werden soll. Dann ist neben der Summenmehrheit eine Kopfmehrheit erforderlich. Zudem ist für die Abstimmung über den Insolvenzplan, wie in Abschnitt 212.22 verdeutlicht, eine doppelte Mehrheit erforderlich.

241 Vgl. § 76 Abs. 1 InsO.

242 Zudem kann das Gericht, wenn dies im Interesse der Insolvenzgläubiger ist, über die nach § 78 InsO gesetzlich festgeschriebenen Termine hinaus weitere Termine vereinbaren.

243 Vgl. UHLENBRUCK, W., Kompetenzverteilung und Entscheidungsbefugnisse im neuen Insolvenzverfahren, S. 1197, sowie SMID, S., Praxishandbuch Insolvenzrecht, S. 103.

244 Vgl. PAPE, G., Die Beteiligung der Gläubiger in der Insolvenzordnung, Rn. 25, sowie ausführlich Abschnitt 222.12.

245 Vgl. EICKE, C., Informationspflichten der Mitglieder des Gläubigerausschusses, S. 798 f.

246 Vgl. HUBER, H./MAGILL, N., Der (vorläufige) Gläubigerausschuss, S. 202 f., sowie § 69 InsO. In der Literatur werden die Funktionen des Gläubigerausschusses mit der eines Aufsichtsrats verglichen. Statt vieler vgl. PAPE, G., Die Beteiligung der Gläubiger in der Insolvenzordnung, Rn. 40.

247 Vgl. BÖHM, B., Die Gläubiger, S. 143.

248 Wie in Abschnitt 212.23 untersucht, müssen die Gläubiger einer Eigenverwaltung einstimmig zustimmen. Der Beschluss wird im (vorläufigen) Gläubigerausschuss gefasst. Vgl. VALLENDER, H., Der vorläufige Gläubigerausschuss, Rn. 5.448.

249 Die Pflicht zur Einberufung eines vorläufigen Gläubigerausschusses besteht, wenn der Schuldner im vorangegangenen Geschäftsjahr mindestens zwei der drei in § 22a Abs. 1 InsO aufgeführten Größenkriterien erfüllt hat. Vgl. § 22a InsO sowie VALLENDER, H., Der vorläufige Gläubigerausschuss, Rn. 5.413.

i. V. m. § 22a Abs. 2 InsO einberufen werden.[250] Zudem kann nach § 67 InsO für die Zeit vom Eröffnungsbeschluss bis zum Berichtstermin ein Interimsausschuss gebildet werden. Ob dieser beibehalten, abgeschafft oder die Zusammensetzung angepasst werden soll, wird gemäß § 68 InsO durch die Gläubigerversammlung entschieden. Die Zusammensetzung des Ausschusses ist in § 67 InsO geregelt. Demzufolge sollen alle relevanten Gläubigergruppen vertreten sein.[251] Nach § 67 Abs. 2 InsO dürfen absonderungsberechtigte Gläubiger, Insolvenzgläubiger mit den höchsten Forderungen und Kleingläubiger im Ausschuss vertreten sein. Darüber hinaus können auch Nichtgläubiger als Stellvertreter in den Ausschuss bestellt werden.[252] Im Gläubigerausschuss sollen die Interessen aller beteiligten Gläubiger angemessen berücksichtigt werden, die Zahl der Mitglieder ist in der InsO nicht vorgeschrieben. Indes ergibt sich aus § 67 Abs. 2 InsO, dass der Ausschuss wenigstens aus drei bis vier Personen bestehen sollte.[253] Eine ungerade Mitgliederzahl erleichtert zu treffende Abstimmungen. Die Ausschussmitglieder dürfen nicht ihre individuellen Interessen, sondern nur das Interesse der Gläubigergemeinschaft vertreten.[254]

213.4 Insolvenzverwalter

Im Insolvenzverfahren nimmt der Insolvenzverwalter eine zentrale Position ein.[255] Er muss eine geschäftskundige[256] und von Gläubigern und Schuldnern unabhängige natürliche Person sein.[257] Mit Vorliegen eines formal gültigen Insolvenzantrags kann das Insolvenzgericht gemäß § 21 Abs. 2 Nr. 1 InsO einen vorläufigen Insolvenzverwalter bestellen.[258] Sofern der vorläufige

---

250 Es ist kein vorläufiger Gläubigerausschuss einzusetzen, wenn sich der Einsatz unverhältnismäßig negativ auf die Insolvenzmasse auswirkt oder das Verfahren verzögert. Vgl. § 22a Abs. 3 InsO.

251 Vgl. PAPE, G., Die Beteiligung der Gläubiger in der Insolvenzordnung, Rn. 45 f.

252 Vgl. § 67 Abs. 3 InsO.

253 Zumeist werden fünf Ausschussmitglieder als Höchstgrenze angesehen. Vgl. KNOF, B., in: Uhlenbruck/Hirte/Vallender, InsO, 14. Aufl., § 67, Rn. 20.

254 Vgl. PAPE, G., Die Beteiligung der Gläubiger in der Insolvenzordnung, Rn. 40.

255 Vgl. BORK, R., Einführung in das Insolvenzrecht, Rn. 60; FREGE, M. C. U. A., Insolvenzrecht, Rn. 244, sowie PAPE, G., Rechte und Pflichten des Insolvenzverwalters, Rn. 1.

256 Für die Position kommen vor allem Personen in Betracht, die sowohl fundierte rechtliche als auch wirtschaftliche Kenntnisse haben, wie z. B. Wirtschaftsprüfer. Vgl. KELLER, U., Insolvenzrecht, Rn. 259.

257 Vgl. § 56 Abs. 1 InsO. Die Vorschrift ist analog für den vorläufigen Insolvenzverwalter anzuwenden. Vgl. GRAEBER, T., in: Kirchhof/Stürner/Eidenmüller, Kommentar zur InsO, 3. Aufl., § 56, Rn. 8. Im Gesetzgebungsverfahren wurde u. a. über die Zulassung einer juristischen Person als Insolvenzverwalter diskutiert, was allerdings mehrheitlich abgelehnt wurde. Statt vieler vgl. GERHARDT, W., Von der Insolvenzrechtsreform zur Insolvenzverordnung, S. 131; SMID, S., Der Kernbereich der Insolvenzverwaltung, S. 273; HÖPFNER, A., Aktuelle Rechtsprechung zur Bestellung juristischer Personen zum Insolvenzverwalter, S. 1035; PAPE, G., Insolvenzverwalter mit beschränkter Haftung, S. 1657, sowie Urteil BGH (Hrsg.), 19.09.2013 - IX AR(VZ) 1/12, Rn. 11-13. Zur Eignung für die Insolvenzverwaltertätigkeit hat sich der VERBAND INSOLVENZVERWALTER DEUTSCHLANDS E.V. (Hrsg.), Berufsgrundsätze der Insolvenzverwalter, § 3 Eignung, S. 1-2, geäußert.

258 Zu den Voraussetzungen zur Bestellung eines vorläufigen Insolvenzverwalters vgl. ausführlich Abschnitt

Insolvenzverwalter lediglich eine Kontrollfunktion ausübt und seine Bestellung vor allem zur Sicherung der Vermögenslage nach § 21 Abs. 1 InsO dient, wird von einem „schwachen" vorläufigen Insolvenzverwalter gesprochen.[259] Wenn dem vorläufigen Insolvenzverwalter hingegen nach § 21 Abs. 2 Nr. 2 InsO das allgemeine Verfügungsrecht übertragen wird, handelt es sich um einem „starken" vorläufigen Insolvenzverwalter.[260] Der „starke" Insolvenzverwalter hat das gesamte schuldnerische Vermögen in Besitz zu nehmen, seine Stellung ist mit der eines Insolvenzverwalters im bereits eröffneten Verfahren vergleichbar.[261] Beide vorläufigen Insolvenzverwalter haben gemein, dass sie zumeist in Personalunion als Gutachter für das Insolvenzgericht agieren und zugleich prüfen, ob ein Insolvenzgrund vorliegt und die Massekosten gedeckt sind.[262] Der endgültige Insolvenzverwalter wird nach § 27 Abs. 1 InsO schließlich mit der Verfahrenseröffnung bestellt. Wie beim vorläufigen Insolvenzverwalter sind für die Bestellung die Vorschriften des § 56 InsO zu berücksichtigen.[263] Zumeist wird der vorläufige Insolvenzverwalter mit Verfahrenseröffnung auch zum endgültigen Insolvenzverwalter bestellt.[264]

Nach Verfahrenseröffnung hat der Insolvenzverwalter „das gesamte zur Insolvenzmasse gehörende Vermögen sofort in Besitz und Verwaltung zu nehmen"[265], d. h., die Insolvenzmasse zu sichern.[266] Außerdem muss er seinen **Rechnungslegungspflichten** nachkommen und das Verzeichnis der Massegegenstände (§ 151 InsO), das Gläubigerverzeichnis (§ 152 InsO) und die Vermögensübersicht (§ 153 InsO) erstellen.[267] Diese Berichtsdokumente dienen anschließend in der ersten Gläubigerversammlung – dem Berichtstermin nach § 29 Abs. 1 Nr. 1 i. V. m.

212.11.

259 Vgl. SPLIEDT, J. D., Vorläufige Insolvenzverwaltung, Rn. 5.480.

260 Vgl. HAARMEYER, H., in: Kirchhof/Stürner/Eidenmüller, Kommentar zur InsO, 3. Aufl., § 22, Rn. 23, sowie SPLIEDT, J. D., Vorläufige Insolvenzverwaltung, Rn. 5.489.

261 Vgl. ZIPPERER, H., Was, wenn nicht alles endet, wenn alles endet, S. 863, sowie SMID, S., Praxishandbuch Insolvenzrecht, S. 144.

262 Vgl. BRAUN, E./UHLENBRUCK, W., Unternehmensinsolvenz, S. 183, sowie KELLER, U., Insolvenzrecht, Rn. 254.

263 Im Zuge der Einführung des ESUG wurde der § 56 InsO erweitert, so haben auch der Schuldner und die Gläubiger ein Vorschlagsrecht zur Person des Insolvenzverwalters. Vgl. JAHNTZ, K., in: Wimmer, FK-InsO, 8. Aufl., § 56, Rn. 2. Zudem wurde § 56a InsO eingeführt. Demnach kann sich der vorläufige Gläubigerausschuss zur Person des Insolvenzverwalters äußern und diesen, sofern der Vorschlag einstimmig ist, bestimmen. Das Insolvenzgericht kann dem Vorschlag lediglich widersprechen, wenn die vorgeschlagene Person nicht für die Übernahme des Amts geeignet scheint. JAHNTZ, K., in: Wimmer, FK-InsO, 8. Aufl., § 56a, Rn. 38. Zur Einführung des ESUG vgl. ausführlich Abschnitt 211.

264 Vgl. GRAEBER, T., in: Kirchhof/Stürner/Eidenmüller, Kommentar zur InsO, 3. Aufl., § 56, Rn. 9, sowie DEUTSCHER BUNDESTAG (Hrsg.), BT-Drucksache 17/5712, S. 25.

265 § 148 Abs. 1 InsO.

266 Vgl. WELLENSIEK, J., Die Aufgaben des Insolvenzverwalters, Rn. 1.

267 In Eigenverwaltungsverfahren hat der Schuldner die Rechnungslegungspflichten zu erfüllen. Die zu erstellenden Berichtsinstrumente werden in Abschnitt 222.1 vorgestellt. Vgl. auch WELLENSIEK, J., Die Aufgaben des Insolvenzverwalters, Rn. 6 f.

§ 156 InsO – als Informations- und Entscheidungsgrundlage für die Gläubiger. Im Berichtstermin informiert der Insolvenzverwalter die Gläubiger über die wirtschaftliche Lage des Unternehmens, über die Aussichten, das Unternehmen als Ganzes oder in Teilen zu erhalten, sowie über die Möglichkeiten der Gläubigerbefriedigung durch ein Insolvenzplanverfahren.[268] Ferner erläutert er die Auswirkungen einzelner Verwaltungsalternativen auf das Hauptziel der InsO, nämlich die gemeinschaftliche Befriedung aller Gläubiger. Diese Informationen dienen für die Gläubiger als Entscheidungsgrundlage über die Liquidation oder die Fortführung des Unternehmens.[269] Falls im Berichtstermin die sofortige Liquidation[270] beschlossen wird, hat der Insolvenzverwalter unverzüglich mit der Verwertung der Insolvenzmasse zu beginnen.[271] Andernfalls kann er mit der Aufstellung eines Insolvenzplans gemäß § 157 S. 2 i. V. m. § 218 Abs. 1 InsO beauftragt werden.

Neben der Rechnungslegungs- und Informationspflicht gegenüber den Gläubigern, hat der Insolvenzverwalter die Verwaltung der Schuldenmasse und das Führen der Forderungstabelle zu verantworten.[272] Die Gläubiger melden dafür ihre Forderungen nach § 174 Abs. 1 InsO schriftlich beim Insolvenzverwalter an. Dieser trägt die Forderungen in die Forderungstabelle ein und legt sie im Anschluss beim Insolvenzgericht aus.[273] Im Prüfungstermin wird alsdann gemäß § 176 InsO geprüft, ob die angemeldeten Forderungen berechtigt sind. Der Insolvenzverwalter oder die Gläubiger können eine Forderung bestreiten, wenn diese unbegründet erscheint.[274] Eine weitere Aufgabe des Insolvenzverwalters im Sinne der Massesicherung und -verwaltung ist die Massemehrung durch Ausübung der Anfechtungsrechte gemäß §§ 129-147 InsO.[275] Demnach kann der Insolvenzverwalter eine der Gläubigergleichbehandlung entgegenstehende Vermögensminderung, die vor Verfahrenseröffnung stattfand, zurückführen.[276]

---

268 Vgl. § 156 InsO.

269 Vgl. BORK, R., Einführung in das Insolvenzrecht, Rn. 62.

270 Zu den einzelnen Verfahrensarten vgl. ausführlich Abschnitt. 212.2.

271 Zur unverzüglichen Masseverwertung vgl. § 159 InsO. Vgl. zudem BRAUN, E./UHLENBRUCK, W., Unternehmensinsolvenz, S. 187 f., sowie WEGENER, B., in: Wimmer, FK-InsO, 8. Aufl., § 157, Rn. 11.

272 Vgl. BRAUN, E./UHLENBRUCK, W., Unternehmensinsolvenz, S. 188.

273 Vgl. § 174 Abs. 1 S. 1 InsO.

274 Vgl. KIEßNER, F., in: Wimmer, FK-InsO, 8. Aufl., § 176, Rn. 9, sowie WELLENSIEK, J., Die Aufgaben des Insolvenzverwalters, Rn. 25.

275 Vgl. WELLENSIEK, J., Die Aufgaben des Insolvenzverwalters, Rn. 42.

276 Vgl. ARENS, W./PELKE, C., Anfechtung durch den Insolvenzverwalter, S. 2776, sowie DEUTSCHER BUNDESTAG (Hrsg.), BT-Drucksache 12/2443, S. 156.

Während des Verfahrens hat der Insolvenzverwalter überdies gemäß § 58 InsO Auskunfts- und Berichtspflichten gegenüber dem Insolvenzgericht, welches den Insolvenzverwalter beaufsichtigt.[277] Neben den Rechnungslegungspflichten bei Verfahrensbeginn hat er ferner auf Anfrage der Gläubigerversammlung Zwischenrechnung zu legen.[278] Zur Beendigung seines Amts muss er zudem eine Schlussrechnung gemäß § 66 Abs. 1 InsO aufstellen.[279] Beide Berichtsinstrumente werden durch das Insolvenzgericht geprüft.[280] Über die insolvenzspezifischen Rechnungslegungspflichten hinaus, hat der Insolvenzverwalter die handels- und steuerrechtlichen Rechnungslegungspflichten nach § 155 Abs. 1 S. 2 InsO zu erfüllen.[281]

Ergänzend dazu existieren in der InsO haftungsrechtliche Regelungen. So ist der Insolvenzverwalter z. B. bei einem schuldhaften Verletzen der insolvenzspezifischen Pflichten[282] gemäß § 60 Abs. 1 InsO gegenüber allen Beteiligten zu Schadensersatz verpflichtet.[283] Seine Vergütung ist in § 63 InsO geregelt.[284] Die Vorschriften der insolvenzrechtlichen Vergütungsverordnung (InsVV) dienen zur Auslegung des rechtlichen Rahmens der Verwaltervergütung.[285] Die Vergütung des Verwalters berechnet sich anhand des Wertes der Insolvenzmasse zur Verfahrensbeendigung, genauer dem Wert, welcher in der Schlussrechnung enthalten ist.[286] Die Vergütung des Verwalters kann von der Regelvergütung abweichen, sofern der Umfang oder die

---

277 Das Insolvenzgericht kann jederzeit einzelne Auskünfte oder einen Sachstandsbericht vom Insolvenzverwalter verlangen. Vgl. § 58 Abs. 1 InsO.

278 Vgl. § 66 Abs. 3 InsO.

279 Die Regelungen zur Schlussrechnung gemäß § 66 InsO gelten auch für den vorläufigen Insolvenzverwalter. Vgl. UHLENBRUCK, W., Die Rechnungslegungspflicht des vorläufigen Insolvenzverwalters, S. 290.

280 Vgl. § 66 Abs. 2 InsO; WELLENSIEK, J., Die Aufgaben des Insolvenzverwalters, Rn. 85, sowie Abschnitt 213.5.

281 Vgl. dazu ausführlich Abschnitt 222. Im Fall der Eigenverwaltung hat, anstelle des Insolvenzverwalters, der Schuldner die insolvenzspezifischen sowie handels- und steuerrechtlichen Rechnungslegungspflichten zu erfüllen.

282 Eine Pflichtverletzung mit einem Haftungsanspruch der Insolvenzgläubiger kann z. B. darin bestehen, dass der Insolvenzverwalter Aus- und Absonderungsrechte unrechtmäßig anerkannt hat und dadurch die Insolvenzgläubiger benachteiligt wurden. Vgl. SINZ, R., in: Uhlenbruck/Hirte/Vallender, InsO, 14. Aufl., § 60, Rn. 13 f.

283 Im § 60 Abs. 1 S. 2 InsO wird der Sorgfaltsmaßstab laut Gesetz festgelegt. Demnach hat der Insolvenzverwalter für die „Sorgfalt eines ordentlichen und gewissenhaften Insolvenzverwalters einzustehen." Vgl. BRAUN, E./UHLENBRUCK, W., Unternehmensinsolvenz, S. 191, sowie PAPE, G., Rechte und Pflichten des Insolvenzverwalters, Rn. 20. Zudem kann der Insolvenzverwalter auch bei Nichterfüllung von Masseverbindlichkeiten zum Schadensersatz herangezogen werden. Vgl. SMID, S., Die Haftung des Insolvenzverwalters in der Insolvenzordnung, Rn. 11.

284 Vgl. LISSNER, S., Verzinsung der insolvenzrechtlichen Vergütung, S. 1.

285 Vgl. STEPHAN, G., in: Kirchhof/Stürner/Eidenmüller, Kommentar zur InsO, 3. Aufl., § 63, Rn. 1.

286 Vgl. VILL, G., Zur Reform des insolvenzrechtlichen Vergütungsrechts, S. 746; STEPHAN, G., in: Kirchhof/Stürner/Eidenmüller, Kommentar zur InsO, 3. Aufl., § 63, Rn. 35, sowie HAARMEYER, H., Strukturmerkmale der Vergütung im Insolvenzverfahren, Rn. 3.

Komplexität des Verfahrens dies erforderlich machen.[287] Das Insolvenzgericht ist nach § 64 InsO für die Vergütungsfestsetzung verantwortlich.

Das Amt des Insolvenzverwalters endet grundsätzlich mit der Beendigung des Insolvenzverfahrens.[288] Zudem kann der Insolvenzverwalter frühzeitig aus wichtigem Grund durch das Insolvenzgericht aus dem Amt entlassen werden. Von Amtswegen kann ein Antrag des Insolvenzverwalters, des Gläubigerausschusses oder der Gläubigerversammlung gestellt werden.[289] Ein wichtiger Grund kann z. B. pflichtwidriges Verhalten oder eine längere Erkrankung des Insolvenzverwalters sein.[290] Bei einer Entlassung wird dann ein neuer Insolvenzverwalter eingesetzt.

213.5 Insolvenzgericht

Das Insolvenzgericht verantwortet den rechtlichen Rahmen für den Ablauf des Insolvenzverfahrens.[291] Im Sinne der Gläubigerautonomie greift das Insolvenzgericht lediglich in Ausnahmefällen, wie z. B. bei einer Entlassung des Insolvenzverwalters nach § 59 InsO oder wenn die Aufhebung eines Beschlusses der Gläubigerversammlung dem gemeinsamen Interesse der Gläubiger widerspricht, in das Verfahren ein.[292] Zu Verfahrensbeginn liegt die Entscheidungsgewalt darüber, ob ein Insolvenzverfahren eröffnet wird, beim Insolvenzgericht.[293] Es hat im Eröffnungsverfahren nach § 21 InsO Maßnahmen zur Sicherung des schuldnerischen Vermögens zu erlassen. Dazu gehört nach § 21 Abs. 2 Nr. 1 InsO auch die Bestellung des vorläufigen Insolvenzverwalters.[294] Mit dem Eröffnungsbeschluss hat das Insolvenzgericht gemäß

---

287 Für ein Normalverfahren ist die Vergütung in Form einer Staffelvergütung nach § 2 InsVV geregelt, die Mindestvergütung beträgt gemäß § 2 Abs. 2 InsVV 1.000 EUR. Voraussetzungen für die Abweichung vom Regelsatz sind in § 3 InsVV geregelt. Vgl. STEPHAN, G., in: Kirchhof/Stürner/Eidenmüller, Kommentar zur InsO, 3. Aufl., § 63, Rn. 36-37, sowie VILL, G., Zur Reform des insolvenzrechtlichen Vergütungsrechts, S. 749 f.

288 Zur Verfahrensbeendigung vgl. ausführlich Abschnitt 212.3.

289 Vgl. § 59 Abs. 1 InsO.

290 Vgl. VALLENDER, H., in: Uhlenbruck/Hirte/Vallender, InsO, 14. Aufl., § 59, Rn. 18, sowie KELLER, U., Insolvenzrecht, Rn. 270.

291 Vgl. KELLER, U., Insolvenzrecht, Rn. 56. Die funktionellen Zuständigkeiten des Insolvenzgerichts werden zwischen Richter und Rechtspfleger aufgeteilt. So obliegen dem Richter bspw. die Anordnung von Sicherungsmaßnahmen und die Entscheidung über den Insolvenzantrag. Der Rechtspfleger ist z. B. für die Prüfung der Schlussrechnung verantwortlich. Vgl. NAUMANN, D., Die Aufsicht des Insolvenzgerichts über den Insolvenzverwalter, Rn. 13.

292 Zur Möglichkeit der Aufhebung eines Beschlusses der Gläubigerversammlung vgl. § 78 Abs. 1 InsO. Die Aufhebung ist nur auf Basis eines Gläubigerantrags möglich, das Gericht überprüft allerdings die Gläubigerentscheidungen. Vgl. BRAUN, E./UHLENBRUCK, W., Unternehmensinsolvenz, S. 177.

293 Das Insolvenzgericht entscheidet darüber, ob der Insolvenzantrag zulässig ist und erlässt zudem den Eröffnungsbeschluss. Vgl. PAPE, G., Aufgaben und Befugnisse des Insolvenzgerichts, Rn. 11, sowie BRUSCHKE, G., Überblick über das Insolvenzrecht, S. 301.

294 Vgl. UHLENBRUCK, W., Die Rechtsstellung des vorläufigen Insolvenzverwalters, Rn. 3.

§ 27 InsO den endgültigen Insolvenzverwalter zu benennen und nach § 74 InsO die erste Gläubigerversammlung einzuberufen sowie zu leiten.

Fortan hat das Gericht nach § 58 InsO die Aufsichtspflicht gegenüber dem Insolvenzverwalter und kann diesen sogar im Bedarfsfall entlassen.[295] Es kann jederzeit einen Bericht zum Verfahrensstand und -verlauf vom Insolvenzverwalter verlangen.[296] Im Falle der Eigenverwaltung besteht die Aufsichtspflicht gegenüber dem Sachwalter.[297] Die Aufgaben und Pflichten des Insolvenzverwalters sind für den Umfang und Inhalt der Aufsichtspflicht des Insolvenzgerichts maßgeblich.[298] Das Gericht ist in seiner Tätigkeit parteilos und gegenüber dem Insolvenzverwalter nicht weisungsbefugt.[299] Die vom Insolvenzverwalter aufgestellten Rechnungslegungswerke der Zwischen- und Schlussrechnung hat das Insolvenzgericht nach § 66 Abs. 2 InsO zu prüfen und darüber hinaus gemäß § 196 Abs. 2 InsO die Schlussverteilung zu genehmigen. Die Prüfung der Schlussrechnung ist eine Amtspflicht, wohingegen es im freien Ermessen des Gerichts liegt wie intensiv der Insolvenzverwalter beaufsichtigt wird.[300] Letztendlich liegt auch die Entscheidung über die Beendigung des Insolvenzverfahrens beim Insolvenzgericht.[301]

Die einzelnen Parteien, d. h. der Schuldner, die Gläubiger, der Insolvenzverwalter und das Insolvenzgericht, treten im Insolvenzverfahren nicht als voneinander unabhängig „Einzelspieler" auf. Vielmehr sind diese voneinander abhängig, daher wird im Folgenden das Zusammenspiel dieser im Insolvenzverfahren analysiert. Da der Insolvenzverwalter als Agent für die Gläubiger aktiv ist, liegt der Kern der Analyse auf der Beziehung zwischen Insolvenzverwalter und Gläubigern.

---

295 Zur Entlassung des Insolvenzverwalters siehe Abschnitt 212.3 sowie § 59 InsO. Mit der Entlassung des Insolvenzverwalters der Aufhebung bzw. Einstellung des Verfahrens endet auch die Aufsichtspflicht. Vgl. BRAUN, E./UHLENBRUCK, W., Unternehmensinsolvenz, S. 191.

296 Vgl. KELLER, U., Insolvenzrecht, Rn. 87.

297 Die Aufsichtspflicht gegenüber dem Sachwalter ist in § 274 InsO kodifiziert. Vgl. NAUMANN, D., Die Aufsicht des Insolvenzgerichts über den Insolvenzverwalter, Rn. 11.

298 Vgl. NAUMANN, D., Die Aufsicht des Insolvenzgerichts über den Insolvenzverwalter, Rn. 17.

299 Vgl. KELLER, U., Insolvenzrecht, Rn. 85. Derzeit wird diskutiert, ob eine eigene Insolvenzgerichtsbarkeit eingeführt werden sollte. Vgl. BÜTTNER, H., Insolvenzgerichtsbarkeit, S. 13-23.

300 Vgl. NAUMANN, D., Die Aufsicht des Insolvenzgerichts über den Insolvenzverwalter, Rn. 448; LISSNER, S., Die Übertragung der Schlussrechnungsprüfung auf Sachverständige, S. 1189, sowie FRANKE, J./GOTH, D./FIRMENICH, M., Schlussrechnungsprüfung im Insolvenzverfahren, S. 126.

301 Zur Verfahrensbeendigung vgl. ausführlich Abschnitt 212.3.

213.6 Agency-Beziehungen der Stakeholder im Insolvenzverfahren

Agency-Beziehungen sind in einer arbeitsteiligen Welt einer Unternehmung und auch für das Insolvenzverfahren typisch.[302] Im Rahmen der möglichen Beziehungen einzelner am Insolvenzverfahren beteiligter Parteien zueinander sollen zunächst die Beziehungen der **Gläubiger** zum **Schuldner** sowie zum **Insolvenzverwalter** analysiert werden. Mit dem Eintritt in das Insolvenzverfahren verändert sich auch die bis zum Eröffnungszeitpunkt bestehenden **Prinzipal-Agenten-Beziehungen**.[303]

Vor der **Eröffnung des Insolvenzverfahrens** liegt das Verwaltungs- und Verfügungsrecht bei der Geschäftsführung des Schuldnerunternehmens (dem Agenten), welche für die Gläubiger (den Prinzipal) handelt.[304] Die Beziehung der beiden Parteien zueinander zeichnet u. a. aus, dass der Agent über mehr Informationen verfügt (*hidden information*) als der Prinzipal und diese Informationsasymmetrien im eigenen Interesse (*hidden actions*) ausnutzen kann.[305] Die Risiken, welche für die Gläubiger durch diese Informationsasymmetrien entstehen, können in das Informations-, das Insolvenz- und das Ausfallrisiko unterteilt werden.[306] Für den **Gläubiger** ist das **Informationsrisiko** vor der Überlassung von Kapital relevant, denn anhand der vorliegenden Informationen entscheidet der Gläubiger überhaupt erst, ob und zu welchen Konditionen er einen Kredit vergibt.[307] Das **Insolvenzrisiko** besteht, wenn bereits eine Kreditbeziehung eingegangen wurde und sich die wirtschaftliche Lage des Schuldners so weit verschlechtert,

---

302 Vgl. SMITH, A., Wealth of Nations, S. 8, sowie HENI, B., Interne Rechnungslegung, S. 141.

303 Weiterführend vgl. JENSEN, M./MECKLING, W. H., Theory of the Firm, S. 305-357; FISCHER, T. R., Agency-Probleme bei der Sanierung von Unternehmen, S. 28 f.; ALPARSLAN, A., Strukturalistische Prinzipal-Agenten-Theorie, S. 11-47; HOCHHOLD, S./RUDOLPH, B., Principal-Agent-Theorie, S. 133, sowie EWERT, R., Rechnungslegung, Gläubigerschutz und Agency-Probleme, S. 8-23.

304 JENSEN/MECKLING definieren eine Agency-Beziehung als „*a contract under which one or more persons (the principal(s)) engage another person (the agent) to perform some service on their behalf which involves delegating some decision making authority to the agent.*" JENSEN, M./MECKLING, W. H., Theory of the Firm, S. 308. Sofern ein Insolvenzverfahren in Eigenverwaltung durchgeführt wird, verbleibt das Verwaltungs- und Verfügungsrecht beim Schuldner. Vgl. dazu ausführlich Abschnitt 212.23.

305 Vgl. FISCHER, T. R., Agency-Probleme bei der Sanierung von Unternehmen, S. 30; BAETGE, J./LIENAU, A., Der Gläubigerschutzgedanke, S. 66; BUSSE VON COLBE, W., Unternehmenskontrolle, S. 43; METOJA, E., Externe Prüfung der insolvenzrechtlichen Rechnungslegung, S. 993, sowie HENI, B., Interne Rechnungslegung, S. 143.

306 Vgl. statt vieler DRUKARCZYK, J., Unternehmen und Insolvenz, S. 21-23, sowie RAUSCH, W., Gläubigerschutz im Insolvenzverfahren, S. 11-15.

307 Vgl. RAUSCH, W., Gläubigerschutz im Insolvenzverfahren, S. 11, sowie DRUKARCZYK, J., Unternehmen und Insolvenz, S. 22.

dass das Unternehmen Insolvenz anmelden muss. Damit werden die Gläubigerrechte eingeschränkt und vertraglich fixierte Leistungen können ggf. nicht mehr erbracht werden.[308] Dieses Risiko besteht vor bzw. bis zur Eröffnung des Insolvenzverfahrens.

Das **Ausfallrisiko** bzw. Verlustrisiko bezieht sich darauf, dass der gewährte Kredit durch eine ineffiziente Mittelverwendung oder die Berücksichtigung individueller Interessen einzelner Gläubigergruppen nicht mehr bedient werden kann und vollständig ausfällt.[309] Ja nach Gläubigerrang kann das Ausfallrisiko, dadurch dass ein Insolvenzverfahren eröffnet wird, ansteigen. Das Insolvenzverfahren soll indes grundsätzlich eine unkontrollierte Einzelzwangsvollstreckung unterbinden, eine gemeinschaftliche Befriedigung ermöglichen und das Ausfallrisiko der einzelnen Gläubiger eingrenzen.[310]

Mit der **Verfahrenseröffnung** verändert sich die Prinzipal-Agenten-Beziehung im Regelinsolvenzverfahren grundlegend. Dadurch, dass dem Schuldner (Management bzw. Geschäftsführer) das Verwaltungs- und Verfügungsrecht über sein Unternehmen entzogen und an den Insolvenzverwalter übertragen wird, wird aus der Gläubigerperspektive ein neuer Agent eingesetzt.[311]

Durch eine **Verfahrensbeendigung/-aufhebung** kann das Untenehmern in den Regelbetrieb zurückgeführt und die Prinzipal-Agenten-Beziehung wieder in den Zustand vor Eröffnung überführt werden.[312] Abbildung 2-5 fasst die Veränderung der Prinzipal-Agenten-Beziehung vor, im und nach dem Verfahren zusammen.

---

308 Vgl. RAUSCH, W., Gläubigerschutz im Insolvenzverfahren, S. 13.

309 Vgl. RAUSCH, W., Gläubigerschutz im Insolvenzverfahren, S. 14 f. Da der Schwerpunkt dieser Arbeit auf der Gläubiger-Schuldner-Beziehung im bereits eröffneten Insolvenzverfahren liegt, werden das Informations- und das Insolvenzrisiko nicht näher betrachtet.

310 Vgl. KAHLERT, G., Einkommensbesteuerung in der Insolvenz, S. 1198. FREGE/NICHT/SCHILDT charakterisieren die dadurch entstehende Gruppierung der Gläubiger als „Gläubigergemeinschaft", vgl. FREGE, M. C./NICHT, M./SCHILDT, C., Gläubigerrechte bei der Teilabtretung von Insolvenzforderungen, S. 163.

311 Auch wenn der Insolvenzverwalter grundsätzlich vom Gericht bestellt wird, besteht dennoch eine Auftragsbeziehung zwischen Gläubiger und Insolvenzverwalter. Durch das Recht der Gläubiger, einen neuen Insolvenzverwalter gemäß § 59 InsO zu bestimmen, wird deutlich, dass die Gläubiger die Prinzipale sind. Vgl. HENI, B., Interne Rechnungslegung, S. 143. Eine Ausnahme ist die Eigenverwaltung, denn in diesem Verfahren verbleibt das Verwaltungs- und Verfügungsrecht beim Schuldner (dem Agenten), vgl. Abschnitt 212.23.

312 Vgl. ausführlich Abschnitt 212.3.

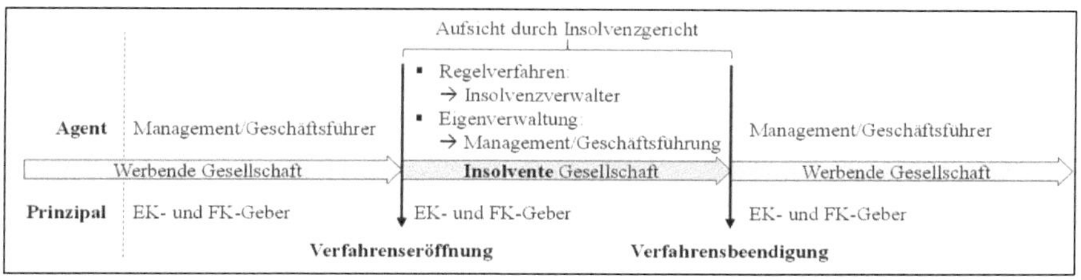

Abbildung 2-5: Veränderung der Prinzipal-Agenten-Beziehung im Insolvenzverfahren[313]

Für den Abbau der Informationsasymmetrien und der damit verbundenen Risiken kann der Insolvenzverwalter (Agent) im Verfahren u. a. die insolvenzspezifische und handelsrechtliche Rechnungslegung nutzen. Mit diesen Instrumenten soll das Informationsniveau des Prinzipals angereichert werden.[314] Der Insolvenzverwalter ist ggü. der Gläubigerversammlung und dem ggf. eingerichteten Gläubigerausschuss zur insolvenzspezifischen Rechnungslegung verpflichtet.[315] Hierdurch sollen die Gläubiger informiert und der Insolvenzverwalter kontrolliert werden.[316]

Da der Insolvenzverwalter gemäß § 27 InsO vom Gericht bestellt wird, existiert zudem eine **Prinzipal-Agenten-Beziehung** zwischen dem **Insolvenzgericht** und dem **Insolvenzverwalter**.[317] Wie in Abschnitt 213.5 beschrieben, hat das Gericht eine generelle Aufsichtspflicht.[318] Es muss sicherstellen, dass der Insolvenzverwalter keine gläubigerschädigenden Handlungen[319] vornimmt.[320] Das Insolvenzgericht gibt den rechtlichen Rahmen des Insolvenzverfahrens für

---

313 Eigene Darstellung.

314 Vgl. BALLWIESER, W., Informations-GoB, S. 115; RAUSCH, W., Gläubigerschutz im Insolvenzverfahren, S. 17; BAETGE, J./LIENAU, A., Der Gläubigerschutzgedanke, S. 67; ACHLEITNER, A.-K., Die Normierung der Rechnungslegung, S. 36, sowie PELLENS, B., Rechnungslegungssysteme, S. 1546.

315 Auf die Rechnungslegungspflichten des Insolvenzverwalters wird in Abschnitt 22 eingegangen. Vgl. für die insolvenzspezifische Rechnungslegung auch die §§ 66, 151, 152, 153 InsO. Die handelsrechtliche Rechnungslegung ist in § 155 InsO geregelt.

316 Vgl. KELLER, U., Insolvenzrecht, Rn. 249 f., sowie LISSNER, S., Aufsicht über den Insolvenzverwalter (Teil 2), S. 152.

317 Die Bestellung erfolgt durch Auswahl eines Insolvenzverwalters, welcher auf der Verwalterliste am Insolvenzgericht eingetragen ist. Verwalter, die nicht am Insolvenzgericht gelistet sind, können auch nicht bestellt werden. Das Gericht hat ggü. dem Verwalter das Drohpotential, diesen bei nicht pflichtgemäßer Erfüllung zu *„delisten"*. Vgl. HENI, B., Interne Rechnungslegung, S. 143 f. In der Eigenverwaltung wird der Sachwalter vom Insolvenzgericht eingesetzt. Vgl. ausführlich Abschnitt 212.23.

318 Vgl. KELLER, U., Insolvenzrecht, Rn. 85, sowie § 58 InsO, sowie LISSNER, S., Aufsicht über den Insolvenzverwalter (Teil 1), S. 102.

319 Diese könnten z. B. *hidden actions* sein, die sich durch Abwicklungsstrategien explizieren, welche nicht im Interesse der Gläubiger sind. Vgl. HENI, B., Interne Rechnungslegung, S. 145.

320 Vgl. KEBEKUS, F./ZENKER, W., Das Gesellschaftsorgan als Insolvenzverwalter?, S. 332. Das Gericht ist nach § 66 InsO für die Prüfung der Berichtsdokumente verantwortlich. UHLENBRUCK übt Kritik an der Kompetenz der Gerichte, die Insolvenzverwalter zu beaufsichtigen und zu prüfen. Vgl. UHLENBRUCK, W., Von der Notwendigkeit richterlicher „Augenhöhe" im Insolvenzverfahren, S. 728 f., sowie LISSNER, S., Die

die Gläubiger vor und übernimmt für diese die Verfahrensleitung, ohne gleichzeitig die Gläubigerautonomie einzuschränken.[321] Stellvertretend für die Gläubiger prüft es zudem die Zwischen- und Schlussrechnungslegung und trägt so dazu bei, dass die *monitoring costs* für die Gläubigergemeinschaft minimiert werden.[322]

Die Kompetenzen des **Schuldners** werden durch die Verfahrenseröffnung – bis auf Verfahren in Eigenverwaltung – erheblich vermindert. Dennoch hat dieser auch im Insolvenzverfahren Verpflichtungen.[323] Bei juristischen Personen sind die Mitglieder des Vertretungsorgans, wie in Abschnitt 213.2 beschrieben, ggü. dem Insolvenzgericht, dem Gläubigerausschuss und dem Insolvenzverwalter auskunftspflichtig sowie ggü. dem Insolvenzverwalter zur Mitwirkung verpflichtet.[324]

Neben dem Schuldner, den Gläubigern, dem Insolvenzgericht und dem Insolvenzverwalter gibt es noch weitere Interessengruppen im Umfeld des insolventen Unternehmens. Dazu gehören z. B. die Arbeitnehmer.[325] Diese können bei nicht unerheblichen Forderungen ein Mitglied des Gläubigerausschusses stellen und so auf den Insolvenzverwalter einwirken.[326] Grundsätzlich liegt das originäre Interesse der Arbeitnehmer im Erhalt der Arbeitsplätze und damit der Unternehmensfortführung. Im Interesse der Massesicherung besteht nach § 113 InsO allerdings die Möglichkeit, die Kündigungsfrist der Arbeitnehmer auf drei Monate zu beschränken, um die monatlich wiederkehrenden Aufwendungen im Verfahren zu reduzieren.[327] Somit steht der Erhalt von Arbeitsplätzen, vor allem bei einer reinen Liquidationsstrategie, im Widerspruch zur Massesicherung. Abbildung 2-6 fasst die Beziehungen der Stakeholder untereinander zusammen. Die in der Graphik enthaltenen Pfeile verdeutlichen die Kompetenzen sowie Pflichten der einzelnen Stakeholder, die gestrichelten Linien die bestehenden Prinzipal-Agenten-Beziehungen.

Übertragung der Schlussrechnungsprüfung auf Sachverständige, S. 1184-1189.

321 Vgl. KELLER, U., Insolvenzrecht, Rn. 91 f.

322 *Monitoring costs* sind die Kosten für Kontrollaktivitäten des Prinzipals, um sich vor den Konsequenzen der Informationsasymmetrien ggü. dem Agenten zu schützen. Vgl. grundlegend JENSEN, M./MECKLING, W. H., Theory of the Firm, S. 308, sowie HENI, B., Interne Rechnungslegung, S. 147.

323 Vgl. dazu ausführlich Abschnitt 213.2.

324 Vgl. zudem KELLER, U., Insolvenzrecht, Rn. 196 f.

325 Darüber hinaus bestehende Stakeholder-Gruppen sind z. B. Gewerkschaften, Kunden oder Warenkreditversicherer. Vgl. UTHOFF, C., Finanzkommunikation in der Restrukturierung, S. 360. Da diese nicht im Mittelpunkt der vorliegenden Arbeit stehen, werden sie nicht detaillierter betrachtet.

326 Vgl. BRAUN, E./UHLENBRUCK, W., Unternehmensinsolvenz, S. 209.

327 Vgl. ZOBEL, J., in: Uhlenbruck/Hirte/Vallender, InsO, 14. Aufl., § 113, Rn. 80, sowie RUINER, C./RUPPRECHT, M., Personalmanagement in der Insolvenz, S. 160.

Wie in diesem Abschnitt erläutert, können Informationsasymmetrien zwischen Gläubiger und Insolvenzverwalter durch die Erstellung der insolvenzspezifischen und handelsrechtlichen Rechnungslegung reduziert werden. Damit eine zielgerichtete Reduzierung möglich ist, müssen einheitliche Standards bzw. Leitlinien vorliegen, an denen sich sowohl der Ersteller der Berichtsdokumente als auch die Prinzipale orientieren können. Da es, im Gegensatz zu den GoB im Handelsrecht, bisher keine einheitlichen Standards bzw. Grundsätze für die insolvenzspezifischen Berichtsdokumente gibt, werden diese im Rahmen der vorliegenden Arbeit hergeleitet. Die soeben analysierten Prinzipal-Agenten-Beziehungen sind die Voraussetzung für das Verständnis bestehenden Informationsasymmetrien. Im Folgenden wird analysiert, wie die teilweise vom Gesetzgeber vorgegebenen und die bis dato in der Praxis gebräuchlichen Rechnungslegungswerke beschaffen sind und was der zugehörige Adressatenkreis ist.

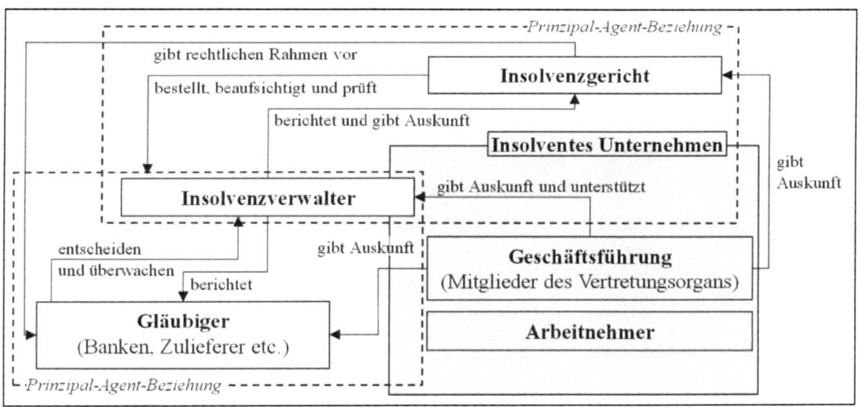

Abbildung 2-6: Beziehung der Stakeholder im Insolvenzverfahren[328]

[328] Eigene Darstellung.

22 Rechnungslegung in der Insolvenz

221. Handelsrechtliche Rechnungslegung

221.1 Rechnungslegung gemäß § 155 InsO

Nachfolgend werden die handelsrechtlichen und die insolvenzspezifischen Rechnungslegungspflichten im Insolvenzverfahren analysiert. Mit § 155 enthält die InsO lediglich eine einzige Norm, welche sich auf die handelsrechtliche Rechnungslegung[329] bezieht.[330] Darin wird klargestellt, dass der Insolvenzverwalter im eröffneten Insolvenzverfahren die handels- und steuerrechtlichen Rechnungslegungspflichten weiter zu erfüllen hat.[331] In § 155 Abs. 1 InsO heißt es dazu, dass „handels- und steuerrechtliche Pflichten des Schuldners zur Buchführung und zur Rechnungslegung" unberührt bleiben und „der Insolvenzverwalter diese Pflichten zu erfüllen" hat. Demnach hat der Insolvenzverwalter nach § 239 HGB Handelsbücher zu führen und für den Schluss eines jeden Geschäftsjahres gemäß § 242 HGB eine Bilanz sowie eine Gewinn- und Verlustrechnung (GuV) zu erstellen.[332] Kapitalgesellschaften haben zudem nach § 264 Abs. 1 HGB den aus Bilanz und GuV bestehenden Jahresabschluss um einen Anhang zu ergänzen.[333] Diese Regelungen gelten nach § 155 InsO weiterhin im eröffneten Insolvenzverfahren.[334] Nach erfolgreicher Insolvenzantragsstellung des Schuldners hat folglich der Insolvenzverwalter mit der Übernahme des Verwaltungs- und Verfügungsrechts zum Zeitpunkt der

329 Die handelsrechtliche Rechnungslegung wird in der insolvenzrechtlichen Literatur auch als „externe Rechnungslegung" bezeichnet. Hier werden beide Begriffe synonym verwendet. Vgl. exemplarisch SINZ, R., in: Uhlenbruck/Hirte/Vallender, InsO, 14. Aufl., § 155, Rn. 1.

330 Vgl. BOOCHS, W., in: Wimmer, FK-InsO, 8. Aufl., § 155, Rn. 1.

331 Dies wird in der Begründung zum Entwurf einer Insolvenzordnung klargestellt. Vgl. DEUTSCHER BUNDESTAG (Hrsg.), BT-Drucksache 12/2443, S. 172. Vgl. darüber hinaus IDW (Hrsg.), Externe Rechnungslegung im Insolvenzverfahren (IDW RH HFA 1.012), Rn. 5; SINZ, R., in: Uhlenbruck/Hirte/Vallender, InsO, 14. Aufl., § 155, Rn. 2; HESS, H., in: InsO, 2. Aufl., § 155, Rn. 1; EICKES, S., Fortführungsgrundsatz in der Insolvenz, S. 933; BASINSKI, A./HILLEBRAND, C./LAMBRECHT, M., Insolvenzrechnungslegung, Rn. 247; BOOCHS, W., in: Wimmer, FK-InsO, 8. Aufl., § 155, Rn. 2, sowie HILLEBRAND, C., Handelsrechtliche Rechnungslegung Insolvenz, S. 153. Bei Verfahren in Eigenverwaltung nach §§ 270-285 InsO verbleibt die Rechnungslegungspflicht auch noch nach Verfahrenseröffnung gemäß § 281 Abs. 3 S. 1 InsO beim Schuldner. Vgl. BASINSKI, A./HILLEBRAND, C./LAMBRECHT, M., Insolvenzrechnungslegung, Rn. 249, sowie SINZ, R., in: Uhlenbruck/Hirte/Vallender, InsO, 14. Aufl., § 155, Rn. 9.

332 Vgl. DEUTSCHER BUNDESTAG (Hrsg.), BT-Drucksache 12/2443, S. 172; BOOCHS, W., in: Wimmer, FK-InsO, 8. Aufl., § 155, Rn. 4. Für Kapitalgesellschaften wird die Weiterführung der handelsrechtlichen Rechnungslegung in § 270 AktG für eine AG und § 71 GmbHG für eine GmbH geregelt.

333 Zudem ist neben dem Jahresabschluss nach § 264 Abs. 1 HGB ein Lagebericht aufzustellen. Kleine Kapitalgesellschaften müssen hingegen gemäß § 267 Abs. 1 HGB keinen Lagebericht aufstellen. Vgl. WINKELJOHANN, N./LAWALL, L., in: Beck'scher Bilanzkommentar, 10. Aufl., § 267, Rn. 2, sowie SINZ, R., in: Uhlenbruck/Hirte/Vallender, InsO, 14. Aufl., § 155, Rn. 3.

334 Vgl. BOOCHS, W., in: Wimmer, FK-InsO, 8. Aufl., § 155, Rn. 62.

Verfahrenseröffnung einen handelsrechtlichen Jahresabschluss aufzustellen.[335] Da die Insolvenzeröffnung in den seltensten Fällen auf den Stichtag des Jahresabschlusses fällt, entsteht durch die Verfahrenseröffnung ein Rumpfgeschäftsjahr, das vom Beginn des satzungsmäßigen Geschäftsjahres bis zum Eröffnungsstichtag reicht.[336] In § 155 Abs. 2 InsO heißt es dazu, dass „mit der Eröffnung des Insolvenzverfahrens [...] ein neues Geschäftsjahr beginnt". Das vom Eröffnungszeitpunkt ausgehende neue Geschäftsjahr darf höchstens zwölf Monate andauern.[337] Es besteht gleichwohl die Möglichkeit, ein zweites Rumpfgeschäftsjahr folgen zu lassen, um zum Stichtag vor Verfahrenseröffnung zurückzukehren.[338] So würde der Abschlussstichtag vor Verfahrenseröffnung trotz des Insolvenzverfahrens beibehalten werden. Aus dem Beginn eines neuen Geschäftsjahres und der Pflicht der Aufstellung einer Eröffnungsbilanz (inklusive Erläuterungsbericht[339]) ergibt sich – abgeleitet aus dem Grundsatz der Bilanzidentität –, dass der Insolvenzverwalter eine Schlussbilanz der werbenden Gesellschaft für das vorinsolvenzliche Rumpfgeschäftsjahr zu erstellen hat.[340]

Die handelsrechtlichen Ansatz-, Bewertungs- und Ausweisvorschriften sind grundsätzlich auch in der Insolvenz gültig. Damit ist der Insolvenzverwalter bei der Aufstellung des Jahresabschlusses dazu verpflichtet, die Grundsätze ordnungsmäßiger Buchführung (GoB) zu beachten.[341] Er hat abhängig von einer positiven oder negativen Going-Concern-Prämisse zu prüfen, ob in der Handelsbilanz Fortführungs- oder Liquidationswerte anzusetzen sind.[342] Der Ansatz von Liquidationswerten ist dann gerechtfertigt, wenn eine sofortige bzw. absehbare Einstellung des Geschäftsbetriebs geplant ist. Für den Fall der Abkehr von der Going-Concern-Prämisse

---

335 Vgl. IDW (Hrsg.), Externe Rechnungslegung im Insolvenzverfahren (IDW RH HFA 1.012), Rn. 8.

336 Vgl. LORENZ, M./KOLLER, D., Änderung des Geschäftsjahres nach Insolvenzeröffnung, S. 1142.

337 Vgl. SCHMITTMANN, J. M., Änderung des Geschäftsjahresrhythmus, S. 239 f., sowie HESS, H., in: InsO, 2. Aufl., § 155, Rn. 9.

338 Vgl. HILLEBRAND, C., Handelsrechtliche Rechnungslegung Insolvenz, S. 155, sowie LORENZ, M./KOLLER, D., Änderung des Geschäftsjahres nach Insolvenzeröffnung, S. 1142.

339 Der Erläuterungsbericht dient zur Erklärung und Interpretation ausgewählter Posten der Eröffnungsbilanz und/oder insolvenzspezifischer Besonderheiten, wie bspw. einer abweichenden Gliederungsstruktur. Er begründet sich durch die analoge Anwendung von § 270 Abs. 1 AktG sowie § 71 Abs. 1 GmbHG bei Liquidationseröffnungsbilanzen, die auch einen Erläuterungsbericht enthalten müssen. Vgl. IDW (Hrsg.), Externe Rechnungslegung im Insolvenzverfahren (IDW RH HFA 1.012), Rn. 20.

340 Vgl. HESS, H., in: InsO, 2. Aufl., § 155, Rn. 120, sowie BOOCHS, W., in: Wimmer, FK-InsO, 8. Aufl., § 155, Rn. 62. Zudem kann der Insolvenzverwalter dazu verpflichtet werden, die Jahresabschlüsse der vergangenen Jahre aufzustellen, falls eine Pflichtverletzung des Schuldners vorliegt. Vgl. EICKES, S., Fortführungsgrundsatz in der Insolvenz, S. 933. A. A. SINZ, R., in: Uhlenbruck/Hirte/Vallender, InsO, 14. Aufl., § 155, Rn. 17.

341 Vgl. BOOCHS, W., in: Wimmer, FK-InsO, 8. Aufl., § 155, Rn. 64, sowie HESS, H., in: InsO, 2. Aufl., § 155, S. 16. Es besteht für den Insolvenzverwalter allerdings die Möglichkeit, sich von der Prüfungspflicht befreien zu lassen. Vgl. statt vieler HILLEBRAND, C., Externe (handelsrechtliche) Rechnungslegung im Insolvenzverfahren, S. 469 f.

342 Vgl. IDW (Hrsg.), Externe Rechnungslegung im Insolvenzverfahren (IDW RH HFA 1.012), Rn. 36.

nach § 252 Abs. 1 Nr. 2 HGB sind die Vermögensgegenstände zu (Netto-)Einzelveräußerungswerten[343] anzusetzen.[344] Das primäre Ziel der Rechnungslegung ist dann nicht mehr die periodengerechte Erfolgsermittlung, sondern vor allem eine möglichst detaillierte Darstellung des Reinvermögens.[345] Wenn das Unternehmen gleichwohl durch Beschluss der Gläubigerversammlung, z. B. im Insolvenzplanverfahren, fortgeführt werden soll, sind Fortführungswerte anzusetzen.[346]

Da neben den handelsrechtlichen auch die insolvenzspezifischen Rechnungslegungsvorschriften zu berücksichtigen sind, entsteht für den Insolvenzverwalter eine Doppelbelastung.[347] Der Gesetzgeber begegnet dieser mit einer Fristverlängerung für die Aufstellungspflicht des Jahresabschlusses und der Eröffnungsbilanz. So ist in § 155 Abs. 2 S. 2 InsO vorgesehen, dass „die Zeit bis zum Berichtstermin in gesetzliche Fristen für die Aufstellung oder die Offenlegung eines Jahresabschlusses nicht eingerechnet“[348] wird.[349] Demnach wird die Aufstellungsfrist von Kapitalgesellschaften, die gemäß § 264 Abs. 1 HGB drei Monate beträgt, um bis zu drei weitere Monate – abhängig vom Zeitpunkt des Berichtstermins – verlängert.[350] Auf diese Weise

343 Der Einzelveräußerungswert setzt sich aus dem Veräußerungserlös abzüglich der noch anfallenden Kosten zusammen. Vgl. WINKELJOHANN, N./BÜSSOW, T., in: Beck'scher Bilanzkommentar, 10. Aufl., § 252, Rn. 9.

344 Die insolvenzrechtliche Fortbestehensprognose dient der Feststellung von Insolvenzeröffnungsgründen, wohingegen sich die handelsrechtliche Fortführungsprognose auf die Feststellung angemessener Bewertungsgrundsätze bezieht. Da auch in der Insolvenz die Fortführung des Unternehmens der Regelfall ist, ist die Prüfung des Going-Concern eine Einzelfallentscheidung, die u. a. die Entscheidung der Gläubigerversammlung (Liquidation oder Fortführung) zu berücksichtigen hat. Vgl. WINKELJOHANN, N./BÜSSOW, T., in: Beck'scher Bilanzkommentar, 10. Aufl., § 252, Rn. 14; GROß, P. J., Handelsrechtliche Fortführungsprognose, S. 120 f., sowie GROß, P. J., Die Fortbestehensprognose, S. 225 f.

345 Das Vorsichtsprinzip behält seine Gültigkeit. So dürfen auch bei einer Bewertung zu Liquidationswerten keine nicht realisierten Gewinne berücksichtigt oder stille Reserven über die Anschaffungs- oder Herstellungskosten (AK/HK) hinaus gehoben werden. Vgl. dazu ausführlich IDW (Hrsg.), IDW RS HFA 17, Rn. 4 f., sowie HATER, A., Insolvenzrechtliche Fortbestehensprognose und handelsrechtliche Fortführungsprognose, S. 42 f.

346 Vgl. HESS, H., in: InsO, 2. Aufl., § 155, Rn. 5, sowie DEUTSCHER BUNDESTAG (Hrsg.), BT-Drucksache 12/2443, S. 172.

347 Vgl. PINK, A., Insolvenzrechnungslegung, S. 223 f., sowie HESS, H., in: InsO, 2. Aufl., § 155, Rn. 7.

348 § 155 Abs. 2 S. 2 InsO.

349 Vgl. DEUTSCHER BUNDESTAG (Hrsg.), BT-Drucksache 12/2443, S. 172, sowie HESS, H., in: InsO, 2. Aufl., § 155, Rn. 7.

350 Vgl. zum Zeitpunkt des Berichtstermins § 29 Abs. 1 Nr. 1 InsO, sowie ZIPPERER, H., in: Uhlenbruck/Hirte/Vallender, InsO, 14. Aufl., § 156, Rn. 3. Zu § 264 HGB vgl. WINKELJOHANN, N./SCHELLHORN, M., in: Beck'scher Bilanzkommentar, 10. Aufl., § 264, Rn. 17. Im IDW RH HFA 1.012 wird klargestellt, dass die Fristverlängerung für die Schlussbilanz und die Eröffnungsbilanz der werbenden Gesellschaft gilt. Vgl. IDW (Hrsg.), Externe Rechnungslegung im Insolvenzverfahren (IDW RH HFA 1.012), Rn. 34, sowie HILLEBRAND, C., Externe (handelsrechtliche) Rechnungslegung im Insolvenzverfahren, S. 468. A. A. MAUS, K. H., in: Uhlenbruck/Hirte/Vallender, InsO, 13. Aufl., § 155, Rn. 17, sowie SINZ, R., in: Uhlenbruck/Hirte/Vallender, InsO, 14. Aufl., § 155, Rn. 17.

wird dem Insolvenzverwalter mehr Zeit eingeräumt, um sich der insolvenzspezifischen Rechnungslegung zu widmen und diese prioritär aufzustellen.[351] Im Insolvenzverfahren ist der Insolvenzverwalter zu jedem Geschäftsjahresende verpflichtet, einen handelsrechtlichen Jahresabschluss aufzustellen.[352] Mit Verfahrensaufhebung oder -einstellung sind eine Schlussbilanz und -GuV sowie bei Kapitalgesellschaften ein Anhang und ein Lagebericht zu erstellen, sodass keine Periode innerhalb des Bestehens einer Gesellschaft ohne handelsrechtliche Rechnungslegung bleiben darf.[353] Analog zur Aufstellungspflicht eines Jahresabschlusses sind die Pflichten der Jahresabschlussprüfung nach §§ 316-324a HGB im Insolvenzverfahren zu berücksichtigen.[354]

Dennoch ist in der Praxis zu beobachten, dass insolvente Unternehmen sowohl der Aufstellung als auch der Veröffentlichung des handelsrechtlichen Jahresabschlusses nur ungenügend nachkommen. So weist MÖHLMANN-MAHLAU darauf hin, dass in vielen Insolvenzfällen die Aufstellung der handelsrechtlichen Eröffnungsbilanz unterbleibt.[355] HAARMEYER/ HILLEBRAND konnten nachweisen, dass nur ca. 5 % aller Unternehmen die Rechnungslegungspflichten vollumfänglich erfüllen und lediglich ca. 2 % der insolventen Unternehmen einen Jahresabschluss veröffentlichen.[356] Die handelsrechtliche Rechnungslegung verliert somit in der Insolvenz an Bedeutung, vielmehr liegt das Hauptaugenmerk auf der Erstellung der insolvenzspezifischen Rechnungslegung.[357] Um die daraus entstehenden Konsequenzen für das Insolvenzverfahren nachvollziehen zu können, muss zunächst geklärt werden, wer die Adressaten der handelsrechtlichen Rechnungslegung sind.

---

351 Vgl. DEUTSCHER BUNDESTAG (Hrsg.), BT-Drucksache 12/2443, S. 172. Teilweise wird – fälschlicherweise – empfohlen, dass die insolvenzspezifische Rechnungslegung auf die handelsrechtliche Rechnungslegung zurückgreifen kann bzw. sollte. Vgl. IDW (Hrsg.), Bestandsaufnahme im Insolvenzverfahren (IDW RH HFA 1.010), Rn. 3.

352 Vgl. IDW (Hrsg.), Externe Rechnungslegung im Insolvenzverfahren (IDW RH HFA 1.012), Rn. 24.

353 Vgl. SINZ, R., in: Uhlenbruck/Hirte/Vallender, InsO, 14. Aufl., § 155, Rn. 20, sowie IDW (Hrsg.), Externe Rechnungslegung im Insolvenzverfahren (IDW RH HFA 1.012), Rn. 26 f.

354 Vgl. MÖHLMANN-MAHLAU, T., Insolvenzbilanzen, S. 248, sowie SINZ, R., in: Uhlenbruck/Hirte/Vallender, InsO, 14. Aufl., § 155, Rn. 24. A. A. WEITZMANN, J., Insolvenzverwalter kein Adressat von Offenlegungspflichten, S. 662.

355 Vgl. MÖHLMANN-MAHLAU, T., Insolvenzbilanzen, S. 235.

356 Die Ergebnisse wurden im Rahmen einer Studie des Rheinland-pfälzischen Zentrums für Insolvenzrecht und Sanierungspraxis (ZEFIS) ermittelt. Darin wurden 175 Schlussrechnungen von insolventen Unternehmen analysiert. Vgl. HAARMEYER, H./HILLEBRAND, C., Insolvenzrechnungslegung – Teil I, S. 413 f.

357 Auf die insolvenzspezifische Rechnungslegung wird in Abschnitt 222. im Detail eingegangen. Vgl. zudem DELHAES, W., in: Nerlich/Römermann, InsO Kommentar, § 66, Rn. 8.

221.2 Abgrenzung des Adressatenkreises der handelsrechtlichen Rechnungslegung

Nach MOXTER ist ohne „einen wohldefinierten Adressaten keine sinnvolle Rechenschaft denkbar“[358]. Demnach hat sich der handelsrechtliche Jahresabschluss an den Informationsinteressen der berechtigten Informationsempfänger – den **Adressaten** – zu orientieren und sich an diese zu richten.[359] Nach BAETGE/KIRSCH/THIELE zählen vor allem die Ersteller des Jahresabschlusses, die Eigenkapitalgeber, die Gläubiger und die Arbeitnehmer des Unternehmens zu den Adressaten.[360] Die einzelnen Adressaten gewichten die Zwecke[361] der handelsrechtlichen Rechnungslegung unterschiedlich. So können sich z. B. Gläubiger auf den Zweck der Kapitalerhaltung konzentrieren, wohingegen die Gesellschafter ggf. an einer höheren Ausschüttung interessiert sind und demnach den Rechenschaftszweck stärker gewichten.[362] Der Gesetzgeber ist darauf bedacht, dass die handelsrechtlichen Vorschriften keinen Jahresabschlusszweck übergewichten und so eine Zweckdominanz entsteht, die im Ergebnis die Interessen einzelner Adressaten bevorzugen würde.[363] Dieser relative Schutz aller Adressaten wird als **Interessenregelung** bezeichnet.[364]

Durch den Hauptzweck des Insolvenzverfahrens, nämlich die gemeinschaftliche Befriedigung aller Gläubiger,[365] erachtet MÖHLMANN-MAHLAU die bestehenden Gläubiger als primäre Adressaten der handelsrechtlichen Rechnungslegung.[366] Indes ist zu berücksichtigen, dass den Gläubigern die Dokumente der insolvenzspezifischen Rechnungslegung zur Verfügung stehen und sie somit die Möglichkeit haben, über die handelsrechtliche Rechnungslegung hinausgehend an umfassendere und zeitnähere Informationen zu gelangen.[367] So ist zu hinterfragen, ob

---

358 MOXTER, A., Fundamentalgrundsätze ordnungsmäßiger Rechenschaft, S. 94.

359 Vgl. MOXTER, A., Fundamentalgrundsätze ordnungsmäßiger Rechenschaft, S. 94 f.

360 Vgl. BAETGE, J./KIRSCH, H.-J./THIELE, S., Bilanzen, S. 102 f.

361 Die Zwecke sind nach BAETGE/KIRSCH/THIELE Dokumentation, Rechenschaft und Kapitalerhaltung. Vgl. statt vieler BAETGE, J./KIRSCH, H.-J./THIELE, S., in: HdR-E, 5. Aufl., Kapitel 4, Rn. 49.

362 Zu den einzelnen Zwecken der handelsrechtlichen Rechnungslegung vgl. Abschnitt 422.2 sowie BAETGE, J./KIRSCH, H.-J./THIELE, S., Bilanzen, S. 94-101. Zu den divergierenden Interessen vgl. BAETGE, J./THIELE, S., Gesellschafterschutz versus Gläubigerschutz, S. 14 f.; HEINEN, E., Handelsbilanzen, S. 165, sowie BAETGE, J., Rechnungslegungszwecke des aktienrechtlichen Jahresabschlusses, S. 24.

363 Vgl. Abschnitt 213. für eine detaillierte Analyse der unterschiedlichen Interessen der Adressaten.

364 Vgl. BAETGE, J., Rechnungslegungszwecke des aktienrechtlichen Jahresabschlusses, S. 23, sowie BAETGE, J./KIRSCH, H.-J./THIELE, S., Bilanzen, S. 104.

365 Vgl. § 1 InsO.

366 Vgl. MÖHLMANN-MAHLAU, T., Insolvenzbilanzen, S. 238. So auch KLEIN, T., Handelsrechtliche Rechnungslegung im Insolvenzverfahren, S. 85.

367 Vgl. Abschnitt 222. Vgl. zudem IDW (Hrsg.), Externe Rechnungslegung im Insolvenzverfahren (IDW RH HFA 1.012), Rn. 3, sowie WEITZMANN, J., Insolvenzverwalter kein Adressat von Offenlegungspflichten, S. 663.

die internen Verfahrensgläubiger tatsächlich die zentralen Adressaten sind. Das IDW sieht potenzielle Erwerber, (potenzielle) Kreditgeber, (potenzielle) Lieferanten und Abnehmer sowie den Fiskus bzw. die Finanzverwaltung als Adressaten handelsrechtlicher Rechnungslegung im Insolvenzverfahren.[368] Hier liegt das Augenmerk auf den künftigen Stakeholdern, da von potenziellen Eigenkapital- oder Fremdkapitalgebern Sanierungsbeiträge für das insolvente Unternehmen eingebracht werden können. Durch die geringen Veröffentlichungsquoten konterkarieren die Insolvenzverwalter jedoch die Informationsbereitstellung für verfahrensexterne Adressaten, sodass mittelbar die Sanierungschancen eines insolventen Unternehmens beeinträchtigt sein können. Gerade Unternehmen, die eine Sanierung, z. B. durch einen Insolvenzplan, anstreben, sollten demnach die handelsrechtlichen Vorschriften beachten. Grundsätzlich sind sowohl Verfahrensbeteiligte, d. h. bereits investierte Gläubiger, als auch Verfahrensexterne, wie z. B. potenzielle Gläubiger, Adressaten der handelsrechtlichen Rechnungslegung im Insolvenzverfahren.

Wie erläutert, wird im Insolvenzverfahren neben der handelsrechtlichen auch die insolvenzspezifische Rechnungslegung gefordert. Jene wird im folgenden Abschnitt konkretisiert und der aktuelle Stand der Diskussion zu Form und Inhalt insolvenzspezifischer Rechnungslegung diskutiert. Anschließend werden die Adressaten der insolvenzspezifischen Rechnungslegung in Abschnitt 222.2 analysiert und ggü. denen der handelsrechtlichen Rechnungslegung abgegrenzt.

222. Insolvenzspezifische Rechnungslegung

222.1 Berichtsinstrumente

222.11 Instrumente bei Verfahrenseröffnung

Neben der handelsrechtlichen Rechnungslegung hat der (vorläufige) Insolvenzverwalter die insolvenzspezifische Rechnungslegung zu erstellen. Im Schrifttum werden die Begriffe insolvenzspezifische, insolvenzrechtliche und interne Rechnungslegung synonym verwendet.[369] Die zugehörigen Rechnungslegungsvorschriften sind in den §§ 66, 151, 152, 153 sowie § 156 InsO

---

368 Vgl. IDW (Hrsg.), Externe Rechnungslegung im Insolvenzverfahren (IDW RH HFA 1.012), Rn. 3; EISOLT, D./SCHMIDT, T., Rechnungslegung in der Insolvenz, S. 654, sowie APP, M., Rechnungslegungspflichten eines insolventen Unternehmens, S. 140.

369 MOCK spricht von *interner* Rechnungslegung, vgl. MOCK, S., in: Uhlenbruck/Hirte/Vallender, InsO, 14. Aufl., § 66, Rn. 3, wohingegen SCHMITT selbige als *insolvenzrechtliche* Rechnungslegung tituliert, vgl. SCHMITT, F., in: Wimmer, FK-InsO, 8. Aufl., § 66, Rn. 1. Das IDW bezeichnet sie als *insolvenzspezifische* Rechnungslegung, vgl. IDW (Hrsg.), Insolvenzspezifische Rechnungslegung (IDW RH HFA 1.011), Rn. 3. Im Folgenden wird der Terminologie des IDW gefolgt.

kodifiziert. Abbildung 2-7 gibt eine Übersicht über die Rechnungslegungspflichten der Verantwortlichen im jeweiligen Verfahrensstadium sowie der jeweils in der InsO enthaltenen Vorschriften.[370] Die Pfeile signalisieren Anlässe bzw. Zeitpunkte, welche die Vorschriften insolvenzspezifischer Rechnungslegung betreffen.

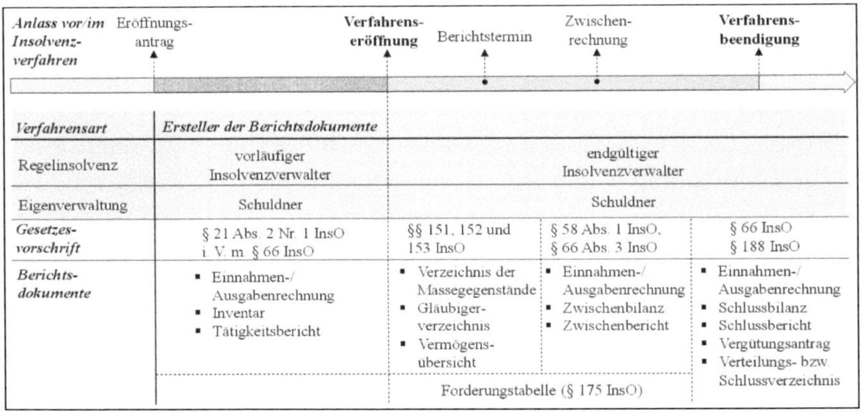

Anlass vor/im Insolvenzverfahren	Eröffnungsantrag	**Verfahrenseröffnung**	Berichtstermin	Zwischenrechnung	**Verfahrensbeendigung**

Verfahrensart	*Ersteller der Berichtsdokumente*			
Regelinsolvenz	vorläufiger Insolvenzverwalter	endgültiger Insolvenzverwalter		
Eigenverwaltung	Schuldner	Schuldner		
Gesetzesvorschrift	§ 21 Abs. 2 Nr. 1 InsO i. V. m. § 66 InsO	§§ 151, 152 und 153 InsO	§ 58 Abs. 1 InsO, § 66 Abs. 3 InsO	§ 66 InsO § 188 InsO
Berichtsdokumente	▪ Einnahmen-/Ausgabenrechnung ▪ Inventar ▪ Tätigkeitsbericht	▪ Verzeichnis der Massegegenstände ▪ Gläubigerverzeichnis ▪ Vermögensübersicht	▪ Einnahmen-/Ausgabenrechnung ▪ Zwischenbilanz ▪ Zwischenbericht	▪ Einnahmen-/Ausgabenrechnung ▪ Schlussbilanz ▪ Schlussbericht ▪ Vergütungsantrag ▪ Verteilungs- bzw. Schlussverzeichnis
		Forderungstabelle (§ 175 InsO)		

Abbildung 2-7: Insolvenzspezifische Berichtspflichten im Verfahrensverlauf[371]

Bereits vor der **Verfahrenseröffnung**[372] verweist § 21 Abs. 2 Nr. 1 InsO darauf, dass der **vorläufige Insolvenzverwalter die Vorschriften des § 66 InsO** zu beachten hat.[373] Der vorläufige Insolvenzverwalter muss mit der Beendigung seines Amts, d. h. zum Zeitpunkt der Verfahrenseröffnung, Rechnung legen.[374] Pflichtbestandteile sind eine Einnahmen-/Ausgabenrechnung nach § 259 BGB[375], sowie die Inventarisierung des bestehenden Vermögens und ein Tätigkeitsbericht.[376] Die Einnahmen-/Ausgabenrechnung ist eine fortlaufende chronologische

370 Die zu erstellenden Berichtsdokumente der Zwischen- sowie der Schlussrechnung zum Verfahrensende sind in der InsO weder konkretisiert noch kodifiziert und werden daher in der Praxis uneinheitlich erstellt.

371 Eigene Darstellung.

372 Vgl. ausführlich Abschnitt 212.11.

373 Vgl. SCHMERBACH, U., in: Wimmer, FK-InsO, 8. Aufl., § 21, Rn. 197. § 66 InsO bezieht sich grundsätzlich auf die Rechnungslegungspflicht des Insolvenzverwalters bei Beendigung seines Amts. Vgl. MOCK, S., in: Uhlenbruck/Hirte/Vallender, InsO, 14. Aufl., § 66, Rn. 22.

374 Vgl. FRYSTATZKI, C., Hinweise zur Rechnungslegung in der Insolvenz, S. 583; DELHAES, W., in: Nerlich/Römermann, InsO Kommentar, § 66, Rn. 16, sowie BASINSKI, A./HILLEBRAND, C./LAMBRECHT, M., Insolvenzrechnungslegung, Rn. 30. A. A. SCHMERBACH, U., in: Wimmer, FK-InsO, 8. Aufl., § 21, Rn. 211.

375 Demnach hat der vorläufige Insolvenzverwalter eine „geordnete Zusammenstellung der Einnahmen oder der Ausgaben enthaltende Rechnung mitzuteilen und, soweit Belege erteilt […] werden […], Belege vorzulegen" (§ 259 Abs. 1 BGB).

376 Vgl. FRYSTATZKI, C., Hinweise zur Rechnungslegung in der Insolvenz, S. 583; IDW (Hrsg.), Bestandsaufnahme im Insolvenzverfahren (IDW RH HFA 1.010), Rn. 24, sowie SCHMERBACH, U., in: Wimmer, FK-

Übersicht sämtlicher Zahlungsvorgänge.[377] Der Tätigkeits- bzw. Verwalterbericht beschreibt den bisherigen Verfahrensverlauf und gibt eine erste Einschätzung, ob eine Betriebsfortführung aussichtsreicher als eine Liquidation erscheint.[378] Da zu dem Zeitpunkt noch keine Gläubigerversammlung einberufen wird, richtet sich die Rechnungslegung an den vorläufigen Gläubigerausschuss nach § 69 InsO und das Insolvenzgericht.[379] Eine Rechnungslegung vor Verfahrensbeginn ist nach herrschender Literaturmeinung auch bei Abweisung des Insolvenzantrags erforderlich.[380] Auch wenn mit der Eröffnung der vorläufige Insolvenzverwalter personenidentisch zum endgültigen Verwalter ist, hat dieser Rechenschaft abzulegen.[381]

Wie aus Abbildung 2-7 ersichtlich, hat der Insolvenzverwalter **nach der Verfahrenseröffnung** für den Berichtstermin das **Verzeichnis der Massegegenstände** (§ 151 InsO), das **Gläubigerverzeichnis** (§ 152 InsO) und die **Vermögensübersicht** (§ 153 InsO) anzufertigen. Das Verzeichnis der Massegegenstände und das Gläubigerverzeichnis bilden die Basis für die Vermögensübersicht.[382] Nach § 154 InsO sind die Berichtsdokumente im Sinne der Verfahrensbeschleunigung „spätestens eine Woche vor dem Berichtstermin in der Geschäftsstelle zur Einsicht niederzulegen“[383].[384] Für den Fall, dass das Verfahren in Eigenverwaltung fortgeführt wird, obliegt die Aufstellung der Verzeichnisse dem Schuldner.[385]

Das **Verzeichnis der Massegegenstände** nach § 151 InsO soll alle **Aktivposten** nach Art und Menge und in tabellarischer oder einer ähnlich übersichtlichen Form erfassen, dies dient der

InsO, 8. Aufl., § 21, Rn. 214. Zumeist ist der vorläufige Insolvenzverwalter gleichzeitig der vom Insolvenzgericht bestellte Gutachter, welcher beurteilt, ob eine Kostendeckung und ein Eröffnungsgrund vorliegen. Dementsprechend decken sich Gutachten und Schlussrechnung. Vgl. RIEDEL, E., in: Kirchhof/Stürner/Eidenmüller, Kommentar zur InsO, 3. Aufl., § 66, Rn. 10.

377 Vgl. RIEDEL, E., in: Kirchhof/Stürner/Eidenmüller, Kommentar zur InsO, 3. Aufl., § 66, Rn. 19.

378 Vgl. MOCK, S., in: Uhlenbruck/Hirte/Vallender, InsO, 14. Aufl., § 66, Rn. 24.

379 Vgl. VALLENDER, H., in: Uhlenbruck/Hirte/Vallender, InsO, 14. Aufl., § 21 InsO, Rn. 14; SCHMERBACH, U., in: Wimmer, FK-InsO, 8. Aufl., § 21, Rn. 198; HAARMEYER, H., in: Kirchhof/Stürner/Eidenmüller, Kommentar zur InsO, 3. Aufl., § 21, Rn. 47a, sowie WEITZMANN, J., Rechnungslegung und Schlussrechnungsprüfung, S. 454.

380 Vgl. statt vieler BASINSKI, A./HILLEBRAND, C./LAMBRECHT, M., Insolvenzrechnungslegung, Rn. 31, sowie RIEDEL, E., in: Kirchhof/Stürner/Eidenmüller, Kommentar zur InsO, 3. Aufl., § 66, Rn. 10. A. A. SCHMERBACH, U., in: Wimmer, FK-InsO, 8. Aufl., § 21, Rn. 210.

381 Vgl. MOCK, S., in: Uhlenbruck/Hirte/Vallender, InsO, 14. Aufl., § 66, Rn. 23, sowie UHLENBRUCK, W., Die Rechnungslegungspflicht des vorläufigen Insolvenzverwalters, S. 293.

382 Vgl. WEGENER, B., in: Wimmer, FK-InsO, 8. Aufl., § 151, Rn. 1, sowie DEUTSCHER BUNDESTAG (Hrsg.), BT-Drucksache 12/2443, S. 171.

383 § 154 InsO.

384 Vgl. SINZ, R., in: Uhlenbruck/Hirte/Vallender, InsO, 14. Aufl., § 154, Rn. 1.

385 Vgl. § 281 Abs. 1 InsO; FOLTIS, R., in: Wimmer, FK-InsO, 8. Aufl., § 281, Rn. 10-16; FÖRSCHLE, G./WEISANG, A., Rechnungslegung im Insolvenzverfahren, Rn. 10, sowie ZIPPERER, H., in: Uhlenbruck/Hirte/Vallender, InsO, 14. Aufl., § 281, Rn. 2. Unabhängig davon, ob der Insolvenzverwalter oder der Schuldner mit der Aufstellung der Verzeichnisse bertraut ist, müssen die Ergebnisse identisch sein.

Sichtung der vorhandenen Insolvenzmasse, der Ist-Masse.[386] Nach §§ 35, 36 Abs. 1 und 3 sowie § 37 InsO umfasst die Insolvenzmasse das dem Insolvenzverfahren unterliegende Vermögen, wozu auch pfändbare Schuldneransprüche gehören.[387] Es ist für den **Ansatz** nicht relevant, ob die Vermögensgegenstände mit Absonderungsrechten belegt sind, die ggf. nicht handels- oder steuerrechtlich bilanzierbar sind, oder ob sich die Ansprüche des Schuldners erst nach Verfahrenseröffnung oder durch Anfechtungsansprüche gemäß §§ 129-147 InsO ergeben haben.[388] Da die handelsrechtlichen Ansatzverbote nicht zu beachten sind, definiert das Verzeichnis die anzusetzenden Massegegenstände weitreichender als das Handelsrecht.[389] Grundsätzlich sind die Massegegenstände brutto und einzeln auszuweisen.[390] Wertaufhellende Ereignisse sind gemäß § 154 InsO bis zum Zeitpunkt der Niederlegung zu berücksichtigen.[391]

Nach § 151 Abs. 2 InsO hat der Aufsteller des Verzeichnisses im Zweifel sowohl **Liquidations-** als auch **Fortführungswerte** anzugeben.[392] Der Gesetzgeber macht die Aufstellungspflicht davon abhängig, ob sich bei einer Unternehmensfortführung oder -stilllegung unterschiedliche Werte ergeben.[393] Sehr schwierige Bewertungsfragestellungen können einem Sachverständigen übertragen werden.[394] In der Literatur werden synonym für den Begriff des Liquidationswerts auch die Begriffe „Einzelveräußerungswert“[395] sowie „Veräußerungs- und Versil-

386 Vgl. IDW (Hrsg.), Bestandsaufnahme im Insolvenzverfahren (IDW RH HFA 1.010), Rn. 6; HILLEBRAND, C., Rechnungslegung in der Insolvenz, S. 42. Die Ist-Masse umfasst alle Massegegenstände, die der Insolvenzverwalter nach §§ 80, 81 InsO tatsächlich in Besitz nimmt. Das Pendant ist die „Soll-Masse“, welche alle Massegegenstände enthält, die auch rechtlich für die Befriedung der Gläubiger zur Verfügung stehen. Vgl. HILLEBRAND, C., Rechnungslegung in der Insolvenz, S. 43.

387 Demnach umfasst die Insolvenzmasse gemäß § 35 Abs. 1 InsO „das gesamte Vermögen, das dem Schuldner zur Zeit der Eröffnung des Verfahrens gehört und das er während des Verfahrens erlangt“.

388 Vgl. IDW (Hrsg.), Bestandsaufnahme im Insolvenzverfahren (IDW RH HFA 1.010), Rn. 12; FÜCHSL, J./WEISHÄUPL, H./JAFFÉ, M., in: Kirchhof/Stürner/Eidenmüller, Kommentar zur InsO, 3. Aufl., § 151, Rn. 29; SINZ, R., in: Uhlenbruck/Hirte/Vallender, InsO, 14. Aufl., § 151, Rn. 4, sowie DEUTSCHER BUNDESTAG (Hrsg.), BT-Drucksache 12/2443, S. 171. Mit Aussonderungsrechten belegte Vermögensgegenstände sind nicht zu berücksichtigen. Vgl. FÜCHSL, J./WEISHÄUPL, H./JAFFÉ, M., in: Kirchhof/Stürner/Eidenmüller, Kommentar zur InsO, 3. Aufl., § 151, Rn. 6.

389 Vgl. PINK, A., Insolvenzrechnungslegung, S. 142; PLATE, G., Die Konkursbilanz, S. 124-126; FÜCHSL, J./WEISHÄUPL, H./JAFFÉ, M., in: Kirchhof/Stürner/Eidenmüller, Kommentar zur InsO, 3. Aufl., § 151, Rn. 7; SINZ, R., in: Uhlenbruck/Hirte/Vallender, InsO, 14. Aufl., § 151, Rn. 3, sowie ausführlich Abschnitt 433.52.

390 Vgl. IDW (Hrsg.), Bestandsaufnahme im Insolvenzverfahren (IDW RH HFA 1.010), Rn. 15, sowie § 151 Abs. 2 S. 1 InsO.

391 Nach § 154 InsO sind die in den §§ 151 und 152 InsO kodifizierten Verzeichnisse sowie die Vermögensübersicht spätestens eine Woche vor dem Berichtstermin in der Geschäftsstelle zur Einsicht niederzulegen.

392 Vgl. statt vieler SINZ, R., in: Uhlenbruck/Hirte/Vallender, InsO, 14. Aufl., § 151, Rn. 6.

393 Vgl. § 151 Abs. 2 S. 2 InsO.

394 Vgl. § 151 Abs. 2 S. 3 InsO.

395 DEUTSCHER BUNDESTAG (Hrsg.), BT-Drucksache 12/2443, S. 171.

berungswert", „Realisationswert", „Zerschlagungswert", „Verschleuderungswert" und „Zeitwert" genutzt.[396] Im Folgenden wird der Begriff Liquidationswert genutzt, da er überwiegend in der kommentierenden Literatur verwendet wird.[397] Der **Liquidationswert** ist der voraussichtlich am Absatzmarkt erzielbare Verwertungserlös bzw. Veräußerungspreis im Falle einer Einzelverwertung und demnach ein Prognosewert.[398] Dieser ist abhängig von der Verwertungsstrategie, welche die Liquidationsintensität (Grad der Zerschlagung des Unternehmens) und die -geschwindigkeit (Zeitraum der Zerschlagung) determiniert.[399] Demzufolge ist zu antizipieren, zu welchem Preis der Gegenstand am Markt zum geplanten Stilllegungszeitpunkt und demnach Veräußerungszeitpunkt z. B. bei einer „Ausproduktion" erzielbar ist.[400] Auch wenn in der InsO vom Wert und nicht vom Preis gesprochen wird, ist letztendlich der Preis, der für einen Gegenstand gezahlt wird, für die Gläubiger relevant.[401] Es ist ein Bruttoausweis erforderlich, bei dem Verwertungskosten nicht zu berücksichtigen sind.[402] Im IDW RH HFA 1.010 wird betont, dass die Kontakte des Insolvenzverwalters zu möglichen Erwerbern sowie seine Marktkenntnisse oftmals für den tatsächlich erzielbaren Preis ausschlaggebend sind. So können die Verwertungserlöse bei unterschiedlichen Insolvenzverwalter signifikant voneinander abweichen und sind nur schwer intersubjektiv nachprüfbar.[403] Auch für die Bewertung sind die handelsrechtlichen Vorschriften nicht maßgeblich.[404]

Die **Fortführungswerte** sollen die dauerhafte Fortführung des Unternehmens berücksichtigen. Indes sind Fortführungswerte nur heranzuziehen, wenn „die Möglichkeit der Fortführung des

---

396 Vgl. PLATE, G., Die Konkursbilanz, S. 84.

397 Vgl. SINZ, R., in: Uhlenbruck/Hirte/Vallender, InsO, 14. Aufl., § 151, Rn. 7; FÜCHSL, J./WEISHÄUPL, H./JAFFÉ, M., in: Kirchhof/Stürner/Eidenmüller, Kommentar zur InsO, 3. Aufl., § 151, Rn. 9, sowie WEGENER, B., in: Wimmer, FK-InsO, 8. Aufl., § 151, Rn. 15. A. A. PLATE, G., Die Konkursbilanz, S. 85.

398 Vgl. MOXTER, A., Grundsätze ordnungsmäßiger Unternehmensbewertung II, S. 41; WEGENER, B., in: Wimmer, FK-InsO, 8. Aufl., § 151, Rn. 15; FÜCHSL, J./WEISHÄUPL, H./JAFFÉ, M., in: Kirchhof/Stürner/Eidenmüller, Kommentar zur InsO, 3. Aufl., § 151, Rn. 9.

399 Vgl. WEGENER, B., in: Wimmer, FK-InsO, 8. Aufl., § 151, Rn. 15.

400 Vgl. dazu auch LEFFSON, U., Die Grundsätze ordnungsmäßiger Buchführung, S. 187, sowie SINZ, R., in: Uhlenbruck/Hirte/Vallender, InsO, 14. Aufl., § 151, Rn. 7.

401 Vgl. dazu auch NICKERT, C., Erfordernis einer Unternehmensbewertung in der Insolvenz?, S. 1722.

402 Vgl. IDW (Hrsg.), Bestandsaufnahme im Insolvenzverfahren (IDW RH HFA 1.010), Rn. 34, sowie HENI, B., Interne Rechnungslegung, S. 76. A. A. MÖHLMANN, T., Die Berichterstattung im neuen Insolvenzverfahren, S. 132.

403 Vgl. IDW (Hrsg.), Bestandsaufnahme im Insolvenzverfahren (IDW RH HFA 1.010), Rn. 35, sowie HILLEBRAND, C., Rechnungslegung in der Insolvenz, S. 45.

404 Demnach finden das Vorsichts- und das Imparitäts- bzw. Niederstwertprinzip keine Anwendung. Vgl. WEGENER, B., in: Wimmer, FK-InsO, 8. Aufl., § 151, Rn. 15; FÖRSCHLE, G./WEISANG, A., Rechnungslegung im Insolvenzverfahren, Rn. 13, sowie SCHERRER, G./HENI, B., Externe Rechnungslegung bei Liquidation, S. 214-216.

Unternehmens besteht“[405].[406] Der Gesetzgeber lässt an dieser Stelle offen, was genau unter einem Fortführungswert auf Einzelbasis zu verstehen ist.[407] In der Begründung zum Gesetzesentwurf wurde lediglich expliziert, dass keine handelsrechtlichen Buchwerte angesetzt werden sollen.[408] Im Schrifttum herrscht ein Konsens darüber, dass es kaum möglich ist, den einzelnen auf den Massegegenstand bezogenen Fortführungswert zu ermitteln.[409] Die Bewertung eines Unternehmens ist von dem ausgearbeiteten Sanierungskonzept und damit von der künftigen Ertragskraft abhängig. Problematisch ist, wenn zum Berichtstermin noch kein Konzept vorliegt. Ferner ist ein ermittelter Unternehmenswert kaum auf einzelne Vermögensgegenstände zu allokieren.[410] Das IDW vertritt die Meinung, dass im Fall einer Überschuldung mit positiver Fortbestehensprognose die darin enthaltenen Wertansätze der Vermögensgegenstände als Fortführungswerte anzusetzen sind.[411] Dies kann allerdings dazu führen, dass durch das Heben stiller Reserven bei den Liquidationswerten die Verwertungsalternative der Zerschlagung vorteilhafter ist als die der Fortführung. Vereinzelt wird dazu geraten – trotz der klaren Vorgabe des Gesetzgebers – die handelsrechtlichen Buchwerte als Fortführungswerte anzusetzen oder ganz auf die Angabe von Fortführungswerten zu verzichten.[412] Auch der Hinweis in § 151 Abs. 2 S. 2 InsO, nämlich bei besonders schwierigen Bewertungen einen Sachverständigen hinzuzuziehen, vermag dieses Problem nicht zu lösen.[413] Bis dato ist es nicht gelungen,

---

405 DEUTSCHER BUNDESTAG (Hrsg.), BT-Drucksache 12/2443, S. 171.

406 Vgl. SINZ, R., in: Uhlenbruck/Hirte/Vallender, InsO, 14. Aufl., § 155, Rn. 8.

407 Vgl. FÜCHSL, J./WEISHÄUPL, H./JAFFÉ, M., in: Kirchhof/Stürner/Eidenmüller, Kommentar zur InsO, 3. Aufl., § 151, Rn. 11.

408 Der Ansatz von handelsrechtlichen Werten würde an dieser Stelle den § 155 InsO konterkarieren. Vgl. DEUTSCHER BUNDESTAG (Hrsg.), BT-Drucksache 12/2443, S. 172.

409 Vgl. statt vieler HENI, B., Zahlenfriedhöfe auf Kosten der Gläubiger?, S. 610; FÖRSTER, K., Sinn und Unsinn des Fortführungswertes, S. 21, sowie NICKERT, C., Erfordernis einer Unternehmensbewertung in der Insolvenz?, S. 1723.

410 Vgl. WEGENER, B., in: Wimmer, FK-InsO, 8. Aufl., § 151, Rn. 17-20; FÖRSCHLE, G./WEISANG, A., Rechnungslegung im Insolvenzverfahren, Rn. 14, sowie HÖFFNER, D., Fortführungswerte in der Vermögensübersicht nach § 153 InsO, S. 2090. In dem Kontext wird das Problem der Aufspaltung eines Unternehmenswerts auf seine einzelnen Vermögensgegenstände als ein Relikt der Teilwertidee des Steuerrechts bezeichnet. Vgl. HENI, B., Zahlenfriedhöfe auf Kosten der Gläubiger?, S. 611, sowie WEGENER, B., in: Wimmer, FK-InsO, 8. Aufl., § 151, Rn. 18. Stellenweise wird die Problematik der Ermittlung von Fortführungswerten auch ausgeblendet. Vgl. HEYN, M., Die Erstellung der Verzeichnisse gem. §§ 151-153 InsO, Teil 1, S. 218.

411 Vgl. IDW (Hrsg.), Bestandsaufnahme im Insolvenzverfahren (IDW RH HFA 1.010), Rn. 38.

412 Vgl. BASINSKI, A./HILLEBRAND, C./LAMBRECHT, M., Insolvenzrechnungslegung, Rn. 187, sowie HÖFFNER, D., Fortführungswerte in der Vermögensübersicht nach § 153 InsO, S. 2090. FÖRSCHLE/WEISANG titulieren diese als Wiederbeschaffungskosten (AK/HK abzüglich Abschreibungen). Vgl. FÖRSCHLE, G./WEISANG, A., Rechnungslegung im Insolvenzverfahren, Rn. 14.

413 Vgl. FÖRSCHLE, G./WEISANG, A., Rechnungslegung im Insolvenzverfahren, Rn. 14.

diese Lücke zwischen Theorie und Praxis zu schließen und ein sinnvolles Konzept für die anzusetzenden Fortführungswerte zu entwickeln.[414]

Anders als gemäß § 266 HGB werden in der InsO keine Angaben zu der vorzunehmenden Gliederungsstruktur des Verzeichnisses der Massegegenstände gemacht. Lediglich die Angabe von Fortführungs- und Liquidationswerten ist bindend. Zudem lässt sich aus dem Inventarcharakter des Verzeichnisses schlussfolgern, dass zusätzlich Mengenangaben enthalten sein sollten.[415] Im Schrifttum wird vorgeschlagen, sich an der Gliederungsstruktur des § 266 HGB (bei geplanter Unternehmensfortführung) oder am Grad der Liquidierbarkeit (bei geplanter Liquidation) zu orientieren.[416] Grundsätzlich liegt der **Ausweis** im Ermessen des Verwalters. Auf Antrag des Verwalters kann die Aufstellung des Verzeichnisses unterbleiben, sofern das Insolvenzgericht und – wenn existent – der Gläubigerausschuss zustimmen.[417] Aus den vorherigen Ausführungen wird ersichtlich, dass der Insolvenzverwalter bei der Aufstellung des Verzeichnisses der Massegegenstände erhebliche Ermessensspielräume nutzen kann.

Im **Gläubigerverzeichnis** sind nach § 152 InsO die Forderungen aller Gläubiger **anzusetzen**, welche dem Insolvenzverwalter auf Basis von Geschäftsunterlagen, Informationen des Schuldners[418] oder z. B. nach erfolgter Forderungsanmeldung bekannt sind.[419] Es soll die dem Vermögen gegenüberstehenden Verbindlichkeiten bzw. Belastungen zeigen.[420] In der Literatur wird empfohlen, die Gläubigerforderungen grds. zum Nominalwert zu **bewerten,** die InsO enthält keine konkreten Bewertungsvorschriften.[421] In § 152 Abs. 2 S. 3 InsO wird darauf verwiesen,

414 Vgl. STEFFAN, B., Der Fortführungswert im Vermögensstatus, S. 106, sowie FÖRSTER, K., Sinn und Unsinn des Fortführungswertes, S. 21 f.

415 Vgl. HENI, B., Interne Rechnungslegung, S. 8, sowie FÜCHSL, J./WEISHÄUPL, H./JAFFÉ, M., in: Kirchhof/Stürner/Eidenmüller, Kommentar zur InsO, 3. Aufl., § 151, Rn. 8.

416 Vgl. FÜCHSL, J./WEISHÄUPL, H./JAFFÉ, M., in: Kirchhof/Stürner/Eidenmüller, Kommentar zur InsO, 3. Aufl., § 151, Rn. 8.

417 Vgl. SINZ, R., in: Uhlenbruck/Hirte/Vallender, InsO, 14. Aufl., § 151, Rn. 10, sowie § 151 Abs. 3 InsO.

418 Der Schuldner kann gemäß § 98 InsO dazu verpflichtet werden, die Richtigkeit und Vollständigkeit des Verzeichnisses an Eides statt zu versichern. Vgl. dazu auch IDW (Hrsg.), Bestandsaufnahme im Insolvenzverfahren (IDW RH HFA 1.010), Rn. 62.

419 Vgl. § 152 Abs. 1 InsO; DEUTSCHER BUNDESTAG (Hrsg.), BT-Drucksache 12/2443, S. 171, sowie FÖRSCHLE, G./WEISANG, A., Rechnungslegung im Insolvenzverfahren, Rn. 15.

420 Vgl. SINZ, R., in: Uhlenbruck/Hirte/Vallender, InsO, 14. Aufl., § 152, Rn. 1; IDW (Hrsg.), Bestandsaufnahme im Insolvenzverfahren (IDW RH HFA 1.010), Rn. 57, sowie DEUTSCHER BUNDESTAG (Hrsg.), BT-Drucksache 12/2443, S. 171.

421 Die Verbindlichkeiten sind mit dem jeweiligen Nennbetrag, mit dem sie begründet wurden, anzusetzen, langfristige Verbindlichkeiten und Pensionsverpflichtungen hingegen mit ihrem Barwert. Vgl. MÖHLMANN, T., Die Ausgestaltung der Masse- und Gläubigerverzeichnisse, S. 167, sowie FÖRSCHLE, G./WEISANG, A., Rechnungslegung im Insolvenzverfahren, Rn. 15.

dass analog zu § 151 InsO besonders schwierige Bewertungsfragestellungen durch Hinzuziehen eines Sachverständigen gelöst werden können. Die entstehenden Masseverbindlichkeiten hat der Schuldner bei seiner Bewertung zu antizipieren.[422] Zudem sind Aufrechnungsmöglichkeiten zwischen Massegegenständen und Schulden nach § 152 Abs. 3 S. 1 InsO anzugeben. Nach § 152 Abs. 2 InsO sind die Insolvenzgläubiger, die absonderungsberechtigten Gläubiger, die nachrangigen Gläubiger entsprechend ihrer Rangklassen[423] sowie die Massegläubiger einzeln aufzuführen.[424] Aussonderungsberechtigte Gläubiger müssen nicht berücksichtigt werden.[425] Bei jedem Gläubiger sind dessen Anschrift sowie Forderungsgrund und -betrag zu verzeichnen. Bei absonderungsberechtigten Gläubigern sind zudem der Gegenstand, an dem das Recht besteht, und die mutmaßliche Ausfallhöhe der Forderung anzugeben.[426] Der Ausweis ist nach § 152 InsO im Gläubigerverzeichnis umfassender geregelt als im Verzeichnis der Massegegenstände.

Die **Vermögensübersicht** aggregiert gemäß § 153 InsO das Verzeichnis der Massegegenstände und das Gläubigerverzeichnis zu einem bilanzähnlichen Rechenwerk.[427] Der Insolvenzverwalter muss auf den Zeitpunkt der Verfahrenseröffnung eine geordnete Übersicht erstellen, „in der die Gegenstände der Insolvenzmasse und die Verbindlichkeiten des Schuldners aufgeführt und einander gegenübergestellt werden".[428] Ziel der Vermögensübersicht ist folglich eine komprimierte und übersichtliche Darstellung der beiden Verzeichnisse.[429] Auch in der Vermö-

422 Es sind die Verfahrenskosten nach § 54 InsO und die Masseverbindlichkeiten gemäß § 55 InsO zu berücksichtigen. Vgl. IDW (Hrsg.), Bestandsaufnahme im Insolvenzverfahren (IDW RH HFA 1.010), Rn. 72. Bei der Schätzung soll der Insolvenzverwalter eine zeitnahe Liquidation unterstellen. Vgl. § 152 Abs. 3 S. 2 InsO sowie DEUTSCHER BUNDESTAG (Hrsg.), BT-Drucksache 12/2443, S. 171.

423 Vgl. für die einzelnen Rangklassen § 39 InsO.

424 Vgl. WEGENER, B., in: Wimmer, FK-InsO, 8. Aufl., § 152, Rn. 9, sowie SINZ, R., in: Uhlenbruck/Hirte/Vallender, InsO, 14. Aufl., § 152, Rn. 4. Eine handelsrechtliche Unterscheidung in Verbindlichkeiten und Rückstellungen wird nicht gefordert, obwohl z. B. die antizipierten Masseverbindlichkeiten Rückstellungscharakter haben, da ein häufiger Wechsel der Bilanzposten die Folge wäre, was wiederum die Vergleichbarkeit im Zeitablauf einschränken würde. Vgl. FÜCHSL, J./WEISHÄUPL, H./JAFFÉ, M., in: Kirchhof/Stürner/Eidenmüller, Kommentar zur InsO, 3. Aufl., § 152, Rn. 21.

425 Vgl. SINZ, R., in: Uhlenbruck/Hirte/Vallender, InsO, 14. Aufl., § 152, Rn. 2.

426 Die Ausfallhöhe ermittelt sich als die Differenz zwischen Gläubigeranspruch und Wert des besicherten Massegegenstands. Vgl. MÖHLMANN, T., Die Ausgestaltung der Masse- und Gläubigerverzeichnisse, S. 167.

427 Vgl. DEUTSCHER BUNDESTAG (Hrsg.), BT-Drucksache 12/2443, S. 172. In § 153 Abs. 1 S. 2 InsO wird klar auf die beiden Verzeichnisse als Grundlage der Vermögensübersicht verwiesen. Die Vermögensübersicht ist nicht an handels- oder steuerrechtliche Bilanzierungsgrundsätze gebunden. Vgl. EISOLT, D./SCHMIDT, T., Rechnungslegung in der Insolvenz, S. 656.

428 § 153 Abs. 1 InsO. Vgl. zudem BASINSKI, A./HILLEBRAND, C./LAMBRECHT, M., Insolvenzrechnungslegung, Rn. 229.

429 Vgl. MÖHLMANN, T., Die Ausgestaltung der Masse- und Gläubigerverzeichnisse, S. 168.

gensübersicht sind analog zum Verzeichnis der Massegegenstände Fortführungs- und Liquidationswerte anzugeben.[430] Demnach existieren die gleichen Probleme bei Bewertungsfragestellungen wie nach § 151 InsO. Die Problematik besteht allerdings bereits bei der Erstellung des Verzeichnisses der Massegegenstände. Der Ausweis soll kontenförmig (bilanzähnlich) strukturiert sein.[431] In § 153 Abs. 1 InsO wird festgelegt, dass die Gliederung bzw. der Ausweis der Verbindlichkeiten die Struktur aus § 152 Abs. 2 S. 1 InsO zu berücksichtigen hat.[432] Das Insolvenzgericht kann dem Schuldner bzw. dessen organschaftliche Vertreter[433] nach § 153 Abs. 2 InsO auferlegen, die Vollständigkeit der Vermögensübersicht eidesstattlich zu versichern.[434] Analog zu den beiden Verzeichnissen ist auch die Vermögensübersicht gemäß § 154 InsO spätestens eine Woche vor dem Berichtstermin nach § 156 InsO in der Geschäftsstelle niederzulegen. Sie ist die Basis für die im Verfahrensverlauf zu erstellenden Zwischen- sowie die Schlussrechnung.[435]

Die drei Berichtsinstrumente, d. h. das Verzeichnis der Massegegenstände, das Gläubigerverzeichnis und die Vermögensübersicht, bilden die Dokumentationsbasis für die erste Gläubigerversammlung – den **Berichtstermin** nach **§ 156 InsO**.[436] Der Insolvenzverwalter hat in diesem über die wirtschaftliche Lage des Unternehmens und ihre Ursachen zu berichten. Außerdem ist klarzustellen, ob eine Fortführung im Ganzen oder in Teilen sinnvoll erscheint, welche Möglichkeiten für einen Insolvenzplan existieren und wie die jeweiligen Auswirkungen auf die Befriedigungsquoten der Gläubiger wären.[437] Auf Basis der Berichtsdokumente nach §§ 151-153 InsO sowie des mündlichen Verwalterberichts[438] treffen die Gläubiger im Sinne der Gläubigerautonomie nach § 157 InsO[439] während des Berichtstermins die Entscheidung über den

---

430 Vgl. DEUTSCHER BUNDESTAG (Hrsg.), BT-Drucksache 12/2443, S. 172; IDW (Hrsg.), Bestandsaufnahme im Insolvenzverfahren (IDW RH HFA 1.010), Rn. 75, sowie FÖRSCHLE, G./WEISANG, A., Rechnungslegung im Insolvenzverfahren, Rn. 16.

431 Vgl. MÖHLMANN, T., Die Ausgestaltung der Masse- und Gläubigerverzeichnisse, S. 169.

432 Vgl. MÖHLMANN-MAHLAU, T., Insolvenzbilanzen, S. 209 f.

433 Vgl. § 101 Abs. 1 InsO.

434 Vgl. FÜCHSL, J./WEISHÄUPL, H./JAFFÉ, M., in: Kirchhof/Stürner/Eidenmüller, Kommentar zur InsO, 3. Aufl., § 152, Rn. 10.

435 Vgl. BASINSKI, A./HILLEBRAND, C./LAMBRECHT, M., Insolvenzrechnungslegung, Rn. 230.

436 Vgl. zudem Abbildung 2-7.

437 Vgl. WEGENER, B., in: Wimmer, FK-InsO, 8. Aufl., § 156, Rn. 7-12, sowie § 156 Abs. 1 InsO.

438 Es gibt keine gesetzliche Vorgabe für die Form des Verwalterberichts, zumeist wird dieser mündlich vorgetragen. Vgl. WEGENER, B., in: Wimmer, FK-InsO, 8. Aufl., § 156, Rn. 12.

439 Nach § 157 InsO können die Gläubiger über die Stilllegung, vorläufige Fortführung oder einen Insolvenzplan entscheiden. Vgl. ausführlich ZIPPERER, H., in: Uhlenbruck/Hirte/Vallender, InsO, 14. Aufl., § 157, Rn. 2.

weiteren Fortgang des Verfahrens.[440] Die Entscheidung ist richtungsweisend für den Verfahrensverlauf. Auch im weiteren Verfahren hat der Insolvenzverwalter bzw. Schuldner im Falle der Eigenverwaltung die insolvenzspezifischen Rechnungslegungsvorschriften nach § 66 InsO zu erfüllen. Diese werden im folgenden Abschnitt analysiert.

222.12 Instrumente im Verfahren und bei Verfahrensbeendigung

Im eröffneten Insolvenzverfahren hat die Gläubigerversammlung nach § 66 Abs. 3 InsO das Recht, **Zwischenrechnungen** vom Insolvenzverwalter einzufordern, welche vom Insolvenzgericht nach § 66 Abs. 2 InsO zu prüfen sind.[441] Darüber hinaus kann das Gericht nach § 58 Abs. 1 S. 2 InsO jederzeit Auskünfte vom Insolvenzverwalter in Form von **Zwischenberichten** verlangen.[442] Anders als die Zwischenrechnung ist der Zwischenbericht ein Teil der Rechtsaufsicht des Insolvenzgerichts und beschränkt sich auf einzelne Auskünfte und Sachstandsberichte des Insolvenzverwalters. Es handelt sich nicht um eine Rechnungsprüfung, sondern dient primär der zügigen Verfahrensabwicklung.[443] Die Zwischenrechnung hingegen dient neben der Dokumentation des Verfahrensverlaufs als Kontroll- und Prüfungsinstrument für die Gläubiger und damit dem Gedanken des Gläubigerschutzes.[444] Es ist **nicht geregelt, in welchem Berichtszyklus die Zwischenberichte abzulegen** sind.[445] Zudem sind **weder Form noch Inhalt festgelegt**. Nach überwiegender Auffassung soll die Berichtsdokumente der Zwischenrechnung an die der Schlussrechnung angelehnt werden.[446] Indes sind auch die **Berichtsdokumente der Schlussrechnung nicht in der InsO festgeschrieben** und werden in der Praxis sehr **uneinheitlich**

---

440 Vgl. HESS, H., in: InsO, 2. Aufl., § 156, Rn. 1, sowie WEGENER, B., in: Wimmer, FK-InsO, 8. Aufl., § 156, Rn. 1.

441 Vgl. DEUTSCHER BUNDESTAG (Hrsg.), BT-Drucksache 12/2443, S. 131; § 66 InsO; IDW (Hrsg.), Insolvenzspezifische Rechnungslegung (IDW RH HFA 1.011), Rn. 37, sowie MOCK, S., in: Uhlenbruck/Hirte/Vallender, InsO, 14. Aufl., § 66, Rn. 97. Für das Einfordern einer Zwischenrechnung ist gemäß § 76 Abs. 2 InsO eine Gläubigermehrheit erforderlich.

442 Vgl. ausführlich Abschnitt 213.5. Die Zwischenberichte können auch vom Gläubigerausschuss und der Gläubigerversammlung nach §§ 69, 79 S. 1 InsO verlangt werden. Vgl. BASINSKI, A./HILLEBRAND, C./LAMBRECHT, M., Insolvenzrechnungslegung, Rn. 35.

443 Vgl. NAUMANN, D., Die Aufsicht des Insolvenzgerichts über den Insolvenzverwalter, Rn. 35; VALLENDER, H., in: Uhlenbruck/Hirte/Vallender, InsO, 14. Aufl., § 58, Rn. 17; WEITZMANN, J., Rechnungslegung und Schlussrechnungsprüfung, S. 452. Die Differenzierung zwischen Zwischenrechnung und Zwischenbericht ist in der Literatur teilweise sehr unscharf. Vgl. IDW (Hrsg.), Insolvenzspezifische Rechnungslegung (IDW RH HFA 1.011), Rn. 36.

444 Vgl. HILLEBRAND, C., Rechnungslegung in der Insolvenz, S. 51; IDW (Hrsg.), Insolvenzspezifische Rechnungslegung (IDW RH HFA 1.011), Rn. 33, sowie DELHAES, W., in: Nerlich/Römermann, InsO Kommentar, § 66, Rn. 28.

445 Vgl. IDW (Hrsg.), Insolvenzspezifische Rechnungslegung (IDW RH HFA 1.011), Rn. 35; MOCK, S., in: Uhlenbruck/Hirte/Vallender, InsO, 14. Aufl., § 66, Rn. 109-111, sowie FÖRSCHLE, G./WEISANG, A., Rechnungslegung im Insolvenzverfahren, Rn. 25.

446 Dementsprechend finden die Absätze 1 und 2 des § 66 InsO Anwendung. Vgl. RIEDEL, E., in: Kirchhof/Stürner/Eidenmüller, Kommentar zur InsO, 3. Aufl., § 66, Rn. 14. SCHMITT schlägt vor, die gleichen

erstellt.[447] Gemäß der kommentierenden Literatur setzt sich die Zwischenrechnung grundsätzlich aus einer **Einnahmen-/Ausgabenrechnung**, einer **Zwischenbilanz** sowie einem **Zwischenbericht** zusammen.[448]

Die **Einnahmen-/Ausgabenrechnung** enthält – analog zur Schlussrechnungslegung des vorläufigen Insolvenzverwalters[449] – sämtliche Zahlungsvorgänge in chronologischer Reihenfolge. Sie ist der Mindestbestandteil jeder insolvenzspezifischen Rechnungslegung und hat auf der Vermögensübersicht nach § 153 InsO aufzusetzen.[450] Die Einnahmen-/Ausgabenrechnung enthält bspw. für den Fall einer Liquidation die aus der Verwertung der Bestände der Insolvenzmasse resultierenden Einzahlungen. Der Insolvenzverwalter hat mit der Einnahmen-/Ausgabenrechnung die als Basis für die Zahlungen dienenden Belege[451] einzureichen.[452]

Die **Zwischenbilanz** gibt eine Übersicht über den aktuellen Stand der Masseverwertung und sollte analog zur Vermögensübersicht nach § 153 InsO gegliedert sein.[453] Auf der Aktivseite stehen die zum Berichtszeitpunkt noch vorhandenen Massegegenstände, die auf Basis der erwartungsgemäß zu realisierenden Werte bewertet werden, sowie die bereits realisierten Liquiditätszuflüsse durch abgeschlossene Veräußerungen. Damit werden Vergangenheits- und Zukunftswerte in einem Berichtsdokument vermischt.[454] Auf der Passivseite sind die noch offenen

---

Berichtsdokumente wie bei der Schlussrechnungslegung exklusive des Verteilungsverzeichnisses gemäß § 188 InsO zu erstellen. Vgl. SCHMITT, F., in: Wimmer, FK-InsO, 8. Aufl., § 66, Rn. 27; HEYRATH, M./EBELING, S./RECK, R., Schlussrechnungsprüfung im Insolvenzverfahren, Rn. 86; BLÜMLE, H., in: Braun, InsO Kommentar, 6. Aufl., § 66, Rn. 29, sowie MOCK, S., in: Uhlenbruck/Hirte/Vallender, InsO, 14. Aufl., § 66, Rn. 111.

447 Vgl. HAARMEYER, H./HILLEBRAND, C., Insolvenzrechnungslegung – Teil II, S. 704.

448 Vgl. MÖHLMANN-MAHLAU, T., Insolvenzbilanzen, S. 211 f., sowie MOCK, S., in: Uhlenbruck/Hirte/Vallender, InsO, 14. Aufl., § 66, Rn. 111.

449 Vgl. ausführlich Abschnitt 222.11.

450 Vgl. RIEDEL, E., in: Kirchhof/Stürner/Eidenmüller, Kommentar zur InsO, 3. Aufl., § 66, Rn. 19, sowie MOCK, S., in: Uhlenbruck/Hirte/Vallender, InsO, 14. Aufl., § 66, Rn. 50. Der VID hat mit Beschluss vom 03. Mai 2013 festgelegt, dass sich die Schluss- und damit auch Zwischenrechnungslegung an der Vermögensübersicht zu orientieren hat, um die Vermögensentwicklung nachvollziehbar zu machen. Vgl. VERBAND INSOLVENZVERWALTER DEUTSCHLANDS E.V. (Hrsg.), Grundsätze ordnungsgemäßer Insolvenzverwaltung (GOI), S. 14 f., sowie SCHMITT, F., in: Wimmer, FK-InsO, 8. Aufl., § 66, Rn. 7. Sofern die Zwischenrechnung zur Durchführung einer Abschlagsverteilung dient, ist zudem ein Verteilungsverzeichnis aufzustellen. Da es kein zentrales Berichtsinstrument im Regelverfahren ist, wird an dieser Stelle nicht näher darauf eingegangen. Vgl. RIGOL, R., in: Insolvenzordnung, 19. Aufl., § 66, Rn. 9.

451 Die Belege haben den Grund, Betrag und Empfänger bzw. Sender der Zahlung zu enthalten. Vgl. RIEDEL, E., in: Kirchhof/Stürner/Eidenmüller, Kommentar zur InsO, 3. Aufl., § 66, Rn. 19.

452 Die Belege sind u. a. für die Erfüllung der Prüfungspflicht des Insolvenzgerichts von Relevanz. Vgl. IDW (Hrsg.), Insolvenzspezifische Rechnungslegung (IDW RH HFA 1.011), Rn. 54.

453 Vgl. IDW (Hrsg.), Insolvenzspezifische Rechnungslegung (IDW RH HFA 1.011), Rn. 56.

454 Vgl. PLATE, G., Die Konkursbilanz, S. 62.

Gläubigerforderungen aufgeführt.[455] So erlauben mehrere aufeinanderfolgende Zwischenbilanzen neben der Zeitpunkt- auch eine Zeitraumbetrachtung über die Verfahrensentwicklung. Es ist somit ersichtlich, welche ursprünglich geplanten Maßnahmen realisiert wurden und ob die Prognosen des Insolvenzverwalters zutreffend waren.[456]

Der **Zwischenbericht** soll den beschreibenden Teil der bisherigen Verwaltertätigkeit enthalten. In diesem hat der Insolvenzverwalter seine Verwaltertätigkeit zu erläutern und damit auch über umgesetzte Maßnahmen zur Verwaltung und Verwertung zu berichten.[457] Auf Basis des Berichts muss ersichtlich sein, ob einzelne Massegegenstände z. B. veräußert oder ausgesondert wurden und welche Anfechtungsrechte geltend gemacht werden konnten. Ferner hat der Insolvenzverwalter Abweichungen zwischen dem Wertansatz und dem realisierten Veräußerungsergebnis einzelner Massegegenstände zu erklären.[458] Überdies sind die Aussichten auf eine Betriebsfortführung bzw. Sanierung zu erläutern.[459] Die Zwischenrechnungslegung ist das Bindeglied zwischen der Rechnungslegung zum Berichtstermin bei Verfahrenseröffnung sowie der Schlussrechnung zum Verfahrensende.

Nach § 66 Abs. 1 InsO hat der Insolvenzverwalter bei Niederlegung seines Amts eine **Schlussrechnung** zu erstellen, die wie die Zwischenrechnung der Prüfungspflicht des Insolvenzgerichts unterliegt.[460] Ziel der Schlussrechnung ist es, den Gläubigern ein umfassendes Bild der Tätigkeit des Insolvenzverwalters zu vermitteln.[461] Die **InsO enthält keine Informationen zu den Bestandteilen bzw. erforderlichen Dokumenten der Schlussrechnung**. Indes haben sich die im Folgenden aufgeführten Bestandteile in der Praxis etabliert.[462] Analog zur Zwischenrechnung sollte der Insolvenzverwalter einen rechnerischen Teil, bestehend aus **Einnahmen-/Ausgabenrechnung**, einer **Schlussbilanz** und (zusätzlich) einem **Schlussverzeichnis,** sowie einen darstellenden Teil in Form eines **Schlussberichts** erstellen.[463] Des Weiteren muss der

455 Vgl. MÖHLMANN-MAHLAU, T., Insolvenzbilanzen, S. 221.

456 Vgl. PLATE, G., Die Konkursbilanz, S. 63.

457 Vgl. RIGOL, R., in: Insolvenzordnung, 19. Aufl., § 66, Rn. 10.

458 Vgl. FÖRSCHLE, G./WEISANG, A., Rechnungslegung im Insolvenzverfahren, Rn. 30.

459 Vgl. MOCK, S., in: Uhlenbruck/Hirte/Vallender, InsO, 14. Aufl., § 66, Rn. 24.

460 Vgl. DEUTSCHER BUNDESTAG (Hrsg.), BT-Drucksache 12/2443, S. 131, sowie DELHAES, W., in: Nerlich/Römermann, InsO Kommentar, § 66, Rn. 7. Zu den Möglichkeiten der Verfahrensbeendigung und damit auch zumeist der Beendigung der Tätigkeit des Insolvenzverwalters vgl. ausführlich Abschnitt 212.3.

461 Vgl. MÖHLMANN-MAHLAU, T., Insolvenzbilanzen, S. 227 f., sowie BLÜMLE, H., in: Braun, InsO Kommentar, 6. Aufl., § 66, Rn. 8.

462 Vgl. IDW (Hrsg.), Insolvenzspezifische Rechnungslegung (IDW RH HFA 1.011), Rn. 43. Für eine umfangreiche Diskussion der Standardisierungstendenzen vgl. KLOOS, I., Standardisierung insolvenzrechtlicher Rechnungslegung, S. 586 f.

463 Vgl. statt vieler MOCK, S., in: Uhlenbruck/Hirte/Vallender, InsO, 14. Aufl., § 66, Rn. 49, sowie FRYSTATZKI, C., Hinweise zur Rechnungslegung in der Insolvenz, S. 583.

Insolvenzverwalter nach § 8 Abs. 1 InsVV einen **Vergütungsantrag** als *Annex* zur Schlussrechnung anfertigen.[464] Wie auch bei der Zwischenrechnung bildet die Einnahmen-/Ausgabenrechnung die nach § 66 Abs. 2 InsO durch Belege zu stützenden chronologischen Zahlungsströme im Verfahrensablauf ab.[465] Die Gläubiger sollen anhand der finalen Einnahmen-/Ausgabenrechnung die Entwicklung der Ein- und Auszahlungen von Verfahrensbeginn an bis zum Verfahrensende nachvollziehen können. Diese baut auf der Vermögensübersicht auf und wird bis zum Ende, d. h. bis zur Schlussbilanz bzw. finalen Vermögensübersicht, fortgeführt.[466] Die Einnahmen-/Ausgabenrechnung leitet sich aus der für das Insolvenzverfahren eingerichteten laufenden Buchführung her.[467]

Die **Schlussbilanz**[468] stellt, wie auch die Zwischenbilanz, die aus der Abwicklung erzielten Einnahmen auf dem sog. Anderkonto[469] den übrigen Massegegenständen mit den festgestellten noch bestehenden Gläubigerforderungen zzgl. der noch nicht bezahlten Masseverbindlichkeiten gegenüber.[470] Dem Gläubiger soll durch die Schlussbilanz ermöglicht werden, zu vergleichen und zu verstehen, welcher Massebestand zu Verfahrensbeginn existierte, wie die initiale Bewertung und die finale Verwertung der Gegenstände war, welche Aus- und Absonderungsrechte festgestellt und bedient und welche Massemehrungen durch z. B. erfolgreiche Anfechtungen erreicht wurden.[471] Eine Schlussbilanz ist vor allem bei einer Unternehmensfortführung relevant, da dann noch ein signifikanter Bestandteil nicht verwerteten Vermögens vorhanden ist.[472] Bei einer vollständigen Verwertung aller Massegegenstände würde die Aktivseite lediglich einen Guthabenbestand auf dem Insolvenzanderkonto ausweisen.[473]

---

464 Vgl. HESS, H./WEIS, M., Die Schlußrechnung des Insolvenzverwalters, S. 261.

465 Vgl. HEYRATH, M./EBELING, S./RECK, R., Schlussrechnungsprüfung im Insolvenzverfahren, Rn. 91 f.; HESS, H./WEIS, M., Die Schlußrechnung des Insolvenzverwalters, S. 261; FÖRSCHLE, G./WEISANG, A., Rechnungslegung im Insolvenzverfahren, Rn. 30; IDW (Hrsg.), Insolvenzspezifische Rechnungslegung (IDW RH HFA 1.011), Rn. 54, sowie HESS, H., in: InsO, 2. Aufl., § 66, Rn. 18. Eine doppelte Buchführung ist nicht erforderlich. Vgl. ANDRES, D., in: Andres/Leithaus/Dahl, InsO, 3. Aufl., § 66, Rn. 6.

466 Erläuterungen im Schlussbericht können die Einnahmen-/Ausgabenrechnung ergänzen. Vgl. DELHAES, W., in: Nerlich/Römermann, InsO Kommentar, § 66, Rn. 9.

467 Vgl. MOCK, S., in: Uhlenbruck/Hirte/Vallender, InsO, 14. Aufl., § 66, Rn. 50.

468 In der Literatur wird die Schlussbilanz auch als Insolvenz-Schlussbilanz tituliert. Vgl. IDW (Hrsg.), Insolvenzspezifische Rechnungslegung (IDW RH HFA 1.011), Rn. 57, sowie MOCK, S., in: Uhlenbruck/Hirte/Vallender, InsO, 14. Aufl., § 66, Rn. 54.

469 Das Anderkonto wird vom Insolvenzverwalter geführt, es handelt sich um ein Treuhandkonto bzw. Sonderkonto für die Gelder im Insolvenzverfahren. Darüber darf lediglich der Zahlungsverkehr des Insolvenzverfahrens abgewickelt werden. Vgl. DEUTSCHER BUNDESRAT (Hrsg.), BR-Drucksache 566/07, S. 6.

470 Vgl. MÖHLMANN-MAHLAU, T., Insolvenzbilanzen, S. 228 f.

471 Vgl. DELHAES, W., in: Nerlich/Römermann, InsO Kommentar, § 66, Rn. 10.

472 Vgl. MOCK, S., in: Uhlenbruck/Hirte/Vallender, InsO, 14. Aufl., § 66, Rn. 54, sowie IDW (Hrsg.), Insolvenzspezifische Rechnungslegung (IDW RH HFA 1.011), Rn. 58.

473 Vgl. IDW (Hrsg.), Insolvenzspezifische Rechnungslegung (IDW RH HFA 1.011), Rn. 58.

Der **Schlussbericht** ist gleichzeitig Tätigkeits- und Rechenschaftsbericht des Verwalters und soll den Verfahrens- und Abwicklungshergang zusammenfassend deutlich machen.[474] Der Insolvenzverwalter erklärt in dem Bericht die Verwertung der Masse und erläutert die Rechenwerke inhaltlich. Demzufolge dient der Bericht – vergleichbar mit einem Anhang im Handelsrecht – der ergänzenden Information des Insolvenzgerichts und der Gläubiger.[475] Der Bericht hat, nach Ansicht der „Uhlenbruck-Kommission“[476], aus zwei Teilen zu bestehen: Im ersten Teil soll der Verfahrensverlauf verdeutlicht und begründet werden, im zweiten Teil sollen auf Basis der Vermögensübersicht nach § 153 InsO wesentliche Geschäftsvorfälle erläutert werden.[477] Der Schlussbericht ist das qualitative Bindeglied der unterschiedlichen quantitativen Rechenwerke.[478] Durch den Schlussbericht soll zudem das Insolvenzgericht in die Lage versetzt werden, die Schlussrechnung über eine rechnerische Prüfung hinausgehend auch materiell prüfen zu können.[479] Indes ist in der InsO nicht festgeschrieben wie dieser im Detail ausgestaltet sein muss.[480]

Das **Schlussverzeichnis** ist kein direkter Bestandteil der Schlussrechnung, sondern vielmehr eine Ergänzung im Verteilungsverfahren.[481] Es setzt, wie in Abschnitt 213.4 erläutert, auf der Forderungstabelle auf und ist nach § 188 InsO ein Verteilungsverzeichnis, in welchem alle ggü. dem Schuldner zu berücksichtigenden Forderungen der Gläubiger enthalten sind.[482] Es werden damit den jeweiligen Gläubigerforderungen die für die Ausschüttung zur Verfügung stehenden Mittel gegenübergestellt und so die Befriedigungsquote für die einzelnen Gläubiger gezeigt.[483]

---

474 Vgl. HESS, H., in: InsO, 2. Aufl., § 66, Rn. 23; HESS, H./WEIS, M., Die Schlußrechnung des Insolvenzverwalters, S. 261, sowie MOCK, S., in: Uhlenbruck/Hirte/Vallender, InsO, 14. Aufl., § 66, Rn. 21.

475 Vgl. IDW (Hrsg.), Insolvenzspezifische Rechnungslegung (IDW RH HFA 1.011), Rn. 44.

476 Die „Uhlenbruck-Kommission“ sollte im Auftrag des Bundes und der Länder unter dem Vorsitz von UHLENBRUCK Qualitätsmerkmale für die Auswahl der Insolvenzverwalter entwickeln. Vgl. O. V. , Empfehlungen der "Uhlenbruck-Kommission", S. 1432.

477 Vgl. MOCK, S., in: Uhlenbruck/Hirte/Vallender, InsO, 14. Aufl., § 66, Rn. 57.

478 Vgl. DELHAES, W., in: Nerlich/Römermann, InsO Kommentar, § 66, Rn. 11.

479 Vgl. MOCK, S., in: Uhlenbruck/Hirte/Vallender, InsO, 14. Aufl., § 66, Rn. 60. Zur Prüfungspflicht des Insolvenzgerichts vgl. DEUTSCHER BUNDESTAG (Hrsg.), BT-Drucksache 12/2443, S. 131.

480 Vgl. FÜRST, T., Prüfungs- und Überwachungspflichten im Insolvenzverfahren, S. 500 f., sowie DEPPE, M., Schlussbericht, S. 455.

481 Vgl. HESS, H., in: InsO, 2. Aufl., § 66, Rn. 27, sowie HILLEBRAND, C., Rechnungslegung in der Insolvenz, S. 52.

482 Vgl. MOCK, S., in: Uhlenbruck/Hirte/Vallender, InsO, 14. Aufl., § 66, Rn. 63 sowie BASINSKI, A./HILLEBRAND, C./LAMBRECHT, M., Insolvenzrechnungslegung, Rn. 232.

483 Vgl. MÖHLMANN-MAHLAU, T., Insolvenzbilanzen, S. 231 f.

Das Schlussverzeichnis ist vom Insolvenzverwalter anzufertigen, vom Gericht zu genehmigen und sodann nach § 188 S. 2 InsO auf der Geschäftsstelle zur Einsicht auszulegen.[484]

Der **Vergütungsantrag** ist ergänzend zur Schlussrechnung anzufertigen. Er hat einen direkten Einfluss auf die Verteilungsquote, da die Vergütung *per definitionem* eine Masseverbindlichkeit ist. Dadurch wird die Befriedigungsquote der Gläubiger vermindert.[485] Die Höhe der Vergütung orientiert sich an der Teilungsmasse[486], welche auf Basis der Schlussrechnung zu ermitteln ist.[487] Die InsVV sieht eine degressive Staffelvergütung vor. Demnach vermindert sich der prozentuale Anteil der InsV-Vergütung an der Teilungsmasse bei steigender Berechnungsbasis.[488]

Bei einem Verfahren in Eigenverwaltung obliegen die zuvor erläuterten Rechnungslegungspflichten nach § 281 InsO dem Schuldner.[489] Sofern die Gläubiger einen Insolvenzplan anstreben, kann nach § 66 Abs. 1 S. 2 InsO ein Beschluss gefasst werden, welcher der Pflicht einer Schlussrechnungserstellung entgegensteht.[490]

Wie in Abschnitt 213.5 illustriert, ist das Insolvenzgericht und in Person der Rechtspfleger[491] gemäß § 66 Abs. 2 S. 1 InsO für die **Prüfung der Schlussrechnung** verantwortlich.[492] Die Prüfung dient der Unterstützung der Gläubiger und ist Bestandteil der gerichtlichen Aufsichtspflicht.[493] Der Umfang der Prüfungspflicht ist nicht definiert. Es fehlen in der InsO jegliche

---

484 Vgl. BASINSKI, A./HILLEBRAND, C./LAMBRECHT, M., Insolvenzrechnungslegung, Rn. 238, sowie MÖHLMANN-MAHLAU, T., Insolvenzbilanzen, S. 231 f.

485 Vgl. § 54 Nr. 2 InsO sowie IDW (Hrsg.), Insolvenzspezifische Rechnungslegung (IDW RH HFA 1.011), Rn. 65.

486 Die Teilungsmasse wird in § 1 Abs. 2 InsVV definiert. So werden als Berechnungsgrundlage keine Kosten des Insolvenzverfahrens oder sonstige Masseverbindlichkeiten berücksichtigt. Vgl. MOCK, S., in: Uhlenbruck/Hirte/Vallender, InsO, 14. Aufl., § 63, Rn. 24; HAARMEYER, H./WUTZKE, W./FÖRSTER, K., Handbuch zur Insolvenzordnung, S. 9, sowie § 1 InsVV.

487 Vgl. MOCK, S., in: Uhlenbruck/Hirte/Vallender, InsO, 14. Aufl., § 63, Rn. 23.

488 Vgl. § 2 Abs. 1 InsVV; MOCK, S., in: Uhlenbruck/Hirte/Vallender, InsO, 14. Aufl., § 63, Rn. 26, sowie Fußnote 287.

489 Vgl. HEYRATH, M./EBELING, S./RECK, R., Schlussrechnungsprüfung im Insolvenzverfahren, Rn. 87; MOCK, S., in: Uhlenbruck/Hirte/Vallender, InsO, 14. Aufl., § 66, Rn. 37, sowie IDW (Hrsg.), Insolvenzspezifische Rechnungslegung (IDW RH HFA 1.011), Rn. 71.

490 Vgl. DELHAES, W., in: Nerlich/Römermann, InsO Kommentar, § 66, Rn. 7.

491 Die Prüfung obliegt dem Rechtspfleger gemäß § 3 Nr. 2e RPflG. Vgl. zudem HEYRATH, M./ EBELING, S./RECK, R., Schlussrechnungsprüfung im Insolvenzverfahren, Rn. 165.

492 Vgl. RIGOL, R., in: Insolvenzordnung, 19. Aufl., § 66, Rn. 18; HESS, H., in: InsO, 2. Aufl., § 66, Rn. 29, sowie Fußnote 291. Die Schlussrechnungsprüfung kann allerdings auch vom Insolvenzgericht an einen Sachverständigen übertragen werden. Die damit verbundenen Aufwendungen wirken sich negativ auf die Masse aus, weshalb die Übertragung umstritten ist. Vgl. SCHMITTMANN, J. M., Grenzen der Auslagerung der Schlussrechnungsprüfung auf Dritte, S. 647 f., sowie LG HEILBRONN (Hrsg.), 04.02.2009 - 1 T 30/09, S. 1438.

493 Vgl. WEITZMANN, J., Rechnungslegung und Schlussrechnungsprüfung, S. 453.

Regelungen, wie diese beschaffen sein sollte.[494] Nach überwiegender Auffassung bezieht sich die Prüfung zum einen auf die Einhaltung formeller Voraussetzungen, wie z. B. rechnerische Richtigkeit, und zum anderen darauf, ob die Schlussrechnung materiell betrachtet vollständig ist.[495] Die formelle Prüfung umfasst eine Belegkontrolle sowie die Kassenprüfung. Die materielle Prüfung inkludiert die Verwertungs-, Dienstleistungs- und Vergütungskontrolle. Bei der Verwertungskontrolle wird überprüft, ob die Wirtschaftsgüter vollständig verwertet wurden. Die Dienstleistungskontrolle untersucht z. B., ob die Kosten für externe Dienstleister nach § 55 InsO erforderlich waren und korrekt erfasst sind und die Vergütungskontrolle analysiert die Ermittlung der Teilmasse und die Kalkulation der Verwaltervergütung.[496]

Zudem besagt § 66 Abs. 2 S. 2 InsO, dass, sofern ein Gläubigerausschusses eingerichtet wurde, dieser den Schlussbericht zu prüfen hat. Der Bericht ist anschließend, inklusive Anmerkungen des Ausschusses, für die Gläubigerversammlung auszulegen. Demnach hat auch der Gläubigerausschuss nach § 69 InsO eine materielle Prüfungspflicht, die sich vor allem auf die Zweckmäßigkeit und Wirtschaftlichkeit des Verwalterhandels bezieht.[497]

222.2 Abgrenzung des Adressatenkreises der insolvenzspezifischen Rechnungslegung

Zwecke und Grundsätze insolvenzspezifischer Rechnungslegung können nur hergeleitet werden, wenn nachvollziehbar ist, an wen sich die Informationen richten und demnach die anzusprechenden Adressaten klar definiert sind. Wie in Abschnitt 221.2 präzisiert, sind die Adressaten einer Rechnungslegung die berechtigten Informationsempfänger.[498] Die insolvenzspezifische Rechnungslegung ist nicht öffentlich einsehbar und lediglich den direkt am Verfahren beteiligten Personen zugänglich, wodurch der potenzielle Adressatenkreis eingegrenzt wird.[499] Die Rechnungslegung des vorläufigen Insolvenzverwalters richtet sich an das **Insolvenzgericht**, da vor der Verfahrenseröffnung noch keine Gläubigerversammlung einberufen wurde.[500]

494 Vgl. HAARMEYER, H./HILLEBRAND, C., Insolvenzrechnungslegung – Teil II, S. 704 f.

495 Vgl. SCHMITTMANN, J. M., Grenzen der Auslagerung der Schlussrechnungsprüfung auf Dritte, S. 646, sowie RIEDEL, E., in: Kirchhof/Stürner/Eidenmüller, Kommentar zur InsO, 3. Aufl., § 66, Rn. 26. Eine Prüfung, ob die Handlungen des Insolvenzverwalters inhaltlich richtig und zweckmäßig waren, findet nicht statt. Vgl. RIGOL, R., in: Insolvenzordnung, 19. Aufl., § 66, Rn. 19 f.

496 Vgl. HEYRATH, M./EBELING, S./RECK, R., Schlussrechnungsprüfung im Insolvenzverfahren, Rn. 170-174.

497 Vgl. statt vieler MOCK, S., in: Uhlenbruck/Hirte/Vallender, InsO, 14. Aufl., § 66, Rn. 100.

498 Vgl. MOXTER, A., Fundamentalgrundsätze ordnungsmäßiger Rechenschaft, S. 94 f., sowie Abschnitt 221.2.

499 Vgl. SCHMITT, J./MÖHLMANN-MAHLAU, T., Die Insolvenzeröffnungsbilanz und ihre Bedeutung, S. 705; PINK, A., Insolvenzrechnungslegung, S. 20; KUßMAUL, H./PALM, T., Pflicht zur Verlustanzeige und Rechnungslegung, S. 106 f., sowie FISCHER-BÖHNLEIN, K./KÖRNER, S., Rechnungslegung von Kapitalgesellschaften im Insolvenzverfahren, S. 191 f.

500 Vgl. Abschnitt 222.11; IDW (Hrsg.), Insolvenzspezifische Rechnungslegung (IDW RH HFA 1.011), Rn. 9,

Im eröffneten Verfahren hingegen sind die **Gläubiger** primäre Adressaten der insolvenzspezifischen Rechnungslegung, da diese – laut herrschender Literaturmeinung – ein berechtigtes Informationsinteresse an der Rechnungslegung des Insolvenzverwalters haben.[501] Dies ist u. a. dadurch zu begründen, dass sie gemäß § 157 InsO[502] über die Verwertungsalternative entscheiden müssen und dadurch ihre persönliche Befriedigungsquote beeinflussen können.[503] Im Zuge der Verfahrensbeendigung ist in § 66 Abs. 1 InsO kodifiziert, dass der Insolvenzverwalter ggü. „einer Gläubigerversammlung Rechnung zu legen“[504] hat. Da die Insolvenzgläubiger einen Teil der Gläubigerversammlung stellen, werden sie an dieser Stelle des Gesetzes als Adressaten expliziert.[505] Anzumerken ist, dass die Gläubiger zwar die Hauptadressaten der insolvenzspezifischen Rechnungslegung sind, allerdings – wie in Abschnitt 213.3 erläutert – innerhalb dieser Adressatengruppe durchaus divergierende Interessen bestehen können und untereinander nicht notwendigerweise gegenseitige Loyalität vorherrscht.[506]

Da auch der **Schuldner** Teil der Gläubigerversammlung ist, kann er zwar die Rechnungslegung zu Verfahrensbeginn und -ende einsehen, hat jedoch – im Gegensatz zu den Gläubigern – keine direkte Entscheidungsbefugnis. Indes sollte er, z. B. im Falle einer Unternehmensfortführung nach der Insolvenz, über den Verfahrensverlauf informiert sein. Auch er ist daher ein Teil des insolvenzspezifischen Adressatenkreises.[507] Von den Zwischen- und Schlussberichten wird verlangt, dass diese so strukturiert sind, dass das Insolvenzgericht sie lückenlos überprüfen kann.[508] Durch die bestehende Prüfungspflicht und Kontrolle ggü. dem Insolvenzverwalter ist

---

sowie MOCK, S., in: Uhlenbruck/Hirte/Vallender, InsO, 14. Aufl., § 66, Rn. 29.

501 Vgl. statt aller MOCK, S., in: Uhlenbruck/Hirte/Vallender, InsO, 14. Aufl., § 66, Rn. 31; FREGE, M. C./NICHT, M., Insolvenzverfahren, S. 407; GANTER, H. G./LOHMANN, I., in: Kirchhof/Stürner/Eidenmüller, Kommentar zur InsO, 3. Aufl., § 1, Rn. 44; BECK, R./HÖLZLE, G., Rechnungslegung durch den Insolvenzverwalter, Rn. 186; KUßMAUL, H./PALM, T., Pflicht zur Verlustanzeige und Rechnungslegung, S. 107, sowie RIEDEL, E., in: Kirchhof/Stürner/Eidenmüller, Kommentar zur InsO, 3. Aufl., § 66, Rn. 22. PLATE vertritt ebenfalls diese Meinung. Vgl. PLATE, G., Die Konkursbilanz, S. 36.

502 Demnach „beschließt [die Gläubigerversammlung; Anm. des Verf.] im Berichtstermin“ über den weiteren Verfahrensablauf, vgl. § 157 Abs. 1 S. 1 InsO.

503 Vgl. SCHMITT, J./MÖHLMANN-MAHLAU, T., Die Insolvenzeröffnungsbilanz und ihre Bedeutung, S. 705.

504 § 66 Abs. 1 S. 1 InsO.

505 Vgl. HENI, B., Interne Rechnungslegung, S. 172.

506 Vgl. Abschnitt 213.3 sowie GRELL, F./KLOCKENBRINK, U., Stimmverbote in Gläubigerversammlung und Gläubigerausschuss, S. 2516.

507 Vgl. PINK, A., Insolvenzrechnungslegung, S. 19; ECKARDT, D., in: Jaeger, InsO Band 5, § 151, Rn. 5, sowie RIEDEL, E., in: Kirchhof/Stürner/Eidenmüller, Kommentar zur InsO, 3. Aufl., § 66, Rn. 22. A. A. MOCK, S., in: Uhlenbruck/Hirte/Vallender, InsO, 14. Aufl., § 66, Rn. 12.

508 Vgl. Abschnitt 222.12 für eine ausführliche Darstellung der Schlussrechnungslegung. Zur Stellung des Insolvenzgerichts als Adressat vgl. RIEDEL, E., in: Kirchhof/Stürner/Eidenmüller, Kommentar zur InsO, 3. Aufl., § 66, Rn. 23. A. A. MOCK, S., in: Uhlenbruck/Hirte/Vallender, InsO, 14. Aufl., § 66, Rn. 31.

auch das **Insolvenzgericht** als Adressat der insolvenzspezifischen Rechnungslegung anzusehen.[509] Im Falle der Eigenverwaltung ist nach § 281 Abs. 3 S. 2 InsO der **Sachwalter** der Adressat der Zwischen- und Schlussrechnungslegung, da dieser selbige zu prüfen und zu erklären hat.[510]

Im Insolvenzverfahren existiert zwar eine Teilmenge zwischen den Adressaten der handelsrechtlichen und insolvenzspezifischen Rechnungslegung, allerdings gibt es darüber hinaus, wie in Abbildung 2-8 gezeigt, Adressatengruppen, die sich in beiden Rechnungslegungswerken unterscheiden.[511] Demzufolge sind auch die Informationsinteressen der Adressaten und damit die Inhalte der Rechnungslegungswerke unterschiedlich.[512] Zudem zeigen verschiedene Informationsbedürfnisse unterschiedliche Zwecke für das jeweilige Rechnungslegungssystem an.

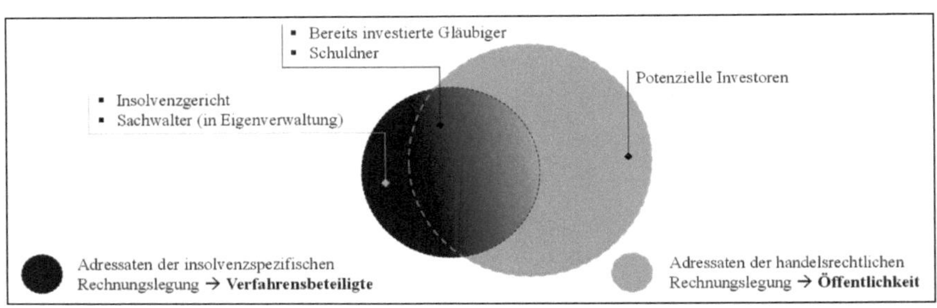

Abbildung 2-8: Ausgewählte Adressaten der handelsrechtlichen und insolvenzspezifischen Rechnungslegung[513]

223. Harmonisierungsmöglichkeiten und Zwischenfazit

Wie in den vorherigen Abschnitten erläutert, besteht für den Insolvenzverwalter die Verpflichtung, sowohl handelsrechtlich als auch insolvenzspezifisch Rechnung abzulegen. In der Literatur wurde bereits zu Zeiten der KO diskutiert, ob eine Harmonisierung der beiden Rechnungslegungssysteme möglich ist.[514] Zuletzt hat sich PINK umfassend mit den Harmonisierungsmög-

509 Vgl. MOCK, S., in: Uhlenbruck/Hirte/Vallender, InsO, 14. Aufl., § 66, Rn. 3, sowie PINK, A., Insolvenzrechnungslegung, S. 19.

510 Vgl. MOCK, S., in: Uhlenbruck/Hirte/Vallender, InsO, 14. Aufl., § 66, Rn. 13.

511 Vgl. APP, M., Rechnungslegungspflichten eines insolventen Unternehmens, S. 140.

512 Vgl. MOXTER, A., Fundamentalgrundsätze ordnungsmäßiger Rechenschaft, S. 94.

513 Eigene Darstellung.

514 Vgl. SCHMIDT, K., Liquidations- und Konkursbilanzen, S. 90-96, sowie FÜCHSL, J./WEISHÄUPL, H./JAFFÉ, M., in: Kirchhof/Stürner/Eidenmüller, Kommentar zur InsO, 3. Aufl., Vorbemerkungen zu §§ 151-155, Rn. 30 f.

lichkeiten im Falle einer sofortigen Stilllegung und (zeitweiligen) Fortführung auseinandergesetzt und durchaus Harmonisierungspotenzial erkannt.[515] Eine Harmonisierung wäre neben Zeit- auch mit Kostenvorteilen verbunden.[516] Um Harmonisierungsmöglichkeiten zu identifizieren, ist vorgelagert zu untersuchen, welche Zwecke die beiden Rechnungslegungssysteme verfolgen.[517] Bei gegenläufigen Zwecken ist auch eine Harmonisierung nur schwer erreichbar. Zu den Zwecken der handelsrechtlichen Rechnungslegung besteht in der Wissenschaft grds. kein Konsens.[518] Allerdings haben BAETGE/KIRSCH/THIELE auf Basis der Ergebnisse von LEFFSON[519] ein **Zwecksystem**, bestehend aus dem **Dokumentations-, dem Rechenschafts- und dem Kapitalerhaltungszweck**, entwickelt.[520] Die Zwecke bilden die Grundlage für die Ermittlung und Konkretisierung der GoB.[521] Zu den **Zwecken der insolvenzspezifischen Rechnungslegung** schweigt sich die Literatur weitestgehend aus. Es existiert bisher noch **kein allgemeingültiges Zwecksystem**. Allerdings sind die Zwecke die grundlegende Basis für allgemeine Grundsätze sowie zweckkonforme Bilanzierungs- und Bewertungsregeln.[522] Folglich kann mit Bezug zu den Zwecken noch keine Aussage über eine mögliche Harmonisierung getroffen werden. Die in Abschnitt 42 durchgeführte Herleitung der Zwecke insolvenzspezifischer Rechnungslegung ist folglich die Basis, um die Harmonisierungsfrage beantworten zu können. Um mögliche Unterschiede, Überschneidungen bzw. Synergiepotenziale aufzudecken, werden nachfolgend ausgewählte Spezifika der beiden Rechnungslegungssysteme gegenübergestellt:

---

515 Für den Fall der sofortigen Zerschlagung bejaht PINK die Möglichkeit der Harmonisierung, für den Fall der Fortführung verneint er diese. Vgl. PINK, A., Insolvenzrechnungslegung, S. 265-269.

516 Vgl. MOCK, S., in: Uhlenbruck/Hirte/Vallender, InsO, 14. Aufl., § 66, Rn. 2, sowie EICKES, S., Grundsatz der Unternehmensfortführung in der Insolvenz, S. 90.

517 RIGOL vertritt die Meinung, dass für die beiden Rechnungslegungssysteme unterschiedliche Zwecke bestehen. Vgl. RIGOL, R., in: Insolvenzordnung, 19. Aufl., § 66, Rn. 2.

518 Vgl. PFITZER, N./OSER, P./LAUER, P., in: HdR-E, 5. Aufl., Kapitel 2, Rn. 1. BALLWIESER gibt einen Überblick über die verschiedenen Zwecksysteme. Vgl. BALLWIESER, W., Grundsätze ordnungsmäßiger Buchführung, S. 9-15.

519 Vgl. LEFFSON, U., Die Grundsätze ordnungsmäßiger Buchführung.

520 Vgl. Abschnitt 422.2; BAETGE, J./KIRSCH, H.-J./THIELE, S., Bilanzen, S. 94-102; FEY, D., Imparitätsprinzip und GoB-System, S. 27-29; BAETGE, J. U. A., in: HdR-E, 5. Aufl., § 243 HGB, Rn. 31, sowie BAETGE, J./ZÜLCH, H., Rechnungslegungsgrundsätze nach HGB und IFRS, Rn. 30-37. Ausführlich zum Dokumentationszweck vgl. LEFFSON, U., Die Grundsätze ordnungsmäßiger Buchführung, S. 157 f.; BAETGE, J./KIRSCH, H.-J./THIELE, S., in: HdR-E, 5. Aufl., Kapitel 4, Rn. 56; PFITZER, N./OSER, P./LAUER, P., in: HdR-E, 5. Aufl., Kapitel 2, Rn. 5 f., sowie BRUNNMEIER, A. J., Grundsätze ordnungsmäßiger Buchführung, S. 3. Zum Rechenschaftszweck vgl. LEFFSON, U., Die Grundsätze ordnungsmäßiger Buchführung, S. 64, und zum Kapitalerhaltungszweck vgl. LEFFSON, U., Die Grundsätze ordnungsmäßiger Buchführung, S. 92 f., sowie BAETGE, J./KIRSCH, H.-J./THIELE, S., in: HdR-E, 5. Aufl., Kapitel 4, Rn. 36-42.

521 Vgl. BAETGE, J., Grundsätze ordnungsmäßiger Buchführung, S. 636.

522 Vgl. PFITZER, N./OSER, P./LAUER, P., in: HdR-E, 5. Aufl., Kapitel 2, Rn. 1.

- Die beiden Rechnungslegungssysteme zielen grundsätzlich auf **unterschiedliche Adressaten** (Öffentlichkeit[523] vs. Verfahrensteilnehmer) ab. Mit den unterschiedlichen Adressaten sind auch **unterschiedliche Informationsbedürfnisse** verbunden.[524]

- Für einen **Ansatz** im Handelsrecht ist das wirtschaftliche Eigentum[525] maßgebend, wohingegen in der insolvenzspezifischen Rechnungslegung die rechtliche Zugehörigkeit maßgeblich ist.[526]

- Zwischen Bilanz und Vermögensübersicht bestehen **Bewertungsunterschieden.**[527] Laut HGB sind u. a. die Going-Concern-Prämisse nach § 252 Abs. 1 Nr. 2 und das Vorsichtsprinzip nach § 252 Abs. 1 Nr. 4 zu beachten. Demzufolge ist eine Bewertung über fortgeführten AK/HK nicht gestattet. In der insolvenzspezifischen Rechnungslegung hingegen dürfen die Massegegenstände in der Vermögensübersicht über den AK/HK bewertet werden.[528]

- Für die insolvenzspezifische Rechnungslegung sind in der **Einnahmen-/Ausgabenrechnung** vor allem geflossene Ein- und Auszahlungen relevant. In der handelsrechtlichen Rechnungslegung interessiert hingegen der **Periodenerfolg**, welcher Aufwendungen und Erträge gegenüberstellt.

- Ferner gibt es **inhaltliche Unterschiede** zwischen Schlussbericht und Anhang bzw. Lagebericht. Der Schlussbericht greift zwar Elemente des Anhangs auf, ist aber vor allem ein Rechenschaftsbericht, der dazu dient, den Insolvenzverwalter zu exkulpieren.[529] Im handelsrechtlichen Anhang wird hingegen ausschließlich zu einzelnen Posten der Bilanz und GuV Stellung genommen. Der Lagebericht bezieht sich vor allem auf die Chancen und Risiken des Unternehmens.[530]

---

523 Vgl. COENENBERG, A. G./HALLER, A./SCHULTZE, W., Jahresabschluss und Jahresabschlussanalyse, S. 17.

524 Vgl. vorherige Abschnitte sowie RIGOL, R., in: Insolvenzordnung, 19. Aufl., § 66, Rn. 2.

525 Vgl. ausführlich SCHMIDT, S./RIES, S., in: Beck'scher Bilanzkommentar, 10. Aufl., § 246, Rn. 5 f.

526 Vgl. § 35 InsO; PLATE, G., Die Konkursbilanz, S. 44 und S. 65, sowie JAEGER, E./HENCKEL, W./WEBER, F., Konkursordnung, Rn. 5.

527 Die Wertansätze bedingen sich u. a. dadurch, dass die Bilanz eine Rückschau auf das vergangene Geschäftsjahr bietet, wohingegen die Vermögensübersicht eher Prognosecharakter hat. Vgl. PLATE, G., Die Konkursbilanz, S. 43.

528 Vgl. zustimmend FÜCHSL, J./WEISHÄUPL, H./JAFFÉ, M., in: Kirchhof/Stürner/Eidenmüller, Kommentar zur InsO, 3. Aufl., § 153, Rn. 8; MITLEHNER, S., „Fortführungswert" der Massegegenstände, S. 1825, sowie EICKES, S., Grundsatz der Unternehmensfortführung in der Insolvenz, S. 91.

529 Vgl. Abschnitt 222.12.

530 Vgl. MOCK, S., in: Uhlenbruck/Hirte/Vallender, InsO, 14. Aufl., § 66, Rn. 21, sowie zum Anhang §§ 284, 285 HGB und zum Lagebericht § 289 HGB.

- Des Weiteren wäre im Fall einer Harmonisierung **unklar,** wie die **Offenlegungspflichten** zu gestalten sind. Die im Falle einer Harmonisierung offenzulegenden internen Informationen der insolvenzspezifischen Rechnungslegung sind in der Regel nicht für die Öffentlichkeit bestimmt.[531]

- Zudem bestehen **Unterschiede** in den **Berichtszyklen**. Während im HGB nach § 242 i. V. m. § 240 Abs. 2 S. 2 sowie § 264 alle zwölf Monate ein Jahresabschluss zu erstellen ist, existieren nach § 66 Abs. 3 InsO keine festgeschriebenen Berichtszyklen.[532]

Folglich bestehen zwischen handelsrechtlicher und insolvenzspezifischer Rechnungslegung durchaus Unterschiede, die eine Harmonisierung konterkarieren könnten.[533] Indes gibt es auch Gemeinsamkeiten. So ist in beiden Systemen der Gläubigerschutz relevant, ferner ist eine Bilanz bzw. in der insolvenzspezifischen Rechnungslegung eine bilanzartige Gegenüberstellung in Form einer Vermögensübersicht nach § 153 InsO zu erstellen. Hier ist in beiden Systemen auf einen vollständigen Wertansatz zu achten, so dass es evtl. Synergiepotenziale zwischen den beiden Rechnungslegungssystemen gibt. Auch sind bspw. in beiden Rechnungslegungssystemen wertaufhellende Tatsachen bei der Bilanzierung zu berücksichtigen. Um mögliche Gemeinsamkeiten und Unterschiede fundiert untersuchen zu können, ist vorgelagert zu analysieren, was die Zwecke und die daraus hergeleiteten Grundsätze insolvenzspezifischer Rechnungslegung sind. Dafür wird im vierten Kapitel analysiert, welche rechtlichen Hinweise die InsO zu den Zwecken der insolvenzspezifischen Rechnungslegung enthält. Dafür sind die Vorschriften zur insolvenzspezifischen Rechnungslegung mit Unterstützung der in Abschnitt 333. aufgeführten hermeneutischen Interpretationskriterien auszulegen. Zudem werden als Ausgangspunkt für die im vierten Kapitel folgende Herleitung des insolvenzspezifischen Zweck-Grundsatz-Systems zum einen Analogien zu den Zwecken und Grundsätzen des Handelsrechtes gezogen und zum anderen bereits bestehende Ansätze in der Literatur aufgegriffen.

---

531 Vgl. EICKES, S., Grundsatz der Unternehmensfortführung in der Insolvenz, S. 92, sowie HENI, B., Interne Rechnungslegung, S. 27.

532 Vgl. ELLERICH, M./SWART, C., in: HdR-E, 5. Aufl., § 242 HGB, Rn. 13. Für die Regelungen innerhalb der InsO vgl. MOCK, S., in: Uhlenbruck/Hirte/Vallender, InsO, 14. Aufl., § 66, Rn. 109-111.

533 FÜCHSL/WEISHÄUPL/JAFFÉ schließen eine Harmonisierungsmöglichkeit aus. Vgl. FÜCHSL, J./WEISHÄUPL, H./JAFFÉ, M., in: Kirchhof/Stürner/Eidenmüller, Kommentar zur InsO, 3. Aufl., § 153, Rn. 8 f. Ebenso MOCK, der konstatiert, dass es „kaum jemals möglich sein [wird], eine Schlussrechnung zu erstellen, die gleichzeitig handels- und steuerrechtliche Zwecke erfüllt und sämtliche Informationen über die Verfahrensabwicklung enthält" (MOCK, S., in: Uhlenbruck/Hirte/Vallender, InsO, 14. Aufl., § 66, Rn. 2). Vgl. zudem mit ähnlicher Meinung PLATE, G., Die Konkursbilanz, S. 45, sowie SCHMIDT, K., Liquidations- und Konkursbilanzen, S. 94.

3 Methodische Grundlagen zur Herleitung von Zwecken und Grundsätzen insolvenzspezifischer Rechnungslegung

31 Vorbemerkungen

Das Kernstück der vorliegenden Arbeit bildet die Herleitung von Zwecken und Grundsätzen insolvenzspezifischer Rechnungslegung. Dafür sind zunächst die Begrifflichkeiten „Zwecke" und „Grundsätze" klar zu definieren.[534] In der Wirtschaftswissenschaft haben sich unter Zuhilfenahme der Rechtswissenschaft unterschiedliche Methoden für die Auslegung von Rechtsvorschriften und damit für die Herleitung von Zwecken und Grundsätzen herausgebildet. Dazu zählen vor allem die Methoden der Induktion, der Deduktion und der Hermeneutik.[535] Im Bilanzrecht hat die Entwicklung von Zwecken und Grundsätzen auf Basis der Deduktion und Hermeneutik mit Werken von DÖLLERER, LEFFSON, YOSHIDA, BAETGE ET AL. eine lange Tradition.[536] Aufgrund der fehlenden Zweckdominanz wird im Handelsrecht auf die in der Jurisprudenz gängige Auslegungsmethode, die Hermeneutik, zurückgegriffen.[537] An dieser Stelle sei darauf hingewiesen, dass zur Herleitung und Auslegung von Zwecken und Grundsätzen nicht ausschließlich eine dominierende Methode zurate gezogen werden muss. So liefert die Induktion, bspw. durch vorhandene Bilanzierungsweisen in der Praxis, Ideen und Inhalte für eine Hypothesenbildung im Rahmen der Deduktion.[538] Die Deduktion wird – sofern klar definierte Zwecke existieren – als ein Teilelement der Hermeneutik eingeschlossen und unterstützt, z. B. bei der teleologischen, d. h. aus Sinn und Zweck entsprechender Herleitung von Grundsätzen.[539]

---

534 Vgl. Abschnitt 32.

535 Vgl. für eine Übersicht BAETGE, J./KIRSCH, H.-J./THIELE, S., Bilanzen, S. 107-114, zur Induktion Abschnitt 331. zur Deduktion Abschnitt 332. und zur Hermeneutik Abschnitt 333.

536 Vgl. DÖLLERER, G., Grundsätze ordnungsmäßiger Bilanzierung; LEFFSON, U., Die Grundsätze ordnungsmäßiger Buchführung; YOSHIDA, T., Methode und Aufgabe der Ermittlung der GoB; BAETGE, J., Grundsätze ordnungsmäßiger Buchführung.

537 Vgl. BEISSE, H., Rechtsfragen der Gewinnung von GoB, S. 507 f.; BAETGE, J./KIRSCH, H.-J./THIELE, S., Bilanzen, S. 108.

538 Vgl. LEFFSON, U., Die Grundsätze ordnungsmäßiger Buchführung, S. 31 und 125, sowie BEISSE, H., Rechtsfragen der Gewinnung von GoB, S. 502.

539 Vgl. LANG, J., Grundsätze ordnungsmäßiger Buchführung, S. 234 f.; BAETGE, J./KIRSCH, H.-J./THIELE, S., in: HdR-E, 5. Aufl., Kapitel 4, Rn. 18, sowie BAETGE, J./KIRSCH, H.-J./THIELE, S., Bilanzen, S. 112. Zur teleologischen Auslegung vgl. LARENZ, K./CANARIS, C.-W., Methodenlehre der Rechtswissenschaft, S. 153.

Im insolvenzrechtlichen Kontext stand die Herleitung von Zwecken und Grundsätzen insolvenzspezifischer Rechnungslegung bisher nicht im Mittelpunkt.[540] Daher werden in der vorliegenden Arbeit die Methoden der Gesetzesauslegung genutzt, um Zwecke und Grundsätze für die insolvenzspezifische Rechnungslegung herzuleiten. Ferner wird zum einen die handelsrechtliche Literatur für die Bildung von möglichen Analogien[541] zu den Zwecken und Grundsätzen der handelsrechtlichen Rechnungslegung analysiert. Zum anderen dienen bestehende insolvenzrechtliche Literaturmeinungen als Impulsgeber bzw. „Ideenlieferant“. In Abschnitt 34 wird abschließend das Vorgehen zur Herleitung von Zwecken und Grundsätzen insolvenzspezifischer Rechnungslegung erörtert.

32 Definition und Abgrenzung von Zwecken und Grundsätzen

Zunächst sollen die Begriffe Zweck und Grundsatz eindeutig abgegrenzt werden. Laut DUDEN ist ein **Zweck** „etwas, was jemand mit einer Handlung beabsichtigt, zu bewirken, zu erreichen sucht“[542]. Als Synonyme werden u. a. „Absicht, Anliegen, Bestreben, Gedanke, Intention, Plan, Vorhaben“[543] aufgeführt. Auch wenn Zwecke und Ziele teilweise gleichbedeutend verwendet werden, bestehen doch Unterschiede. Ein Zweck ist ein Mittel bzw. eine Absicht, um ein Ziel – „ein als erstrebenswert angesehener künftiger Zustand“[544] – zu erreichen.[545] SCHNEIDER formuliert den Zusammenhang zwischen Rechnungslegungszweck und -ziel wie folgt: „Der Rechnungszweck bestimmt über das Rechnungsziel den Rechnungsinhalt.“[546] Demnach muss für eine adäquate Definition der „Zwecke“ insolvenzspezifischer Rechnungslegung das mit diesen verfolgte Ziel feststehen. Das Hauptziel der InsO und damit auch des Insolvenzrechts ist, unabhängig davon, ob ein Unternehmen fortgeführt oder zerschlagen wird, die gemeinschaftliche Befriedigung und damit die Gleichbehandlung aller Gläubiger (*par conditio creditorum*).[547] Bei

---

540 Zuletzt hat sich PLATE in seinem Werk „Die Konkursbilanz“ mit der Herleitung von Zwecken und Grundsätzen im Konkursrecht befasst. Vgl. PLATE, G., Die Konkursbilanz.

541 Als Analogie wird eine „Übertragung der für einen Tatbestand (A) oder für mehrere, untereinander ähnliche Tatbestände im Gesetz gegebenen Regel auf einen vom Gesetz nicht geregelten, ihm ‚ähnlichen‘ Tatbestand (B)“ verstanden. Vgl. LARENZ, K./CANARIS, C.-W., Methodenlehre der Rechtswissenschaft, S. 202.

542 BIBLIOGRAPHISCHES INSTITUT GMBH (Hrsg.), Zweck laut Duden.

543 BIBLIOGRAPHISCHES INSTITUT GMBH (Hrsg.), Zweck laut Duden.

544 LEFFSON, U., Die Grundsätze ordnungsmäßiger Buchführung, S. 28.

545 Vgl. BAETGE, J., Rechnungslegungszwecke des aktienrechtlichen Jahresabschlusses, S. 13, sowie BAETGE, J./THIELE, S., Gesellschafterschutz versus Gläubigerschutz, S. 12.

546 Vgl. SCHNEIDER, D., Betriebswirtschaftslehre, S. 45.

547 Vgl. statt vieler PAPE, I., in: Uhlenbruck/Hirte/Vallender, InsO, 14. Aufl., § 1, Rn. 2; KIEßNER, F., in: Braun, InsO Kommentar, 6. Aufl., § 1, Rn. 2 f.; GANTER, H. G./LOHMANN, I., in: Kirchhof/Stürner/Eidenmüller, Kommentar zur InsO, 3. Aufl., § 1, Rn. 20; HAARMEYER, H./WUTZKE, W./FÖRSTER, K., Handbuch zur Insolvenzordnung, Rn. 6 f.; GRELL, F./KLOCKENBRINK, U., Stimmverbote in Gläubigerversammlung und Gläubigerausschuss, S. 2515 f.; KLOOS, I., Standardisierung insolvenzrechtlicher Rechnungsle-

der Herleitung und Entwicklung der insolvenzspezifischen Rechnungslegungszwecke und auch -grundsätze ist dieses Hauptziel zu berücksichtigen. Die im vierten Kapitel entwickelten Zwecke dienen zur Konkretisierung der insolvenzspezifischen Normen, die Basis dafür bilden zum Teil die Normen selbst.[548]

Des Weiteren werden im vierten Kapitel **Grundsätze** für die insolvenzspezifische Rechnungslegung hergeleitet. Für den Begriff „Grundsatz" werden in der Literatur Synonyme wie z. B. „Basis-Regel", „fundamentales Prinzip", „allgemeine Gebote" oder „vom Gesetz abgeleitete Rechtssätze" verwendet.[549] LEFFSON hebt hervor, dass Grundsätze von Unternehmen „aller Rechtsformen zu beachten sind, um eine einwandfreie Dokumentation der Geschäftsvorfälle und eine willkürfreie klare Rechenschaft [...] vor der Unternehmensleitung selbst und vor außenstehenden Rechenschaftsberechtigten zu legen".[550] BAETGE/ZÜLCH definieren Grundsätze als „übergreifende, dh. in Bezug auf konkrete Anwendungsfälle noch recht unbestimmte formelle und materielle Regeln für die Aufzeichnung von Geschäftsvorfällen"[551] und betonen mit dieser sehr generischen Definition ebenfalls einen breiten rechtsformunabhängigen Anwendungsraum.[552] Für Grundsätze gilt, dass diese allgemeingültig sein sollten und sich somit nicht nur auf ein konkretes Anwendungsproblem beziehen dürfen. Indes ist es bei der Entwicklung erforderlich, zur Verplausibilisierung auf die Sachverhaltsebene zurückzugreifen.[553]

Zwecke und Grundsätze sind nicht voneinander losgelöst. Um z. B. die (handelsrechtlichen) Abschlusszwecke zu erfüllen, sind bestimmte Grundsätze – die GoB – zu beachten.[554] Die Grundsätze dienen dazu, die Zwecke zu erfüllen, zu konkretisieren und zu ergänzen.[555] Für die Herleitung, d. h. die Schlussfolgerung und die Auslegung von Zwecken und Grundsätzen, existieren unterschiedliche Methoden, auf welche im folgenden Abschnitt eingegangen wird. Ziel der Auslegung ist es, den Gesetzessinn zu ermitteln und klarzustellen sowie demnach Zwecke

gung, S. 586; BRAUN, E./UHLENBRUCK, W., Unternehmensinsolvenz, S. 174, sowie SMID, S., Praxishandbuch Insolvenzrecht, Rn. 64.

548 Einer ähnlichen Vorgehensweise wurde bei der Entwicklung der Zwecke des handelsrechtlichen Jahresabschlusses gefolgt. Vgl. BAETGE, J./KIRSCH, H.-J./THIELE, S., Bilanzen, S. 93.

549 Vgl. BAETGE, J. U. A., in: HdR-E, 5. Aufl., § 243 HGB, Rn. 11, sowie DÖLLERER, G., Grundsätze ordnungsmäßiger Bilanzierung, S. 1217. BAETGE/KIRSCH/THIELE definieren Grundsätze auch als „Grundregeln". Vgl. BAETGE, J./KIRSCH, H.-J./THIELE, S., Bilanzen, S. 104.

550 LEFFSON, U., Die Grundsätze ordnungsmäßiger Buchführung, S. 152.

551 BAETGE, J./ZÜLCH, H., in: HdJ, Rechnungslegungsgrundsätze nach HGB und IFRS, Abt. I/2, Rn. 5.

552 Vgl. LEFFSON, U., Die Grundsätze ordnungsmäßiger Buchführung, S. 152.

553 Vgl. BAETGE, J./ZÜLCH, H., in: HdJ, Rechnungslegungsgrundsätze nach HGB und IFRS, Abt. I/2, Rn. 5.

554 Vgl. BAETGE, J./KIRSCH, H.-J./THIELE, S., Bilanzen, S. 104.

555 Vgl. LEFFSON, U., Die Grundsätze ordnungsmäßiger Buchführung, S. 35, sowie BAETGE, J./KIRSCH, H.-J./THIELE, S., Bilanzen, S. 104.

für die insolvenzspezifischen Rechnungslegungsnormen zu entwickeln.[556] Unter „Auslegung“ verstehen LARENZ/CANARIS das reflektierte Verstehen sprachlicher Äußerungen und demnach den Sinn eines Textes zum Verständnis zu bringen.[557]

33 Mögliche Verfahren zur Herleitung von Zwecken und Grundsätzen

331. Induktion

Bei der induktiven Methode ergeben sich die Zwecke und Grundsätze aus den Gewohnheiten der Ersteller der insolvenzspezifischen Rechnungslegung. Induktion bzw. ein Induktionsschluss wird nach POPPER als „Schluß [sic!] von *besonderen Sätzen*, die z. B. Beobachtungen, Experimente usw. beschreiben, auf *allgemeine Sätze*, auf Hypothesen oder Theorien“[558] definiert. Im Handelsrecht sieht SCHMALENBACH die Ansichten ordentlicher und ehrenwerter Kaufleute als maßgebende Quelle für die GoB an.[559] Für die Gewinnung von Zwecken und Grundsätzen insolvenzspezifischer Rechnungslegung bedeutet dies, dass anhand der faktischen Bilanzierungsweise von Insolvenzverwaltern auf allgemeine Grundsätze geschlossen wird.[560] Dieses Vorgehen lehnt sich an eine empirische Herleitung von Zwecken und Grundsätzen an.[561] Indes besteht im Allgemeinen Einigkeit darüber, dass die induktive Methode überholt und nicht maßgebend ist, da der Bilanzierende bzw. der Insolvenzverwalter ggf. nicht neutral agiert und eigene Interessen verfolgt.[562] Der Berufsverband der Insolvenzverwalter in Deutschland (VID) hat zwar im Jahr 2007 Berufsgrundsätze für Insolvenzverwalter erlassen, die den Insolvenzverwalter zu Unabhängigkeit, Objektivität und Sachlichkeit verpflichten, gleichwohl könnten Insolvenzverwalter bestehende *hidden information* für ihre persönlichen Ziele nutzen.[563] Ein wei-

---

556 Vgl. TIPKE, K., Auslegung unbestimmter Rechtsbegriffe, S. 5.

557 Vgl. LARENZ, K./CANARIS, C.-W., Methodenlehre der Rechtswissenschaft, S. 25 f., sowie HONSELL, H., in: von Staudinger, BGB Kommentar, Einleitung zum Bürgerlichen Gesetzbuch, Rn. 114.

558 POPPER, K./KEUTH, H., Logik der Forschung, 11. Aufl., S. 3.

559 Vgl. SCHMALENBACH, E., Grundsätze ordnungsgemäßer Bilanzierung, S. 225-233.

560 In Anlehnung an LEFFSON. Vgl. LEFFSON, U., Die Grundsätze ordnungsmäßiger Buchführung, S. 29.

561 Vgl. BEISSE, H., Rechtsfragen der Gewinnung von GoB, S. 502.

562 Vgl. BRUNNMEIER, A. J., Grundsätze ordnungsmäßiger Buchführung, S. 2; BAETGE, J./KIRSCH, H.-J./THIELE, S., Bilanzen, S. 107. Im Falle der Eigenverwaltung gilt gleiches für den Schuldner.

563 Vgl. VERBAND INSOLVENZVERWALTER DEUTSCHLANDS E.V. (Hrsg.), Berufsgrundsätze der Insolvenzverwalter, S. 1. Der Insolvenzverwalter könnte z. B. die Massegegenstände so bilanzieren, dass vom Gläubigerausschuss die für ihn nutzenmaximierende Verwertungsalternative gewählt wird. Zu den bilanzpolitischen Zielen von Insolvenzverwaltern vgl. HENI, B., Interne Rechnungslegung, S. 149-169.

teres Problem der Induktion ist die, durch Einzelbeobachtungen bedingte, fehlende Allgemeingültigkeit.[564] Demnach gilt die induktive Methode zur Herleitung von Zwecken und Grundsätzen gemeinhin als ungeeignet und wird daher hier nicht herangezogen.[565]

332. Deduktion

Während bei der Induktion vom Speziellen bzw. von speziellen Sachverhalten auf das Allgemeine konkludiert wird, wird bei der Deduktion vom Allgemeinen auf das Spezielle geschlossen.[566] Wissenschaftstheoretisch betrachtet wird Deduktion nach CZAYKA als das „wahrheitserhaltende Schließen von einer Menge an Prämissen-Sätzen auf einen Konklusionssatz“[567] definiert. In der wirtschaftswissenschaftlichen Literatur wird zwischen der betriebswirtschaftlich und der handelsrechtlich deduktiven Methode differenziert.[568] Bei der **betriebswirtschaftlich deduktiven Methode** ist ein eindeutiges, widerspruchsfreies, betriebswirtschaftliches Zwecksystem Voraussetzung.[569] Auf dessen Basis sollen (im Handelsrecht) GoB gewonnen werden. Da in der Betriebswirtschaftslehre indes keine Einigkeit über allgemeingültige Zwecke existiert, fehlt die Basis bzw. erforderliche Voraussetzung für eine Herleitung.[570]

Bei der **handelsrechtlich deduktiven Methode** werden die Gesetzeszwecke des handelsrechtlichen Jahresabschlusses für die Gewinnung von Grundsätzen genutzt.[571] Dafür ist ein Konsens von Wissenschaft, Rechtsprechung und Bilanzierung über die Zwecke bzw. das Zwecksystem erforderlich.[572] Demnach ist es erforderlich, dass vor der Entwicklung eines Zwecksystems die divergierenden Interessen der Abschlussadressaten berücksichtigt und ausgeglichen werden.[573]

---

564 Vgl. POPPER, K./KEUTH, H., Logik der Forschung, 11. Aufl., S. 4.

565 Vgl. statt vieler POPPER, K./KEUTH, H., Logik der Forschung, 11. Aufl., S. 3; LEFFSON, U., Die Grundsätze ordnungsmäßiger Buchführung, S. 29; BAETGE, J./KIRSCH, H.-J./THIELE, S., in: HdR-E, 5. Aufl., Kapitel 4, Rn. 10; SOLMECKE, H., Auswirkungen des BilMoG auf die handelsrechtlichen GoB, S. 18.

566 Vgl. statt vieler BAETGE, J./ZÜLCH, H., in: HdJ, Rechnungslegungsgrundsätze nach HGB und IFRS, Abt. I/2, Rn. 21; KONDAKOW, N. I., Deduktion, S. 111; BAETGE, J./KIRSCH, H.-J./THIELE, S., in: HdR-E, 5. Aufl., Kapitel 4, Rn. 12, sowie LEFFSON, U., Die Grundsätze ordnungsmäßiger Buchführung, S. 30. DÖLLERER beschreibt, dass bei der Deduktion die GoB „nicht durch statistische Erhebungen, sondern durch Nachdenken ermittelt“ werden, vgl. DÖLLERER, G., Grundsätze ordnungsmäßiger Bilanzierung, S. 1220.

567 Vgl. CZAYKA, L., Formale Logik und Wissenschaftsphilosophie, S. 112.

568 Vgl. SOLMECKE, H., Auswirkungen des BilMoG auf die handelsrechtlichen GoB, S. 19, sowie BAETGE, J./KIRSCH, H.-J./THIELE, S., in: HdR-E, 5. Aufl., Kapitel 4, Rn. 12-17.

569 Vgl. YOSHIDA, T., Methode und Aufgabe der Ermittlung der GoB, S. 49, 54 und 58, sowie FORSTER, K.-H. U. A., in: ADS, 6. Aufl., § 243, Rn. 14.

570 Vgl. dazu auch Abschnitt 32; BAETGE, J./KIRSCH, H.-J./THIELE, S., Bilanzen, S. 107; BAETGE, J./KIRSCH, H.-J./THIELE, S., in: HdR-E, 5. Aufl., Kapitel 4, Rn. 13 f., sowie FORSTER, K.-H. U. A., in: ADS, 6. Aufl., § 243, Rn. 16.

571 Vgl. DÖLLERER, G., Grundsätze ordnungsmäßiger Bilanzierung, S. 1220; LANG, J., Grundsätze ordnungsmäßiger Buchführung, S. 234 f.; BAETGE, J./KIRSCH, H.-J./THIELE, S., in: HdR-E, 5. Aufl., Kapitel 4, Rn. 15, sowie SOLMECKE, H., Auswirkungen des BilMoG auf die handelsrechtlichen GoB, S. 19 f.

572 Vgl. BAETGE, J./ZÜLCH, H., in: HdJ, Rechnungslegungsgrundsätze nach HGB und IFRS, Abt. I/2, Rn. 22.

573 Vgl. WÜSTEMANN, J., Institutionenökonomik und internationale Rechnungslegungsordnungen, S. 105;

Die in Abschnitt 221.2 dargestellte Interessenregelung dient dem Ausgleich heterogener Informationsinteressen, verhindert allerdings gleichzeitig eine Auslegung in Form der handelsrechtlich deduktiven Methode.[574] Dies ist dadurch bedingt, dass die fehlende Widerspruchsfreiheit der Interessen einen eindeutigen Zweck des Handelsrechts und damit einer logisch eindeutigen Schlussfolgerung auf ein GoB-System entgegenwirkt.[575] Für die Herleitung eines eindeutigen GoB-Systems müsste es einen primären Jahresabschlusszweck geben.[576] Da dieser nicht existiert, liegt auch keine „Deduktionsbasis“[577] vor und demnach ist die handelsrechtliche Deduktion, als alleiniger Ausgangspunkt um Grundsätze zu gewinnen, nicht geeignet.[578]

Mit Bezug zur insolvenzspezifischen Rechnungslegung äußert sich die Literatur bis dato über unterschiedliche Funktionen und Aufgaben der Rechnungslegung im Berichtstermin und in der Schlussrechnung – es gibt keinen dominierenden Zweck.[579] Da dieser für die Anwendung einer insolvenzspezifisch deduktiven Methode und für die Gewinnung von Grundsätzen vorauszusetzen wäre, sind eindeutige Grundsätze insolvenzspezifischer Rechnungslegung – analog zum Handelsrecht – nur schwer zu deduzieren.[580]

333. Hermeneutik

Die Auslegung von Rechtsvorschriften erfolgt gemeinhin durch Unterstützung der in der Jurisprudenz („Rechtsdogmatik“) üblichen Auslegungsmethode der **Hermeneutik**[581].[582] In der Jurisprudenz werden Rechtstexte hinsichtlich ihrer Deutungsmöglichkeiten und dem Sinn von

---

SOLMECKE, H., Auswirkungen des BilMoG auf die handelsrechtlichen GoB, S. 20; BAETGE, J./ZÜLCH, H., in: HdJ, Rechnungslegungsgrundsätze nach HGB und IFRS, Abt. I/2, Rn. 22; BAETGE, J./KIRSCH, H.-J./THIELE, S., in: HdR-E, 5. Aufl., Kapitel 4, Rn. 15.

574 Vgl. Abschnitt 221.2; BAETGE, J./THIELE, S., Gesellschafterschutz versus Gläubigerschutz, S. 19, sowie BAETGE, J./ZÜLCH, H., in: HdJ, Rechnungslegungsgrundsätze nach HGB und IFRS, Abt. I/2, Rn. 22.

575 Vgl. BAETGE, J./KIRSCH, H.-J./THIELE, S., in: HdR-E, 5. Aufl., Kapitel 4, Rn. 17; WÜSTEMANN, J., Institutionenökonomik und internationale Rechnungslegungsordnungen, S. 105, sowie SCHNEIDER, D., Rechtsfindung durch Deduktion von Grundsätzen ordnungsmäßiger Buchführung, S. 141. Trotz ihrer Schwächen ist die Deduktion die im Schrifttum vorherrschende Methode. Vgl. SOLMECKE, H., Auswirkungen des BilMoG auf die handelsrechtlichen GoB, S. 20.

576 Vgl. BAETGE, J./KIRSCH, H.-J./THIELE, S., Bilanzen, S. 108.

577 Vgl. BALLWIESER, W., Grundsätze ordnungsmäßiger Buchführung, S. 46.

578 Vgl. statt aller MOXTER, A., Grundsätze ordnungsgemäßer Rechnungslegung, S. 12. Wie in Abschnitt 223. erläutert, bestehen mit dem Dokumentations-, dem Rechenschafts- und dem Kapitalerhaltungszweck im Handelsrecht mehrere Zwecke nebeneinander.

579 Vgl. ausführlich Abschnitt 422.1.

580 Vgl. dazu im Handelsrecht BAETGE, J./KIRSCH, H.-J./THIELE, S., in: HdR-E, 5. Aufl., Kapitel 4, Rn. 8.

581 Der Begriff „Hermeneutik“ leitet sich von HERMES dem Götterboten und gleichzeitig Gott der Kaufleute und der Diebe ab, der den Menschen die göttliche Botschaft überbringt. Vgl. HONSELL, H., in: von Staudinger, BGB Kommentar, Einleitung zum Bürgerlichen Gesetzbuch, Rn. 114.

582 Vgl. LARENZ, K./CANARIS, C.-W., Methodenlehre der Rechtswissenschaft, S. 11 und 25. Zur Jurisprudenz vgl. HENKE, W., Jurisprudenz und Soziologie, S. 734 f.

Normen analysiert, um diese und ihren normativen Sinn zu verstehen.[583] Die hermeneutische Methode bzw. Hermeneutik dient der Auslegung von Rechtsnormen als Teil der juristischen Methodenlehre.[584] Sie ist eine „Strukturtheorie des Verstehens“[585], folgt in ihrer Auslegung klaren Regeln und ist somit keineswegs beliebig. Vielmehr ist unabdingbar, dass die Wertungen und damit auch die Ergebnisse der hermeneutischen Methode intersubjektiv nachprüfbar sind.[586] Intersubjektiv nachprüfbar heißt, dass jeder Informationsempfänger zu dem gleichen objektivierbaren Ergebnis gelangen kann.[587] Die Regeln der Hermeneutik werden durch ganzheitlich anzuwendende Auslegungskriterien bzw. Determinanten expliziert.[588] Die Auslegungsmethode stammt aus dem Jahr 1840. V. SAVIGNY definiert in einem **Auslegungskanon** vier Elemente, die bei der Auslegung von Gesetzen zu berücksichtigen sind. Dazu zählen das sprachlich-grammatische Element (Wort des Gesetzestexts), das logisch und systematische Element (Bedeutungszusammenhang), das historische Element (Absicht des historischen Gesetzgebers/Entstehungsgeschichte) und das teleologische Element (Zweck des Gesetzes).[589] Der Auslegungskanon wurde im Laufe der Zeit durch die Rechtswissenschaft weiterentwickelt und um objektiv-teleologische Kriterien ergänzt.[590] Im Folgenden werden die Auslegungskriterien vorgestellt. Dabei ist zu berücksichtigen, dass es zwischen den einzelnen Kriterien keine Hierarchie oder Rangfolge gibt.[591]

Zunächst bilden **Wortlaut** und **Wortsinn** der gesetzlichen Vorschriften die Grundlage und zugleich die Grenze für Interpretation und Auslegung.[592] Demnach muss eine Vorschrift anhand

583 Vgl. LARENZ, K./CANARIS, C.-W., Methodenlehre der Rechtswissenschaft, S. 17.

584 Die Hermeneutik wurde von VON SAVIGNY begründet. Ihr einflussreichster Vertreter im 20. Jahrhundert war GADAMER. Ausführlich zur Entwicklungsgeschichte der (juristischen) Hermeneutik vgl. GESSMANN, M., Zur Zukunft der Hermeneutik, S. 124-128, sowie BÖHL, M., Hermeneutik, S. 340-346.

585 ALEXY, R., Recht, Vernunft, Diskurs, S. 75.

586 Vgl. BAETGE, J./KIRSCH, H.-J./THIELE, S., Bilanzen, S. 109; POPPER, K. R., Logik der Forschung, 5. Aufl., S. 18 f., sowie BAETGE, J., Möglichkeiten der Objektivierung des Jahreserfolges, S. 16.

587 Vgl. LEFFSON, U., Die Grundsätze ordnungsmäßiger Buchführung, S. 473, sowie BAETGE, J., Möglichkeiten der Objektivierung des Jahreserfolges, S. 16.

588 Vgl. LARENZ, K./CANARIS, C.-W., Methodenlehre der Rechtswissenschaft, S. 163 f., sowie BAETGE, J./KIRSCH, H.-J./THIELE, S., Bilanzen, S. 109 f.

589 Vgl. VON SAVIGNY, F. C., System des heutigen Römischen Rechts, S. 213-221.

590 Zur weiteren Entwicklung vgl. vor allem LARENZ, K./CANARIS, C.-W., Methodenlehre der Rechtswissenschaft, S. 163-167, sowie BAETGE, J./KIRSCH, H.-J./THIELE, S., in: HdR-E, 5. Aufl., Kapitel 4.

591 Vgl. HONSELL, H., in: von Staudinger, BGB Kommentar, Einleitung zum Bürgerlichen Gesetzbuch, Rn. 153; KRAMER, E. A., Juristische Methodenlehre, S. 179-181; BYDLINSKI, F., Juristische Methodenlehre und Rechtsbegriff, S. 554.

592 Vgl. LARENZ, K./CANARIS, C.-W., Methodenlehre der Rechtswissenschaft, S. 163 f. und S. 141-145; BEISSE, H., Rechtsfragen der Gewinnung von GoB, S. 505, sowie LEFFSON, U., Die Grundsätze ordnungsmäßiger Buchführung, S. 32. KRAMER bezeichnet den Wortsinn als „*starting point*“ jeder Rechtsinterpretation. Vgl. KRAMER, E. A., Juristische Methodenlehre, S. 59. Von SAVIGNY wird das „Wort“ als sprachlich-grammatisches Element bezeichnet, vgl. VON SAVIGNY, F. C., System des heutigen Römischen Rechts, S. 214.

des allgemeinen oder ggf. fachspezifischen Sprachgebrauchs und der entsprechenden Grammatik konkretisiert werden.[593] Geschriebene Wörter und Begriffe sind häufig nicht eindeutig, abhängig von der weitestmöglichen oder engstmöglichen Bedeutung eines Wortes liegt eine extensive oder restriktive Interpretation vor.[594] Sofern eine Auslegung über den potenziellen Wortsinn hinausgeht, wird gemeinhin von Rechtsfortbildung gesprochen. Die Grenze zwischen der (extensiven) Auslegung einer Vorschrift und der Rechtsfortbildung verläuft dabei fließend.[595]

Neben dem Wortlaut und dem Wortsinn ist der **Bedeutungszusammenhang** der gesetzlichen Vorschrift zu berücksichtigen.[596] Der Bedeutungszusammenhang bezieht sich auf den Kontext, d. h. den Textzusammenhang einer Vorschrift.[597] So ergibt sich der Sinn eines einzelnen Rechtssatzes erst aus dem Kontext des übrigen Teils der Regelung und des Gesetzes.[598] Bei der Auslegung einer Norm werden der logische Aufbau und die Anordnung des Gesetzes sowie die umliegenden Normen berücksichtigt.[599] Es sind bei der holistischen Betrachtung des Regelungssystems allerdings folgende Maxime zu berücksichtigen: Bezogen auf die sachliche Gesetzeskongruenz, *lex specialis derogat legi generali*, demnach ein spezielles Gesetz dem allgemeinen Gesetz vorgeht. In Anlehnung an die zeitliche Kongruenz, *lex posterior derogat legi priori*. Dementsprechend geht ein jüngeres Gesetz einem älteren Gesetz vor. Und bezogen auf Sonderregelungen, *singularia non sunt extenda*, wonach Ausnahmeregeln nicht erweiternd ausgelegt werden dürfen.[600] Ein volles Verständnis des Bedeutungszusammenhangs ergibt sich meist erst dann, wenn die Teleologie des Gesetzes verstanden wurde und das zugrundeliegende ggf. organisch gewachsene „innere System" des Gesetzes (der InsO) überblickt wurde.[601] Dies leitet auf die später zu erörternden objektiv-teleologischen Kriterien über.

---

593 Vgl. LARENZ, K./CANARIS, C.-W., Methodenlehre der Rechtswissenschaft, S. 163 f.

594 Vgl. BYDLINSKI, F., Juristische Methodenlehre und Rechtsbegriff, S. 440; HONSELL, H., in: von Staudinger, BGB Kommentar, Einleitung zum Bürgerlichen Gesetzbuch, Rn. 155.

595 Vgl. KRAMER, E. A., Juristische Methodenlehre, S. 62-65.

596 Vgl. LEFFSON, U., Die Grundsätze ordnungsmäßiger Buchführung, S. 32; BAETGE, J./KIRSCH, H.-J./THIELE, S., in: HdR-E, 5. Aufl., Kapitel 4, Rn. 19; LARENZ, K./CANARIS, C.-W., Methodenlehre der Rechtswissenschaft, S. 164. VON SAVIGNY titulierte dies als logisch-systematisches Element. Vgl. VON SAVIGNY, F. C., System des heutigen Römischen Rechts, S. 214.

597 Vgl. LARENZ, K./CANARIS, C.-W., Methodenlehre der Rechtswissenschaft, S. 164.

598 Vgl. PUPPE, I., Schule des juristischen Denkens, S. 124-129; LARENZ, K./CANARIS, C.-W., Methodenlehre der Rechtswissenschaft, S. 146.

599 Vgl. BYDLINSKI, F., Juristische Methodenlehre und Rechtsbegriff, S. 443.

600 Vgl. KRAMER, E. A., Juristische Methodenlehre, S. 111-120; PUPPE, I., Schule des juristischen Denkens, S. 124-153; SOLMECKE, H., Auswirkungen des BilMoG auf die handelsrechtlichen GoB, S. 23, sowie SIEGEL, D., Bilanzierung latenter Steuern im handelsrechtlichen Jahresabschluss, S. 10-11.

601 Vgl. LARENZ, K./CANARIS, C.-W., Methodenlehre der Rechtswissenschaft, S. 149.

Als weiteres Auslegungskriterium dient die **Entstehungsgeschichte der gesetzlichen Vorschriften.**[602] Die Historie einer Vorschrift erschließt sich aus veröffentlichten Dokumenten (Entwürfen, Begründungen und Protokollen des Gesetzgebers), in denen die Entwicklung der Vorschrift dokumentiert wird und die so zur Deutung der Regelungsabsicht beitragen.[603] Für die Auslegung der InsO ist hier z. B. die Begründung des Gesetzesentwurfs von Relevanz.[604] Die Historie kann zudem einen Beitrag zur Auslegung der juristischen Terminologie und demnach auch zum Wortsinn leisten.[605] Bezogen auf die InsO liegt eine weitreichende Dokumentation der historischen Entwicklung vor. In Regierungsbegründungen und Gesetzesentwürfen wird der Wille des Gesetzgebers expliziert.[606] Die zahlreichen Dokumente liefern einen wichtigen Beitrag für die Herleitung der Zwecke und Grundsätze insolvenzspezifischer Rechnungslegung.

Zudem hat sich die Auslegung an der *ratio legis*, d. h. an **Zweck und Grundgedanken der Vorschrift** innerhalb der InsO zu orientieren.[607] Es ist zwischen dem aus den Gesetzesmaterialen gewonnenen, vom **Gesetzgeber vorgegebenem Zweck** (subjektive *ratio legis*)[608] und dem auf Basis allgemeiner Zweck- und Gerechtigkeitserwägungen gewonnenen, **objektiv-teleologischen Zweck** (objektive *ratio legis*) zu differenzieren.[609] Bei der objektiv-teleologischen Auslegung wird eine Regelung fernab von einzelnen Stellungnahmen nach den vernünftigen und objektiv erkennbaren Zwecken sowie Grundgedanken ausgelegt.[610] Die objektiv-teleologi-

---

602 Vgl. BEISSE, H., Rechtsfragen der Gewinnung von GoB, S. 508. Ursprünglich im Auslegungskanon von VON SAVIGNY als historisches Element bezeichnet. Vgl. VON SAVIGNY, F. C., System des heutigen Römischen Rechts, S. 214.

603 Vgl. BAETGE, J./KIRSCH, H.-J./THIELE, S., Bilanzen, S. 110; LARENZ, K./CANARIS, C.-W., Methodenlehre der Rechtswissenschaft, S. 149, sowie SOLMECKE, H., Auswirkungen des BilMoG auf die handelsrechtlichen GoB, S. 23.

604 Vgl. DEUTSCHER BUNDESTAG (Hrsg.), BT-Drucksache 12/2443, S. 72-108.

605 Vgl. HONSELL, H., in: von Staudinger, BGB Kommentar, Einleitung zum Bürgerlichen Gesetzbuch, Rn. 136.

606 Vgl. zur Entstehungsgeschichte der InsO Abschnitt 211.

607 Vgl. LARENZ, K./CANARIS, C.-W., Methodenlehre der Rechtswissenschaft, S. 203.

608 Vgl. dazu auch KRAMER, E. A., Juristische Methodenlehre, S. 123 f.

609 Vgl. PUPPE, I., Schule des juristischen Denkens, S. 144-151, sowie HONSELL, H., in: von Staudinger, BGB Kommentar, Einleitung zum Bürgerlichen Gesetzbuch, Rn. 131 f.

610 Vgl. LEFFSON, U., Die Grundsätze ordnungsmäßiger Buchführung, S. 33; SOLMECKE, H., Auswirkungen des BilMoG auf die handelsrechtlichen GoB, S. 24, sowie EHLERS, J., Anforderungen an die Fortführungs-/Fortbestehensprognose, S. 1247.

sche Auslegung bezieht sich, unabhängig davon, ob dem Gesetzgeber die Bedeutung der geschaffenen Regelung bewusst war, auf die Regelungsabsicht und damit auf die „Natur der Sache“[611], welche durch die Vernunft des Auslegenden zur Geltung gebracht wird.[612]

Das Kriterium der **Verfassungskonformität** stellt sicher, dass die durch die Auslegung gewonnenen Zwecke und Grundsätze nicht gegen die Verfassung verstoßen.[613] Es ist davon auszugehen, dass die Zwecke und Grundsätze in der Regel verfassungskonform sind. Dennoch gilt es dies zu überprüfen.[614] Hierbei ist zu analysieren, ob die Auslegung des Gesetzes dem Grundgesetz (GG) widerspricht.[615] Die Verfassungsnormen sind ggü. allen anderen Rechtsnormen vorrangig, die Verfassungskonformität hat deshalb ggü. allen bisher genannten Auslegungskriterien eine Vormachtstellung.[616]

Zur Herleitung der Zwecke insolvenzspezifischer Rechnungslegung sind die hermeneutischen Auslegungskriterien vollständig zu berücksichtigen. Bei Anwendung der Auslegungskriterien für die Grundsätze insolvenzspezifischer Rechnungslegung ist zwischen kodifizierten und nicht-kodifizierten Grundsätzen zu differenzieren. Bei den nicht-kodifizierten Grundsätzen können weder Wortlaut noch Wortsinn noch die Entstehungsgeschichte oder die grundsatzbezogene subjektive *ratio legis* ausgelegt werden.[617]

Bei der hermeneutischen Herleitung der Grundsätze werden sowohl die **Adressaten** der insolvenzspezifischen Rechnungslegung[618] als auch die **Zwecke** berücksichtigt. Es werden sowohl induktive als auch deduktive Elemente einbezogen.[619] Eine weitere Erkenntnisquelle von Grundsätzen kann zudem die **höchstrichterliche Rechtsprechung** im Insolvenzrecht sein.[620]

---

611 So konstatiert KRUSE, H. W., GoB, S. 96, „[d]er technisch-praktische Begriff der Natur der Sache hebt auf die Beschaffenheit ab, die ein Gegenstand haben muß [sic!], wenn er als Mittel zur Erreichung eines Zwecks geeignet sein soll“.

612 Vgl. PUPPE, I., Schule des juristischen Denkens, S. 147; LEFFSON, U., Die Grundsätze ordnungsmäßiger Buchführung, S. 33, sowie LARENZ, K./CANARIS, C.-W., Methodenlehre der Rechtswissenschaft, S. 154. PUPPE bezeichnet den „objektiven Zweck“ als Anthropomorphismus, da nur handelnde Menschen einen Zweck haben, nicht aber ein Gesetzestext. Vgl. PUPPE, I., Schule des juristischen Denkens, S. 146.

613 Vgl. LARENZ, K./CANARIS, C.-W., Methodenlehre der Rechtswissenschaft, S. 159-163; BAETGE, J./KIRSCH, H.-J./THIELE, S., in: HdR-E, 5. Aufl., Kapitel 4, Rn. 19.

614 Vgl. BAETGE, J./KIRSCH, H.-J./THIELE, S., in: HdR-E, 5. Aufl., Kapitel 4, Rn. 20.

615 Vgl. PUPPE, I., Schule des juristischen Denkens, S. 135-138.

616 Vgl. LARENZ, K./CANARIS, C.-W., Methodenlehre der Rechtswissenschaft, S. 160, sowie BAETGE, J./KIRSCH, H.-J./THIELE, S., Bilanzen, S. 111.

617 Vgl. BAETGE, J./KIRSCH, H.-J./THIELE, S., in: HdR-E, 5. Aufl., Kapitel 4. In Abschnitt 34 werden in Abbildung 3-1 die anzuwendenden Kriterien zusammengefasst.

618 Vgl. zu den Adressaten ausführlich Abschnitt 222.2.

619 Vgl. BAETGE, J./KIRSCH, H.-J./THIELE, S., Bilanzen, S. 112.

620 Vgl. BAETGE, J./KIRSCH, H.-J./THIELE, S., in: HdR-E, 5. Aufl., Kapitel 4, Rn. 25.

Die Hermeneutik führt nicht zwangsläufig auf Anhieb zum richtigen Ergebnis, vielmehr werden getroffene Annahmen in der weiteren Analyse modifiziert und ggf. revidiert.[621] Dieses Treffen von Rückschlüssen durch ein fortgeschrittenes Textverständnis und damit das Heben der Interpretation auf eine höhere Ebene wird gemeinhin als „**hermeneutische Spirale**“ bezeichnet.[622] Der Auslegungs- und Verstehensprozess ist demnach keine lineare Funktion, sondern ein Prozess in Wechselschritten, der Rückschlüsse auf bisher Entwickeltes vorsieht.[623] Das Ergebnis sollte durch summarisches Hinzuziehen der einzelnen Auslegungskriterien intersubjektiv nachprüfbar sein.

34 Zwischenfazit

Wie zuvor deutlich gemacht, werden die einzelnen Methoden der Herleitung nicht voneinander isoliert betrachtet, sondern befruchten sich gegenseitig. In einem ersten Schritt werden die **Zwecke insolvenzspezifischer Rechnungslegung** ermittelt. Für die Herleitung der Zwecke wird auf die hermeneutischen Auslegungskriterien zurückgegriffen.[624] Dafür wird die InsO hinsichtlich der vom Gesetzgeber bestehenden Hinweise zu den Zwecken insolvenzspezifischer Rechnungslegung untersucht. So soll vermieden werden, dass Zwecke entwickelt werden, die die Absichten des Gesetzgebers konterkarieren.[625] Indes wird die Deduktion als Teilelement der Hermeneutik genutzt. Sie dient u. a. der Nachprüfung der Mittel-Zweck-Relation, d. h. der Prüfung, ob aus dem Zweck das betreffende Mittel, die insolvenzspezifische Rechnungslegung, deduziert werden kann.[626] Die induktive Betrachtung ist anschließend für die Überprüfung der Akzeptanz der Zwecke unabdingbar und dient dazu diese zu verplausibilisieren.[627]

Die Zwecke bilden dann die Basis für die Herleitung der **Grundsätze insolvenzspezifischer Rechnungslegung**.[628] Diese müssen zwar zweckkonform sein, indes ist durch die fehlende

---

621 Vgl. LARENZ, K./CANARIS, C.-W., Methodenlehre der Rechtswissenschaft, S. 28. Vgl. zudem Abbildung 3-1.

622 Vgl. BAETGE, J./KIRSCH, H.-J./THIELE, S., in: HdR-E, 5. Aufl., Kapitel 4, Rn. 23.

623 LARENZ/CANARIS stellen heraus, dass die Hermeneutik nicht nur das in eine Richtung fortschreitende lineare Denken vorsieht, sondern Hermeneutik auch eine wechselseitige Erhellung und die sich daraus ergebende Bestätigung oder Verwerfung der jeweiligen Sinnerwartung ist. Vgl. LARENZ, K./CANARIS, C.-W., Methodenlehre der Rechtswissenschaft, S. 136.

624 Die Anwendung der juristischen Methodenlehre erachtet auch UHLENBRUCK als erforderlich. Vgl. UHLENBRUCK, W., Von der Notwendigkeit richterlicher „Augenhöhe“ im Insolvenzverfahren, S. 714.

625 Vgl. analog zu den handelsrechtlichen Jahresabschlusszwecken BAETGE, J./KIRSCH, H.-J./THIELE, S., Bilanzen, S. 93.

626 Dieses Vorgehen bezeichnet POPPER als deduktive Nachprüfungsmethode. Vgl. POPPER, K. R., Logik der Forschung, 5. Aufl., S. 8. Vgl. zudem BAETGE, J./KIRSCH, H.-J./THIELE, S., in: HdR-E, 5. Aufl., Kapitel 4, Rn. 25.

627 Vgl. FORSTER, K.-H. U. A., in: ADS, 6. Aufl., § 243, Rn. 15.

628 Vgl. analog dazu YOSHIDA, T., Methode und Aufgabe der Ermittlung der GoB, S. 51.

Zweckdominanz kein rein deduktiver Schluss möglich. Daher werden auch zur Herleitung der Grundsätze insolvenzspezifischer Rechnungslegung die hermeneutischen Kriterien berücksichtigt.[629] Ferner ist sicherzustellen, dass sich die Grundsätze nicht widersprechen. Es muss möglich sein, von den Grundsätzen wieder auf die Zwecke zu schließen, sodass ein geschlossenes **Zweck-Grundsatz-System** entsteht. Demzufolge bestehen zwischen der Herleitung insolvenzspezifischer Zwecke und Grundsätze Interdependenzen.[630] Da in der InsO im Gegensatz zum HGB nur eine sehr geringe Zahl von Grundsätzen kodifiziert ist, kann für die Herleitung der Grundsätze nur vereinzelt auf den Wortlaut und -sinn der InsO zurückgegriffen werden. Abbildung 3-1 fasst die Vorgehensweise bei der Herleitung der Zwecke und Grundsätze insolvenzspezifischer Rechnungslegung zusammen. Auf Basis des *Inputs*, d. h. der abzubildenden Sachverhalte insolvenzspezifischer Rechnungslegung, werden durch Unterstützung der zuvor beschriebenen Methodik insolvenzspezifische Zwecke und Grundsätze als *Output* hergeleitet. Wie in den Vorbemerkungen klargestellt, dienen die Zwecke und Grundsätze der handelsrechtlichen Rechnungslegung als Analogiequelle, ebenso werden insolvenzrechtliche Literaturmeinungen als „Ideenlieferant“ bemüht.

[629] Zur nicht vorhandenen Zweckdominanz vgl. Abschnitt 42.

[630] Vgl. zum analogen Geltungsbereich im Handelsrecht BAETGE, J., Rechnungslegungszwecke des aktienrechtlichen Jahresabschlusses, S. 22; SOLMECKE, H., Auswirkungen des BilMoG auf die handelsrechtlichen GoB, S. 25.

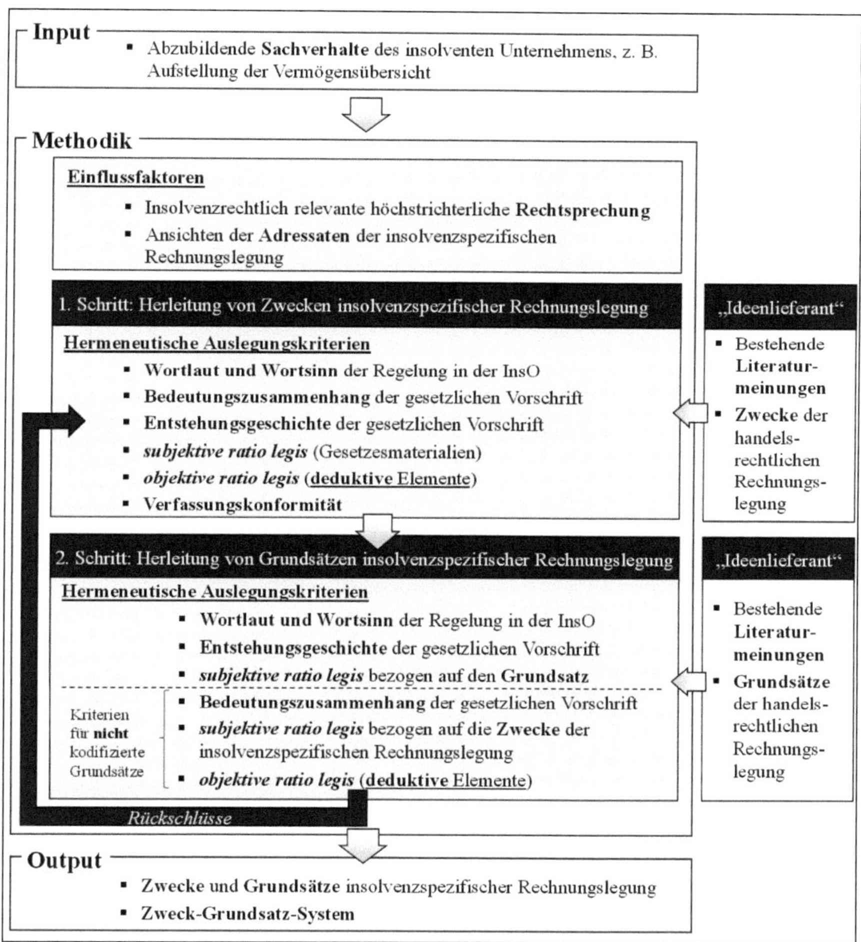

Abbildung 3-1: Vorgehensweise zur Herleitung von Zwecken und Grundsätzen insolvenzspezifischer Rechnungslegung[631]

[631] Eigene Darstellung.

4 Herleitung von Zwecken und Grundsätzen insolvenzspezifischer Rechnungslegung

41 Leitmotiv der Insolvenzordnung als Bezugsbasis für die Entwicklung von Zwecken und Grundsätzen

Mit dem Grundsatz der Gläubigergleichbehandlung (*par conditio creditorum*) hat der Gesetzgeber das über allem stehende Verfahrensziel der InsO, nämlich die bestmögliche Befriedigung aller Gläubiger, dem Gesetz in § 1 InsO vorangestellt.[632] Darin heißt es, „das Insolvenzverfahren dient dazu, die Gläubiger eines Schuldners **gemeinschaftlich zu befriedigen**, indem das Vermögen des Schuldners **verwertet** und der Erlös verteilt oder in einem Insolvenzplan eine abweichende Regelung insbesondere zum **Erhalt des Unternehmens** getroffen wird."[633] Da die Rechtsdurchsetzung mit der Verfahrenseröffnung kollektiviert wird, werden die Gläubiger durch die zwanghafte Bildung einer Gemeinschaft gleichbehandelt.[634] Es wird durch die Gemeinschaftlichkeit u. a. expliziert, dass das Insolvenzverfahren ein Gesamtvollstreckungs- und kein Einzelvollstreckungsverfahren ist.[635] Die Intention des Gesetzgebers war es, durch die klare Zieldefinition sicherzustellen, dass das Insolvenzverfahren nicht für andere Zwecke missbraucht wird.[636] Die Gläubiger haben daher zur Zielerreichung Mitsprache- und Entscheidungsrechte. Dadurch wird dem Gedanken der **Marktkonformität** Rechnung getragen. Diese soll durch einen maximalen Spielraum für gemeinschaftliches Handeln der Beteiligten, die sich durch Verhandlungen koordinieren, erreicht werden.[637] Für fundierte Entscheidungen benötigen die Gläubiger umfassende Informationen. Informationsasymmetrien zwischen dem Insolvenzverwalter bzw. Schuldner in Eigenverwaltung und den Gläubigern sollen minimiert werden.[638] Die Gläubiger müssen auf Basis der erstellten Berichtsdokumente beurteilen können, bei welcher Verwertungsalternative ihre Befriedigungschancen am größten sind.[639] Da der

---

632 Vgl. STÜRNER, R., in: Kirchhof/Stürner/Eidenmüller, Kommentar zur InsO, 3. Aufl., Einleitung, Rn. 1; SCHMERBACH, U., in: Wimmer, FK-InsO, 8. Aufl., § 1, Rn. 11; BUNDESGERICHTSHOF (Hrsg.), Urteil des IX. Zivilsenats vom 13.3.2003, S. 11; SMID, S., Praxishandbuch Insolvenzrecht, Rn. 64, sowie DEUTSCHER BUNDESTAG (Hrsg.), BT-Drucksache 12/2443, S. 108.

633 § 1 S. 1 InsO. Hervorhebungen durch den Verf.

634 Vgl. PAPE, I., in: Uhlenbruck/Hirte/Vallender, InsO, 14. Aufl., § 1, Rn. 2.

635 Vgl. DEUTSCHER BUNDESTAG (Hrsg.), BT-Drucksache 12/2443, S. 83; SCHMERBACH, U., in: Wimmer, FK-InsO, 8. Aufl., § 1, Rn. 2.

636 Vgl. GANTER, H. G./LOHMANN, I., in: Kirchhof/Stürner/Eidenmüller, Kommentar zur InsO, 3. Aufl., § 1, Rn. 7.

637 Vgl. BALZ, M., Ziele der Insolvenzordnung, Rn. 7.

638 Vgl. ausführlich Abschnitt 213.6 sowie BALZ, M., Ziele der Insolvenzordnung, Rn. 28.

639 Dies ist ein wesentliches Element des Prinzips der Gläubigerautonomie, welches im Insolvenzverfahren gilt. Vgl. PAPE, I., in: Uhlenbruck/Hirte/Vallender, InsO, 14. Aufl., § 1, Rn. 3, sowie Abschnitt 213.3.

Grundsatz *par conditio creditorum* laut Gesetzentwurf das gesamte Insolvenzverfahren prägen soll, ist dieser auch bei der Herleitung der Zwecke insolvenzspezifischer Rechnungslegung einzubeziehen.[640] Die gemeinschaftliche Befriedigung aller Gläubiger kann nicht ohne weiteres als Zweck für die insolvenzspezifische Rechnungslegung dienen, hat allerdings bei der Auslegung der Gesetzesvorschriften eine übergeordnete Bedeutung.

42 Herleitung von Zwecken insolvenzspezifischer Rechnungslegung

421. Vorbemerkungen

In den folgenden Abschnitten werden die Zwecke insolvenzspezifischer Rechnungslegung hermeneutisch hergeleitet.[641] Zunächst werden die im Schrifttum existierenden Meinungen zu den Aufgaben und Zielen analysiert und anschließend aggregiert. Darüber hinaus wird in Abschnitt 422.2 als Ausgangspunkt das handelsrechtliche Zwecksystem erörtert und untersucht, ob – ausgehend von den Zwecken der handelsrechtlichen Rechnungslegung – Analogieschlüsse auf die insolvenzspezifischen Zwecke möglich sind. In der darauf folgenden Synthese werden in Abschnitt 422.3 Parallelen zwischen den Literaturmeinungen und den Analogien zum Handelsrecht extrahiert und die bestehenden Schnittmengen festgehalten. Die so subsumierten Zwecke dienen als Ideenlieferant sowie zur Veri- oder Falsifikation der in Abschnitt 423. eigenständig hergeleiteten Zwecke insolvenzspezifischer Rechnungslegung. In Abschnitt 43 folgt anschließend, auf Basis der Zwecke, die Herleitung der Grundsätze insolvenzspezifischer Rechnungslegung.

422. Ansatzpunkte für die Herleitung von Zwecken

422.1 Analyse bestehender Literaturmeinungen zu Aufgaben, Zielen und Funktionen insolvenzspezifischer Rechnungslegung

In der Literatur herrscht bisher kein Einvernehmen darüber, was die Zwecke der insolvenzspezifischen Rechnungslegung sind. Nachfolgend wird daher zunächst ein Überblick über die wesentlichen im Schrifttum bestehenden Meinungen zu Aufgaben, Zielen und Funktionen sowie – soweit vorhanden – Zwecken insolvenzspezifischer Rechnungslegung gegeben, welche dann am Abschnittsende aggregiert werden. Wie in Abschnitt 211. analysiert, basieren Teile der InsO auf der KO. Als einer der ersten Autoren hat sich PLATE im Jahr 1981 in seinem Werk „Die

---

640 Vgl. DEUTSCHER BUNDESTAG (Hrsg.), BT-Drucksache 12/2443, S. 108.

641 Vgl. dafür Abschnitt 422.1.

Konkursbilanz“ mit Zwecken der Rechnungslegung im Konkursverfahren befasst.[642] Auch wenn die InsO die KO ersetzt hat, sind dennoch einzelne Bestandteile der konkursrechtlichen Rechnungslegungsvorschriften erhalten geblieben, sodass Teile der Ideen PLATES nach wie vor Gültigkeit besitzen.[643] Er hat neben dem **Darstellungs**-, dem **Informations**- und dem **Entscheidungszweck** einen Kanon weiterer spezieller Zwecke herausgearbeitet.[644]

Des Weiteren hat sich PINK auf die KO bezogen, als er im Jahre 1995 versucht hat, Harmonisierungsmöglichkeiten zwischen handels- und konkursrechtlicher Rechnungslegung zu elaborieren.[645] Dafür bediente sich PINK u. a. an den von PLATE herausgearbeiteten Zwecken. Fast drei Dekaden nach PLATE hat sich HENI – diesmal bezugnehmend auf die InsO – den Funktionen der insolvenzspezifischen Rechnungslegung angenommen und die Dokumentations-, die Informations- und die Zahlungsbemessungsfunktion herausgestellt.[646] Ferner hat sich das IDW im Jahre 2008 im RH HFA 1.011 zu den Aufgaben und Zielen der insolvenzspezifischen Rechnungslegung geäußert.[647] Es sieht die Dokumentation der Vermögensverhältnisse sowie der Masseverwaltung und -verwertung, die Kontrolle des Insolvenzverwalters, die Information über den Massestand und die Insolvenzquote sowie die Gewährleistung einer ordnungsmäßigen Verteilung der Insolvenzmasse als primäre Ziele und Aufgaben der insolvenzspezifischen Rechnungslegung.[648] Indes führt das IDW keine Begründung für die ausgewählten Ziele und Aufgaben sowie zu deren Herleitung an. In den vergangenen Jahren haben sich u. a. WINNEFELD sowie BASINSKI/HILLEBRAND/LAMBRECHT mit den Zwecken bzw. Aufgaben der insolvenzspezifischen Rechnungslegung befasst.[649] WINNEFELD sieht den Zweck der Dokumenta-

---

642 Vgl. PLATE, G., Die Konkursbilanz, S. 23-40.

643 So entsprach z. B. § 151 InsO (Verzeichnis der Massegegenstände) zuvor § 123 KO (Aufzeichnung der Massegegenstände). Die Regelungsinhalte sind teilweise in die InsO übernommen worden. Vgl. dazu BERGER, C., Synopse InsO/KO, § 151. Zudem wird in den Abschnitten 423.212.2, 423.222.2, 423.312.2 und 423.322.2 auf die historische Entwicklung einzelner Vorschriften eingegangen und die Gemeinsamkeiten ggü. der KO herausgearbeitet.

644 Die weiteren speziellen Zwecke werden von PLATE zu Entscheidungs-, Kontroll- und Informationszwecken aggregiert. Vgl. PLATE, G., Die Konkursbilanz, S. 23-40.

645 Vgl. auch Abschnitt 223.

646 Vgl. HENI, B., Interne Rechnungslegung, S. 33-51. Stellenweise nimmt HENI Bezug auf die Arbeit PLATES, vgl. HENI, B., Interne Rechnungslegung, S. 33. Die Zahlungsbemessungsfunktion HENIS bezieht sich auf die Vergütung des Insolvenzverwalters. Vgl. HENI, B., Funktion und Konzeption insolvenzrechtlicher Planbilanzen, S. 60.

647 Vgl. IDW (Hrsg.), Insolvenzspezifische Rechnungslegung (IDW RH HFA 1.011), S. 322.

648 Vgl. IDW (Hrsg.), Insolvenzspezifische Rechnungslegung (IDW RH HFA 1.011), S. 322.

649 Vgl. WINNEFELD, R., Bilanz-Handbuch, Rn. 936, sowie BASINSKI, A./HILLEBRAND, C./LAMBRECHT, M., Insolvenzrechnungslegung, Rn. 6.

tion, der Entscheidungsgrundlage, der Kontrollgrundlage sowie den Informationszweck als wesentlich an.[650] BASINSKI/ HILLEBRAND/LAMBRECHT bennen die Information der Beteiligten, die Dokumentation des Verfahrens, den Nachweis einer ordnungsgemäßen Geschäftsführung und die Bemessungsgrundlage für die Vergütung des Insolvenzverwalters als vornehmliche Aufgaben der insolvenzspezifischen Rechnungslegung.[651]

Aufgaben, Ziele und Zwecke werden auch in der kommentierenden Literatur diskutiert. In dem von UHLENBRUCK herausgegebenen InsO-Kommentar führt SINZ aus, dass die Kontrolle des Insolvenzverwalters und die Information der Gläubiger wesentliche Funktionen der insolvenzspezifischen Rechnungslegung zu Verfahrensbeginn sind.[652] Im gleichen Kommentar definiert MOCK die Dokumentation von Masseverwaltung und -verwertung, die Kontrolle der Tätigkeit des Insolvenzverwalters, die Information über den Massebestand sowie die Gewährleistung der Verteilung als Ziele der Rechnungslegung im Verfahren und am Verfahrensende.[653] Die Ziel-Definition im Kommentar von UHLENBRUCK entspricht weitestgehend der des IDW.[654] Im MÜNCHENER KOMMENTAR ZUR INSO (MÜKO) fassen FÜCHSLE/WEISHÄUPL/JAFFÉ zusammen, dass die Rechnungslegung zu Verfahrensbeginn als Informations- und Entscheidungsgrundlage für die Gläubiger sowie der Information des Gerichts und des Verwalters dienen soll.[655] Ebenfalls im MÜKO stellt RIEDEL klar, dass die Dokumentations-, die Informations- und die Vergütungsfestsetzungsfunktion die zentralen Funktionen der insolvenzspezifischen Rechnungslegung im Verfahren und am Verfahrensende sind.[656] Im FRANKFURTER KOMMENTAR ZUR INSO (FK-INSO) sieht WEGENER vor allem die Entscheidungsgrundlage als den vordergründigen Zweck der Rechnungslegung zur Verfahrenseröffnung an.[657] Ebenfalls im FK-INSO sind nach SCHMITT die Dokumentation, die Kontrolle des Verwalters durch Transparentmachung seines Handelns sowie die Entlastung des Insolvenzverwalters die relevanten Aufgaben der Zwischen- und Schlussrechnung nach § 66 InsO.[658]

---

650 Vgl. WINNEFELD, R., Bilanz-Handbuch, Rn. 936.

651 Vgl. BASINSKI, A./HILLEBRAND, C./LAMBRECHT, M., Insolvenzrechnungslegung, Rn. 6.

652 Vgl. SINZ, R., in: Uhlenbruck/Hirte/Vallender, InsO, 14. Aufl., § 151, Rn. 1; SINZ, R., in: Uhlenbruck/Hirte/Vallender, InsO, 14. Aufl., § 152, Rn. 3.

653 Vgl. MOCK, S., in: Uhlenbruck/Hirte/Vallender, InsO, 14. Aufl., § 66, Rn. 1.

654 Vgl. IDW (Hrsg.), Insolvenzspezifische Rechnungslegung (IDW RH HFA 1.011), S. 322, sowie MOCK, S., in: Uhlenbruck/Hirte/Vallender, InsO, 14. Aufl., § 66, Rn. 1.

655 Vgl. FÜCHSL, J./WEISHÄUPL, H./JAFFÉ, M., in: Kirchhof/Stürner/Eidenmüller, Kommentar zur InsO, 3. Aufl., Vorbemerkungen zu §§ 151-155, Rn. 4-9; FÜCHSL, J./WEISHÄUPL, H./JAFFÉ, M., in: Kirchhof/Stürner/Eidenmüller, Kommentar zur InsO, 3. Aufl., § 151, Rn. 12.

656 Vgl. RIEDEL, E., in: Kirchhof/Stürner/Eidenmüller, Kommentar zur InsO, 3. Aufl., § 66, Rn. 5.

657 Vgl. WEGENER, B., in: Wimmer, FK-InsO, 8. Aufl., § 151, Rn. 12.

658 Vgl. SCHMITT, F., in: Wimmer, FK-InsO, 8. Aufl., § 66, Rn. 1 und 8.

Die vorangegangene Analyse der Literaturmeinungen zeigt, dass keine Einigkeit zu den Zwecken insolvenzspezifischer Rechnungslegung besteht und bisher **kein allgemeingültiges Zwecksystem insolvenzspezifischer Rechnungslegung** hergeleitet wurde. Allerdings sind inhaltliche Übereinstimmungen auszumachen. So erachten die Autoren *unisono* die Darstellung bzw. die **Dokumentation** als ein allgemeingültiges Ziel der insolvenzspezifischen Rechnungslegung.[659] Des Weiteren sieht die Mehrheit der Autoren die **Information** der Gläubiger und des Gerichts als eine wichtige Aufgabe insolvenzspezifischer Rechnungslegung an.[660] Die an die Gläubiger vermittelten Informationen dienen gleichzeitig der Kontrolle des Insolvenzverwalters. Die **Kontrolle** bzw. Überwachung wird gemeinhin als eine weitere Aufgabe der insolvenzspezifischen Rechnungslegung angesehen.[661] Darüber hinaus wird die Rechnungslegung als **Entscheidungsvorlage** wahrgenommen.[662] Weitere Aufgaben sind die **Verteilungsfunktion** und die **Zahlungsbemessungs- bzw.** die **Vergütungsfunktion**[663]. Zudem dient die Rechnungslegung der Entlastung des Verwalters.[664]

---

659 Vgl. PLATE, G., Die Konkursbilanz, S. 24; PINK, A., Insolvenzrechnungslegung, S. 19; HENI, B., Interne Rechnungslegung, S. 33; IDW (Hrsg.), Insolvenzspezifische Rechnungslegung (IDW RH HFA 1.011), S. 322; WINNEFELD, R., Bilanz-Handbuch, Rn. 936; BASINSKI, A./HILLEBRAND, C./LAMBRECHT, M., Insolvenzrechnungslegung, Rn. 6; MOCK, S., in: Uhlenbruck/Hirte/Vallender, InsO, 14. Aufl., § 66, Rn. 1; RIEDEL, E., in: Kirchhof/Stürner/Eidenmüller, Kommentar zur InsO, 3. Aufl., § 66, Rn. 5; SCHMITT, F., in: Wimmer, FK-InsO, 8. Aufl., § 66, Rn. 1.

660 Vgl. SINZ, R., in: Uhlenbruck/Hirte/Vallender, InsO, 14. Aufl., § 152, Rn. 3; RIEDEL, E., in: Kirchhof/Stürner/Eidenmüller, Kommentar zur InsO, 3. Aufl., § 66, Rn. 5; FÜCHSL, J./WEISHÄUPL, H./JAFFÉ, M., in: Kirchhof/Stürner/Eidenmüller, Kommentar zur InsO, 3. Aufl., Vorbemerkungen zu §§ 151-155, Rn. 4-9; PLATE, G., Die Konkursbilanz, S. 24; PINK, A., Insolvenzrechnungslegung, S. 19; HENI, B., Interne Rechnungslegung, S. 33; IDW (Hrsg.), Insolvenzspezifische Rechnungslegung (IDW RH HFA 1.011), S. 322; BASINSKI, A./HILLEBRAND, C./LAMBRECHT, M., Insolvenzrechnungslegung, Rn. 6; MOCK, S., in: Uhlenbruck/Hirte/Vallender, InsO, 14. Aufl., § 66, Rn. 1, sowie WINNEFELD, R., Bilanz-Handbuch, Rn. 936.

661 Vgl. IDW (Hrsg.), Insolvenzspezifische Rechnungslegung (IDW RH HFA 1.011), S. 322; WINNEFELD, R., Bilanz-Handbuch, Rn. 936; MOCK, S., in: Uhlenbruck/Hirte/Vallender, InsO, 14. Aufl., § 66, Rn. 1; SINZ, R., in: Uhlenbruck/Hirte/Vallender, InsO, 14. Aufl., § 151, Rn. 1; SCHMITT, F., in: Wimmer, FK-InsO, 8. Aufl., § 66, Rn. 1.

662 Vgl. PLATE, G., Die Konkursbilanz, S. 25; WINNEFELD, R., Bilanz-Handbuch, Rn. 936; FÜCHSL, J./WEISHÄUPL, H./JAFFÉ, M., in: Kirchhof/Stürner/Eidenmüller, Kommentar zur InsO, 3. Aufl., Vorbemerkungen zu §§ 151-155, Rn. 4; WEGENER, B., in: Wimmer, FK-InsO, 8. Aufl., § 151, Rn. 12.

663 Vgl. HENI, B., Interne Rechnungslegung, S. 33. Mit der Zahlungsbemessungsfunktion ist die Gewährleistungsfunktion darüber, dass die Masse ordnungsgemäß verteilt wird, gleichzusetzen, da beides auf dem gleichen Zahlenwerk der Zwischen- bzw. Schlussrechnung aufsetzen muss und das gleiche Ziel verfolgt. Vgl. IDW (Hrsg.), Insolvenzspezifische Rechnungslegung (IDW RH HFA 1.011), sowie MOCK, S., in: Uhlenbruck/Hirte/Vallender, InsO, 14. Aufl., § 66, Rn. 1. BASINSKI/HILLEBRAND/LAMBRECHT beschreiben die Aufgabe als Bemessungsgrundlage für die Vergütung, vgl. BASINSKI, A./HILLEBRAND, C./LAMBRECHT, M., Insolvenzrechnungslegung, Rn. 6. RIEDEL bezeichnet selbige als Vergütungsfestsetzungsfunktion, vgl. RIEDEL, E., in: Kirchhof/Stürner/Eidenmüller, Kommentar zur InsO, 3. Aufl., § 66, Rn. 5.

664 Vgl. SCHMITT, F., in: Wimmer, FK-InsO, 8. Aufl., § 66, Rn. 8.

Die Ausführungen des IDW, der Fachliteratur sowie der kommentierenden Literatur vereint, dass die Ziele, Aufgaben und Zwecke nicht hermeneutisch hergeleitet sind und nicht fortwährend ein unmittelbarer Bezug zu den gesetzlichen Regelungen hergestellt wird. Die Meinungen der analysierten Autoren dienen im weiteren Verlauf als Impulsgeber bzw. Anhaltspunkte, um die Zwecke der insolvenzspezifischen Rechnungslegung herzuleiten.[665] Im Vergleich zur insolvenzspezifischen Rechnungslegung wurde in der handelsrechtlichen Rechnungslegung wesentlich umfangreicher über das Thema „Zwecke und Grundsätze" geforscht.[666] Im Handelsrecht ist so mit den Zwecken und Grundsätzen der handelsrechtlichen Rechnungslegung ein vollständiges und geschlossenes System entwickelt worden.[667] Dies wird im folgenden Abschnitt erläutert und daraufhin untersucht, ob Analogieschlüsse zu den Zwecken insolvenzspezifischer Rechnungslegung möglich sind.

422.2 Die Zwecke handelsrechtlicher Rechnungslegung vor dem Hintergrund der insolvenzspezifischen Rechnungslegung

Nachfolgend wird analysiert, ob aufbauend auf den handelsrechtlichen Zwecken Analogien für die Herleitung der Zwecke insolvenzspezifischer Rechnungslegung hergestellt werden können.[668] Die Ermittlung der Zwecke handelsrechtlicher Rechnungslegung erfolgte hermeneutisch aus dem Wortlaut und -sinn, dem Bedeutungszusammenhang, der Entstehungsgeschichte, aus den Gesetzesmaterialien sowie Absichten des Gesetzgebers und unter betriebswirtschaftlichen Gesichtspunkten.[669] Die Zwecke der handelsrechtlichen Rechnungslegung sind die **Dokumentation**, die **Rechenschaft** und die **Kapitalerhaltung**.[670]

---

665 In Abschnitt 34 wird ein detaillierter Überblick zur Herleitungsmethode gegeben.

666 Vgl. zudem Abschnitt 422.2.

667 Vgl. BAETGE, J./ZÜLCH, H., Rechnungslegungsgrundsätze nach HGB und IFRS, Rn. 39, sowie Abschnitt 422.2.

668 Zur Definition von Analogien vgl. Abschnitt 34 sowie LARENZ, K./CANARIS, C.-W., Methodenlehre der Rechtswissenschaft, S. 202.

669 Vgl. BAETGE, J., Grundsätze ordnungsmäßiger Buchführung, S. 637, sowie Abschnitt 333.

670 Vgl. LEFFSON, U., Die Grundsätze ordnungsmäßiger Buchführung, S. 92 f. und S. 150; BAETGE, J./KIRSCH, H.-J./THIELE, S., in: HdR-E, 5. Aufl., Kapitel 4, Rn. 49; BAETGE, J./KIRSCH, H.-J./THIELE, S., Bilanzen, S. 94-102; FEY, D., Imparitätsprinzip und GoB-System, S. 27-29, sowie BAETGE, J./ZÜLCH, H., Rechnungslegungsgrundsätze nach HGB und IFRS, Rn. 30-37. Ausführungen zum Dokumentationszweck vgl. LEFFSON, U., Die Grundsätze ordnungsmäßiger Buchführung, S. 157 f.; BAETGE, J./KIRSCH, H.-J./THIELE, S., in: HdR-E, 5. Aufl., Kapitel 4, Rn. 56; PFITZER, N./OSER, P./LAUER, P., in: HdR-E, 5. Aufl., Kapitel 2, Rn. 5 f., sowie BRUNNMEIER, A. J., Grundsätze ordnungsmäßiger Buchführung, S. 3. Vgl. zum Rechenschaftszweck LEFFSON, U., Die Grundsätze ordnungsmäßiger Buchführung, S. 64, und zum Kapitalerhaltungszweck vgl. LEFFSON, U., Die Grundsätze ordnungsmäßiger Buchführung, S. 92 f., sowie BAETGE, J./KIRSCH, H.-J./THIELE, S., in: HdR-E, 5. Aufl., Kapitel 4, Rn. 36-42.

Das Rechnungswesen bzw. die Unternehmensrechnung und damit auch die **Dokumentation** stellt „keinen Selbstzweck"[671] dar, sondern dient der Zweckerreichung und ist die Voraussetzung, um die anderen beiden Zwecke erfüllen zu können.[672] Sie umfasst eine vollständige und nachvollziehbare Aufzeichnung aller Geschäftsvorfälle, um so die Richtigkeit und Vollständigkeit aller Geld- und Güterbewegungen sicherzustellen.[673]

Grundsätzlich entspricht eine vollständige und lückenlose Dokumentation auch der im Insolvenzverfahren erforderlichen Bedingung für die insolvenzspezifische Rechnungslegung. Denn nur bei einem vollumfänglichen Aufzeichnen z. B. aller Gegenstände der Insolvenzmasse gemäß § 35 InsO sowie aller Verbindlichkeiten des Unternehmens ggü. den Gläubigern ist ersichtlich, welche Insolvenzquote den Gläubigern bei welcher Verwertungsalternative zusteht und wann die gemeinschaftliche Gläubigerbefriedung maximiert wird.[674] Demnach besteht, bezogen auf den Dokumentationszweck, durchaus die Möglichkeit, von der handelsrechtlichen Rechnungslegung ausgehend, eine Analogie zur insolvenzspezifischen Rechnungslegung zu spannen.[675]

Neben der Dokumentation ist die **Rechenschaft** ein weiteres Element im Zwecksystem des handelsrechtlichen Jahresabschlusses.[676] LEFFSON definiert Rechenschaft als „Offenlegung der Verwendung anvertrauten Kapitals in dem Sinne, daß [sic!] dem Informationsberechtigten – das kann auch der Rechenschaftslegende selbst sein – ein so vollständiger, klarer und zutreffender Einblick in die Geschäftstätigkeit gegeben wird, daß [sic!] dieser sich ein eigenes Urteil über das verwaltete Vermögen und die damit erzielten Erfolge bilden kann."[677] Hier wird ein eindeutiger Bezug zu den Informationsberechtigten, d. h., wie in Abschnitt 221.2 erläutert, den

---

671 STREIM, H., Grundzüge der Bilanzierung, S. 8.

672 Vgl. BAETGE, J./THIELE, S., Gesellschafterschutz versus Gläubigerschutz, S. 11; BAETGE, J./KIRSCH, H.-J./THIELE, S., Bilanzen, S. 115; HINZ, M., in: Beck HdR, B 100, Rn. 1, sowie COENENBERG, A. G./HALLER, A./SCHULTZE, W., Jahresabschluss und Jahresabschlussanalyse, S. 9-21.

673 Vgl. LEFFSON, U., Die Grundsätze ordnungsmäßiger Buchführung, S. 157; BAETGE, J., Grundsätze ordnungsmäßiger Buchführung, S. 637-638; BAETGE, J./KIRSCH, H.-J./THIELE, S., Bilanzen, S. 94 f.; BRUNNMEIER, A. J., Grundsätze ordnungsmäßiger Buchführung, S. 3, sowie PFITZER, N./OSER, P./LAUER, P., in: HdR-E, 5. Aufl., Kapitel 2, Rn. 5.

674 Zur Insolvenzmasse vgl. auch IDW (Hrsg.), Insolvenzspezifische Rechnungslegung (IDW RH HFA 1.011), Rn. 12-22.

675 Wobei der Begriff der Insolvenzmasse auch mit Anfechtungsrechten belegte Vermögensgegenstände einschließt, die im Handelsrecht nicht bilanziert und demnach auch nicht dokumentiert werden dürften. Die insolvenzspezifische Dokumentation ist demnach noch weitreichender als im Handelsrecht. Vgl. dazu auch HEYN, M., Die Erstellung der Verzeichnisse gem. §§ 151-153 InsO, Teil 1, S. 216. Auf den Zweck der Dokumentation in der insolvenzspezifischen Rechnungslegung wird in Abschnitt 423.21 detaillierter eingegangen. Vgl. zudem Abschnitt 422.3 sowie Abschnitt 423.2.

676 Vgl. BAETGE, J./KIRSCH, H.-J./THIELE, S., Bilanzen, S. 94.

677 LEFFSON, U., Die Grundsätze ordnungsmäßiger Buchführung, S. 64.

Adressaten genommen. Eben diesen soll ein vollständiger, klarer und zutreffender Einblick in die wirtschaftliche Lage des Unternehmens gegeben werden, damit eine Urteilsbildung möglich ist.[678] So sollen Kapitalgebern Informationen über künftige sowie vergangene Investitionsentscheidungen zur Verfügung gestellt werden, weshalb der Rechenschaftszweck im Schrifttum auch stellenweise als „Informationsfunktion“ bezeichnet wird.[679]

Die eigene Urteilsbildung ist auch für die Gläubiger im Insolvenzverfahren essentiell, um z. B. nach § 157 InsO über die vorteilhafteste Verwertungsalternative entscheiden zu können.[680] Den Gläubigern werden im Zuge des Insolvenzverfahrens, bedingt durch die Gläubigerautonomie, weitreichendere Rechte als bei einem werbenden Unternehmen eingeräumt.[681] Analog zum Dokumentationszweck ist davon auszugehen, dass die insolvenzspezifische Rechnungslegung den Zweck der Rechenschaft zu erfüllen hat und dieser Zweck ggf. sogar einen größeren Stellenwert als in der handelsrechtlichen Rechnungslegung einnimmt.[682]

Der dritte Zweck der handelsrechtlichen Rechnungslegung ist der **Kapitalerhaltungszweck**.[683] Aus betriebswirtschaftlicher Sicht dient dieser dazu, dass ein Unternehmen seine Aufgaben dauerhaft erfüllen kann und dies als nachhaltige Einkommensquelle fungiert.[684] Dieses Ziel bedingt, dass die Haftungsmasse des Unternehmens nicht gefährdet wird.[685] Folglich muss z. B. terminiertes Fremdkapital durch neues ersetzt werden können und das Unternehmen somit kreditwürdig bleiben.[686] Die für Kapitalgesellschaften bestehende Ausschüttungssperre betont den

678 Vgl. LEFFSON, U., Die Grundsätze ordnungsmäßiger Buchführung, S. 64, sowie BAETGE, J./ZÜLCH, H., in: HdJ, Rechnungslegungsgrundsätze nach HGB und IFRS, Abt. I/2, Rn. 34.

679 Vgl. BAETGE, J./KIRSCH, H.-J./THIELE, S., Bilanzen, S. 95, sowie LEFFSON, U., Die Grundsätze ordnungsmäßiger Buchführung, S. 55 f. Zur Informationsfunktion vgl. HINZ, M., in: Beck HdR, B 100, Rn. 9-32, sowie BAETGE, J./KIRSCH, H.-J./THIELE, S., Bilanzen, S. 98.

680 § 157 InsO besagt, dass die Gläubigerversammlung beschließt, ob das insolvente Unternehmen stillgelegt oder fortgeführt werden soll.

681 Im Gesetzentwurf heißt es zur Gläubigerautonomie „der Ablauf des Insolvenzverfahrens wird weitgehend von der Autonomie der Gläubiger bestimmt. Vor allem entscheiden die Gläubiger darüber, ob und in welcher Weise versucht werden soll, das Unternehmen des Schuldners zu sanieren.“ DEUTSCHER BUNDESTAG (Hrsg.), BT-Drucksache 12/2443, S. 2.

682 Vgl. ebenfalls gleicher Meinung WEITZMANN, J., Rechnungslegung und Schlussrechnungsprüfung, S. 449.

683 Vgl. BAETGE, J./THIELE, S., Gesellschafterschutz versus Gläubigerschutz, S. 18, sowie BAETGE, J., Grundsätze ordnungsmäßiger Buchführung, S. 637.

684 Vgl. LEFFSON, U., Die Grundsätze ordnungsmäßiger Buchführung, S. 93, sowie BAETGE, J./KIRSCH, H.-J./THIELE, S., Bilanzen, S. 98 f.

685 Vgl. BAETGE, J./ZÜLCH, H., in: HdJ, Rechnungslegungsgrundsätze nach HGB und IFRS, Abt. I/2, Rn. 36.

686 Vgl. LEFFSON, U., Die Grundsätze ordnungsmäßiger Buchführung, S. 94.

Jahresabschlusszweck der nominellen Kapitalerhaltung.[687] BAETGE/KIRSCH/THIELE umschreiben den Zweck auch als „Sicherung der Verdienstquelle."[688] Der Kapitalerhaltungszweck wird in zahlreichen Einzelvorschriften, wie z. B. dem Vorsichts- und dem Imparitätsprinzip in § 252 HGB, expliziert.[689] Zudem werden z. B. nach § 253 HGB historische (sichere und objektivierbare) Werte ggü. künftigen Werten vorgezogen, da künftige Werte mit Unsicherheiten behaftet sind.[690] Dies unterstützt eine vorsichtige Bewertung von Vermögensgegenständen und dient mittelbar der Kapitalerhaltung.[691]

Im Gegensatz dazu wird in der Literatur zur insolvenzspezifischen Rechnungslegung die Auffassung vertreten, dass tatsächlich am Absatzmarkt erzielbare, d. h. künftige Werte anzusetzen sind.[692] Handelsrechtliche Ansatzverbote, wie z. B. in § 248 Abs. 2 HGB, sind nicht zu beachten.[693] Demnach können auch Vermögensgegenstände, für die im Handelsrecht ein Aktivierungsverbot existiert, in der insolvenzspezifischen Rechnungslegung angesetzt werden. Da im Regelinsolvenzverfahren grundsätzlich eine Liquidation, eine Ausproduktion oder übertragene Sanierung angestrebt wird, kann auch nicht von einer dauerhaften Erfüllung der Unternehmensaufgaben ausgegangen werden.[694] Im Übrigen ist die Kreditwürdigkeit eines Unternehmens im eröffneten Insolvenzverfahren nicht mehr gegeben und Fremdkapital kann nicht ohne weiteres aufgenommen, prolongiert oder umgeschichtet werden.[695] Die Verbindlichkeiten werden mit der Verfahrenseröffnung fällig gestellt.[696] Demzufolge kann der Zweck der Kapitalerhaltung nicht ohne Weiteres auf die insolvenzspezifische Rechnungslegung übertragen werden und

---

687 Vgl. LEFFSON, U., Die Grundsätze ordnungsmäßiger Buchführung, S. 98-104, sowie BAETGE, J./KIRSCH, H.-J./THIELE, S., Bilanzen, S. 100.

688 Der Gesetzgeber verfolgt für eine intersubjektiv nachprüfbare Darstellung die Konzeption der Nominalkapitalerhaltung, nach der die reale Kapitalerhaltung inflationsbereinigt wird. Vgl. BAETGE, J./KIRSCH, H.-J./THIELE, S., Bilanzen, S. 101.

689 § 252 Abs. 2 Nr. 4 HGB besagt, dass vorsichtig zu bewerten ist und demnach Risiken bzw. Verlust sowie Gewinne imparitätisch zu berücksichtigen sind. Dies führt zu einer verlustantizipierenden Gewinnermittelung. Vgl. dazu auch BAETGE, J./THIELE, S., Gesellschafterschutz versus Gläubigerschutz, S. 18; BAETGE, J./ZÜLCH, H., in: HdJ, Rechnungslegungsgrundsätze nach HGB und IFRS, Abt. I/2, Rn. 37, sowie BAETGE, J./KIRSCH, H.-J./THIELE, S., Bilanzen, S. 99. Zum Vorsichts- und Imparitätsprinzip vgl. zudem Abschnitt 432.2 sowie ausführlich zum Imparitätsprinzip FEY, D., Imparitätsprinzip und GoB-System, S. 105-110 und S. 160-162.

690 Vgl. BAETGE, J./ZÜLCH, H., in: HdJ, Rechnungslegungsgrundsätze nach HGB und IFRS, Abt. I/2, Rn. 37.

691 Vgl. FEY, D., Imparitätsprinzip und GoB-System, S. 107 f.

692 Vgl. IDW (Hrsg.), Bestandsaufnahme im Insolvenzverfahren (IDW RH HFA 1.010), Rn. 34 sowie Rn. 39.

693 Vgl. statt vieler FÜCHSL, J./WEISHÄUPL, H./JAFFÉ, M., in: Kirchhof/Stürner/Eidenmüller, Kommentar zur InsO, 3. Aufl., § 151, Rn. 7.

694 Vgl. zu den Verfahrensalternativen Abbildung 2-3.

695 Vgl. EICHHOLZ, A./WUSCHEK, T., MaRisk-konforme Begleitung von Krisenengagements, S. 2183.

696 Vgl. KNOF, B., in: Uhlenbruck/Hirte/Vallender, InsO, 14. Aufl., § 41, Rn. 2.

nicht als Deduktionsbasis für die Herleitung von Grundsätzen insolvenzspezifischer Rechnungslegung dienen.

422.3 Synthese und Zwischenfazit

Aus dem **Schrifttum** lassen sich die Dokumentation, die Information, die Kontrolle, die Entscheidungsvorlage, die Verteilungsfunktion, die Zahlungsbemessungs- bzw. die Vergütungsfunktion und die Entlastungfunktion ggü. dem Insolvenzverwalter als potenzielle Aufgaben, Ziele und Zwecke insolvenzspezifischer Rechnungslegung herauslesen.[697] Ergänzend dazu sind **Analogieschlüsse** zwischen den handelsrechtlichen Zwecken der Dokumentation und der Rechenschaft mit der insolvenzspezifischen Rechnungslegung möglich.

Sowohl die Analyse der insolvenzrechtlichen Literatur als auch ein vom Handelsrecht ausgehender Analogieschluss lassen auf die **Dokumentation** als einen Zweck der insolvenzspezifischen Rechnungslegung schließen.[698] Ausschlaggebend ist indes, ob dieser Zweck auch aus den Gesetzesmaterialien hermeneutisch hergeleitet werden kann.[699] Wie im vorherigen Abschnitt erläutert, wird die Rechenschaft aufgrund ähnlicher Inhalte auch als Informationsfunktion bezeichnet.[700] Informationen erfüllen keinen Selbstzweck, sondern richten sich an einen Adressaten, der sich durch Informationen ein Urteil bilden kann. Eine Einordnung unter dem Zweck der Rechenschaft erscheint demnach zielführend und ist inhaltlich nachvollziehbar. Durch die Rechenschaft können die Gläubiger und das Insolvenzgericht den Insolvenzverwalter kontrollieren, sodass auch die Kontrollfunktion in der Rechenschaft verankert ist.[701] Zudem kann der Insolvenzverwalter seine Tätigkeit transparent machen und sich dadurch – sofern er nicht fahrlässig falsch gehandelt und damit schuldhaft Pflichten verletzt hat – exkulpieren. Er kann sich folglich dadurch entlasten, dass er Rechenschaft ablegt.[702] Die einzelnen Aufgaben, Ziele und Zwecke lassen sich zu dem im Handelsrecht existierenden **Rechenschaftszweck** aggregieren. Die Ziele der **Entscheidungs-** und **Verteilungsgrundlage** sowie die **Vergütungs-** bzw. **Zahlungsbemessungsgrundlage**[703] sind nicht unmittelbar auf die vorgestellten handelsrechtlichen

[697] Vgl. Abschnitt 422.1.

[698] Zur Begründung vgl. Abschnitt 422.2.

[699] Vgl. ausführlich Abschnitt 423.212.

[700] Vgl. zur Informationsfunktion HINZ, M., in: Beck HdR, B 100, Rn. 9-32, sowie BAETGE, J./KIRSCH, H.-J./THIELE, S., Bilanzen, S. 98.

[701] Zur Kontrolle bzw. Überwachung des Insolvenzverwalters durch das Insolvenzgericht sowie die Gläubiger vgl. ausführlich Abschnitt 213.6.

[702] Zur Haftung des Insolvenzverwalters vgl. § 60 InsO. Demnach wird auch der Zweck der Entlastung des Insolvenzverwalters mit dem Rechenschaftszweck erfüllt.

[703] In der Literatur wird die Vergütungsgrundlage auch als Bemessungsfunktion bzw. -grundlage bezeichnet, vgl. BASINSKI, A./HILLEBRAND, C./LAMBRECHT, M., Insolvenzrechnungslegung, Rn. 6.

Zwecke übertragbar. Zwar dient die handelsrechtliche Rechnungslegung auch als Entscheidungsgrundlage, allerdings steht dies ggü. der insolvenzspezifischen Rechnungslegung in einem anderen Kontext.[704] In der Insolvenz besteht für die Gläubiger die Verpflichtung, auf Basis der insolvenzspezifischen Rechnungslegung sowie gemäß § 157 InsO über den Erhalt oder die Liquidation des Unternehmens zu entscheiden. Diesen Zweck hat die handelsrechtliche Rechnungslegung nicht zu erfüllen. In der handelsrechtlichen Literatur wird ferner die **(Ausschüttungs-)Bemessungsgrundlage** sowie im speziellen die Steuerbemessungsgrundlage als mittelbarer Zweck des handelsrechtlichen Jahresabschlusses angesehen.[705] Die handelsrechtliche Ausschüttungsfunktion steht allerdings unter der Prämisse, dass das Unternehmen kreditwürdig bleiben muss, was das ausschüttungsfähige Kapital begrenzt.[706] Im Insolvenzrecht ist dies und somit auch der Zweck der Kapitalerhaltung nicht relevant, da das Unternehmen vollständig liquidiert werden kann. Der Ausschüttungstatbestand bedeutet in der insolvenzspezifischen Rechnungslegung vielmehr, dass im Falle einer Liquidation eine vollständige Verteilung aller Vermögensgegenstände angestrebt wird. Somit dient die insolvenzspezifische Rechnungslegung dem Zweck der Verteilungsgrundlage. Darüber hinaus zielt die insolvenzspezifische Zahlungsbemessungsgrundlage vor allem auf die Bemessung der Verwaltervergütung ab, welche sich anhand der insolvenzspezifischen Berichtsdokumente bemisst.[707] Die insolvenzspezifische Rechnungslegung muss somit neben der Verteilungsgrundlage den Zweck der Vergütungsgrundlage erfüllen.

Schrifttum und Handelsrecht dienen, wie in Abbildung 3-1 gezeigt, lediglich als „Ideenlieferanten“ und ersetzen nicht die hermeneutische Herleitung der Zwecke insolvenzspezifischer Rechnungslegung. Dennoch sind sowohl die Literaturanalyse als auch die handelsrechtlichen Analogieschlüsse wichtige Anhaltspunkte. Im folgenden Abschnitt werden die Zwecke insolvenzspezifischer Rechnungslegung hermeneutisch hergeleitet.[708]

---

704 Vgl. MOXTER, A., Fundamentalgrundsätze ordnungsmäßiger Rechenschaft, S. 97; JEHLE, N., Präsentation von Finanzinformationen, S. 111, sowie ausführlich Abschnitt 423.31.

705 Vgl. HINZ, M., in: Beck HdR, B 100, Rn. 8; LEFFSON, U., Die Grundsätze ordnungsmäßiger Buchführung, S. 94-97, sowie PFITZER, N./OSER, P./LAUER, P., in: HdR-E, 5. Aufl., Kapitel 2, Rn. 24.

706 Vgl. LEFFSON, U., Die Grundsätze ordnungsmäßiger Buchführung, S. 94.

707 Vgl. ausführlich Abschnitt 213.4 sowie HENI, B., Interne Rechnungslegung, S. 34.

708 Für die theoretische Basis der Herleitung vgl. Abschnitt 34.

423. Zwecke insolvenzspezifischer Rechnungslegung

423.1 Vorbemerkungen

Der Begriff „Zweck“ wurde bereits in Abschnitt 32 abgegrenzt und definiert. Demnach ist ein Zweck ein Mittel bzw. eine Absicht, um ein Ziel zu erreichen.[709] Das Ziel des Insolvenzverfahrens und mittelbar auch das Ziel der insolvenzspezifischen Rechnungslegung ist die gemeinschaftliche Befriedigung aller Gläubiger.[710] Im Folgenden werden die Zwecke insolvenzspezifischer Rechnungslegung hergeleitet. In den einzelnen Abschnitten wird die jeweilige Zweckdefinition vorangestellt, sodass klar werden soll, was die Aufgaben und Ziele des entsprechenden Zwecks sind. Alsdann erfolgt die Herleitung mit Unterstützung der in Abschnitt 34 erläuterten Elemente der Hermeneutik. Dafür wird zunächst die Zweckkodifikation und demnach der Wortlaut und -sinn sowie der Bedeutungszusammenhang anhand der InsO untersucht. Darauf folgt die Auslegung anhand der weiteren hermeneutischen Elemente. An die Herleitung des jeweiligen Zwecks schließt sich dessen Würdigung an. Die zwischen den Zwecken bestehenden Abhängigkeiten werden durch die Einteilung in übergeordnete und untergeordnete Zwecke berücksichtigt. Die übergeordneten Zwecke bilden die Basis bzw. Voraussetzung für die untergeordneten Zwecke. Ohne dass die übergeordneten Zwecke der Dokumentation sowie der Rechenschaft eingehalten werden, können auch nicht die untergeordneten Zwecke erfüllt werden. Daher wurden diese in zwei unterschiedliche Kategorien von Zwecken unterteilt. Beginnend mit dem **Dokumentationszweck** als Basis für alle weiteren Zwecke werden anschließend der **Rechenschaftszweck** sowie die nachgelagerten Zwecke der **Entscheidungs-**, der **Verteilungs-** und der **Vergütungsgrundlage** hergeleitet. Abschließend werden die einzelnen Zwecke zu einem System zusammengefügt und in Abschnitt 423.5 analysiert, ob sich die Gewichtung der Zwecke im Verfahrensverlauf verändert.

709 Vgl. Abschnitt 32; BAETGE, J., Rechnungslegungszwecke des aktienrechtlichen Jahresabschlusses, S. 13, sowie BAETGE, J./THIELE, S., Gesellschafterschutz versus Gläubigerschutz, S. 12.

710 Vgl. § 1 InsO; STÜRNER, R., in: Kirchhof/Stürner/Eidenmüller, Kommentar zur InsO, 3. Aufl., Einleitung, Rn. 1; SCHMERBACH, U., in: Wimmer, FK-InsO, 8. Aufl., § 1, Rn. 11; BUNDESGERICHTSHOF (Hrsg.), Urteil des IX. Zivilsenats vom 13.3.2003, S. 11; SMID, S., Praxishandbuch Insolvenzrecht, Rn. 64, sowie DEUTSCHER BUNDESTAG (Hrsg.), BT-Drucksache 12/2443, S. 108.

423.2 Übergeordnete Zwecke

423.21 Dokumentation

423.211. Definitorische Abgrenzung

Aufgaben der Dokumentation sind das Sammeln, die Strukturierung, die Registrierung, die Lagerung, das Wiederauffinden bzw. Archivieren und die Informationsvermittlung.[711] Dabei ist zu berücksichtigen, dass die Informationen für einen bestimmten Zweck und in Form einer adressatenorientierten systematischen Aufzeichnung und inhaltlichen Darstellung zu vermitteln sind.[712] Dokumentation kann zum einen den Prozess der Aufnahme und Verarbeitung von Daten oder zum anderen das Ergebnis dieses Prozesses charakterisieren.[713] Unter Dokumentation wird im handelsrechtlichen Sinne das vollständige, richtige und systematische Erfassen und Ordnen von Güterbewegungen und Zahlungsvorgängen verstanden.[714] Im insolvenzrechtlichen Kontext setzt die Dokumentation bei der Erfassung der Insolvenzmasse und der bestehenden Verbindlichkeiten an. Demnach wird unter dem Zweck der Dokumentation im insolvenzrechtlichen Kontext eine **über den gesamten Verfahrensverlauf andauernde, richtige, vollständige und systematische Aufnahme und Aufzeichnung der Insolvenzmasse sowie bestehender rechtlicher Verpflichtungen des Unternehmens** verstanden.[715] Die Dokumentation dient u. a. dazu, dolose Handlungen zu unterbinden (Präventivfunktion), Streitfragen effizient zu klären (Beweisfunktion) und ferner zur Prüfung bzw. Kontrolle betrieblicher Abläufe sowie der Prüfung des Insolvenzverwalters (Revisionsfunktion).[716]

---

711 Vgl. ARNTZ, R./PICHT, H./MAYER, F., Einführung in die Terminologiearbeit, S. 257, sowie BRUNNMEIER, A. J., Grundsätze ordnungsmäßiger Buchführung, S. 3.

712 Vgl. LEFFSON, U., Die Grundsätze ordnungsmäßiger Buchführung, S. 157; BRUNNMEIER, A. J., Grundsätze ordnungsmäßiger Buchführung, S. 3, sowie GAUS, W., Dokumentations- und Ordnungslehre, S. 11.

713 Vgl. ARNTZ, R./PICHT, H./MAYER, F., Einführung in die Terminologiearbeit, S. 257.

714 Vgl. BAETGE, J./KIRSCH, H.-J./THIELE, S., Bilanzen, S. 95; LEFFSON, U., Die Grundsätze ordnungsmäßiger Buchführung, S. 157, sowie Abschnitt 422.2. Im allgemeinen Sinne wird Dokumentation als „Sammeln, Ordnen und Verbreiten [von] Angaben jeder Art" verstanden, vgl. FRANK, P., Dokumentation, S. 99.

715 Vgl. statt aller IDW (Hrsg.), Insolvenzspezifische Rechnungslegung (IDW RH HFA 1.011), Rn. 33; BASINSKI, A./HILLEBRAND, C./LAMBRECHT, M., Insolvenzrechnungslegung, S. 5; IDW (Hrsg.), Bestandsaufnahme im Insolvenzverfahren (IDW RH HFA 1.010), Rn. 6; WINNEFELD, R., Bilanz-Handbuch, Rn. 936; SCHMITT, F., in: Wimmer, FK-InsO, 8. Aufl., § 66, Rn. 8; ZIPPERER, H., Was, wenn nicht alles endet, wenn alles endet, S. 860, sowie KLOOS, I., Standardisierung insolvenzrechtlicher Rechnungslegung, S. 586 f. Zum Dokumentationszweck in der KO vgl. PLATE, G., Die Konkursbilanz, S. 24.

716 Vgl. BAETGE, J./KIRSCH, H.-J./THIELE, S., Bilanzen, S. 95, sowie HENI, B., Zahlenfriedhöfe auf Kosten der Gläubiger?, S. 615.

423.212. Herleitung des Zwecks der Dokumentation

423.212.1 Gesetzeskodifikation

Als ein Element der hermeneutischen Methode und Basis für eine direkte Schlussfolgerung auf den Dokumentationszweck wird zunächst analysiert, ob **Wortlaut und -sinn** der InsO auf diesen schließen lassen.[717] Es findet sich eine Reihe von mehr oder weniger konkreten Hinweisen. Die Verfahrensgrundsätze der InsO enthält § 5 InsO. In § 5 Abs. 4 InsO heißt es, „Tabellen und Verzeichnisse können maschinell hergestellt und bearbeitet werden."[718] „Die Führung der Tabellen und Verzeichnisse, ihre elektronische Einreichung sowie die elektronische Einreichung der dazugehörigen Dokumente und deren Aufbewahrung"[719] können durch Rechtsverordnungen bestimmt werden. An dieser Stelle gibt der Gesetzgeber bereits einen eindeutigen Hinweis darauf, dass das Verzeichnis der Massegegenstände, das Gläubigerverzeichnis, die Vermögensübersicht und entsprechend auch die Schlussrechnung anzufertigen sind und ggf. maschinell erstellt werden können. Eine Dokumentation ist die Grundvoraussetzung dafür.[720] Bei Anwendung von EDV-Technik sind die Anforderungen an einen zweckadäquaten Datenschutz einzuhalten.[721] Dadurch, dass § 5 Abs. 4 InsO im ersten Teil der InsO unter den allgemeinen Vorschriften verzeichnet ist, ist die Regelung unabhängig vom Verfahrenstyp anzuwenden.[722]

Die im vierten Teil der InsO kodifizierten Regelungen zur Verwaltung und Verwertung der Insolvenzmasse enthalten die Vorschriften zur insolvenzspezifischen Rechnungslegung zu **Verfahrensbeginn**.[723] Diese gelten nach § 281 InsO nicht nur für den Insolvenzverwalter, sondern im Rahmen der Eigenverwaltung gleichermaßen für den Schuldner.[724] Der Insolvenzverwalter hat nach § 148 Abs. 1 InsO mit der Übernahme der Verfahrenseröffnung das „gesamte zur Insolvenzmasse gehörende Vermögen sofort in Besitz und Verwaltung zu nehmen"[725]. Die

717 Vgl. Abschnitt 333. zu den Elementen der hermeneutischen Methode.

718 § 5 Abs. 4 S. 1 f. InsO.

719 § 5 Abs. 4 S. 1 f. InsO.

720 Vgl. dazu auch DEUTSCHER BUNDESTAG (Hrsg.), BT-Drucksache 12/2443, S. 110, sowie SCHMERBACH, U., in: Wimmer, FK-InsO, 8. Aufl., § 5, Rn. 57.

721 Vgl. PAPE, I., in: Uhlenbruck/Hirte/Vallender, InsO, 14. Aufl., § 5, Rn. 30.

722 Vgl. Abschnitt 212.2 für die unterschiedlichen Arten von Insolvenzverfahren.

723 Die §§ 148-155 InsO enthalten die Vorschriften zur Sicherung der Insolvenzmasse. Zur Struktur der InsO vgl. BORK, R., Einführung in das Insolvenzrecht, Rn. 24-27.

724 Im Folgenden wird lediglich vom Insolvenzverwalter gesprochen, auch wenn die Vorschriften in einem Verfahren in Eigenverwaltung gleichermaßen für den Schuldner gültig sind. Vgl. § 281 InsO; ECKARDT, D., in: Jaeger, InsO Band 5, § 151, Rn. 12, sowie RIEDEL, E., in: Kirchhof/Stürner/Eidenmüller, Kommentar zur InsO, 3. Aufl., § 66, Rn. 1.

725 § 148 Abs. 1 InsO.

Vorschrift lässt darauf schließen, dass im Zuge der Massesicherung alle zugehörigen Vermögensgegenstände für eine effiziente Verwaltung zu dokumentieren sind.[726] Die Dokumentation sollte gemäß §§ 151-153 InsO die Aufstellung eines Inventars und einer Vermögensübersicht umfassen.[727] Als Teil der insolvenzspezifischen Rechnungslegung hat der Insolvenzverwalter bei Verfahrenseröffnung ein „Verzeichnis der einzelnen Gegenstände der Insolvenzmasse aufzustellen"[728]. In diesem ist „bei jedem Gegenstand dessen Wert anzugeben"[729]. Für den Fall, dass sich Liquidations- und Fortführungswerte unterscheiden, sind „beide Werte anzugeben"[730].[731]

Aus der Wortwahl des Gesetzgebers lässt sich ableiten, dass alle Massegegenstände vollständig und einzelwertbasiert zu erfassen sind.[732] Das Hauptziel des Insolvenzverfahrens, nämlich die gemeinschaftliche Befriedigung aller Gläubiger, ist nur erreichbar, wenn die Insolvenzmasse geordnet und adressatengerecht erfasst wird. In der Begründung zum Regierungsentwurf der InsO wird vom Gesetzgeber klargestellt, dass auch Ansprüche, die sich aus den Vorschriften zur Insolvenzanfechtung ergeben, aufzunehmen und demnach zu dokumentieren sind.[733] Bei der Bewertung der Vermögensgegenstände ist darauf zu achten, dass die Wertansätze intersubjektiv nachprüfbar sind und nicht im subjektiven Ermessen des Insolvenzverwalters liegen.[734]

Analog zum Verzeichnis der Massegegenstände fordert § 152 InsO, dass ein „Verzeichnis aller Gläubiger"[735] anzufertigen ist. § 152 Abs. 2 InsO verweist auf eine gesonderte Aufführung der

---

726 Zur Sicherung der Masse kann der Insolvenzverwalter zudem eine Siegelung durch einen Gerichtsvollzieher vollziehen lassen. Vgl. dazu § 150 InsO. Vgl. zudem HAARMEYER, H./WIPPERFÜRTH, S., Guter Rat bei Insolvenz, S. 106.

727 Vgl. auch SINZ, R., in: Uhlenbruck/Hirte/Vallender, InsO, 14. Aufl., § 148, Rn. 35.

728 § 151 Abs. 1 S. 1 InsO.

729 § 151 Abs. 2 S. 1 InsO.

730 § 151 Abs. 2 S. 2 InsO. Vgl. zudem BALZ, M./LANDFERMANN, H.-G., Die neuen Insolvenzgesetze, S. 395.

731 Vgl. MÖHLMANN, T., Die Ausgestaltung der Masse- und Gläubigerverzeichnisse, S. 163 f.

732 Vgl. WEGENER, B., in: Wimmer, FK-InsO, 8. Aufl., § 151, Rn. 5, sowie ECKARDT, D., in: Jaeger, InsO Band 5, § 151, Rn. 6.

733 Vgl. DEUTSCHER BUNDESTAG (Hrsg.), BT-Drucksache 12/2443, S. 171. Grundsätzlich ist die rechtliche Zugehörigkeit der Insolvenzmasse relevant, d. h. maßgeblich ist das Vermögen, welches dem Schuldner zur Zeit der Verfahrenseröffnung gehört. Vgl. KAHLERT, G., Einkommensbesteuerung in der Insolvenz, S. 1198.

734 Vgl. DEUTSCHER BUNDESTAG (Hrsg.), BT-Drucksache 12/2443, S. 171.

735 § 152 Abs. 1 InsO.

einzelnen Gläubigergruppen und Rangklassen innerhalb der Insolvenzgläubiger.[736] Die Legislative expliziert, dass neben einer vollständigen, ebenfalls eine systematische Aufzeichnung inklusive der mit den Gläubigern verbundenen Forderungen verlangt wird.[737]

Die Vermögensübersicht setzt sich nach § 153 Abs. 1 S. 2 InsO aus dem Verzeichnis der Massegegenstände sowie dem Gläubigerverzeichnis zusammen.[738] Es wird eine „geordnete Übersicht"[739] verlangt, in der die Masse und die Verbindlichkeiten „aufgeführt und einander gegenübergestellt werden"[740]. Die Vollständigkeit der Aufstellung kann das Gericht vom Schuldner gemäß § 153 Abs. 2 InsO eidesstattlich versichern lassen. Eine vollständige Aufzeichnung der Massegegenstände und Verbindlichkeiten und damit auch die Erfüllung des Dokumentationszwecks bei Verfahrensbeginn ist eine notwendige Bedingung, um die gesetzlichen Vorgaben nach §§ 148-153 InsO zu erfüllen. Die in der Vermögensübersicht enthaltenen Wertansätze haben sich an dem Verzeichnis der Massegegenstände sowie dem Gläubigerverzeichnis zu orientieren.[741] Die drei aufgeführten Berichtsdokumente sind anschließend gemäß § 154 InsO in der Geschäftsstelle des Insolvenzgerichts niederzulegen.[742] Daraus lässt sich ebenfalls schlussfolgern, dass im Vorhinein eine entsprechende Dokumentation vorliegen muss. Die Anordnung und der Aufbau der Paragraphen im Gesetz nach §§ 148-151 InsO sowie § 153 InsO führen systematisch zu einer vollständigen Aufnahme und übersichtlichen Aufzeichnung der Insolvenzmasse. Die Notwendigkeit der Dokumentation bestehender rechtlicher Verpflichtungen des Unternehmens ggü. den Gläubigern ist in den §§ 152-153 InsO kodifiziert.

Im **Verfahren und bei Verfahrensbeendigung** ist gemäß § 66 InsO Rechnung zu legen. Die Gläubiger können demnach „zu bestimmten Zeitpunkten während des Verfahrens [eine; Anm. des Verf.] Zwischenrechnung"[743] verlangen.[744] § 66 Abs. 3 InsO verweist darauf, dass für die

---

736 Vgl. ausführlich Abschnitt 222.11.

737 Das Ziel einer vollständigen Aufzeichnung wird abermals in der Begründung des Regierungsentwurfs verdeutlicht, vgl. DEUTSCHER BUNDESTAG (Hrsg.), BT-Drucksache 12/2443, S. 171.

738 Dazu heißt es in § 153 Abs. 1 S. 2 InsO „[f]ür die Bewertung der Gegenstände gilt § 151 Abs. 2 entsprechend, für die Gliederung der Verbindlichkeiten § 152 Abs. 2 Satz 1". Vgl. dazu auch SINZ, R., in: Uhlenbruck/Hirte/Vallender, InsO, 14. Aufl., § 151, Rn. 1; IDW (Hrsg.), Bestandsaufnahme im Insolvenzverfahren (IDW RH HFA 1.010), S. 315, sowie Abschnitt 222.11.

739 § 153 Abs. 1 InsO.

740 § 153 Abs. 1 InsO.

741 Vgl. dazu auch SINZ, R., in: Uhlenbruck/Hirte/Vallender, InsO, 14. Aufl., § 153, Rn. 1.

742 Vgl. SINZ, R., in: Uhlenbruck/Hirte/Vallender, InsO, 14. Aufl., § 154, Rn. 1.

743 § 66 Abs. 3 InsO.

744 Vgl. ausführlich Abschnitt 22.

Zwischenrechnung § 66 Abs. 1 und 2 InsO anzuwenden ist.[745] Demnach hat der Insolvenzverwalter ggü. „einer Gläubigerversammlung Rechnung zu legen"[746]. Die Zwischen- und Schlussrechnung „prüft das Insolvenzgericht"[747]. Auch wenn der Dokumentationszweck nicht genannt wird, setzt die Tatsache, dass zum einen das Insolvenzgericht die Zwischen- und Schlussrechnung prüft und zum anderen die Rechnungslegungsdokumente „mit den Belegen"[748] auszulegen sind, voraus, dass eine nachprüfbare Dokumentation vorliegt bzw. dem zugrunde liegt.[749] Auch wenn Art und Weise sowie Umfang der Dokumentation im Verfahren und zur Beendigung nicht im Detail in den Gesetzesvorschriften geregelt sind, muss der Insolvenzverwalter dennoch grundsätzlich eine Dokumentation über die insolvenzspezifische Rechnungslegung erstellen.

Der **Wortlaut und -sinn** sowie der **Bedeutungszusammenhang** innerhalb der InsO lassen eindeutig darauf schließen, dass die Dokumentation ein Zweck insolvenzspezifischer Rechnungslegung ist. Im Sinne der Hermeneutik werden hier zur Vollständigkeit die weiteren Auslegungskriterien der hermeneutischen Methode, d. h. die **Entstehungsgeschichte** der Vorschriften, der vom **Gesetzgeber intendierte** sowie der **objektiv-teleologische Zweck** und die **Verfassungskonformität** untersucht.[750]

423.212.2 Weitere Auslegungskriterien der Hermeneutik

Mit Bezug auf die historische Entwicklung sollte durch die InsO die Gläubigerautonomie gestärkt werden, damit die Gläubiger den Verfahrensablauf mitbestimmen und darüber entscheiden können, ob und ggf. in welcher Weise versucht werden soll, das insolvente Unternehmen zu sanieren.[751] Die Intention des Gesetzgebers war es, die nicht mehr funktionsfähige KO und VglO abzulösen und darüber hinaus die Marktkonformität des Insolvenzverfahrens zu stärken.[752] In der Begründung zum Gesetzentwurf heißt es dazu, dass in „der Marktwirtschaft [...] das Urteil derjenigen Personen maßgeblich sein [muss, Anm. des Verf.], deren Vermögen auf

745 Vgl. dazu auch Abschnitt 222.12.

746 § 66 Abs. 1 InsO.

747 § 66 Abs. 2 S. 1 InsO.

748 § 66 Abs. 2 S. 2 InsO.

749 Ähnlicher Meinung WEITZMANN, J., Rechnungslegung und Schlussrechnungsprüfung, S. 450 f.

750 Vgl. Abbildung 3-1 zur Übersicht der hermeneutischen Kriterien.

751 Für ein detailliertes Verständnis der Entstehungsgeschichte der InsO vgl. Abschnitt 211. Vgl. zudem DEUTSCHER BUNDESTAG (Hrsg.), BT-Drucksache 12/2443, S. 2, sowie GERHARDT, W., Von der Insolvenzrechtsreform zur Insolvenzverordnung, S. 124. Gläubigerautonomie heißt, dass allgemeine wirtschaftliche, soziale oder staatliche Belange hinter den vermögensrechtlich orientierten Privatinteressen der Gläubiger zurückstehen. Vgl. UHLENBRUCK, W., Aus- und Abwahl des Insolvenzverwalters, S. 235, sowie RIEDEMANN, S., Zur Entwicklung des Konkursrechts, S. 13.

752 Vgl. Abschnitt 211. sowie DEUTSCHER BUNDESTAG (Hrsg.), BT-Drucksache 12/2443, S. 77-80.

dem Spiel stehen"[753]. Die Adressaten[754] – und hier die Gläubiger – haben folglich über die Verwertungsalternative zu entscheiden. Dies ist nur möglich, wenn vollständige und transparente Informationen existieren und der Insolvenzverwalter demnach eine entsprechende Dokumentation erstellt hat. Wie in Abschnitt 213.6 erläutert, sind die bestehenden Informationsasymmetrien zwischen dem Insolvenzverwalter und den Gläubigern mit Unterstützung der Dokumentation abzubauen. Nach **subjektiver *ratio legis*** verlangt der Gesetzgeber eine Dokumentation, damit den Gläubigern eine Entscheidungsgrundlage zur Verfügung steht.[755] Auch unter objektiv-teleologischen Gesichtspunkten können die Gläubiger nur durch eine vollständige, transparente und intersubjektiv nachprüfbare Dokumentation am Verfahren beteiligt werden und darauf basierend marktkonforme Entscheidungen treffen.

Die **Entstehungsgeschichte** der InsO ist von jahrzehntelangen Reformbemühungen geprägt.[756] Mit Einführung der InsO wurden teilweise bewährte Vorschriften aus der KO oder VglO übernommen oder nur leicht angepasst. Stellenweise wurden diese durch neue Vorschriften ersetzt oder ergänzt. Eine dieser Ergänzungen ist der zuvor analysierte § 5 Abs. 4 InsO.[757] Die darin enthaltene Fragestellung ist nicht ob, sondern wie – z. B. in elektronischer Form – die insolvenzspezifischen Rechnungslegungsdokumente zu erstellen sind. Die Entwicklung dieser Vorschrift zeigt, dass der Dokumentationsaspekt in der InsO eine selbstverständliche und zentrale Position einnimmt.[758] Die rechnungslegungsspezifischen Vorschriften der §§ 151-153 InsO sowie § 66 InsO lehnen sich stark an die KO und VglO an. Bereits in § 123 Abs. 1 S. 1 KO stand geschrieben, dass der „Verwalter die einzelnen […] Gegenstände unter Angabe ihres Werts aufzuzeichnen"[759] hat. Mit der Einführung des § 151 InsO wurde die Vorschrift u. a. um den Wertansatz von Fortführungs- und Liquidationswerten ergänzt und konkretisiert.[760] Die Erfor-

---

753 DEUTSCHER BUNDESTAG (Hrsg.), BT-Drucksache 12/2443, S. 80.
754 Vgl. zu den Adressaten insolvenzspezifischer Rechnungslegung Abschnitt 222.2.
755 Vgl. dazu auch IDW (Hrsg.), Insolvenzspezifische Rechnungslegung (IDW RH HFA 1.011), Rn. 4; KUNZ, P./MUNDT, K., Rechnungslegungspflichten in der Insolvenz (Teil II), S. 666, sowie BASINSKI, A./HILLEBRAND, C./LAMBRECHT, M., Insolvenzrechnungslegung, S. 3.
756 Vgl. BALZ, M./LANDFERMANN, H.-G., Die neuen Insolvenzgesetze, S. XXIX, sowie Abschnitt 211.
757 Vgl. § 5 Abs. 4 InsO sowie BERGER, C., Synopse InsO/KO, § 5 Verfahrensgrundsätze.
758 Vgl. dazu auch DEUTSCHER BUNDESTAG (Hrsg.), BT-Drucksache 12/2443, S. 110.
759 § 123 Abs. 1 S. 1 KO.
760 Vgl. HAARMEYER, H./WUTZKE, W./FÖRSTER, K., Handbuch zur Insolvenzordnung, S. 512.

dernis, die Konkursmasse bzw. jetzt die Insolvenzmasse aufzuzeichnen, blieb grundsätzlich bestehen. Eine vollständige, übersichtliche und objektive Dokumentation wurde indes noch relevanter, da die Gläubiger u. a. daran ihre Verwertungsentscheidung festmachen sollen.[761]

Ähnliches gilt für das Gläubigerverzeichnis nach § 152 InsO. Vorgänger der Vorschrift waren § 6 VglO sowie § 124 KO. In der VglO bezog sich die Dokumentationspflicht auf die Erstellung eines Gläubiger- und Schuldnerverzeichnisses.[762] In der KO wurde in § 124 KO lediglich darauf verwiesen, dass der Verwalter ein Inventar und eine Bilanz anzufertigen hat, indes wurde nicht auf die Erstellungspflicht eines Gläubigerverzeichnisses verwiesen.[763] Allerdings war gemäß § 104 KO bei Antragsstellung ein „Verzeichnis der Gläubiger" einzureichen. Diese Aufstellung war indes weniger umfangreich und wurde nicht vom Insolvenzverwalter, sondern vom Schuldner sowie zu einem früheren Verfahrenszeitpunkt erstellt.[764] § 152 InsO bildet die Nachfolge- und Erweiterungsregelung des § 124 KO, die damit verbundenen Dokumentationsvorschriften sind im Vergleich zur KO umfangreicher und orientieren sich an § 6 VglO.[765] Folglich sind die gläubigerbezogenen Dokumentationsanforderungen mit Einführung der InsO gestiegen.[766]

§ 153 InsO hat seine Ursprünge in der KO, der VglO sowie der GesO.[767] Nach § 124 KO musste eine „Konkurseröffnungsbilanz" angefertigt werden. Die VglO enthielt mit § 5 Abs. 1 VglO den Hinweis, dass eine Vermögensübersicht zu erstellen ist, die GesO verwies in § 11 Abs. 1 GesO darauf, dass ein Vermögensverzeichnis erforderlich ist.[768] Die Einführung der InsO führte die einzelnen Dokumentationspflichten zusammen. Durch die Voraussetzung,

761 Vgl. ECKARDT, D., in: Jaeger, InsO Band 5, § 151, Rn. 20, sowie PELKA, J./NIEMANN, W., Praxis der Rechnungslegung in Insolvenzverfahren, Rn. 446.

762 In § 6 Abs. 1 VglO hieß es, dass „[i]n die Verzeichnisse der Gläubiger und Schuldner (§ 4 Abs. 1 Nr. 2) sind alle Gläubiger und Schuldner aufzunehmen. Bei jeder Forderung und Verbindlichkeit sind der Betrag und der Schuldgrund anzugeben". Vgl. zudem FÜCHSL, J./WEISHÄUPL, H./JAFFÉ, M., in: Kirchhof/Stürner/Eidenmüller, Kommentar zur InsO, 3. Aufl., § 152, Rn. 2.

763 Vgl. ECKARDT, D., in: Jaeger, InsO Band 5, § 152, Rn. 5.

764 Vgl. FÜCHSL, J./WEISHÄUPL, H./JAFFÉ, M., in: Kirchhof/Stürner/Eidenmüller, Kommentar zur InsO, 3. Aufl., § 152, Rn. 2, sowie ECKARDT, D., in: Jaeger, InsO Band 5, § 152, Rn. 5.

765 Vgl. BERGER, C., Synopse InsO/KO, § 153, sowie FÜCHSL, J./WEISHÄUPL, H./JAFFÉ, M., in: Kirchhof/Stürner/Eidenmüller, Kommentar zur InsO, 3. Aufl., § 152, Rn. 1.

766 Vgl. FÜCHSL, J./WEISHÄUPL, H./JAFFÉ, M., in: Kirchhof/Stürner/Eidenmüller, Kommentar zur InsO, 3. Aufl., § 152, Rn. 1-4.

767 Zur GesO vgl. ausführlich Abschnitt 211.

768 Vgl. HAARMEYER, H./WUTZKE, W./FÖSTER, K., Gesamtvollstreckungsordnung, § 11, Rn. 6; BALZ, M./LANDFERMANN, H.-G., Die neuen Insolvenzgesetze, S. 398, sowie HAARMEYER, H./WUTZKE, W./FÖRSTER, K., Handbuch zur Insolvenzordnung, Kap. 5, Rn. 127.

nach § 151 InsO Fortführungs- und Liquidationswerte anzusetzen, wurde auch die Dokumentationspflicht in der Vermögensübersicht nach § 153 InsO um die mehrdimensionale Wertangabe ergänzt.[769]

Die Vorgängerregelung von § 66 InsO war § 86 KO. Darin heißt es, dass der „Verwalter bei Beendigung seines Amts einer Gläubigerversammlung Schlußrechnung [sic!] zu legen“[770] hat. Die Dokumentationspflicht zu Verfahrensende war demnach kein Novum der InsO.[771] Auch die Möglichkeit der Zwischenrechnung im Verfahrensverlauf war bereits in § 132 Abs. 2 KO verzeichnet.[772] Durch die Insolvenzrechtsreform wurden die Inhalte des § 132 Abs. 2 KO in § 66 Abs. 3 InsO integriert. Die historische Entwicklung der rechnungslegungsbezogenen Vorschriften der InsO zeigen, dass der Dokumentationszweck zwar bereits in den Vorgängergesetzen existierte, allerdings in der InsO – unter dem Aspekt der Gläubigerautonomie – um einen mehrdimensionalen Ausweis erweitert, klarer von der Legislative expliziert und durch die Zusammenfassung in § 66 InsO strukturiert wurde.[773]

Zuletzt ist sicherzustellen, dass die Auslegung der Vorschriften, in diesem Fall des Zwecks der Dokumentation, verfassungskonform ist.[774] Es muss neben der formellen die materielle Verfassungsmäßigkeit vorliegen. Der Zweck darf demnach nicht gegen die Prinzipien- und Wertentscheidungen des Grundrechts verstoßen.[775] **Formell** ist eine Vorschrift grundsätzlich verfassungsmäßig, wenn das Gesetzgebungsverfahren nach Art. 76-78 GG sowie Art. 82 GG stattgefunden hat.[776] Aus den BT-Drucksachen 12/2443, 12/7302 sowie 12/8120 wird deutlich, dass das Gesetzgebungsverfahren formell verfassungskonform war, d. h. der Bundestag am 21. April

---

769 Vgl. HAARMEYER, H./WUTZKE, W./FÖRSTER, K., Handbuch zur Insolvenzordnung, Kap. 5, Rn. 127, sowie ECKARDT, D., in: Jaeger, InsO Band 5, § 153, Rn. 4.

770 § 86 S. 1 KO. Vgl. auch ECKARDT, D., in: Jaeger, InsO Band 5, § 153, Rn. 4, sowie DEUTSCHER BUNDESTAG (Hrsg.), BT-Drucksache 12/2443, S. 131.

771 Vgl. WEITZMANN, J., Rechnungslegung und Schlussrechnungsprüfung, S. 449.

772 Vgl. SCHMIDT, K., Liquidations- und Konkursbilanzen, S. 78 f., sowie DEUTSCHER BUNDESTAG (Hrsg.), BT-Drucksache 12/2443, S. 131. Nach Ansicht des IDW soll die Zwischenrechnung gemäß der InsO vor allem „den Verlauf des Verfahrens dokumentieren“, vgl. IDW (Hrsg.), Insolvenzspezifische Rechnungslegung (IDW RH HFA 1.011), Rn. 33.

773 PLATE spricht in Bezug auf die KO vom „Darstellungszweck“, vgl. PLATE, G., Die Konkursbilanz, S. 24 f.

774 Vgl. LARENZ, K./CANARIS, C.-W., Methodenlehre der Rechtswissenschaft, S. 159 f.; KRAMER, E. A., Juristische Methodenlehre, S. 105; BAETGE, J./KIRSCH, H.-J./THIELE, S., Bilanzen, S. 111, sowie Abschnitt 333. Zu den Ebenen der verfassungsrechtlichen Prüfung vgl. LEPA, B., Insolvenzordnung und Verfassungsrecht, S. 31-35.

775 Vgl. SCHMALZ, D., Prüfungsschema: Verfassungsmäßigkeit.

776 Demnach muss das Gesetzgebungsverfahren für Bundesgesetze nach Art. 76 GG mit der richtigen Gesetzesinitiative starten. Ferner muss der Bundestag gemäß Art. 77 Abs. 1 GG das Gesetz beschließen und der Bundesrat an diesem nach Art. 77 Abs. 2-4 GG mitwirken. Abschließend ist das Gesetz gemäß Art. 82 GG im Abschlussverfahren auszufertigen, zu verkünden und tritt alsdann in Kraft.

1994 die InsO beschlossen hat und der Bundesrat diese am 15. Juni 1994 bestätigte.[777] Die formelle Verfassungskonformität gilt grundsätzlich auch für alle weiteren in der InsO enthaltenen Vorschriften.

Materiell ist zu prüfen, ob die angesprochenen Vorschriften der § 5 InsO, § 66 InsO und §§ 148-153 InsO sowie der Dokumentationszweck gegen das Grundgesetz verstoßen. Die Vereinbarkeit mit den Grundrechten nach Art. 1-19 GG ist gegeben.[778] Die Verzeichnisse offenbaren zwar die Vermögensverhältnisse des Schuldners, was nach Art. 1, 2 GG ein Eingriff in die grundrechtlich gewährleistete informationelle Selbstbestimmung der Schuldner ist, indes dominieren dabei der Rechtsschutzgedanke der Gläubiger und das Interesse der Allgemeinheit.[779] Ferner hat das Bundesverfassungsgericht bis dato keinen Verstoß der oben genannten Regelungen gegen die Grundrechte festgestellt und es liegen auch keine Verfassungsbeschwerden dagegen vor.[780] Anhaltspunkte für einen Grundgesetz-Verstoß der Regelungen liegen demzufolge nicht vor. Demnach können die entsprechenden Regelungen der InsO als verfassungskonform angesehen werden.

423.213. Würdigung des hergeleiteten Zwecks der Dokumentation

Die vorangegangene Analyse zeigt, dass – auch wenn das Wort „Dokumentation" in der InsO nicht genannt wird – die hermeneutische Auslegung auf die Dokumentation als Zweck schließen lässt. Aus dem **Wortlaut und -sinn** sowie dem **Bedeutungszusammenhang** der relevanten Regelungen kann geschlussfolgert werden, dass für die Verwaltung der Insolvenzmasse sowie eine adressatengerechte Kommunikation die insolvenzspezifische Rechnungslegung den Zweck der Dokumentation erfüllen muss.[781] Die Analyse der **Entstehungsgeschichte** bestärkt dies und auch Elemente der **subjektiven *ratio legis***, d. h. der Ansicht des Gesetzgebers, zeigen, dass ebenfalls dieser den Dokumentationszweck als erforderlich erachtet. Ebenso anhand **objektiv-teleologischer Kriterien** lässt die Auslegung der Vorschriften auf die Dokumentation

---

777 Vgl. DEUTSCHER BUNDESTAG (Hrsg.), BT-Drucksache 12/2443, S. 1; DEUTSCHER BUNDESTAG (Hrsg.), BT-Drucksache 12/7302, S. 1, sowie DEUTSCHER BUNDESTAG (Hrsg.), BT-Drucksache 12/8120, S. 1.

778 Für eine detaillierte Analyse der Verfassungskonformität der InsO vgl. STÜRNER, R., in: Kirchhof/Stürner/Eidenmüller, Kommentar zur InsO, 3. Aufl., Einleitung, Rn. 77-101, sowie zur Übersicht LEPA, B., Insolvenzordnung und Verfassungsrecht, S. 15-19. Vgl. zudem HEESE, M., Gläubigerinformation in der Insolvenz, S. 112.

779 Vgl. STÜRNER, R., in: Kirchhof/Stürner/Eidenmüller, Kommentar zur InsO, 3. Aufl., Einleitung, Rn. 92, sowie BUNDESVERFASSUNGSGERICHT (Hrsg.), BVerfGE 65, 1.

780 Vgl. BUNDESVERFASSUNGSGERICHT (Hrsg.), Entscheidungen des BVerfGE. Zuletzt hat das BVerfG den Ausschluss der Bestellung juristischer Personen als Insolvenzverwalter nach § 56 InsO als verfassungskonform erachtet und eine entsprechende Verfassungsbeschwerde zurückgewiesen. Vgl. BUNDESVERFASSUNGSGERICHT (Hrsg.), BvR 3102/13.

781 Vgl. detailliert Abschnitt 423.212.1.

als „objektivierten"[782] Zweck der insolvenzspezifischen Rechnungslegung schließen. Aus der Untersuchung der formellen und materiellen Verfassungskonformität lässt sich schlussfolgern, dass die Gesetzesvorschriften und gleichermaßen der hergeleitete Zweck der Dokumentation **verfassungskonform** sind.

423.22 Rechenschaft

423.221. Definitorische Abgrenzung

Nur auf Basis einer zuverlässigen und vollständigen Dokumentation kann ggü. den Adressaten Rechenschaft abgelegt werden.[783] Die Rechenschaft dient im Umkehrschluss dazu, sicherzustellen, dass die Dokumentation inhaltlich richtig ist, da die Adressaten diese kontrollieren und prüfen.[784] Der Zweck der Rechenschaft dient vordergründig zur Urteilsbildung der Adressaten.[785] Wie in Abschnitt 222.2 verdeutlicht, sind die Gläubiger die primären Adressaten, welche jederzeit einen Überblick über den Status des insolventen Unternehmens erhalten sollen.[786] Zu Verfahrensbeginn dient den Gläubigern eine vollständige, klare und richtige Berichterstattung als Urteilsgrundlage für die Verwertungsentscheidung.[787] Im Verfahren informiert der Insolvenzverwalter die Gläubiger über den Verfahrensstand. Mit der Schlussrechnung zum Verfahrensende legt der Insolvenzverwalter Rechenschaft ab und versucht sich u. a. durch einen Tätigkeitsbericht zu exkulpieren.[788] Rechenschaft im insolvenzrechtlichen Kontext wird, an die handelsrechtliche Definition von LEFFSON angelehnt, definiert als die **Offenlegung der Verwendung des verwaltenden Kapitals, sodass dem Adressaten ein vollständiger, verständlicher und zutreffender Einblick in die Tätigkeit des Insolvenzverwalter gegeben wird, sodass der Adressat und vor allem die Gläubiger sich ein eigenes Urteil über das verwaltete Vermögen, den Verfahrensstand und den damit einhergehenden Verwertungserfolg bilden können**.[789] Eine Besonderheit der Rechenschaft insolvenzspezifischer Rechnungslegung ist, dass im Vergleich zum Handelsrecht der Zweck der Kapitalerhaltung nicht relevant

782 Vgl. HONSELL, H., in: von Staudinger, BGB Kommentar, Einleitung zum Bürgerlichen Gesetzbuch, Rn. 134.

783 Vgl. BAETGE, J./KIRSCH, H.-J./THIELE, S., Bilanzen, S. 102.

784 Vgl. LEFFSON, U., Die Grundsätze ordnungsmäßiger Buchführung, S. 158.

785 Zur Definition im Handelsrecht vgl. LEFFSON, U., Die Grundsätze ordnungsmäßiger Buchführung, S. 64, sowie BAETGE, J./KIRSCH, H.-J./THIELE, S., Bilanzen, S. 95. Vgl. zudem Abschnitt 422.2.

786 Vgl. MOCK, S., in: Uhlenbruck/Hirte/Vallender, InsO, 14. Aufl., § 66, Rn. 51.

787 Vgl. PÖGGELER, W., Die Aufgaben des Insolvenzrechts, S. 750, sowie FÜCHSL, J./WEISHÄUPL, H./JAFFÉ, M., in: Kirchhof/Stürner/Eidenmüller, Kommentar zur InsO, 3. Aufl., § 151, Rn. 10.

788 Vgl. SCHMIDT, K., Liquidations- und Konkursbilanzen, S. 78; WEITZMANN, J., Rechnungslegung und Schlussrechnungsprüfung, S. 449 f., sowie MOCK, S., in: Uhlenbruck/Hirte/Vallender, InsO, 14. Aufl., § 66, Rn. 51.

789 In Anlehnung an LEFFSON, U., Die Grundsätze ordnungsmäßiger Buchführung, S. 64. Vgl. zudem RIEDEL,

ist und daher auch keine Ausgewogenheit zwischen den Zwecken Rechenschaft und Kapitalerhaltung anzustreben ist.[790] Vielmehr stehen die Rechenschaft und eine mit dieser verbundene adressatenorientierte Informationsvermittlung im Mittelpunkt.[791]

423.222. Herleitung des Zwecks der Rechenschaft

423.222.1 Gesetzeskodifikation

Wie auch der Dokumentationszweck wird der Rechenschaftszweck nicht unmittelbar in der InsO genannt. In den Gesetzesvorschriften der insolvenzspezifischen Rechnungslegung zu **Verfahrensbeginn** heißt es, dass der Insolvenzverwalter das „gesamte [...] Vermögen sofort in Besitz und Verwaltung zu nehmen“[792] hat. Daraus lässt sich schlussfolgern, dass den Adressaten durch die Verwaltung des gesamten Vermögens ein ganzheitliches und vollständiges Bild zur Urteilsbildung über die Vermögenssituation gegeben werden soll.[793] Die Inbesitznahme bzw. das Verwalten der Masse darf indes nicht wahllos sein. Vielmehr hat die Aufstellung des Verzeichnisses der Massegegenstände die Verständlichkeit zu fördern und den Adressaten durch die Angabe von Fortführungs- und Liquidationswerten gemäß § 151 Abs. 2 S. 1 InsO einen zutreffenden Einblick über die Verwertungsalternativen zu geben.[794] Die Aufstellung von Fortführungs- und Liquidationswerten im Verzeichnis der Massegegenstände, und analog in der Vermögensübersicht, dient den Gläubigern, um über die vorteilhafteste Verwertungsalternative zu entscheiden.[795] Zudem verlangt die Legislative nach § 152 InsO, dass alle Gläubiger

---

E., in: Kirchhof/Stürner/Eidenmüller, Kommentar zur InsO, 3. Aufl., § 66, Rn. 5; PLATE, G., Die Konkursbilanz, S. 72; EICKES, S., Grundsatz der Unternehmensfortführung in der Insolvenz, S. 77; WINNEFELD, R., Bilanz-Handbuch, Rn. 935; SCHMITT, F., in: Wimmer, FK-InsO, 8. Aufl., § 66, Rn. 8, sowie MÖHLMANN-MAHLAU, T., Insolvenzbilanzen, S. 227.

790 Zur Gleichgewichtung der handelsrechtlichen Zwecke Rechenschaft und Kapitalerhaltung heißt es im Entwurf des Bilanzrechtsmodernisierungsgesetzes (BilMoG) in Hinblick auf die nicht mehr zulässigen steuerlichen Abschreibungen, dass „Gläubigerschutz- und die Informationsfunktion des handelsrechtlichen Jahresabschlusses auf gleicher Ebene stehen“, so DEUTSCHER BUNDESTAG (Hrsg.), BT-Drucksache 16/10067, S. 59. Auch die endgültige Beschlussempfehlung und damit die finale Meinung des Gesetzgebers verweist indirekt auf diese Regelung, vgl. DEUTSCHER BUNDESTAG (Hrsg.), BT-Drucksache 16/12407, S. 83. Vgl. zudem BAETGE, J./KIRSCH, H.-J./THIELE, S., Bilanzen, S. 103, sowie BAETGE, J./THIELE, S., Gesellschafterschutz versus Gläubigerschutz, S. 23.

791 Vgl. BALZ, M., Ziele der Insolvenzordnung, Rn. 28 f.; BASINSKI, A./HILLEBRAND, C./LAMBRECHT, M., Insolvenzrechnungslegung, Rn. 6; BECK, R./HÖLZLE, G., Rechnungslegung durch den Insolvenzverwalter, Rn. 187, sowie HENI, B., Interne Rechnungslegung, S. 73.

792 Vgl. § 148 Abs. 1 InsO.

793 Vgl. FÜCHSL, J./WEISHÄUPL, H./JAFFÉ, M., in: Kirchhof/Stürner/Eidenmüller, Kommentar zur InsO, 3. Aufl., § 151, Rn. 7. Nur auf Basis vollständiger Informationen kann der Grundsatz der Gläubigerautonomie erfüllt werden und die Gläubiger können somit zielgerichtete Entscheidungen treffen.

794 Vgl. PÖGGELER, W., Die Aufgaben des Insolvenzrechts, S. 750; WEGENER, B., in: Wimmer, FK-InsO, 8. Aufl., § 151, Rn. 15-25, sowie DEUTSCHER BUNDESTAG (Hrsg.), BT-Drucksache 12/2443, S. 171. Die Idee, sowohl Zerschlagungs- als auch Fortführungswerte anzugeben, wurde bereits an früherer Stelle in einem handelsrechtlichen Kontext von MOXTER entwickelt. Vgl. MOXTER, A., Bilanzlehre, S. 217.

795 Vgl. FÜCHSL, J./WEISHÄUPL, H./JAFFÉ, M., in: Kirchhof/Stürner/Eidenmüller, Kommentar zur InsO,

entsprechend ihrer „einzelnen Rangklassen [...] gesondert aufzuführen“[796] sind und so die Mittelherkunft expliziert wird. Demnach definiert der Gesetzgeber weitreichender als bei den Vorschriften des § 151 InsO welche Gliederungspunkte enthalten sein müssen. So können die Gläubiger einsehen, wie die Forderungsanteile der restlichen Gläubiger verteilt sind und welchen Anteil inklusive welcher Rechte sie im Verhältnis zu den übrigen Gläubigern besitzen.[797] Anschließend ist nach § 153 Abs. 1 InsO eine „geordnete Übersicht“[798] anzufertigen, die aus den beiden Verzeichnissen besteht.[799] Die Intention des Gesetzgebers ist, dass die Gläubiger einen Überblick über das tatsächlich vorhandene Vermögen erhalten und so u. a. im weiteren Verfahrensverlauf beurteilen können, ob der Insolvenzverwalter die Masse effizient verwaltet und verwertet hat.[800] Zur Verfahrenseröffnung werden die Berichtsdokumente der §§ 151-153 InsO gemäß § 154 InsO „spätestens eine Woche vor dem Berichtstermin“[801] in der Geschäftsstelle niedergelegt. Durch die Offenlegungspflicht sollen sich die Gläubiger einen Überblick über die Vermögenssituation verschaffen können und frühzeitig ein eigenes Urteil bilden.[802] Zu Verfahrensbeginn lassen Wortlaut und Wortsinn sowie der Bedeutungszusammenhang der gesetzlichen Vorschriften darauf schließen, dass die insolvenzspezifische Rechnungslegung den Rechenschaftszweck zu erfüllen hat.

Die Vermögensübersicht ist der Anknüpfungspunkt für die Rechnungslegung im **Verfahren** nach § 66 InsO.[803] Wie bereits verdeutlicht, können die Gläubiger eine Zwischenrechnung verlangen. Der Insolvenzverwalter ist dann verpflichtet, „zu bestimmten Zeitpunkten während des Verfahrens Zwischenrechnung zu legen“[804]. [805] Dies dient zum einen der Dokumentation des Verfahrensverlaufs und zum anderen als Kontrollinstrument für die Gläubiger, da sie anhand

3. Aufl., Vorbemerkungen zu §§ 151-155, Rn. 3.

796 § 152 Abs. 2 S. 1 InsO.

797 Vgl. für eine detaillierte Darstellung der einzelnen Gläubigergruppen sowie möglicher Interessenkonflikte zwischen den Gläubigern Abschnitt 213.3.

798 Vgl. § 153 Abs. 1 S. 1 InsO.

799 Vgl. § 153 Abs. 2 S. 2 InsO.

800 Vgl. PÖGGELER, W., Die Aufgaben des Insolvenzrechts, S. 750. Die Vermögensübersicht verdichtet die Informationen der Verzeichnisse nach §§ 151-152 InsO. So haben die Gläubiger eine bessere Übersicht und können die Vermögenssituation schneller verstehen. Vgl. HEYN, M., Die Erstellung der Verzeichnisse gem. §§ 151-153 InsO, Teil 1, S. 215.

801 Vgl. § 154 InsO.

802 Vgl. SINZ, R., in: Uhlenbruck/Hirte/Vallender, InsO, 14. Aufl., § 154, Rn. 4; FÜCHSL, J./WEISHÄUPL, H./JAFFÉ, M., in: Kirchhof/Stürner/Eidenmüller, Kommentar zur InsO, 3. Aufl., § 154, Rn. 2.

803 Vgl. FÜCHSL, J./WEISHÄUPL, H./JAFFÉ, M., in: Kirchhof/Stürner/Eidenmüller, Kommentar zur InsO, 3. Aufl., Vorbemerkungen zu §§ 151-155, Rn. 6.

804 § 66 Abs. 3 S. 1 InsO.

805 Vgl. ausführlich Abschnitt 222.12.

einer Zwischenrechnung einen Einblick in die Arbeit des Insolvenzverwalters und in die Effizienz der Masseverwertung erhalten.[806] Der Kontrollcharakter der Zwischenrechnung wird in § 66 InsO dadurch betont, dass das Insolvenzgericht und der Gläubigerausschuss die Dokumente der Zwischenrechnung zu prüfen haben.[807] Analog zur Auslegung vor dem Berichtstermin hat der Insolvenzverwalter die Unterlagen vor einer einberufenen Gläubigerversammlung nach § 66 Abs. 2 S. 3 InsO mindestens eine Woche im Voraus aus- bzw. offenzulegen.[808]

Auch „bei der Beendigung seines Amts [hat der Insolvenzverwalter, Anm. des Verf.] Rechnung zu legen“[809]; dies geht zumeist mit dem **Ende des Insolvenzverfahrens** einher.[810] Auch wenn § 66 InsO keine konkreten Vorschriften zu den Inhalten der Schlussrechnung enthält, so muss diese einen vollständigen, verständlichen und zutreffenden Einblick in die Verwertungshandlungen und den Verwertungserfolg des Insolvenzverwalters geben, denn nur so kann sich dieser vor möglichen Schadensersatzansprüchen der Gläubiger gemäß § 60 InsO schützen.[811] Auch für die Schlussrechnung gilt die Prüfungspflicht nach § 66 Abs. 2 InsO, wonach sich das Insolvenzgericht und ggf. der Gläubigerausschuss von der Richtigkeit der Schlussrechnung überzeugen sollen.[812] Wie für die Zwischenrechnung gilt auch für die Schlussrechnung, dass der Insolvenzverwalter diese „mindestens eine Woche“[813] vor der Gläubigerversammlung bzw. dem Schlusstermin auszulegen hat.[814] So hat die Gläubigerversammlung die Möglichkeit, die Schlussrechnung auf formelle und materielle Richtigkeit und zudem den Verwertungserfolg

---

806 Vgl. IDW (Hrsg.), Insolvenzspezifische Rechnungslegung (IDW RH HFA 1.011), S. 325; SCHMITT, F., in: Wimmer, FK-InsO, 8. Aufl., § 66, Rn. 8; BLÜMLE, H., in: Braun, InsO Kommentar, 6. Aufl., § 66, Rn. 29 f., sowie BASINSKI, A./HILLEBRAND, C./LAMBRECHT, M., Insolvenzrechnungslegung, Rn. 7.

807 In § 66 Abs. 2 S. 1 InsO heißt es dazu „Vor der Gläubigerversammlung prüft das Insolvenzgericht die Schlußrechnung [sic!] des Verwalters.“ Ferner heißt es in § 66 Abs. 2 S. 2 InsO, dass der Gläubigerausschuss diese zu prüfen hat. Vgl. zudem KLOOS, I., Standardisierung insolvenzrechtlicher Rechnungslegung, S. 588, sowie HESS, H., in: InsO, 2. Aufl., § 66, Rn. 37.

808 Vgl. HESS, H., in: InsO, 2. Aufl., § 66, Rn. 73, sowie SCHMITT, F., in: Wimmer, FK-InsO, 8. Aufl., § 66, Rn. 25.

809 § 66 Abs. 1 S. 1 InsO.

810 Der Insolvenzverwalter kann auch auf Antrag der Gläubigerversammlung von seinem Amt enthoben werden. Vgl. VALLENDER, H., in: Uhlenbruck/Hirte/Vallender, InsO, 14. Aufl., § 59, Rn. 18, sowie KELLER, U., Insolvenzrecht, Rn. 270.

811 Vgl. zur KO KUNZ, P./MUNDT, K., Rechnungslegungspflichten in der Insolvenz (Teil I), S. 624. Zur InsO vgl. VALLENDER, H., Regelinsolvenzverfahren, S. 1343, sowie PRASSER, C., Steuerberatungskosten als Auslagen des Verwalters, S. 551.

812 Vgl. DEUTSCHER BUNDESTAG (Hrsg.), BT-Drucksache 12/2443, S. 131; HEYRATH, M./EBELING, S./RECK, R., Schlussrechnungsprüfung im Insolvenzverfahren, Rn. 186-197; HILLEBRAND, C., Rechnungslegung in der Insolvenz, S. 58 f.; SCHMITTMANN, J. M., Grenzen der Auslagerung der Schlussrechnungsprüfung auf Dritte, S. 645 f.; BLÜMLE, H., in: Braun, InsO Kommentar, 6. Aufl., § 66, Rn. 17-19, sowie WEITZMANN, J., Rechnungslegung und Schlussrechnungsprüfung, S. 453.

813 § 66 Abs. 2 S. 3 InsO.

814 Vgl. MOCK, S., in: Uhlenbruck/Hirte/Vallender, InsO, 14. Aufl., § 66, Rn. 105.

des Insolvenzverwalters zu überprüfen.[815] Es soll folglich auch hier dem Zweck der Rechenschaft entsprochen werden. Wie zu Verfahrensbeginn lässt die Analyse von Wortlaut und -sinn sowie des Bedeutungszusammenhangs der Vorschriften zur insolvenzspezifischen Rechnungslegung im Verfahren und zur Verfahrensbeendigung darauf schließen, dass der Rechenschaftszweck zu erfüllen ist.

423.222.2 Weitere Auslegungskriterien der Hermeneutik

Nachfolgend werden die Entstehungsgeschichte der relevanten gesetzlichen Vorschriften, der vom Gesetzgeber intendierte und der objektiv-teleologische Zweck sowie die Verfassungskonformität analysiert. Wie in Abschnitt 423.212.2 verdeutlicht, wollte der Gesetzgeber mit der Einführung der InsO die Marktkonformität und damit die Gläubigerautonomie stärken und so den Gläubigern die Entscheidungskompetenz über den Verfahrensverlauf einräumen.[816] Dafür ist es unentbehrlich, dass die Gläubiger (Prinzipale) maximale Transparenz über den Verfahrensstand erhalten und diesen durch den Insolvenzverwalter (Agent) bereitgestellte, entscheidungsrelevante Informationen zur Verfügung stehen.[817] So sollen Informationsasymmetrien abgebaut werden.[818] In der RegB des Gesetzesentwurfs zur InsO wird betont, dass durch die InsO allen Beteiligten der gleiche Zugang zu verfahrensbezogenen transparenten Informationen ermöglicht werden soll.[819] Bereits zu Verfahrensbeginn sollen so Informationsasymmetrien abgebaut werden.[820]

Auch wenn sich durch die Beibehaltung der Einzelaufzeichnungspflicht die InsO zu Verfahrensbeginn grundsätzlich an die KO anlehnt, strebt der Gesetzgeber durch Einführung der vergleichenden Gegenüberstellung von Fortführungs- und Liquidationswerten danach, dass sich die Gläubiger ein eigenes Urteil bilden können und dies nicht durch den Insolvenzverwalter vorweggenommen wird.[821] Die Weiterentwicklung des § 123 KO zu § 151 InsO soll nach An-

815 Vgl. MÖHLMANN, T., Die Berichterstattung im neuen Insolvenzverfahren, S. 329.

816 Vgl. Abschnitt 423.212.2 sowie UHLENBRUCK, W., Aus- und Abwahl des Insolvenzverwalters, S. 235, sowie RIEDEMANN, S., Zur Entwicklung des Konkursrechts, S. 13.

817 Dies war bereits in der KO so, vgl. PLATE, G., Die Konkursbilanz, S. 72.

818 Vgl. zur Prinzipal-Agent-Theorie Abschnitt 213.6.

819 Vgl. DEUTSCHER BUNDESTAG (Hrsg.), BT-Drucksache 12/2443, S. 77.

820 Vgl. PÖGGELER, W., Die Aufgaben des Insolvenzrechts, S. 750.

821 Vgl. DEUTSCHER BUNDESTAG (Hrsg.), BT-Drucksache 12/2443, S. 171.

sicht des Gesetzgebers die Transparenz fördern und den Gläubigern eine von der Verwertungsstrategie abhängige Beurteilung der Vermögenslage ermöglichen.[822] Gleiches gilt für die Vermögensübersicht nach § 153 InsO.[823] In der RegB wird vom Gesetzgeber erklärt, dass die Gläubiger einen „möglichst vollständigen Überblick über das Vermögen“[824] erhalten sollen.[825] Auch für das Gläubigerverzeichnis gilt, dass die Aufzeichnung der ggü. dem insolventen Unternehmen bestehenden Forderungen der Insolvenzgläubiger vollständig sein muss.[826] Durch die in § 152 InsO enthaltene Gliederungssystematik zur Darstellung der Forderungen soll die Übersicht und Transparenz des Gläubigerverzeichnisses gestärkt werden.[827] In § 124 KO wurde lediglich eine „Bilanz“ gefordert, welche die Unternehmensverbindlichkeiten abzubilden hatte, die InsO enthält hingegen mit dem Gläubigerverzeichnis eine detailliertere und klar gegliederte Aufstellungspflicht der Verbindlichkeiten des Unternehmens.[828]

Durch die in § 153 InsO geforderte Gegenüberstellung von Insolvenzmasse und Verbindlichkeiten können die Gläubiger ihre Insolvenzquote ermitteln.[829] Auch wenn dies nicht expliziert wird, so verdeutlicht die historische Entwicklung der Vorschrift, dass der Gesetzgeber mit der insolvenzspezifischen Rechnungslegung zu Verfahrensbeginn den Zweck der Rechenschaft durch eine im Vergleich zur KO transparentere Rechnungslegung stärken wollte. Neben der Auslegung der Vorschriften zur insolvenzspezifischen Rechnungslegung lässt das „zeitliche Privileg“ der insolvenzspezifischen ggü. der handelsrechtlichen Rechnungslegung darauf schließen, dass der Gesetzgeber eine zeitnahe Informationsvermittlung anstrebt und so indirekt den Rechenschaftszweck fördert.[830] Aus der historischen Entwicklung der auf den Verfahrens-

[822] Vgl. Abschnitt 423.212.2; HAARMEYER, H./WUTZKE, W./FÖRSTER, K., Handbuch zur Insolvenzordnung, S. 512, sowie DEUTSCHER BUNDESTAG (Hrsg.), BT-Drucksache 12/2443, S. 171.

[823] Vgl. § 153 Abs. 1 S. 2 InsO sowie PELKA, J./NIEMANN, W., Praxis der Rechnungslegung in Insolvenzverfahren, Rn. 460.

[824] DEUTSCHER BUNDESTAG (Hrsg.), BT-Drucksache 12/2443, S. 171.

[825] Vgl. PELKA, J./NIEMANN, W., Praxis der Rechnungslegung in Insolvenzverfahren, Rn. 463.

[826] Vgl. HESS, H., in: InsO, 2. Aufl., § 152, Rn. 2; SINZ, R., in: Uhlenbruck/Hirte/Vallender, InsO, 14. Aufl., § 152, Rn. 2, sowie WEGENER, B., in: Wimmer, FK-InsO, 8. Aufl., § 152, Rn. 3.

[827] Vgl. SINZ, R., in: Uhlenbruck/Hirte/Vallender, InsO, 14. Aufl., § 152, Rn. 4.

[828] Vgl. FÜCHSL, J./WEISHÄUPL, H./JAFFÉ, M., in: Kirchhof/Stürner/Eidenmüller, Kommentar zur InsO, 3. Aufl., § 152, Rn. 1.

[829] Vgl. IDW (Hrsg.), Insolvenzspezifische Rechnungslegung (IDW RH HFA 1.011), Rn. 4; PELKA, J./NIEMANN, W., Praxis der Rechnungslegung in Insolvenzverfahren, Rn. 440, sowie HEYN, M., Die Verzeichnisse gem. §§ 151-153 InsO, Teil 2, S. 250 f.

[830] Zur Verlängerung der handelsrechtlichen Aufstellungsfristen vgl. IDW (Hrsg.), Externe Rechnungslegung im Insolvenzverfahren (IDW RH HFA 1.012), Rn. 34; DEUTSCHER BUNDESTAG (Hrsg.), BT-Drucksache 12/2443, S. 172, sowie § 155 Abs. 2 S. 2 InsO.

beginn bezogenen Vorschriften der §§ 148-153 InsO lässt sich schlussfolgern, dass der Gesetzgeber nach Transparenz, einer erleichterten Urteilsbildung für die Gläubiger und letztendlich auch der Beachtung des Rechenschaftszweckes strebt.

Im Verfahren kann die Gläubigerversammlung dem Insolvenzverwalter „aufgeben“[831] eine Zwischenrechnung zu erstellen. Die Möglichkeit der Zwischenrechnung existierte bereits in § 132 Abs. 2 KO, wonach auf Beschluss der Gläubigerversammlung vom Insolvenzverwalter Rechnung zu legen war.[832] Demnach hatten die Gläubiger bereits im Konkursrecht die Möglichkeit, den Verfahrensstand und somit die Verwaltungsarbeit des Insolvenzverwalters zu kontrollieren.[833] Gleiches gilt gemäß § 66 Abs. 3 S. 1 InsO.[834] Hingegen existierte die in der InsO enthaltene Prüfungspflicht für die Zwischenrechnung in der KO nicht und wurde erst mit der Insolvenzrechtsreform kodifiziert.[835] Die durch die Insolvenzrechtsreform durchgeführte Positionierung der Vorschrift zur Zwischenrechnung in der KO als Teil der Regelungen der Schlussrechnung nach § 66 InsO zeigt die Intention des Gesetzgebers, dass auch die Zwischenrechnung zu prüfen ist.[836] Die Absicht des Gesetzgebers war es, vor der Offenlegung der Verwendung des durch den Insolvenzverwalter verwalteten Kapitals die Rechnung zu prüfen, um den Gläubigern als Hauptadressaten richtige und vollständige Informationen über den Verfahrensstand zur Verfügung zu stellen.[837]

Gleiches gilt für die Schlussrechnung des Insolvenzverwalters, bis zur Insolvenzrechtsreform hatte dieser nach § 86 KO eine nicht prüfungspflichtige Schlussrechnung aufzustellen.[838] Dadurch, dass der Gesetzgeber die Prüfungspflicht umgesetzt hat, wurde zwangsweise die Ordnungsmäßigkeit des Insolvenzverwalter-Handelns überprüft und der Rechenschaftsgedanke klarer herausgestellt.[839] Eine wesentliche Änderung zwischen InsO und KO ist die Tatsache,

---

831 § 66 Abs. 3 S. 1 InsO.

832 Vgl. ECKHARDT, D., in: Jaeger, InsO Band 2, § 66, Rn. 54, sowie PLATE, G., Die Konkursbilanz, S. 34.

833 Vgl. SCHMIDT, K., Liquidations- und Konkursbilanzen, S. 78 f.

834 Vgl. IDW (Hrsg.), Insolvenzspezifische Rechnungslegung (IDW RH HFA 1.011), Rn. 33, sowie SCHMITT, F., in: Wimmer, FK-InsO, 8. Aufl., § 66, Rn. 8.

835 Vgl. § 132 Abs. 2 KO. Die Aufstellungsmöglichkeit der Zwischenrechnung wurde durch die InsO in den Paragraphen zur Schlussrechnung integriert, sodass die Prüfungspflicht der Schlussrechnung nach § 66 Abs. 2 InsO unmittelbare Ausstrahlung auf die Zwischenrechnung hat. Vgl. dazu auch DEUTSCHER BUNDESTAG (Hrsg.), BT-Drucksache 12/2443, S. 131.

836 Vgl. § 66 InsO; BECK, R./HÖLZLE, G., Rechnungslegung durch den Insolvenzverwalter, Rn. 247, sowie DEUTSCHER BUNDESTAG (Hrsg.), BT-Drucksache 12/2443, S. 131.

837 Vgl. statt vieler BLÜMLE, H., in: Braun, InsO Kommentar, 6. Aufl., § 66, Rn. 30.

838 Vgl. § 86 KO; DEUTSCHER BUNDESTAG (Hrsg.), BT-Drucksache 12/2443, S. 131.

839 Vgl. WEITZMANN, J., Rechnungslegung und Schlussrechnungsprüfung, S. 450; IDW (Hrsg.), Insolvenzspezifische Rechnungslegung (IDW RH HFA 1.011), Rn. 33, sowie RIEDEL, E., in: Kirchhof/Stürner/Eidenmüller, Kommentar zur InsO, 3. Aufl., § 66, Rn. 5.

dass die Schlussrechnung nicht automatisch als anerkannt gilt, wenn keine Einwendungen von den Gläubigern erhoben werden.[840] So können sie auch zu einem späteren Zeitpunkt, angesichts der Verjährungsfrist gemäß § 62 InsO, Einwendungen gegen die Schlussrechnung einlegen.[841]

Nachdem die Vorschriften der § 66 InsO sowie §§ 148-153 InsO auf ihre formelle und materielle Verfassungskonformität überprüft wurden, konnte diese bestätigt werden.[842] Daher wird im Folgenden nicht noch einmal im Detail auf die Prüfung der Verfassungskonformität eingegangen. Auf Basis der durchgeführten Prüfung ist davon auszugehen, dass auch der aus den Vorschriften hergeleitete Zweck der Rechenschaft verfassungskonform ist. Nachfolgend wird die vorangegangene Analyse zusammengefasst und gewürdigt.

423.223. Würdigung des hergeleiteten Zwecks der Rechenschaft

Ausgehend von der Definition der Rechenschaft im insolvenzrechtlichen Kontext ist ersichtlich, dass die Dokumentation die Basis für eine Offenlegung und demnach für den Rechenschaftszweck ist. Die Analyse von Wortlaut und -sinn sowie des Bedeutungszusammenhangs der Vorschriften zur insolvenzspezifischen Rechnungslegung ergibt, dass nach §§ 148-155 InsO der Rechenschaftszweck zu Verfahrensbeginn zu erfüllen ist. Daran angelehnt lässt auch die auf die Rechnungslegung bezogene Vorschrift des § 66 InsO im und zum Verfahrensende auf den Rechenschaftszweck schließen.[843] Auch die historische Entwicklung, die gesetzgeberische Absicht und die objektiv-teleologische Auslegung führen zu dem Ergebnis, dass die insolvenzspezifische Rechnungslegung zu jedem Stadium des Verfahrens vollständig, verständlich und zutreffend sein muss und somit den Zweck der Rechenschaft erfüllt.

Die mit dem Rechenschaftszweck verbundene vollständige und verständliche Informationsvermittlung ggü. den Gläubigern ist vor allem auch vor dem Hintergrund der Prinzipal-Agenten-Beziehung relevant.[844] Durch den mit § 80 InsO festgelegten Übergang des Verwaltungs- und Verfügungsrechts auf den Insolvenzverwalter ist dieser für die Insolvenzmasse und damit u. a. stellvertretend für die Gläubiger für deren Eigentum verantwortlich.[845] Die Gläubigerautonomie setzt voraus, dass die Informationsbedürfnisse der Gläubiger gestärkt werden, wofür der

---

[840] Vgl. § 86 Abs. 1 S. 4 KO.

[841] Vgl. Deutscher Bundestag (Hrsg.), BT-Drucksache 12/2443, S. 131.

[842] Vgl. ausführlich Abschnitt 423.212.2.

[843] Vgl. Lièvre, B./Stahl, P./Ems, A., Anforderungen an die Schlußrechnung, S. 3, sowie Abschnitt 423.222.1.

[844] Vgl. zur Prinzipal-Agenten-Beziehung ausführlich Abschnitt 213.6.

[845] Vgl. Häsemeyer, L., Insolvenzrecht, Rn. 13.22; Zimmer, F. T., Die Verfahrensbeteiligten, Rn. 102 f., sowie Hölzle, G., Insolvenzrecht im Wandel, S. 228.

Rechenschaftszweck einzuhalten ist. Grundvoraussetzung ist, dass ihnen die richtigen, vollständigen und verständlichen Informationen zeitnah bereitgestellt werden.

Im Vergleich zum Handelsrecht sind Kapitalgeber und Kapitalverwalter zwar ähnlich voneinander getrennt, die Gläubiger können indes, u. a. auf Basis der insolvenzspezifischen Rechnungslegung, den Insolvenzverwalter „aktiver" steuern, weshalb die Konsequenzen einer fehlerhaften Rechenschaft im Insolvenzverfahren im Vergleich zur Rechnungslegung nach Handelsrecht durch eine „Fehlsteuerung" weitreichender sein können.[846] Auf die Möglichkeit der Gläubiger, den Verfahrensverlauf aktiv mitzugestalten und zu entscheiden, wird beim folgenden Zweck der Entscheidungsgrundlage eingegangen. Wie in Abschnitt 423.1 charakterisiert, sind die Zwecke der Entscheidungsgrundlage sowie der Verteilungs- und Vergütungsgrundlage untergeordnete Zwecke insolvenzspezifischer Rechnungslegung, da diese indirekt von den übergeordneten Zwecken abhängen. Nachdem bisher die übergeordneten Zwecke hergeleitet wurden, bezieht sich der nachfolgende Abschnitt nun auf die untergeordneten Zwecke.

423.3 Untergeordnete Zwecke

423.31 Entscheidungsgrundlage

423.311. Definitorische Abgrenzung

Einer der untergeordneten Zwecke insolvenzspezifischen Rechnungslegung ist der Zweck der Entscheidungsgrundlage. Als Entscheidung wird „die Auswahl einer von mehreren möglichen Handlungsweisen"[847] verstanden. Entscheiden bedeutet „zwischen Alternativen zu wählen"[848]. Um die Komplexität eines realen Problems zu reduzieren, werden Entscheidungsmodelle genutzt, die ein homomorphes Abbild der Realität zeigen und so die Entscheidungsfindung erleichtern sollen.[849] Dabei ist zu berücksichtigen, dass der Abstraktionsgrad des Entscheidungsmodells nicht zu groß sein darf, da der Entscheidungsträger mit mehr (entscheidungsrelevanten) Informationen grundsätzlich eine bessere Entscheidung treffen kann.[850] In dem Zusammenhang unterstützen Rechnungslegungsvorschriften das Ziel, entscheidungsrelevante Informationen zu

---

846 Zum Verhältnis zwischen Kapitalgeber und -nehmer im Handelsrecht vgl. BAETGE, J./KIRSCH, H.-J./THIELE, S., Bilanzen, S. 98. Zu den Bestrebungen des Gesetzgebers, mit Einführung der InsO die Entscheidungskompetenz der Gläubiger zu stärken und diese über den Verfahrensverlauf entscheiden zu lassen, vgl. JELINEK, W., Kompetenzverteilung zwischen Insolvenzverwalter und Insolvenzgläubiger, S. 21 f.

847 RIEPER, B., Betriebswirtschaftliche Entscheidungsmodelle, S. 17.

848 MAG, W., Entscheidung und Information, S. 3.

849 Vgl. RIEPER, B., Betriebswirtschaftliche Entscheidungsmodelle, S. 19.

850 Vgl. MAG, W., Entscheidung und Information S. 1.

erzeugen und den Adressaten in komprimierter Form bereitzustellen.[851] Im Hinblick auf die insolvenzspezifische Rechnungslegung sollen den Gläubigern und vor Verfahrenseröffnung dem Insolvenzgericht eine intersubjektiv nachprüfbare Entscheidungsgrundlage zur Verfügung stehen und somit fundierte Entscheidungen getroffen werden können.[852] Nachstehend wird untersucht, ob die Vorschriften der InsO auf den Zweck der Entscheidungsgrundlage der insolvenzspezifischen Rechnungslegung schließen lassen.

423.312. Herleitung des Zwecks der Entscheidungsgrundlage

423.312.1 Gesetzeskodifikation

Im Unterschied zum Dokumentations- und zum Rechenschaftszweck wird im zweiten Abschnitt der InsO der Begriff der „Entscheidung" in der Überschrift „Entscheidung über die Verwertung" expliziert.[853] Der Gesetzeswortlaut deutet demzufolge bereits auf den Zweck der Entscheidungsgrundlage hin. Allerdings ist es nicht erst im eröffneten Insolvenzverfahren erforderlich Entscheidungen zu treffen, sondern bereits bei der Frage, ob dieses überhaupt eröffnet werden soll.[854] In § 26 Abs. 1 InsO heißt es, dass der Antrag auf Verfahrenseröffnung abgewiesen werden kann, „wenn das Vermögen des Schuldners voraussichtlich nicht ausreichen wird, um die Kosten des Verfahrens zu decken"[855]. Der Entscheidungsträger ist nach § 26 Abs. 1 InsO das Insolvenzgericht.[856] Das Entscheidungskriterium ist das Verhältnis zwischen voraussichtlich anfallenden Verfahrenskosten und der kurzfristig in Bargeld umwandel-

---

851 Vgl. MOXTER, A., Fundamentalgrundsätze ordnungsmäßiger Rechenschaft, S. 97, sowie JEHLE, N., Präsentation von Finanzinformationen, S. 111.

852 Vgl. GERHARDT, W., Von der Insolvenzrechtsreform zur Insolvenzverordnung, S. 125; HILLEBRAND, C., Rechnungslegung in der Insolvenz, S. 42, sowie PLATE, G., Die Konkursbilanz, S. 25. Zum Rechenschaftszweck vgl. Abschnitt 423.221.

853 Darüber hinaus enthalten § 157 InsO (Entscheidung über den Fortgang des Verfahrens) und § 158 InsO (Maßnahmen vor der Entscheidung) den Begriff der „Entscheidung".

854 Die Abweisung mangels Masse basiert grundsätzlich auf einem Gutachten im Rahmen der vorläufigen Insolvenzverwaltung. Da zumeist der vorläufige Insolvenzverwalter die Gutachterfunktion in Personalunion erfüllt, ist seine aufgestellte insolvenzspezifische Rechnungslegung die Entscheidungsbasis. Vgl. VALLENDER, H., in: Uhlenbruck/Hirte/Vallender, InsO, 14. Aufl., § 26, Rn. 6; HAARMEYER, H., in: Kirchhof/Stürner/Eidenmüller, Kommentar zur InsO, 3. Aufl., § 26, Rn. 14, sowie Abschnitt 213.4.

855 § 26 Abs. 1 S. 1 InsO.

856 Vgl. HAARMEYER, H., in: Kirchhof/Stürner/Eidenmüller, Kommentar zur InsO, 3. Aufl., § 26, Rn. 11.

baren Insolvenzmasse. Die Kalkulation beruht auf der Rechnungslegung des vorläufigen Insolvenzverwalters.[857] Die für die Entscheidung erforderlichen Angaben sind grundsätzlich Pflichtangaben der Vermögensübersicht nach § 153 InsO.[858] Bereits vor dem Verfahren ist ersichtlich, dass das Ergebnis der Gerichtsentscheidung von der Einschätzung des Insolvenzverwalters abhängt und für eine valide Entscheidungsfindung der Rechenschaftszweck erfüllt sein muss.[859] Auch im eröffneten Verfahren kann das Gericht nach § 207 InsO die Entscheidung über eine Verfahrenseinstellung mangels Masse treffen.[860] Es ist Aufgabe des Insolvenzverwalters, die Massearmut beim Insolvenzgericht anzuzeigen, welches in letzter Instanz das Verfahren einstellt.[861] Die Entscheidungsgrundlage ist wiederum die vom Insolvenzverwalter erstellte insolvenzspezifische Rechnungslegung.[862]

An die Verfahrenseröffnung schließt sich der Berichtstermin nach § 156 InsO an.[863] In diesem informiert der Insolvenzverwalter „über die wirtschaftliche Lage des Schuldners und ihre Ursachen“[864]. Informationsgrundlage für den Berichtstermin sind das „Verzeichnis der Massegegenstände, das Gläubigerverzeichnis und die Vermögensübersicht“[865], die spätestens eine Woche vor dem Termin für die Beteiligten und vor allem den Gläubigern offenzulegen sind.[866] So haben die Gläubiger im Sinne einer zügigen Verfahrensabwicklung die Möglichkeit, bereits vor dem Berichtstermin ein transparentes Bild über die Verwertungsalternativen zu erhalten.[867] Durch die Vorschriften der §§ 148-154 InsO wird systematisch auf die Entscheidung nach

857 Die Verfahrenskosten sind in § 54 InsO geregelt, vgl. zudem Abschnitt 213.3. Vgl. darüber hinaus BORK, R., Einführung in das Insolvenzrecht, Rn. 115. Die Kosten für ein Insolvenzverfahren betragen nach BORK ca. EUR 2.000 bis EUR 2.500, vgl. BORK, R., Einführung in das Insolvenzrecht, Rn. 117. Die Entscheidung über die Eröffnung des Insolvenzverfahrens steht im Spannungsfeld zwischen schnellem Handeln und korrekter Ermittlung, ob die Verfahrenskosten gedeckt sind. Vgl. BUNDESMINISTERIUM DER JUSTIZ (Hrsg.), Erster Bericht der Kommission für Insolvenzrecht, S. 117.

858 Vgl. HENI, B., Interne Rechnungslegung, S. 41.

859 Vgl. zum Zweck der Rechenschaft Abschnitt 423.22.

860 Vgl. § 207 InsO; HEFERMEHL, H., in: Kirchhof/Stürner/Eidenmüller, Kommentar zur InsO, 3. Aufl., § 207, Rn. 1-3, sowie WINNEFELD, R., Bilanz-Handbuch, Rn. 936.

861 Vgl. § 270 Abs. 1 S. 1 InsO sowie RIES, S., in: Uhlenbruck/Hirte/Vallender, InsO, 14. Aufl., § 207, Rn. 16. Alternativ zur Massearmut kann es im Verfahren zur Masseunzulänglichkeit kommen, vgl. ausführlich Abschnitt 212.3. Die gemäß § 208 InsO durchgeführte „Insuffizienzanzeige“ ist vom Insolvenzverwalter beim „Insolvenzgericht anzuzeigen“, § 208 Abs. 1 S. 1 InsO, sowie HENI, B., Interne Rechnungslegung, S. 43 f.

862 Vgl. FÜCHSL, J./WEISHÄUPL, H./JAFFÉ, M., in: Kirchhof/Stürner/Eidenmüller, Kommentar zur InsO, 3. Aufl., Vorbemerkungen zu §§ 151-155, Rn. 8.

863 Vgl. ausführlich Abschnitt 222.11.

864 § 156 Abs. 1 S. 1 InsO.

865 § 154 InsO.

866 Vgl. HEYN, M., Die Erstellung der Verzeichnisse gem. §§ 151-153 InsO, Teil 1, S. 215; WEGENER, B., in: Wimmer, FK-InsO, 8. Aufl., § 154, Rn. 1-4; HESS, H., in: InsO, 2. Aufl., § 154, Rn. 2, sowie § 154 InsO.

867 Vgl. FÜCHSL, J./WEISHÄUPL, H./JAFFÉ, M., in: Kirchhof/Stürner/Eidenmüller, Kommentar zur InsO, 3. Aufl., § 154, Rn. 1 f.; SINZ, R., in: Uhlenbruck/Hirte/Vallender, InsO, 14. Aufl., § 154, Rn. 1; WEGENER, B., in: Wimmer, FK-InsO, 8. Aufl., § 154, Rn. 1-4.

§ 157 InsO hingearbeitet. Folglich haben die Gläubiger nach § 157 InsO im Berichtstermin die Entscheidung zu treffen, „ob das Unternehmen des Schuldners stillgelegt oder vorläufig fortgeführt werden soll“[868].[869] Der Grundstein für die Entscheidung über Fortführung oder Liquidation wird durch die Gegenüberstellung der beiden Wertansätze in § 151 InsO gelegt.[870] Neben der Entscheidung, ob das Unternehmen fortgeführt wird, haben die Gläubiger im Berichtstermin zu entscheiden wie, d. h. in welcher Art und Weise, das Unternehmen fortbestehen soll.[871] Daher hat der Insolvenzverwalter nach § 156 Abs. 1 InsO darzulegen, ob „das Unternehmen des Schuldners im ganzen oder in Teilen zu erhalten [ist; Anm. des Verf.], welche Möglichkeiten für einen Insolvenzplan bestehen und welche Auswirkungen jeweils für die Befriedigung der Gläubiger eintreten würden.“[872] Die Entscheidung der Gläubiger beruht auf der vorteilhaftesten Verwertungsalternative, die grundsätzlich anhand der maximalen Befriedigungsquote ermittelt wird.[873] Die Gläubiger können gemäß § 157 S. 2 InsO zudem den Insolvenzverwalter beauftragen, „einen Insolvenzplan auszuarbeiten“[874] und sich anstelle der Regelinsolvenz für ein Insolvenzplanverfahren entscheiden.[875] Im Falle einer Fortführung sind die Gläubiger in der Lage, ihre Entscheidung über eine Unternehmensfortführung „in späteren Terminen [zu; Anm. des Verf.] ändern“[876]. Zudem können sie, im laufenden Liquidationsverfahren über eine vorzeitige Verteilung der Barbestände des insolventen Unternehmens abstimmen.[877] Neben den auf die Unternehmensverwertung bezogenen Entscheidungen steht es den Gläubi-

---

868 § 157 S. 1 InsO. Zur Entscheidung über Stilllegung oder Fortführung vgl. auch ZIPPERER, H., in: Uhlenbruck/Hirte/Vallender, InsO, 14. Aufl., § 157, Rn. 6.

869 Vgl. ausführlich BALTHASAR, H., in: Nerlich/Römermann, InsO Kommentar, § 157, Rn. 1-6.

870 Vgl. § 151 Abs. 2 S. 2 InsO sowie WEGENER, B., in: Wimmer, FK-InsO, 8. Aufl., § 157, Rn. 5.

871 Vgl. GÖRG, K. H./JANSEN, C., in: Kirchhof/Stürner/Eidenmüller, Kommentar zur InsO, 3. Aufl., § 156, Rn. 2, sowie ZIPPERER, H., in: Uhlenbruck/Hirte/Vallender, InsO, 14. Aufl., § 156, Rn. 9.

872 § 156 Abs. 1 S. 2 InsO. Zu den einzelnen Verwertungsmöglichkeiten bzw. Verfahrensarten vgl. ausführlich Abschnitt 212.2.

873 Die Quote ergibt sich aus der vom Insolvenzverwalter aufgestellten Rechnungslegung. Vgl. ZIPPERER, H., in: Uhlenbruck/Hirte/Vallender, InsO, 14. Aufl., § 156, Rn. 12; GÖRG, K. H./JANSEN, C., in: Kirchhof/Stürner/Eidenmüller, Kommentar zur InsO, 3. Aufl., § 156, Rn. 16-35, sowie WEGENER, B., in: Wimmer, FK-InsO, 8. Aufl., § 156, Rn. 11.

874 § 157 S. 2 InsO.

875 Vgl. ZIPPERER, H., in: Uhlenbruck/Hirte/Vallender, InsO, 14. Aufl., § 157, Rn. 12; GÖRG, K. H./JANSEN, C., in: Kirchhof/Stürner/Eidenmüller, Kommentar zur InsO, 3. Aufl., § 157, Rn. 18.

876 § 157 S. 3 InsO.

877 Vgl. ausführlich Abschnitt 423.32.

gern zu, über die Person des Insolvenzverwalters zu entscheiden und bei bestehenden Pflichtverletzungen einen Austausch zu beantragen.[878] Die Rechnungslegungsdokumente dienen demnach, neben dem mündlichen Bericht des Insolvenzverwalters nach § 156 InsO, grundsätzlich als Entscheidungsgrundlage.[879]

Aus dem Wortlaut und Wortsinn der Vorschriften zu den einzelnen Entscheidungstatbeständen lässt sich hinsichtlich des Bedeutungszusammenhangs schlussfolgern, dass die insolvenzspezifische Rechnungslegung den Zweck der Entscheidungsgrundlage zu erfüllen hat. Durch die Entscheidungsmöglichkeiten der Gläubiger wird im Verfahren vor allem der Gläubigerautonomie Rechnung getragen.[880]

423.312.2 Weitere Auslegungskriterien der Hermeneutik

Ausgehend von der KO und der VglO ist die Entstehungsgeschichte der InsO von der Idee der „Deregulierung der Insolvenzabwicklung“[881] geprägt. Demnach sollen privat Beteiligte nicht durch den Insolvenzverwalter oder das Gericht bevormundet werden.[882] Vielmehr sollen gemäß der RegB zur InsO „marktwirtschaftlich rationale Verwertungsentscheidungen, wie sie unter Wettbewerbsbedingungen durch freie Verhandlungen zustandekommen, am ehesten ein Höchstmaß an Wohlfahrt herbeiführen und somit auch im gesamtwirtschaftlichen Interesse liegen.“[883] Vor diesem Hintergrund wurden die insolvenzrechtlichen Vorschriften in der Weise angepasst, dass die Gläubiger die Entscheidungskompetenz über die Verwertungsalternative haben.[884] Diese Bestrebung findet sich auch in den Einzelvorschriften der InsO wieder. Vor der

---

878 Vgl. § 57 InsO; WEGENER, B., in: Wimmer, FK-InsO, 8. Aufl., § 156, Rn. 19; VALLENDER, H., Regelinsolvenzverfahren, S. 1343; GERHARDT, W., Von der Insolvenzrechtsreform zur Insolvenzverordnung, S. 125, sowie § 59 InsO.

879 Vgl. NICKERT, C., Erfordernis einer Unternehmensbewertung in der Insolvenz?, S. 1723 f.; STEFFAN, B., Der Fortführungswert im Vermögensstatus, S. 107; WEGENER, B., in: Wimmer, FK-InsO, 8. Aufl., § 156, Rn. 1, sowie WEGENER, B., in: Wimmer, FK-InsO, 8. Aufl., § 157, Rn. 5. Nach GERHARDT erfolgt die „Weichenstellung für das konkrete Verfahrensziel [...] im Berichtstermin“, so GERHARDT, W., Zielbestimmung und Einheitlichkeit des Insolvenzverfahrens, S. 5.

880 Vgl. GÖRG, K. H./JANSEN, C., in: Kirchhof/Stürner/Eidenmüller, Kommentar zur InsO, 3. Aufl., § 156, Rn. 1.

881 GERHARDT, W., Von der Insolvenzrechtsreform zur Insolvenzverordnung, S. 125.

882 Vgl. DEUTSCHER BUNDESTAG (Hrsg.), BT-Drucksache 12/2443, S. 78.

883 DEUTSCHER BUNDESTAG (Hrsg.), BT-Drucksache 12/2443, S. 76.

884 Vgl. ausführlich GERHARDT, W., Von der Insolvenzrechtsreform zur Insolvenzverordnung, S. 124 f., sowie DEUTSCHER BUNDESTAG (Hrsg.), BT-Drucksache 12/2443, S. 78 f. Die Entscheidungskompetenz hat sich im Entwicklungsprozess der InsO, im Sinne der Gläubigerautonomie, weg vom Insolvenzgericht hin zu den Gläubigern entwickelt. Vgl. aus dem Jahr 1985 BUNDESMINISTERIUM DER JUSTIZ (Hrsg.), Erster Bericht der Kommission für Insolvenzrecht, S. 149 f., sowie BALTHASAR, H., in: Nerlich/Römermann, InsO Kommentar, § 157, Rn. 4.

Entscheidung zur Verwertungsalternative beschließt indes das Insolvenzgericht über die Verfahrenseröffnung.[885] Die Insolvenzrechtsreform hatte u. a. das Ziel, dass die Verfahrensabweisung mangels Masse nicht mehr die Regel, sondern eine Ausnahme ist.[886] Auch wenn § 26 InsO an § 107 KO anknüpft, ist ein signifikanter Unterschied, dass die Verfahrenskosten laut InsO nur noch bis zum Berichtstermin und nicht für das gesamte Verfahren gedeckt sein müssen. Durch die geringere Kostenschwelle steigt so die Wahrscheinlichkeit einer Verfahrenseröffnung an.[887]

Alsdann haben nach der Verfahrenseröffnung die Gläubiger im Rahmen des Berichtstermins über den weiteren Verlauf zu entscheiden. Zwar war bereits der Konkursverwalter nach §§ 123 f. KO verpflichtet, ein Inventar und eine Bilanz zu erstellen, allerdings wurde keine Gegenüberstellung von Fortführungs- und Liquidationswerten verlangt, da die KO grundsätzlich auf eine Unternehmensliquidation ausgerichtet war.[888] Der § 151 InsO und – durch den gleichen Wertansatz – auch § 153 InsO machen die Intention des Gesetzgebers deutlich, ein Insolvenzverfahren zu schaffen, welches in der Fortführung oder in der Liquidation münden kann. Hier wird die Absicht des Gesetzgebers, dass das Verzeichnis der Massegegenstände und die Vermögensübersicht den Zweck der Entscheidungsgrundlage erfüllen sollen, deutlich.[889] Die im Sinne der Gläubigerautonomie bestehende Entscheidungskompetenz der Gläubiger ist in § 157 InsO kodifiziert.[890] Zwar gab es bereits in § 132 KO die Alternativen einer Schließung oder Fortführung, allerdings dominierte das Liquidationsgebot nach § 117 KO, sodass es kaum

885 Vgl. § 26 InsO sowie Abschnitt 423.312.1.

886 Vgl. DEUTSCHER BUNDESTAG (Hrsg.), BT-Drucksache 12/2443, S. 1. Vgl. zur Historie zudem Abschnitt 211.

887 Vgl. HERZIG, D., in: Braun, InsO Kommentar, 6. Aufl., § 26, Rn. 1; HAARMEYER, H., in: Kirchhof/Stürner/Eidenmüller, Kommentar zur InsO, 3. Aufl., § 26, Rn. 1-5, sowie DEUTSCHER BUNDESTAG (Hrsg.), BT-Drucksache 12/2443, S. 118. Zu § 107 KO vgl. JAEGER, E., Lehrbuch des deutschen Konkursrechts, S. 171 f., sowie SCHMIDT, K., Die stille Liquidation, S. 10.

888 Vgl. STEFFAN, B., Der Fortführungswert im Vermögensstatus, S. 106; SCHMIDT, K., Liquidations- und Konkursbilanzen, S. 70 und S. 76 f., sowie ECKARDT, D., in: Jaeger, InsO Band 5, § 151, Rn. 36.

889 Vgl. DEUTSCHER BUNDESTAG (Hrsg.), BT-Drucksache 12/2443, S. 79 f. und S. 170-173; PELKA, J./NIEMANN, W., Praxis der Rechnungslegung in Insolvenzverfahren, Rn. 440; EICKES, S., Grundsatz der Unternehmensfortführung in der Insolvenz, S. 77; HENI, B., Interne Rechnungslegung, S. 51; WINNEFELD, R., Bilanz-Handbuch, Rn. 1040, sowie GÖRG, K. H./JANSEN, C., in: Kirchhof/Stürner/Eidenmüller, Kommentar zur InsO, 3. Aufl., § 156, Rn. 16.

890 Vgl. WEGENER, B., in: Wimmer, FK-InsO, 8. Aufl., § 157, Rn. 1; LEPA, B., Insolvenzordnung und Verfassungsrecht, S. 205 f., sowie DEUTSCHER BUNDESTAG (Hrsg.), BT-Drucksache 12/2443, S. 173. Zu den für die Entscheidung erforderlichen Gläubigermehrheiten vgl. Abschnitt 213.3. Die Entscheidungskompetenz kann nicht auf das Insolvenzgericht übertragen werden, vgl. GÖRG, K. H./JANSEN, C., in: Kirchhof/Stürner/Eidenmüller, Kommentar zur InsO, 3. Aufl., § 157, Rn. 29, sowie ZIPPERER, H., in: Uhlenbruck/Hirte/Vallender, InsO, 14. Aufl., § 157, Rn. 3.

zu Unternehmensfortführungen kam.[891] In der VglO lag die Fortführungsentscheidung, abhängig vom vorgebrachten Vergleich, beim Schuldner.[892] Mit Einführung der InsO wurde die Entscheidung an die Gläubiger übertragen, welche über eine Stilllegung oder Fortführung des insolventen Unternehmens sowie die Erstellung eines Insolvenzplans abstimmen können.[893] Nach § 157 S. 3 InsO kann die Entscheidung zu einem späteren Zeitpunkt angepasst werden.[894] Wie illustriert, haben die Gläubiger nach § 57 InsO die Möglichkeit, einen anderen als den bisher bestellten Insolvenzverwalter zu wählen oder gemäß § 59 InsO zu entlassen, was so auch nach § 80 KO sowie § 84 KO möglich war.[895]

Die im Zuge der Verfahrenseröffnung zu treffenden Entscheidungsprozesse sind teilweise Eingriffe in verfassungsrechtlich geschützte Belange.[896] Wie in Abschnitt 423.212.2 analysiert, sind die Vorschriften der InsO formell verfassungskonform.[897] Anders als beim Dokumentations- und beim Rechenschaftszweck werden allerdings, dadurch, dass die Gläubiger i. S. d. Zwecks der Entscheidungsgrundlage nach § 157 InsO im Rahmen der Gläubigerversammlung unternehmerische Entscheidungen treffen, Verfassungsrechte des Schuldners direkt beeinflusst.[898] Folglich muss zwischen den Rechten des Schuldners und der Gläubiger abgewogen werden. Hinsichtlich der materiellen Verfassungskonformität ist vor allem Art. 14 GG relevant, welcher sich auf das Eigentum bezieht. Da das Eigentum des Schuldners den Entscheidungen

---

891 Vgl. Berger, C., Synopse InsO/KO, § 157 InsO; Lepa, B., Insolvenzordnung und Verfassungsrecht, S. 209 f., sowie Görg, K. H./Jansen, C., in: Kirchhof/Stürner/Eidenmüller, Kommentar zur InsO, 3. Aufl., § 157, Rn. 2.

892 Vgl. Görg, K. H./Jansen, C., in: Kirchhof/Stürner/Eidenmüller, Kommentar zur InsO, 3. Aufl., § 157, Rn. 2.

893 Eine Fortführung ohne Insolvenzplan ist lediglich vorläufig in Vorbereitung auf eine übertragene Sanierung möglich. Vgl. Wegener, B., in: Wimmer, FK-InsO, 8. Aufl., § 157, Rn. 2, sowie Abschnitt 212.2. Vgl. zudem Zipperer, H., in: Uhlenbruck/Hirte/Vallender, InsO, 14. Aufl., § 157, Rn. 1 f.; Uhlenbruck, W., Kompetenzverteilung und Entscheidungsbefugnisse im neuen Insolvenzverfahren, S. 1197; Gerhardt, W., Von der Insolvenzrechtsreform zur Insolvenzverordnung, S. 124, sowie Winnefeld, R., Bilanz-Handbuch, Rn. 936. Balthasar bezeichnet § 157 InsO als „deutlichsten Ausdruck des Paradigmenwechsels" der Insolvenzrechtsreform, vgl. Balthasar, H., in: Nerlich/Römermann, InsO Kommentar, § 157, Rn. 1.

894 Vgl. Zipperer, H., in: Uhlenbruck/Hirte/Vallender, InsO, 14. Aufl., § 157, Rn. 30.

895 Die Möglichkeit der Neuwahl soll den Gedanken der Gläubigerselbstverwaltung stützen und ggf. bestehende Kommunikationsmissstände zwischen dem Insolvenzverwalter und den Gläubigern beheben. Vgl. Blümle, H., in: Braun, InsO Kommentar, 6. Aufl., § 57, Rn. 1-5. Der Insolvenzverwalter kann gemäß § 59 Abs. 1 InsO aus „wichtigem Grund" entlassen werden. Dies ist z. B. nach der Festsetzung eines Zwangsgelds gemäß § 58 Abs. 2 InsO bei erneuter Verletzung seiner Berichtspflichten möglich. Vgl. Vallender, H., in: Uhlenbruck/Hirte/Vallender, InsO, 14. Aufl., § 59, Rn. 1.

896 Vgl. Lepa, B., Insolvenzordnung und Verfassungsrecht, S. 205.

897 Das Gesetzgebungsverfahren hat demnach gemäß Art. 76-78 GG sowie Art 82 GG stattgefunden. Vgl. Abschnitt 423.212.2 sowie Fußnote 776.

898 Vgl. Lepa, B., Insolvenzordnung und Verfassungsrecht, S. 206. Für die Entscheidung gibt es keine gesetzlichen Vorgaben. Vgl. Balthasar, H., in: Nerlich/Römermann, InsO Kommentar, § 157, Rn. 8 f.

der Gläubigerversammlung und damit der Gläubigerautonomie ausgesetzt ist, ist seine Eigentumssphäre direkt betroffen.[899] Die Gläubigerautonomie wurde von der Legislative in § 157 InsO konsequent umgesetzt. Da die Entscheidung der Gläubiger allerdings keinen Leitlinien unterliegt, kann diese willkürlich und im schlimmsten Fall wirtschaftlich unvernünftig sein.[900] Der Zweck der Entscheidungsgrundlage ist grundsätzlich verfassungskonform, allerdings muss vor allem bei der praktisch unumkehrbaren Entscheidung einer Liquidation auf Basis des § 157 InsO sichergestellt werden, dass der Schuldner vor einer Verschleuderung des Unternehmens geschützt wird.[901] Gerade die auf die beste Verwertungsalternative bezogene Prognosefunktion zu Verfahrensbeginn zeigt die Entscheidungsrelevanz der insolvenzspezifischen Rechnungslegung.

423.313. Würdigung des hergeleiteten Zwecks der Entscheidungsgrundlage

Sowohl hinsichtlich des Gesetzestexts, des Bedeutungszusammenhangs der gesetzlichen Vorschriften, der Entstehungsgeschichte als auch der vom Gesetzgeber intendierten sowie objektiven Zwecksetzung lässt sich herleiten, dass die insolvenzspezifische Rechnungslegung den Zweck der Entscheidungsgrundlage zu erfüllen hat.[902] Die insolvenzspezifische Rechnungslegung dient, beginnend mit der Entscheidung über die Verfahrenseröffnung in unterschiedlichen Verfahrensstadien als Entscheidungsgrundlage. Hervorzuheben ist, dass der Gesetzgeber mit der Einführung des § 157 InsO eine konsequente Umsetzung der Gläubigerautonomie angestrebt hat.[903] Der Insolvenzverwalter hat zwar die Verwaltungs- und Verfügungsmacht vom Schuldner übernommen, ist allerdings an die Entscheidungen der Gläubiger gebunden.[904] Durch diese Bindungswirkung können die Gläubiger wesentlich direkter und weitreichender in unternehmerische Belange eingreifen als bei einem werbenden Unternehmen. Dies verdeut-

---

899 Vgl. LEPA, B., Insolvenzordnung und Verfassungsrecht, S. 219-223.

900 Vgl. LEPA, B., Insolvenzordnung und Verfassungsrecht, S. 219-220, sowie ZIPPERER, H., in: Uhlenbruck/Hirte/Vallender, InsO, 14. Aufl., § 157, Rn. 31. Allerdings kann wirtschaftlich unsinnigen Beschlüssen nach § 78 InsO (Aufhebung eines Beschlusses der Gläubigerversammlung) widersprochen werden.

901 Vgl. HÄSEMEYER, L., Insolvenzrecht, Rn. 13.33, sowie LEPA, B., Insolvenzordnung und Verfassungsrecht, S. 209. LEPA sieht die Regelung des § 157 InsO als verfassungsrechtlich nicht haltbar an und schlägt zum Schutz des Schuldners u. a. eine weitere Kontrolle über die Gläubigerentscheidung durch das Insolvenzgericht vor. Vgl. LEPA, B., Insolvenzordnung und Verfassungsrecht, S. 226 und S. 274 f., sowie analog dazu § 22 Abs. 1 Nr. 2 InsO. A. A. STÜRNER, R., in: Kirchhof/Stürner/Eidenmüller, Kommentar zur InsO, 3. Aufl., Einleitung, Rn. 88. Bis dato gibt es vom BVerfG keine verfassungsrechtlichen Einwände gegen § 157 InsO, vgl. BUNDESVERFASSUNGSGERICHT (Hrsg.), Entscheidungen des BVerfGE.

902 Vgl. Abschnitt 423.312.

903 Vgl. BALTHASAR, H., in: Nerlich/Römermann, InsO Kommentar, § 157, Rn. 4.

904 Vgl. ZIPPERER, H., in: Uhlenbruck/Hirte/Vallender, InsO, 14. Aufl., § 157, Rn. 31.

licht, weshalb der Rechenschaftszweck der insolvenzspezifischen Rechnungslegung – im Vergleich zum Handelsrecht – einen bedeutenderen Stellenwert einnimmt. Denn nur wenn der Rechenschaftszweck erfüllt wird, kann die insolvenzspezifische Rechnungslegung als ökonomisch sinnvolle Entscheidungsgrundlage dienen. Durch die §§ 151-153 InsO werden die finanziellen Konsequenzen unterschiedlicher Verwertungsentscheidungen verdeutlicht.[905] Von der getroffenen Entscheidung, z. B. Liquidation oder übertragene Sanierung, hängt auch die Höhe der Befriedigungsquote der Gläubiger ab. Die insolvenzspezifische Rechnungslegung ist u. a. Basis für die Quotenermittlung und demnach Grundlage für die Verteilung an die Gläubiger. Darauf sowie auf den Zweck der Vergütungsgrundlage wird im folgenden Abschnitt eingegangen.

423.32 Verteilungs- und Vergütungsgrundlage

423.321. Definitorische Abgrenzung

Neben dem Zweck der Entscheidungsgrundlage wird als weiterer untergeordneter Zweck der insolvenzspezifischen Rechnungslegung der Zweck der Verteilungs- und Vergütungsgrundlage hergeleitet. Als Synonym für den Begriff „**Verteilung**" werden die Begriffe „Distribution, Abgabe, Ausgabe, Aufteilung, Umlage"[906] verwendet. Der Begriff der Verteilungsgrundlage wird u. a. in der Kostenrechnung genutzt und beschreibt die Kalkulationsbasis für eine verursachungsgerechte Verrechnung von Kosten.[907] Somit ist die Verteilungsgrundlage u. a. eine Schlüsselgröße, um eine Grundgesamtheit zu distribuieren.[908] Die Kostenrechnung und die insolvenzspezifische Rechnungslegung vereint der restriktive interne Adressatenkreis, dem sich beide widmen.[909] Die Kostenrechnung dient der Unternehmensleitung als Teilsystem des Controllings[910] zur Unternehmenssteuerung. Die insolvenzspezifische Rechnungslegung ist hinge-

---

905 Dies war bereits in der Konkursbilanz der Fall, vgl. PLATE, G., Die Konkursbilanz, S. 33.

906 Vgl. BIBLIOGRAPHISCHES INSTITUT GMBH (Hrsg.), verteilen laut Duden.

907 In der Kostenrechnung ist die Verteilungsgrundlage z. B. die gesamte Inanspruchnahme einer Maschine, um die Kosten entsprechend der tatsächlichen Nutzung aufzuteilen. Für die Kostenart Strom bildet die Verteilungsgrundlage der entsprechende Stromzähler. Vgl. KALVERAM, W., Industrielles Rechnungswesen, S. 222 f.

908 Vgl. PLINKE, W./RESE, M., Industrielle Kostenrechnung, S. 118.

909 Vgl. zu den Adressaten der insolvenzspezifischen Rechnungslegung Abschnitt 222.2.

910 Controlling wird nach COENENBERG/FISCHER/GÜNTHER als ein „kybernetisches, sich selbst steuerndes System zur Versorgung der Unternehmensleitung mit entscheidungsrelevanten Informationen (entscheidungsorientierte Sicht), der Koordination der mehr oder minder autonomen Planungs- und Steuerungseinheiten des Unternehmens (koordinationsorientierte Sicht) durch Informationsgewinnung, -verarbeitung und -aufbereitung" bezeichnet., vgl. COENENBERG, A. G./FISCHER, T. M./GÜNTHER, T., Kostenrechnung, S. 22, i. O. mit Hervorhebungen.

gen vor allem ein Instrument, auf dessen Basis die Gläubiger Einfluss auf das Insolvenzverfahren nehmen können.[911] Dem aus der Kostenrechnung hergeleiteten Begriff einer Schlüsselgröße kann auch im insolvenzrechtlichen Kontext gefolgt werden.[912] Im Insolvenzverfahren bezieht sich die Verteilungsgrundlage auf das ggü. den Gläubigern zu verteilende Vermögen sowie auch auf die Vergütung des Insolvenzverwalters.[913] Außer dem Begriff der „**Vergütung**" werden gemeinhin die Synonyme „Entlohnung, Gegenleistung, Bezahlung"[914] genutzt.[915] Im Zuge des Insolvenzverfahrens ist die Vergütung des Insolvenzverwalters an die zu verwertende Insolvenzmasse sowie in ausgewählten Fällen an die Verfahrenskomplexität gebunden.[916] Nachstehend wird der Zweck der Verteilungs- und Vergütungsgrundlage anhand der Vorschriften der InsO hergeleitet.

423.322. Herleitung des Zwecks der Verteilungs- und Vergütungsgrundlage

423.322.1 Gesetzeskodifikation

Die InsO widmet dem Verteilungsbegriff im zweiten Abschnitt des fünften Teils der InsO unter der Überschrift „Verteilung" eine Reihe von Paragraphen, die sich ausschließlich auf die Verteilung der Insolvenzmasse und somit die Gläubigerbefriedigung beziehen.[917] Demnach wird, wie bereits bei der Entscheidungsgrundlage, der Verteilungsbegriff in der InsO für den Fall eines Verteilungsverfahrens in der Regelinsolvenz expliziert.[918] Nach § 187 Abs. 2 InsO ist die Verteilung bereits unter „Zustimmung des Gläubigerausschusses"[919] im laufenden Verfahren möglich.[920] Vor jeder Verteilung ist nach § 187 Abs. 1 InsO ein Prüfungstermin in Form einer

---

911 Gleiches gilt für die Kostenrechnung die als „Steuerungsinstrument" dient und auf dessen Basis betriebliche Entscheidungen getroffen werden sollen. Vgl. HORSCH, J., Kostenrechnung, S. 17 f., sowie ausführlich COENENBERG, A. G./FISCHER, T. M./GÜNTHER, T., Kostenrechnung und Kostenanalyse S. 33-68.

912 So spricht z. B. auch BORK vom Verteilungsschlüssel, vgl. BORK, R., Einführung in das Insolvenzrecht, Rn. 325.

913 Vgl. BALLWIESER, W., Fundamentale Fragen von Rechnungswesen und Unternehmensbewertung, S. 498; MOCK, S., in: Uhlenbruck/Hirte/Vallender, InsO, 14. Aufl., § 66, Rn. 1, sowie SCHNEIDER, D., Betriebswirtschaftslehre, S. 9 f.

914 BIBLIOGRAPHISCHES INSTITUT GMBH (Hrsg.), Vergütung laut Duden.

915 Eine Vergütung kann sich, wie z. B. im Bereich der Vorstandsvergütung, aus diversen Komponenten zusammensetzen. Hierzu zählen bspw. variable oder aktienkursorientiert Bestandteile. Vgl. RAPP, M. S./WOLFF, M., Vergütung deutscher Vorstandsorgane 2014, S. 11-14.

916 Vgl. ausführlich Abschnitt 213.4 sowie Abschnitt 423.322.

917 Vgl. §§ 187-206 InsO.

918 Vgl. IDW (Hrsg.), Insolvenzspezifische Rechnungslegung (IDW RH HFA 1.011), Rn. 59, sowie zu den Verfahrensarten Abschnitt 212.2.

919 § 187 Abs. 3 S. 2 InsO.

920 Vor der eigentlichen Verteilung im Verfahren müssen die Gläubigerforderungen nach §§ 174-186 InsO festgestellt worden sein. Zudem werden im Gesetz drei Verteilungsarten unterschieden: Abschlagsverteilung während des laufenden Verfahrens nach § 187 Abs. 2 InsO, Schlussverteilung nach § 196 Abs. 1 InsO am Verfahrensende und die Nachtragsverteilung gemäß § 203 Abs. 1 InsO, die dann zum Tragen kommt, wenn nach Schlussverteilung und Verfahrensaufhebung weitere Massegegenstände frei geworden sind.

Gläubigerversammlung einzuberufen.[921] Die Verteilung im laufenden Verfahren dient dazu, dass die Gläubiger, sofern ausreichend Barmittel vorhanden sind, zeitnah eine erste Abschlagszahlung erhalten.[922] Verteilungsgrundlage ist die insolvenzspezifische Rechnungslegung und im speziellen das Verteilungsverzeichnis nach § 188 InsO.[923] In § 188 InsO wird expliziert, dass der Insolvenzverwalter „vor einer Verteilung […] ein Verzeichnis der Forderungen aufzustellen [hat; Anm. des Verf.], die bei der Verteilung zu berücksichtigen sind"[924].[925] Im Verteilungsverzeichnis sind lediglich bereits geprüfte Forderungen anzusetzen, bestrittene Forderungen gemäß § 189 Abs. 3 InsO hingegen nicht.[926] Das Verteilungsverzeichnis ist an der Geschäftsstelle des Gerichts „zur Einsicht der Beteiligten niederzulegen"[927], was allerdings nicht der gerichtlichen Prüfung dient, sondern der Einsicht für die Gläubiger und ggf. daraus resultierenden Erhebungen von Einwendungen, z. B. wenn Forderungen nicht im Verzeichnis erfasst wurden.[928] Wortlaut und -sinn der Regelung lassen darauf schließen, dass der Zweck der insolvenzspezifischen Rechnungslegung u. a. in der Verteilungsgrundlage liegt.[929] Dem Verteilungsverzeichnis stehen die, in der fortlaufenden Vermögensübersicht enthaltenen bisher reali-

---

Vgl. WEGENER, D., in: Uhlenbruck/Hirte/Vallender, InsO, 14. Aufl., § 187, Rn. 1, sowie FÜCHSL, J. U. A., in: Kirchhof/Stürner/Eidenmüller, Kommentar zur InsO, 3. Aufl., § 187, Rn. 1-5.

921 Vgl. § 176 InsO; BORK, R., Einführung in das Insolvenzrecht, Rn. 349; PEHL, D., in: Braun, InsO Kommentar, 6. Aufl., § 187, Rn. 1, sowie FÜCHSL, J. U. A., in: Kirchhof/Stürner/Eidenmüller, Kommentar zur InsO, 3. Aufl., § 187, Rn. 7.

922 Vgl. PEHL, D., in: Braun, InsO Kommentar, 6. Aufl., § 187, Rn. 1-3.

923 Vgl. ausführlich Abschnitt 222.12. Das Verteilungsverzeichnis ist vom Insolvenzverwalter zu erstellen, im Falle der Eigenverwaltung nach § 283 Abs. 2 InsO vom Schuldner, vgl. FÜCHSL, J. U. A., in: Kirchhof/Stürner/Eidenmüller, Kommentar zur InsO, 3. Aufl., § 188, Rn. 4. Vgl. zudem HÄSEMEYER, L., Insolvenzrecht, Rn. 7.63 f.

924 § 188 Abs. 1 S. 1 InsO.

925 Demnach ist auch ein Verzeichnis zu erstellen, vgl. HÄSEMEYER, L., Insolvenzrecht, Rn. 7.62.

926 Vgl. PEHL, D., in: Braun, InsO Kommentar, 6. Aufl., § 188, Rn. 4 f. Die Grundlage für das Verzeichnis ist die Tabelle nach § 175 InsO, in welcher nur die festgestellten Forderungen zu berücksichtigen sind. Vgl. FÜCHSL, J. U. A., in: Kirchhof/Stürner/Eidenmüller, Kommentar zur InsO, 3. Aufl., § 188, Rn. 3. Bestrittene Forderungen sind nicht zu berücksichtigen und sind nicht aus der Insolvenzmasse zu bedienen.

927 § 188 S. 2 InsO.

928 Vgl. WEGENER, D., in: Uhlenbruck/Hirte/Vallender, InsO, 14. Aufl., § 188, Rn. 2; FÜCHSL, J. U. A., in: Kirchhof/Stürner/Eidenmüller, Kommentar zur InsO, 3. Aufl., § 188, Rn. 1; PEHL, D., in: Braun, InsO Kommentar, 6. Aufl., § 188, Rn. 12.

929 Vgl. WEGENER, D., in: Uhlenbruck/Hirte/Vallender, InsO, 14. Aufl., § 188, Rn. 2; sowie PEHL, D., in: Braun, InsO Kommentar, 6. Aufl., § 188, Rn. 3-5.

sierten, Barbestände gegenüber. Grundsätzlich können diese an die Gläubiger verteilt werden.[930] Analog stellt das Verteilungsverzeichnis i. V. m. der abschließenden Vermögensübersicht nach § 153 InsO die Verteilungsgrundlage zum Verfahrensende dar.[931] Das Gericht hat die Auslage des Verteilungsverzeichnisses „öffentlich bekannt zu machen“[932], sodass die Offenlegung und die damit verbundene Einsicht in die Dokumentation des Insolvenzverwalters dem Zweck der Rechenschaft folgt.[933]

Die Schlussverteilung findet dann statt, wenn „die Verwertung der Insolvenzmasse [...] beendet ist“[934]. Für die Schlussverteilung ist nach § 196 Abs. 2 InsO die Zustimmung des Insolvenzgerichts erforderlich. Auch hier lassen Wortlaut und -sinn keine Zweifel daran, dass die insolvenzspezifische Rechnungslegung den Zweck der Verteilungsgrundlage zu erfüllen hat. Abschließend wird die Schlussrechnung nach § 66 InsO im Schlusstermin gemäß § 197 Abs. 1 Nr. 1 InsO besprochen.[935] Gegen das Schlussverzeichnis können von den Teilnehmern der Gläubigerversammlungen nach § 197 Abs. 1 Nr. 2 InsO Einwände erhoben werden. Der Bedeutungszusammenhang der Vorschriften führt systematisch auf den Zweck der Verteilungsgrundlage der insolvenzspezifischen Rechnungslegung hin. Beginnend mit der Feststellung und der damit verbundenen Prüfung der Forderungen im ersten Abschnitt des fünften Teils der InsO, werden die auf Basis der nach § 66 InsO zu erstellende Rechnungslegung und darin ausgewiesene Barmittel bedient.

Neben der Verteilung der Insolvenzmasse ggü. den Gläubigern dient die Schlussrechnung nach § 66 InsO i. V. m. § 63 Abs. 1 InsO als **Vergütungsgrundlage** für den Insolvenzverwalter.[936]

---

930 Vgl. PELKA, J./NIEMANN, W., Praxis der Rechnungslegung in Insolvenzverfahren, Rn. 444 f., sowie IDW (Hrsg.), Insolvenzspezifische Rechnungslegung (IDW RH HFA 1.011), Rn. 57. Gemäß § 187 Abs. 2 S. 1 InsO kann nur Bargeld an die Insolvenzgläubiger verteilt werden, daher sind die Massegegenstände zuvor nach § 159 InsO zu verwerten. Vgl. BORK, R., Einführung in das Insolvenzrecht, Rn. 349.

931 Vgl. ausführlich Abschnitt 212.3; IDW (Hrsg.), Insolvenzspezifische Rechnungslegung (IDW RH HFA 1.011), Rn. 56-60.

932 § 188 S. 3 InsO.

933 Vgl. FÜCHSL, J. U. A., in: Kirchhof/Stürner/Eidenmüller, Kommentar zur InsO, 3. Aufl., § 188, Rn. 12-14, sowie zum Zweck der Rechenschaft Abschnitt 423.22.

934 § 196 Abs. 1 InsO. Dafür ist nach § 196 Abs. 2 InsO die Zustimmung des Insolvenzgerichts erforderlich.

935 Vgl. WESTPHAL, T., in: Nerlich/Römermann, InsO Kommentar, § 197, Rn. 6.

936 Vgl. HAARMEYER, H./MOCK, S., in: Insolvenzrechtliche Vergütung (InsVV), 5. Aufl., § 1, Rn. 3; VILL, G., Zur Reform des insolvenzrechtlichen Vergütungsrechts, S. 746; STEPHAN, G., in: Kirchhof/Stürner/Eidenmüller, Kommentar zur InsO, 3. Aufl., § 63, Rn. 35; HAARMEYER, H., Strukturmerkmale der Vergütung im Insolvenzverfahren, Rn. 3, sowie Abschnitt 213.4. Auf die Vergütung des vorläufigen Insolvenzverwalters wird nicht eingegangen.

Die Schlussrechnung nach § 66 InsO ist die Anspruchsgrundlage für die Festsetzung der Vergütungshöhe des Insolvenzverwalters.[937] In der InsVV ist festgelegt, dass „die Vergütung [...] nach dem Wert der Insolvenzmasse berechnet [wird, Anm. des Verf.], auf die sich die Schlußrechnung [sic!] bezieht“.[938] Die Vorschrift ist im dritten Abschnitt des zweiten Teils der InsO kodifiziert, in welchem es um die Verfahrensbeteiligten und vor allem um die Person des Insolvenzverwalters geht.[939] Da die Vergütung des Insolvenzverwalters nach § 54 Nr. 2 InsO eine Masseverbindlichkeit darstellt, ist sie vorrangig aus der Insolvenzmasse zu befriedigen und hat somit direkte Implikationen auf die zur Verfügung stehende Verteilungsmasse.[940] Neben dem Zweck der Verteilungsgrundlage für die Gläubiger hat die insolvenzspezifische Rechnungslegung und vor allem die Schlussrechnung nach § 66 InsO folglich den Zweck der Vergütungsgrundlage zu erfüllen.[941] Für eine weitere Validierung des Zwecks der Verteilungs- und Vergütungsgrundlage werden nachfolgend u. a. die Entstehungsgeschichte, die Ansichten des Gesetzgebers sowie die Verfassungskonformität analysiert.

423.322.2 Weitere Auslegungskriterien der Hermeneutik

Ausgangspunkt der Analyse sind die Entstehungsgeschichte der Regelungen sowie die Intention des Gesetzgebers, die sich auf den Zweck der Verteilungsgrundlage beziehen. So wurde § 187 InsO dahingehend angepasst, dass im Gegensatz zur KO aus der Sollvorschrift nach § 149 KO[942], die eine Abschlagsverteilung vorsah sooft ausreichend Barmittel verfügbar waren, ein Wahlrecht wurde.[943] Durch das Wahlrecht über die Verteilung wurde der Ermessensspielraum des Insolvenzverwalters erweitert.[944] Die nach § 187 Abs. 3 S. 2 InsO für die Vertei-

---

937 Vgl. DELHAES, W., in: Nerlich/Römermann, InsO Kommentar, § 63, Rn. 2-4 und Rn. 10; RIEDEL, E., in: Kirchhof/Stürner/Eidenmüller, Kommentar zur InsO, 3. Aufl., § 66, Rn. 5, sowie § 1 InsVV.

938 § 1 Abs. 1 S. 1 InsVV. In § 1 Abs. 2 InsVV sind die Gegenstände, welche für die Kalkulation der maßgeblichen Masse zu berücksichtigen sind, noch einmal im Detail definiert.

939 Vgl. § 56-79 InsO.

940 Vgl. § 54 Nr. 2 InsO; IDW (Hrsg.), Insolvenzspezifische Rechnungslegung (IDW RH HFA 1.011), Rn. 65, sowie Abschnitt 222.12.

941 Vgl. MOCK, S., in: Uhlenbruck/Hirte/Vallender, InsO, 14. Aufl., § 63, Rn. 23 f.; DELHAES, W., in: Nerlich/Römermann, InsO Kommentar, § 63, Rn. 4 und Rn. 9, sowie DEUTSCHER BUNDESTAG (Hrsg.), BT-Drucksache 12/2443, S. 130.

942 In § 149 KO hieß es, dass „[n]ach der Abhaltung des allgemeinen Prüfungstermins [...], so oft hinreichende bare Masse vorhanden ist, eine Verteilung an die Konkursgläubiger erfolgen“ soll. Auch in der KO waren demnach ausreichend viele Barmittel bzw. bare Masse Grundvoraussetzung für eine Abschlagsverteilung.

943 Vgl. WESTPHAL, T., in: Nerlich/Römermann, InsO Kommentar, § 187, Rn. 1.

944 Vgl. DEUTSCHER BUNDESTAG (Hrsg.), BT-Drucksache 12/2443, S. 186, sowie WESTPHAL, T., in: Nerlich/Römermann, InsO Kommentar, § 187, Rn. 1.

lung erforderliche Zustimmung der Gläubiger bestand bereits in § 150 KO, sodass die Mitbestimmung der Gläubiger unverändert blieb.[945] Auch der Vollzug der Verteilung durch den Insolvenzverwalter wurde in § 187 Abs. 3 S. 1 InsO unverändert von § 167 KO übernommen. In § 187 Abs. 2 S. 2 InsO wurde indes im Vergleich zur KO lanciert, dass nachrangige Gläubiger keine Abschlagszahlungen erhalten, da sie erst nach voller Befriedung aller anderen Gläubiger Auszahlungsansprüche haben.[946] Durch die Insolvenzrechtsreform wurden die Regelungen der KO in § 187 InsO zusammengeführt und geringfügig ergänzt. Die für eine Verteilung vorausgesetzte Zustimmung der Gläubiger wurde, angesichts der Gläubigerautonomie, beibehalten.

Der sich auf das Verteilungsverzeichnis beziehende § 188 InsO wurde mit Einführung der InsO inhaltlich deckungsgleich von § 151 KO übernommen und lediglich für ein leichteres Verständnis redaktionell überarbeitet.[947] Mit der Einführung des Gesetzes zur Vereinfachung des Insolvenzverfahrens[948] wurde § 188 S. 3 InsO dahingehend angepasst, dass die öffentliche Bekanntmachung nicht mehr Aufgabe des Insolvenzverwalters, sondern des Gerichts ist. [949] Die Entwicklung von § 188 InsO zeigt, dass der Zweck der Verteilungsgrundlage, in Form der rechnerischen Voraussetzung durch das Verteilungsverzeichnis, bereits unverändert in der KO bestand. So sollte u. a. eine ordentliche Verfahrensabwicklung gewährleistet werden.[950]

Die Vorschriften der § 196 InsO und § 197 InsO wurden sinngemäß aus § 161 KO sowie § 162 KO übernommen.[951] § 197 InsO wurde dahingehend angepasst, dass die Fristen für den Schlusstermin verlängert wurden.[952] Bereits in der KO diente die Konkursbilanz zur Orientierung, welche Verteilung nach § 151 KO und § 162 KO an die Gläubiger möglich war.[953]

---

945 Vgl. § 150 KO.

946 Vgl. WEGENER, D., in: Uhlenbruck/Hirte/Vallender, InsO, 14. Aufl., § 188, vor Rn. 1, sowie DEUTSCHER BUNDESTAG (Hrsg.), BT-Drucksache 12/2443, S. 186.

947 Vgl. WESTPHAL, T., in: Nerlich/Römermann, InsO Kommentar, § 188, Rn. 1 f., WEGENER, D., in: Uhlenbruck/Hirte/Vallender, InsO, 14. Aufl., § 188, vor Rn. 1, sowie DEUTSCHER BUNDESTAG (Hrsg.), BT-Drucksache 12/2443, S. 186.

948 Vgl. Abschnitt 211. sowie Fußnote 63.

949 Vgl. WESTPHAL, T., in: Nerlich/Römermann, InsO Kommentar, § 188, Rn. 1a.

950 WESTPHAL sieht zudem die Kontrollmöglichkeit der Gläubiger und den Vertrauenstatbestand als Normzwecke des § 188 InsO an, da nur rechtmäßige Forderungen im Verzeichnis berücksichtigt werden. Vgl. WESTPHAL, T., in: Nerlich/Römermann, InsO Kommentar, § 188, Rn. 2.

951 Vgl. WEGENER, D., in: Uhlenbruck/Hirte/Vallender, InsO, 14. Aufl., § 196, vor Rn. 1, sowie WEGENER, D., in: Uhlenbruck/Hirte/Vallender, InsO, 14. Aufl., § 197, vor Rn. 1.

952 Die Insolvenzgerichte hatten Schwierigkeiten, den Schlusstermin einzuhalten. Daher wurden die Fristen auf ein bis zwei Monate verlängert. Vgl. DEUTSCHER BUNDESTAG (Hrsg.), BT-Drucksache 14/120, S. 13, sowie WESTPHAL, T., in: Nerlich/Römermann, InsO Kommentar, § 197, Rn. 1.

953 Vgl. PLATE, G., Die Konkursbilanz, S. 58.

In § 63 InsO wird i. V. m. der InsVV der verfassungsrechtlich geschützte Anspruch des Insolvenzverwalters auf eine angemessene Vergütung geregelt.[954] In der KO gab es in § 85 KO den Hinweis, dass der Insolvenzverwalter „Anspruch auf Erstattung angemessener barer Auslagen und auf Vergütung für seine Geschäftsführung“[955] hat. Dadurch war die Vergütung des Insolvenzverwalters teilweise der Willkür der Insolvenzgerichte ausgesetzt.[956] Durch die Bestimmung, dass die Vergütung auf Basis „der Insolvenzmasse zur Zeit der Beendigung des Insolvenzverfahrens“[957] zu kalkulieren ist, wurde die Berechnungsgrundlage klar definiert.[958] Mit Unterstützung der unmissverständlich abgegrenzten Vergütungsgrundlage wollte die Legislative erreichen, dass der Insolvenzverwalter keinen Verfahrensausgang, wie z. B. eine schnelle Liquidation, bevorzugt und das Verfahren entsprechend subjektiv gestaltet.[959] Die Insolvenzmasse, welche aus der finalen Vermögensübersicht bzw. der Schlussbilanz als Teil der Schlussrechnung nach § 66 InsO ermittelt wird, ist die einheitliche Berechnungs- und damit Vergütungsgrundlage.[960] Wie bereits in der KO kann die Verwaltervergütung bei besonderem Umfang oder schwierigen Fragestellungen nach § 63 Abs. 1 S. 3 InsO angepasst werden.[961]

Wie in Abschnitt 423.212.2 hergeleitet und analysiert, sind die Regelungen der InsO und demnach auch die hier analysierten §§ 187-189, 196 und 197 InsO sowie § 63 InsO formell verfassungskonform.[962] Materiell bleibt zu untersuchen, ob die Regelungen gegen das Grundgesetz und im speziellen gegen die Grundrechte verstoßen.[963] Die Vorschriften zur Verteilung nach §§ 187-189 InsO entsprechen dem Grundsatz *par conditio creditorum*, welcher für die Gleich-

954 Vgl. DELHAES, W., in: Nerlich/Römermann, InsO Kommentar, § 63, Rn. 1-4, sowie MOCK, S., in: Uhlenbruck/Hirte/Vallender, InsO, 14. Aufl., § 63, Rn. 2.

955 § 85 Abs. 1 KO.

956 Vgl. MOCK, S., in: Uhlenbruck/Hirte/Vallender, InsO, 14. Aufl., § 63, Rn. 3.

957 § 63 Abs. 1. InsO.

958 Vgl. SCHMITT, F., in: Wimmer, FK-InsO, 8. Aufl., § 63, Rn. 3, sowie DELHAES, W., in: Nerlich/Römermann, InsO Kommentar, § 63, Rn. 2.

959 Vgl. DEUTSCHER BUNDESTAG (Hrsg.), BT-Drucksache 12/2443, S. 130.

960 Der Insolvenzverwalter erhält demnach kein Erfolgshonorar, sondern eine Staffelvergütung. Vgl. MOCK, S., in: Uhlenbruck/Hirte/Vallender, InsO, 14. Aufl., § 63, Rn. 23 f.; DELHAES, W., in: Nerlich/Römermann, InsO Kommentar, § 63, Rn. 4 und Rn. 9, sowie DEUTSCHER BUNDESTAG (Hrsg.), BT-Drucksache 12/2443, S. 130. Zur Schlussbilanz vgl. Abschnitt 222.12.

961 Vgl. DEUTSCHER BUNDESTAG (Hrsg.), BT-Drucksache 12/2443, S. 130. Die Anpassung der Vergütung erfolgt mit Hilfe von Zu- oder Abschlägen nach § 3 InsVV, vgl. dazu auch SCHMITT, F., in: Wimmer, FK-InsO, 8. Aufl., § 63, Rn. 11; RECK, R./SCHMITTMANN, J. M., Berechnungsgrundlage der Vergütung und der pagatorische Zahlungsbegriff, S. 2254-2257, sowie O. V. (Hrsg.), Festsetzung der Vergütung des Insolvenzverwalters, S. 772.

962 Formell ist eine Vorschrift grundsätzlich verfassungsmäßig, wenn ein Gesetzgebungsverfahren nach Art. 76-78 GG sowie Art. 82 GG stattfand, vgl. ausführlicher Abschnitt 423.212.2.

963 Vgl. SCHMALZ, D., Prüfungsschema: Verfassungsmäßigkeit.

behandlung der Gläubiger steht. Der nach Art. 3 Abs. 1 GG existierende Gleichheitssatz unterstützt die formale Gleichheit und die in § 187 Abs. 2 InsO enthaltene, hinsichtlich der bei der Rangfolge der Verteilung bestehende sachlich begründete Unterscheidung der einzelnen Gläubigergruppen.[964] Auch die mit §§ 187, 188 sowie §§ 196, 197 InsO bestehende sachlich begründete Rechtsschutzgewährleistung der Gläubiger über gleiche Verwertungschancen entsprechen Art. 2, 14 GG i. V. m. Art. 3 GG. Demnach sind die Vorschriften und der Zweck der Verteilungsgrundlage auch materiell verfassungskonform.

Dadurch, dass das Amt des Insolvenzverwalters vom BVerfG als Beruf eingeordnet wurde, steht dem Insolvenzverwalter grundsätzlich eine Vergütung nach Art. 12 Abs. 1 GG i. V. m. Art. 3 Abs. 1 GG zu.[965] Allerdings darf die Höhe der Vergütung spiegelbildlich nicht so ausgestaltet sein, dass die Gläubiger davon Schaden nehmen, weil der Insolvenzverwalter über Gebühr vergütet wird und damit der auf die Gläubiger bezogene Art. 14 GG verletzt wird.[966] Der Gesetzgeber hat sich diesem möglichen Interessenkonflikt anhand der gestaffelten Vergütung in § 2 InsVV angenommen, sodass das Primat der Gläubigerbefriedigung Priorität hat.[967] Als Ergebnis der Untersuchung der Verfassungskonformität ist festzustellen, dass die für den Zweck der Verteilungs- und Vergütungsgrundlage untersuchten Vorschriften sowohl **formell** als auch **materiell verfassungskonform** sind.

423.33 Würdigung des hergeleiteten Zwecks der Verteilungs- und Vergütungsgrundlage

Damit die insolvenzspezifische Rechnungslegung das Leitmotiv der InsO, nämlich die Gläubigergleichbehandlung, erfüllen kann, ist es notwendig, dass die Verteilung der Insolvenzmasse transparent und nachvollziehbar ist. Dafür müssen die einzelnen Gläubigergruppen verstehen, wie sich ihre individuelle Befriedigungsquote zusammensetzt. Die Befriedigungsquote basiert auf der Insolvenzmasse. Damit die Gläubiger diese überblicken können, muss die insolvenzspezifische Rechnungslegung den **Zweck der Verteilungsgrundlage** erfüllen. Die vorange-

964 Vgl. STÜRNER, R., in: Kirchhof/Stürner/Eidenmüller, Kommentar zur InsO, 3. Aufl., Einleitung, Rn. 77.

965 Vgl. HAARMEYER, H./MOCK, S., in: Insolvenzrechtliche Vergütung (InsVV), 5. Aufl., Vorbemerkungen, Rn. 48-52; STÜRNER, R., in: Kirchhof/Stürner/Eidenmüller, Kommentar zur InsO, 3. Aufl., Einleitung, Rn. 100; BLERSCH, J., Die vorzeitige Entnahme der Verwaltervergütung, S. 51 f., sowie MOCK, S., in: Uhlenbruck/Hirte/Vallender, InsO, 14. Aufl., § 63, Rn. 5 f.

966 Vgl. MOCK, S., in: Uhlenbruck/Hirte/Vallender, InsO, 14. Aufl., § 63, Rn. 6, sowie HAARMEYER, H./MOCK, S., in: Insolvenzrechtliche Vergütung (InsVV), 5. Aufl., Vorbemerkungen, Rn. 46 f.

967 Vgl. HAARMEYER, H./MOCK, S., in: Insolvenzrechtliche Vergütung (InsVV), 5. Aufl., Vorbemerkungen. Rn. 47.

gangene Analyse zeigt, dass der Gesetzgeber den Zweck der Verteilungsgrundlage im **Wortlaut und -sinn** sowie im **Bedeutungszusammenhang** der Vorschriften der InsO verankert hat.[968] Darauf aufbauend wurde die **Entstehungsgeschichte**, u. a. anhand der RegB, analysiert. Es konnte verifiziert werden, dass der **Zweck der Verteilungsgrundlage** der **subjektiven *ratio legis*** entspricht und zudem **verfassungskonform** ist.[969]

Analog wurde beim **Zweck der Vergütungsgrundlage** vorgegangen. Die insolvenzspezfische Rechnungslegung dient als Bemessungsgrundlage für die Vergütung des Insolvenzverwalters. Die Herleitung hat ergeben, dass **Wortlaut und -sinn** der Vorschrift eindeutig bestimmen, dass der „Wert der Insolvenzmasse"[970] die Vergütungsgrundlage für den Insolvenzverwalter ist.[971] Die Analyse der **Entstehungsgeschichte** der Vorschrift gewährt, neben den Begründungen des Gesetzgebers, Rückschlüsse auf die **subjektive *ratio legis***. Dadurch wird die bereits auf Basis des Wortlauts konkretisierte Zweckdefinition der Vergütungsgrundlage noch klarer. Die Regelungen sollen sicherstellen, dass die Vergütung des Insolvenzverwalters intersubjektiv nachprüfbar ist. Da die Insolvenzverwaltervergütung die Insolvenzmasse und folglich die Befriedigungsquoten der Gläubiger schmälert, muss diese nachvollziehbar sein. Auch **objektiv-teleologisch** lässt die Regelung der InsO, wie im Abschnitt 423.212. hergeleitet, auf den Zweck der Vergütungsgrundlage schließen. Die abschließende Prüfung der **Verfassungskonformität** der Regelung zeigt, dass diese zwar im Spannungsverhältnis der Art. 12 und 14 GG steht, ungeachtet dessen jedoch als verfassungskonform angesehen werden kann.

423.4 Zwecksystem der insolvenzspezifischen Rechnungslegung

Wie in den Abschnitten 423.2 und 423.3 hermeneutisch hergeleitet, bestehen die Zwecke der insolvenzspezifischen Rechnungslegung aus dem Dokumentationszweck, dem Rechenschaftszweck, dem Zwecke der Entscheidungsgrundlage sowie der Verteilungs- und Vergütungsgrundlage. Zwischen den einzelnen hergeleiteten Zwecken bestehen Abhängigkeiten. Der Dokumentationszweck ist, wie auch in der handelsrechtlichen Rechnungslegung, die Voraussetzung für alle anderen Zwecke.[972] Eine Dokumentation der Sachverhalte zu Verfahrensbeginn

---

968 Vor allem der Wortlaut und -sinn der §§ 187 f. InsO und §§ 196 f. InsO lassen auf den Zweck der Verteilungsgrundlage schließen. Vgl. zudem Abschnitt 423.322.1.

969 Vgl. ausführlich Abschnitt 423.322.1.

970 § 63 Abs. 1 S. 2 InsO.

971 Vgl. DEPPE, M., Schlussrechnung, S. 333.

972 Vgl. BAETGE, J./KIRSCH, H.-J./THIELE, S., Bilanzen, S. 102.

sowie im Verfahren ist erforderlich, damit z. B. Rechenschaft ggü. den Adressaten gelegt werden kann.[973] Der Rechenschaftszweck ist zwar vom Zweck der Dokumentation abhängig, aber nicht weniger bedeutsam. Er besagt, dass die Dokumentation adressatengerecht sein muss, denn nur so können die dokumentierten Informationen auf eine höhere Informationsebene gehoben werden und als Entscheidungsgrundlage für die Gläubiger dienen.[974] Lediglich vollständige, verständliche und richtige Informationen ermöglichen valide Entscheidungen. Da ein zuverlässiger Aufsatzpunkt für die Verteilung der Masse und die Vergütung des Insolvenzverwalters fehlen würde, muss eine korrekte Dokumentation vorliegen, die auch den Rechenschaftszweck erfüllt. Der Entscheidungszweck und der Zweck der Verteilungs- und Vergütungsgrundlage sind demzufolge an den Dokumentations- und den Rechenschaftszweck gekoppelt. Abbildung 4-1 fasst die Zusammenhänge der einzelnen Zwecke in einem Zwecksystem zusammen.

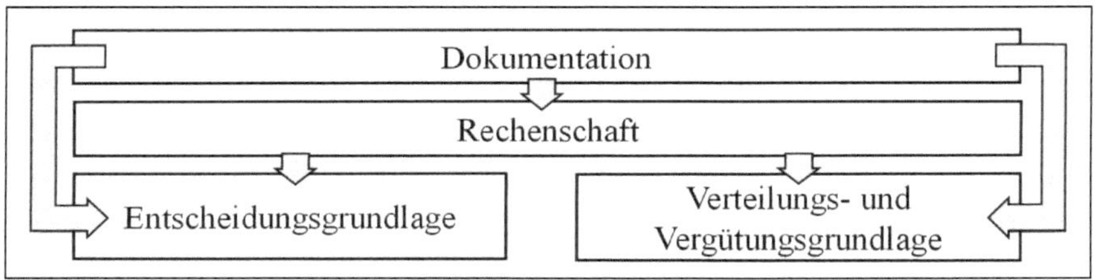

Abbildung 4-1: Zwecke der insolvenzspezifischen Rechnungslegung[975]

Die Zwecke gelten grundsätzlich für jede **Art von Insolvenzverfahren**.[976] So ist in jedem Verfahren die Entscheidung der Gläubiger über den weiteren Verfahrensverlauf erforderlich. Entsprechend müssen auch die Zwecke der Dokumentation, der Rechenschaft und der Entscheidungsgrundlage erfüllt sein. Für den Zweck der Verteilung- und Vergütungsgrundlage kann, je nach Verfahrensart, der Zeitpunkt der Relevanz unterschiedlich sein. So ist im Rahmen einer Regelinsolvenz davon auszugehen, dass bei einer **übertragenen Sanierung** von Unternehmensanteilen oder dem Unternehmen als Ganzes bis zur Veräußerung keine Abschlagszahlungen geleistet werden. Demnach wird auch der Zweck der Verteilungsgrundlage für eine Abschlagsverteilung ggf. zu einem späteren Zeitpunkt relevant als bei einem **Liquidationsverfahren**. Gleiches gilt z. B. für eine geplante **Ausproduktion** in der Regelinsolvenz. Zwar wird bei

973 Vgl. Abschnitt 423.22.
974 Vgl. dazu auch die Definition des Rechenschaftszwecks in Abschnitt 423.221.
975 Eigene Darstellung.
976 Vgl. zu den einzelnen Verfahrenstypen Abschnitt 212.2.

allen drei Verfahrensarten das Unternehmen abgewickelt, indes können sich die Zeitpunkte für eine Abschlagsverteilung nach § 187 InsO unterscheiden.

Sofern dem Antrag des Schuldners nach § 270 Abs. 2 Nr. 1 InsO stattgegeben und ein Verfahren in **Eigenverwaltung** durchgeführt wird, gilt grundsätzlich das gleiche wie im oben untersuchten Fall einer Regelinsolvenz. Der wesentliche Unterschied ist, dass die auf die Zwecke bezogene Insolvenzverwalterkompetenz jetzt dem Schuldner des Unternehmens obliegt.[977] Demnach hat dieser gemäß § 281 Abs. 1 InsO die Verzeichnisse der §§ 151-152 InsO sowie die Vermögensübersicht zu erstellen. Zudem ist im Berichtstermin nach § 281 Abs. 2 InsO Bericht zu erstatten und auch die weiteren Rechnungslegungspflichten der § 66 InsO und § 155 InsO sind gemäß § 281 Abs. 3 InsO einzuhalten.[978]

Im Falle eines **Insolvenzplanverfahrens** gelten die Zwecke der Dokumentation, der Rechenschaft, der Entscheidungs- und der Vergütungsgrundlage gleichermaßen. Da nach § 258 Abs. 1 InsO mit der Annahme des Insolvenzplans das Insolvenzverfahren vom Insolvenzgericht aufgehoben wird, folgt ein privatautonomer Prozess zwischen Schuldner und Gläubigern.[979] Mit der Beendigung des Insolvenzverfahrens ist zwar auch eine Schlussrechnung aufzustellen, allerdings ist der Zweck der Verteilungsgrundlage von nachrangiger Bedeutung, da die Verwertungsalternative in Form des Insolvenzplans festgelegt ist und somit privatautonom geregelt wird. Neben der Relevanz der Zwecke in den einzelnen Verfahrensarten wird an diesen Abschnitt anknüpfend analysiert, wie sich die Zwecke im Verlauf eines Insolvenzverfahrens verändern und ob es eine unterschiedliche Gewichtung der Zwecke gibt.

423.5 Die Zwecke im Verlauf des Insolvenzverfahrens

In Abschnitt 423.4 wurden die zuvor hergeleiteten Zwecke der insolvenzspezifischen Rechnungslegung systematisiert und deren, von der Verfahrensart unabhängige, Gültigkeit verdeutlicht. Nachfolgend wird analysiert, ob sich die Bedeutung der Zwecke bzw. das Verhältnis zueinander im Verfahrensverlauf verändert. Bereits vor der Eröffnung des eigentlichen Verfahrens muss der vorläufige Insolvenzverwalter u. a. den **Dokumentationszweck** erfüllen.[980]

---

977 Vgl. BORK, R., Einführung in das Insolvenzrecht, Rn. 472.

978 Vgl. ausführlich Abschnitt 212.23 sowie BORK, R., Einführung in das Insolvenzrecht, Rn. 472-474.

979 Vgl. LÜER, H.-J./STREIT, G., in: Uhlenbruck/Hirte/Vallender, InsO, 14. Aufl., Vor §§ 217-269, Rn. 13-14; FREGE, M. C. U. A., Insolvenzrecht, Rn. 1910; DEUTSCHER BUNDESTAG (Hrsg.), BT-Drucksache 12/2443, S. 90; MAUS, H., Der Insolvenzplan, Rn. 1; KELLER, U., Insolvenzrecht, Rn. 1623; BURGER, A./SCHELLBERG, B., Insolvenzplan im neuen Insolvenzrecht, S. 1883, sowie ausführlich Abschnitt 212.22.

980 Vgl. ausführlich Abschnitt 222.11 sowie Abschnitt 423.21.

Ebenso muss mit Eröffnung des Verfahrens, zum Berichtstermin, während des Verfahrens und auch am Verfahrensende dem Dokumentationszweck nachgekommen werden.[981] Somit hat dieser, unabhängig vom Verfahrensstadium, eine gleichermaßen hohe Relevanz. Ähnlich verhält es sich auch mit dem Zweck der **Rechenschaft**. Bereits vor der Verfahrenseröffnung muss dieser für die Eröffnungsentscheidung erfüllt sein, denn nur anhand eines vollständigen, verständlichen und zutreffenden Einblicks in die Vermögenssituation des Unternehmens kann das Gericht darüber entscheiden, ob eine Abweisung mangels Masse erforderlich ist.[982] Gleiches gilt für den weiteren Verfahrensverlauf: Zu Verfahrensbeginn müssen sich die Gläubiger ein eigenes Urteil über die beste Verwertungsalternative bilden können, im Verfahren hat der Insolvenzverwalter ggü. den Gläubigern Rechenschaft abzulegen. Diese kontrollieren den Verfahrensverlauf.[983] Zudem hat der Insolvenzverwalter zum Verfahrensende die erzielten Verwertungsergebnisse zu demonstrieren und kann sich so exkulpieren.[984] Demnach hat die insolvenzspezifische Rechnungslegung, unabhängig vom Verfahrensstadium der Insolvenz, den Zweck der Rechenschaft zu erfüllen. Die **übergeordneten Zwecke** insolvenzspezifischer Rechnungslegung haben demzufolge **vom Verfahrensbeginn bis zum -ende eine gleichgewichtete Relevanz**.

Der Zweck der **Entscheidungsgrundlage** der insolvenzspezifischen Rechnungslegung hat vor allem für das Insolvenzgericht zur Verfahrenseröffnung sowie für die Gläubiger bei der Verwertungsentscheidung eine ausgesprochen hohe Relevanz.[985] Die im Berichtstermin getroffene Entscheidung der Gläubiger kann zwar nach § 157 S. 3 InsO zu einem späteren Zeitpunkt revidiert werden, dessen ungeachtet ist die initial getroffene Entscheidung, vor allem im Falle einer

---

[981] Mit der Verfahrenseröffnung ist die Insolvenzmasse nach § 148 InsO zu übernehmen und demzufolge auch zu dokumentieren. Vgl. IDW (Hrsg.), Insolvenzspezifische Rechnungslegung (IDW RH HFA 1.011), Rn. 4; WINNEFELD, R., Bilanz-Handbuch, Rn. 936, sowie Abschnitt 423.212.1. Zum Berichtstermin sind die Verzeichnisse nach §§ 151-153 InsO als Basisdokumente zu erstellen, ferner muss der Insolvenzverwalter jederzeit auskunftsfähig sein und eine Zwischenrechnung nach § 66 Abs. 3 InsO vorlegen können. Vgl. MOCK, S., in: Uhlenbruck/Hirte/Vallender, InsO, 14. Aufl., § 66, Rn. 1, sowie Abschnitt 423.21. Zum Verfahrensende müssen die Dokumente der Schlussrechnung gemäß § 66 InsO vorliegen. Vgl. RIEDEL, E., in: Kirchhof/Stürner/Eidenmüller, Kommentar zur InsO, 3. Aufl., § 66, Rn. 5; SCHMITT, F., in: Wimmer, FK-InsO, 8. Aufl., § 66, Rn. 1, ausführlich Abschnitt 222.1 sowie Abschnitt 423.21.

[982] Vgl. zur Definition von Rechenschaft im Insolvenzverfahren Abschnitt 423.221. Die Gerichtsentscheidung beruht auf § 26 InsO. Vgl. dazu auch HAARMEYER, H., in: Kirchhof/Stürner/Eidenmüller, Kommentar zur InsO, 3. Aufl., § 26, Rn. 1.

[983] Vgl. IDW (Hrsg.), Insolvenzspezifische Rechnungslegung (IDW RH HFA 1.011), Rn. 4; WINNEFELD, R., Bilanz-Handbuch, Rn. 936; MOCK, S., in: Uhlenbruck/Hirte/Vallender, InsO, 14. Aufl., § 66, Rn. 1; SCHMITT, F., in: Wimmer, FK-InsO, 8. Aufl., § 66, Rn. 8, sowie PELKA, J./NIEMANN, W., Praxis der Rechnungslegung in Insolvenzverfahren, Rn. 446.

[984] Vgl. SCHMITT, F., in: Wimmer, FK-InsO, 8. Aufl., § 66, Rn. 8; LIÈVRE, B./STAHL, P./EMS, A., Anforderungen an die Schlußrechnung, S. 2, sowie Abschnitt 422.1 und Abschnitt 423.22.

[985] Vgl. ausführlich Abschnitt 423.31.

Liquidation, schwierig zu korrigieren.[986] Sofern bereits mit der Verwertung von Vermögensgegenständen begonnen wurde, die für das operative Geschäft erforderlich sind, kann das Unternehmen nur noch schwer in die Alternative einer Unternehmensfortführung in Form eines Insolvenzplanverfahrens wechseln. Die Option der Gläubiger, nach § 59 InsO über einen Wechsel des Insolvenzverwalters zu entscheiden, bleibt grundsätzlich im gesamten Verfahrensverlauf bestehen.[987] Es ist dennoch ersichtlich, dass mit **fortschreitendem Insolvenzverfahren** und nach der Entscheidung über eine Verwertungsstrategie der Zweck der insolvenzspezifischen Rechnungslegung als **Entscheidungsgrundlage**, wie in Abbildung 4-2 veranschaulicht, an **Relevanz verliert**.

Mit dem Eintritt in das Insolvenzverfahren wird zunächst die vorhandene Ist-Masse bestimmt.[988] Diese enthält nicht alle Vermögensgegenstände, die final verteilt werden, da z. B. noch nicht angefochtene Vermögensgegenstände in der Ist-Masse enthalten sind. Darüber hinaus liegt zu Verfahrensbeginn noch kein vollständiges und geprüftes Verteilungsverzeichnis vor, sodass neben der potenziell verteilbaren Masse noch keine Verteilungsgrundlage mit Informationen darüber existiert, welcher Gläubiger welche Quote erhält. Dafür wird erst im Verfahrensverlauf nach § 174 Abs. 1 InsO eine Forderungstabelle erstellt, welche im laufenden Verfahren die Basis für das Verteilungsverzeichnis nach § 188 InsO bildet.[989] Analog dazu ist das Schlussverzeichnis am Verfahrensende zu erstellen.[990] Gleichermaßen wird neben der Schlussverteilung die finale Vergütung des Insolvenzverwalters erst am Verfahrensende ermittelt.[991] Demnach bleibt festzustellen, dass der **Zweck der Verteilungs- und Vergütungsgrundlage**, im Gegensatz zur Entscheidungsrundlage, **im Verfahrensverlauf sukzessive an Bedeutung gewinnt**.[992] In Abbildung 4-2 wird die Bedeutungsänderung der Zwecke im Verfahrensverlauf in einer Übersicht zusammengefasst.

---

986 Vgl. ESSER, P., in: Braun, InsO Kommentar, 6. Aufl., § 157, Rn. 1.

987 Vgl. BLÜMLE, H., in: Braun, InsO Kommentar, 6. Aufl., § 59, Rn. 1 f.; GERHARDT, W., Von der Insolvenzrechtsreform zur Insolvenzverordnung, S. 125, sowie § 59 InsO.

988 Vgl. HILLEBRAND, C., Rechnungslegung in der Insolvenz, S. 43, sowie Fußnote 386.

989 Vgl. ausführlich Abschnitt 213.4 sowie Abschnitt 423.322.1.

990 Vgl. ausführlich Abschnitt 222.12.

991 Vgl. § 1 Abs. 1 S. 1 InsVV; BLERSCH, J., Die vorzeitige Entnahme der Verwaltervergütung, S. 70 f., sowie Abschnitt 423.322.1.

992 Nach § 9 InsVV hat der Insolvenzverwalter indes die Möglichkeit, einen Vergütungsvorschuss zu beantragen. Vgl. OFD RHEINLAND (Hrsg.), Aktivierung von Vorschüssen bei bilanzierenden Insolvenzverwaltern, S. 312.

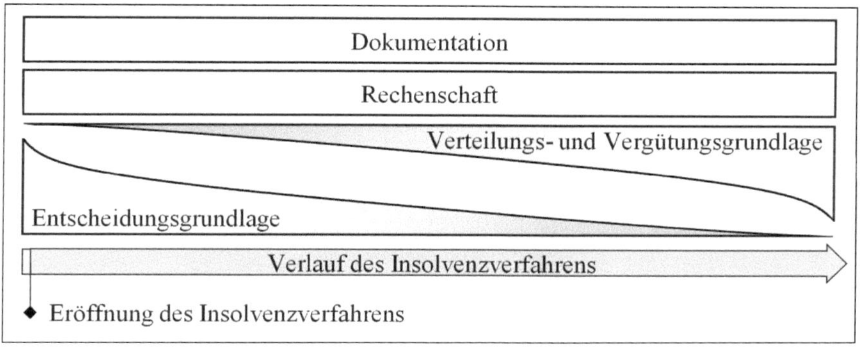

Abbildung 4-2: Zwecke der insolvenzspezifischen Rechnungslegung im Verfahrensverlauf[993]

43 Herleitung von Grundsätzen insolvenzspezifischer Rechnungslegung

431. Vorbemerkungen

Damit die Zwecke der insolvenzspezifischen Rechnungslegung erfüllt werden können, werden diese durch bestimmte Rechtssätze, die Grundsätze insolvenzspezifischer Rechnungslegung, konkretisiert.[994] Durch die Anwendung dieser soll sichergestellt werden, dass die Zwecke eingehalten werden. Diese Grundsätze existieren bis dato noch nicht als geschlossenes System und werden nachfolgend auf Basis der Zwecke hergeleitet. Wie bei der Herleitung der Zwecke insolvenzspezifischer Rechnungslegung in Abschnitt 42 werden in Abschnitt 432.1 als erster Ausgangspunkt zunächst die Literaturmeinungen, welche sich mit möglichen Grundsätzen insolvenzspezifischer Rechnungslegung befassen, analysiert und aggregiert. Daran anschließend wird, zur Bildung möglicher Analogien, in Abschnitt 432.2 das handelsrechtliche GoB-System vorgestellt und untersucht, ob einzelne GoB auf die Grundsätze insolvenzspezifischer Rechnungslegung übertragbar sind. Falls keine Analogien zu ausgewählten GoB gezogen werden können, wird dies begründet. Im darauf folgenden Abschnitt 432.3 werden die im Schrifttum diskutierten insolvenzspezifischen Grundsätze den relevanten GoB gegenübergestellt. Ähnlich wie bei der Herleitung der Zwecke dient auch hier die Aggregation als Ideenlieferant für die

993 Eigene Darstellung.

994 Vgl. für eine ausführliche Definition von „Grundsätzen" Abschnitt 32 sowie für die Herleitung der Grundsätze insolvenzspezifischer Rechnungslegung Abschnitt 433.

sich anschließende hermeneutische Herleitung der Grundsätze insolvenzspezifischer Rechnungslegung, welche in Abschnitt 433. verortet ist. Dabei wird jeder Grundsatz anhand der InsO sowie vor dem Hintergrund der Zugehörigkeit zu dem entsprechenden Zweck der insolvenzspezifischen Rechnungslegung analysiert. Basierend auf den in Abbildung 3-1 vorgestellten Elementen der Hermeneutik wird jeder Grundsatz, abhängig davon ob er kodifiziert ist oder nicht, anhand des Wortlauts und -sinns, der Entstehungsgeschichte, des Bedeutungszusammenhangs, der objektiven und der subjektiven *ratio legis* hergeleitet.[995]

432. Ansatzpunkte für die Herleitung der Grundsätze insolvenzspezifischer Rechnungslegung

432.1 Analyse bestehender Literaturmeinungen zu Grundsätzen insolvenzspezifischer Rechnungslegung

Wie auch bei den Zwecken hat sich PLATE im Jahr 1981 mit den Grundsätzen ordnungsmäßiger Bilanzierung bei der Aufstellung einer Konkursbilanz befasst und klargestellt, dass die Grundsätze ordnungsmäßiger Buchführung nicht ohne weiteres für die Bilanzierung im Konkursverfahren übernommen werden können.[996] Darauf aufbauend haben verschiedene Autoren Grundsätze für die insolvenzspezifische Rechnungslegung definiert.[997] Übereinstimmend wird der **Grundsatz der Vollständigkeit** bzw. das **Vollständigkeitsgebot** als ein im Hinblick auf die insolvenzspezifischen Berichtsinstrumente zu berücksichtigender Grundsatz angesehen.[998] Die Definition von Vollständigkeit folgt nicht dem Handelsrecht, sondern geht, z. B. bezogen auf das nach § 248 Abs. 2 HGB bestehende Aktivierungsverbot, darüber hinaus.[999] Vollständigkeit

995 Vgl. zur Hermeneutik Abschnitt 333 sowie Abschnitt 34. Die Verfassungskonformität wird hier nicht für jeden Grundsatz separat analysiert.

996 Vgl. PLATE, G., Die Konkursbilanz, S. 71 f.

997 Vgl. statt aller SINZ, R., in: Uhlenbruck/Hirte/Vallender, InsO, 14. Aufl., § 155, Rn. 3 f., sowie HENI, B., Interne Rechnungslegung, S. 52 f.

998 Vgl. SINZ, R., in: Uhlenbruck/Hirte/Vallender, InsO, 14. Aufl., § 155, Rn. 3; WEITZMANN, J., Rechnungslegung und Schlussrechnungsprüfung, S. 450; HENI, B., Interne Rechnungslegung, S. 52 f.; BECK, R./HÖLZLE, G., Rechnungslegung durch den Insolvenzverwalter, Rn. 209-211; PELKA, J./NIEMANN, W., Praxis der Rechnungslegung in Insolvenzverfahren, Rn. 475-477; WEGENER, B., in: Wimmer, FK-InsO, 8. Aufl., § 151, Rn. 5; MOCK, S., in: Uhlenbruck/Hirte/Vallender, InsO, 14. Aufl., § 66, Rn. 57; RIGOL, R., in: Insolvenzordnung, 19. Aufl., § 66, Rn. 11; FÜCHSL, J./WEISHÄUPL, H./JAFFÉ, M., in: Kirchhof/Stürner/Eidenmüller, Kommentar zur InsO, 3. Aufl., § 153, Rn. 3, sowie für die KO PLATE, G., Die Konkursbilanz, S. 74 f.

999 Vgl. statt vieler FÖRSCHLE, G./WEISANG, A., Rechnungslegung im Insolvenzverfahren, Rn. 13. Vgl. zu § 248 Abs. 2 HGB, SCHMIDT, S./USINGER, R., in: Beck'scher Bilanzkommentar, 10. Aufl., § 248, Rn. 10-21. Das Handelsrecht folgt grundsätzlich einer wirtschaftlichen Betrachtungsweise, das maßgebliche Kriterium für eine Aktivierung ist die selbstständige Verwertbarkeit. Vgl. BAETGE, J./KIRSCH, H.-J./THIELE, S., Bilanzen, S. 158-163, sowie LUTZ, G./SCHLAG, A., in: HdJ, I/4, Rn. 84-87. Vgl. zu den Kriterien der (abstrakten) Aktivierungsfähigkeit BAETGE, J./KIRSCH, H.-J./THIELE, S., Bilanzen, S. 163.

bezieht sich auf die nach § 35 InsO definierte Insolvenzmasse. Damit sind z. B. selbstgeschaffene Marken oder Kundendaten als Massegegenstände aufzunehmen.[1000] Vollständigkeit wird u. a. dadurch gewährleistet, dass eine Inventur durchgeführt wird, welche den in dieser Arbeit hergeleiteten Grundsätzen zu entsprechen hat.[1001] So soll die Insolvenzmasse ganzheitlich, korrekt und nachvollziehbar erfasst werden.[1002] Allerdings ist zu berücksichtigen, dass so keine Massegegenstände erfasst werden, die nicht im Besitz des Schuldners sind, auf die der Schuldner allerdings einen rechtlichen Anspruch hat.[1003] Ferner werden der **Grundsatz der Einzelaufzeichnung** bzw. das **Saldierungsverbot** und in dem Zusammenhang auch der **Grundsatz der Einzelbewertung** genannt.[1004] Dementsprechend muss jeder Gegenstand einzeln ausgewiesen und bewertet werden. Die nach §§ 94-96 InsO bestehenden Aufrechnungsmöglichkeiten einzelner Gläubiger sind zwar anzugeben, allerdings darf nicht saldiert werden.[1005] Zudem ist der **Grundsatz der neutralen Wertermittlung** zu berücksichtigen und die **Bewertungsansätze müssen nachvollziehbar** sein.[1006] Folglich soll die Wertermittlung von Vermögen und Schulden weder zu optimistisch noch zu pessimistisch, sondern realitätsgetreu sein, sodass die Werte der einzelnen Massegegenstände nachvollziehbar sind.[1007] Die neutrale Wertermittlung findet sich ebenfalls im **Grundsatz der Bilanzwahrheit** bzw. im **Grundsatz der Richtigkeit**

1000 Vgl. WEGENER, B., in: Wimmer, FK-InsO, 8. Aufl., § 151, Rn. 5; BEYER, A./BEYER, A., Verkauf von Kundendaten in der Insolvenz, S. 241, sowie EXLER, M. W. U. A., Strategische Optionen zur Kapitalisierung der Marke, S. 53.

1001 Vgl. IDW (Hrsg.), Bestandsaufnahme im Insolvenzverfahren (IDW RH HFA 1.010), Rn. 23; HILLEBRAND, C., Rechnungslegung in der Insolvenz, S. 42, sowie SINZ, R., in: Uhlenbruck/Hirte/Vallender, InsO, 14. Aufl., § 151, Rn. 1.

1002 Vgl. FÜCHSL, J./WEISHÄUPL, H./JAFFÉ, M., in: Kirchhof/Stürner/Eidenmüller, Kommentar zur InsO, 3. Aufl., § 151, Rn. 2.

1003 Vgl. HEYN, M., Die Erstellung der Verzeichnisse gem. §§ 151-153 InsO, Teil 1, S. 216.

1004 Zum Grundsatz der Einzelaufzeichnung und zum Saldierungsverbot vgl. SINZ, R., in: Uhlenbruck/Hirte/Vallender, InsO, 14. Aufl., § 151, Rn. 4; ANDRES, D., in: Nerlich/Römermann, InsO Kommentar, § 151, Rn. 6; WEGENER, B., in: Wimmer, FK-InsO, 8. Aufl., § 151, Rn. 9; FÜCHSL, J./WEISHÄUPL, H./JAFFÉ, M., in: Kirchhof/Stürner/Eidenmüller, Kommentar zur InsO, 3. Aufl., § 151, Rn. 6; HENI, B., Interne Rechnungslegung, S. 52, sowie IDW (Hrsg.), Bestandsaufnahme im Insolvenzverfahren (IDW RH HFA 1.010), Rn. 73. Eckardt bezeichnet den Grundsatz der Einzelerfassung als „Einzelerfassungsgebot", vgl. ECKARDT, D., in: Jaeger, InsO Band 5, § 151, Rn. 32. Die Einzelaufzeichnung ist vor allem für das Verzeichnis der Massegegenstände nach § 151 InsO und das Gläubigerverzeichnis gemäß § 152 InsO relevant, in der Vermögensübersicht ist indes eine Aggregation in Form einer „geordneten Übersicht" möglich. Vgl. FÜCHSL, J./WEISHÄUPL, H./JAFFÉ, M., in: Kirchhof/Stürner/Eidenmüller, Kommentar zur InsO, 3. Aufl., Vorbemerkungen zu §§ 151-155, Rn. 13, sowie § 153 Abs. 1 InsO. Zum Grundsatz der Einzelbewertung vgl. PELKA, J./NIEMANN, W., Praxis der Rechnungslegung in Insolvenzverfahren, Rn. 481; BECK, R./HÖLZLE, G., Rechnungslegung durch den Insolvenzverwalter, Rn. 212, sowie FÜCHSL, J./WEISHÄUPL, H./JAFFÉ, M., in: Kirchhof/Stürner/Eidenmüller, Kommentar zur InsO, 3. Aufl., § 151, Rn. 9.

1005 Vgl. IDW (Hrsg.), Bestandsaufnahme im Insolvenzverfahren (IDW RH HFA 1.010), Rn. 73.

1006 Vgl. BECK, R./HÖLZLE, G., Rechnungslegung durch den Insolvenzverwalter, Rn. 214-216, sowie PELKA, J./NIEMANN, W., Praxis der Rechnungslegung in Insolvenzverfahren, Rn. 479.

1007 Vgl. BECK, R./HÖLZLE, G., Rechnungslegung durch den Insolvenzverwalter, Rn. 214.

wieder.[1008] Gemäß des Grundsatzes der Bilanzwahrheit ist der Adressatennutzen am größten, wenn diese „wahre" Informationen im Sinne einer möglichst zutreffenden Prognose erhalten.[1009] Bezogen auf den Grundsatz der Richtigkeit sollen die Bilanzwerte richtig (und willkürfrei) sein, damit das zu erwartende Insolvenzergebnis und die zu erwartende Quote ableitbar sind.[1010] Ferner wird in der Literatur der **Grundsatz der Bilanzverknüpfung** bzw. **Grundsatz der Stetigkeit** genannt. Die Bilanzverknüpfung zielt auf die Vergleichbarkeit zwischen Vermögensübersicht und Schlussbilanz ab. Diese ist laut PLATE anzustreben, indes flexibler als im Handelsrecht auszulegen.[1011] Der Grundsatz der Stetigkeit verlangt die Anwendung gleicher Bilanzierungs- und Bewertungsmethoden. Gleichwohl ist zu berücksichtigen, dass es im Verfahren durch ergänzende Informationen zu einer Neubewertung von Massegegenständen kommen kann.[1012]

Die bisher aufgeführten Grundsätze beziehen sich vor allem auf Dokumentations-, Ansatz- und Bewertungsfragestellungen. Im Folgenden wird auf weitere, im Schrifttum genannte Grundsätze eingegangen, die sich vordergründig auf den Ausweis sowie die Wirtschaftlichkeit und den Bezugszeitpunkt der Berichtsinstrumente beziehen. Hinsichtlich des Ausweises wird der **Grundsatz der Klarheit** als zentral angesehen, wodurch eine übersichtliche und klare Bilanzgestaltung gefordert wird, sodass der Adressat einen schnellen und zuverlässigen Einblick in die Bilanzinformationen erhält.[1013] Ferner wird der **Grundsatz der Wesentlichkeit** in der Literatur hervorgehoben.[1014] Er besagt, dass die Rechnungslegung, in Form eines Informationsop-

---

1008 Zum Grundsatz der Richtigkeit vgl. WEITZMANN, J., Rechnungslegung und Schlussrechnungsprüfung, S. 450; PELKA, J./NIEMANN, W., Praxis der Rechnungslegung in Insolvenzverfahren, Rn. 474. Zum Grundsatz der Bilanzwahrheit vgl. PLATE, G., Die Konkursbilanz, S. 72-74.

1009 Eine Schwachstelle dieses Grundsatzes ist, dass der „wahre" Wert erst nach der eigentlichen Realisation messbar ist. Demnach schlägt PLATE eine Interpretation als Grundsatz sorgfältiger Prognose vor. Die Prognose kann im Verfahrensverlauf optimiert bzw. deren Wahrheitsgehalt gesteigert werden. Vgl. PLATE, G., Die Konkursbilanz, S. 73 f.

1010 Vgl. PELKA, J./NIEMANN, W., Praxis der Rechnungslegung in Insolvenzverfahren, Rn. 474. HÖLZLE bezeichnet den Grundsatz der Richtigkeit als Grundsatz realistischer Bewertung, sodass der Wert der Massegegenstände den Ausgangspunkt für die zu erwartende Insolvenzquote bildet. Vgl. BECK, R./HÖLZLE, G., Rechnungslegung durch den Insolvenzverwalter, Rn. 213.

1011 Für die Konkursbilanz empfiehlt PLATE eine flexible Gestaltung, sodass aktuelle Informationen in diese einfließen können. Die Prinzipien der Bilanzidentität und Bilanzkontinuität erachtet er als hinfällig. Vgl. PLATE, G., Die Konkursbilanz, S. 80 f., sowie WEGENER, B., in: Wimmer, FK-InsO, 8. Aufl., § 151, Rn. 15.

1012 Vgl. PELKA, J./NIEMANN, W., Praxis der Rechnungslegung in Insolvenzverfahren, Rn. 480.

1013 Zum Grundsatz der Klarheit vgl. HENI, B., Interne Rechnungslegung, S. 121; WEITZMANN, J., Rechnungslegung und Schlussrechnungsprüfung, S. 449 f., sowie im Rahmen der Rechnungslegung in der KO PLATE, G., Die Konkursbilanz, S. 75 f. Für eine ausführliche Zusammenstellung der Richtlinien, die den Grundsatz der Klarheit explizieren, vgl. PELKA, J./NIEMANN, W., Praxis der Rechnungslegung in Insolvenzverfahren, Rn. 478.

1014 Laut PLATE war der Grundsatz der Wesentlichkeit bereits für die KO zu berücksichtigen, vgl. PLATE, G.,

timums zwischen Relevanz einer Information und Kosten der Informationsbeschaffung, wirtschaftlich sein soll.[1015] Die Informationen sollen zeitnah aufgestellt und für die Adressaten relevant sein.[1016] Laut dem **Stichtagsprinzip** ist die Vermögensübersicht nach § 153 InsO auf den Stichtag der Insolvenzeröffnung aufzustellen.[1017] Darüber gibt es indes widersprüchliche Literaturmeinungen.[1018]

Die im Schrifttum bestehenden Grundsätze und Grundsatzdefinitionen sind teilweise uneinheitlich oder gar widersprüchlich.[1019] Es wurde bisher noch kein geschlossenes System entwickelt, welches konsequent aus den Zwecken insolvenzspezifischer Rechnungslegung abgeleitet wurde. Einige Autoren – wie z. B. RIGOL, ECKARDT und der VID – spezifizieren die Grundsätze nicht näher, sondern verweisen lediglich darauf, dass die GoB des Handelsrechts auch für die insolvenzspezifische Rechnungslegung anzuwenden sind.[1020] In Anbetracht der Tatsache, dass ein über viele Dekaden entwickeltes und etabliertes GoB-System besteht, ist dieser Verweis vordergründig nachvollziehbar.[1021] Allerdings bleibt zu hinterfragen, ob das System überhaupt für die Zwecke der insolvenzspezifischen Rechnungslegung anwendbar und demnach die Empfehlungen zielführend sind. Daher wird im Folgenden das GoB-System vor dem Hintergrund der hergeleiteten Zwecke insolvenzspezifischer Rechnungslegung analysiert sowie verifiziert bzw. falsifiziert, welche Grundsätze übertragbar, modifiziert übertragbar oder nicht übertragbar sind.[1022]

Die Konkursbilanz, S. 79 f. Im Kontext der InsO vgl. BECK, R./HÖLZLE, G., Rechnungslegung durch den Insolvenzverwalter, Rn. 210, sowie PELKA, J./NIEMANN, W., Praxis der Rechnungslegung in Insolvenzverfahren, Rn. 476.

1015 Vgl. PLATE, G., Die Konkursbilanz, S. 79.

1016 Vgl. PELKA, J./NIEMANN, W., Praxis der Rechnungslegung in Insolvenzverfahren, Rn. 476.

1017 Vgl. BECK, R./HÖLZLE, G., Rechnungslegung durch den Insolvenzverwalter, S. 207.

1018 HÖLZLE ist der Meinung, dass eine strikte Beachtung des Stichtagsprinzips anzustreben ist, da den Gläubigern so der Stand zum Eröffnungsbeschluss als Entscheidungsgrundlage vorgelegt wird. Vgl. BECK, R./HÖLZLE, G., Rechnungslegung durch den Insolvenzverwalter, Rn. 207 f., sowie ECKARDT, D., in: Jaeger, InsO Band 5, § 151, Rn. 17-19. HENI hingegen ist a. A., vgl. HENI, B., Interne Rechnungslegung, S. 53 f.

1019 Vgl. z. B. die Ausführungen zum Stichtagsprinzip in Fn. 1018.

1020 Vgl. RIGOL, R., in: Insolvenzordnung, 19. Aufl., § 66, Rn. 11, sowie ECKARDT, D., in: Jaeger, InsO Band 5, § 151, Rn. 13. Der VID verweist in den Grundsätzen ordnungsgemäßer Insolvenzverwaltung (GoI) unter Punkt „10. Regeln für Buchhaltung, zeitnahes Buchen“ darauf, dass die insolvenzrechtliche Rechnungslegung die GoB zu beachten hat. Vgl. VERBAND INSOLVENZVERWALTER DEUTSCHLANDS E.V. (Hrsg.), Grundsätze ordnungsgemäßer Insolvenzverwaltung (GOI), S. 10.

1021 Vgl. dazu LEFFSON, U./BAETGE, J., Allgemeine Buchführungsvorschriften, Sp. 314-319; LEFFSON, U., Die Grundsätze ordnungsmäßiger Buchführung, S. 21 f.; BAETGE, J., Grundsätze ordnungsmäßiger Buchführung, S. 635; WÜSTEMANN, J./WÜSTEMANN, S., Das System der GoB nach dem BilMoG, S. 757 f.; SOLMECKE, H., Auswirkungen des BilMoG auf die handelsrechtlichen GoB, S. 259-264, sowie BAETGE, J./KIRSCH, H.-J./THIELE, S., Bilanzen, S. 115-144.

1022 Hier wird sich auf das GoB-System nach BAETGE/KIRSCH/THIELE bezogen. Vgl. BAETGE, J./KIRSCH, H.-J./THIELE, S., Bilanzen, S. 144.

432.2 Die handelsrechtlichen Grundsätze ordnungsmäßiger Buchführung vor dem Hintergrund der insolvenzspezifischen Rechnungslegung

432.21 Dokumentationsgrundsätze

Die handelsrechtlichen GoB sind anhand der in Abschnitt 422.2 erörterten Zwecke handelsrechtlicher Rechnungslegung auszulegen und entsprechend zu konkretisieren.[1023] Nachfolgend werden die GoB kurz charakterisiert und zudem analysiert, ob diese, vor dem Hintergrund der Zwecke insolvenzspezifischer Rechnungslegung, auch für die Herleitung der Grundsätze insolvenzspezifischer Rechnungslegung relevant sind. Die GoB lassen sich in sechs Einzelgruppen gliedern.[1024] Dazu gehören die Dokumentations-, die Rahmen- und die Systemgrundsätze, ferner die Ansatzgrundsätze für die Bilanz, die Definitionsgrundsätze für den Jahreserfolg sowie die Kapitalerhaltungsgrundsätze.

Zur Darstellung der wirtschaftlichen Lage des Unternehmens sowie zur Erfüllung der handelsrechtlichen Zwecke Rechenschaft und Kapitalerhaltung ist eine an den **Dokumentationsgrundsätzen** orientierte ordnungsmäßige Buchführung vorauszusetzen.[1025] Die Dokumentationsgrundsätze greifen den Dokumentationszweck unmittelbar auf, sind stellenweise in den Regelungen des HGB verankert und bestehen aus folgenden Einzelgrundsätzen:[1026]

- Dem **Grundsatz des systematischen Aufbaus der Buchführung** zufolge soll ein aus einem Kontenrahmen entwickelter Kontenplan die Basis der Buchführung sein.
- Gemäß des **Grundsatzes der Sicherung der Vollständigkeit der Konten** sind die Konten gegen manuelle Eingriffe und Verlust zu schützen.
- Der **Grundsatz der vollständigen und verständlichen Aufzeichnung** legt fest, dass die Geschäftsvorfälle gemäß § 239 Abs. 1 S. 1 HGB chronologisch und in einer lebenden Sprache zu buchen sind. Ferner ist die Aufzeichnung nach § 244 HGB in deutscher Sprache und in EUR anzufertigen.

1023 Vgl. WÜSTEMANN, J./WÜSTEMANN, S., Das System der GoB nach dem BilMoG, S. 755, sowie SOLMECKE, H., Auswirkungen des BilMoG auf die handelsrechtlichen GoB, S. 33.

1024 Vgl. Übersicht II-3 in BAETGE, J./KIRSCH, H.-J./THIELE, S., Bilanzen, S. 144, sowie BAETGE, J./ZÜLCH, H., in: HdJ, Rechnungslegungsgrundsätze nach HGB und IFRS, Abt. I/2, Rn. 39 und Rn. 42.

1025 Vgl. BAETGE, J./KIRSCH, H.-J./THIELE, S., Bilanzen, S. 115.

1026 Vgl. BAETGE, J./ZÜLCH, H., in: HdJ, Rechnungslegungsgrundsätze nach HGB und IFRS, Abt. I/2, Rn. 42 und Rn. 46. So ist z. B. der Grundsatz der Vollständigkeit der Konten in § 239 Abs. 3 HGB kodifiziert. Vgl. LEFFSON, U./BAETGE, J., Allgemeine Buchführungsvorschriften, Sp. 315-317; BAETGE, J./KIRSCH, H.-J./THIELE, S., in: HdR-E, 5. Aufl., Kapitel 4, Rn. 57; SOLMECKE, H., Auswirkungen des BilMoG auf die handelsrechtlichen GoB, S. 33 f., sowie BAETGE, J./KIRSCH, H.-J./THIELE, S., Bilanzen, S. 115 f.

- Gemäß des **Beleggrundsatzes** muss zu jeder Buchung ein Beleg vorhanden sein. Vom Beleg muss auf die Buchung geschlossen werden können und *vice versa*.
- Nach dem **Grundsatz der Einhaltung der Aufbewahrungs- und Aufstellungsfristen** sind die in §§ 238 Abs. 2, 239 Abs. 2, 243 Abs. 3 sowie 264 Abs. 1 HGB determinierten Vorschriften zu beachten.
- Ferner soll dem **Grundsatz der Sicherung der Zuverlässigkeit und Ordnungsmäßigkeit des Rechnungswesens durch ein der Art und Größe des Unternehmens angemessenes Internes Überwachungs-System (IÜS)**[1027] entsprochen werden. Das IÜS soll der Unternehmensgröße und -art gerecht werden.[1028]
- Abschließend ist der **Grundsatz der Dokumentation und Sicherung des IÜS** einzuhalten, wonach die Ablauf- und Aufbauorganisation des IÜS schriftlich zu dokumentieren ist.

Wie bereits in Abschnitt 422.2 geschlussfolgert und in Abschnitt 423.21 hermeneutisch hergeleitet, ist die Dokumentation sowohl ein Zweck der handelsrechtlichen als auch der insolvenzspezifischen Rechnungslegung.[1029] Nachfolgend wird überprüft, ob sich die Dokumentationsgrundsätze im Detail auf die insolvenzspezifische Rechnungslegung übertragen lassen.[1030] Für beide Rechnungslegungssysteme ist es relevant, dass der **Grundsatz des systematischen Aufbaus der Buchführung** erfüllt wird. Dieser fördert das Adressatenverständnis und erleichtert die Prüfung der insolvenzspezifischen Rechnungslegung gemäß § 66 Abs. 2 InsO.[1031] Vergleichbares gilt für den **Grundsatz der Sicherung der Vollständigkeit der Konten**, denn eine Manipulation selbiger oder im schlimmsten Fall ein Datenverlust könnten zu einer fehlerhaften Verwertungsentscheidung der Gläubiger führen.[1032] Demnach ist der Grundsatz sowohl in der

---

1027 Anstelle von IÜS wird der Begriff internes Kontroll-System (IKS) häufig synonym verwendet. Vgl. ausführlich Fn. 1037.

1028 Zudem sollen die Überwachungsmethoden und -verfahren die Komplexität, welche z. B. aus einer großen Zahl an Mitarbeitern resultiert, widerspiegeln.

1029 Zum handelsrechtlichen Dokumentationszweck vgl. BAETGE, J./ZÜLCH, H., in: HdJ, Rechnungslegungsgrundsätze nach HGB und IFRS, Abt. I/2, Rn. 31-33, sowie Abschnitt 422.2. Für den insolvenzspezifischen Dokumentationszweck vgl. Abschnitt 423.21.

1030 Zur Definition von Analogien vgl. Fußnote 541.

1031 Vgl. § 66 Abs. 2 InsO. Laut WEITZMANN muss die insolvenzspezifische Rechnungslegung so beschaffen sein, dass ein sachverständiger Dritter die Buchführung ohne Schwierigkeiten übersehen und nachprüfen kann, vgl. WEITZMANN, J., Rechnungslegung und Schlussrechnungsprüfung, S. 449 f. Das IDW schlägt zudem eine gleiche Gliederung der Vermögensübersicht und der Schlussbilanz vor, vgl. IDW (Hrsg.), Insolvenzspezifische Rechnungslegung (IDW RH HFA 1.011), Rn. 56. Ferner hat das ZEFIS einen Standardkontenrahmen (SKR), den SKR-InsO entwickelt. Dadurch soll ein einheitlicher Standard geschaffen werden, um effektive Arbeitsabläufe für den Insolvenzverwalter, eine vereinfachte Schlussrechnungsprüfung für das Insolvenzgericht und eine allgemeine Verfahrensbeschleunigung sicherzustellen, vgl. HAARMEYER, H. U. A., Durchbruch in der insolvenzrechtlichen Rechnungslegung, S. 1876.

1032 Die Vollständigkeit der Konten ist zugleich Voraussetzung für den Grundsatz der Vollständigkeit. Vgl.

handelsrechtlichen als auch in der insolvenzspezifischen Rechnungslegung bedeutsam. Angesichts der Tatsache, dass es in einem Liquidationsverfahren um die Verteilung der Masse geht, ist es unabdingbar, dass die Aufzeichnung vollständig erfolgt.[1033] Nur so kann § 1 InsO entsprochen und eine bestmögliche Befriedigung aller Gläubiger ermöglicht werden. Zudem sollten die Aufzeichnungen verständlich sein, da diese gemäß § 157 InsO als Entscheidungsgrundlage und -unterstützung für die Gläubiger dienen sowie für das Insolvenzgericht prüfbar sein müssen.[1034] Demnach ist auch ein Analogieschluss zum Grundsatz der **Vollständigkeit und Verständlichkeit der Aufzeichnungen** möglich. Ferner ist für die Nachprüfbarkeit des Verwalterhandelns geboten, dass eine Belegprüfung gemäß des **Beleggrundsatzes** möglich ist.[1035] Ebenso ist der **Grundsatz der Einhaltung der Aufbewahrungs- und Aufstellungsfristen** auf die insolvenzspezifische Rechnungslegung übertragbar. Denn der Insolvenzverwalter ist zum einen verpflichtet, die insolvenzspezifische Rechnungslegung aufzustellen und kann bei Zuwiderhandlungen bestraft werden, zum anderen ist die Aufbewahrung der Unterlagen der Rechnungslegung für dessen Exkulpation erforderlich.[1036] Es sind also durchaus Analogien zwischen den bisherigen handelsrechtlichen Dokumentationsgrundsätzen ggü. der insolvenzspezifischen Rechnungslegung möglich. Darüber hinaus ist zu prüfen, ob dies auch für die Grundsätze mit IÜS-Bezug gilt. Generell ist die Einführung eines internen Überwachungs- bzw. Kontrollsystems (IÜS/IKS) ein Prozess mit dem langfristigen Ziel, das Unternehmen vor Risiken zu schützen und die Ordnungsmäßigkeit der Rechnungslegung sicherzustellen.[1037] Sofern mit Eintritt in

---

SINZ, R., in: Uhlenbruck/Hirte/Vallender, InsO, 14. Aufl., § 155, Rn. 3; BECK, R./HÖLZLE, G., Rechnungslegung durch den Insolvenzverwalter, Rn. 209-211; PELKA, J./NIEMANN, W., Praxis der Rechnungslegung in Insolvenzverfahren, Rn. 475-477; WEGENER, B., in: Wimmer, FK-InsO, 8. Aufl., § 151, Rn. 5; MOCK, S., in: Uhlenbruck/Hirte/Vallender, InsO, 14. Aufl., § 66, Rn. 57; RIGOL, R., in: Insolvenzordnung, 19. Aufl., § 66, Rn. 11; FÜCHSL, J./WEISHÄUPL, H./JAFFÉ, M., in: Kirchhof/Stürner/Eidenmüller, Kommentar zur InsO, 3. Aufl., § 153, Rn. 3

1033 Die Vollständigkeit kann sich das Insolvenzgericht im Bedarfsfall vom Schuldner an Eides statt versichern lassen, vgl. § 98 Abs. 1 InsO.

1034 Vgl. allgemein JEHLE, N., Präsentation von Finanzinformationen, S. 111. Hinsichtlich der InsO vgl. MOCK, S., in: Uhlenbruck/Hirte/Vallender, InsO, 14. Aufl., § 66, Rn. 57, sowie WEITZMANN, J., Rechnungslegung und Schlussrechnungsprüfung, S. 449.

1035 Vgl. RIEDEL, E., in: Kirchhof/Stürner/Eidenmüller, Kommentar zur InsO, 3. Aufl., § 66, Rn. 19, sowie IDW (Hrsg.), Insolvenzspezifische Rechnungslegung (IDW RH HFA 1.011), Rn. 54.

1036 Vgl. ZIPPERER, H., Was, wenn nicht alles endet, wenn alles endet, S. 862, sowie VALLENDER, H., Regelinsolvenzverfahren, S. 1343.

1037 Vgl. ausführlich LEFFSON, U., Wirtschaftsprüfung, S. 235-241; WITHUS, K.-H., Internes Kontrollsystem und Risikomanagementsystem, S. 862; WOLF, K., Das rechnungslegungsbezogene interne Kontrollsystem, S. 182. Das IKS soll die Wirtschaftlichkeit und Wirksamkeit der Geschäftstätigkeit, die Ordnungsmäßigkeit und Verlässlichkeit der Finanzberichterstattung und die Einhaltung von Gesetzen und Vorschriften sicherstellen. Vgl. ARBEITSKREIS EXTERNE UND INTERNE ÜBERWACHUNG DER UNTERNEHMUNG DER SCHMALENBACH-GESELLSCHAFT FÜR BETRIEBSWIRTSCHAFT (Hrsg.), Wirksamkeit des internen Kontrollsystems, S. 2102, sowie SCHOBERTH, J./SERVATIUS, H.-G./THEES, A., Gestaltung von Internen Kontrollsystemen, S. 2572.

das Insolvenzverfahren kein IKS vorliegt, so ist eine Einführung zeitlich und aus Perspektive der Ressourcenbindung kaum möglich. Vor allem vor dem Hintergrund der aus insolvenzspezifischer und handelsrechtlicher Rechnungslegung bestehenden Doppelbelastung erscheint eine IKS-Einführung wenig zielführend. Allerdings hat der Insolvenzverwalter – auch wenn kein vollständiges IKS eingeführt wird – vor allem darauf zu achten, dass die Insolvenzmasse nicht willkürlich und ungeplant geschmälert wird. Es ist vom Insolvenzverwalter zu prüfen, ob ein bereits bestehendes IKS auch für die insolvenzspezifische Rechnungslegung genutzt werden kann.

432.22 Rahmengrundsätze

Die zweite Gruppe der GoB bilden die **Rahmengrundsätze**, welche dazu dienen, dass der Jahresabschluss eines Unternehmens ein Abbildungsmodell des wirtschaftlichen Geschehens ist und so den Adressaten betriebswirtschaftlich sinnvolle und nützliche Informationen zur Verfügung gestellt werden.[1038] Im GoB-System bilden die Grundsätze Richtigkeit, Vergleichbarkeit, Klarheit und Übersichtlichkeit, Vollständigkeit und Wesentlichkeit die Rahmengrundsätze.[1039] Der **Grundsatz der Richtigkeit** zielt nicht auf die „absolute Richtigkeit“ bzw. „Wahrheit“ ab, vielmehr muss der Jahresabschluss intersubjektiv nachprüfbar i. S. v. objektivierbar und willkürfrei sein.[1040] Dies gilt ebenso für Annahmen, die zur Bewertung einzelner Vermögensgegenstände und Schulden genutzt wurden. Die ermittelten Wertansätze müssen für die Adressaten objektivierbar sein. Grundsätzlich ist dies auf die Berichtsinstrumente der insolvenzspezifischen Rechnungslegung übertragbar. Denn nur dann, wenn die Informationen im Berichtstermin für die Gläubiger intersubjektiv nachprüfbar sind, kann eine Entscheidung für die optimale Verwertungsstrategie getroffen werden. Zudem müssen für eine Prüfung der Schlussrechnung die vom Insolvenzverwalter erstellten Berichtsdokumente richtig sein.[1041] Folglich ist der Grundsatz auf die insolvenzspezifische Rechnungslegung übertragbar.

1038 Vgl. LEFFSON, U., Die Grundsätze ordnungsmäßiger Buchführung, S. 179; BAETGE, J./ZÜLCH, H., in: HdJ, Rechnungslegungsgrundsätze nach HGB und IFRS, Abt. I/2, Rn. 65; BAETGE, J./KIRSCH, H.-J./THIELE, S., in: HdR-E, 5. Aufl., Kapitel 4, Rn. 58, sowie BAETGE, J./KIRSCH, H.-J./THIELE, S., Bilanzen, S. 116 f. Teilweise sind die Rahmengrundsätze in den §§ 239 Abs. 2, 246 sowie 252 Abs. 1 HGB kodifiziert.

1039 Vgl. SOLMECKE, H., Auswirkungen des BilMoG auf die handelsrechtlichen GoB, S. 35 f.

1040 Vgl. LEFFSON, U., Die Grundsätze ordnungsmäßiger Buchführung, S. 200-205; BAETGE, J./KIRSCH, H.-J./THIELE, S., in: HdR-E, 5. Aufl., Kapitel 4, Rn. 59, BAETGE, J./ZÜLCH, H., in: HdJ, Rechnungslegungsgrundsätze nach HGB und IFRS, Abt. I/2, Rn. 55.

1041 Vgl. HESS, H., in: InsO, 2. Aufl., § 66, Rn. 66.

Der handelsrechtliche **Grundsatz der Vergleichbarkeit** soll sicherstellen, dass die Jahresabschlüsse eines Unternehmens sowohl im Zeitablauf als auch unternehmensübergreifend vergleichbar sind.[1042] Der Grundsatz resultiert aus dem Rechenschaftszweck und soll im Handelsrecht die inner- und zwischenbetrieblichen dispositiven Entscheidungen der Adressaten stützen.[1043] Die Vergleichbarkeit wird u. a. in die **formelle** und **materielle Stetigkeit** unterteilt. Während sich die formelle Stetigkeit vor allem auf die Identität der Bilanzen i. S. einer im Zeitablauf gleichbleibenden Bezeichnungs-, Gliederungs- und Ausweisstetigkeit bezieht, fordert die materielle Stetigkeit gleichbleibende Ansatz- und Bewertungsmethoden.[1044] Grundsätzlich gilt dies auch für die insolvenzspezifische Rechnungslegung. Indes ist durch den Adressatenkreis und internen Charakter der Rechnungslegung nicht zwangsläufig eine unternehmensübergreifende Vergleichbarkeit möglich.[1045] Dennoch ist es zur Erfüllung des Zwecks der Rechenschaft insolvenzspezifischer Rechnungslegung erforderlich, dass die nach § 66 InsO erstellten Zwischen- und Schlussrechnungen Rückschlüsse auf die gemäß § 153 InsO zu Verfahrensbeginn erstellte Vermögensübersicht zulassen.[1046] Ebenso müssen die Adressaten im Verfahrensverlauf veränderte Wertansätze nachvollziehen können.[1047] Folglich ist davon auszugehen, dass die Berichtsdokumente der insolvenzspezifischen Rechnungslegung für eine verfahrensinterne Vergleichbarkeit dem Grundsatz der Stetigkeit entsprechen sollten und Unstetigkeiten zu erläutern sind.[1048]

1042 Vgl. LEFFSON, U., Die Grundsätze ordnungsmäßiger Buchführung, S. 426-465; BAETGE, J./KIRSCH, H.-J./THIELE, S., Bilanzen, S. 118-120, sowie SOLMECKE, H., Auswirkungen des BilMoG auf die handelsrechtlichen GoB, S. 35.

1043 Vgl. BAETGE, J./COMMANDEUR, D., Vergleichbarkeit in aufeinanderfolgenden Jahresabschlüssen, S. 329, sowie BAETGE, J./KIRSCH, H.-J./THIELE, S., Bilanzen, S. 118.

1044 Vgl. LEFFSON, U., Die Grundsätze ordnungsmäßiger Buchführung, S. 432-439, sowie SOLMECKE, H., Auswirkungen des BilMoG auf die handelsrechtlichen GoB, S. 35. Bei einer Durchbrechung des Grundsatzes der Stetigkeit, durch z. B. abweichende Bewertungsmethoden, ist dies bei Kapitalgesellschaften gemäß § 284 Abs. 2 Nr. 3 HGB zu erläutern. Vgl. zudem BAETGE, J./KIRSCH, H.-J./THIELE, S., Bilanzen, S. 118-120.

1045 Vgl. zur Abgrenzung des Adressatenkreises Abschnitt 222.2. Indes ist nicht auszuschließen, dass z. B. Finanzinstitute als Kapitalgeber für mehrere insolvente Unternehmen agieren. Eine Vergleichbarkeit der einzelnen Insolvenzverfahren würde demnach einen Mehrwert stiften.

1046 Vgl. MOCK, S., in: Uhlenbruck/Hirte/Vallender, InsO, 14. Aufl., § 66, Rn. 54 f., sowie VERBAND INSOLVENZVERWALTER DEUTSCHLANDS E.V. (Hrsg.), Grundsätze ordnungsgemäßer Insolvenzverwaltung (GOI), S. 9 f.

1047 Vgl. VERBAND INSOLVENZVERWALTER DEUTSCHLANDS E.V. (Hrsg.), Grundsätze ordnungsgemäßer Insolvenzverwaltung (GOI), S. 9 f.

1048 Vgl. a. A. HENI, B., Interne Rechnungslegung, S. 68 f.

Gemäß Handelsrecht ist der **Grundsatz der Klarheit und Übersichtlichkeit** zu beachten, wonach die einzelnen Bilanzposten eindeutig, d. h. sachlich zutreffend, bezeichnet sowie hinreichend und demnach klar und übersichtlich gegliedert sein müssen.[1049] Ziel des Grundsatzes ist es, dass der Jahresabschluss formal richtig ist und sich ein sachkundiger Dritter in angemessener Zeit ein Bild von der wirtschaftlichen Situation eines Unternehmens machen kann.[1050]

Gleiches lässt sich auch auf die insolvenzspezifische Rechnungslegung übertragen. Zu Verfahrensbeginn ist es für die Adressaten wichtig, die wirtschaftliche Situation des Unternehmens zu verstehen, um eine Verwertungsentscheidung treffen zu können. Dies ist nur möglich, wenn sich die Adressaten bzw. Gläubiger bis zum Berichtstermin ein Bild von der aktuellen und auch künftigen wirtschaftlichen Situation des Unternehmens machen können. Nach § 154 InsO haben die Gläubiger mindestens eine Woche Zeit, die Berichtsdokumente zu begutachten.[1051] Somit ist zwingend vorauszusetzen, dass die Berichtsdokumente klar und übersichtlich sind, sodass sich die Gläubiger im vorgegebenen Zeitraum eine Meinung bilden können.[1052] Ebenso müssen sich diese im Verfahren und zum Verfahrensende ein Bild vom Erfolg der Verwertungsstrategie machen können.[1053] Für die KO geht PLATE davon aus, dass dem Grundsatz der Klarheit bei der „Anfertigung der Konkursbilanz eine noch größere Bedeutung zukommt als bei der Erstellung des Jahresabschlusses“[1054] und begründet diese durch die größere Komplexität der in der Konkursbilanz darzustellenden Sachverhalte, da z. B. auch Fremdrechte einzelner Vermögensgegenstände abzubilden sind.[1055] Folglich ist der Grundsatz der Klarheit und Übersichtlichkeit auf die insolvenzspezifische Rechnungslegung übertragbar.

Gemäß des **Grundsatzes der Vollständigkeit** sind alle aufzeichnungs- und buchungspflichtigen Vorgänge, sämtliche Vermögensgegenstände, Schulden und Rechnungsabgrenzungspos-

---

1049 Vgl. LEFFSON, U., Die Grundsätze ordnungsmäßiger Buchführung, S. 207-219, sowie BAETGE, J./KIRSCH, H.-J./THIELE, S., Bilanzen, S. 121.

1050 Vgl. BAETGE, J./ZÜLCH, H., in: HdJ, Rechnungslegungsgrundsätze nach HGB und IFRS, Abt. I/2, Rn. 59, sowie LEFFSON, U., Die Grundsätze ordnungsmäßiger Buchführung, S. 207. Nach EBENROTH, C. T., Klar und übersichtlich, S. 270 f. muss der „Jahresabschluß [...] in seiner Darstellung die einzelnen Posten eindeutig und verständlich bezeichnen und deutlich voneinander abgrenzen sowie gut gegliedert und für einen mit dem Lesen von Jahresabschlüssen vertrauten Durchschnittsleser ohne größere Schwierigkeiten lesbar sein“.

1051 Die Verzeichnisse nach §§ 151, 152 InsO sowie die Vermögensübersicht nach § 153 InsO sind gemäß § 154 InsO „spätestens eine Woche vor dem Berichtstermin in der Geschäftsstelle zur Einsicht der Beteiligten niederzulegen“.

1052 Vgl. WEITZMANN, J., Rechnungslegung und Schlussrechnungsprüfung, S. 450.

1053 Vgl. RIGOL, R., in: Insolvenzordnung, 19. Aufl., § 66, Rn. 11.

1054 PLATE, G., Die Konkursbilanz, S. 75.

1055 Vgl. PLATE, G., Die Konkursbilanz, S. 75 f.

ten, alle Aufwendungen und Erträge sowie alle Risiken (Inventur der Risiken) im Jahresabschluss zu berücksichtigen.[1056] Um den Zweck der Rechenschaft zu erfüllen, ist eine vollständige Erfassung erforderlich. Ergänzt wird der Grundsatz durch das **Bilanzstichtagsprinzip**, nach dem die betrieblichen Sachverhalte zum Bilanzstichtag abzubilden sind, sowie das **Periodisierungsprinzip**, wonach die Aufwendungen und Erträge unabhängig von den Zeitpunkten der zugehörigen Zahlungen im Jahresabschluss zu berücksichtigen sind.[1057]

Wie im Handelsrecht ist in der insolvenzspezifischen Rechnungslegung der Rechenschaftszweck von zentraler Bedeutung, sodass alle Vermögensgegenstände und Schulden aufzuzeichnen sowie wertaufhellende Tatsachen zu berücksichtigen sind.[1058] Indes sind in der insolvenzspezifischen Rechnungslegung lediglich Zahlungsströme und keine Aufwendungen und Erträge einzubeziehen.[1059] Demnach ist ein Analogieschluss nicht unisono möglich, da die Vermögensübersicht zum einen prognostische Elemente in Form von künftigen Ein- und Auszahlungen enthält und ferner nicht nur Risiken, sondern auch Chancen zu berücksichtigen sind.[1060] Zum anderen dient die insolvenzspezifische Rechnungslegung nicht einer periodengerechten Erfolgsermittlung, sondern bezieht sich auf aus Liquiditätsströmen abgeleitete Zahlungen zu Zeitpunkten, die von Aufwendungen und Erträgen abweichen können. Dementsprechend ist in der insolvenzspezifischen Rechnungslegung zwar auch der Grundsatz der Vollständigkeit zu beachten, allerdings ist dieser aufgrund unterschiedlicher Zwecke sowie Rahmenbedingungen anders abzugrenzen.[1061]

Der letzte Rahmengrundsatz ist der **Grundsatz der Wesentlichkeit** bzw. **Wirtschaftlichkeit**. Angaben im Jahresabschluss sind wirtschaftlich nur dann sinnvoll sind, wenn der mit diesen verbundene Informations- bzw. Erkenntnisertrag den für die Gewinnung der Informationen entgegenstehenden Aufwand übersteigt.[1062] Da der Informationsertrag nicht für alle Adressaten zu

---

1056 Vgl. LEFFSON, U., Die Grundsätze ordnungsmäßiger Buchführung, S. 220-225; BAETGE, J./KIRSCH, H.-J./THIELE, S., Bilanzen, S. 121-123, sowie SOLMECKE, H., Auswirkungen des BilMoG auf die handelsrechtlichen GoB, S. 35.

1057 Vgl. BAETGE, J./KIRSCH, H.-J./THIELE, S., Bilanzen, S. 122 f., sowie BAETGE, J./KIRSCH, H.-J./THIELE, S., in: HdR-E, 5. Aufl., Kapitel 4, Rn. 72.

1058 Vgl. BECK, R./HÖLZLE, G., Rechnungslegung durch den Insolvenzverwalter, Rn. 209 f., sowie IDW (Hrsg.), Bestandsaufnahme im Insolvenzverfahren (IDW RH HFA 1.010), Rn. 75.

1059 Vgl. WEGENER, B., in: Wimmer, FK-InsO, 8. Aufl., § 151, Rn. 5, sowie BECK, R./HÖLZLE, G., Rechnungslegung durch den Insolvenzverwalter, Rn. 209.

1060 Vgl. dazu auch HENI, B., Interne Rechnungslegung, S. 53 f.

1061 Vgl. ausführlich Abschnitt 433.23.

1062 Vgl. BAETGE, J./KIRSCH, H.-J./THIELE, S., Bilanzen, S. 123, sowie BAETGE, J./ZÜLCH, H., in: HdJ, Rechnungslegungsgrundsätze nach HGB und IFRS, Abt. I/2, Rn. 64.

quantifizieren ist, wird die Wirtschaftlichkeit um die Wesentlichkeit der Informationen in Form des Grundsatzes der Wesentlichkeit ergänzt.[1063]

Der Grundsatz ist auf die insolvenzspezifische Rechnungslegung übertragbar, das Verhältnis zwischen Nutzen der Informationen und den Kosten muss positiv sein. Dies gilt vor allem für komplizierte Sachverhalte, für deren Bewertung nach § 151 Abs. 2 S. 3 InsO ein Sachverständiger hinzugezogen werden kann, da die Beauftragung von einem Dritten unmittelbar die Masse schmälert.[1064] Entsprechend hat der Insolvenzverwalter darauf zu achten, dass er sich vor allem Sachverhalten widmet, die sich signifikant auf das Verfahrensergebnis auswirken können.[1065] Die hinsichtlich der Wirtschaftlichkeit der insolvenzspezifischen Rechnungslegung vergleichbare Problemstellung lässt darauf schließen, dass auch zum Grundsatz der Wirtschaftlichkeit ein Analogieschluss möglich ist.

432.23 Systemgrundsätze

Die dritte Gruppe der GoB sind die drei **Systemgrundsätze**, welche sicherstellen sollen, dass die nicht kodifizierten und die kodifizierten GoB eine Einheit bilden und so die Jahresabschlusszwecke erfüllt werden.[1066] Die Systemgrundsätze sollen als einheitliche Bezugsbasis für eine folgerichtige Konkretisierung dienen, sodass eine homogene Grundlage für das GoB-System besteht.[1067] Der **Grundsatz der Fortführung der Unternehmenstätigkeit** besagt, dass bei der Bewertung von Vermögensgegenständen und Schulden von einer Unternehmensfortführung auszugehen ist und so im Sinne der Rechenschaft der Erfolg des Unternehmens, z. B. durch den Ansatz von Abschreibungen, periodengerecht darzustellen ist.[1068] Laut InsO sind Liquidations- und Fortführungswerte anzugeben, sodass zur Bewertung der Fortführungswerte von einer Unternehmensfortführung auszugehen ist.[1069] Indes ist für die Ermittlung der Liquidationswerte der im Zuge einer Unternehmenszerschlagung am Absatzmarkt erzielbare Preis

---

1063 Vgl. BAETGE, J./KIRSCH, H.-J./THIELE, S., in: HdR-E, 5. Aufl., Kapitel 4, Rn. 75.

1064 Vgl. FÜCHSL, J./WEISHÄUPL, H./JAFFÉ, M., in: Kirchhof/Stürner/Eidenmüller, Kommentar zur InsO, 3. Aufl., § 153, Rn. 5.

1065 Vgl. analog für die KO PLATE, G., Die Konkursbilanz, S. 80.

1066 Vgl. BAETGE, J./KIRSCH, H.-J./THIELE, S., Bilanzen, S. 124 f.

1067 Vgl. FEY, D., Imparitätsprinzip und GoB-System, S. 105.

1068 Vgl. BAETGE, J./ZÜLCH, H., in: HdJ, Rechnungslegungsgrundsätze nach HGB und IFRS, Abt. I/2, Rn. 67; BAETGE, J./KIRSCH, H.-J./THIELE, S., Bilanzen, S. 124 f.

1069 Vgl. § 151 Abs. 2 InsO; IDW (Hrsg.), Bestandsaufnahme im Insolvenzverfahren (IDW RH HFA 1.010), Rn. 32 f.

anzusetzen.[1070] Somit muss der Grundsatz der Fortführung der Unternehmenstätigkeit im Sinne des Zwecks der Entscheidungsgrundlage um die Zerschlagungsfiktion erweitert werden.[1071]

Der **zweite Systemgrundsatz** ist der **Grundsatz der Pagatorik**, wonach in Bilanz und GuV lediglich Werte anzusetzen sind, die auf tatsächlichen Zahlungen beruhen.[1072] Verbindlichkeiten sind z. B. auf Basis des Werts der künftigen Rückzahlungen anzusetzen. Auf Bewertungsfragen bezogen, z. B. im Verzeichnis der Massegegenstände, ist keine Analogieschluss möglich, da nicht vergangene Zahlungsströme sondern zu erwartende Zahlungen relevant sind. In der Einnahmen-/Ausgaben-Rechnung werden tatsächliche geflossene Zahlungen berücksichtigt, sodass Aspekte des Grundsatzes auf die insolvenzspezifische Rechnungslegung übertragbar sind.[1073]

Der **dritte Systemgrundsatz** ist der **Grundsatz der Einzelbewertung**. Dieser besagt, dass sowohl jeder Vermögensgegenstand als auch jede Schuld einzeln zu bewerten ist und keine Verrechnungen erlaubt sind.[1074] Folglich besteht ein Saldierungsverbot von Aktiva und Passiva sowie von Aufwendungen und Erträgen.[1075] Auch hinsichtlich des Grundsatzes der Einzelbewertung erscheint ein Analogieschluss zur insolvenzspezifischen Rechnungslegung, vor allem vor dem Hintergrund der Zwecke Rechenschaft und Verteilungsgrundlage, denkbar.[1076] Indes bleibt zu untersuchen, ob der Grundsatz der Einzelbewertung im Sinne des Zwecks der Entscheidungsgrundlage ist.[1077]

1070 Vgl. IDW (Hrsg.), Bestandsaufnahme im Insolvenzverfahren (IDW RH HFA 1.010), Rn. 34, sowie WEGENER, B., in: Wimmer, FK-InsO, 8. Aufl., § 151, Rn. 15.

1071 Vgl. ausführlich Abschnitt 433.42.

1072 Vgl. FEY, D., Imparitätsprinzip und GoB-System, S. 119; LEFFSON, U., Die Grundsätze ordnungsmäßiger Buchführung, S. 175, sowie BAETGE, J./ZÜLCH, H., in: HdJ, Rechnungslegungsgrundsätze nach HGB und IFRS, Abt. I/2, Rn. 68.

1073 Vgl. WEITZMANN, J., Rechnungslegung und Schlussrechnungsprüfung, S. 450; IDW (Hrsg.), Insolvenzspezifische Rechnungslegung (IDW RH HFA 1.011), Rn. 53, sowie HENI, B., Interne Rechnungslegung, S. 174 und S. 191.

1074 Vgl. LEFFSON, U., Bewertungsprinzipien, Sp. 159; BAETGE, J./ZÜLCH, H., in: HdJ, Rechnungslegungsgrundsätze nach HGB und IFRS, Abt. I/2, Rn. 70; BAETGE, J./KIRSCH, H.-J./THIELE, S., in: HdR-E, 5. Aufl., Kapitel 4, Rn. 81, sowie RÜCKLE, D., Bewertungsprinzipien, Sp. 194.

1075 Vgl. LEFFSON, U., Die Grundsätze ordnungsmäßiger Buchführung, S. 244; sowie BAETGE, J./KIRSCH, H.-J./THIELE, S., Bilanzen, S. 96.

1076 Vgl. PELKA, J./NIEMANN, W., Praxis der Rechnungslegung in Insolvenzverfahren, Rn. 481; FÜCHSL, J./WEISHÄUPL, H./JAFFÉ, M., in: Kirchhof/Stürner/Eidenmüller, Kommentar zur InsO, 3. Aufl., § 151, Rn. 9, sowie BECK, R./HÖLZLE, G., Rechnungslegung durch den Insolvenzverwalter, S. 212. HENI spricht vom Saldierungsverbot, vgl. HENI, B., Interne Rechnungslegung, S. 52 f. und S. 69.

1077 Vgl. ausführlich Abschnitt 433.43.

432.24 Ansatzgrundsätze für die Bilanz

Neben den Systemgrundsätzen bilden die **Ansatzgrundsätze für die Bilanz** die Definitionsgrundlage dafür, welche Zahlungen zu aktivieren und welche zu passivieren sind.[1078] Nach dem handelsrechtlichen (abstrakten) **Aktivierungsgrundsatz** ist ein Vermögensgegenstand zu aktivieren, wenn dieser selbstständig verwertbar ist und demnach ggü. Dritten in Geld umgewandelt werden kann.[1079] Vermögensgegenstände sind, gemäß des Prinzips der wirtschaftlichen Zurechnung[1080], beim wirtschaftlichen Eigentümer zu aktivieren.[1081] Für die insolvenzrechtliche Aktivierungsfähigkeit ist indes für Gegenstände der Insolvenzmasse die rechtliche Zugehörigkeit entscheidend.[1082] Die abstrakte Aktivierungsfähigkeit wird durch die konkreten handelsrechtlichen Aktivierungsverbote relativiert. Diese sind, wie in den Abschnitten 422.2 und 432.1 verdeutlicht, in der insolvenzspezifischen Rechnungslegung nicht anzuwenden.[1083] Die handelsrechtliche Aktivierungskonzeption ist also nicht unisono auf das Verzeichnis der Massegegenstände nach § 151 InsO sowie die Vermögensübersicht nach § 153 InsO übertragbar. Es gilt zu untersuchen, ob Grundgedanken, wie z. B., dass Massegegenstände nur angesetzt werden dürfen, die ein Schuldendeckungspotenzial haben, auf insolvenzspezifische Aktivierungsfragestellungen übertragen werden können.[1084]

Gemäß des **Passivierungsgrundsatzes** ist eine Schuld zu passivieren, wenn eine **hinreichend sichere** verwertbare Belastung existiert, die auf **rechtlichen** oder **wirtschaftlichen Leistungsverpflichtungen** des Unternehmens beruht und **selbstständig bewertbar** ist.[1085] Der Passivierungsgrundsatz dient dazu zu konkretisieren, ob eine Schuld in der Bilanz anzusetzen und folglich abstrakt passivierungsfähig ist.[1086] Wenn die Verpflichtung ggü. Dritten sicher ist und die

---

1078 Vgl. BAETGE, J./KIRSCH, H.-J./THIELE, S., Bilanzen, S. 129.

1079 Vgl. BAETGE, J., Grundsätze ordnungsmäßiger Buchführung, Sp. 642, sowie SOLMECKE, H., Auswirkungen des BilMoG auf die handelsrechtlichen GoB, S. 37.

1080 Zum Prinzip der wirtschaftlichen Zurechnung vgl. § 146 Abs. 1 S. 2 HGB.

1081 Vgl. BAETGE, J./KIRSCH, H.-J./THIELE, S., Bilanzen, S. 130, sowie MOXTER, A., Grundsätze ordnungsgemäßer Rechnungslegung, S. 64 f.

1082 Vgl. HENCKEL, W., in: Jaeger, InsO Band 1, § 35, Rn. 7; HIRTE, H., in: Uhlenbruck/Hirte/Vallender, InsO, 14. Aufl., § 35, Rn. 46; BORNEMANN, A., in: Wimmer, FK-InsO, 8. Aufl., § 35, Rn. 5. In dem Kontext ist zwischen der Ist- und der Soll-Masse zu unterscheiden. Die Ist-Masse enthält die Vermögensgegenstände, welche der Insolvenzverwalter tatsächlich vorfindet. Diese können auch nicht im Eigentum des Schuldners stehen. Die Soll-Masse hingegen ist die bereinigte Ist-Masse, in die auch Gegenstände fallen, die z. B. der Insolvenzanfechtung nach § 129 ff. InsO unterliegen. In der Literatur wird unter Insolvenzmasse grundsätzlich die Soll-Masse verstanden. Vgl. statt vieler HIRTE, H., in: Uhlenbruck/Hirte/Vallender, InsO, 14. Aufl., § 35, Rn. 47 f., sowie Fußnote 386.

1083 Vgl. § 248 Abs. 1 und Abs. 2 HGB sowie BAETGE, J./KIRSCH, H.-J./THIELE, S., Bilanzen, S. 167-169.

1084 Vgl. ausführlich Abschnitt 433.52.

1085 Vgl. COENENBERG, A. G./HALLER, A./SCHULTZE, W., Jahresabschluss und Jahresabschlussanalyse, S. 80, sowie BAETGE, J./KIRSCH, H.-J./THIELE, S., Bilanzen, S. 130 f.

1086 Vgl. BAETGE, J., Grundsätze ordnungsmäßiger Buchführung, Sp. 642; BAETGE, J./KIRSCH, H.-J./THIELE,

Höhe eindeutig quantifiziert werden kann, handelt es sich um einen **Verbindlichkeit**.[1087] Sofern die Verpflichtung „dem Grunde nach" nicht sicher ist, aber wahrscheinlich und/oder in einer Bandbreite quantifiziert werden kann, liegt eine **Rückstellung** vor.[1088] Grundsätzlich sind auch im Gläubigerverzeichnis nach § 152 Abs. 1 InsO alle vom Insolvenzverwalter festgestellten Verpflichtungen des Unternehmens anzusetzen.[1089] Rückstellungen sind indes nicht separat auszuweisen, da diese durch die fortlaufende Konkretisierung im Verfahren einen ständigen Wechsel zwischen den Bilanzposten Rückstellungen und Verbindlichkeiten nach sich ziehen würden, was die Vergleichbarkeit sowie die Klarheit und die Übersichtlichkeit erschwert.[1090] So sind z. B. die zu erwartenden Masseverbindlichkeiten, auch wenn diese geschätzt werden, nicht als Rückstellungen, sondern als Verbindlichkeiten auszuweisen.[1091] Da die insolvenzspezifische Rechnungslegung keine Periodenrechnung ist, sind zudem grundsätzlich keine Rechnungsabgrenzungsposten zu bilden.[1092] Indes können ggf. aus bereits geleisteten Zahlungen, denen noch einzufordernde Leistungen gegenüberstehen und die somit den Charakter eines aktiven Rechnungsabgrenzungsposten aufweisen, Forderungen resultieren. Im Verlauf des Verfahrens werden die festgestellten Forderungen der Gläubiger durch deren Forderungsanmeldungen in der Tabelle nach § 175 InsO verifiziert, welche die Grundlage für das Verteilungs- und Schlussverzeichnis ist.[1093]

432.25 Definitionsgrundsätze für den Jahreserfolg

Die fünfte GoB-Kategorie, **Definitionsgrundsätze für den Jahreserfolg**, legt fest, ob Einnahmen und Ausgaben erfolgswirksam in der GuV oder erfolgsneutral in der Bilanz zu erfassen sind.[1094] Das Realisationsprinzip und die Grundsätze der Abgrenzung der Sache und der Zeit

S., Bilanzen, S. 130, sowie SOLMECKE, H., Auswirkungen des BilMoG auf die handelsrechtlichen GoB, S. 38.

1087 Vgl. BAETGE, J./ZÜLCH, H., in: HdJ, Rechnungslegungsgrundsätze nach HGB und IFRS, Abt. I/2, Rn. 88; sowie BAETGE, J./KIRSCH, H.-J./THIELE, S., Bilanzen, S. 131.

1088 Vgl. BAETGE, J./KIRSCH, H.-J./THIELE, S., Bilanzen, S. 131.

1089 Vgl. PELKA, J./NIEMANN, W., Praxis der Rechnungslegung in Insolvenzverfahren, Rn. 461-469; SINZ, R., in: Uhlenbruck/Hirte/Vallender, InsO, 14. Aufl., § 152, Rn. 3; FÜCHSL, J./WEISHÄUPL, H./JAFFÉ, M., in: Kirchhof/Stürner/Eidenmüller, Kommentar zur InsO, 3. Aufl., § 152, Rn. 1-3.

1090 Vgl. SINZ, R., in: Uhlenbruck/Hirte/Vallender, InsO, 14. Aufl., § 152, Rn. 3; FÜCHSL, J./WEISHÄUPL, H./JAFFÉ, M., in: Kirchhof/Stürner/Eidenmüller, Kommentar zur InsO, 3. Aufl., § 152, Rn. 21.

1091 Vgl. ANDRES, D., in: Nerlich/Römermann, InsO Kommentar, § 153, Rn. 12, sowie SINZ, R., in: Uhlenbruck/Hirte/Vallender, InsO, 14. Aufl., § 152, Rn. 6.

1092 Vgl. FÜCHSL, J./WEISHÄUPL, H./JAFFÉ, M., in: Kirchhof/Stürner/Eidenmüller, Kommentar zur InsO, 3. Aufl., § 152, Rn. 21.

1093 Vgl. ausführlich Abschnitt 423.322.1. Vgl. zudem FÜCHSL, J./WEISHÄUPL, H./JAFFÉ, M., in: Kirchhof/Stürner/Eidenmüller, Kommentar zur InsO, 3. Aufl., § 152, Rn. 3.

1094 Vgl. LEFFSON, U., Die Grundsätze ordnungsmäßiger Buchführung, S. 247-339; BAETGE, J./KIRSCH, H.-J./THIELE, S., Bilanzen, S. 131, sowie BAETGE, J./ZÜLCH, H., in: HdJ, Rechnungslegungsgrundsätze nach HGB und IFRS, Abt. I/2, Rn. 71.

nach explizieren die Definitionsgrundsätze.[1095] Nach dem **Realisationsprinzip** sind gekaufte oder selbsterstellte Güter und Leistungen bis zum Wertsprung zum Absatzmarkt mit ihren Anschaffungs- und Herstellungskosten anzusetzen (Anschaffungs- und Herstellungskostenprinzip). Erst danach sind positive Erfolgsbeiträge im Jahresabschluss zu erfassen.[1096] Für das Verzeichnis der Massegegenstände ist das Realisationsprinzip nicht maßgeblich. Massegegenstände sind, abhängig von der Verwertungsalternative, zu tatsächlich realisierbaren Werten anzusetzen. So wird ausschließlich den Zwecken der Rechenschaft und der Entscheidungsgrundlage entsprochen und nicht wie im HGB der Kapitalerhaltungszweck berücksichtigt.[1097] Gemäß des **Grundsatzes der Abgrenzung der Sache nach** sollen realisierten Erträgen die leistungsentsprechenden Aufwendungen gegenübergestellt werden.[1098] Der **Grundsatz der Abgrenzung der Zeit nach** soll sicherstellen, dass zeitraumbezogenen Erträgen die entsprechenden Aufwendungen *pro rata temporis* zugerechnet werden.[1099] Da in der insolvenzspezifischen Rechnungslegung keine, einer handelsrechtlichen GuV ähnliche Ergebnisrechnung erstellt werden muss und anstelle von Aufwendungen und Erträgen lediglich Ein- und Auszahlungen relevant sind, ist kein Analogieschluss möglich. Ferner wird im Zuge der insolvenzspezifischen Rechnungslegung nicht in einzelne Perioden unterteilt, sodass eine periodengerechte Ermittlung von Aufwendungen und Erträgen irrelevant ist.

432.26 Kapitalerhaltungsgrundsätze

Die letzte Kategorie der GoB bilden die **Kapitalerhaltungsgrundsätze**, welche sich aus dem Imparitäts- und dem Vorsichtsprinzip zusammensetzen und dem Zweck der Kapitalerhaltung dienen.[1100] Gemäß des **Imparitätsprinzips** sind unrealisierte künftige Verluste als Aufwand zu antizipieren, wohingegen Gewinne erst bei ihrer Realisation zu erfassen sind.[1101] Diese Un-

---

1095 Vgl. BAETGE, J./ZÜLCH, H., in: HdJ, Rechnungslegungsgrundsätze nach HGB und IFRS, Abt. I/2, Rn. 71-80, sowie SOLMECKE, H., Auswirkungen des BilMoG auf die handelsrechtlichen GoB, S. 38 f.

1096 Vgl. BAETGE, J./KIRSCH, H.-J./THIELE, S., Bilanzen, S. 131 f. Das Realisationsprinzip dient einer vorsichtigen und periodenbezogenen Gewinnermittlung. Der Realisationszeitpunkt ist nicht die vorsichtigste aller Möglichkeiten und dient als Kompromiss zwischen Rechenschaft und Kapitalerhaltung. Vgl. BAETGE, J./KIRSCH, H.-J./THIELE, S., Bilanzen, S. 134.

1097 Vgl. HENI, B., Interne Rechnungslegung, S. 35 und S. 63.

1098 Vgl. COENENBERG, A. G./HALLER, A./SCHULTZE, W., Jahresabschluss und Jahresabschlussanalyse, S. 44, sowie SOLMECKE, H., Auswirkungen des BilMoG auf die handelsrechtlichen GoB, S. 39.

1099 Vgl. BAETGE, J./KIRSCH, H.-J./THIELE, S., Bilanzen, S. 136.

1100 Vgl. BAETGE, J., Grundsätze ordnungsmäßiger Buchführung, Sp. 642; BAETGE, J./KIRSCH, H.-J./THIELE, S., Bilanzen, S. 136 f., sowie FEY, D., Imparitätsprinzip und GoB-System, S. 107.

1101 Vgl. FEY, D., Imparitätsprinzip und GoB-System, S. 18 und S. 27 f.; BAETGE, J./KIRSCH, H.-J./THIELE, S., in: HdR-E, 5. Aufl., Kapitel 4, Rn. 105-107.

gleichbehandlung von Gewinnen und Verlusten ist in der insolvenzspezifischen Rechnungslegung nicht maßgeblich. Vielmehr sollen bei der Liquidation als Entscheidungsgrundlage die tatsächlich am Absatzmarkt erzielbaren Werte angesetzt werden, sodass Gewinne und Verluste nicht imparitätisch behandelt werden.[1102] Nach dem **Vorsichtsprinzip** sind Vermögensgegenstände und Schulden vorsichtig zu bewerten.[1103] Durch das Vorsichtsprinzip sollen der Informationsfunktion und dem Vorsichtsgedanken des Jahresabschlusses Rechnung getragen und gleichzeitig dem Zweck der Kapitalerhaltung entsprochen werden.[1104] In der insolvenzspezifischen Rechnungslegung sind z. B. bei der Bewertung von Liquidationswerten die zu erwartenden Werte anzugeben.[1105] Demzufolge ist auch das Vorsichtsprinzip nicht übertragbar.

432.3 Zwischenfazit

Die einzelnen Kategorien der GoB bilden ein komplexes GoB-System. Die einzelnen Grundsätze sind nicht isoliert zu betrachten, sondern stehen in einer wechselseitigen Beziehung zueinander. Zwischen den GoB gibt es keine Hierarchie, jeder einzelne Grundsatz stützt sich auf die anderen bestehenden Grundsätze.[1106] Durch das Zusammenspiel der einzelnen GoB soll sichergestellt werden, dass ein zweckgerechter Jahresabschluss erstellt werden kann und für jeden denkbaren Sachverhalt ein relevanter GoB verfügbar ist.[1107]

Die Analyse der Literaturmeinungen in Abschnitt 432.1 hat gezeigt, dass es im Schrifttum kein übereinstimmendes Meinungsbild zu den Grundsätzen insolvenzspezifischer Rechnungslegung gibt. Durch die unterschiedlichen Zwecke der handelsrechtlichen sowie der insolvenzspezifischen Rechnungslegung ist es, wie in Abschnitt 432.2 analysiert, nicht möglich, die GoB geschlossen auf die Grundsätze insolvenzspezifischer Rechnungslegung zu übertragen.[1108] Die GoB dienen der zweckentsprechenden Ermittlung handelsrechtlicher Aktiva, Passiva sowie des

1102 So können zum Beispiel stille Reserven aufgedeckt werden. Vgl. ANDRES, D., in: Nerlich/Römermann, InsO Kommentar, § 151, Rn. 16.

1103 Vgl. BAETGE, J./KIRSCH, H.-J./THIELE, S., Bilanzen, S. 139-142.

1104 Bei Sachverhalten, für die ausschließlich subjektive Erwartungen vorliegen, ist im Sinne der Kapitalerhaltung z. B. bei der Bildung einer Rückstellung diese zum höchsten, noch als realistisch angesehenen Wert zu bilden. Vgl. COENENBERG, A. G./HALLER, A./SCHULTZE, W., Jahresabschluss und Jahresabschlussanalyse, S. 42 f. Vgl. zudem BAETGE, J./KIRSCH, H.-J./THIELE, S., Bilanzen, S. 141.

1105 Vgl. für die KO PLATE, G., Die Konkursbilanz, S. 78.

1106 Vgl. BAETGE, J./KIRSCH, H.-J./THIELE, S., Bilanzen, S. 142.

1107 Vgl. BAETGE, J./ZÜLCH, H., in: HdJ, Rechnungslegungsgrundsätze nach HGB und IFRS, Abt. I/2, Rn. 42.

1108 Vgl. a. A. RIGOL, R., in: Insolvenzordnung, 19. Aufl., § 66, Rn. 11, sowie ECKARDT, D., in: Jaeger, InsO Band 5, § 151, Rn. 13. Der VID verweist in den Grundsätzen ordnungsgemäßer Insolvenzverwaltung (GOI) unter Punkt „10. Regeln für Buchhaltung, zeitnahes Buchen“ darauf, dass die insolvenzrechtliche Rechnungslegung die GoB zu beachten hat. Vgl. VERBAND INSOLVENZVERWALTER DEUTSCHLANDS E.V. (Hrsg.), Grundsätze ordnungsgemäßer Insolvenzverwaltung (GOI), S. 10.

handelsrechtlichen Periodenergebnisses.[1109] Hingegen bezieht sich die insolvenzspezifische Rechnungslegung vor allem auf die mögliche künftige Vermögensverteilung, die auf der entsprechenden Verwertungsalternative fußt.[1110] Durch den hinsichtlich der Erfolgsermittlung unterschiedlichen Schwerpunkt der beiden Rechnungslegungswerke sind keine Analogieschlüsse zu den Definitionsgrundsätzen für den Jahreserfolg sowie den Kapitalerhaltungsgrundsätzen möglich.[1111]

Die in Abschnitt 432.1 genannten Grundsätze, wie z. B. der Grundsatz der Einzelbewertung und der Grundsatz der Vollständigkeit, beziehen sich zumeist auf ausgewählte Gesetzesvorschriften der InsO, orientieren sich indes nicht an bestehenden Zwecken insolvenzspezifischer Rechnungslegung und bilden kein zusammenhängendes Grundsatzsystem. Ferner sind die Grundsätze in keiner der analysierten Literaturquellen systematisiert, bestehende Zusammenhänge und Interdependenzen werden nur oberflächlich analysiert. Um diese Lücken im Schrifttum zu schließen, wird in Abschnitt 433. ein Grundsatzsystem insolvenzspezifischer Rechnungslegung hergeleitet. In diesem werden auch Elemente einzelner GoB aufgegriffen. Die Abschnitte 432.1 und 432.2 dienen als Impulsgeber für die folgende Herleitung der Grundsätze insolvenzspezifischer Rechnungslegung. Im Mittelpunkt steht, dass die Grundätze den in Abschnitt 423. hergeleiteten Zwecken entsprechen und diese konkretisieren. Im Zuge der Herleitung des jeweiligen Grundsatzes wird ferner dazu Stellung genommen, ob dieser womöglich, auch wenn er einen Zweck erfüllt, gegebenenfalls im Konflikt zu den anderen hergeleiteten Zwecken steht.

433. Grundsätze insolvenzspezifischer Rechnungslegung

433.1 Vorbemerkungen

Die Grundsätze insolvenzspezifischer Rechnungslegung werden in den folgenden Abschnitten in die Kategorien der **Dokumentationsgrundsätze**, der **Rahmengrundsätze**, der **Systemgrundsätze** sowie der **Ansatz-, Bewertungs- und Ausweisgrundsätze** unterteilt. Die Systematisierung lehnt sich an das GoB-System an. Indes sind die Inhalte der den einzelnen Kategorien zugehörigen Grundsätze der insolvenzspezifischen Rechnungslegung nur teilweise mit den

---

1109 Vgl. § 264 Abs. 2 HGB sowie PELKA, J./NIEMANN, W., Praxis der Rechnungslegung in Insolvenzverfahren, Rn. 448.

1110 Vgl. PELKA, J./NIEMANN, W., Praxis der Rechnungslegung in Insolvenzverfahren, Rn. 449.

1111 Vgl. Abschnitt 432.25 sowie Abschnitt 432.26.

GoB vergleichbar. Innerhalb der einzelnen Kategorien werden die zugehörigen Grundsätze insolvenzspezifischer Rechnungslegung auf Basis der Zwecke sowie Vorschriften der InsO entwickelt. Wie bei den Zwecken wird dafür auf die in der Jurisprudenz gebräuchliche Auslegungsmethode der Hermeneutik zurückgegriffen. Der Aspekt der Verfassungskonformität wird nicht noch einmal für jeden Grundsatz aufgegriffen, da die Verfassungskonformität bereits für den dem Grundsatz bestimmenden Zweck verifiziert wurde.[1112] In Abschnitt 434. werden die hergeleiteten Grundsätze schließlich zusammengefasst und ausgewählte Interdependenzen zwischen diesen analysiert.

433.2 Dokumentationsgrundsätze

433.21 Vorbemerkungen

Die Dokumentationsgrundsätze sind die Basis für die Erfüllung des Dokumentationszwecks sowie aller weiteren Zwecke der insolvenzspezifischen Rechnungslegung. Ohne eine den Dokumentationsgrundsätzen entsprechende Aufzeichnung der Massegegenstände, Verbindlichkeiten und Geschäftsvorfälle im Insolvenzverfahren kann keine Aussage zu den im Unternehmen vorhandenen Massegegenständen, den Verbindlichkeiten sowie über den Verwertungserfolg getroffen werden.[1113] Für die Verwertungsentscheidung ist eine Aufzeichnung, die den Dokumentationsgrundsätzen entspricht, unerlässlich.

Mit der Eröffnung des Verfahrens hat der Insolvenzverwalter eine Bestandsaufnahme der Massegegenstände durchzuführen.[1114] Auch wenn seit der Insolvenzrechtsreform das Wort Inventar im Gegensatz zu § 124 KO in der InsO nicht mehr explizit genannt wird, verweist § 151 InsO dennoch indirekt darauf, dass eine Inventur durchzuführen ist.[1115] In der insolvenzrechtlichen Literatur herrscht darüber Einigkeit, dass im Insolvenzverfahren eine Bestandsaufnahme notwendig ist.[1116] Die Anfertigung eines Inventars soll sicherstellen, dass das Mengengerüst der Insolvenzmasse – welches die Basis für das Verzeichnis der Massegegenstände gemäß

1112 Vgl. ausführlich Abschnitt 333.

1113 Vgl. BECK, R./HÖLZLE, G., Rechnungslegung durch den Insolvenzverwalter, Rn. 202.

1114 Vgl. § 151 Abs. 1 S. 1.

1115 Vgl. IDW (Hrsg.), Bestandsaufnahme im Insolvenzverfahren (IDW RH HFA 1.010), Rn. 7 f., sowie SINZ, R., in: Uhlenbruck/Hirte/Vallender, InsO, 14. Aufl., § 151, Rn. 4.

1116 Vgl. HENI, B., Rechnungslegung im Insolvenzerfahren, S. 95; SINZ, R., in: Uhlenbruck/Hirte/Vallender, InsO, 14. Aufl., § 151, Rn. 1; HILLEBRAND, C., Rechnungslegung in der Insolvenz, S. 42; IDW (Hrsg.), Bestandsaufnahme im Insolvenzverfahren (IDW RH HFA 1.010), Rn. 7; HEYN, M., Die Erstellung der Verzeichnisse gem. §§ 151-153 InsO, Teil 1, S. 216, sowie FÜCHSL, J./WEISHÄUPL, H./JAFFÉ, M., in: Kirchhof/Stürner/Eidenmüller, Kommentar zur InsO, 3. Aufl., § 151, Rn. 1-5.

§ 151 InsO bildet – vollständig ist.[1117] Für die Inventur gelten die Dokumentations-, Rahmen-, System- sowie Ansatzgrundsätze insolvenzspezifischer Rechnungslegung.[1118] Eine Inventur ist für eine vollständige Bestandsaufnahme unentbehrlich, nur so kann der Insolvenzverwalter der Verpflichtung nachkommen und nach § 80 InsO das Verwaltungs- und Verfügungsrecht über die Masse erhalten und den Massebestand nachvollziehen.[1119] Indes sind neben den durch die Inventur erfassten Gegenständen, z. B. auch Anfechtungsansprüche im Verzeichnis der Massegegenstände aufzunehmen.[1120] Für eine vollständige Dokumentation kann sich der Insolvenzverwalter somit nicht nur auf das Inventar verlassen, sondern muss darüber hinaus Massegegenstände einbeziehen, die der Insolvenzmasse erst künftig zufließen werden.[1121] In den folgenden Abschnitten werden die einzelnen Dokumentationsgrundsätze auf Basis der Zwecke insolvenzspezifischer Rechnungslegung sowie hermeneutisch hergeleitet.

433.22 Grundsatz des systematischen Aufbaus

Die Definition des Dokumentationszwecks enthält bereits den Verweis darauf, dass die Insolvenzmasse vollständig und systematisch aufzuzeichnen ist.[1122] Ein systematischer Aufbau innerhalb der insolvenzspezifischen Rechnungslegung soll den Adressaten die Möglichkeit geben, sich in angemessener Zeit ein Bild von der Lage des Unternehmens sowie den Stand des Insolvenzverfahrens zu verschaffen.[1123] Der Grundsatz ist auch für die Buchführung innerhalb der insolvenzspezifischen Rechnungslegung maßgeblich. Er schließt die Verwendung eines Kontenplans sowie einer chronologischen Buchungsreihenfolge ein. Zudem muss der Ausweis im Verzeichnis der Massegegenstände, im Gläubigerverzeichnis und in der Vermögensübersicht systematisch sein.[1124]

1117 Vgl. IDW (Hrsg.), Bestandsaufnahme im Insolvenzverfahren (IDW RH HFA 1.010), Rn. 7, sowie WEGENER, B., in: Wimmer, FK-InsO, 8. Aufl., § 151, Rn. 9.

1118 Vgl. zu den einzelnen Grundsätzen die Abschnitte 433.22-433.26. Vgl. zudem IDW (Hrsg.), Bestandsaufnahme im Insolvenzverfahren (IDW RH HFA 1.010), Rn. 7, sowie SINZ, R., in: Uhlenbruck/Hirte/Vallender, InsO, 14. Aufl., § 151, Rn. 1. Durch die Vielschichtigkeit der für die Inventur relevanten Grundsätze wird nachfolgend kein Inventurgrundsatz als separater Grundsatz aufgeführt.

1119 Vgl. WINDEL, P. A., in: Jaeger, InsO Band 2, § 80, Rn. 22, sowie KUßMAUL, H./PALM, T., Pflicht zur Verlustanzeige und Rechnungslegung, S. 107.

1120 Vgl. HEYN, M., Die Erstellung der Verzeichnisse gem. §§ 151-153 InsO, Teil 1, S. 216. Vgl zu den Ansatzmöglichkeiten im Verzeichnis der Massegegenstände zudem Abschnitt 433.23 sowie Abschnitt 433.52.

1121 Vgl. dazu den Begriff der Insolvenzmasse in § 35 InsO.

1122 Vgl. Abschnitt 423.211. für die Definition des Dokumentationszwecks.

1123 Vgl. HESS, H., in: InsO, 2. Aufl., § 66, Rn. 43, sowie BASINSKI, A./HILLEBRAND, C./LAMBRECHT, M., Insolvenzrechnungslegung, S. 3.

1124 Vgl. WEITZMANN, J., Rechnungslegung und Schlussrechnungsprüfung, S. 450, sowie bezugnehmend auf den Grundsatz des systematischen Aufbaus der Buchführung als GoB BAETGE, J./ZÜLCH, H., in: HdJ, Rechnungslegungsgrundsätze nach HGB und IFRS, Abt. I/2, Rn. 46. Die Basis für einen systematischen Kontenplan ist ein Kontenrahmen. Dieser wurde im Jahr 2011 vom ZEFIS unter dem Titel SKR-InsO für die

In der vergangenen Dekade gab es in Wissenschaft und Praxis Bestrebungen, einen standardisierten insolvenzrechtlichen Kontenrahmen zu entwickeln.[1125] Die aggregierten Konten sollen in eine klare und übersichtliche Gliederungsstruktur überführt werden können.[1126] Der Grundsatz zielt demzufolge u. a. auf formale Aspekte der Buchführung ab.[1127] Nach LEFFSON ist ein ausreichend gegliederter systematischer Kontenrahmen erforderlich, um dadurch klare und übersichtliche Informationen bereitzustellen.[1128] Die Forderung nach übersichtlichen Informationen ist auf die insolvenzspezifische Rechnungslegung übertragbar.[1129] Neben einer übersichtlichen und vollständigen Aufzeichnung muss diese verständlich sein, sodass nachvollziehbar ist, welche Geschäftsvorfälle sich hinter einzelnen Buchungen verbergen. Aus dem Verzeichnis der Massegegenstände (§ 151 InsO) sowie dem Verzeichnis der Vermögensübersicht (§ 152 InsO) muss erkennbar sein, welche Massegegenstände angesetzt wurden und welche Gläubiger welche Rechte ggü. dem insolventen Unternehmen haben. Die gewählten Begrifflichkeiten müssen folglich die zugrundeliegenden Inhalte widerspiegeln. Es sind alle Geschäftsvorfälle abzubilden. Nur bei einer vollständigen und verständlichen Aufzeichnung kann der Zweck der Rechenschaft erfüllt werden, da die Gläubiger die Richtigkeit und Vollständigkeit der angesetzten Massegegenstände und Schulden sonst nicht intersubjektiv nachvollziehen können. Darüber hinaus kann die insolvenzspezifische Rechnungslegung bei einer unvollständigen und unverständlichen Aufzeichnung nicht als adäquate Entscheidungsgrundlage dienen, da nicht beurteilt werden kann, welche Verwertungsalternative am vorteilhaftesten ist. Zudem führt eine unvollständige und unverständliche Aufzeichnung der Massegegenstände und Schulden zu einer fehlerhaften Bewertungsbasis der Vergütung des Insolvenzverwalters und kann zu einer fehlerhaften Verteilung der Insolvenzmasse führen. Demnach dient der Grundsatz des systematischen Aufbaus auch dazu den Zweck der Verteilungs- und Vergütungsgrundlage zu erfüllen.

---

insolvenzspezifische Rechnungslegung entworfen, vgl. ausführlich HAARMEYER, H. U. A., Durchbruch in der insolvenzrechtlichen Rechnungslegung, S. 1874-1876, sowie BLÜMLE, H., in: Braun, InsO Kommentar, 6. Aufl., § 66, Rn. 8.

1125 Vgl. HAARMEYER, H. U. A., Durchbruch in der insolvenzrechtlichen Rechnungslegung, S. 1874-1876, sowie HAARMEYER, H. U. A., Empfehlungen zur Schlussrechnungslegung und Schlussrechnungsprüfung, S. 1690-1693.

1126 Vgl. BAETGE, J. U. A., in: HdR-E, 5. Aufl., § 243 HGB, Rn. 53-68, sowie BAETGE, J./KIRSCH, H.-J./THIELE, S., Bilanzen, S. 121. Vgl. zur Gliederung vor allem den Grundsatz der Klarheit und Übersichtlichkeit in Abschnitt 433.34.

1127 Vgl. SPIETH, E., Die GoB und GoI, S. 65.

1128 Vgl. LEFFSON, U., Die Grundsätze ordnungsmäßiger Buchführung, S. 169, sowie BAETGE, J./KIRSCH, H.-J./THIELE, S., Bilanzen, S. 121.

1129 Vgl. HESS, H., in: InsO, 2. Aufl., § 66, Rn. 39.

433.23 Grundsatz der Vollständigkeit

Analog zu den GoB ist der Grundsatz der Vollständigkeit für eine vollständige, d. h. lückenlose, Erfassung des Bestands der Massegegenstände sowie der bestehenden Verbindlichkeiten und der sich im Verfahren ereignenden Geschäftsvorfälle erforderlich.[1130] Ferner soll der Grundsatz gewährleisten, dass auch das im Verfahren erlangte Vermögen als Teil der Massegegenstände berücksichtigt wird.[1131] Bezogen auf die Massegegenstände bildet die Inventur die Basis einer lückenlosen Erfassung.[1132] Gemäß des Grundsatzes der Vollständigkeit müssen alle zu Verfahrensbeginn existierenden Massegegenstände inventarisiert werden. Um die Zwecke der Rechenschaft sowie der Entscheidungs- und der Verteilungsgrundlage zu erfüllen, ist es essentiell, dass die Adressaten bzw. Gläubiger einen vollständigen Überblick über die bestehenden Verbindlichkeiten des Unternehmens erhalten. Sie müssen erkennen können, welche Forderungen einzelne Gläubigergruppen gegenüber dem Unternehmen haben, um so ihre Befriedigungsquote nachvollziehen zu können.[1133] Der Wortlaut der relevanten Vorschrift deutete durch die Betonung der Erfassung „aller Gläubiger"[1134] darauf hin, dass der Grundsatz der Vollständigkeit zu beachten ist.[1135] Demnach gilt der Grundsatz auch für das Gläubigerverzeichnis und damit die Passivseite der Vermögensübersicht.[1136] Da § 152 InsO erst mit der InsO implementiert wurde, ist so auch erst die klare Forderung nach einer vollständigen Erfassung der Verbindlichkeiten des insolventen Unternehmens expliziert worden.[1137] In § 98 InsO soll die Vollständigkeit dadurch unterstützt und gesichert werden, dass der Schuldner bei der Datenerfassung mitwirken und die Vollständigkeit auf Geheiß des Insolvenzgerichts gemäß § 98 Abs. 1 S. 1 InsO an Eides statt versichern muss.

1130 Vgl. LEFFSON, U., Die Grundsätze ordnungsmäßiger Buchführung, S. 159, sowie darüber hinaus die Definition des Dokumentationszwecks in Abschnitt 423.211. Vgl. ferner SINZ, R., in: Uhlenbruck/Hirte/Vallender, InsO, 14. Aufl., § 155, Rn. 3; WEITZMANN, J., Rechnungslegung und Schlussrechnungsprüfung, S. 450; HENI, B., Interne Rechnungslegung, S. 52 f.; BECK, R./HÖLZLE, G., Rechnungslegung durch den Insolvenzverwalter, Rn. 209-211; ANDRES, D., in: Nerlich/Römermann, InsO Kommentar, § 153, Rn. 11; PELKA, J./NIEMANN, W., Praxis der Rechnungslegung in Insolvenzverfahren, Rn. 475-477; WEGENER, B., in: Wimmer, FK-InsO, 8. Aufl., § 151, Rn. 5; MOCK, S., in: Uhlenbruck/Hirte/Vallender, InsO, 14. Aufl., § 66, Rn. 57; RIGOL, R., in: Insolvenzordnung, 19. Aufl., § 66, Rn. 11; FÜCHSL, J./WEISHÄUPL, H./JAFFÉ, M., in: Kirchhof/Stürner/Eidenmüller, Kommentar zur InsO, 3. Aufl., § 153, Rn. 3.

1131 Vgl. SINZ, R., in: Uhlenbruck/Hirte/Vallender, InsO, 14. Aufl., § 151, Rn. 3.

1132 Vgl. FÜCHSL, J./WEISHÄUPL, H./JAFFÉ, M., in: Kirchhof/Stürner/Eidenmüller, Kommentar zur InsO, 3. Aufl., § 151, Rn. 2, sowie zur Inventur Abschnitt 433.21.

1133 Vgl. SINZ, R., in: Uhlenbruck/Hirte/Vallender, InsO, 14. Aufl., § 152, Rn. 2, sowie ausführlich Abschnitt 213.3.

1134 § 152 Abs. 1 InsO.

1135 Vgl. PELKA, J./NIEMANN, W., Praxis der Rechnungslegung in Insolvenzverfahren, Rn. 463.

1136 Vgl. SINZ, R., in: Uhlenbruck/Hirte/Vallender, InsO, 14. Aufl., § 152, Rn. 2.

1137 Vgl. ANDRES, D., in: Nerlich/Römermann, InsO Kommentar, § 152, Rn. 1.

Im Verfahren und zum Verfahrensende sollen die Zwischen- und die Schlussrechnung nach § 66 InsO ein vollständiges Bild des Verfahrensverlaufs vermitteln, d. h. es muss nachvollziehbar sein, welche Massegegenstände veräußert wurden und welche Gläubigeransprüche befriedigt wurden.[1138] Analog zu den GoB ist es erforderlich, dass die Vollständigkeit der Konten gesichert und die Aufzeichnung zu Verfahrensbeginn und im Verfahren vollständig und verständlich ist.[1139] Der Gesetzgeber expliziert den Vollständigkeitsanspruch eindeutig in der RegB zur InsO, indem er darauf verweist, dass die „Insolvenzmasse und die Verbindlichkeiten [...] vollständig"[1140] zu erfassen sind. Der Grundsatz der Vollständigkeit konkretisiert die Zwecke der Dokumentation und der Rechenschaft ggü. den Adressaten. Die so vermittelten vollständigen Informationen dienen diesen als individuelle Entscheidungsgrundlage über die beste Verwertungsalternative und als Kontrollmedium im Verfahrensverlauf.

433.24 Beleggrundsatz

Gemäß des Beleggrundsatzes muss für jede Buchung innerhalb des Insolvenzverfahrens der zugehörige Beleg existieren und *vice versa*.[1141] In der InsO heißt es in § 66, dass der Insolvenzverwalter „die Schlußrechnung [sic!] mit den Belegen"[1142] einzureichen hat. Der Wortlaut der Vorschrift kodifiziert den Beleggrundsatz damit eindeutig. Gleiches gilt entsprechend ab Verfahrensbeginn und die dort aufzustellenden Verzeichnisse.[1143] Der durch die Vorschrift vom Gesetzgeber verfolgte Zweck war es vor allem, die Prüfungsfähigkeit der Rechnungslegung des Insolvenzverwalters sicherzustellen und so die im Gegensatz zu KO forcierte Prüfungspflicht zu ermöglichen.[1144] Ohne entsprechende Belege ist keine formelle und materielle Prüfung der Rechnungslegung durch das Insolvenzgericht oder die Gläubiger möglich und somit können auch der Dokumentations- und der Rechenschaftszweck nicht zufriedenstellend erfüllt werden.[1145] Ferner muss die Datenbasis für die Zwecke der Verteilungs- und der Vergütungsgrundlage korrekt sein, was durch die den Buchungen zugehörigen Belege sichergestellt wird. Zudem

---

1138 Vgl. MOCK, S., in: Uhlenbruck/Hirte/Vallender, InsO, 14. Aufl., § 66, Rn. 48, sowie RECK, R., Inhalte und Grundsätze der Schlussrechnungsprüfung, S. 496.

1139 Vgl. BAETGE, J./KIRSCH, H.-J./THIELE, S., Bilanzen, S. 115, sowie BAETGE, J./ZÜLCH, H., in: HdJ, Rechnungslegungsgrundsätze nach HGB und IFRS, Abt. I/2, Rn. 47 f.

1140 DEUTSCHER BUNDESTAG (Hrsg.), BT-Drucksache 12/2443, S. 172.

1141 Vgl. BAETGE, J./ZÜLCH, H., in: HdJ, Rechnungslegungsgrundsätze nach HGB und IFRS, Abt. I/2, Rn. 49.

1142 § 66 Abs. 2 S. 2 InsO.

1143 Vgl. HESS, H., in: InsO, 2. Aufl., § 66, Rn. 37, sowie bezugnehmend auf das Verzeichnis der Massegegenstände ECKARDT, D., in: Jaeger, InsO Band 5, § 151, Rn. 13.

1144 Vgl. DEUTSCHER BUNDESTAG (Hrsg.), BT-Drucksache 12/2443, S. 131. Bereits § 86 S. 2 KO besagte, dass die Schlussrechnung mit den Belegen einzureichen war. Indes galt dies nicht für die Zwischenrechnung und darüber hinaus existierte keine Prüfungspflicht für die eingereichten Belege.

1145 Vgl. DELHAES, W., in: Nerlich/Römermann, InsO Kommentar, § 66, Rn. 18; BAETGE, J./KIRSCH, H.-

können sich die Gläubiger ohne Belege nicht in angemessener Zeit einen Überblick über den Verfahrensverlauf und das -ergebnis verschaffen.[1146] Ohne Belege können sich das Insolvenzgericht und die Gläubiger keine Urteil bilden.[1147] Entsprechend würden die Zwecke der Rechenschaft sowie der Entscheidungsgrundlage nicht vollumfänglich erfüllt werden. Der Insolvenzverwalter hat für den Fall, dass für ausgewählte Buchungen keine Belege existieren, entsprechende Eigenbelege zu erstellen, sodass z. B. die Ratio der Bewertung von Massegegenständen nachvollzogen werden kann.[1148]

433.25 Grundsatz der zeitnahen Aufstellung

Die vom Insolvenzverwalter aufzustellenden Dokumente bzw. Inhalte der insolvenzspezifischen Rechnungslegung resultieren aus den bereits analysierten Vorschriften der § 151-154 InsO sowie § 66 InsO.[1149] Die Fristen für die Aufstellung der Dokumente zu Verfahrensbeginn ergeben sich aus dem § 154 InsO, wonach diese grundsätzlich vom Berichtstermin abhängig sind.[1150] Die Verzeichnisse sind eine Woche vor dem Termin in der Geschäftsstelle des Insolvenzgerichts zur Einsicht niederzulegen.[1151] In § 29 InsO ist der zeitliche Rahmen für den Zeitpunkt des Berichtstermins vorgeschrieben.[1152] Der Wortlaut der Vorschrift besagt, dass der Termin für die Vorlage der Verzeichnisse zu Verfahrensbeginn und nicht später als drei Monate nach Verfahrenseröffnung liegen darf.[1153] Das vom Gesetzgeber angestrebte Ziel der Vorschrift ist es einerseits, einen zügigen und damit kostengünstigen Verfahrensablauf sicherzustellen und andererseits, den Zeitraum der Unsicherheit über eine Liquidation oder Fortführung des Unternehmens einzugrenzen.[1154] Der für den Berichtstermin zu berücksichtigende Zeitraum wurde nicht wie beim Prüfungstermin aus den Vorschriften der § 110 Abs. 1 KO sowie § 138 S. 2 KO

J./THIELE, S., Bilanzen, S. 115 f.; FÖRSCHLE, G./WEISANG, A., Rechnungslegung im Insolvenzverfahren, Rn. 31, sowie BROCKMEYER, K./KNÜPPE, W., Abwehr von Belegmanipulationen, S. 490-494.

1146 Vgl. analog zu den GoB BAETGE, J./ZÜLCH, H., in: HdJ, Rechnungslegungsgrundsätze nach HGB und IFRS, Abt. I/2, Rn. 49.

1147 Vgl. RIEDEL, E., in: Kirchhof/Stürner/Eidenmüller, Kommentar zur InsO, 3. Aufl., § 66, Rn. 19 f., sowie MOCK, S., in: Uhlenbruck/Hirte/Vallender, InsO, 14. Aufl., § 66, Rn. 83.

1148 Vgl. RIGOL, R., in: Insolvenzordnung, 19. Aufl., § 66, Rn. 11, sowie BAETGE, J./KIRSCH, H.-J./THIELE, S., Bilanzen, S. 115.

1149 Vgl. ausführlich Abschnitt 222.1.

1150 Vgl. IDW (Hrsg.), Insolvenzspezifische Rechnungslegung (IDW RH HFA 1.011), Rn. 27, sowie ausführlich Abschnitt 212.21.

1151 Vgl. § 154 InsO.

1152 Vgl. § 29 Abs. 1 InsO; JARCHOW, I., in: HamK zum Insolvenzrecht, § 151, Rn. 6, sowie FÖRSCHLE, G./WEISANG, A., Rechnungslegung im Insolvenzverfahren, Rn. 17.

1153 Vgl. § 29 Abs. 1 Nr. 1 InsO. Der Gesetzgeber unterteilt den Zeitraum dahingehend, dass der Termin nicht später als sechs Wochen stattfinden soll und nicht über drei Monate hinaus angesetzt werden darf.

1154 Vgl. DEUTSCHER BUNDESTAG (Hrsg.), BT-Drucksache 12/2443, S. 119 f.; FÖRSCHLE, G./WEISANG, A., Rechnungslegung im Insolvenzverfahren, Rn. 16 f., sowie MÖNNING, R.-D./SCHWEIZER, T., in: Nerlich/Römermann, InsO Kommentar, § 29, Rn. 5-8.

übernommen, sondern neu eingeführt.[1155] Die auf die insolvenzspezifische Rechnungslegung bezogenen Vorschriften sollen eine umgehende Dokumentation sicherstellen und den Gläubigern so als eine zeitnahe Entscheidungsgrundlage dienen.

Im Gegensatz dazu werden die Fristen für die Aufstellung des handelsrechtlichen Jahresabschlusses im eröffneten Insolvenzverfahren nach § 155 InsO um den Zeitraum bis zum Berichtstermin, d. h. um bis zu drei Monate, verlängert.[1156] Die insolvenzspezifische Rechnungslegung hat demnach zu Verfahrensbeginn Vorrang ggü. der handelsrechtlichen Rechnungslegung. Folglich kann die handelsrechtliche Rechnungslegung auch nicht als grundsätzliche Informationsgrundlage für die insolvenzspezfische Rechnungslegung dienen.[1157]

Neben der Aufstellungspflicht zu Verfahrensbeginn ist der Insolvenzverwalter nach § 66 InsO „bei der Beendigung seines Amtes"[1158] verpflichtet, ggü. der Gläubigerversammlung Rechnung zu legen. Der Gesetzgeber hat indes keine konkreten Fristen für die Aufstellung festgelegt.[1159] Da das Gericht zu Verfahrensende nach § 197 Abs. 1 S. 1 InsO der Schlussverteilung zuzustimmen hat und der Insolvenzverwalter die Schlussrechnung im Schlusstermin erläutern muss, hat er faktisch die Schlussrechnung vor der eigentlichen Verfahrensbeendigung und damit auch vor der Beendigung seines Amts zu erstellen.[1160] Infolgedessen hat der Insolvenzverwalter die Schlussrechnung dann beim Gericht einzureichen, wenn die Verwertung der Insolvenzmasse beendet ist.[1161] Eine zeitnahe Aufstellung der Schlussrechnung dient vor allem auch dem Rechenschaftszweck, sodass die Adressaten den Insolvenzverwalter kontrollieren können, somit einen vollständigen und zutreffenden Einblick in dessen Tätigkeit erhalten und dadurch den

1155 Vgl. MÖNNING, R.-D./SCHWEIZER, T., in: Nerlich/Römermann, InsO Kommentar, § 29, Rn. 1-3. Der Prüftermin dient der Prüfung der von den Gläubigern angemeldeten Forderungen.

1156 Vgl. § 29 Abs. 1 Nr. 1 InsO; DEUTSCHER BUNDESTAG (Hrsg.), BT-Drucksache 12/2443, S. 172; IDW (Hrsg.), Externe Rechnungslegung im Insolvenzverfahren (IDW RH HFA 1.012), Rn. 34; HILLEBRAND, C., Externe (handelsrechtliche) Rechnungslegung im Insolvenzverfahren, S. 468, sowie LORENZ, M./KOLLER, D., Änderung des Geschäftsjahres nach Insolvenzeröffnung, S. 1142.

1157 Vgl. FÜCHSL, J./WEISHÄUPL, H./JAFFÉ, M., in: Kirchhof/Stürner/Eidenmüller, Kommentar zur InsO, 3. Aufl., Vorbemerkungen zu §§ 151-155, Rn. 28; KLEIN, T., Handelsrechtliche Rechnungslegung im Insolvenzverfahren, S. 43 f., sowie KUNZ, P./MUNDT, K., Rechnungslegungspflichten in der Insolvenz (Teil II), S. 670. Ferner ist zumeist die Qualität der handelsrechtlichen Rechnungslegung im eröffneten Insolvenzverfahren unzureichend. Vgl. MÖHLMANN-MAHLAU, T., Insolvenzbilanzen, S. 235. Die nachrangige Erstellung der handelsrechtlichen Rechnungslegung ist u. a. für den Grundsatz der mehrdimensionalen Bewertung relevant, da in der Literatur teilweise der Ansatz von handelsrechtlichen Buchwerten als Fortführungswerte empfohlen wird. Vgl. ausführlich Abschnitt 433.53.

1158 § 66 Abs. 1 S. 1 InsO.

1159 Vgl. ECKHARDT, D., in: Jaeger, InsO Band 2, § 66, Rn. 19, sowie MOCK, S., in: Uhlenbruck/Hirte/Vallender, InsO, 14. Aufl., § 66, Rn. 67-70.

1160 Vgl. MOCK, S., in: Uhlenbruck/Hirte/Vallender, InsO, 14. Aufl., § 66, Rn. 68.

1161 Vgl. ECKHARDT, D., in: Jaeger, InsO Band 2, § 66, Rn. 20.

Verwertungserfolg beurteilen können.[1162] Ferner ist es aus Perspektive der Gläubiger für den Zweck der Verteilungsgrundlage essentiell, dass die Schlussrechnung zeitnah aufgestellt wird, damit im Fall einer Liquidation die Schlussverteilung möglich ist. Darüber hinaus entspricht eine zeitnahe Aufstellung auch dem Interesse des Insolvenzverwalters, da seine Vergütung nach § 1 Abs. 1 InsVV auf Basis der Schlussrechnung ermittelt wird. Demnach sorgt eine zeitnahe Aufstellung auch dafür, dass der hergeleitete Zweck der Vergütungsgrundlage realisiert werden kann.

433.26 Archivierungsgrundsatz

Ein weiteres Element bei der Erfüllung der Zwecke insolvenzspezifischer Rechnungslegung ist die Archivierung der Aufzeichnungen der laufenden Buchführung sowie der Unterlagen zum Verfahrensende.[1163] Mit dem Übergang des Verwaltungs- und Verfügungsrechts auf den Insolvenzverwalter hat dieser Auskunfts- und Rechnungslegungspflichten ggü. den Gläubigern.[1164] Die Archivierung innerhalb des laufenden Verfahrens wird durch den Beleggrundsatz gestützt, wonach die Belege grundsätzlich bis zum Verfahrensende aufzubewahren sind.[1165] Neben der Überprüfung des Verwertungserfolgs dient die Archivierung der Unterlagen über das Verfahrensende hinaus zur Exkulpation des Insolvenzverwalter.[1166] Gerade für den Fall, dass das Unternehmen nach dem Insolvenzverfahren fortgeführt wird, ist eine lückenlose Dokumentation und Archivierung vor dem Hintergrund, dass die externen Rechnungslegungspflichten kaum beachtet werden, erforderlich.[1167] Eine Archivierung beeinflusst demzufolge indirekt die Abwicklungsqualität des Insolvenzverfahrens.[1168] Im Handelsrecht ist nach § 257 HGB jeder Kaufmann dazu verpflichtet, Handelsbücher, Inventare, Jahresabschlüsse etc. für zehn Jahre aufzubewahren.[1169] Innerhalb der InsO existieren keine konkreten Vorschriften zur Archivierung der Unterlagen insolvenzspezifischer Rechnungslegung über das Verfahrensende hinaus.

1162 Vgl. LEFFSON, U., Die Grundsätze ordnungsmäßiger Buchführung, S. 157; MOXTER, A., Bilanzlehre, S. 435; KREMER, A., Pflicht zur zeitnahen Erstellung einer Schlussrechnung, S. 387 f.; RECK, R., Inhalte und Grundsätze der Schlussrechnungsprüfung, S. 496, sowie zur Definition des Rechenschaftszwecks ausführlich Abschnitt 423.221.

1163 Vgl. BRUNNMEIER, A. J., Grundsätze ordnungsmäßiger Buchführung, S. 3.

1164 Vgl. HÄSEMEYER, L., Insolvenzrecht, Rn. 13.10.

1165 Vgl. ausführlich Abschnitt 433.24.

1166 Vgl. SCHMIDT, K., Liquidations- und Konkursbilanzen, S. 78; WEITZMANN, J., Rechnungslegung und Schlussrechnungsprüfung, S. 449 f., sowie MOCK, S., in: Uhlenbruck/Hirte/Vallender, InsO, 14. Aufl., § 66, Rn. 51. Nach § 62 S. 2 InsO verjährt der Anspruch auf Schadensersatz spätestens drei Jahre nach der Verfahrensaufhebung.

1167 Vgl. HAARMEYER, H./HILLEBRAND, C., Insolvenzrechnungslegung – Teil I, S. 414.

1168 Vgl. FÖRSTER, K./TOST, A., Archivierung von Geschäftsunterlagen in Insolvenzverfahren, S. 298, sowie MENZEL, R.-J., Insolvenzspezifische Aktenlagerung, S. 21.

1169 Vgl. § 257 Abs. 4 HGB. Gleiches gilt nach § 147 Abs. 3 AO für die Aufbewahrungsfristen ausgewählter

Auch in der Kommentarliteratur sowie dem weiteren Schrifttum wird das Thema kaum diskutiert.[1170] Eine denkbare Möglichkeit wäre es, die Archivierungsfristen an die handelsrechtlichen Vorschriften anzugleichen. Die Tatsache, dass Archivierungskosten die Insolvenzmasse schmälern würden, ist hinsichtlich immer preiswerter werdender Speicherkapazitäten kein valides Argument gegen eine Archivierung.[1171] Demzufolge wäre es zu empfehlen, konkrete Vorschriften, wie z. B. eine zehnjährige Aufbewahrungsfrist, für die Erfüllung des Archivierungsgrundsatzes in die InsO aufzunehmen.[1172]

433.3 Rahmengrundsätze

433.31 Vorbemerkungen

Die Rahmengrundsätze enthalten die grundlegenden Anforderungen an die Informationsvermittlung gegenüber den Adressaten.[1173] Sie sollen gewährleisten, dass die insolvenzspezfische Rechnungslegung ein Abbildungsmodell des wirtschaftlichen Geschehens ist und damit die vermittelten Informationen für die Adressaten betriebswirtschaftlich sinnvoll sind.[1174] Die Rahmengrundsätze dienen damit der Dokumentation und der Rechenschaft und sind die Basis für den Zweck der Entscheidungsgrundlage. Nur wenn durch die insolvenzspezifische Rechnungslegung das tatsächliche wirtschaftliche Geschehen abgebildet wird, kann diese die Grundlage für die Verwertungsentscheidung der Gläubiger sein. Die korrekte Abbildung ist ferner notwendig, um den Zweck der Verteilungsgrundlage zu erfüllen, da eine fehlerhafte Bewertung der Insolvenzmasse zwangsläufig zu Unregelmäßigkeiten bei der Vermögensverteilung führen würde. Darüber hinaus könnte ein fehlerhafter Wertansatz, der durch die Missachtung der Rahmengrundsätze entsteht, zu einer falschen Vergütung des Insolvenzverwalters führen. So-

---

Steuerunterlagen. Vgl. VIERTELHAUSEN, A., Aufbewahrung von Steuerunterlagen im Insolvenzverfahren, S. 263.

1170 In § 5 Abs. 4 InsO wird lediglich darauf verwiesen, dass auf Länderebene Rechtsverordnungen zu einer elektronischen Einreichung und Aufbewahrung von Tabellen und Verzeichnissen getroffen werden können. Ferner gehören Geschäftsbücher des Schuldners nach § 36 InsO zur Insolvenzmasse und gesetzliche Aufbewahrungspflichten sind einzuhalten.

1171 Vgl. KRAMß, M., Umsetzung der Aufbewahrungspflichten von Geschäftsunterlagen, S. 16; FÖRSTER, K./TOST, A., Archivierung von Geschäftsunterlagen in Insolvenzverfahren, S. 302 f., sowie VAN REENEN, J., Growth of Network Computing, S. 19.

1172 Vgl. dazu ausführlich Abschnitt 533.

1173 Vgl. LEFFSON, U., Die Grundsätze ordnungsmäßiger Buchführung, S. 179.

1174 Vgl. BAETGE, J./KIRSCH, H.-J./THIELE, S., Bilanzen, S. 116 f.; LEFFSON, U., Die Grundsätze ordnungsmäßiger Buchführung, S. 179; BAETGE, J./ZÜLCH, H., in: HdJ, Rechnungslegungsgrundsätze nach HGB und IFRS, Abt. I/2, Rn. 54; BAETGE, J. U. A., in: HdR-E, 5. Aufl., § 243 HGB, Rn. 41, sowie BAETGE, J./KIRSCH, H.-J./THIELE, S., in: HdR-E, 5. Aufl., Kapitel 4, Rn. 58. BALLWIESER hat ausgewählte Rahmengrundsätze zu Informations-GoB aggregiert. Vgl. BALLWIESER, W., Informations-GoB, S. 115-120.

mit dienen die Rahmengrundsätze auch dem Zweck der Vergütungsgrundlage. Die Rahmengrundsätze bestehen aus den Grundsätzen der Richtigkeit, der Stetigkeit, der Klarheit und Übersichtlichkeit sowie der Wirtschaftlichkeit. Im Folgenden werden die einzelnen Grundsätze hergeleitet.

433.32 Grundsatz der Richtigkeit

Der Grundsatz der Richtigkeit fordert die Richtigkeit der im Verzeichnis der Massegegenstände, im Gläubigerverzeichnis und demnach auch in der Vermögensübersicht bereitgestellten Informationen.[1175] Ferner gilt der Grundsatz für die Zwischen- und die Schlussrechnung.[1176] Richtigkeit bezieht sich, analog zum Handelsrecht, nicht auf eine „absolute Richtigkeit", sondern lediglich auf eine relative Richtigkeit im Sinne einer objektiven, d. h. intersubjektiven Nachprüfbarkeit, da absolut richtige bzw. wahre Informationen kaum ermittelt werden können.[1177] Die relative Richtigkeit soll dadurch gesichert werden, dass die Verzeichnisse gemäß der übrigen Grundsätze insolvenzspezifischer Rechnungslegung sowie der Vorschriften der InsO erstellt werden.[1178] Den Adressaten muss ermöglicht werden, dass sie die ihnen zur Verfügung gestellten Informationen intersubjektiv nachprüfen können. Ferner implizieren richtige Informationen, dass neben einer objektiven Darstellung die Bewertung der Massegegenstände und Gläubigerforderungen willkürfrei, d. h. unter Beachtung realitätsnaher Annahmen, die der Insolvenzverwalter als zutreffend erachtet, bewertet werden.[1179] In der RegB heißt es dazu, dass „der Verwalter [...] nicht berechtigt [ist; Anm. des Verf.], bei der Bewertung nach seinem Ermessen die Fortführung oder die Einzelveräußerung zugrunde zu legen und dadurch die Entscheidung der Gläubiger über den Fortgang des Verfahrens vorwegzunehmen."[1180] Der Gesetzgeber stellt hier unmissverständlich klar, dass die Massegegenstände objektivierbar und willkürfrei zu bewerten sind.[1181] Der somit zu berücksichtigende **Grundsatz der Willkürfreiheit**

1175 Vgl. JARCHOW, I., in: HamK zum Insolvenzrecht, § 153, Rn. 5, sowie RECK, R., Rechnungslegung des Insolvenzverwalters, S. 837.

1176 Die Vollständigkeit und Richtigkeit der Zwischen- und Schlussrechnung ist ein wesentlicher Teil der materiellen Prüfung der insolvenzspezifischen Rechnungslegung. Vgl. HESS, H., in: InsO, 2. Aufl., § 66, Rn. 38; MOCK, S., in: Uhlenbruck/Hirte/Vallender, InsO, 14. Aufl., § 66, Rn. 86, sowie HILLEBRAND, C., Rechnungslegung in der Insolvenz, S. 59.

1177 Vgl. BAETGE, J./KIRSCH, H.-J./THIELE, S., in: HdR-E, 5. Aufl., Kapitel 4, Rn. 59; BAETGE, J., Grundsätze ordnungsmäßiger Buchführung, Sp. 639; POPPER, K./KEUTH, H., Logik der Forschung, 11. Aufl., S. 24; BAETGE, J./KIRSCH, H.-J./THIELE, S., Bilanzen, S. 117, sowie ausführlich BRUNNMEIER, A. J., Grundsätze ordnungsmäßiger Buchführung, S. 6 f.

1178 Vgl. SOLMECKE, H., Auswirkungen des BilMoG auf die handelsrechtlichen GoB, S. 35.

1179 Vgl. LEFFSON, U., Die Grundsätze ordnungsmäßiger Buchführung, S. 202-205.

1180 DEUTSCHER BUNDESTAG (Hrsg.), BT-Drucksache 12/2443, S. 171.

1181 Vgl. Abschnitt 433.53 zur Konkretisierung der Bewertung von Massegegenständen und Verbindlichkeiten.

ist Teil des Grundsatzes der Richtigkeit und vor allem für die vom Insolvenzverwalter genutzten Annahmen der Bewertung der Massegegenstände und Schulden im Fortführungs- und Liquidationsfall relevant. Die der Bewertung unterliegenden Annahmen müssen für die Gläubiger intersubjektiv nachvollziehbar sein.[1182] In der InsO wird zudem in § 153 sowie in § 98 festgehalten, dass der Schuldner, der nach § 97 InsO Auskunfts- und Mitwirkungspflichten hat, an Eides statt versichern muss, dass die von ihm erteilten Auskünfte „richtig" sind.[1183] Der Schuldner ist nach § 97 Abs. 1 InsO ggü. dem Insolvenzverwalter zur Mitwirkung verpflichtet, sodass die Richtigkeit der Auskünfte mittelbar in die insolvenzspezifische Rechnungslegung und vor allem die Vermögensübersicht nach § 153 InsO einbezogen wird.[1184]

Auch wenn der Grundsatz der Richtigkeit nicht in der InsO expliziert wird, so ist es um die Zwecke insolvenzspezifischer Rechnungslegung zu erfüllen, zwingend erforderlich diesen einzuhalten.[1185] Der Grundsatz gilt für jeden Zweck insolvenzspezifischer Rechnungslegung. Für den Dokumentationszweck ist es z. B. in Bezug auf die Inventur essentiell, dass das Mengengerüst richtig aufgenommen wird und so eine korrekte Bezugsbasis für die Wertermittlung im Verzeichnis der Massegegenstände existiert.[1186] Die Dokumentation ist die Basis für die Rechenschaft, die sicherstellen soll, dass die Berichtsinstrumente den Adressaten als richtige und vollständige Urteilsgrundlage dienen.[1187] Für den Zweck der Entscheidungsgrundlage ist der Grundsatz der Richtigkeit zu erfüllen, da sich die Gläubiger nur anhand von richtigen Informationen für eine Verwertungsalternative entscheiden können.[1188] Ebenso würden falsche Informationen in der Vermögensübersicht den Zweck der Verteilungsgrundlage konterkarieren, da

1182 Vgl. BAETGE, J./KIRSCH, H.-J./THIELE, S., Bilanzen, S. 118; sowie PLATE, G., Die Konkursbilanz, S. 72-74.

1183 Der Schuldner hat Informationen über sämtliche Vermögenswerte und Schulden zu erteilen. Vgl. zum Umfang der Auskunftspflichten SCHILKEN, E., in: Jaeger, InsO Band 2, § 97, Rn. 17-25; IDW (Hrsg.), Bestandsaufnahme im Insolvenzverfahren (IDW RH HFA 1.010), Rn. 10; WITTKOWSKI, D./KRUTH, C.-P., in: Nerlich/Römermann, InsO Kommentar, § 97, Rn. 4-5a, sowie HILLEBRAND, C., Rechnungslegung in der Insolvenz, S. 47. Sofern der Schuldner falsche Auskünfte erteilt und damit eine falsche Versicherung an Eides statt ablegt, macht sich dieser gemäß § 156 StGB strafbar. Indes erfolgt die Anordnung einer eidesstattlichen Versicherung nur, wenn begründete Zweifel an der Richtigkeit der Informationen des Schuldners bestehen. Vgl. WITTKOWSKI, D./KRUTH, C.-P., in: Nerlich/Römermann, InsO Kommentar, § 98, Rn. 3.

1184 Vgl. FÜCHSL, J./WEISHÄUPL, H./JAFFÉ, M., in: Kirchhof/Stürner/Eidenmüller, Kommentar zur InsO, 3. Aufl., § 151, Rn. 5, sowie FÜCHSL, J./WEISHÄUPL, H./JAFFÉ, M., in: Kirchhof/Stürner/Eidenmüller, Kommentar zur InsO, 3. Aufl., § 153, Rn. 11.

1185 Vgl. WEITZMANN, J., Rechnungslegung und Schlussrechnungsprüfung, S. 450.

1186 Vgl. dazu auch die Definition des Dokumentationszwecks in Abschnitt 423.211. sowie zur Inventur Abschnitt 433.21.

1187 Vgl. PÖGGELER, W., Die Aufgaben des Insolvenzrechts, S. 750; FÜCHSL, J./WEISHÄUPL, H./JAFFÉ, M., in: Kirchhof/Stürner/Eidenmüller, Kommentar zur InsO, 3. Aufl., § 151, Rn. 10, sowie BAETGE, J./KIRSCH, H.-J./THIELE, S., Bilanzen, S. 117.

1188 Vgl. zum Zweck der Entscheidungsgrundlage Abschnitt 423.31.

die insolvenzspezifische Rechnungslegung keine valide Schlüsselgröße mehr wäre, um das Vermögen korrekt auf die Gläubiger zu verteilen.[1189] Ferner kann eine fehlerhafte insolvenzspezifische Rechnungslegung nicht den Zweck der Vergütungsgrundlage erfüllen und damit als Kalkulationsbasis für die Vergütung des Insolvenzverwalters dienen, sodass dieser nicht mehr sachgerecht entlohnt wird. Demzufolge ist der Grundsatz der Richtigkeit für eine Erfüllung der Zwecke insolvenzspezifischer Rechnungslegung unbedingt einzuhalten.

433.33 Grundsatz der Stetigkeit

Den Gläubigern soll im Verfahrensverlauf ein möglichst exaktes Bild über den Erfolg der umgesetzten Verwertungsalternative vermittelt werden.[1190] Die insolvenzspezifische Rechnungslegung hat demnach u. a. die Aufgabe, den Zustand des insolventen Unternehmens zu Verfahrensbeginn sowie nach § 66 InsO im Verfahren und zum Verfahrensende transparent zu machen.[1191] Dafür ist es erforderlich, dass die einzelnen Berichtsdokumente im Verfahrensverlauf, d. h. von der Verfahrenseröffnung bis zur Verfahrensbeendigung, vergleichbar sind.[1192] Wie in Abschnitt 432.22 analysiert, sind Analogieschlüsse zwischen Elementen des handelsrechtlichen Grundsatzes der Vergleichbarkeit und dem insolvenzspezifischen Grundsatz der Stetigkeit möglich.[1193] Es sollen demnach – analog zum Handelsrecht – Rückschlüsse auf die in einem abgegrenzten Zeitraum stattgefundenen Geld- und Güterbewegungen möglich sein.[1194] Da es gemäß § 66 InsO keinen feststehenden Zeitraum für eine Zwischenberichterstattung gibt, werden lediglich ausgewählte Zeitpunkte miteinander verglichen.[1195] Um den Zweck der Rechenschaft zu stärken, ist sicherzustellen, dass zu jedem Zeitpunkt die gleichen Mess- und Bewertungsmethoden herangezogen werden und darüber hinaus signifikante Abweichungen erläutert

---

1189 Vgl. analog zur Konkursbilanz PLATE, G., Die Konkursbilanz, S. 21.

1190 Vgl. LEFFSON, U., Die Grundsätze ordnungsmäßiger Buchführung, S. 426, sowie BASINSKI, A./HILLEBRAND, C./LAMBRECHT, M., Insolvenzrechnungslegung, Rn. 124.

1191 Vgl. DELHAES, W., in: Nerlich/Römermann, InsO Kommentar, § 66, Rn. 10.

1192 Dies schließt ein, dass eine nahtlose Überleitung der Berichtsdokumente nach § 151 ff. InsO zu Verfahrensbeginn zur Zwischen- und Schlussrechnung nach § 66 InsO möglich ist. Vgl. FÜCHSL, J./WEISHÄUPL, H./JAFFÉ, M., in: Kirchhof/Stürner/Eidenmüller, Kommentar zur InsO, 3. Aufl., Vorbemerkungen zu §§ 151-155, Rn. 16 f.; VERBAND INSOLVENZVERWALTER DEUTSCHLANDS E.V. (Hrsg.), Grundsätze ordnungsgemäßer Insolvenzverwaltung (GOI), S. 9 f., sowie MOCK, S., in: Uhlenbruck/Hirte/Vallender, InsO, 14. Aufl., § 66, Rn. 54.

1193 Durch den internen Charakter der insolvenzspezifischen Rechnungslegung ist eine zwischenbetriebliche Vergleichbarkeit, wie beim handelsrechtlichen Grundsatz der Vergleichbarkeit gefordert, nicht möglich. Vgl. BAETGE, J./COMMANDEUR, D., Vergleichbarkeit in aufeinanderfolgenden Jahresabschlüssen, S. 326 ff.

1194 Dies entspricht i. w. S. SCHMALENBACHS Grundgedanken einer dynamischen Bilanz. Vgl. SCHMALENBACH, E., Dynamische Bilanz, S. 44.

1195 Vgl. DELHAES, W., in: Nerlich/Römermann, InsO Kommentar, § 66, Rn. 10.

werden.[1196] Die Berichtsdokumente müssen einander gegenübergestellt werden können.[1197] Die formelle und materielle Stetigkeit ist die Voraussetzung dafür, dass einzelne Berichtsdokumente vergleichbar sind. Der Grundsatz wird als **Grundsatz der Stetigkeit** bezeichnet.[1198] Entsprechend der formellen Stetigkeit sind die Inhalte der insolvenzspezifischen Rechnungslegung gleich zu gliedern, und es müssen die gleichen Inhalte in der jeweiligen Gliederungsposition enthalten sein.[1199] Die Gliederungsstruktur der insolvenzspezifischen Berichtsdokumente wird in Abschnitt 433.56 analysiert. Die materielle Stetigkeit besagt, dass die gleichen Tatbestände in den einzelnen Berichtsinstrumenten identisch zu behandeln sind und so z. B. gleiche Bewertungsmethoden anzuwenden sind.[1200] Der Bedeutungszusammenhang zwischen den §§ 151, 152 sowie 153 InsO setzt voraus, dass die materielle Stetigkeit eingehalten wird, da das Verzeichnis der Massegegenstände und das Gläubigerverzeichnis die Basis für die Vermögensübersicht bilden. Durch die Zusammenfassung der Informationen in § 153 InsO geht die formelle Stetigkeit mit einer Informationsaggregation einher.[1201]

Nach § 157 InsO können die Gläubiger ihre getroffene Verwertungsentscheidung in einem „späteren Termin ändern“[1202]. Dies erfordert, dass der Grundsatz der Stetigkeit nicht nur innerhalb der Dokumente zu Verfahrensbeginn, sondern auch in Bezug auf die Zwischenrechnung nach § 66 InsO berücksichtigt wird, da sonst keine valide Entscheidungsgrundlage, z. B. für die Abkehr von einer Fortführungsentscheidung hin zur Liquidation, bestehen würde.[1203] Der Grundsatz der Stetigkeit soll den Adressaten ermöglichen, die einzelnen Berichtsdokumente einander gegenüberzustellen und zu vergleichen und so den Verwertungserfolg transparent zu machen.[1204]

1196 Vgl. BAETGE, J./COMMANDEUR, D., Vergleichbarkeit in aufeinanderfolgenden Jahresabschlüssen, S. 326-328, sowie LEFFSON, U., Die Grundsätze ordnungsmäßiger Buchführung, S. 431.

1197 Vgl. SCHMALENBACH, E., Dynamische Bilanz, S. 51.

1198 Vgl. zur formellen und materiellen Kontinuität BAETGE, J., Grundsätze ordnungsmäßiger Buchführung, Sp. 640 f., sowie Abschnitt 432.22.

1199 Vgl. IDW (Hrsg.), Insolvenzspezifische Rechnungslegung (IDW RH HFA 1.011), Rn. 56. Vgl. ausführlich zur inhaltlichen Gleichartigkeit LEFFSON, U., Die Grundsätze ordnungsmäßiger Buchführung, S. 427 f. Vgl. zudem BAETGE, J./COMMANDEUR, D., Vergleichbarkeit in aufeinanderfolgenden Jahresabschlüssen, S. 329, sowie LEFFSON, U., Die Grundsätze ordnungsmäßiger Buchführung, S. 433.

1200 Vgl. LEFFSON, U., Die Grundsätze ordnungsmäßiger Buchführung, S. 433-437.

1201 Vgl. HEYN, M., Die Verzeichnisse gem. §§ 151-153 InsO, Teil 2, S. 249.

1202 Vgl. § 157 S. 3 InsO.

1203 Vgl. FÜCHSL, J./WEISHÄUPL, H./JAFFÉ, M., in: Kirchhof/Stürner/Eidenmüller, Kommentar zur InsO, 3. Aufl., Vorbemerkungen zu §§ 151-155, Rn. 16.

1204 Vgl. DELHAES, W., in: Nerlich/Römermann, InsO Kommentar, § 66, Rn. 10.

Mit Bezug auf die KO hat PLATE den **Grundsatz der Bilanzverknüpfung** definiert.[1205] Demzufolge soll im Verfahrensverlauf das formelle Gerüst der Konkursbilanz beibehalten werden. Mit Bezug auf die Bewertung sind laut PLATE im Verfahren grundsätzlich die gleichen Bewertungsmethoden beizubehalten, indes sind in jedem neuen Berichtszeitpunkt aktuelle Werte zu berücksichtigen.[1206] Die hinsichtlich der KO aufgestellten Überlegungen sind auf die insolvenzspezifische Rechnungslegung in Form des Grundsatzes der Stetigkeit übertragbar.[1207] Demzufolge ist der von PLATE hergeleitete Grundsatz ein integraler Bestandteil des hier abgeleiteten Grundsatzes der Stetigkeit insolvenzspezifischer Rechnungslegung.

Für die Erfüllung der Zwecke insolvenzspezifischer Rechnungslegung ist es, auch wenn der Grundsatz der Stetigkeit nicht explizit in der InsO genannt wird, unerlässlich, dass dieser erfüllt wird und so die im Insolvenzverfahren aufgestellten Berichtsinstrumente im Verfahrensverlauf vergleichbar sind.[1208] Nur so können die Adressaten einen verständlichen und zutreffenden Einblick in den Verfahrensverlauf erhalten, sich ein eigenes Urteil bilden und zu Verfahrensbeginn sowie ggf. im Verfahrensverlauf eine Verwertungsentscheidung treffen. Demnach ist der Grundsatz der Stetigkeit relevant um die Zwecke der Rechenschaft und der Entscheidungsgrundlage zu erfüllen. Ferner stützt der Grundsatz der Stetigkeit den Zweck der Vergütungsgrundlage des Insolvenzverwalters.[1209] § 63 Abs. 1 InsO besagt, dass für die Vergütung des Insolvenzverwalters grundsätzlich der Wert der Insolvenzmasse zum Zeitpunkt der Verfahrensbeendigung maßgeblich ist.[1210] Da der Insolvenzverwalter seine am Verfahrensende zu erwartende Vergütung zu Verfahrensbeginn einschätzen muss, ist es unabdingbar, dass im Sinne der materiellen Stetigkeit zu Verfahrensbeginn und -ende gleiche Bewertungsmethoden angewandt werden. Die nach § 153 InsO aufzustellende Vermögensübersicht dient lediglich als Anhaltspunkt für die zu erwartende Vergütung zum Verfahrensende.[1211] Ähnliches gilt für den Zweck der Verteilungsgrundlage. Aufbauend auf der Vermögensübersicht bestimmen die Gläubiger

---

1205 Vgl. PLATE, G., Die Konkursbilanz, S. 80.

1206 Vgl. PLATE, G., Die Konkursbilanz, S. 80 f. PELKA/NIEMANN übertragen den Gedanken PLATES einer formellen Fortschreibung innerhalb der KO unverändert auf die InsO. Vgl. PELKA, J./NIEMANN, W., Praxis der Rechnungslegung in Insolvenzverfahren, Rn. 480. Auch in der InsO sind werterhellende Tatsachen zu berücksichtigen. Vgl. ausführlich Abschnitt 433.53.

1207 Vgl. PELKA, J./NIEMANN, W., Praxis der Rechnungslegung in Insolvenzverfahren, Rn. 480.

1208 Vgl. HESS, H., in: InsO, 2. Aufl., § 66, Rn. 43.

1209 Vgl. ausführlich Abschnitt 423.32.

1210 Vgl. DELHAES, W., in: Nerlich/Römermann, InsO Kommentar, § 63, Rn. 10, sowie DEUTSCHER BUNDESTAG (Hrsg.), BT-Drucksache 12/2443, S. 130.

1211 Vgl. DELHAES, W., in: Nerlich/Römermann, InsO Kommentar, § 63, Rn. 12.

ihre Erwartungshaltung über die individuelle Befriedigungsquote. Sofern sollten z. B. bei einer Liquidation auch die gleichen Werte zum Verfahrensende realisiert werden.

433.34 Grundsatz der Klarheit und Übersichtlichkeit

Ziel des Grundsatzes der Klarheit und Übersichtlichkeit ist es, dass sich ein sachverständiger Dritter in angemessener Zeit ein zuverlässiges Bild von der Lage des insolventen Unternehmens machen kann. Der **Grundsatz der Klarheit und Übersichtlichkeit** soll dazu beitragen, dass die Adressaten die im Verfahren bereitgestellten Informationen zeitnah und eindeutig überblicken und als Entscheidungsgrundlage nutzen können.[1212] Die Adressaten sollen sich so zum einen von der Richtigkeit der bereitgestellten Informationen überzeugen und zum anderen Rückschlüsse auf die Realität ziehen können.[1213] Diese Kriterien müssen im Insolvenzverfahren für die Konkretisierung der Zwecke der Rechenschaft, der Entscheidungsgrundlage sowie der Verteilungs- und Vergütungsgrundlage unbedingt erfüllt sein.[1214] Eine irreführende Bezeichnung von Sachverhalten sowie eine fehlende Gliederungsstruktur können einer schnellen Einschätzung der Vermögenssituation entgegenwirken und so die Entscheidungsfindung behindern.[1215]

Nach SPIETH besagt der Grundsatz der Klarheit, dass bereits Bucheinträge übersichtlich, verständlich sowie deutlich und zuverlässig sein müssen.[1216] Eine eindeutige und zutreffende Bezeichnung der einzelnen Posten des Verzeichnisses der Massegegenstände sowie des Gläubigerverzeichnisses und der Vermögensübersicht sollte ferner um eine klare Gliederungssystematik ergänzt werden. Der Grundsatz der Klarheit und Übersichtlichkeit fordert folglich zunächst eine **klare Bezeichnung der wirtschaftlichen Sachverhalte**.[1217] Für ein unmittelbares Verständnis der Inhalte der Berichtsdokumente ist eine eindeutige Bezeichnung der einzelnen

---

1212 Vgl. DEUTSCHER BUNDESTAG (Hrsg.), BT-Drucksache 12/2443, S. 171, sowie WEITZMANN, J., Rechnungslegung und Schlussrechnungsprüfung, S. 449 f.

1213 Vgl. WEITZMANN, J., Rechnungslegung und Schlussrechnungsprüfung, S. 449 f.; PELKA, J./NIEMANN, W., Praxis der Rechnungslegung in Insolvenzverfahren, Rn. 478; JARCHOW, I., in: HamK zum Insolvenzrecht, § 153, Rn. 10 f., LEFFSON, U., Die Grundsätze ordnungsmäßiger Buchführung, S. 169-171; BAETGE, J./KIRSCH, H.-J./THIELE, S., Bilanzen, S. 121; BAETGE, J. U. A., in: HdR-E, 5. Aufl., § 243 HGB, Rn. 45, sowie SPIETH, E., Die GoB und GoI, S. 65.

1214 Vgl. ANDRES, D., in: Nerlich/Römermann, InsO Kommentar, § 153, Rn. 4; JARCHOW, I., in: HamK zum Insolvenzrecht, § 153, Rn. 10-12, sowie WEITZMANN, J., Rechnungslegung und Schlussrechnungsprüfung, S. 449 f.

1215 Vgl. FÜCHSL, J./WEISHÄUPL, H./JAFFÉ, M., in: Kirchhof/Stürner/Eidenmüller, Kommentar zur InsO, 3. Aufl., § 151, Rn. 8; GERHARDT, W., Von der Insolvenzrechtsreform zur Insolvenzverordnung, S. 127, sowie zur Gliederungssystematik ausführlich Abschnitt 433.56.

1216 Vgl. SPIETH, E., Die GoB und GoI, S. 65-68.

1217 Vgl. ausführlich BAETGE, J. U. A., in: HdR-E, 5. Aufl., § 243 HGB, Rn. 47-52, sowie BAETGE, J./KIRSCH, H.-J./THIELE, S., Bilanzen, S. 121.

Posten im Verzeichnis der Massegegenstände sowie im Gläubigerverzeichnis und bei sämtlichen Buchungen unabdingbar.[1218] In § 123 KO wurde lediglich gefordert, dass die Gegenstände der Konkursmasse einzeln inklusive des jeweiligen Werts aufzuzeichnen sind, der Wortlaut des Gesetzes wurde erst mit der InsO um den Terminus „genaue Bezeichnung" ergänzt.[1219] In der RegB zu § 151 InsO expliziert der Gesetzgeber den Grundsatz einer klaren bzw. genauen Bezeichnung der einzelnen Posten im Wortlaut der insolvenzspezifischen Rechnungslegung.[1220]

Nach § 151 InsO gibt der Wortlaut und -sinn der Vorschrift zum **Verzeichnis der Massegegenstände** indes keine klare Gliederungs- bzw. Aufbausystematik vor.[1221] Dies galt auch für die KO. In § 123 KO wurde lediglich auf die Aufzeichnungspflicht verwiesen, allerdings nicht auf die mögliche Gliederungsstruktur, sodass der Konkursverwalter den Aufbau frei gestalten konnte.[1222] Zwar sollten nach § 151 InsO die Gegenstände der Insolvenzmasse einzeln in Form von Fortführungs- und Stilllegungswerten erfasst werden, allerdings ist unklar, in welcher Reihenfolge bzw. anhand welcher Ausweisstruktur.[1223] Dementsprechend hat der Insolvenzverwalter erhebliche Ermessensspielräume beim Ausweis und den Adressaten wird kein standardisierter Aufbau zur Verfügung gestellt.[1224] Hier würden systematische Gliederungsvorschriften helfen, damit den Gläubigern relevante Informationen transaktionskostenoptimiert zur Verfügung gestellt werden und sich diese nicht in eine individuelle Gliederungssystematik einarbeiten müssen.[1225]

Demgegenüber sind die Verbindlichkeiten im **Gläubigerverzeichnis** gemäß § 152 InsO nach Rangklassen anzuordnen.[1226] In der KO gab es hinsichtlich des Aufbaus im Gläubigerverzeichnis keinerlei Regelungen, die Pflicht einer dezidierten und systematischen Aufstellung fand

---

1218 Vgl. PELKA, J./NIEMANN, W., Praxis der Rechnungslegung in Insolvenzverfahren, Rn. 478.
1219 Vgl. BERGER, C., Synopse InsO/KO, § 151 InsO.
1220 Laut RegB zur InsO sind „alle Gegenstände der Masse [...] genau zu bezeichnen", so DEUTSCHER BUNDESTAG (Hrsg.), BT-Drucksache 12/2443, S. 171.
1221 Vgl. FÜCHSL, J./WEISHÄUPL, H./JAFFÉ, M., in: Kirchhof/Stürner/Eidenmüller, Kommentar zur InsO, 3. Aufl., § 151, Rn. 8.
1222 Vgl. ANDRES, D., in: Nerlich/Römermann, InsO Kommentar, § 151, Rn. 1.
1223 Vgl. § 151 Abs. 1 InsO.
1224 Vgl. RECK, R., Rechnungslegung des Insolvenzverwalters, S. 837, sowie SCHMITT, F., in: Wimmer, FK-InsO, 8. Aufl., § 66, Rn. 7.
1225 Vgl. ausführlich Abschnitt 532.11.
1226 Vgl. § 152 Abs. 2 InsO.

demnach erst mit der Insolvenzrechtsreform Einzug in § 152 InsO.[1227] Die Absicht des Gesetzgebers – hin zu mehr Klarheit und Übersichtlichkeit – wird demnach durch die Einführung des § 152 InsO deutlich.[1228]

Mit Bezug auf die **Vermögensübersicht** wurde zwar in § 124 KO die Aufstellung einer Bilanz gefordert, die der heutigen Vermögensübersicht ähnelt. Indes wurden erst durch die InsO der mehrdimensionale Wertausweis auf der „Aktivseite" sowie die Gliederungsstruktur nach § 152 InsO umgesetzt.[1229] Analog zum Verzeichnis der Massegegenstände ist für die Aktivseite der Vermögensübersicht nach § 153 InsO keine Gliederungsstruktur vorgegeben, die „Passivseite" ist hingegen nach § 152 Abs. 2 InsO zu gliedern.[1230] Mit der Einführung der InsO wurden aus § 124 KO sowohl der Begriff des Inventars als auch der der Bilanz aus dem Gesetzestext gestrichen und der Begriff der Vermögensübersicht eingeführt.[1231] Diese soll eine „geordnete Übersicht"[1232] sein und Fortführungs- und Einzelveräußerungswerte abbilden. Durch den bilanzähnlichen und gegenüberstellenden Aufbau soll sie so den Zweck der Entscheidungsgrundlage unterstützen.[1233] Ferner werden durch die aggregierte Gegenüberstellung neben dem Zweck der Entscheidungsgrundlage die Zwecke der Rechenschaft sowie der Verteilungsgrundlage gestützt.[1234]

Neben der Rechnungslegung zu Verfahrensbeginn existieren nach § 66 InsO keine Regelungen zum Aufbau der **Rechnungslegung im Verfahren oder zum Verfahrensende**.[1235] Es ist lediglich festgeschrieben, dass die „Schlussrechnung mit den Belegen"[1236] niederzulegen ist, wonach alle Einzelbelege zu verwahren und entsprechend ihrer chronologischen Reihenfolge zu buchen sind.[1237] Mit Bezug auf die Historie haben sich für die Inhalte der Zwischen- und Schlussrechnung nach § 86 KO und § 66 InsO keine wesentlichen Änderungen ergeben. Lediglich

---

1227 Vgl. ANDRES, D., in: Nerlich/Römermann, InsO Kommentar, § 152, Rn. 1.

1228 Vgl. ANDRES, D., in: Nerlich/Römermann, InsO Kommentar, § 152, Rn. 1, sowie DEUTSCHER BUNDESTAG (Hrsg.), BT-Drucksache 12/2443, S. 171.

1229 Vgl. ANDRES, D., in: Nerlich/Römermann, InsO Kommentar, § 153, Rn. 1. Vgl. zum mehrdimensionalen Wertausweis Abschnitt 433.42 sowie Abschnitt 433.53.

1230 Vgl. § 153 Abs. 1 S. 2 InsO.

1231 Vgl. BERGER, C., Synopse InsO/KO, § 153.

1232 § 153 Abs. 1 S. 1 InsO.

1233 Vgl. DEUTSCHER BUNDESTAG (Hrsg.), BT-Drucksache 12/2443, S. 172.

1234 Vgl. ANDRES, D., in: Nerlich/Römermann, InsO Kommentar, § 153, Rn. 3.

1235 Vgl. MÄUSEZAHL, U., Schlussrechnungsprüfung, S. 581; SCHMITT, F., in: Wimmer, FK-InsO, 8. Aufl., § 66, Rn. 7, sowie BLÜMLE, H., in: Braun, InsO Kommentar, 6. Aufl., § 66, Rn. 8.

1236 Vgl. § 66 Abs. 2 S. 2 InsO.

1237 Vgl. DELHAES, W., in: Nerlich/Römermann, InsO Kommentar, § 66, Rn. 9.

lich mittelbar hat der Grundsatz der Klarheit und Übersichtlichkeit durch die bestehende Prüfungspflicht der Zwischen- und Schlussrechnung an Relevanz für eine effiziente Prüfung gewonnen.[1238]

Der Grundsatz der Klarheit und Übersichtlichkeit ist notwendig, damit die insolvenzspezifische Rechnungslegung den Zwecken der Dokumentation, der Rechenschaft, der Entscheidungs- sowie der Verteilungsgrundlage gerecht wird.[1239] Die historische Entwicklung der Vorschriften hat gezeigt, dass der Gesetzgeber durch die Insolvenzrechtsreform einen **systematischen, transparenten und vollständen Aufbau** innerhalb der Verzeichnisse anstrebt, was die Zwecke der Rechenschaft und der Entscheidungsgrundlage unterstreicht.[1240] Ferner müssen die abgebildeten Sachverhalte **klar und eindeutig bezeichnet** werden. Da sich die insolvenzspezifische Rechnungslegung durch eine hohe Komplexität der darzustellenden Sachverhalte auszeichnet, ist der Grundsatz der Klarheit und Übersichtlichkeit für eine adressatengerechte und gläubigerorientierte Kommunikation unbedingt zu beachten.[1241] In Abschnitt 433.56 wird – im Rahmen des Grundsatzes des mehrdimensionalen Ausweises – der Aufbau der Verzeichnisse sowie der Vermögensübersicht konkretisiert. Darüber hinaus werden im fünften Kapitel auf Basis von Bilanzierungsfragestellungen Vorschläge für einen systematischen Aufbau des Verzeichnisses der Massegegenstände und der Vermögensübersicht entwickelt.

433.35 Stichtagsprinzip

Nach dem Stichtagsprinzip sind die insolvenzbezogenen Sachverhalte zu einem bestimmten Zeitpunkt, d. h. nach § 153 InsO zum Zeitpunkt der Verfahrenseröffnung, sowie gemäß § 66 InsO zum jeweiligen Zeitpunkt der Zwischenrechnung und zum Verfahrensende am Zeitpunkt der Verfahrensbeendigung aufzustellen.[1242] Hinsichtlich der Vermögensübersicht ist in der InsO ausdrücklich kodifiziert, dass diese „auf den Zeitpunkt der Eröffnung des Insolvenzverfahrens“[1243] zu erstellen ist. Demzufolge hat der Gesetzgeber den Stichtag der Aufstellung

---

1238 Vgl. zur Prüfungspflicht ausführlich Abschnitt 423.222.2.

1239 Zu den Zwecken vgl. Abschnitt 423.

1240 Vgl. SINZ, R., in: Uhlenbruck/Hirte/Vallender, InsO, 14. Aufl., § 152, Rn. 1, sowie VERBAND INSOLVENZVERWALTER DEUTSCHLANDS E.V. (Hrsg.), Grundsätze ordnungsgemäßer Insolvenzverwaltung (GOI), S. 9.

1241 Diese Einschätzung teilte auch PLATE hinsichtlich der Konkursbilanz. Die erhöhte Komplexität gegenüber dem Handelsrecht entsteht z. B. durch die in § 152 Abs. 2 InsO vorgegebene Gliederungsstruktur sowie die auf Gläubigerebene anzugebenden ergänzenden Informationen. Vgl. PLATE, G., Die Konkursbilanz, S. 75.

1242 Vgl. FÖRSCHLE, G./WEISANG, A., Rechnungslegung im Insolvenzverfahren, Rn. 16; JARCHOW, I., in: HamK zum Insolvenzrecht, § 151, Rn. 5; FÜCHSL, J./WEISHÄUPL, H./JAFFÉ, M., in: Kirchhof/Stürner/Eidenmüller, Kommentar zur InsO, 3. Aufl., § 153, Rn. 7. A. A. JUNGMANN, C., in: Insolvenzordnung, 19. Aufl., § 153, Rn. 3. Vgl. analog für die handelsrechtliche Rechnungslegung BAETGE, J./KIRSCH, H.-J./THIELE, S., in: HdR-E, 5. Aufl., Kapitel 4, Rn. 72; BAETGE, J./KIRSCH, H.-J./THIELE, S., Bilanzen, S. 122.

1243 § 153 Abs. 1 S. 1 InsO.

klar definiert. Indes ist darauf zu achten, dass das Stichtagsprinzip bezogen auf sich anbahnende künftige Masseverbindlichkeiten, wie auch beim Ansatz von Rückstellungen im Handelsrecht, durchbrochen werden kann.[1244] Diese sind, auch wenn sie lediglich prognostiziert werden, anzusetzen, damit die Gläubiger eine Einschätzung über ihre mögliche Befriedigungsquote erhalten.[1245] Gleiches gilt für durchsetzbare Ansprüche, die auf Basis von Anfechtungstatbeständen bestehen.[1246] Sowohl zur Bewertung der Insolvenzmasse als auch für eine maximale Transparenz, welche Verbindlichkeiten durch die Insolvenzmasse gedeckt werden müssen, ist es zielführend, diese wertaufhellenden Informationen einzubeziehen.[1247] Dies fördert die Zwecke der Entscheidungs- sowie der Verteilungsgrundlage. Dem Stichtagsprinzip soll dadurch entsprochen werden, dass prognostische Elemente angesetzt werden. Abhängig vom erwarteten Einzahlungs- oder Auszahlungszeitpunkt und dem damit verbundenen Einfluss der Diskontierung auf die Wertansätze sind ggf. Barwerte anzusetzen. Eine Barwertbetrachtung erhöht die Vergleichbarkeit der Verfahrensalternativen zum jeweiligen Stichtag und unterstützt so den Zweck der Entscheidungsgrundlage.[1248] Die Zeitpunktbetrachtung fordert, um die Verwertungsalternativen vergleichen zu können, dass diese auf den Zeitpunkt der Verfahrenseröffnung diskontiert werden.[1249]

433.36 Grundsatz der Wirtschaftlichkeit

Gemäß des Grundsatzes der Wirtschaftlichkeit sollen lediglich Informationen in den Berichtsdokumenten berücksichtigt werden, bei denen der Nutzen durch die gewonnenen Informationen den Aufwand der Informationsgewinnung übersteigt.[1250] Da der Nutzen einer Information schwierig zu quantifizieren ist, wird stattdessen darauf Bezug genommen, ob eine Information

---

1244 Vgl. FÜCHSL, J./WEISHÄUPL, H./JAFFÉ, M., in: Kirchhof/Stürner/Eidenmüller, Kommentar zur InsO, 3. Aufl., § 153, Rn. 7.

1245 Vgl. IDW (Hrsg.), Bestandsaufnahme im Insolvenzverfahren (IDW RH HFA 1.010), Rn. 71. Wertminderungen, die über die Masseverbindlichkeiten hinausgehen, sollen nach MITLEHNER nicht berücksichtigt werden, da diese nicht zuverlässig prognostiziert werden können. Vgl. MITLEHNER, S., „Fortführungswert" der Massegegenstände, Rn. 1828.

1246 Vgl. NICKERT, C., Erfordernis einer Unternehmensbewertung in der Insolvenz?, S. 1726.

1247 Vgl. ausführlich MOXTER, A., Grundsätze ordnungsmäßiger Unternehmensbewertung II, S. 168-171; IDW (Hrsg.), Insolvenzspezifische Rechnungslegung (IDW RH HFA 1.011), Rn. 24, sowie BAETGE, J./KIRSCH, H.-J./THIELE, S., in: HdR-E, 5. Aufl., Kapitel 4, Rn. 72.

1248 Vgl. HENI, B., Interne Rechnungslegung, S. 53.

1249 Auf den Diskontierungsgrundsatz und die mit diesem verbundene Barwertbetrachtung wird in Abschnitt 433.45 detailliert eingegangen.

1250 Vgl. LEFFSON, U., Die Grundsätze ordnungsmäßiger Buchführung, S. 182; FÜCHSL, J./WEISHÄUPL, H./JAFFÉ, M., in: Kirchhof/Stürner/Eidenmüller, Kommentar zur InsO, 3. Aufl., § 153, Rn. 5; BALLWIESER, W., Informations-GoB, S. 118; BAETGE, J./KIRSCH, H.-J./THIELE, S., Bilanzen, S. 123 f.; HIRSCHBERGER, W./LEUZ, N., Der Grundsatz der Wesentlichkeit bei der Jahresabschlussprüfung, S. 2529, sowie ausführlich OSSADNIK, W., Materiality, S. 617-629.

für die Adressaten wesentlich ist und im Kontext der insolvenzspezifischen Rechnungslegung die Entscheidung der Gläubiger für eine Verwertungsalternative beeinflussen kann.[1251] Im Insolvenzverfahren hat der Grundsatz eine große Bedeutung, da der Insolvenzverwalter zum einen eine unnötige Masseschmälerung vermeiden muss, zum anderen aber bei schwierigen Bewertungsfragen einen externen und damit zu entlohnenden Sachverständigen hinzuziehen sollte, um eine möglichst valide Datenbasis für die Gläubigerentscheidung bereitzustellen.[1252] Darüber hinaus hat der Insolvenzverwalter die Berichtsdokumente, wie in Abschnitt 433.25 analysiert, zeitnah aufzustellen.[1253] Dies ist neben der Tatsache, dass nur wesentliche und demnach entscheidungsrelevante Informationen zur Verfügung gestellt werden sollen, wichtig, um eine zeitnahe Verwertungsentscheidung herbeizuführen, die gleichzeitig einer möglichen Masseschmälerung entgegenwirkt.[1254] Es sind – im Sinne der Vollständigkeit – grundsätzlich alle Geschäftsvorfälle zu berücksichtigen und folglich auch alle Massegegenstände und Schulden anzusetzen und zu bewerten. Der Grundsatz der Wirtschaftlichkeit ist bei der Aufnahme der Gegenstände für das Verzeichnis der Massegegenstände zu berücksichtigen, da für eine effizientere Bestandsaufnahme z. B. Inventurvereinfachungsverfahren angewandt werden dürfen.[1255] Dies entspricht, im Sinne der Einzelerfassung, zwar nicht dem Grundgedanken einer vollständigen Dokumentation, unterstützt allerdings den Grundsatz einer zeitnahen Aufstellung und damit auch die schnelle Umsetzung der Zwecke der Rechenschaft und der Entscheidungsgrundlage. Ferner hat der Insolvenzverwalter darauf zu achten, dass komplexe und aufwändige Bewertungsverfahren nur für Massegegenstände angewandt werden, die einen wesentlichen Wertbeitrag zur Insolvenzmasse und damit zur tatsächlichen Gläubigerentscheidung leisten. Hinsichtlich der Zwecke der Verteilungs- und der Vergütungsgrundlage ist der Grundsatz der Wirt-

---

1251 Vgl. BAETGE, J., Grundsätze ordnungsmäßiger Buchführung, Sp. 641, sowie SOLMECKE, H., Auswirkungen des BilMoG auf die handelsrechtlichen GoB, S. 36. Der Grundsatz der Wesentlichkeit bzw. *„materiality“* leitete sich aus dem angloamerikanischen Grundsatz des *„true and fair view“* ab. Vgl. PLATE, G., Die Konkursbilanz, S. 78; OSSADNIK, W., Materiality, S. 617, sowie MUJKANOVIC, R., Der Grundsatz der Wesentlichkeit, S. 32-36.

1252 Vgl. PELKA, J./NIEMANN, W., Praxis der Rechnungslegung in Insolvenzverfahren, Rn. 476 f. In § 151 Abs. 2 S. 3 InsO wird darauf verwiesen, dass schwierige Bewertungsfragen auf einen Sachverständigen übertragen werden können. Für eine schuldhafte Pflichtverletzung kann der Insolvenzverwalter haftbar gemacht werden. Vgl. § 60 InsO sowie REIN, A., in: Nerlich/Römermann, InsO Kommentar, § 60, Rn. 5.

1253 Vgl. ausführlich den Grundsatz der zeitnahen Aufstellung in Abschnitt 433.25.

1254 Vgl. PELKA, J./NIEMANN, W., Praxis der Rechnungslegung in Insolvenzverfahren, Rn. 477, sowie OSSADNIK, W., Materiality, S. 617. Dies entspricht der Bestrebung der Insolvenzrechtsreform, nämlich eine bestmögliche Verwertung des Schuldnervermögens zu erzielen. Vgl. DEUTSCHER BUNDESTAG (Hrsg.), BT-Drucksache 12/2443, S. 77.

1255 Vgl. BAETGE, J./KIRSCH, H.-J./THIELE, S., Bilanzen, S. 192.

schaftlichkeit somit vor dem Hintergrund des Einflusses der Massegegenstände auf das Verfahrensergebnis auszulegen. Infolgedessen sind umfassende Informationen über Gegenstände bereitzustellen, die den Wert der Insolvenzmasse signifikant beeinflussen und somit einen wesentlichen Einfluss auf das Verfahrensergebnis haben.[1256] Nur so kann eine valide und transparente Verteilungs- und Vergütungsgrundlage geschaffen werden.

433.4 Systemgrundsätze

433.41 Vorbemerkungen

Die Systemgrundsätze fördern eine systemgerechte Konkretisierung der Grundsätze insolvenzspezifischer Rechnungslegung.[1257] Die inhaltliche Ausgestaltung der Systemgrundsätze im Insolvenzrecht unterscheidet sich klar vom Handelsrecht. Dennoch dienen die Systemgrundsätze beider Gesetze als jeweils einheitliche Rechtsprinzipien bzw. Basisgrundsätze, welche die Zwecke des jeweiligen Rechnungslegungssystems konkretisieren und präzisieren.[1258] Die aufgeführten Grundsätze sind die einheitliche Bezugsbasis für eine folgerichtige und gleichartige Konkretisierung. Sie sollen zu einer widerspruchsfreien Auslegung des teilweise unbestimmten Zwecksystems beitragen.[1259] Die nachstehenden hergeleiteten Grundsätze beziehen sich auf die Besonderheiten der insolvenzspezifischen Rechnungslegung, was z. B. anhand des Grundsatzes der Fortführungs- und Zerschlagungsfiktion ersichtlich wird.

433.42 Grundsatz der Fortführungs- und Zerschlagungsfiktion

In der InsO wird in § 151 Abs. 2 S. 1 darauf verwiesen, dass grundsätzlich sowohl Fortführungs- als auch Liquidationswerte anzugeben sind.[1260] Auch wenn sich die Vorschrift des § 151 InsO an § 123 KO anlehnt und wie auch in der KO alle Gegenstände der Insolvenzmasse genau zu benennen sind, ist die geforderte Alternativbewertung eine wesentliche Neuerung der

---

1256 Vgl. mit Bezug zur KO PLATE, G., Die Konkursbilanz, S. 79 f.

1257 Der Begriff der *Systemgrundsätze* wurde von FEY eingeführt. Vgl. BAETGE, J./KIRSCH, H.-J./THIELE, S., in: HdR-E, 5. Aufl., Kapitel 4, Rn. 76, sowie FEY, D., Imparitätsprinzip und GoB-System, Rn. 76. LEFFSON bezeichnet die Grundsätze als konzeptionelles Fundament der GoB. Vgl. BAETGE, J./KIRSCH, H.-J./THIELE, S., in: HdR-E, 5. Aufl., Kapitel 4, Rn. 76.

1258 Vgl. FEY, D., Imparitätsprinzip und GoB-System, S. 105. Die handelsrechtlichen Systemgrundsätze sind das „Going-Concern-Prinzip“, der Grundsatz der Pagatorik und der Grundsatz der Einzelbewertung. Vgl. BAETGE, J./KIRSCH, H.-J./THIELE, S., Bilanzen, S. 124-129, sowie Abschnitt 432.23.

1259 Vgl. FEY, D., Imparitätsprinzip und GoB-System, S. 105; BAETGE, J./KIRSCH, H.-J./THIELE, S., Bilanzen, S. 124; BAETGE, J./KIRSCH, H.-J./THIELE, S., in: HdR-E, 5. Aufl., Kapitel 4, Rn. 76.

1260 Vgl. MITLEHNER, S., „Fortführungswert“ der Massegegenstände, S. 1825; IDW (Hrsg.), Bestandsaufnahme im Insolvenzverfahren (IDW RH HFA 1.010), Rn. 32. In der RegB werden die Liquidationswerte auch „Einzelveräußerungswerte“ genannt. Vgl. DEUTSCHER BUNDESTAG (Hrsg.), BT-Drucksache 12/2443, S. 171.

Insolvenzrechtsreform.[1261] Die in der InsO enthaltene Vorschrift, dass „beide Werte"[1262] anzugeben sind, bildet die Basis für den Grundsatz der Fortführungs- und Zerschlagungsfiktion. Durch die Angabe von Fortführungs- und Liquidations- bzw. Zerschlagungswerten wird den Gläubigern eine Entscheidungsgrundlage für den Berichtstermin bereitgestellt.[1263] Sie sollen somit, abhängig von der Verwertungsstrategie, einen Eindruck über den Wert der Insolvenzmasse erhalten.[1264] Demzufolge wird durch den Grundsatz der Fortführungs- und Zerschlagungsfiktion vor allem der Zweck der Entscheidungsgrundlage konkretisiert. Der zweidimensionale Wertansatz ist nach § 153 Abs. 1 S. 2 InsO auch in der Vermögensübersicht aufzuführen. Diese dient dazu, im Verzeichnis der Massegegenstände sowie im Gläubigerverzeichnis aufgeführte rechtliche und wirtschaftliche Sachverhalte übersichtlich und transparent darzustellen.[1265]

Eine Intention der Insolvenzrechtsreform und damit die subjektive *ratio legis* war es, die Gesetzmäßigkeiten des Markts in das Insolvenzverfahren zu übertragen und darin wirken zu lassen.[1266] Durch die im Zuge der Reform umgesetzte Pflicht, Fortführungs- und Liquidationswerte nebeneinander anzugeben, sollen die Ressourcen, welche im insolventen Unternehmen gebunden sind, durch die Gläubigerentscheidung der produktivsten wirtschaftlichen Verwendung zugeführt werden.[1267] Ferner wird durch die Pflicht, beide Werte anzugeben, dem Gedanken eines einheitlichen Insolvenzverfahrens Rechnung getragen.[1268] Durch die umfangreichen, mit dem Grundsatz der Fortführungs- und Zerschlagungsfiktion verbundenen Dokumentationsanforderungen und die Wertgegenüberstellung werden vor allem der Zweck der Entscheidungsgrundlage sowie der Dokumentations- und der Rechenschaftszweck konkretisiert. Der Grund-

1261 Vgl. HESS, H., in: InsO, 2. Aufl., § 151, Rn. 1-6.

1262 § 151 Abs. 2 S. 1 InsO.

1263 Vgl. BALTHASAR, H., in: Nerlich/Römermann, InsO Kommentar, § 157, Rn. 8 f.; SINZ, R., in: Uhlenbruck/Hirte/Vallender, InsO, 14. Aufl., § 151, Rn. 6; NICKERT, C., Erfordernis einer Unternehmensbewertung in der Insolvenz?, S. 1723; IDW (Hrsg.), Bestandsaufnahme im Insolvenzverfahren (IDW RH HFA 1.010), Rn. 32, sowie zum Zweck der Entscheidungsgrundlage ausführlich Abschnitt 423.31.

1264 Vgl. DEUTSCHER BUNDESTAG (Hrsg.), BT-Drucksache 12/2443, S. 171, sowie IDW (Hrsg.), Bestandsaufnahme im Insolvenzverfahren (IDW RH HFA 1.010), Rn. 33.

1265 Vgl. MÖHLMANN, T., Die Ausgestaltung der Masse- und Gläubigerverzeichnisse, S. 168; DEUTSCHER BUNDESTAG (Hrsg.), BT-Drucksache 12/2443, S. 172.

1266 Vgl. STEFFAN, B., Der Fortführungswert im Vermögensstatus, S. 106 f., sowie DEUTSCHER BUNDESTAG (Hrsg.), BT-Drucksache 12/2443, S. 77.

1267 Vgl. DEUTSCHER BUNDESTAG (Hrsg.), BT-Drucksache 12/2443, S. 77. Eine Ausnahme der Regelung besteht, wenn offensichtlich keine Möglichkeit einer Unternehmensfortführung besteht. Vgl. DEUTSCHER BUNDESTAG (Hrsg.), BT-Drucksache 12/2443, S. 171.

1268 Vgl. BUNDESMINISTERIUM DER JUSTIZ (Hrsg.), Erster Bericht der Kommission für Insolvenzrecht, S. 85-91, sowie Abschnitt 211.

satz der Fortführungs- und Zerschlagungsfiktion wird in den Ansatz-, Bewertungs- und Ausweisgrundsätzen in Abschnitt 433.5 weiter konkretisiert. Er wirkt über die rein quantifizierbaren Informationen in §§ 151, 152, 153 InsO hinaus und ist für die Erläuterungen zu den ausgewiesenen Werten zu berücksichtigen.

433.43 Saldierungsverbot

Nach dem **Saldierungsverbot** dürfen Forderungen und Verbindlichkeiten bzw. Posten des Verzeichnisses der Massegegenstände nach § 151 InsO und Posten des Gläubigerverzeichnisses gemäß § 152 InsO nicht verrechnet werden.[1269] Sie sind grundsätzlich einzeln zu bewerten, womit das Saldierungsverbot den **Grundsatz der Einzelbewertung** beinhaltet.[1270] Ein Ziel des Saldierungsverbots ist es, die Transparenz der Informationen, welche den Gläubigern durch die Berichtsdokumente zur Verfügung gestellt werden, zu optimieren.[1271] Ein Nettoausweis würde zwangsläufig dazu führen, dass Informationen komprimiert und somit intransparent werden. Durch das Saldierungsverbot wird u. a. der Grundsatz der Klarheit und Übersichtlichkeit konkretisiert.[1272]

In § 151 InsO heißt es, dass der Insolvenzverwalter „ein Verzeichnis der einzelnen Gegenstände der Insolvenzmasse"[1273] aufzustellen hat. Der Gesetzgeber verlangt demnach im **Verzeichnis der Massegegenstände** einen Einzelausweis und ermöglicht keine Saldierung mit Posten des Gläubigerverzeichnisses.[1274] Analog dazu wird im Gläubigerverzeichnis darauf verwiesen, dass anzugeben ist, „welche Möglichkeiten der Aufrechnung bestehen"[1275]. Folglich hat der Insolvenzverwalter zwar anzugeben, wenn Massegegenständen und Verbindlichkeiten

1269 Vgl. LEFFSON, U./RÜCKLE, D./GROßFELD, B., Handwörterbuch unbestimmter Rechtsbegriffe, S. 365-374; BAETGE, J./ZÜLCH, H., Rechnungslegungsgrundsätze nach HGB und IFRS, Rn. 301; IDW (Hrsg.), Insolvenzspezifische Rechnungslegung (IDW RH HFA 1.011), Rn. 10; WEGENER, B., in: Wimmer, FK-InsO, 8. Aufl., § 151, Rn. 4 und Rn. 9, sowie FÜCHSL, J./WEISHÄUPL, H./JAFFÉ, M., in: Kirchhof/Stürner/Eidenmüller, Kommentar zur InsO, 3. Aufl., § 151, Rn. 6.

1270 Vgl. zum Grundsatz der Einzelbewertung Abschnitt 432.23.

1271 Im Handelsrecht gibt es den Grundsatz der Bruttorechnung bzw. das Verrechnungsverbot, nach dem gemäß § 246 Abs. 2 S. 1 HGB alle Posten der Aktiv- und Passivseite sowie Aufwands- und Ertragsarten unsaldiert auszuweisen sind. Vgl. § 246 Abs. 2 S. 1 HGB; FORSTER, K.-H. U. A., in: ADS, 6. Aufl., § 246, Rn. 1, sowie BAETGE, J./KIRSCH, H.-J./THIELE, S., Bilanzen, S. 596.

1272 Vgl. FORSTER, K.-H. U. A., in: ADS, 6. Aufl., § 246, Rn. 454, sowie HENI, B., Interne Rechnungslegung, S. 52.

1273 § 151 Abs. 1 S. 1 InsO.

1274 Vgl. DEUTSCHER BUNDESTAG (Hrsg.), BT-Drucksache 12/2443, S. 171; IDW (Hrsg.), Bestandsaufnahme im Insolvenzverfahren (IDW RH HFA 1.010), Rn. 19; IDW (Hrsg.), Insolvenzspezifische Rechnungslegung (IDW RH HFA 1.011), Rn. 10; WEGENER, B., in: Wimmer, FK-InsO, 8. Aufl., § 151, Rn. 4 und Rn. 9, sowie FÜCHSL, J./WEISHÄUPL, H./JAFFÉ, M., in: Kirchhof/Stürner/Eidenmüller, Kommentar zur InsO, 3. Aufl., § 151, Rn. 6.

1275 § 152 Abs. 3 S. 1 InsO.

des insolventen Unternehmens aufrechenbar sind. Gleichwohl sind diese nicht als Saldo auszuweisen, sondern lediglich kenntlich zu machen.[1276] So soll die Aussagekraft der Verzeichnisse erhöht werden, was zur Zweckkonformität der insolvenzspezifischen Rechnungslegung beiträgt.[1277] Da die beiden Verzeichnisse die Grundlage für die Vermögensübersicht nach § 153 InsO bilden, gilt auch für diese ein Saldierungsverbot, sodass die Gläubiger alle verfahrensrelevanten Informationen erhalten.[1278]

In § 66 InsO wird keine Aussage über eine mögliche Saldierung der Insolvenzmasse mit den Verbindlichkeiten innerhalb einer **Zwischen- oder Schlussrechnung** getroffen.[1279] Indes spricht die Tatsache, dass ein Saldierungsverbot für die Vermögensübersicht gilt und diese der Ansatzpunkt für die Rechnungslegung nach § 66 InsO ist sowie die Prüfung der Rechnungslegung die einzelnen Posten inklusive zugehöriger Belege umfasst dafür, dass ein Bruttoausweis erforderlich ist.[1280] Auch in der Einnahmen-/Ausgaben-Rechnung sind die Einnahmen und Ausgaben unsaldiert zu erfassen.[1281]

Das Saldierungsverbot trägt zur Konkretisierung der Zwecke der Dokumentation, der Rechenschaft sowie der Verteilungs- und der Vergütungsgrundlage bei. Für den Fall, dass der Ausweis innerhalb der insolvenzspezifischen Rechnungslegung saldiert würde, könnten sich die Gläubiger kein vollständiges und transparentes Bild über das verwaltete Vermögen und die Tätigkeit des Insolvenzverwalters machen, was dem Rechenschaftszweck zuwiderlaufen würde. Zudem würde dies den Zwecken der Entscheidungs- und ferner der Verteilungsgrundlage entgegenwirken, da keine trennscharfe Differenzierung zwischen den Gläubigeransprüchen inklusive ihrer entsprechenden Rechte und der freien Masse möglich wäre. Gerade für die Entscheidung der Gläubiger mit Absonderungsrechten ist ein Einzelausweis des mit Sicherungsrechten belegten Gegenstands notwendig und stützt deren Entscheidung über eine Verwertungsalternative

---

1276 Vgl. IDW (Hrsg.), Bestandsaufnahme im Insolvenzverfahren (IDW RH HFA 1.010), Rn. 73; WEGENER, B., in: Wimmer, FK-InsO, 8. Aufl., § 152, Rn. 16 f.; SINZ, R., in: Uhlenbruck/Hirte/Vallender, InsO, 14. Aufl., § 152, Rn. 5; FÜCHSL, J./WEISHÄUPL, H./JAFFÉ, M., in: Kirchhof/Stürner/Eidenmüller, Kommentar zur InsO, 3. Aufl., § 152, Rn. 20; HESS, H., in: InsO, 2. Aufl., § 152, Rn. 14.

1277 Vgl. DEUTSCHER BUNDESTAG (Hrsg.), BT-Drucksache 12/2443, S. 171, sowie MÖHLMANN, T., Die Ausgestaltung der Masse- und Gläubigerverzeichnisse, S. 167.

1278 Vgl. FÜCHSL, J./WEISHÄUPL, H./JAFFÉ, M., in: Kirchhof/Stürner/Eidenmüller, Kommentar zur InsO, 3. Aufl., § 153, Rn. 6, sowie ANDRES, D., in: Nerlich/Römermann, InsO Kommentar, § 153, Rn. 1.

1279 Vgl. § 66 InsO.

1280 Vgl. RIEDEL, E., in: Kirchhof/Stürner/Eidenmüller, Kommentar zur InsO, 3. Aufl., § 66, Rn. 27 f., sowie ausführlich Abschnitt 222.1.

1281 Vgl. BASINSKI, A./HILLEBRAND, C./LAMBRECHT, M., Insolvenzrechnungslegung, Rn. 60.

und somit auch den Zweck der Entscheidungsgrundlage. Bezüglich des Zwecks der Vergütungsgrundlage könnte ein saldierter Ausweis dazu führen, dass sich der Nettoausweis der Insolvenzmasse stark reduziert. Die geringe Insolvenzmasse würde so die Kalkulationsbasis für die Verwaltervergütung erheblich schmälern.[1282] Dies könnte schließlich zu einer unsachgerechten Vergütung des Insolvenzverwalters führen. Das Saldierungsverbot ist demzufolge für die Konkretisierung der in Abschnitt 423. hergeleiteten Zwecke umzusetzen.

433.44 Grundsatz der Gläubigerorientierung

Im Zuge der Konkretisierung der in Abschnitt 423. hergeleiteten Zwecke sind die Adressatenbedürfnisse hinsichtlich der zu erstellenden Berichtsdokumente zu berücksichtigen.[1283] Da primär die Gläubigerinteressen zu befriedigen sind, müssen die insolvenzspezifischen Berichtsdokumente so aufgebaut und strukturiert sein, dass die einzelnen Interessen einbezogen werden. Ferner soll möglichst zeitnah nach der Verfahrenseröffnung eine Entscheidung über das Verfahrensziel getroffen werden.[1284] Gemäß § 157 InsO liegt die Entscheidung über den Fortgang des Verfahrens bei den Gläubigern. Sie haben über die anzustrebende Verwertungsalternative des Unternehmens zu entscheiden. Dafür muss die Rechnungslegung so beschaffen sein, dass die Gläubiger diese ohne Schwierigkeiten übersehen und nachprüfen können.[1285] Komplexe Bewertungsfragestellungen von Massegegenständen müssen so aufbereitet werden, dass die Gläubiger in angemessener Zeit ein Verständnis über die Wertermittlung erhalten. Des Weiteren trägt z. B. die Durchbrechung des Stichtagsprinzips dazu bei, dass den Gläubigern im Sinne der Gläubigerorientierung eine realistische Quotenschätzung ermöglicht wird und so noch nicht realisierte Masseverbindlichkeiten dennoch berücksichtigt werden.[1286]

1282 Gemäß § 1 Abs. 1 InsVV ist die Vergütung des Insolvenzverwalters vom Wert der Insolvenzmasse zur Schlussrechnung abhängig. Eine saldierte Insolvenzmasse könnte die Berechnungsgrundlage für die Insolvenzverwalter-Vergütung reduzieren.

1283 Vgl. ausführlich zu den Adressaten der insolvenzspezifischen Rechnungslegung Abschnitt 222.2. Vgl. zudem WEITZMANN, J., in: HamK zum Insolvenzrecht, § 66, Rn. 2-4.

1284 Vgl. GERHARDT, W., Von der Insolvenzrechtsreform zur Insolvenzverordnung, S. 127; KLOOS, I., Standardisierung insolvenzrechtlicher Rechnungslegung, S. 586; MOCK, S., in: Uhlenbruck/Hirte/Vallender, InsO, 14. Aufl., § 66, Rn. 12; WEITZMANN, J., in: HamK zum Insolvenzrecht, § 66, Rn. 1; HENI, B., Interne Rechnungslegung, S. 122, sowie ECKHARDT, D., in: Jaeger, InsO Band 2, § 66, Rn. 2.

1285 Vgl. WEITZMANN, J., Rechnungslegung und Schlussrechnungsprüfung, S. 450.

1286 Vgl. IDW (Hrsg.), Bestandsaufnahme im Insolvenzverfahren (IDW RH HFA 1.010), Rn. 71.

Die Gläubigerversammlung hat, wie auch bereits in der KO kodifiziert war, nach § 66 Abs. 3 InsO das Recht, den Insolvenzverwalter mit der Erstellung einer Zwischenrechnung zu beauftragen.[1287] Mit dem Verfahrensende hat der Insolvenzverwalter der „Gläubigerversammlung Rechnung zu legen“[1288]. Zwar prüft das Insolvenzgericht nach § 66 Abs. 2 InsO die Schlussrechnung, indes sind die Gläubiger die primären Adressaten.[1289] Im Sinne des Grundsatzes der Gläubigerorientierung müssen die Zwischen- und die Schlussrechnung erkennen lassen, welche Aus- und Absonderungsrechte im Verfahren bedient wurden, wie erfolgreich der Insolvenzverwalter gewirtschaftet hat und welche Kosten dabei entstanden sind.[1290] Der Insolvenzverwalter legt demnach ggü. den Gläubigern Rechenschaft ab.[1291] Den Gedanken der Gläubigerorientierung hat der Gesetzgeber im Rahmen der Insolvenzrechtsreform bewusst gestärkt.[1292] So wurde die Regelung des § 86 S. 4 KO nicht in die InsO übernommen. Darin war kodifiziert, dass die Schlussrechnung als bestätigt gilt, wenn von den Gläubigern keine Einwände gegen selbige erhoben werden.[1293] Der Gesetzgeber erachtete diese Präklusionsregelung als Gläubigerüberforderung, da sie die Schlussrechnung des Insolvenzverwalters in kürzester Zeit festzustellen hatten.[1294] Die InsO sieht stattdessen vor, dass die Gläubiger über den Zeitpunkt des Schlusstermins hinausgehend Einwendungen gegen die Schlussrechnung erheben dürfen.[1295]

Grundsätzlich ist bei der Entwicklung und Weiterentwicklung der Grundsätze insolvenzspezifischer Rechnungslegung darauf zu achten, dass sich diese an den Informationsinteressen der Gläubiger orientieren. Dies ist vor allem erforderlich, um die Zwecke der Rechenschaft und der Entscheidungsgrundlage adressatenkonform zu konkretisieren.[1296]

1287 In der KO war das Recht der Gläubiger, eine Zwischenrechnung zu verlangen, in § 132 Abs. 2 KO verzeichnet. Vgl. DEUTSCHER BUNDESTAG (Hrsg.), BT-Drucksache 12/2443, S. 131; BERGER, C., Synopse InsO/KO, § 66 InsO, sowie WEITZMANN, J., in: HamK zum Insolvenzrecht, § 66, Rn. 9.

1288 § 66 Abs. 1 S. 1 InsO.

1289 Vgl. ausführlich Abschnitt 222.2.

1290 Vgl. IDW (Hrsg.), Insolvenzspezifische Rechnungslegung (IDW RH HFA 1.011), Rn. 45; MOCK, S., in: Uhlenbruck/Hirte/Vallender, InsO, 14. Aufl., § 66, Rn. 17-20, sowie HESS, H., in: InsO, 2. Aufl., § 66, Rn. 43.

1291 Vgl. WEITZMANN, J., in: HamK zum Insolvenzrecht, § 66, Rn. 4; ECKHARDT, D., in: Jaeger, InsO Band 2, § 66, Rn. 24, sowie KLOOS, I., Standardisierung insolvenzrechtlicher Rechnungslegung, S. 588.

1292 Vgl. DEUTSCHER BUNDESTAG (Hrsg.), BT-Drucksache 12/2443, S. 131.

1293 Für den Fall, dass keine Einwände erhoben wurden, galt die Schlussrechnung in der KO als angenommen, sodass keine Ansprüche mehr gegen den Konkursverwalter geltend gemacht werden konnten. Vgl. ECKHARDT, D., in: Jaeger, InsO Band 2, § 66, Rn. 51, sowie HESS, H., in: InsO, 2. Aufl., § 66, Rn. 4.

1294 Vgl. DEUTSCHER BUNDESTAG (Hrsg.), BT-Drucksache 12/2443, S. 131.

1295 Vgl. ECKHARDT, D., in: Jaeger, InsO Band 2, § 66, Rn. 52. Indes sind die Verjährungsfristen des § 62 InsO zu beachten.

1296 Vgl. zu den Zwecken der Rechenschaft sowie der Entscheidungsgrundlage Abschnitt 423. sowie KLOOS,

433.45 Diskontierungsgrundsatz

Der Diskontierungsgrundsatz soll die Vergleichbarkeit künftiger Zahlungsströme durch eine Barwertbetrachtung zum Zeitpunkt der Verfahrenseröffnung ermöglichen. Folglich sind bspw. die im Verzeichnis der Massegegenstände sowie im Gläubigerverzeichnis enthaltenen Zahlungserwartungen auf den Stichtag der Verfahrenseröffnung zu diskontieren.[1297] Nur durch eine **Barwertbetrachtung** der einzelnen Verwertungsstrategien sind selbige im Zeitpunkt der Verfahrenseröffnung vergleichbar.[1298] Um Ermessensspielräume des Insolvenzverwalters einzugrenzen, ist für die Diskontierung der Massegegenstände ein einheitlicher Zins zu verwenden.[1299] Im Kontext des Insolvenzverfahrens ist die Abzinsung für eine transparente und verständliche Gläubigerkommunikation unabdingbar, da mit unterschiedlichen Verwertungsstrategien unterschiedlich lange Kapitalbindungsdauern einhergehen. Bei einer zügigen Verfahrensabwicklung mit kurzer Kapitalbindung und schneller Befriedigung der Gläubiger könnten diese das Geld in eine Alternativanlage investieren.

Die zu erwartenden Einzahlungen aus der Veräußerung von **Massegegenständen** sind demnach auf den Berichtszeitpunkt zu Verfahrensbeginn zu diskontieren. Der Diskontierungszeitraum hängt von der individuellen Verwertungsstrategie ab. Bei einer **Ausproduktion** ist davon auszugehen, dass die zu erwartenden Einzahlungen über einen längeren Zeitraum zu diskontieren sind als bspw. bei einer sofortigen Liquidation. Da die tatsächlich zu erwartenden Einzahlungen diskontiert werden und diese über den fortgeführten Anschaffungs- oder Herstellungskosten liegen können, sind bei der Bewertung weder das Realisations- noch das Imparitätsprinzip zu berücksichtigen.[1300]

I., Standardisierung insolvenzrechtlicher Rechnungslegung, S. 586.

1297 Demnach wird zu Verfahrensbeginn ein Barwert ausgewiesen. Vgl. BECK, R./HÖLZLE, G., Rechnungslegung durch den Insolvenzverwalter, Rn. 221. Vgl. zur Barwertdefinition BAETGE, J./KIRSCH, H.-J./THIELE, S., Bilanzen, S. 220, sowie zum Stichtagsprinzip Abschnitt 433.35.

1298 Analog zum IDW S 1 i. d. F. 2008 sollten bspw. die von der jeweiligen Liquidationsstrategie abhängigen Liquidationswerte im Verzeichnis der Massegegenstände als Barwerte der Nettoerlöse angegeben werden. Vgl. IDW (Hrsg.), IDW S 1 i.d.F. 2008, Rn. 141, sowie beispielhaft IDW (Hrsg.), Bestandsaufnahme im Insolvenzverfahren (IDW RH HFA 1.010), Rn. 39.

1299 Vgl. KASPERZAK, R./BASTINI, K., Unternehmensbewertung zum Liquidationswert, S. 293. Als Diskontierungszinssatz könnte bspw. der gleiche Zins wie in § 253 Abs. 2 HGB angewendet werden. Vgl. ausführlich Fn. 1310.

1300 So sind z. B. zu erwartende Einzahlungen aus Anfechtungstatbeständen zu bilanzieren. Vgl. zum Realisations- und Imparitätsprinzip MOXTER, A., Abzinsungsgebote und -verbote, S. 196-199.

Die Systematik der Diskontierung von **Schulden bzw. Verbindlichkeiten im Gläubigerverzeichnis** ist keine Novität der Insolvenzordnung, eine Barwertbetrachtung langfristiger Zahlungsströme wird auch im Handelsrecht angewandt.[1301] Grundsätzlich sind nach § 253 Abs. 1 S. 2 HGB Verbindlichkeiten mit ihrem Erfüllungsbetrag anzusetzen.[1302] Der Erfüllungsbetrag kann gemeinhin mit dem Rückzahlungsbetrag gleichgesetzt werden.[1303] Ein Barwertausweis unverzinslicher Verbindlichkeiten wird im handelsrechtlichen Kontext nach herrschender Meinung abgelehnt, da bei einem Barwertansatz nicht realisierte Zinserträge in der Bewertung impliziert und so gegen das **Realisationsprinzip** verstoßen werden würde.[1304] Mit Einführung des BilMoG wurde die bilanzielle Abbildung von langfristigen Rückstellungen vom Gesetzgeber verändert und für die Bewertung klargestellt, dass diese abzuzinsen sind, um so „realitätsgerechte Informationen [...] über die wahre Belastung“[1305] zu vermitteln.[1306] § 253 HGB wurde damit um Abs. 2 S. 1 ergänzt. Demnach besteht eine Abzinsungspflicht für Rückstellungen, die eine Restlaufzeit von mindestens zwölf Monaten haben.[1307] Der Grundgedanke eines realitätsgerechten Ausweises und folglich eines Barwertausweises von zu erwartenden Zahlungsverpflichtungen ist auf die insolvenzspezifische Rechnungslegung übertragbar. Da – wie in Abschnitt 432.25 analysiert – das Realisationsprinzip nicht für die insolvenzspezifische Rechnungslegung relevant ist, können alle zu erwartenden Zahlungsverpflichtungen mit ihrem Barwert angesetzt werden, sofern die Differenz zwischen Nominal- und Barwert wesentlich ist.

1301 Vgl. LEFFSON, U., Die Grundsätze ordnungsmäßiger Buchführung, S. 296; § 253 Abs. 2 HGB; THAUT, M., Anwendung des HGB-Abzinsungssatzes, S. 2185, sowie BAETGE, J./KIRSCH, H.-J./THIELE, S., Bilanzen, S. 395. So z. B. bei der Bewertung von Rückstellungen.

1302 Der Erfüllungsbetrag ist der Betrag, welcher notwendig ist, um eine entstanden Verpflichtung abzulösen bzw. zu erfüllen. Vgl. BAETGE, J./KIRSCH, H.-J./THIELE, S., Bilanzen, S. 395.

1303 Vgl. CLEMM, H., Abzinsung von Passiva, S. 71 f., sowie BAETGE, J./KIRSCH, H.-J./THIELE, S., Bilanzen, S. 398.

1304 Vgl. MOXTER, A., Abzinsungsgebote und -verbote, S. 203; CLEMM, H., Abzinsung bei der Bilanzierung, S. 180-185, sowie BAETGE, J./KIRSCH, H.-J./THIELE, S., Bilanzen, S. 400 f. Vom Abzinsungsverbot sind nach § 253 Abs. 2 S. 3 HGB Rentenverpflichtungen ausgenommen.

1305 DEUTSCHER BUNDESTAG (Hrsg.), BT-Drucksache 16/10067, S. 54.

1306 Vgl. DEUTSCHER BUNDESTAG (Hrsg.), BT-Drucksache 344/08, S. 116; sowie ausführlich WÜSTEMANN, J./KOCH, C., Rückstellungsbewertung nach BilMoG, S. 1075-1078.

1307 Dies führt zu einer „Einschränkung [...] des Realisationsprinzips“, so DEUTSCHER BUNDESTAG (Hrsg.), BT-Drucksache 344/08, S. 121. Im Handelsrecht ist dies folglich als Ausnahme vom Realisationsprinzip anzusehen. Vgl. SOLMECKE, H., Auswirkungen des BilMoG auf die handelsrechtlichen GoB, S. 218.

Nach § 41 InsO werden alle **Gläubigerforderungen** zum Zeitpunkt der Verfahrenseröffnung fällig gestellt.[1308] Die Regelung soll eine schnelle und effiziente Verfahrensabwicklung gewährleisten und eine Grundlage für die Gläubigergleichstellung im Verfahren schaffen.[1309] Die nachfolgenden Bestimmungen gelten für Forderungen mit **bestimmter** Fälligkeit bzw. Laufzeit. In § 41 Abs. 2 InsO ist kodifiziert, dass die Forderungen – wenn diese unverzinslich sind – mit dem gesetzlichen Zinssatz abzuzinsen sind.[1310] Hingegen ist für verzinsliche Forderungen vorgesehen, dass diese zu ihrem vollen Kapitalbetrag anzusetzen sind.[1311] Dies kann zu einer Gläubigerungleichbehandlung führen, da Gläubiger mit unverzinslichen Forderungen einen relativ geringeren Anspruch haben als Gläubiger verzinslicher Forderungen.[1312] Forderungen mit **unbestimmter** Fälligkeit sind grundsätzlich nicht in der Regelung des § 41 Abs. 2 InsO inkludiert.[1313] Sie sind gemäß § 45 InsO mit dem Wert geltend zu machen, der „für die Zeit der Eröffnung des Insolvenzverfahrens geschätzt werden kann"[1314]. Bei der Diskontierung ist zu berücksichtigen, dass die Verbindlichkeiten grundsätzlich einen – mit der Verwertungsstrategie

---

1308 Vgl. § 41 Abs. 1 InsO; KNOF, B., in: Uhlenbruck/Hirte/Vallender, InsO, 14. Aufl., § 41, Rn. 2. Die Vorschrift entspricht den Reglungen der § 65 KO sowie § 30 VglO. Vgl. BITTER, G., in: Kirchhof/Stürner/Eidenmüller, Kommentar zur InsO, 3. Aufl., § 41, Rn. 1-3.

1309 Vgl. ANDRES, D., in: Nerlich/Römermann, InsO Kommentar, § 41, Rn. 1; KNOF, B., in: Uhlenbruck/Hirte/Vallender, InsO, 14. Aufl., § 41, Rn. 1; EHRICKE, U., in: Kirchhof/Stürner/Eidenmüller, Kommentar zur InsO, 3. Aufl., § 38, Rn. 4, sowie DEUTSCHER BUNDESTAG (Hrsg.), BT-Drucksache 12/2443, S. 124.

1310 Als Abzinsungszinssatz sollte – analog zu § 253 Abs. 2 HGB – der durchschnittliche Marktzins der vergangenen sieben Geschäftsjahre genutzt werden. Dabei ist die Restlaufzeit der abzuzinsenden Verpflichtungen zu berücksichtigen. Vgl. DEUTSCHER BUNDESTAG (Hrsg.), BT-Drucksache 16/10067, S. 54. Somit soll sichergestellt werden, dass Gläubiger, deren Forderungen erst künftig fällig werden, nicht relativ mehr erhalten als ihnen inhaltlich zustehen würde. Vgl. KNOF, B., in: Uhlenbruck/Hirte/Vallender, InsO, 14. Aufl., § 41, Rn. 10; BITTER, G., in: Kirchhof/Stürner/Eidenmüller, Kommentar zur InsO, 3. Aufl., § 41, Rn. 17-20, sowie LEITHAUS, R., in: Andres/Leithaus/Dahl, InsO, 3. Aufl., § 41, Rn. 5. Laut BITTER ist dies der Grundsatz der Abzinsungspflicht. Vgl. BITTER, G., in: Kirchhof/Stürner/Eidenmüller, Kommentar zur InsO, 3. Aufl., § 41, Rn. 3.

1311 Vgl. § 41 Abs. 2 InsO; BITTER, G., in: Kirchhof/Stürner/Eidenmüller, Kommentar zur InsO, 3. Aufl., § 41, Rn. 17-19, sowie KNOF, B., in: Uhlenbruck/Hirte/Vallender, InsO, 14. Aufl., § 41, Rn. 10-12.

1312 Vgl. KNOF, B., in: Uhlenbruck/Hirte/Vallender, InsO, 14. Aufl., § 41, Rn. 12, sowie BITTER, G., in: Kirchhof/Stürner/Eidenmüller, Kommentar zur InsO, 3. Aufl., § 41, Rn. 18.

1313 Vgl. BITTER, G., in: Kirchhof/Stürner/Eidenmüller, Kommentar zur InsO, 3. Aufl., § 41, Rn. 20, sowie BITTER, G., in: Kirchhof/Stürner/Eidenmüller, Kommentar zur InsO, 3. Aufl., § 45, Rn. 11. A. A. KNOF, B., in: Uhlenbruck/Hirte/Vallender, InsO, 14. Aufl., § 41, Rn. 6.

1314 Vgl. § 45 S. 1 InsO. Nach LEFFSON besteht der Wertfindungsprozess einer Schätzung darin, künftige Ereignisse durch Wahrscheinlichkeiten quantifizierbar zu machen. Vgl. LEFFSON, U., Die Grundsätze ordnungsmäßiger Buchführung, S. 198.

gleichlaufenden – Realisationszeitpunkt haben müssen.[1315] Die im Verfahren auflaufenden Zinsen stehen den Gläubigern dann als nachrangige Forderungen gemäß § 39 Abs. 1 Nr. 1 InsO zu.[1316]

Ausgangspunkt für den Diskontierungsgrundsatz ist der **Grundsatz der Pagatorik**. Dementsprechend sind alle Sachverhalte mit Rechengrößen zu berücksichtigen, die auf tatsächlichen Zahlungsvorgängen beruhen.[1317] Somit sollen die angesetzten Werte objektivierbar sein und eine individuelle und damit subjektive Bewertung durch den Bilanzierenden unterbleiben.[1318] Im Kontext insolvenzspezifischer Rechnungslegung bezieht sich der Grundsatz der Pagatorik vor allem auf künftige Zahlungsströme. Im Verzeichnis der Massegegenstände, im Gläubigerverzeichnis und damit auch in der Vermögensübersicht sind folglich als Werte die voraussichtlich am Markt erzielbaren künftigen Preise bzw. Zahlungseingänge und -ausgänge anzusetzen.[1319] Demnach sind nicht die Zahlungen der Vergangenheit relevant, sondern prognostizierte Werte bzw. Preise.[1320] In der Einnahmen-/Ausgaben-Rechnung werden alle im Insolvenzzeitraum realisierten Zahlungsströme gebucht.[1321] Durch den Diskontierungsgrundsatz und die damit verbundene Barwertbetrachtung sind die einzelnen Verwertungsstrategien für die Gläubiger nachvollziehbar und vergleichbar. So wird nicht nur dem Gedanken des Zwecks der Rechenschaft entsprochen, sondern ebenso der Zweck der Entscheidungsgrundlage gestützt.

1315 Auf die Notwendigkeit identischer Laufzeiten wird detailliert in Abschnitt 433.55 eingegangen.

1316 Vgl. ANDRES, D., in: Nerlich/Römermann, InsO Kommentar, § 41, Rn. 8. Indes wird der Zinsanspruch unverzinslicher Forderungen nicht als nachrangige Forderung berücksichtigt, was einem Logikbruch gleicht. Vgl. BITTER, G., in: Kirchhof/Stürner/Eidenmüller, Kommentar zur InsO, 3. Aufl., § 41, Rn. 19.

1317 Vgl. KOSIOL, E., Pagatorische Bilanz (Erfolgsrechnung), Sp. 2087; LEFFSON, U./RÜCKLE, D./GROßFELD, B., Handwörterbuch unbestimmter Rechtsbegriffe, S. 402; BAETGE, J., Grundsätze ordnungsmäßiger Buchführung, S. 642; WULF, I./MÜLLER, S., Bilanztraining, S. 73, sowie BAETGE, J./KIRSCH, H.-J./THIELE, S., Bilanzen, S. 126.

1318 Vgl. BAETGE, J./KIRSCH, H.-J./THIELE, S., Bilanzen, S. 126 f.

1319 Vgl. IDW (Hrsg.), Bestandsaufnahme im Insolvenzverfahren (IDW RH HFA 1.010), Rn. 34; MOXTER, A., Grundsätze ordnungsmäßiger Unternehmensbewertung II, S. 41; FÜCHSL, J./WEISHÄUPL, H./JAFFÉ, M., in: Kirchhof/Stürner/Eidenmüller, Kommentar zur InsO, 3. Aufl., § 153, Rn. 2, sowie LEFFSON, U., Die Grundsätze ordnungsmäßiger Buchführung, S. 255.

1320 Vgl. FÜCHSL, J./WEISHÄUPL, H./JAFFÉ, M., in: Kirchhof/Stürner/Eidenmüller, Kommentar zur InsO, 3. Aufl., § 153, Rn. 2.

1321 Vgl. WEITZMANN, J., Rechnungslegung und Schlussrechnungsprüfung, S. 450; IDW (Hrsg.), Insolvenzspezifische Rechnungslegung (IDW RH HFA 1.011), Rn. 53; HENI, B., Interne Rechnungslegung, S. 174; PELKA, J./NIEMANN, W., Praxis der Rechnungslegung in Insolvenzverfahren, S. 25 f., sowie MOCK, S., in: Uhlenbruck/Hirte/Vallender, InsO, 14. Aufl., § 66, Rn. 50.

433.46 Grundsatz der objektiv wahrscheinlichsten Verwertungsalternative

Nach dem Grundsatz der objektiv wahrscheinlichsten Verwertungsalternative hat der Insolvenzverwalter ggü. den Gläubigern im Berichtstermin zu kommunizieren, welche Verwertungsalternative, unter Beachtung des Postulates der *par conditio creditorum*, objektiv am wahrscheinlichsten ist und zu einer bestmöglichen Gläubigerbefriedigung führen könnte.[1322] Die klare Ausrichtung an den Gläubigerinteressen spiegelt den Grundsatz der Gläubigerautonomie wider und hat ihre Wurzeln in § 131 KO sowie § 40 VerglO.[1323] In der KO stand indes lediglich der Zweck der Rechenschaft im Mittelpunkt, da der Konkursverwalter nach § 117 Abs. 1 KO verpflichtet war, mit der Verfahrenseröffnung die Verwertungsentscheidung und deren Implikationen für die Gläubiger zu kommunizieren.[1324] Der Zweck der Entscheidungsgrundlage war nicht relevant und wurde erst mit der Insolvenzrechtsreform und der damit umgesetzten Gläubigerautonomie bedeutsam.[1325]

Es ist allerdings zu beachten, dass der Insolvenzverwalter die im Insolvenzverfahren existierenden asymmetrischen Informationen nicht für seine prioritären Interessen ausnutzen und so Gläubigerentscheidungen beeinflussen oder gar vorwegnehmen darf. Der Insolvenzverwalter könnte z. B. bilanzpolitische Maßnahmen nutzen, um eine von ihm präferierte Verwertungsstrategie in den Vordergrund zu stellen.[1326] Er hat im Berichtstermin die insolvenzspezifischen Berichtsdokumente vorzulegen, über die „wirtschaftliche Lage des Schuldners“[1327] zu berichten sowie zu erläutern, ob Aussichten bestehen, „das Unternehmen [...] im ganzen [sic!] oder in Teilen zu erhalten“[1328]. Die Meinung des Gesetzgebers wird in der RegB reflektiert. Demnach

---

[1322] Vgl. DEUTSCHER BUNDESTAG (Hrsg.), BT-Drucksache 12/2443, S. 173.

[1323] Vgl. BALTHASAR, H., in: Nerlich/Römermann, InsO Kommentar, § 156, Rn. 1-6.

[1324] Vgl. BERGER, C., Synopse InsO/KO, § 148 InsO, sowie BALTHASAR, H., in: Nerlich/Römermann, InsO Kommentar, § 156, Rn. 4.

[1325] Die Gläubiger sollen demnach eine einzelwirtschaftlich rationale Verwertungsentscheidung fällen. Vgl. BALTHASAR, H., in: Nerlich/Römermann, InsO Kommentar, § 156, Rn. 7-9, sowie ausführlich zum Zweck der Entscheidungsgrundlage Abschnitt 423.31.

[1326] Vgl. ausführlich zu den bilanzpolitischen Möglichkeiten und Zielen von Insolvenzverwaltern HENI, B., Interne Rechnungslegung, S. 149-165. Indes ist es auch möglich, dass die Gläubigerversammlung ihre Entscheidungskompetenz nach §§ 160, 162 InsO auf den Insolvenzverwalter überträgt oder dadurch, dass Gläubiger dem Berichtstermin fernbleiben. In den Fällen kann der Insolvenzverwalter selbstständig über das Verfahrensziel entscheiden. Vgl. BALTHASAR, H., in: Nerlich/Römermann, InsO Kommentar, § 157, Rn. 19 f.

[1327] § 156 Abs. 1 S. 1 InsO.

[1328] § 156 Abs. 1 S. 2 InsO.

hat der Insolvenzverwalter darüber zu berichten, wie sich die im Berichtstermin vorzustellenden Verwertungsalternativen auf die „Befriedigung der Gläubiger auswirken“[1329]. Infolgedessen muss der Insolvenzverwalter die einzelnen Verwertungsalternativen im Verzeichnis der Massegegenstände, im Gläubigerverzeichnis und in der Vermögensübersicht gemäß der Grundsätze insolvenzspezifischer Rechnungslegung abbilden und eine objektivierte Einschätzung darüber zu treffen, welche Entscheidung den größten Gläubigernutzen bedeutet.[1330]

Bis zum Berichtstermin hat der Insolvenzverwalter grundsätzlich das Fortführungsgebot einzuhalten.[1331] Für den Fall, dass die Kosten einer Fortführung die Masse signifikant belasten und eine Unternehmensfortführung offensichtlich unwirtschaftlich ist, kann der Insolvenzverwalter das Unternehmen, mit Zustimmung des Gläubigerausschusses, bereits vor dem Berichtstermin stilllegen.[1332]

Wenn bspw. disruptive Entwicklungen zu Marktveränderungen führen, die das Geschäftsmodell des insolventen Unternehmens aushebeln, hat der Insolvenzverwalter dies in der Kommunikation und auch in den Berichtsdokumenten zu berücksichtigen.[1333] Somit muss er beim Erstellen der Berichtsdokumente für den Berichtstermin beachten, dass keine offensichtlich aussichtlosen Liquidations- oder Fortführungsstrategien abgebildet werden, sondern das Hauptaugenmerk auf die objektiv wahrscheinlichste Verwertungsalternative gelegt wird.[1334] Dies dient vor allem der Konkretisierung und der Erfüllung des Zwecks der Entscheidungsgrundlage.

433.5 Ansatz-, Bewertungs- und Ausweisgrundsätze

433.51 Vorbemerkungen

In diesem Abschnitt werden Grundsätze hergeleitet, die sich vor allem auf die insolvenzspezifischen Besonderheiten hinsichtlich des Ansatzes, der Bewertung sowie des Ausweises von Massegegenständen und Verbindlichkeiten beziehen. Die bisher hergeleiteten Dokumentations-, Rahmen- und Systemgrundsätze sind, neben den konkreten Regelungen der InsO, die inhaltliche Basis für die sich anschließende Konkretisierung. Die Ansatzgrundsätze dienen dazu,

---

1329 DEUTSCHER BUNDESTAG (Hrsg.), BT-Drucksache 12/2443, S. 173.

1330 Vgl. WEGENER, B., in: Wimmer, FK-InsO, 8. Aufl., § 151, Rn. 16.

1331 Vgl. ZIPPERER, H., in: Uhlenbruck/Hirte/Vallender, InsO, 14. Aufl., § 158, Rn. 1.

1332 Vgl. § 158 Abs. 1 InsO; WEGENER, B., in: Wimmer, FK-InsO, 8. Aufl., § 158, Rn. 1, sowie ZIPPERER, H., in: Uhlenbruck/Hirte/Vallender, InsO, 14. Aufl., § 158, Rn. 4 f.

1333 Laut LEFFSON ist die Lebenszeit eines jeden Unternehmens endlich, disruptive Entwicklungen können bspw. ganze Unternehmen in die Insolvenz führen. Vgl. LEFFSON, U., Die Grundsätze ordnungsmäßiger Buchführung, S. 187. Vgl. zum Grundsatz der Wirtschaftlichkeit Abschnitt 433.36.

1334 Vgl. WEGENER, B., in: Wimmer, FK-InsO, 8. Aufl., § 151, Rn. 16.

zu definieren, welche Posten im Verzeichnis der Massegegenstände sowie im Gläubigerverzeichnis und demnach auch in der Vermögensübersicht anzusetzen sind. Nachdem feststeht, ob ein Ansatz möglich bzw. geboten ist, wird die Wertermittlung der Massegegenstände und Verbindlichkeiten durch den Grundsatz der mehrdimensionalen Bewertung, den Grundsatz der paritätischen Bewertung sowie den Grundsatz der identischen Laufzeit definiert. Anschließend wird der Grundsatz des mehrdimensionalen Ausweises hergeleitet, durch den eine zweckkonforme Gliederungssystematik gewährleistet werden soll. Über die Dokumentations-, Rahmen- und Systemgrundsätze hinaus wird der Insolvenzverwalter so bei der Umsetzung der Vorschriften der InsO unterstützt. In den folgenden Grundsätzen wird – um einen möglichst breiten Anwendungsraum zu adressieren – nicht auf einzelne Kategorien von Massegegenständen oder Gläubigeransprüchen eingegangen.[1335]

433.52 Ansatzgrundsätze

Im Folgenden werden die Ansatzgrundsätze für Massegegenstände nach § 35 InsO sowie für die im Gläubigerverzeichnis gemäß § 152 InsO anzusetzenden Schulden abgeleitet.[1336] Die aus dem Handelsrecht geläufigen Ansatzkriterien für Aktiva und Passiva sind, bedingt durch unterschiedliche Zwecke der handelsrechtlichen und der insolvenzspezifischen Rechnungslegung, nicht ohne weiteres auf die insolvenzspezifische Rechnungslegung übertragbar.[1337] Bei der insolvenzspezifischen Rechnungslegung wird vielmehr forciert, die Schuldendeckungsfähigkeit des insolventen Unternehmens auszuweisen und demnach transparent zu machen.[1338] Das Schuldendeckungspotenzial soll für die Verwertungsalternative der Liquidation im Verzeichnis der Massegegenstände und auf der Aktivseite der Vermögensübersicht ausgewiesen werden.[1339]

1335 Zur Konkretisierung der hergeleiteten Grundsätze vgl. Abschnitt 5.

1336 Da die Vermögensübersicht die Basis für die Zwischen- und Schlussbilanz nach § 66 InsO bildet, gelten die Ansatzkriterien auch für selbige. Vgl. ausführlich zu den Berichtsdokumenten im Insolvenzverfahren Abschnitt 222.1.

1337 Vgl. WEGENER, B., in: Wimmer, FK-InsO, 8. Aufl., § 151, Rn. 6; HENI, B., Interne Rechnungslegung, S. 52, sowie ausführlich Abschnitt 432.24. Es dürfen somit grundsätzlich auch Massegegenstände, die einem handels- oder steuerrechtlichen Ansatzverbot unterliegen, angesetzt werden. Vgl. FÖRSCHLE, G./WEISANG, A., Rechnungslegung im Insolvenzverfahren, Rn. 13; PELKA, J./NIEMANN, W., Praxis der Rechnungslegung in Insolvenzverfahren, Rn. 456, sowie SINZ, R., in: Uhlenbruck/Hirte/Vallender, InsO, 14. Aufl., § 151, Rn. 3. Auch dürften Anfechtungsansprüche nach § 129-147 InsO angesetzt werden, die gemäß der Regelungen des Handelsrechts i. S. d. Realisationsprinzips nicht angesetzt werden dürften. Vgl. FÜCHSL, J./WEISHÄUPL, H./JAFFÉ, M., in: Kirchhof/Stürner/Eidenmüller, Kommentar zur InsO, 3. Aufl., § 151, Rn. 16; WEGENER, B., in: Wimmer, FK-InsO, 8. Aufl., § 151, Rn. 5; HENI, B., Interne Rechnungslegung, S. 52 f.

1338 Vgl. LEFFSON, U., Die Grundsätze ordnungsmäßiger Buchführung, S. 77.

1339 Folglich ist beim Ansatz von Liquidationswerten auch nicht das Going-Concern-Prinzip maßgeblich. Vgl. LEFFSON, U., Die Grundsätze ordnungsmäßiger Buchführung, S. 77.

In der InsO existiert keine Legaldefinition des Ansatzgrundsatzes. Der Grundsatz ist daher aus den Zwecken sowie anderen Grundsätzen insolvenzspezifischer Rechnungslegung abzuleiten. Der Insolvenzverwalter hat mit dem **Verzeichnis der Massegegenstände** nach § 151 InsO „ein Verzeichnis der einzelnen Gegenstände der Insolvenzmasse aufzustellen".[1340] Der **Ansatzgrundsatz** legt fest, ob ein Massegegenstand nach § 35 InsO im Verzeichnis der Massegegenstände und folglich auch in der Vermögensübersicht anzusetzen ist.[1341] Ein Massegegenstand ist grundsätzlich dann anzusetzen, wenn im Verlauf des Insolvenzverfahrens ein **Zahlungsmittelzufluss** von diesem ausgehen wird. Ferner muss das insolvente Unternehmen der **rechtliche Eigentümer** und der Massegegenstand muss **ggü. Dritten verwertbar** sein.[1342] Der Begriff der Insolvenzmasse und demnach auch der der anzusetzenden Massegegenstände wurde im Zuge der Insolvenzrechtsreform ausgehend von § 123 KO weiterentwickelt.[1343] Die subjektive *ratio legis* ist es, einen vollständigen Ansatz sicherzustellen und die Reglungen der KO in der InsO dahingehend anzupassen, dass auch der Neuerwerb ein Teil der Insolvenzmasse und demnach anzusetzen ist.[1344] Herauszustellen ist, dass der Terminus des „rechtlichen Eigentümers" einschließt, dass ein in der Ansatzdefinition enthaltener Massegegenstand erst im Verfahrensverlauf in den Besitz des insolventen Unternehmens übergehen kann, dies allerdings von vornherein der rechtliche Eigentümer war.[1345] Die vorangegangene Definition soll sicherstellen, dass die Massegegenstände im Verzeichnis der Massegegenstände vollständig und einzeln angesetzt werden und durch den Grundsatz die Zwecke der insolvenzspezifischen Rechnungslegung konkretisiert werden.

1340 § 151 Abs. 1 InsO.

1341 In § 35 InsO hat der Gesetzgeber die Insolvenzmasse als „das gesamte Vermögen, das dem Schuldner zur Zeit der Eröffnung des Verfahrens gehört und das er während des Verfahrens erlangt" (§ 35 Abs. 1 InsO) definiert. Vgl. JARCHOW, I., in: HamK zum Insolvenzrecht, § 151, Rn. 8; WEGENER, B., in: Wimmer, FK-InsO, 8. Aufl., § 151, Rn. 4 f. Der Begriff der Insolvenzmasse lehnt sich an § 1 Abs. 1 KO an.

1342 DEUTSCHER BUNDESTAG (Hrsg.), BT-Drucksache 12/2443, S. 121. ANDRES fasst die Insolvenzmasse als „[a]lles was verwertbar ist" zusammen, vgl. ANDRES, D., in: Nerlich/Römermann, InsO Kommentar, § 151, Rn. 8. Vgl. zu den einzubeziehenden Gegenständen, die der Insolvenzverwalter nach § 148 InsO noch nicht in Besitz und Verwaltung nehmen konnte, die ihm allerdings rechtlich zustehen, ECKARDT, D., in: Jaeger, InsO Band 5, § 148, Rn. 12.

1343 Vgl. DEUTSCHER BUNDESTAG (Hrsg.), BT-Drucksache 12/2443, S. 121, sowie MÖHLMANN, T., Die Berichterstattung im neuen Insolvenzverfahren, S. 127-131.

1344 In der KO war der Neuerwerb von Massegegenständen konkursfrei, diese gehörten demnach nicht zur Masse. So sollte der Schuldner die Möglichkeit erhalten, sich eine neue Existenz bereits im Konkursverfahren aufzubauen. Vgl. DEUTSCHER BUNDESTAG (Hrsg.), BT-Drucksache 12/2443, S. 122.

1345 Vgl. zur Definition von Eigentum § 903 BGB sowie zur Definition von Besitz § 854 BGB. Vgl. zudem DEUTSCHER BUNDESTAG (Hrsg.), BT-Drucksache 12/2443, S. 121 f.

Über die **abstrakte Ansatzdefinition** hinausgehend werden die Ansatzvorschriften in den §§ 36-37 InsO weiter konkretisiert.[1346] Entsprechend sind gemäß § 36 Abs. 1 und 3 sowie § 37 InsO Massegegenstände anzusetzen, die mit Absonderungsrechten belegt sind.[1347] Ferner hat der Insolvenzverwalter auch Massegegenstände anzusetzen, die er voraussichtlich künftig, aufgrund mangelnder Wirtschaftlichkeit, freigeben wird.[1348] Auch mögliche Anfechtungsansprüche sowie unpfändbare Gegenstände, wie z. B. Geschäftsbücher des Schuldners, sind Teil der Insolvenzmasse.[1349] Neben den im Zuge der Inventur erfassten Massegegenstände können u. a. Ansprüche aus anfechtbaren Rechtsgeschäften oder schwebende Geschäften, die im Handelsrecht nicht aktiviert werden dürfen, angesetzt werden.[1350] Zusätzlich kann z. B. auch der Kundenstamm des insolventen Unternehmens als verwertbare Masse angesetzt werden.[1351] Durch die Realisation von Anfechtungsansprüchen wird die Insolvenzmasse gemehrt und so die Gleichbehandlung der Gläubiger forciert.[1352]

Abhängig davon, ob das Unternehmen bspw. als Ganzes veräußert werden soll, ist es auch möglich, einen positiven Unterschiedsbetrag anzusetzen.[1353] Folglich sind – i. S. einer paritätischen Bewertung – auch künftige Chancen des Unternehmens einzubeziehen.[1354] Da sich die vorliegende Arbeit ausschließlich auf Kapitalgesellschaften bezieht, ist, im Gegensatz zum Einzelkaufmann, keine Durchgriffshaftung auf das Privatvermögen des Schuldners möglich, womit dies auch kein Teil der Insolvenzmasse und dementsprechend auch nicht anzusetzen ist.[1355]

1346 Vgl. IDW (Hrsg.), Bestandsaufnahme im Insolvenzverfahren (IDW RH HFA 1.010), Rn. 1.

1347 Die Absonderungsrechte an einzelnen Massegegenständen sind anzugeben. Vgl. SINZ, R., in: Uhlenbruck/Hirte/Vallender, InsO, 14. Aufl., § 151, Rn. 3; WEGENER, B., in: Wimmer, FK-InsO, 8. Aufl., § 151, Rn. 8, sowie ECKARDT, D., in: Jaeger, InsO Band 5, § 151, Rn. 28. Vgl. zur Bedeutung von Absonderungsrechten ausführlich Abschnitt 213.3.

1348 Da die Erfassungspflicht unabhängig von der Bewertung einzelner Vermögensgegenstände ist, sind auch Massegegenstände aufzunehmen, die ggf. nicht wirtschaftlich verwertbar sind und die der Insolvenzverwalter zu einem späteren Zeitpunkt wieder freigeben wird. Vgl. IDW (Hrsg.), Bestandsaufnahme im Insolvenzverfahren (IDW RH HFA 1.010), Rn. 13.

1349 Vgl. PINK, A., in: Bonner Handbuch Rechnungslegung, 2. Aufl., Fach 5, Rn. 26, sowie IDW (Hrsg.), Bestandsaufnahme im Insolvenzverfahren (IDW RH HFA 1.010), Rn. 12-19.

1350 Vgl. DEUTSCHER BUNDESTAG (Hrsg.), BT-Drucksache 12/2443, S. 171; SCHMIDT, S./USINGER, R., in: Beck'scher Bilanzkommentar, 10. Aufl., § 248, Rn. 15-21; JARCHOW, I., in: HamK zum Insolvenzrecht, § 151, Rn. 10; WEGENER, B., in: Wimmer, FK-InsO, 8. Aufl., § 151, Rn. 6; IDW (Hrsg.), Bestandsaufnahme im Insolvenzverfahren (IDW RH HFA 1.010), Rn. 8-11; ECKARDT, D., in: Jaeger, InsO Band 5, § 151, Rn. 25. Vgl. zum Mengengerüst bzw. Inventar ausführlich Abschnitt 433.21, sowie zum Grundsatz der Vollständigkeit Abschnitt 433.23.

1351 Vgl. BEYER, A./BEYER, A., Verkauf von Kundendaten in der Insolvenz, S. 241-245.

1352 Vgl. ARENS, W./PELKE, C., Anfechtung durch den Insolvenzverwalter, S. 2776.

1353 Vgl. WEGENER, B., in: Wimmer, FK-InsO, 8. Aufl., § 151, Rn. 6, sowie JARCHOW, I., in: HamK zum Insolvenzrecht, § 151, Rn. 9. Im Handelsrecht unterliegt der originäre GoF einem generellen Aktivierungsverbot nach § 248 Abs. 2 HGB. Vgl. FÖRSCHLE, G./WEISANG, A., Rechnungslegung im Insolvenzverfahren, Rn. 13.

1354 Vgl. dazu ausführlich Abschnitt 433.54.

1355 Vgl. IDW (Hrsg.), Bestandsaufnahme im Insolvenzverfahren (IDW RH HFA 1.010), Rn. 12.

Ein vollständiger Ansatz der Massegegenstände dient allen Zwecken der insolvenzspezifischen Rechnungslegung.[1356] Nach § 151 Abs. 2 InsO ist jeder Massegegenstand einzeln anzusetzen.[1357] Für den Fall, dass sich der Liquidations- vom Fortführungswert unterscheidet, sind beide Werte anzugeben.[1358] Auf die Bewertung der Massegegenstände sowie die damit verbundene mehrdimensionale Wertangabe wird detailliert in Abschnitt 433.53 eingegangen.

Hinsichtlich des **Gläubigerverzeichnisses** sind die Ansatzkriterien in § 152 InsO festgelegt. Demnach hat der Insolvenzverwalter ein „Verzeichnis aller Gläubiger des Schuldners aufzustellen, die ihm aus den Büchern und Geschäftspapieren des Schuldners, durch sonstige Angaben des Schuldners, durch die Anmeldung ihrer Forderungen oder auf andere Weise bekannt geworden sind“[1359]. Somit sollen entsprechend der Vorstellung des Gesetzgebers im Sinne des Dokumentationszwecks sowie des Grundsatzes der Vollständigkeit alle Forderungen, die ggü. dem insolventen Unternehmen bestehen, angesetzt werden.[1360] Dazu gehören auch Forderungen absonderungsberechtigter Gläubiger sowie die der Massegläubiger.[1361] Da aussonderungsberechtigte Gläubiger nach § 47 InsO keine Insolvenzgläubiger sind, sind deren Forderungen auch nicht zwangsläufig anzusetzen.[1362] Indes sind die Forderungen dann zu berücksichtigen, wenn ein Bruttoausweis angestrebt wird und die auszusondernden Gegenstände auch im Verzeichnis der Massegegenstände enthalten sind.[1363]

Ein Ansatz im Gläubigerverzeichnis ist grundsätzlich dann geboten, wenn der Gläubiger ggü. dem Schuldner einen Anspruch geltend machen kann.[1364] In Anlehnung an den handelsrechtli-

---

1356 Vgl. dazu auch den Grundsatz der Vollständigkeit in Abschnitt 433.23.

1357 Vgl. dazu den Grundsatz der Einzelbewertung in Abschnitt 433.43, der ein Bestandteil des Saldierungsverbotes ist.

1358 Vgl. ECKARDT, D., in: Jaeger, InsO Band 5, § 151, Rn. 32; IDW (Hrsg.), Bestandsaufnahme im Insolvenzverfahren (IDW RH HFA 1.010), Rn. 19.

1359 § 152 Abs. 1 InsO.

1360 Vgl. HESS, H., in: InsO, 2. Aufl., § 152, Rn. 7, sowie WEGENER, B., in: Wimmer, FK-InsO, 8. Aufl., § 152, Rn. 1. In der RegB hält der Gesetzgeber fest, dass das „Gläubigerverzeichnis die […] Belastungen und Verbindlichkeiten so vollständig wie möglich aufzeigen“ soll. DEUTSCHER BUNDESTAG (Hrsg.), BT-Drucksache 12/2443, S. 171.

1361 Vgl. MÖHLMANN, T., Die Ausgestaltung der Masse- und Gläubigerverzeichnisse, S. 166; DEUTSCHER BUNDESTAG (Hrsg.), BT-Drucksache 12/2443, S. 171, sowie HESS, H., in: InsO, 2. Aufl., § 152, Rn. 8. Die Masseverbindlichkeiten sind nach § 152 Abs. 3 InsO anzugeben.

1362 Vgl. IDW (Hrsg.), Bestandsaufnahme im Insolvenzverfahren (IDW RH HFA 1.010), Rn. 64.

1363 Vgl. FÜCHSL, J./WEISHÄUPL, H./JAFFÉ, M., in: Kirchhof/Stürner/Eidenmüller, Kommentar zur InsO, 3. Aufl., § 152, Rn. 6; SINZ, R., in: Uhlenbruck/Hirte/Vallender, InsO, 14. Aufl., § 152, Rn. 2, sowie MÖHLMANN, T., Die Ausgestaltung der Masse- und Gläubigerverzeichnisse, S. 166.

1364 Dazu heißt es in der InsO, dass die Insolvenzgläubiger einen „begründeten Vermögensanspruch gegen den Schuldner haben“ müssen, § 38 InsO. Vgl. zudem SINZ, R., in: Uhlenbruck/Hirte/Vallender, InsO,

chen Passivierungsgrundsatz besagt der Ansatzgrundsatz für die Schulden, dass eine **hinreichend sichere rechtliche Verpflichtung** des Unternehmens bestehen muss, aus welcher eine **wirtschaftliche Belastung** resultiert, die zu einem **Vermögensanspruch gegen und damit zu einem Zahlungsmittelabfluss für das insolvente Unternehmen führt.** Dieser Anspruch muss zum **Zeitpunkt der Verfahrenseröffnung begründet** und **hinreichend genau quantifizierbar** sein.[1365] Der Grundsatz soll so – im Sinne des Grundsatzes der Vollständigkeit – einen vollständigen Ansatz aller Forderungen, die gegen das insolvente Unternehmen bestehen, gewährleisten. Der Wortlaut des § 38 InsO besagt, dass ein „begründeter Vermögensanspruch"[1366] gegen das insolvente Unternehmen bestehen muss. Die subjektive *ratio legis* wird in der Regierungsbegründung deutlich, wonach alle dem Vermögen, welches zur Befriedigung der Gläubiger verfügbar ist, „gegenüberstehende Belastungen und Verbindlichkeiten so vollständig wie möglich"[1367] angesetzt werden müssen.

Die vorangegangene Ansatzdefinition wird dem vom Gesetzgeber artikulierten Anspruch nach Vollständigkeit gerecht. So wird neben dem Zweck der Dokumentation und dem Zweck der Rechenschaft dem Zweck der Entscheidungsgrundlage Rechnung getragen. Der Ansatzgrundsatz dient zudem dem Zweck der Verteilungsgrundlage, da ein fehlerhafter oder unvollständiger Ansatz von Schulden zu verzerrten Befriedigungsquoten führen würde, was wiederum die Entscheidung der Gläubiger beeinflussen kann.

Unter den Ansatzgrundsatz des Gläubigerverzeichnisses sind auch Sachverhalte zu subsumieren, die im Handelsrecht als Rückstellungen angesetzt werden würden. Diese werden in der insolvenzspezifischen Rechnungslegung nicht separat ausgewiesen auch wenn der Eintritt und/oder die Höhe noch nicht exakt feststehen.[1368] Somit wird im Sinne des Grundsatzes der Stetigkeit im Verfahren ein Ausweiswechsel zwischen Rückstellungen und Verbindlichkeiten

---

14. Aufl., § 152, Rn. 3, sowie PLATE, G., Die Konkursbilanz, S. 140. Die einzelnen Arten der Verbindlichkeiten sind in §§ 38-55 InsO aufgeführt. Vgl. PINK, A., in: Bonner Handbuch Rechnungslegung, 2. Aufl., Fach 5, Rn. 99.

1365 Vgl. KNOF, B./SINZ, R., in: Uhlenbruck/Hirte/Vallender, InsO, 14. Aufl., § 38, Rn. 4; COENENBERG, A. G./HALLER, A./SCHULTZE, W., Jahresabschluss und Jahresabschlussanalyse, S. 80; BAETGE, J./KIRSCH, H.-J./THIELE, S., Bilanzen, S. 131; BITTER, G., in: Kirchhof/Stürner/Eidenmüller, Kommentar zur InsO, 3. Aufl., § 45, Rn. 21, sowie Abschnitt 432.24.

1366 § 38 InsO.

1367 DEUTSCHER BUNDESTAG (Hrsg.), BT-Drucksache 12/2443, S. 171.

1368 Vgl. ANDRES, D., in: Nerlich/Römermann, InsO Kommentar, § 153, Rn. 12; SINZ, R., in: Uhlenbruck/Hirte/Vallender, InsO, 14. Aufl., § 152, Rn. 6, sowie Abschnitt 432.24. Vgl. zudem FÜCHSL, J./WEISHÄUPL, H./JAFFÉ, M., in: Kirchhof/Stürner/Eidenmüller, Kommentar zur InsO, 3. Aufl., § 152, Rn. 21, sowie Abschnitt 433.56.

vermieden.[1369] Der Insolvenzverwalter hat zu prüfen, ob die handelsrechtlich bestehenden Rückstellungen den Masseverbindlichkeiten zuzuordnen sind.[1370] Demnach sind nicht fest determinierte Drittverpflichtungen anzusetzen, da zwar davon auszugehen ist, dass diese Verpflichtung entstehen wird und nur der anzusetzende Betrag ungewiss ist. Über den abstrakten Passivierungsgrundsatz hinausgehend sind ausgewählte Gläubigerforderungen anzusetzen, die zwar noch nicht zu Verfahrensbeginn begründet sind, die jedoch im Verfahrensverlauf, durch z. B. entstehende Veräußerungskosten, anfallen werden.[1371] Zumeist ist – in Analogie zum Handelsrecht – die Höhe der Verpflichtung ungewiss.[1372] Diese aus Unternehmenssicht zukünftig entstehenden Verbindlichkeiten werden nach § 55 InsO als **Masseverbindlichkeiten** bezeichnet und sind gemäß § 53 InsO bereits zu Verfahrensbeginn zu berücksichtigen.[1373] Ferner sind Masseverbindlichkeiten vor den Insolvenzforderungen zu befriedigen.[1374] Das besondere an Masseverbindlichkeiten ist, dass sie „im Falle einer zügigen Verwertung des Vermögens des Schuldners [...] zu schätzen“[1375] sind.[1376] Da die Gläubiger ohne einen vollständigen Ansatz der Verbindlichkeiten keine Transparenz über ihre individuell zu erwartende Befriedigungsquote erhalten, sind auch Masseverbindlichkeiten im Gläubigerverzeichnis anzusetzen.[1377] Somit muss der Ansatz von Masseverbindlichkeiten alle zum Stichtag bestehenden Verbindlichkeiten einbeziehen, was dem Zweck der Entscheidungsgrundlage dient. Da es sich bei der insolvenzspezifischen Rechnungslegung um eine rein pagatorische Betrachtung ohne Periodenaufteilung handelt, sind grundsätzlich keine Rechnungsabgrenzungsposten zu bilden.[1378]

Sowohl für die Aufstellung des Verzeichnisses der Massegegenstände als auch des Gläubigerverzeichnisses bestehen nach §§ 97 und 98 InsO Mitwirkungspflichten des Schuldners.[1379] Folglich muss dieser aktiv dazu beitragen, dass die Massegegenstände und die bestehenden

[1369] Vgl. PLATE, G., Die Konkursbilanz, S. 138.
[1370] Vgl. ausführlich Abschnitt 433.52.
[1371] Vgl. EHRICKE, U., in: Kirchhof/Stürner/Eidenmüller, Kommentar zur InsO, 3. Aufl., § 38, Rn. 16.
[1372] Vgl. BAETGE, J./KIRSCH, H.-J./THIELE, S., Bilanzen, S. 417.
[1373] Vgl. HEFERMEHL, H., in: Kirchhof/Stürner/Eidenmüller, Kommentar zur InsO, 3. Aufl., § 53, Rn. 1.
[1374] Vgl. BORNEMANN, A., in: Wimmer, FK-InsO, 8. Aufl., § 53, Rn. 1.
[1375] § 152 Abs. 3 S. 2 InsO.
[1376] Vgl. FÜCHSL, J./WEISHÄUPL, H./JAFFÉ, M., in: Kirchhof/Stürner/Eidenmüller, Kommentar zur InsO, 3. Aufl., § 152, Rn. 19.
[1377] Vgl. ECKARDT, D., in: Jaeger, InsO Band 5, § 152, Rn. 7 f.; FÜCHSL, J./WEISHÄUPL, H./JAFFÉ, M., in: Kirchhof/Stürner/Eidenmüller, Kommentar zur InsO, 3. Aufl., § 152, Rn. 1.
[1378] Vgl. PLATE, G., Die Konkursbilanz, S. 137.
[1379] Vgl. HESS, H., in: InsO, 2. Aufl., § 152, Rn. 11, sowie IDW (Hrsg.), Bestandsaufnahme im Insolvenzverfahren (IDW RH HFA 1.010), Rn. 62.

Verbindlichkeiten vollständig angesetzt werden.[1380] Für das Gläubigerverzeichnis ist die Mitwirkungspflicht des Schuldners darüber hinaus in § 152 Abs. 1 InsO expliziert. Demzufolge hat der Schuldner „Angaben“[1381] zu bestehenden Verbindlichkeiten zu machen. Er kann außerdem dazu aufgefordert werden, Richtigkeit und Vollständigkeit nach § 98 InsO eidesstattlich zu versichern.[1382] Nachdem der Ansatz, d. h. die Frage, ob Posten im Verzeichnis der Massegegenstände sowie im Gläubigerverzeichnis zu berücksichtigen sind, geklärt ist, wird im Folgenden auf die Höhe des Wertansatzes eingegangen.

433.53 Grundsatz der mehrdimensionalen Bewertung

Im Sinne der Gläubigerautonomie entscheiden die Gläubiger nach § 157 InsO darüber, „ob das Unternehmen des Schuldners stillgelegt oder vorläufig fortgeführt werden soll“.[1383] Dementsprechend sind für die Gläubiger nach § 151 Abs. 2 InsO die Massegegenstände mit ihren Liquidations- und Fortführungswerten anzugeben.[1384] Gemäß des **Grundsatzes der mehrdimensionalen Bewertung** sind in der insolvenzspezifischen Rechnungslegung **Liquidations- und Fortführungswerte gegenüberzustellen**. Die mehrdimensionale Wertangabe im Verzeichnis der Massegegenstände war eine Novität und wurde erstmalig im Zuge der Insolvenzrechtsreform in der InsO kodifiziert.[1385]

Da der Gesetzgeber die Ermittlung der anzusetzenden Werte nicht explizit definiert hat, ist sich die Literatur darüber uneins, welche Werte als Liquidations- und Fortführungswerte anzugeben sind und vor allem, wie diese zu bewerten sind.[1386] Die mehrdimensionale Wertangabe ist im

---

1380 Vgl. ECKARDT, D., in: Jaeger, InsO Band 5, § 152, Rn. 18.

1381 § 152 Abs. 1 InsO.

1382 Vgl. IDW (Hrsg.), Bestandsaufnahme im Insolvenzverfahren (IDW RH HFA 1.010), Rn. 62.

1383 § 157 InsO. Vgl. zudem FÜCHSL, J./WEISHÄUPL, H./JAFFÉ, M., in: Kirchhof/Stürner/Eidenmüller, Kommentar zur InsO, 3. Aufl., Vorbemerkungen zu §§ 151-155, Rn. 5; JUNGMANN, C., in: Insolvenzordnung, 19. Aufl., § 151, Rn. 14, sowie Abschnitt 433.42.

1384 Vgl. MITLEHNER, S., „Fortführungswert“ der Massegegenstände, S. 1825; BECK, R./HÖLZLE, G., Rechnungslegung durch den Insolvenzverwalter, Rn. 221, sowie ANDRES, D., in: Nerlich/Römermann, InsO Kommentar, § 151, Rn. 14. Laut RegB dürfen allerdings handelsrechtliche Buchwerte weder als Liquidations- noch als Fortführungswerte angesetzt werden. Vgl. DEUTSCHER BUNDESTAG (Hrsg.), BT-Drucksache 12/2443, S. 172; HENI, B., Rechnungslegung im Insolvenzerfahren, S. 96; FÖRSTER, K., ZInsO-Leserecho, S. 664; NICKERT, C., Erfordernis einer Unternehmensbewertung in der Insolvenz?, S. 1725; JUNGMANN, C., in: Insolvenzordnung, 19. Aufl., § 151, Rn. 16, sowie WEGENER, B., in: Wimmer, FK-InsO, 8. Aufl., § 151, Rn. 15. Die Begriffe Zerschlagungs-, Liquidations- und Stilllegungswerte werden in der Literatur synonym verwendet. Vgl. PINK, A., in: Bonner Handbuch Rechnungslegung, 2. Aufl., Fach 5, Rn. 39.

1385 Vgl. FÖRSCHLE, G./WEISANG, A., Rechnungslegung im Insolvenzverfahren, Rn. 14; HENI, B., Zahlenfriedhöfe auf Kosten der Gläubiger?, S. 609 f.; SINZ, R., in: Uhlenbruck/Hirte/Vallender, InsO, 14. Aufl., § 151, Rn. 6; HENI, B., Rechnungslegung im Insolvenzerfahren, S. 95 f., sowie MÖHLMANN, T., Die Ausgestaltung der Masse- und Gläubigerverzeichnisse, S. 164.

1386 Vgl. STEFFAN, B., Der Fortführungswert im Vermögensstatus, S. 106; WEGENER, B., in: Wimmer, FK-

Schrifttum grundsätzlich sehr umstritten.[1387] Die Liquidations- und Fortführungswerte hängen von der vom Insolvenzverwalter erarbeiteten Zerschlagungs- oder Fortführungsstrategie ab.[1388] Nach § 156 InsO hat der Insolvenzverwalter im Berichtstermin darüber eine Aussage zu treffen, „welche Aussichten bestehen, das Unternehmen des Schuldners im ganzen oder in Teilen zu erhalten".[1389] Der Wortlaut und -sinn der InsO lassen eindeutig darauf schließen, dass die Wertangabe mehrdimensional sein muss.[1390] Folglich ist der Insolvenzverwalter grundsätzlich dazu verpflichtet, die Strategien, welche den Liquidations- und Fortführungswerten zugrunde liegen, vor dem Berichtstermin zu entwerfen.[1391] Auch die subjektive *ratio legis* lässt eindeutig darauf schließen, dass mit der InsO eine Bewertung zu Fortführungs- und Liquidationswerten notwendig ist.[1392]

Bei der Bewertung der einzelnen Posten im Verzeichnis der Massegegenstände ist nach § 151 Abs. 2 S. 1 InsO bei „jedem Gegenstand dessen Wert anzugeben"[1393]. Vor dem Hintergrund, dass die in Abschnitt 433.2 hergeleiteten Dokumentationsgrundsätze eingehalten werden, ist jeder Gegenstand einzeln aufzunehmen und demzufolge auch zu bewerten. Der Gesetzgeber möchte den Gläubigern durch die Einzelbewertung von Liquidations- und Fortführungswerten eine objektivierbare, transparente und vollständige Entscheidungsgrundlage bieten.[1394]

InsO, 8. Aufl., § 151, Rn. 15, sowie NICKERT, C., Erfordernis einer Unternehmensbewertung in der Insolvenz?, S. 1723. Auch in der KO existierten unterschiedliche Meinungen zu den anzugebenden Werten innerhalb der Konkursbilanz. Vgl. PLATE, G., Die Konkursbilanz, S. 52.

1387 HENI bezeichnet die Bewertungsvorschriften als „Eingebung" des Gesetzgebers, da unklar ist, wieso diese Einzug in die InsO genommen haben. Vgl. HENI, B., Interne Rechnungslegung, S. 76. Teilweise wird in der Literatur empfohlen, gänzlich auf den Ansatz und die Bewertung von Fortführungswerten zu verzichten. Vgl. HÖFFNER, D., Fortführungswerte in der Vermögensübersicht nach § 153 InsO, S. 2029.

1388 Nach § 151 Abs. 2 S. 3 InsO können besonders schwierige Bewertungen an einen Sachverständigen übertragen werden. Diese Empfehlung des Gesetzgebers verschiebt indes lediglich das Problem der Bewertung, löst es allerdings nicht. Zudem schmälert das Hinzuziehen eines Sachverständigen die Insolvenzmasse. Vgl. FÖRSCHLE, G./WEISANG, A., Rechnungslegung im Insolvenzverfahren, Rn. 14.

1389 § 156 Abs. 1 S. 2 InsO. Ferner muss der Insolvenzverwalter die Befriedigungsaussichten der Gläubiger zeigen. Indes soll der Insolvenzverwalter gemäß § 157 InsO erst im Berichtstermin von der Gläubigerversammlung dazu beauftragt werden, einen Insolvenzplan und demnach eine Fortführungsstrategie zu erstellen. Hier ist die InsO hinsichtlich der Abfolge von Beauftragung und Erstellung der Liquidations- und Fortführungsstrategien inkonsistent, da gemäß der aktuellen Rechtslage erforderlich ist, dass die Erstellung vor der eigentlichen Beauftragung liegt.

1390 Vgl. § 151 Abs. 2 InsO sowie § 153 Abs. 1 S. 2 InsO.

1391 Vgl. SMID, S., Praxishandbuch Insolvenzrecht, S. 98; MÖNNING, R.-D., Betriebsfortführung in der Insolvenz, Rn. 760 f., sowie zum Insolvenzplanverfahren Abschnitt 212.22.

1392 Vgl. DEUTSCHER BUNDESTAG (Hrsg.), BT-Drucksache 12/2443, S. 172.

1393 § 151 Abs. 2 S. 1 InsO. Vgl. ferner DEUTSCHER BUNDESTAG (Hrsg.), BT-Drucksache 12/2443, S. 171; SINZ, R., in: Uhlenbruck/Hirte/Vallender, InsO, 14. Aufl., § 151, Rn. 5, sowie HEYN, M., Die Erstellung der Verzeichnisse gem. §§ 151-153 InsO, Teil 1, S. 216. Durch die Einzelwertangabe können auch z. B. absonderungsberechtigte Gläubiger ihre Befriedigungsquote ermitteln. Demnach ist die Angabe einzelner Werte durchaus berechtigt.

1394 Vgl. DEUTSCHER BUNDESTAG (Hrsg.), BT-Drucksache 12/2443, S. 171, sowie VERBAND INSOLVENZVERWALTER DEUTSCHLANDS E.V. (Hrsg.), Grundsätze ordnungsgemäßer Insolvenzverwaltung (GOI), S. 9 f.

Die anzugebenden Werte sind gemäß des Saldierungsverbots als Bruttopositionen auszuweisen.[1395] Ferner ist es für den Zweck der Entscheidungsgrundlage essentiell, dass der Grundsatz der Richtigkeit beachtet wird und die Bewertung damit objektiv und willkürfrei ist.[1396]

Bei einer Bilanzierung zu **Liquidationswerten** ist der erzielbare Markt- bzw. Veräußerungspreis anzusetzen.[1397] Dieser hängt von der angestrebten Liquidationsstrategie ab, die sich durch ihre individuelle Liquidationsintensität und -geschwindigkeit auszeichnet.[1398] Je höher die Liquidationsintensität ist, desto granularer ist die Aufspaltung des Unternehmens in seine einzelnen Massegegenstände.[1399] Die Liquidationsgeschwindigkeit besagt, wie schnell die Insolvenzmasse nach der Verfahrenseröffnung liquidiert wird.[1400] Da theoretisch unendlich viele Liquidationsstrategien existieren, hat sich der Insolvenzverwalter auf die Strategie zu konzentrieren, welche die objektiv größte Befriedigungsquote für die Gläubiger bedeutet.[1401] Bei der Bewertung, die auf einer sofortigen Liquidation beruht, sind mögliche Wertabschläge, die

Zum Konzept der Einzelbewertung, vgl. MOXTER, A., Grundsätze ordnungsmäßiger Unternehmensbewertung II, S. 35-37, sowie Abschnitt 433.43.

1395 Vgl. ausführlich Abschnitt 433.43, sowie VON BODUNGEN, B., in: Beck'scher InsO Kommentar, 2. Aufl., § 151, Rn. 14.

1396 Vgl. ausführlich Abschnitt 433.32.

1397 Vgl. ANDRES, D., in: Nerlich/Römermann, InsO Kommentar, § 151, Rn. 16; NICKERT, C., Erfordernis einer Unternehmensbewertung in der Insolvenz?, S. 1722; KOSIOL, E., Pagatorische Bilanz (Erfolgsrechnung), Sp. 2111; WEGENER, B., in: Wimmer, FK-InsO, 8. Aufl., § 151, Rn. 15; MOXTER, A., Grundsätze ordnungsmäßiger Unternehmensbewertung II, S. 41; FÖRSCHLE, G./WEISANG, A., Rechnungslegung im Insolvenzverfahren, Rn. 14, sowie IDW (Hrsg.), Bestandsaufnahme im Insolvenzverfahren (IDW RH HFA 1.010), Rn. 34. Die Ermittlung des absatzmarktbasierten Zeitwerts hat sich an § 301 HGB zu orientieren. Bei besonders schwierigen Bewertungsfragestellungen kann der Insolvenzverwalter einen Sachverständigen beauftragen. Indes hat er dabei den Grundsatz der Wirtschaftlichkeit zu beachten. Vgl. § 151 Abs. 2 S. 3 InsO.

1398 MOXTER bezeichnet die beiden Variablen als Zerschlagungsgeschwindigkeit und -intensität. Vgl. MOXTER, A., Grundsätze ordnungsmäßiger Unternehmensbewertung I, S. 50. Vgl. ferner WEGENER, B., in: Wimmer, FK-InsO, 8. Aufl., § 151, Rn. 15; HAFFA, D./LEICHTLE, H., in: Braun, InsO Kommentar, 6. Aufl., § 151, Rn. 9, sowie STEFFAN, B., Der Fortführungswert im Vermögensstatus, S. 107. Vgl. auch Abschnitt 222.11.

1399 Vgl. KUHNER, C./MALTRY, H., Unternehmensbewertung, S. 42.

1400 Vgl. WEGENER, B., in: Wimmer, FK-InsO, 8. Aufl., § 151, Rn. 15.

1401 Vgl. dazu auch Abschnitt 433.46. Der Insolvenzverwalter hat für die Bewertung zu Liquidationswerten zunächst die Marktpreise der einzelnen Massegegenstände zu bestimmen, stille Reserven und auch Lasten sind aufzudecken. Das Anschaffungswertprinzip nach § 253 Abs. 1 S. 1 HGB ist nicht zu beachten. Vgl. FÖRSCHLE, G./WEISANG, A., Rechnungslegung im Insolvenzverfahren, Rn. 14; LEFFSON, U., Die Grundsätze ordnungsmäßiger Buchführung, S. 153, sowie ANDRES, D., in: Nerlich/Römermann, InsO Kommentar, § 151, Rn. 16.

sich durch die insolvenzbedingte Notsituation und die hohe Liquidationsgeschwindigkeit ergeben, einzubeziehen.[1402] Die angesetzten Abschläge und damit auch Werte der Massegegenstände müssen für die Adressaten intersubjektiv nachvollziehbar sein.[1403] Nur so können sich die Gläubiger ein Urteil über die Verwertungsalternativen bilden und die insolvenzspezifische Rechnungslegung den Zweck der Entscheidungsgrundlage erfüllen. Die aus einer Verwertung entstehenden Kosten sind, gemäß des Saldierungsverbots sowie nach § 55 Abs. 1 S. 1 Nr. 1 InsO, als Masseverbindlichkeiten im Gläubigerverzeichnis aufzunehmen.[1404] In der Literatur wird u. a. empfohlen, als Liquidationswerte für das Masseverzeichnis die Werte aus dem negativen Überschuldungsstatus zu übernehmen.[1405] Da sich die vom Insolvenzverwalter intendierte Liquidationsstrategie allerdings von der des Überschuldungsstatus unterscheiden kann und sie sich zudem auf einen anderen Zeitpunkt bezieht, sind die Werte nicht ohne weiteres übertragbar und folglich anzupassen.[1406]

Neben der sofortigen Stilllegung kann es auch masseoptimal sein, das Unternehmen temporär – in Form einer **Ausproduktion** bzw. geordneten Liquidation – fortzuführen.[1407] Wenn das Unternehmen etwa eine signifikante Menge unfertiger Erzeugnisse im Lager hat, kann es wirtschaftlich sein, diese zu Ende zu produzieren und anschließend als fertige Erzeugnisse zu fakturieren. Dafür hat der Insolvenzverwalter die masseoptimale Liquidationsstrategie zu entwickeln und die dadurch zu erwartenden Liquidationswerte zu ermitteln. Der Insolvenzverwalter hat dabei den Grundsatz der Gläubigerorientierung in die insolvenzspezifische Bilanzierung einzubeziehen.[1408] Die Basis für die Wertansätze im Zuge der Ausproduktion bilden die für den Fall einer sofortigen Liquidation ermittelten Marktpreise. Neben der durch eine Ausproduktion

---

1402 Die Wertabschläge liegen je nach Massegegenstand bei 25 % bis 32 % des Marktpreises. Vgl. ALDERSON, M. J./BETKER, B. L., Liquidation Costs and Accounting Data, S. 35 f.; CAMPBELL, J. Y./GIGLIO, S./PATHAK, P., Forced Sales and House Prices, S. 2110; PULVINO, T. C., Do Asset Fire Sales Exist?, S. 972 f., sowie VON BODUNGEN, B., in: Beck'scher InsO Kommentar, 2. Aufl., § 151, Rn. 16.

1403 Die Werte bei einer sofortigen Zerschlagung werden häufig als Wertuntergrenze der Massegegenstände angesehen. Vgl. PILTZ, D. J., Die Unternehmensbewertung in der Rechtsprechung, S. 31; MÖHLMANN, T., Die Ausgestaltung der Masse- und Gläubigerverzeichnisse, S. 165, sowie KASPERZAK, R./BASTINI, K., Unternehmensbewertung zum Liquidationswert, S. 285.

1404 Vgl. ANDRES, D., in: Nerlich/Römermann, InsO Kommentar, § 151, Rn. 16, sowie MÖHLMANN, T., Die Ausgestaltung der Masse- und Gläubigerverzeichnisse, S. 165.

1405 Vgl. IDW (Hrsg.), Bestandsaufnahme im Insolvenzverfahren (IDW RH HFA 1.010), Rn. 35; PINK, A., in: Bonner Handbuch Rechnungslegung, 2. Aufl., Fach 5, Rn. 42, sowie ANDRES, D., in: Andres/Leithaus/Dahl, InsO, 3. Aufl., § 151, Rn. 5.

1406 Vgl. FÖRSCHLE, G./WEISANG, A., Rechnungslegung im Insolvenzverfahren, Rn. 14.

1407 Vgl. SINZ, R., in: Uhlenbruck/Hirte/Vallender, InsO, 14. Aufl., § 151, Rn. 7; HENI, B., Interne Rechnungslegung, S. 118 f., sowie WEGENER, B., in: Wimmer, FK-InsO, 8. Aufl., § 151, Rn. 15. Eine Bedingung für eine Ausproduktion ist, dass die Liquidität für selbige ausreicht und kein „Konkurs im Konkurs" droht. Vgl. dazu Abschnitt 212.3.

1408 Vgl. zum Grundsatz der Gläubigerorientierung Abschnitt 433.44.

bedingten Masseanreicherung z. B. des Umlaufvermögens (UV) findet gleichzeitig, etwa durch die Inanspruchnahme des Anlagevermögens (AV), eine Minderung der Insolvenzmasse statt. Diesen Werteverzehr hat der Insolvenzverwalter bei der Bewertung zu berücksichtigen.[1409] Die voraussichtlich erzielbaren Marktpreise der Massegegenstände sind auf den Zeitpunkt der Verfahrenseröffnung abzuzinsen.[1410] Wie bereits im Zuge des Diskontierungsgrundsatzes erläutert, sind für eine Barwertbetrachtung die Laufzeiten der einzelnen Verwertungsalternativen zu berücksichtigen.[1411] Durch die Angabe der Werte einer sofortigen Stilllegung und die einer Ausproduktion können die einzelnen Gläubigergruppen diese vergleichen und zu Verfahrensbeginn darüber entscheiden, ob die Verzinsung einer Ausproduktion größer ist als die einer möglichen Alternativanlage. Bei einer ökonomisch rationalen Entscheidung votieren die Gläubiger für die Alternative mit der höchsten Verzinsung.[1412]

Im Verhältnis zu einer Einzelveräußerung können zusammengefasste Massegegenstände höhere Zahlungsmittelzuflüsse generieren.[1413] Unabhängig davon, ob diese in der jeweils zusammengefassten Gruppe – unter der Annahme der Fortführung der Unternehmenstätigkeit – eigenständig Mittelzuflüsse erwirtschaftet hätten, können sie als Sachgesamtheit ggf. zu einem höheren Preis veräußert werden als die Summe der beizulegenden Zeitwerte der einzelnen Massegegenstände. Gerade im Kontext einer Liquidation kann die Veräußerung oder übertragende Sanierung einer Sachgesamtheit von Massegegenständen zielführend sein, da masseoptimal.[1414] Der Wertansatz einer Sachgesamtheit impliziert eine relativ hohe Liquidationsintensität[1415], womit der Grundsatz der Einzelbewertung durchbrochen wird. Indes kann eine Einzelwertfiktion durch die Allokation der im Rahmen einer sofortigen Zerschlagung ermittelten beizulegen-

1409 Vgl. SINZ, R., in: Uhlenbruck/Hirte/Vallender, InsO, 14. Aufl., § 151, Rn. 7.

1410 Vgl. KASPERZAK, R./BASTINI, K., Unternehmensbewertung zum Liquidationswert, S. 286; DE VARGAS, S. R./ZOLLNER, T., Liquidationswert als objektivierter Unternehmenswert, S. 105 f.; IDW (Hrsg.), IDW S 1 i.d.F. 2008, Rn. 141, sowie ausführlich Abschnitt 433.45.

1411 Vgl. ausführlich Abschnitt 433.45.

1412 Vgl. PERRIDON, L./STEINER, M./RATHGEBER, A., Finanzwirtschaft der Unternehmung, S. 295 f., sowie HAESELER, H. R./HÖRMANN, F., Wertorientierte Steuerung, S. 122.

1413 Vgl. FÜCHSL, J./WEISHÄUPL, H./JAFFÉ, M., in: Kirchhof/Stürner/Eidenmüller, Kommentar zur InsO, 3. Aufl., § 151, Rn. 9, sowie PLATE, G., Die Konkursbilanz, S. 107.

1414 Dies kann z. B. bei der Liquidation einer Einzelhandelskette der Fall sein, bei der z. B. ein einzelner Markt bzw. Standort zusammengefasst veräußert werden kann.

1415 Vgl. zur Liquidationsintensität ausführlich Abschnitt 222.11.

den Zeitwerte auf die der Sachgesamheit zugehörigen Massegegenstände aufrechterhalten werden.[1416] Der über die Einzelwerte hinausgehende positive Unterschiedsbetrag ist gesondert im Verzeichnis der Massegegenstände auszuweisen.[1417]

Im Vergleich zu einer Veräußerung sämtlicher Massegegenstände auf Einzelbasis, hat eine geordnete Liquidation in Form einer Ausproduktion und/oder Veräußerung einzelner Sachgesamtheiten zumeist eine geringere Liquidationsgeschwindigkeit.[1418] Durch die angestrebte Barwertbetrachtung können die Gläubiger das Liquidationsszenario einer sofortigen Zerschlagung und einer Ausproduktion, ggf. inklusive der Veräußerung einer Gruppe von Massegegenständen, miteinander vergleichen.[1419] Dieses Vorgehen dient dem Zweck der Entscheidungsgrundlage. Abbildung 4-3 verdeutlicht den Möglichkeitenraum der von der Liquidationsgeschwindigkeit und -intensität abhängigen Liquidationsstrategien.

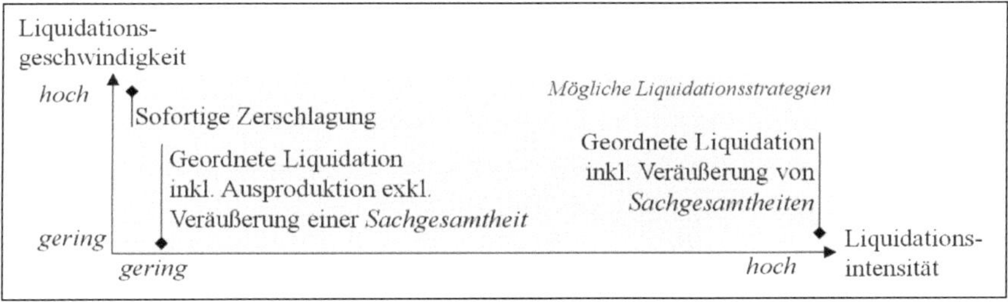

Abbildung 4-3: Übersicht möglicher Liquidationsstrategien[1420]

Gemäß des Grundsatzes der mehrdimensionalen Bewertung sind in der insolvenzspezifischen Rechnungslegung **Liquidations- und Fortführungswerte gegenüberzustellen**. Neben den Liquidations- sind gemäß des Wortlauts des § 151 Abs. 2 InsO auch **Fortführungswerte** anzugeben. Damit soll neben den Zwecken der Dokumentation und der Rechenschaft vor allem der

---

1416 Vgl. VON BODUNGEN, B., in: Beck'scher InsO Kommentar, 2. Aufl., § 151, Rn. 17, sowie FÜCHSL, J./WEISHÄUPL, H./JAFFÉ, M., in: Kirchhof/Stürner/Eidenmüller, Kommentar zur InsO, 3. Aufl., § 151, Rn. 9. Vgl. zum Zweck der Entscheidungsgrundlagen Abschnitt 423.31.

1417 Vgl. FRIEß, R., Sanierungsentscheidung im Insolvenzfall, S. 656; HARZ, M., Unternehmenskrise und Insolvenzreife, S. 2060 f. Vgl. zu den Eigenschaften eines GoF BAETGE, J./KIRSCH, H.-J./THIELE, S., Bilanzen, S. 245, sowie SCHWARZ, T./RADDE, J., Geschäfts- oder Firmenwert in der deutschen Unternehmenspraxis, S. 585.

1418 Vgl. KASPERZAK, R./BASTINI, K., Unternehmensbewertung zum Liquidationswert, S. 291 f.

1419 Die Wertermittlung liegt zwar im Verantwortungsbereich des Insolvenzverwalters, muss allerdings zwingend für die Gläubiger objektivierbar sein. Vgl. MUGLER, J./ZWIRNER, C., Einzelbewertungsverfahren, S. 811.

1420 Eigene Darstellung.

Zweck der Entscheidungsgrundlage konkretisiert werden. Erst die Gegenüberstellung von Liquidations- und Fortführungswerten eröffnet den Raum möglicher Entscheidungen für die Gläubiger. Allerdings wird weder innerhalb der InsO noch in der RegB zur InsO konkretisiert, wie Fortführungswerte zu ermitteln sind.[1421] Über die Liquidationswertermittlung hinausgehend können Fortführungswerte durch das **Substanzwert-** oder das **Teilwertverfahren** sowie mit Hilfe von **Ertragswert-** oder **DCF-Verfahren** kalkuliert werden.[1422]

Dem Saldierungsverbot und damit dem Grundsatz der Einzelbewertung folgend, wird zunächst analysiert, ob die Anwendung eines **Substanzwertverfahrens** zielführend ist.[1423] Demgemäß sind die einzelnen Massegegenstände anhand ihrer Reproduktions- bzw. Wiederbeschaffungswerten zu bewerten. Für die Wertermittlung wird dafür angenommen, dass das Unternehmen nachgebaut wird und folglich die einzelnen Massegegenstände wiederbeschafft werden.[1424] Ein Nachteil von Einzelbewertungsverfahren und somit auch des Substanzwertverfahrens ist, dass durch die isolierte Betrachtung der Massegegenstände das Zusammenwirken der Massegegenstände unberücksichtigt bleibt und somit das Unternehmen nicht als wirtschaftliche Einheit angesehen wird.[1425] Für die Gläubiger ist der Wiederbeschaffungswert des insolventen Unternehmens indes nicht von Interesse. Vielmehr interessiert diese die Zukunftsperspektive des Unternehmens bzw. genauer die künftige Ertragskraft.[1426]

Neben dem Substanzwertverfahren wird im Schrifttum für die Bewertung die Anwendung des steuerlichen **Teilwertverfahrens** diskutiert.[1427] Da der Teilwertansatz eine vorsichtige Bewertung impliziert, die im Insolvenzfall indes nicht anwendbar ist, ist auch der Teilwertansatz für

---

1421 Vgl. MITLEHNER, S., „Fortführungswert" der Massegegenstände, S. 1825, sowie § 151 InsO. Ferner schweigt sich die RegB darüber aus, wie die Fortführungswerte zu ermitteln sind. Vgl. DEUTSCHER BUNDESTAG (Hrsg.), BT-Drucksache 12/2443, S. 171, sowie PINK, A., in: Bonner Handbuch Rechnungslegung, 2. Aufl., Fach 5, Rn. 65.

1422 Vgl. zur Bedeutung der einzelnen Bewertungsverfahren PEEMÖLLER, V. H./KUNOWSKI, S., Ertragswertverfahren nach IDW, S. 181-184.

1423 Vgl. ERNST, D./SCHNEIDER, S./THIELEN, B., Unternehmensbewertung, S. 2 f., sowie PILTZ, D. J., Die Unternehmensbewertung in der Rechtsprechung, S. 34. Vgl. zum Grundsatz der Einzelbewertung Abschnitt 433.43.

1424 Vgl. MOXTER, A., Grundsätze ordnungsmäßiger Unternehmensbewertung II, S. 41. Indes stößt das Substanzwertkonzept auf eine breite Ablehnung, da nicht der Wiederaufbau des Unternehmens von Interesse ist, sondern die mit dem Unternehmen künftig zu erwirtschaftenden Ertragswerte. Vgl. MÖHLMANN, T., Die Ausgestaltung der Masse- und Gläubigerverzeichnisse, S. 165, sowie SIEBEN, G./MALTRY, H., Der Substanzwert, S. 761. A. A. HELBLING, C., Unternehmensbewertung und Steuern, S. 80.

1425 Vgl. ERNST, D./SCHNEIDER, S./THIELEN, B., Unternehmensbewertung, S. 5.

1426 Gemäß des weit verbreitenden Sprichwortes, was von SCHMALENBACH bzw. MÜNSTERMANN geprägt wurde, „Für das Gewesene gibt der Kaufmann nichts." MÜNSTERMANN, H., Unternehmung, S. 21. Vgl. zudem SIEBEN, G./MALTRY, H., Der Substanzwert, S. 781-783; NICKERT, C., Unternehmensbewertung in der Insolvenz, S. 82, sowie MITLEHNER, S., „Fortführungswert" der Massegegenstände, S. 1826.

1427 Vgl. MITLEHNER, S., „Fortführungswert" der Massegegenstände, S. 1825 f.; FÜCHSL, J./WEISHÄUPL,

die Fortführungswertermittlung abzulehnen.[1428] Eine nach § 151 Abs. 2 InsO konforme Einzelbewertung auf Basis des Substanzwertverfahrens oder des steuerlichen Teilwerts ist dementsprechend nicht anzuwenden.[1429]

Anstatt der Substanz des Unternehmens kann es zweckkonformer sein, die **künftige Ertragskraft des Unternehmens** als Basis für die Werte der Fortführungsalternative zu ermitteln und damit kein Einzelbewertungsverfahren anzuwenden.[1430] Dies würde i. S. d. Zwecks der Dokumentation und der Rechenschaft voraussetzen, dass der Insolvenzverwalter eine Unternehmensbewertung durchführt, die auf einem (vorläufigen) Fortführungskonzept basiert.[1431] So kann eine Aussage über den künftigen Nutzen und damit über die zu erwartende Ertragskraft des Unternehmens als Ganzes getroffen werden.[1432] Dies würde dem Grundsatz der Fortführungs- und Zerschlagungsfiktion entsprechen und wäre für die Gläubiger eine belastbare Grundlage für die Entscheidung, ob das Unternehmen zerschlagen oder fortgeführt werden sollte. Folglich würde so auch der Zweck der Entscheidungsgrundlage konkretisiert werden. Ziel ist gemäß § 1 InsO die bestmögliche Befriedung der Gläubiger.[1433] Der Unternehmenswert ist inklusive der gesamten Cashflows, die EK- und FK-Gebern zufließen würden, zu ermitteln (*Entity*-Ansatz).[1434] Folglich ist der Wert der Aktiva bzw. des Gesamtkapitals anhand der Cashflows, die EK- und FK-Gebern zustehen würden, zu bewerten.[1435] Bei einer Bruttokapitalisierung wird

---

H./JAFFÉ, M., in: Kirchhof/Stürner/Eidenmüller, Kommentar zur InsO, 3. Aufl., § 151, Rn. 12, sowie STEFFAN, B., Der Fortführungswert im Vermögensstatus, S. 106. Der „Teilwert ist der Betrag, den ein Erwerber des ganzen Betriebs im Rahmen des Gesamtkaufpreises für das einzelne Wirtschaftsgut ansetzen würde. Dabei ist davon auszugehen, dass der Erwerber den Betrieb fortführt" § 6 Abs. 1 Nr. 1 S. 3 EStG.

1428 Vgl. JUNGMANN, C., in: Insolvenzordnung, 19. Aufl., § 151, Rn. 18; NICKERT, C., Erfordernis einer Unternehmensbewertung in der Insolvenz?, S. 1726, sowie MITLEHNER, S., „Fortführungswert" der Massegegenstände, S. 1826.

1429 Im Schrifttum wurde bereits eine umfangreiche Diskussion dazu geführt, dass faktisch keine Fortführungseinzelwerte existieren. Vgl. MÖHLMANN, T., Die Ausgestaltung der Masse- und Gläubigerverzeichnisse, S. 165; NICKERT, C., Erfordernis einer Unternehmensbewertung in der Insolvenz?, S. 1725; HENI, B., Rechnungslegung im Insolvenzerfahren, S. 96; ENGER, H./WOLFF, G., Zur Unbrauchbarkeit des Überschuldungstatbestands, S. 103; PLATE, G., Eignung von Zahlungsunfähigkeit und Überschuldung als Indikatoren für die Insolvenzreife einer Unternehmung, S. 221. A. A. MÖHLMANN, T., Die Ausgestaltung der Masse- und Gläubigerverzeichnisse, S. 165.

1430 Vgl. MITLEHNER, S., „Fortführungswert" der Massegegenstände, S. 1826; NICKERT, C., Unternehmensbewertung in der Insolvenz, S. 83, sowie FÖRSTER, K., ZInsO-Leserecho, S. 664.

1431 Vgl. zu den Besonderheiten einer Unternehmensbewertung von *distressed* Unternehmen DAMODARAN, A., The Dark Side of Valuation, S. 381-388.

1432 Vgl. BAETGE, J. U. A., Darstellung des DCF-Verfahrens, S. 367, sowie PEEMÖLLER, V. H./KUNOWSKI, S., Ertragswertverfahren nach IDW, S. 281.

1433 Vgl. NICKERT, C., Unternehmensbewertung in der Insolvenz, S. 86.

1434 Vgl. BAETGE, J. U. A., Darstellung des DCF-Verfahrens, S. 359-367, sowie ERNST, D./SCHNEIDER, S./THIELEN, B., Unternehmensbewertung, S. 9.

1435 Vgl. BAETGE, J. U. A., Darstellung des DCF-Verfahrens, S. 359, sowie NICKERT, C., Unternehmensbewertung in der Insolvenz, S. 85. Als weitere Bewertungsmethode kann zudem unterstützend zur Plausibilisierung und sofern vorhanden eine auf Multiplikatoren vorzunehmende Bewertung zugrunde gelegt werden.

der Unternehmenswert in zwei Schritten ermittelt. Zunächst wird der Marktwert des Gesamtkapitals errechnet, im zweiten Schritt der Marktwert des FKs abgezogen.[1436] Die Stammkapitalansprüche der EK-Geber werden in der Insolvenz zumeist nicht mehr bedient, im eröffneten Insolvenzverfahren ist die Differenzierung zwischen EK und FK daher nicht zielführend. Da die EK-Geber – wenn überhaupt – nachrangig bedient werden, können die Ansprüche und damit auch die Kapitalanteile der EK-Geber ausgeklammert bzw. ausgebucht werden.[1437] Daher ist die Bewertung auch nicht auf diese auszurichten.[1438] Folglich wären lediglich die einzelnen Rangfolgen der Insolvenzgläubiger in der Bewertung zu berücksichtigen. Die nachrangigen Insolvenzgläubiger könnten als fiktives EK angesetzt werden, die im Verfahren entstehenden Masseverbindlichkeiten und mit Absonderungsrechten belegten Verbindlichkeiten wären damit vorrangig zu behandeln.[1439] Analog zu den Verfahren der Bruttokapitalisierung sind dann die aus dem (vorläufigen) Fortführungskonzept zukünftig zu erwartenden finanzielle Überschüsse bzw. Cashflows abzuzinsen. Als Diskontierungszins können die um die EK-Kosten bereinigten durchschnittlichen Kapitalkosten der FK-Geber dienen. Als Cashflow-Basis sind dann die Free Cashflows zu diskontieren.[1440] Der aus den Free Cashflows errechnete Unternehmenswert ist dann der (Brutto-)Unternehmenswert, der für die Befriedung der FK-Ansprüche verfügbar wäre.

Neben der Ermittlung des gesamten Unternehmenswerts auf Basis eines (vorläufigen) Fortführungskonzepts, kann der Unternehmenswert auch auf einem Kaufpreisangebot eines Übernahmeinteressenten basieren.[1441] Der ermittelte (Brutto-)Unternehmenswert ist dann auf die beizulegenden Zeitwerte der einzelnen Massegegenstände zu verteilen, der über die Zeitwerte hinausgehende Betrag ist als positiver Unterschiedsbetrag auszuweisen.[1442] Durch die Verteilung

---

Vgl. STEFFAN, B., Der Fortführungswert im Vermögensstatus, S. 109.

1436 Vgl. BAETGE, J. U. A., Darstellung des DCF-Verfahrens, S. 359 f.

1437 Vgl. NICKERT, C., Unternehmensbewertung in der Insolvenz, S. 86.

1438 Vgl. PEEMÖLLER, V. H./KUNOWSKI, S., Ertragswertverfahren nach IDW, S. 287-290, sowie NICKERT, C., Unternehmensbewertung in der Insolvenz, S. 85.

1439 Vgl. NICKERT, C., Unternehmensbewertung in der Insolvenz, S. 86.

1440 Vgl. MUGLER, J./ZWIRNER, C., DCF-Verfahren, S. 302.

1441 Vgl. SINZ, R., in: Uhlenbruck/Hirte/Vallender, InsO, 14. Aufl., § 151, Rn. 8.

1442 Eine Unternehmensbewertung anhand eines Fortführungskonzepts wird in der InsO an anderer Stelle in § 229 InsO für einen Insolvenzplan gefordert. Vgl. dazu auch HENI, B., Interne Rechnungslegung, S. 110 f. Durch die Allokation auf die beizulegenden Zeitwerte wird ein Einzelausweis ermöglicht. Die Aufteilung des Gesamtunternehmenswerts kann analog zur Kaufpreisallokation gemäß § 301 HGB vorgenommen werden. Demnach findet eine Bewertung zu den beizulegenden Zeitwerten statt, die – wie bei den ermittelten Marktpreisen – stille Reserven und Lasten aufdecken. Anschließend wird analysiert, ob der ermittelte Unternehmenswert die Summe der beizulegenden Zeitwerte übersteigt und dies als positiver bzw. negativer Unterschiedsbetrag ausgewiesen wird. Vgl. dazu auch ZWIRNER, C./BUSCH, J./MUGLER, J., Kaufpreisallokation und Impairment-Test, S. 425; KUNATH, O., Kaufpreisallokation, S. 107 f.

gemäß der beizulegenden Zeitwerte und die damit verbundene Einzelwertfiktion können die absonderungsberechtigten Gläubiger ihre mit den jeweils einzelnen Massegegenständen verbundene Befriedigungsquote ermitteln.[1443] So wird zum einen die künftige Ertragskraft in der Unternehmenswertermittlung berücksichtigt und gleichzeitig können zum anderen Einzelwerte ausgewiesen werden. Durch den Ansatz von Einzelwerten wird der Zweck der Verteilungsgrundlage berücksichtigt, da bspw. absonderungsberechtigte Gläubiger ihre individuelle Befriedigungsquote ermitteln können.

Im Ergebnis ist die Bewertung der Liquidations- und Fortführungswerte im Verzeichnis der Massegegenstände wie folgt umzusetzen: Bei einer **sofortigen Zerschlagung** sind die beizulegenden Zeitwerte abzüglich zugehöriger Abschläge anzusetzen.[1444] Bei einer **Ausproduktion** bzw. geordneten Liquidation sind die künftigen beizulegenden Zeitwerte der Massegegenstände zu diskontieren.[1445] Bei einer **Fortführung** wird der ermittelte **Unternehmenswert** auf die **beizulegenden Zeitwerte allokiert** und der dem gegenüberstehende Saldo als positiver/negativer Unterschiedsbetrag ausgewiesen.[1446] Abbildung 4-4 stellt die einzelnen Bewertungstatbestände exemplarisch gegenüber. In dem Beispiel ist der Wert und damit auch die Befriedigungsquote der Gläubiger bei einer sofortigen Zerschlagung geringer als bei einer geordneten Liquidation sowie bei einer Unternehmensfortführung.

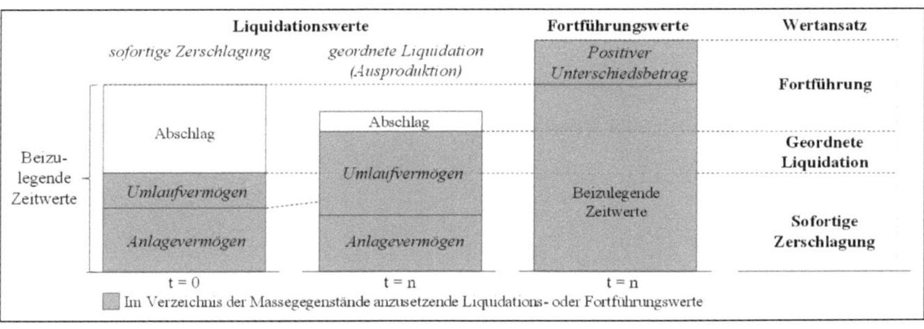

Abbildung 4-4: Gegenüberstellung von Liquidations- und Fortführungswerten[1447]

1443 Vgl. NICKERT, C., Unternehmensbewertung in der Insolvenz, S. 84.

1444 Die Verwertungskosten sind nach § 55 InsO als Masseverbindlichkeiten auszuweisen.

1445 Ggf. sind auch hier Wertabschläge bspw. auf das nicht-betriebsnotwendige Vermögen vorzunehmen. Vgl. ausführlich Abschnitt 521.122.

1446 Für den Fall, dass der Unternehmenswert bei einer geplanten Fortführung geringer ist als die Summe der beizulegenden Zeitwerte, wären diese um einen negativen Unterschiedsbetrag zu korrigieren.

1447 Eigene Darstellung.

Im **Gläubigerverzeichnis** ist, analog zum Verzeichnis der Massegegenstände, für jeden einzelnen Gläubiger „der Betrag seiner Forderung“[1448] anzugeben.[1449] Korrespondierend zu § 151 InsO enthält auch § 152 InsO keine Angaben darüber, wie die Gläubigerforderungen zu bewerten sind.[1450] Im Schrifttum wird die Bewertung innerhalb des Gläubigerverzeichnisses unvollständig diskutiert.[1451] Auch hier muss nach Vorstellung des Gesetzgebers einzeln bewertet werden, um die den Massegegenständen gegenüberstehenden Belastungen transparent auszuweisen und vollständig zu zeigen.[1452] Ferner sind Forderungen absonderungsberechtigter Gläubiger nach § 151 Abs. 2 S. 2 InsO zu bewerten. Demnach können die anzusetzenden Werte bei einer Stilllegung oder einer Fortführung voneinander abweichen.[1453] Durch diese Regelungen soll für deren Ansprüche „die Höhe des mutmaßlichen Ausfalls“[1454] angegeben werden.[1455] Da unterschiedliche Verwertungsstrategien einen individuellen Verwertungserlös für die mit Absonderungsrechten belegten Forderungen bedeuten, divergieren dementsprechend auch die anzugebenen Ausfallhöhen. Bei den nachrangigen Insolvenzgläubigern sind indes die Barwerte der Forderungen anzugeben.[1456] Abhängig von der Liquidations- oder Fortführungsstrategie entstehen unterschiedliche Verwertungskosten. Demzufolge sind nach § 152 Abs. 3 S. 2 InsO auch unterschiedlich hohe Masseverbindlichkeiten anzusetzen.[1457] Durch den Einzelausweis der Massegegenstände sowie der Gläubigerforderungen erhalten die einzelnen Gläubigergruppen und vor allem Gläubiger mit Absonderungsrechten einen direkten Überblick über ihre individuellen Befriedigungsquoten.[1458]

Die im Verzeichnis der Massegegenstände sowie im Gläubigerverzeichnis enthaltenen mehrdimensionalen Wertangaben sind anschließend in der Vermögensübersicht nach § 153 InsO zu

[1448] § 152 Abs. 2 S. 2 InsO.

[1449] Vgl. JUNGMANN, C., in: Insolvenzordnung, 19. Aufl., § 152, Rn. 1.

[1450] Vgl. MÖHLMANN, T., Die Berichterstattung im neuen Insolvenzverfahren, S. 166 f.

[1451] Vgl. statt aller ANDRES, D., in: Nerlich/Römermann, InsO Kommentar, § 152, Rn. 9.

[1452] Vgl. IDW (Hrsg.), Bestandsaufnahme im Insolvenzverfahren (IDW RH HFA 1.010), Rn. 57.

[1453] In § 152 Abs. 2 3. HS InsO heißt es dazu, „§ 151 Abs. 2 Satz 2 gilt entsprechend.“ Vgl. zudem PINK, A., in: Bonner Handbuch Rechnungslegung, 2. Aufl., Fach 5, Rn. 75.

[1454] § 152 Abs. 2 S. 3 InsO.

[1455] Vgl. WEGENER, B., in: Wimmer, FK-InsO, 8. Aufl., § 152, Rn. 14; SINZ, R., in: Uhlenbruck/Hirte/Vallender, InsO, 14. Aufl., § 152, Rn. 5. Der Ausfall ist die Differenz zwischen der ausgewiesenen Gläubigerforderung und dem zur Verwertungsalternative zugehörigen Wert des Massegegenstands. Vgl. MÖHLMANN, T., Die Berichterstattung im neuen Insolvenzverfahren, S. 167.

[1456] Vgl. MÖHLMANN, T., Die Berichterstattung im neuen Insolvenzverfahren, S. 167; WEGENER, B., in: Wimmer, FK-InsO, 8. Aufl., § 152, Rn. 14.

[1457] Im Wesentlichen geht es um die in § 55 Abs. 1 Nr. 1 InsO kodifizierten Masseverbindlichkeiten. Vgl. WEGENER, B., in: Wimmer, FK-InsO, 8. Aufl., § 152, Rn. 17, sowie SINZ, R., in: Uhlenbruck/Hirte/Vallender, InsO, 14. Aufl., § 152, Rn. 6.

[1458] Vgl. SINZ, R., in: Uhlenbruck/Hirte/Vallender, InsO, 14. Aufl., § 152, Rn. 1; WEGENER, B., in: Wimmer, FK-InsO, 8. Aufl., § 152, Rn. 12.

aggregieren.[1459] So soll den Adressaten eine eindeutige und übersichtliche Entscheidungsgrundlage zur Verfügung gestellt werden.[1460] Im laufenden Verfahren sind die Werte zu validieren und je nach Verwertungsalternative fortzuschreiben. Hierbei sind wertaufhellende und -begründende Tatsachen vom Insolvenzverwalter zu berücksichtigen.[1461] Das Gläubigerverzeichnis wird dann im Verfahren von der Tabelle nach § 175 InsO abgelöst.[1462] Zum Verfahrensende werden auf der Passivseite der Insolvenzschlussbilanz bzw. in der finalen Vermögensübersicht die in der Insolvenztabelle festgestellten und geprüften Forderungen erfasst.[1463]

433.54 Grundsatz der paritätischen Bewertung

In der handelsrechtlichen Bilanzierung ist das Imparitätsprinzip einzuhalten. Demnach sind erwartete, aber noch nicht realisierte negative Erfolgsbeiträge zu antizipieren und folglich im Jahresabschluss zu berücksichtigen.[1464] Zu erwartende positive Erfolgsbeiträge sind hingegen nicht anzusetzen. Das Imparitätsprinzip dient vor allem dem handelsrechtlichen Zweck der Kapitalerhaltung.[1465] Dieser ist im Insolvenzverfahren nicht relevant.[1466] Mit Bezug auf die subjektive *ratio legis* heißt es in der RegB dazu, dass der Ansatz von Buchwerten „nicht zulässig“[1467] ist und dementsprechend die handelsrechtlichen Bewertungsvorschriften auch nicht anzuwenden sind.[1468] Es ist allerdings spiegelbildlich darauf zu achten, dass die Wertansäte nicht zu positiv sind und die für die Wertansätze genutzten Annahmen des Insolvenzverwalters intersubjektiv nachvollzogen werden können. Die antizipierten negativen und positiven Erfolgsbeiträge sind im Insolvenzverfahren ausgewogen bzw. paritätisch zu behandeln und realitätsgetreu zu bewerten.[1469] Demnach sind nicht nur angenommene künftige Verpflichtungen in Form von Masseverbindlichkeiten einzubeziehen, sondern ebenso Chancen. Diese Chancen

---

1459 Vgl. PINK, A., in: Bonner Handbuch Rechnungslegung, 2. Aufl., Fach 5, Rn. 88, sowie IDW (Hrsg.), Insolvenzspezifische Rechnungslegung (IDW RH HFA 1.011), Rn. 12.

1460 Vgl. IDW (Hrsg.), Insolvenzspezifische Rechnungslegung (IDW RH HFA 1.011), Rn. 13.

1461 Vgl. IDW (Hrsg.), Bestandsaufnahme im Insolvenzverfahren (IDW RH HFA 1.010), Rn. 75.

1462 Vgl. ausführlich Abschnitt 213.4; IDW (Hrsg.), Bestandsaufnahme im Insolvenzverfahren (IDW RH HFA 1.010), Rn. 60, sowie PINK, A., in: Bonner Handbuch Rechnungslegung, 2. Aufl., Fach 5, Rn. 70.

1463 Vgl. MOCK, S., in: Uhlenbruck/Hirte/Vallender, InsO, 14. Aufl., § 66, Rn. 54.

1464 Vgl. LEFFSON, U., Die Grundsätze ordnungsmäßiger Buchführung, S. 340; BAETGE, J., Grundsätze ordnungsmäßiger Buchführung, Sp. 642; BAETGE, J./KIRSCH, H.-J./THIELE, S., Bilanzen, S. 103, sowie ausführlich Abschnitt 432.2.

1465 Vgl. BAETGE, J./KIRSCH, H.-J./THIELE, S., Bilanzen, S. 98 f.

1466 Vgl. ausführlich Abschnitt 422.2.

1467 DEUTSCHER BUNDESTAG (Hrsg.), BT-Drucksache 12/2443, S. 172.

1468 Vgl. BASINSKI, A./HILLEBRAND, C./LAMBRECHT, M., Insolvenzrechnungslegung, Rn. 12, sowie ANDRES, D., in: Nerlich/Römermann, InsO Kommentar, § 153, Rn. 4.

1469 Vgl. ANDRES, D., in: Nerlich/Römermann, InsO Kommentar, § 153, Rn. 4.

können durch den Ansatz von Zeitwerten und z. B. durch das Aufdecken stiller Reserven berücksichtigt werden.[1470] Dies unterstützt die Zwecke der Rechenschaft und der Entscheidungsgrundlage, da den Gläubigern für deren Entscheidung reale und eben nicht vorsichtig ermittelte Werte bereitgestellt werden.[1471] Überdies dient das Paritätsprinzip dem Zweck der Verteilungsgrundlage, da durch die Angabe von Zeitwerten die tatsächlich verfügbare zu verteilende Masse transparent gemacht wird. So erhalten die Gläubiger ein realistisches Bild über den zu erwartenden Verwertungserlös. Ebenso stützt die paritätische Bewertung den Zweck der Vergütungsgrundlage, da der Insolvenzverwalter abhängig von der tatsächlich realisierten Masseverwertung entlohnt wird. Eine vorsichtige Bewertung könnte zu einer zu geringen Grundlage für die Vergütung des Insolvenzverwalters führen und so ein ggf. attraktives Insolvenzverfahren für die Insolvenzverwalter unattraktiv erscheinen lassen. Folglich sind sowohl stille Reserven als auch stille Lasten bei der Angabe von Liquidations- und Fortführungswerten aufzudecken.[1472]

433.55 Grundsatz der identischen Laufzeit

Wie beim Grundsatz mehrdimensionaler Bewertung analysiert, hat der Insolvenzverwalter unterschiedliche Verwertungsstrategien zu bewerten.[1473] Unabhängig von der jeweiligen Strategie ist bei der Bewertung von Massegegenständen und Verbindlichkeiten, sofern diese wirtschaftlich zusammenhängen, eine identische Laufzeit zu unterstellen. Dies gilt sowohl für Gegenstände, die innerhalb des Verzeichnisses der Massegegenstände zusammenhängen, als auch für Posten, die das Verzeichnis der Massegegenstände und das Gläubigerverzeichnis betreffen. Dies können z. B. mit Absonderungsrechten belegte Maschinen sein. Somit ist bei einer geplanten Ausproduktion zum einen der Werteverzehr des Anlagevermögens bis zu dem Zeitpunkt, an dem die Ausproduktion beendet ist, zu antizipieren und zu bewerten.[1474] Zum anderen sind die unfertigen Erzeugnisse in der Fortführungsstrategie als künftige fertige Erzeugnisse auszuweisen und zu bewerten.[1475] Entsprechend des Diskontierungsgrundsatzes ist für die unmittelbar zusammenhängenden Massegegenstände die gleiche Laufzeit anzunehmen. Spiegel-

---

[1470] Vgl. BASINSKI, A./HILLEBRAND, C./LAMBRECHT, M., Insolvenzrechnungslegung, Rn. 12, sowie HILLEBRAND, C., Rechnungslegung in der Insolvenz, 4. Aufl., S. 67 f.

[1471] Vgl. DE VARGAS, S. R./ZOLLNER, T., Liquidationswert als objektivierter Unternehmenswert, S. 110.

[1472] Vgl. IDW (Hrsg.), Bestandsaufnahme im Insolvenzverfahren (IDW RH HFA 1.010), Rn. 37, sowie zudem Abschnitt 433.53.

[1473] Vgl. Abschnitt 433.53.

[1474] So hat der Insolvenzverwalter bspw. die Abnutzung einer Maschine in die Bewertung einzubeziehen und den beizulegenden Zeitwert zu Verfahrensbeginn, um diese real zu erwartende (und nicht kalkulatorische) Abnutzung zu korrigieren.

[1475] Vgl. IDW (Hrsg.), Bestandsaufnahme im Insolvenzverfahren (IDW RH HFA 1.010), Rn. 49.

bildlich ist der mit einer geplanten Ausproduktion verbundene Werteverzehr einer mit Absonderungsrechten belegten Maschine auch im Gläubigerverzeichnis anzusetzen. Durch die gleiche Laufzeit innerhalb des Verzeichnisses der Massegegenstände sowie des Gläubigerverzeichnisses erhalten die Gläubiger ein holistisches und transparentes Bild über die Auswirkungen der jeweiligen Strategie auf die Befriedigungsquoten. Beim Grundsatz identischer Laufzeit ist zu berücksichtigen, dass Massegegenstände, die nicht betriebsnotwendig sind, zu einem früheren Zeitpunkt als dem Endzeitpunkt der Verwertungsstrategie veräußert werden können.

433.56 Grundsatz des mehrdimensionalen Ausweises

Nachdem in den vorherigen Abschnitten der Ansatz und die Bewertung der Posten im Verzeichnis der Massegegenstände sowie im Gläubigerverzeichnis analysiert und hergeleitet wurden, bezieht sich dieser Abschnitt auf deren Ausweis. Die InsO enthält keine Vorschrift darüber, wie die Massegegenstände im Verzeichnis der Massegegenstände auszuweisen sind.[1476] Hingegen lässt die RegB auf den Willen des Gesetzgebers schließen, wonach „Fortführungswerte und Einzelveräußerungswerte nebeneinander anzugeben“[1477] sind. Um einer mehrdimensionalen Bewertung Rechnung zu tragen, bietet sich eine **horizontale Gegenüberstellung** an.[1478] Es sind neben der Art des Massegegenstands die Menge, wenn vorhanden der letzte handelsrechtliche Buchwert, der von der Liquidationsstrategie abhängige Liquidationswert sowie der Fortführungswert anzugeben.[1479] Die Art des Massegegenstands soll eine Einschätzung über dessen Zustand zulassen, die Menge wird durch die Inventur ermittelt.[1480] Anhand des Buchwerts wird durch die Gegenüberstellung mit den Liquidations- und Fortführungswerten u. a. die Aufdeckung stiller Reserven oder stiller Lasten transparent gemacht. Zudem sind auf den Massegegenstand bestehende Fremdrechte, vor allem Absonderungsrechte sowie die daraus folgende freie Masse, in einer separaten Spalte anzugeben.[1481] Damit wird ersichtlich, mit

---

1476 Vgl. dazu § 151 InsO.

1477 Vgl. DEUTSCHER BUNDESTAG (Hrsg.), BT-Drucksache 12/2443, S. 171.

1478 Vgl. MÖHLMANN, T., Die Ausgestaltung der Masse- und Gläubigerverzeichnisse, S. 165, sowie VON BODUNGEN, B., in: Beck'scher InsO Kommentar, 2. Aufl., § 151, Rn. 10.

1479 Vgl. FÜCHSL, J./WEISHÄUPL, H./JAFFÉ, M., in: Kirchhof/Stürner/Eidenmüller, Kommentar zur InsO, 3. Aufl., § 151, Rn. 8; IDW (Hrsg.), Bestandsaufnahme im Insolvenzverfahren (IDW RH HFA 1.010), Rn. 32, sowie PINK, A., in: Bonner Handbuch Rechnungslegung, 2. Aufl., Fach 5, Rn. 93.

1480 Vgl. JUNGMANN, C., in: Insolvenzordnung, 19. Aufl., § 151, Rn. 10; FÜCHSL, J./WEISHÄUPL, H./JAFFÉ, M., in: Kirchhof/Stürner/Eidenmüller, Kommentar zur InsO, 3. Aufl., § 151, Rn. 8, sowie HESS, H., in: InsO, 2. Aufl., § 151, Rn. 21.

1481 Vgl. MÖHLMANN, T., Die Ausgestaltung der Masse- und Gläubigerverzeichnisse, S. 166.

welchen Gläubigerrechten die einzelnen Massegegenstände belegt sind.[1482] Da die Verzeichnisse gemäß § 154 InsO eine Woche vor dem Berichtstermin in der Geschäftsstelle niederzulegen sind, sollten diese für die Gläubiger selbsterklärend sein. Daher muss zum einen eindeutig erkennbar sein, welche Gegenstände mit welchen Rechten belegt sind und zum anderen, welche Befriedigungsquote von einer Liquidation, Ausproduktion oder Fortführung ausgeht. Dadurch werden den Gläubigern vollständige Informationen zur Verfügung gestellt, die den Zwecken der Dokumentation und der Rechenschaft entsprechen sowie den Zweck der Entscheidungsgrundlage unterstützen.

Wie die horizontale Gliederung betreffend, enthält die InsO auch keine Vorschriften zur **vertikalen Gliederung** des Verzeichnisses der Massegegenstände.[1483] Im Schrifttum wird dem Insolvenzverwalter zumeist die Wahlmöglichkeit eingeräumt, ob dieser eine an § 266 HGB angelehnte Gliederungsstruktur nutzt oder die Gliederung an die Liquidierbarkeit der einzelnen Massegegenstände anpasst.[1484] Der Wahlmöglichkeit liegt die Idee zugrunde, dass der Insolvenzverwalter die Gliederungsstruktur daran anlehnt, ob er eine Fortführung oder eine Liquidation als wahrscheinlicher erachtet. Da durch die Gliederungsstruktur indes die Verwertungstendenz des Insolvenzverwalters frühzeitig festlegt wird, wird somit die Gläubigerentscheidung indirekt beeinflusst.[1485] Dementsprechend ist es vorzuziehen, die in § 266 HGB vorgegebene Gliederungsstruktur zu übernehmen.[1486] Ferner ist davon auszugehen, dass ein Großteil der Gläubiger mit der handelsrechtlichen Gliederungsstruktur vertraut ist und diese bspw. durch die Einteilung in Anlage- und Umlaufvermögen bereits eine Aussage hinsichtlich der Liquidierbarkeit von Massegegenständen enthält.[1487] Eine eindeutige Gliederungsstruktur dient dem

1482 Vgl. JARCHOW, I., in: HamK zum Insolvenzrecht, § 151, Rn. 15.

1483 Vgl. § 151 InsO.

1484 Vgl. FÜCHSL, J./WEISHÄUPL, H./JAFFÉ, M., in: Kirchhof/Stürner/Eidenmüller, Kommentar zur InsO, 3. Aufl., § 151, Rn. 8.

1485 Hingegen ist der Insolvenzverwalter laut RegB „nicht berechtigt, bei der Bewertung nach seinem Ermessen die Fortführung oder die Einzelveräußerung zugrunde zu legen und dadurch die Entscheidung der Gläubiger über den Fortgang des Verfahrens vorwegzunehmen", so DEUTSCHER BUNDESTAG (Hrsg.), BT-Drucksache 12/2443, S. 171.

1486 Vgl. zustimmend PLATE, G., Die Konkursbilanz, S. 120. A. A. Vgl. MÖHLMANN, T., Die Ausgestaltung der Masse- und Gläubigerverzeichnisse, S. 165, sowie PINK, A., in: Bonner Handbuch Rechnungslegung, 2. Aufl., Fach 5, Rn. 94. Da das Verzeichnis der Massegegenstände einem Inventar gleicht, sind die Massegegenstände zwar einzeln auszuweisen, allerdings sollte die Rangfolge des § 266 HGB eingehalten werden, eine Aggregation einzelner Massegegenstände folgt in der Vermögensübersicht.

1487 Da § 266 HGB vorschreibt, das Anlagevermögen voranzustellen und im Anschluss das Umlaufvermögen abzubilden, steigt die Liquidierbarkeit der angesetzten Posten. Vgl. dazu § 266 Abs. 2 HGB.

Grundsatz der Klarheit und Übersichtlichkeit und unterstützt die Zwecke der Rechenschaft sowie der Entscheidungsgrundlage.[1488] Im Sinne des Grundsatzes der Stetigkeit ist die Gliederungsstruktur über das gesamte Insolvenzverfahren beizubehalten.[1489]

Auch für das **Gläubigerverzeichnis** existieren hinsichtlich des **horizontalen Ausweises** keine fixierten Gliederungsvorgaben.[1490] In § 152 Abs. 2 S. 2 InsO ist lediglich verzeichnet, dass bei „jedem Gläubiger [...] die Anschrift sowie der Grund und der Betrag seiner Forderung anzugeben“[1491] sind. Ebenso sind, spiegelbildlich zum Verzeichnis der Massegegenstände, bei den absonderungsberechtigten Gläubigern der mit Absonderungsrechten belegte Gegenstand sowie die Ausfallhöhe der Forderungen anzugeben.[1492] Mit dem Zusatz, dass § 151 Abs. 2 Satz 2 InsO[1493] entsprechend gilt, verweist der Gesetzgeber darauf, dass die von der Verwertungsalternative abhängigen Wertangaben für die Ausfallhöhe unter der Prämisse der Liquidation oder Fortführung zu machen sind.[1494] Des Weiteren sind gemäß des Saldierungsverbots sowie nach § 152 Abs. 3 S. 1 InsO Aufrechnungsmöglichkeiten anzugeben.[1495] Im Sinne des mehrdimensionalen Ansatzes sowie für eine bessere Vergleichbarkeit mit dem Verzeichnis der Massegegenstände, sind die angeführten Angaben horizontal zu gliedern.[1496]

Im Gegensatz dazu ist in § 152 Abs. 2 InsO hinsichtlich der **vertikalen Gliederung** eindeutig vorgegeben, dass diese entsprechend der einzelnen Gläubigergruppen zu strukturieren ist.[1497] Da im Insolvenzverfahren nur die Gläubigeransprüche relevant sind, werden die Eigenkapitalposten nicht separat aufgeführt.[1498] Demzufolge hat sich die vertikale Gliederung des Gläubigerverzeichnisses auch nicht an der Passivseite des § 266 Abs. 3 HGB zu orientieren.[1499] Vielmehr ist nach Insolvenzgläubigern, absonderungsberechtigten Gläubigern, Massegläubigern

---

1488 Vgl. MÖHLMANN, T., Die Ausgestaltung der Masse- und Gläubigerverzeichnisse, S. 165.

1489 Vgl. ausführlich Abschnitt 433.33 zum Grundsatz der Stetigkeit.

1490 Vgl. § 152 InsO.

1491 § 152 Abs. 2 S. 2 InsO.

1492 Vgl. § 152 Abs. 2 S. 3 InsO.

1493 § 152 Abs. 2 S. 3 InsO.

1494 Vgl. SINZ, R., in: Uhlenbruck/Hirte/Vallender, InsO, 14. Aufl., § 152, Rn. 4.

1495 Vgl. DEUTSCHER BUNDESTAG (Hrsg.), BT-Drucksache 12/2443, S. 171; SINZ, R., in: Uhlenbruck/Hirte/Vallender, InsO, 14. Aufl., § 152, Rn. 5, sowie IDW (Hrsg.), Bestandsaufnahme im Insolvenzverfahren (IDW RH HFA 1.010), Rn. 73.

1496 Vgl. HESS, H., in: InsO, 2. Aufl., § 152, Rn. 14.

1497 Vgl. MÖHLMANN, T., Die Ausgestaltung der Masse- und Gläubigerverzeichnisse, S. 167. In § 152 Abs. 2 InsO heißt es dazu, dass „die absonderungsberechtigten Gläubiger und die einzelnen Rangklassen der nachrangigen Insolvenzgläubiger gesondert aufzuführen“ sind.

1498 Eigenkapital ersetzende Leistungen der Gesellschafter sind nach § 39 Abs. 1 Nr. 5 InsO als nachrangige Insolvenzforderungen anzusetzen. Vgl. dazu auch PLATE, G., Die Konkursbilanz, S. 137.

1499 FÜCHSL, J./WEISHÄUPL, H./JAFFÉ, M., in: Kirchhof/Stürner/Eidenmüller, Kommentar zur InsO, 3. Aufl., § 152, Rn. 21.

und nachrangigen Gläubigern sowie ggf. aussonderungsberechtigten Gläubigern zu gliedern.[1500] Auch wenn absonderungsberechtigte Verbindlichkeiten durch Massegegenstände bedient werden können, so sind diese – gemäß des Saldierungsverbotes – separat auszuweisen.[1501]

Das Verzeichnis der Massegegenstände und das Gläubigerverzeichnis lassen sich durch die ähnlich aufgebaute horizontale und vertikale Gliederungsstruktur gegenüberstellen.[1502] So wird zum einen die Vergleichbarkeit gefördert, was zum anderen die Konsequenzen einzelner Verwertungsstrategien für die Gläubiger transparent macht. Gleichzeitig wird so dem Grundsatz der Klarheit und Übersichtlichkeit entsprochen und der Zweck der Entscheidungsgrundlage unterstützt.[1503] Auch für die **Vermögensübersicht** gibt es keine vorgegebene Gliederungsstruktur.[1504] Gemäß des Wortlauts der InsO verlangt der Gesetzgeber, dass eine „geordnete Übersicht"[1505] aufzustellen ist, welche die Insolvenzmasse und die Verbindlichkeiten gegenüberstellt.[1506] § 153 Abs. 1 InsO enthält zudem den Verweis die Bewertung innerhalb der Vermögensübersicht aus § 151 Abs. 2 InsO zu übernehmen. Der Wortsinn und der Bedeutungszusammenhang der Vorschrift zeigen eindeutig, dass Liquidations- und Fortführungswerte anzugeben sind und so auch in der Vermögensübersicht dem Grundsatz der mehrdimensionalen Bewertung entsprochen werden muss. Die RegB besagt, dass die Vermögensübersicht die Massegegenstände und Verbindlichkeiten „ähnlich wie in einer Bilanz"[1507] zusammenzufassen hat. Bezugnehmend auf den mehrdimensionalen Ausweis ist auch in der ReB festgelegt, dass Fortführungs- und Einzelveräußerungswerte nebeneinander anzugeben sind.[1508] Die subjektive ***ratio legis*** lässt somit darauf schließen, dass eine bilanzartige Gegenüberstellung der Liquidations- und Fortführungswerte notwendig ist. Bis auf die Mengenangaben ist die horizontale Gliederungsstruktur der Verzeichnisse auf die Vermögensübersicht zu übertragen.[1509] Darüber hinaus

1500 Vgl. IDW (Hrsg.), Bestandsaufnahme im Insolvenzverfahren (IDW RH HFA 1.010), Rn. 63, sowie SINZ, R., in: Uhlenbruck/Hirte/Vallender, InsO, 14. Aufl., § 152, Rn. 4.

1501 Vgl. zur Definition des Liquidationswerts IDW (Hrsg.), IDW S 1 i.d.F. 2008, Rn. 141, sowie zum Saldierungsverbot Abschnitt 433.43.

1502 Vgl. ANDRES, D., in: Nerlich/Römermann, InsO Kommentar, § 153, Rn. 2.

1503 In § 124 KO wurde der Begriff „Bilanz" verwendet. In der InsO ist der Bilanzbegriff nicht kodifiziert. Indes sind sich Wissenschaft und Praxis darüber einig, dass die Vermögensübersicht eine staffelförmige und bilanzartige Gegenüberstellung sein soll. Vgl. statt aller ANDRES, D., in: Nerlich/Römermann, InsO Kommentar, § 153, Rn. 3, sowie JUNGMANN, C., in: Insolvenzordnung, 19. Aufl., § 153, Rn. 5.

1504 Vgl. IDW (Hrsg.), Insolvenzspezifische Rechnungslegung (IDW RH HFA 1.011), Rn. 20.

1505 § 153 Abs. 1 S. 1 InsO.

1506 Dies lässt darauf schließen, dass die Übersicht einer handelsrechtlichen Bilanz ähneln sollte.

1507 Vgl. DEUTSCHER BUNDESTAG (Hrsg.), BT-Drucksache 12/2443, S. 172.

1508 Vgl. DEUTSCHER BUNDESTAG (Hrsg.), BT-Drucksache 12/2443, S. 172.

1509 Vgl. FÖRSCHLE, G./WEISANG, A., Rechnungslegung im Insolvenzverfahren, Rn. 16.

sind bspw. Aufrechnungsmöglichkeiten auf beiden Seiten der Vermögensübersicht auszuweisen, wonach dem Saldierungsverbot entsprochen werden muss.[1510]

Im Hinblick auf den vertikalen Ausweis verweist § 153 Abs. 1 S. 2 InsO darauf, dass für die Gliederung der Verbindlichkeiten § 152 Abs. 2 S. 1 InsO gilt. Zudem ist, auch wenn dies nicht expliziert wird, die Gliederung des Verzeichnisses der Massegegenstände zu übernehmen, um so einen Gliederungsbruch zwischen Verzeichnis der Massegegenstände und Vermögensübersicht zu vermeiden.[1511] Inhaltlich zusammengehörende Posten des Verzeichnisses der Massegegenstände sowie des Gläubigerverzeichnisses, wie z. B. einzelne Gruppen von Insolvenzgläubigern, sind zu aggregieren und nicht einzeln auszuweisen.[1512] Demzufolge sind grundsätzlich sowohl der horizontale als auch der vertikale Ausweis der Verzeichnisse anzuwenden.[1513]

434. Zwischenfazit

Die einzelnen Grundsätze sind nicht losgelöst voneinander anzusehen, vielmehr existieren weitreichende Interdependenzen zwischen diesen, auf die im Folgenden eingegangen wird. Der Insolvenzverwalter hat bei der Aufstellung der insolvenzspezifischen Berichtsdokumente die wechselseitigen Beziehungen der Grundsätze insolvenzspezifischer Rechnungslegung zu berücksichtigen.[1514] Ähnlich wie bei den handelsrechtlichen GoB existiert innerhalb der Grundsätze insolvenzspezifischer Rechnungslegung keine Rangfolge, demnach ist auch kein Grundsatz einem anderen über- oder untergeordnet.

So dient z. B. die Einhaltung des Grundsatzes der Vollständigkeit auch gleichzeitig dem Grundsatz der Richtigkeit.[1515] Zeitgleich sind die Ansatzgrundsätze zu berücksichtigen, damit keine Massegegenstände angesetzt werden, auf die der Schuldner kein Anrecht hat.[1516] Konkretisiert wird dies dadurch, dass z. B. zu Verfahrensbeginn die einzelnen Massegegenstände auf Basis

---

1510 Vgl. VON BODUNGEN, B., in: Beck'scher InsO Kommentar, 2. Aufl., § 153, Rn. 4.

1511 Das IDW unterstützt die zuvor diskutierte Idee, sich bei der Gliederung der Massegegenstände in der Vermögensübersicht an der Handelsbilanz zu orientieren. Vgl. IDW (Hrsg.), Insolvenzspezifische Rechnungslegung (IDW RH HFA 1.011), Rn. 20 f., sowie VON BODUNGEN, B., in: Beck'scher InsO Kommentar, 2. Aufl., § 153, Rn. 11.

1512 Im IDW RH HFA 1.011 ist eine beispielhafte Gliederungsstruktur für eine Vermögensübersicht aufgeführt. Indes ist lediglich der Gliederungsstruktur für die Gegenstände der Insolvenzmasse zu folgen. Die darin vorgeschlagene Struktur für die Verbindlichkeiten des Schuldners widerspricht dem Verweis in § 153 Abs. 1 S. 2 InsO, wonach sich der Ausweis an § 152 Abs. 2 S. 1 InsO zu orientieren hat. Vgl. IDW (Hrsg.), Insolvenzspezifische Rechnungslegung (IDW RH HFA 1.011), Anlage A.

1513 Vgl. VON BODUNGEN, B., in: Beck'scher InsO Kommentar, 2. Aufl., § 153, Rn. 10 f.

1514 Vgl. BAETGE, J./KIRSCH, H.-J./THIELE, S., Bilanzen, S. 142 f.

1515 Vgl. ausführlich Abschnitt 433.23 sowie Abschnitt 433.32.

1516 Vgl. ausführlich Abschnitt 433.52.

einer Inventur vollständig aufzunehmen sind.[1517] Um eine unnötige Masseschmälerung zu vermeiden, sind die Massegegenstände zum einen zeitnah und zum anderen unter Beachtung des Grundsatzes der Wirtschaftlichkeit aufzunehmen.[1518] Um einschätzen zu können, ob die in den Verzeichnissen enthaltenen Informationen richtig sind, sind die Belege der einzelnen Massegegenstände aufzubewahren.[1519] Zudem dürfen die einzelnen Massegegenstände nicht saldiert ausgewiesen werden (Saldierungsverbot), um u. a. dem Grundsatz der Gläubigerorientierung gerecht zu werden. Den Gläubigern ggü. sollen somit möglichst transparente Informationen zur Verfügung gestellt werden.[1520] Für eine bessere Übersichtlichkeit der aufgenommenen Gegenstände ist zudem der Grundsatz des mehrdimensionalen Ausweises und im Verfahrensverlauf der Grundsatz der Stetigkeit zu beachten.[1521]

Aus den vorangegangenen Ausführungen ist ersichtlich, dass die Grundsätze insolvenzspezifischer Rechnungslegung nicht für sich allein stehen, sondern miteinander verknüpft sind. Der Insolvenzverwalter hat infolgedessen bei der Erstellung des Verzeichnisses der Massegegenstände, des Gläubigerverzeichnisses, der Vermögensübersicht und der Zwischen- sowie der Schlussrechnungslegung alle Grundsätze zu beachten. In Abbildung 4-5 werden die einzelnen hergeleiteten Grundsätze entsprechend der zugehörigen Grundsatzkategorien zusammengefasst. Die zwischen den Grundsätzen bestehenden Interdependenzen werden durch Pfeile angedeutet. Der weiteren Konkretisierung der Grundsätze insolvenzspezifischer Rechnungslegung wird sich in Kapitel fünf gewidmet.

1517 Vgl. ausführlich Abschnitt 433.2.
1518 Vgl. ausführlich Abschnitt 433.25 sowie Abschnitt 433.36.
1519 Vgl. ausführlich Abschnitt 433.24.
1520 Vgl. ausführlich Abschnitt 433.43.
1521 Vgl. ausführlich Abschnitt 433.33.

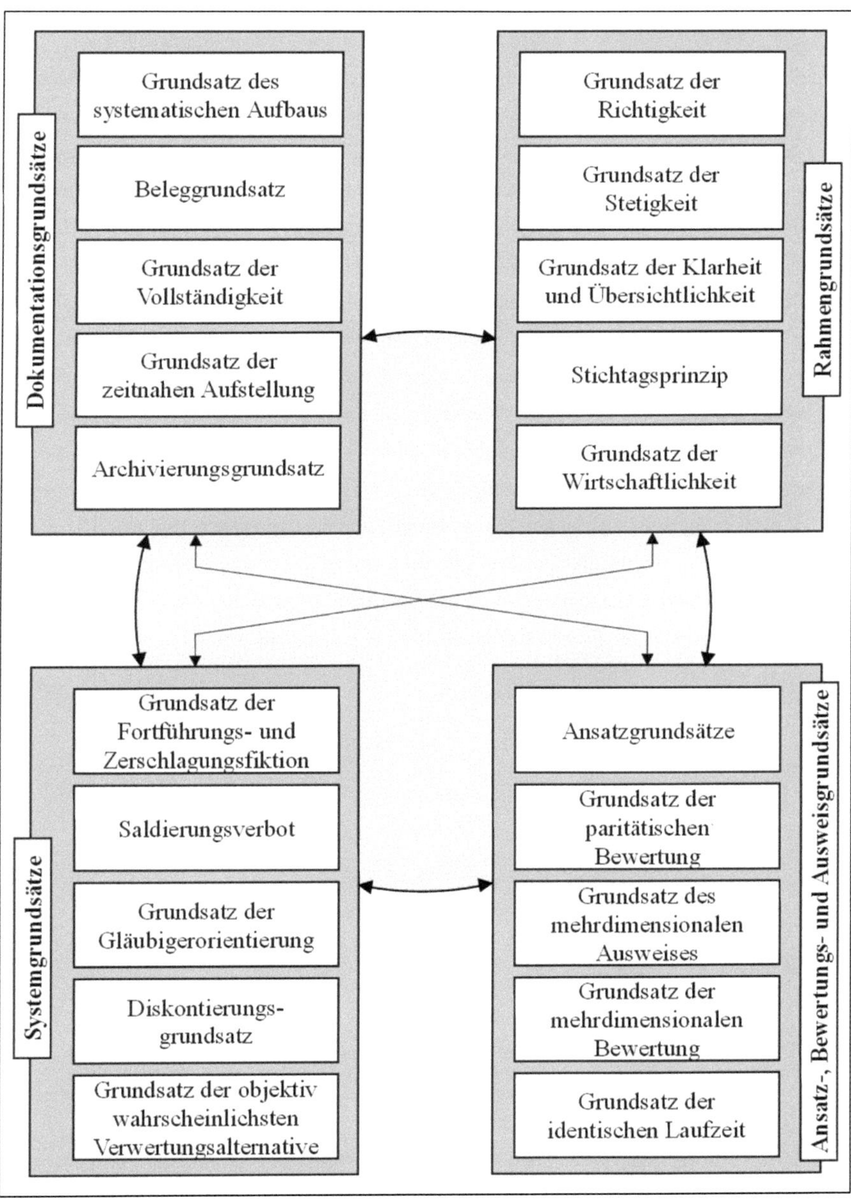

Abbildung 4-5: Grundsätze insolvenzspezifischer Rechnungslegung

44 Zusammenführung der Zwecke und Grundsätze insolvenzspezifischer Rechnungslegung

Bereits in Abschnitt 41 wurde das Leitmotiv der Insolvenzordnung herausgearbeitet. Demzufolge ist bei der Herleitung der Zwecke und Grundsätze insolvenzspezifischer Rechnungslegung das in § 1 InsO kodifizierte Ziel der gemeinschaftlichen Befriedung aller Gläubiger (*par conditio creditorum*) zu beachten.[1522] Dieses Hauptziel des Insolvenzverfahrens kann durch die Liquidation oder die Fortführung des insolventen Unternehmens erreicht werden.[1523] Diesem Grundsatz folgend, wurden in Abschnitt 42 zunächst die Zwecke insolvenzspezifischer Rechnungslegung hergeleitet. Dafür wurden vor allem die Elemente der hermeneutischen Methode genutzt.[1524] Die hergeleiteten Zwecke umfassen den Zweck der Dokumentation,[1525] den Zweck der Rechenschaft, den Zweck der Entscheidungsgrundlage sowie die Zwecke der Verteilungs- und der Vergütungsgrundlage.[1526] In Verbindung mit den Vorschriften der InsO, der RegB zur InsO sowie existierender Literaturmeinungen bilden die Zwecke der insolvenzspezifischen Rechnungslegung den Ausgangspunkt für die Herleitung der Grundsätze insolvenzspezifischer Rechnungslegung. Wie in Abschnitt 434. analysiert, sind die Grundsätze insolvenzspezifischer Rechnungslegung zusammenhängend auszulegen, anzuwenden und bestehende Interdependenzen zu berücksichtigen. Gemeinsam bilden die Zwecke und Grundsätze das Zweck-Grundsatz-System der insolvenzspezifischen Rechnungslegung, welches in Abbildung 4-6 veranschaulicht wird.

1522 Vgl. STÜRNER, R., in: Kirchhof/Stürner/Eidenmüller, Kommentar zur InsO, 3. Aufl., Einleitung, Rn. 1; SCHMERBACH, U., in: Wimmer, FK-InsO, 8. Aufl., § 1, Rn. 11; BUNDESGERICHTSHOF (Hrsg.), Urteil des IX. Zivilsenats vom 13.3.2003, S. 11; SMID, S., Praxishandbuch Insolvenzrecht, Rn. 64, sowie DEUTSCHER BUNDESTAG (Hrsg.), BT-Drucksache 12/2443, S. 108.

1523 Vgl. § 1 InsO.

1524 Bei der Hermeneutik werden Wortlaut und -sinn, der Bedeutungszusammenhang, die Entstehungsgeschichte, die subjektive und objektive *ratio legis* sowie die Verfassungskonformität der Vorschriften der InsO ausgelegt. Vgl. dazu ausführlich Abschnitt 333.

1525 Vgl. ausführlich Abschnitt 423.21.

1526 Vgl. dazu Abschnitt 423.22, Abschnitt 423.31 sowie Abschnitt 423.32.

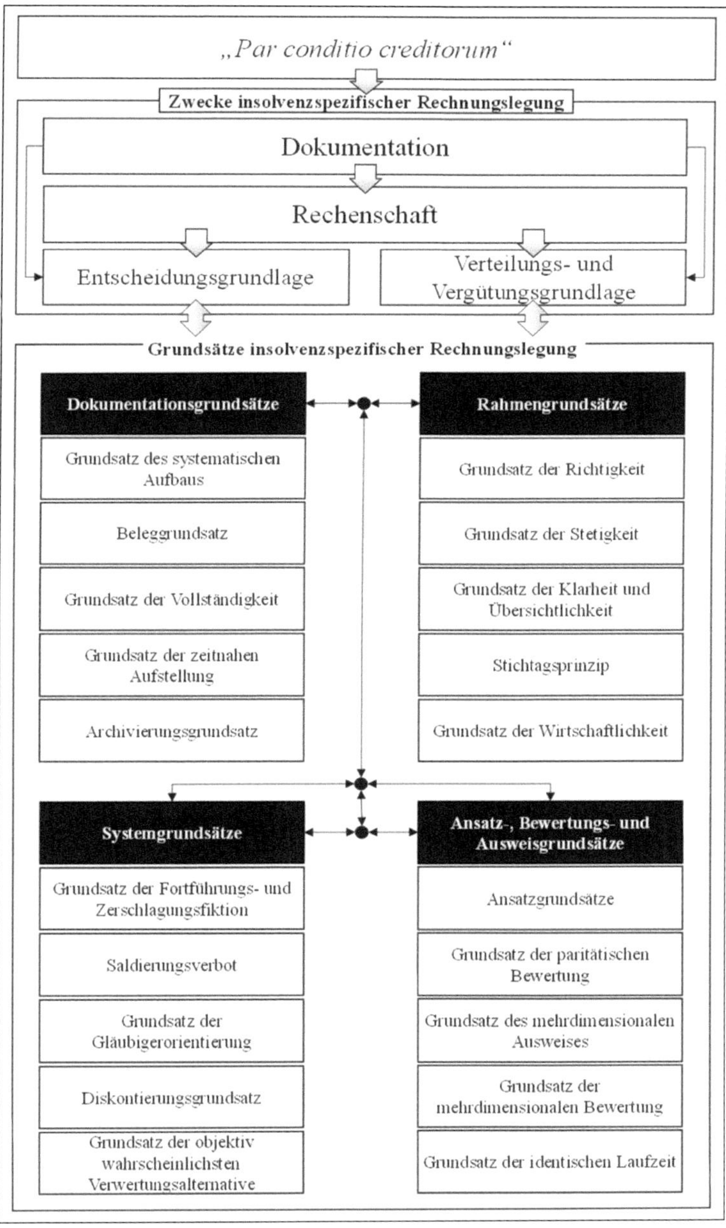

Abbildung 4-6: Das Zweck-Grundsatz-System insolvenzspezifischer Rechnungslegung[1527]

5 Kritische Analyse und Bilanzierungsvorschlag insolvenzspezifischer Rechnungslegung

51 Vorbemerkungen

Nachdem im vierten Kapitel das Zweck-Grundsatz-System hergeleitet wurde, wird dies nachfolgend auf **Ansatz-, Bewertungs- und Ausweisfragen insolvenzspezifischer Rechnungslegung angewendet** und in Abschnitt 52 **konkretisiert**. Dafür werden die bilanzielle Abbildung ausgewählter Sachverhalte im Verzeichnis der Massegegenstände und im Gläubigerverzeichnis diskutiert und vor dem Hintergrund der hergeleiteten Zwecke kritisch analysiert. Unter Beachtung der Grundsätze insolvenzspezifischer Rechnungslegung wird evaluiert, welche Sachverhalte anzusetzen sind und welche Besonderheiten bei der Bilanzierung bestehen. Neben dem Ansatz wird geprüft, wie diese im Liquidations- oder Fortführungsfall zu bewerten sowie auszuweisen sind. Im Rahmen der Analyse werden Vorschläge erarbeitet, wie eine Bilanzierung innerhalb der Verzeichnisse ausgestaltet sein könnte. Da es sich bei der Vermögensübersicht gemäß § 153 InsO lediglich um eine Aggregation der beiden Verzeichnisse handelt, liegt der Kern der Analyse nicht auf der Vermögensübersicht. Ebenso ist die Analyse der Einnahmen-/Ausgabenrechnung nur ein Teilaspekt der Untersuchung, da sie lediglich Zahlungsströme abbildet und es sich um eine rein pagatorische Gegenüberstellung der aus der Veräußerung der Massegegenstände erzielten Einnahmen sowie der im Verfahren entstehenden Ausgaben handelt.[1528]

Auf der Konkretisierung basierend werden in Abschnitt 53 die **gesetzlichen Vorschriften evaluiert** und **Verbesserungsmöglichkeiten** herausgearbeitet. Die Verbesserungsmöglichkeiten insolvenzspezifischer Rechnungslegung werden zum einen im Sinne einer adressatengerechteren Kommunikation im Vergleich zum *status quo* und zum anderen vor dem Hintergrund der hergeleiteten Zwecke entwickelt. Die eruierten Potenziale werden in konkrete Maßnahmen zur Anpassung bestehender insolvenzspezifischer Regelungen sowie darüber hinausgehende Möglichkeiten unterteilt.[1529]

1528 Vgl. RIEDEL, E., in: Kirchhof/Stürner/Eidenmüller, Kommentar zur InsO, 3. Aufl., § 66, Rn. 19.
1529 Vgl. ausführlich Abschnitt 53.

52 Bilanzierung vor dem Hintergrund des Zweck-Grundsatz-Systems

521. Verzeichnis der Massegegenstände

521.1 Bilanzierung bei Verfahrenseröffnung

521.11 Ansatz im Verzeichnis der Massegegenstände

Mit der Verfahrenseröffnung geht das Verwaltungs- und Verfügungsrecht nach § 80 InsO auf den Insolvenzverwalter über. Dieser hat – gemäß der Grundsätze insolvenzspezifischer Rechnungslegung – das Verzeichnis der Massegegenstände aufzustellen.[1530] Dafür ist im ersten Schritt zu analysieren, welche Massegegenstände angesetzt werden dürfen. Folglich sind die Ansatzgrundsätze zu berücksichtigten.[1531] Nach diesen hat der Insolvenzverwalter zum Zeitpunkt der Verfahrenseröffnung das gesamte Schuldnervermögen, welches nach § 35 InsO zur Insolvenzmasse gehört, im Verzeichnis der Massegegenstände anzusetzen.[1532] Die Massegegenstände sind nach § 151 InsO grundsätzlich einzeln anzusetzen.

Um den Ansatz aller **materiellen** und **immateriellen** Massegegenstände sicherzustellen, sollte der Insolvenzverwalter – im Sinne des Grundsatzes der Vollständigkeit – zu Verfahrensbeginn eine Inventur ausrichten.[1533] Zur Aufnahme kann der Insolvenzverwalter, auch wenn dies dem Einzelausweis widerspricht, aber im Sinne des Grundsatzes der Wirtschaftlichkeit ist, Inventurvereinfachungsverfahren nach § 241 HGB nutzen.[1534] So können einzelne homogene Massegegenstände z. B. durch eine Stichprobeninventur aggregiert werden, und sind nicht einzeln aufzunehmen.[1535] Von den Vereinfachungsmöglichkeiten ist das Festwertverfahren ausgenom-

---

1530 Vgl. § 151 InsO.

1531 Demnach ist ein Massegegenstand dann anzusetzen, wenn das insolvente Unternehmen der rechtliche Eigentümer ist und der Massegegenstand ggü. Dritten verwertbar ist, sodass im Verlauf des Insolvenzverfahrens ein Zahlungsmittelzufluss von diesem ausgehen wird. Vgl. zu den Ansatzgrundsätzen Abschnitt 433.52.

1532 Vgl. BEYER, A./BEYER, A., Verkauf von Kundendaten in der Insolvenz, S. 241. § 35 InsO besagt zudem, dass im Verfahren realisierte (künftige) Zuwächse zur Insolvenzmasse gezählt werden. Vgl. § 35 InsO; JARCHOW, I., in: HamK zum Insolvenzrecht, § 151, Rn. 8; WEGENER, B., in: Wimmer, FK-InsO, 8. Aufl., § 151, Rn. 4 f.

1533 Vgl. ausführlich Abschnitt 433.2. Das Ergebnis der Inventur ist das Inventar. Dies umfasst das Vermögen des Schuldners, namentlich sind das alle Grundstücke, Forderungen, Bargeld sowie alle weiteren immateriellen und materiellen Vermögensgegenstände. Vgl. WINKELJOHANN, N./PHILIPPS, H., in: Beck'scher Bilanzkommentar, 10. Aufl., § 240, Rn. 1. Handelsrechtliche Ansatzverbote sind nicht zu berücksichtigen.

1534 Vgl. §§ 240, 241 HGB sowie IDW (Hrsg.), Bestandsaufnahme im Insolvenzverfahren (IDW RH HFA 1.010), Rn. 27. Vgl. zur Inventur im Insolvenzverfahren Abschnitt 433.2 sowie IDW (Hrsg.), Bestandsaufnahme im Insolvenzverfahren (IDW RH HFA 1.010), Rn. 7.

1535 Vgl. zu den Inventurvereinfachungsverfahren BAETGE, J./KIRSCH, H.-J./THIELE, S., Bilanzen, S. 73-81.

men. Nach diesem wird im HGB bei Vermögensgegenständen ohne signifikante Bestandsänderung eine Festmenge angesetzt.[1536] Für eine vollständige Aufnahme der Massegegenstände zu Verfahrensbeginn sind indes die Gegenstände des Sachanlagevermögens und die Roh-, Hilfs- und Betriebsstoffe (RHB) gemäß des Stichtagsprinzips und im Hinblick auf den Zeitpunkt der Verfahrenseröffnung zu erfassen.[1537] Dies wird durch das Festwertverfahren nicht gewährleistet. Im Rahmen der Inventur und im Sinne des Grundsatzes der Vollständigkeit sind alle Gegenstände des UV und des AV aufzunehmen. Die Existenz **immaterieller** Massegegenstände hat der Insolvenzverwalter durch vorhandene Verträge, Urkunden und Saldenbestätigungen nachzuvollziehen.[1538] Für einen Wertansatz sind i. S. d. Beleggrundsatzes sowie des Archivierungsgrundsatzes die entsprechenden Dokumente einzusehen und aufzubewahren.

Zudem sind **selbst geschaffene** materielle und immaterielle Massegegenstände anzusetzen, sofern das insolvente Unternehmen der rechtliche Eigentümer ist, diese ggü. Dritten verwertbar sind und ein Zahlungsmittelzufluss von diesen ausgehen wird.[1539] Unter selbst geschaffene immaterielle Massegegenstände werden z. B. Marken oder Kundendaten gefasst.[1540] Ferner kann, wie bei den Ansatz- und Bewertungsgrundsätzen erläutert, z. B. im Rahmen der Bewertung einer Sachgesamtheit von Massegegenständen ein positiver Unterschiedsbetrag angesetzt werden. Da es sich dabei um eine Residualgröße handelt, ist der Betrag ausschließlich dann anzusetzen, wenn eine konkrete Veräußerungsmöglichkeit besteht und der Wert bzw. der angebotene Preis für eine Sachgesamtheit die Summe der Einzelwerte der Massegegenstände übersteigt.[1541]

1536 Das Festwertverfahren unterstellt, dass keine signifikanten Änderungen im Mengen- und/oder Preisgerüst eintreten. Es wird somit unterstellt, dass sich sowohl Zugänge als auch planmäßige Abschreibungen, Abgänge und ein möglicher Verbrauch ausgleichen. Diese Annahme ist im Insolvenzverfahren nicht haltbar, da zum einen das tatsächliche zum Eröffnungszeitpunkt vorhandene Mengengerüst relevant ist, welches zum anderen aber nicht anhand seiner Buchwerte bewertet wird. Vgl. WINKELJOHANN, N./PHILIPPS, H., in: Beck'scher Bilanzkommentar, 10. Aufl., § 240, Rn. 71 f., sowie Abschnitt 433.53.

1537 Vgl. zum Stichtagsprinzip ausführlich Abschnitt 433.35 sowie PETERS, B., in: Kirchhof/Stürner/Eidenmüller, Kommentar zur InsO, 3. Aufl., § 35, Rn. 71.

1538 Vgl. MÖHLMANN, T., Die Ausgestaltung der Masse- und Gläubigerverzeichnisse, S. 164, sowie IDW (Hrsg.), Bestandsaufnahme im Insolvenzverfahren (IDW RH HFA 1.010), Rn. 8.

1539 Vgl. dazu den Ansatzgrundsatz für Massegegenstände in Abschnitt 433.52; SINZ, R., in: Uhlenbruck/Hirte/Vallender, InsO, 14. Aufl., § 151, Rn. 3, sowie IDW (Hrsg.), Bestandsaufnahme im Insolvenzverfahren (IDW RH HFA 1.010), Rn. 39.

1540 Marken können auch im Insolvenzfall einen Wert haben. So wurden bspw. die Marken Grundig oder Knirps aus der Insolvenz heraus veräußert. Vgl. NESTLER, A., BDU-Grundsätze ordnungsgemäßer Markenbewertung, S. 812 f.

1541 Vgl. ausführlich Abschnitt 433.53 sowie HENI, B., Interne Rechnungslegung, S. 52. Die Systematik kann auch auf die Ebene des gesamten Unternehmens angewendet werden. Darauf wird ausführlich in Abschnitt 521.123. eingegangen.

Unabhängig davon, ob Massegegenstände mit **Absonderungs-** oder **Aussonderungsrechten** belegt sind, sind diese – wenn sie unter die Definition des Ansatzgrundsatzes fallen – im Verzeichnis der Massegegenstände anzusetzen.[1542] Massegegenstände, die mit Aussonderungsrechten belegt sind, gehören nach § 47 InsO grundsätzlich nicht zur Insolvenzmasse.[1543] Im Schrifttum wird jedoch diskutiert, ob diese anzusetzen sind und somit ein Brutto- oder ein Nettoausweis der Massegegenstände beabsichtigt ist.[1544] Im Sinne der Grundsätze der Vollständigkeit sowie der Klarheit und Übersichtlichkeit wäre es, in Anbetracht der Tatsache, dass der Insolvenzverwalter die Rechtslage jedes einzelnen Massegegenstands zu Verfahrensbeginn noch nicht vollständig einschätzen kann, geboten, diese brutto aufzunehmen.[1545] Gerade angesichts des Grundsatzes der zeitnahen Aufstellung ist es möglich, dass die Ausübung von Wahlrechten auf Gegenstände mit Eigentumsvorbehalt gemäß § 107 Abs. 2 InsO noch nicht geklärt ist.[1546] Ein Ansatz ist folglich vor dem Hintergrund einer unvollständigen Transparenz über die Eigentumsverhältnisse zielführend.[1547] Daher wird dem Insolvenzverwalter ein Ansatz der Massegegenstände mit **Aussonderungsrechten** dringend empfohlen.[1548]

Neben den durch die Inventur aufgenommenen Massegegenständen nach § 35 InsO, hat der Insolvenzverwalter – im Sinne der Massemehrung – **anfechtbare Rechtshandlungen** anzusetzen.[1549] Das insolvente Unternehmen ist durch die veränderte Rechtslage im Zuge der Eröffnung des Insolvenzverfahrens der rechtliche Eigentümer der anfechtbaren Massegegenstände, was dem Ansatzgrundsatz entspricht. Anfechtbar sind nach § 129 InsO „Rechtshandlungen, die

---

1542 Die absonderungsberechtigten Massegegenstände unterliegen ferner einem Abräumverbot nach § 166 InsO und dürfen daher freihändig vom Insolvenzverwalter verwertet werden. Vgl. MÖHLMANN, T., Die Ausgestaltung der Masse- und Gläubigerverzeichnisse, S. 164, sowie ausführlich Abschnitt 433.52.

1543 Vgl. SINZ, R., in: Uhlenbruck/Hirte/Vallender, InsO, 14. Aufl., § 151, Rn. 3; FÖRSCHLE, G./WEISANG, A., Rechnungslegung im Insolvenzverfahren, Rn. 13, sowie § 47 InsO.

1544 Vgl. HENI, B., Interne Rechnungslegung, S. 60 f.

1545 Vgl. PINK, A., in: Bonner Handbuch Rechnungslegung, 2. Aufl., Fach 5, Rn. 29; ECKARDT, D., in: Jaeger, InsO Band 5, § 151, Rn. 29; ANDRES, D., in: Nerlich/Römermann, InsO Kommentar, § 151, Rn. 11, sowie JARCHOW, I., in: HamK zum Insolvenzrecht, § 151, Rn. 12. A. A. WEGENER, B., in: Wimmer, FK-InsO, 8. Aufl., § 151, Rn. 8; BECK, R./HÖLZLE, G., Rechnungslegung durch den Insolvenzverwalter, Rn. 217, sowie HEYN, M., Die Erstellung der Verzeichnisse gem. §§ 151-153 InsO, Teil 1, S. 218.

1546 Vgl. IDW (Hrsg.), Bestandsaufnahme im Insolvenzverfahren (IDW RH HFA 1.010), Rn. 18, sowie Abschnitt 433.25.

1547 Vgl. SMID, S., Praxishandbuch Insolvenzrecht, S. 169.

1548 Vgl. ausführlich Abschnitt 433.52; SMID, S., Praxishandbuch Insolvenzrecht, S. 169, sowie IDW (Hrsg.), Bestandsaufnahme im Insolvenzverfahren (IDW RH HFA 1.010), Rn. 18.

1549 Vgl. DEUTSCHER BUNDESTAG (Hrsg.), BT-Drucksache 12/2443, S. 171; PELKA, J./NIEMANN, W., Praxis der Rechnungslegung in Insolvenzverfahren, Rn. 457, sowie FÜCHSL, J./WEISHÄUPL, H./JAFFÉ, M., in: Kirchhof/Stürner/Eidenmüller, Kommentar zur InsO, 3. Aufl., § 151, Rn. 7. Vgl. auch MÄUSEZAHL, U., Schlussrechnungsprüfung, S. 582 f.

vor der Eröffnung des Insolvenzverfahrens vorgenommen worden sind und die Insolvenzgläubiger benachteiligen“[1550]. Vor allem unter dem Aspekt der Vollständigkeit ist ein Ansatz von Anfechtungstatbeständen zielführend.[1551] Indes ist neben dem Ansatz zu prüfen, inwieweit sich der Anfechtungsanspruch tatsächlich materialisieren lässt. Dies ist vor allem für den zweiten Schritt, die Bewertung des Anfechtungstatbestands, relevant.[1552]

521.12 Bewertung im Verzeichnis der Massegegenstände

521.121. Vorbemerkungen

In Bezug auf die Bewertung einzelner Massegegenstände sind diese gemäß des Grundsatzes der Fortführungs- und Zerschlagungsfiktion sowie des Grundsatzes der mehrdimensionalen Bewertung mit ihren Fortführungs- und Liquidationswerten zu bewerten.[1553] Das im vierten Kapitel hergeleitete Zweck-Grundsatz-System ist sowohl für Fortführungs- als auch für Liquidationswerte anzuwenden.[1554] Eine vorauszusetzende Prämisse ist die intersubjektive Nachprüfbarkeit der einzelnen Wertansätze und demnach auch die Anwendung des Grundsatzes der objektiv wahrscheinlichsten Verwertungsalternative.[1555] Der Insolvenzverwalter darf die Massegegenstände nicht rein subjektiv und demnach willkürbehaftet bewerten. Vielmehr müssen die angesetzten Werte durch eine umfangreiche Dokumentation objektivierbar und nachprüfbar sein.

Bei der Bewertung der Liquidations- und der Fortführungswerte ist das Stichtagsprinzip[1556] maßgeblich, wonach die Werte auf den Stichtag der Verfahrenseröffnung zu ermitteln sind. Dies erfordert eine Abzinsung der erwarteten Zahlungseingänge durch die künftige Veräußerung von Massegegenstände auf den Stichtag. So wird die Vergleichbarkeit zwischen einer Liquidations- und einer Fortführungsstrategie gewahrt und die Gläubigerorientierung gefördert. Vor dem Hintergrund des Grundsatzes der Wirtschaftlichkeit hat der Insolvenzverwalter darauf zu achten, dass eine Diskontierung nur dann zielführend ist, wenn sich die durch die Diskon-

---

1550 § 129 Abs. 1 InsO. Detaillierte Regelungen zum Anfechtungsrecht sind in den §§ 130-146 InsO verzeichnet.

1551 Vgl. PÖGGELER, W., Die Aufgaben des Insolvenzrechts, S. 749.

1552 Vgl. Abschnitt 521.12 sowie IDW (Hrsg.), Bestandsaufnahme im Insolvenzverfahren (IDW RH HFA 1.010), Rn. 13.

1553 Vgl. ausführlich Abschnitt 433.42 sowie Abschnitt 433.53.

1554 Vgl. zum Zweck-Grundsatz-System Abschnitt 44. Demnach sind die darin enthaltenen Grundsätze insolvenzspezifischer Rechnungslegung auch für beide Bewertungsansätze zu berücksichtigen.

1555 Vgl. ausführlich Abschnitt 433.46.

1556 Vgl. hinsichtlich des Stichtagsprinzips Abschnitt 433.35.

tierung bedingten Barwerte der Massegegenstände wesentlich vom künftigen Nominalwert unterscheiden. Für den Fall, dass der mit einer Liquidationsstrategie einhergehende Diskontierungszeitraum sehr kurz ist und demzufolge die Differenz zwischen Bar- und Nominalwert marginal ist, kann auf eine Abzinsung verzichtet werden.[1557] Indes ist bspw. bei einer Liquidationsstrategie, die einen über mehrere Jahre andauernden Ausproduktionszeitraum vorsieht, eine Abzinsung durchzuführen.[1558] Durch die Diskontierung wird die Vergleichbarkeit der einzelnen Liquidationsalternativen sichergestellt. Auch bei der Bewertung zu Fortführungswerten wird durch die Anwendung eines *Discounted Cash-Flow* (*DCF*)-Verfahrens der (Brutto-)Unternehmenswert als Barwert zum Zeitpunkt der Verfahrenseröffnung ausgewiesen.[1559]

Für beide Verwertungsfiktionen gilt der Grundsatz der paritätischen Bewertung von Chancen und Risiken. Bestehende Verwertungschancen und -risiken sind gleichermaßen aufzudecken. Demnach sind – wie in Abschnitt 433.53 verdeutlicht – sowohl bei der Bewertung zu Zerschlagungswerten im Fall einer Liquidation, als auch bei der Einzelwertfiktion bei einer Fortführung stille Reserven und stille Lasten aufzudecken.

Beide Verwertungsfiktionen haben gemein, dass – im Sinne des Beleggrundsatzes – zu dokumentieren ist, wie sich die ausgewiesenen Werte inhaltlich zusammensetzen.[1560] Die Dokumentation der ermittelten Liquidations- und Fortführungswerte ist essentiell, damit die Adressaten zum einen die Objektivität der Bewertung und zum anderen die Stetigkeit der angewandten Bewertungsmethoden evaluieren können.[1561] Bei der Bewertung zu Liquidationswerten können, bspw. zur Bestätigung der korrekten Wertangaben, die letzten Einkaufsrechnungen als Belege hinzugezogen werden. Zudem sind bei der Bewertung einer Sachgesamtheit, im Falle einer anteiligen Unternehmensveräußerung, in Form eines *asset deals*, vorliegende Kaufpreisangebote heranzuziehen.[1562]

Ausgewählte Posten des Verzeichnisses der Massegegenstände sind sowohl bei einer Liquidation als auch bei einer Fortführung identisch zu bewerten. Nachfolgend wird auf Sachverhalte eingegangen, deren Bewertung unabhängig von der zugrunde gelegten Verwertungsalternative

---

1557 Vgl. zum Grundsatz der Wirtschaftlichkeit Abschnitt 433.36.

1558 Das IfM Bonn hat analysiert, dass Regelinsolvenzverfahren von Kapitalgesellschaften im Durchschnitt vier Jahre andauern. Vgl. ICKS, A./KRANZUSCH, P., Sanierungen in Insolvenzverfahren, S. 43 f.

1559 Vgl. ausführlich Abschnitt 433.53 sowie IDW (Hrsg.), IDW S 1 i.d.F. 2008, Rn. 22 f.

1560 Vgl. zum Beleggrundsatz ausführlich Abschnitt 433.24.

1561 Vgl. zum Grundsatz der Richtigkeit Abschnitt 433.32 und zum Grundsatz der Stetigkeit Abschnitt 433.33. Vgl. zudem Abschnitt 532. hinsichtlich eines möglichen Erläuterungsteils.

1562 Vgl. BEYER, A./BEYER, A., Verkauf von Kundendaten in der Insolvenz, S. 241 f.

ist. Es sind grundsätzlich sowohl für den Liquidations- als auch den Fortführungsfall entsprechende Wertangaben zu machen. Die Sachverhalte beziehen sich, exklusive der Vorräte des insolventen Unternehmens, vor allem auf das monetäre Umlaufvermögen. So ist der anzusetzende Wert der **Forderungen** des insolventen Unternehmens in beiden Verfahren deckungsgleich. Etwaige Wertkorrekturen, durch bspw. eine Kundeninsolvenz, sind unabhängig von einer geplanten Liquidation oder Fortführung identisch.[1563] Forderungen sind folglich zu ihrem Nominalwert abzüglich einer möglichen Wertkorrektur anzusetzen.[1564] **Wertpapiere** sind bei beiden Verwertungsalternativen zu ihrem aktuellen Marktpreis anzusetzen, es sei denn, dass diese nicht kurzfristig veräußert werden können. Sofern bspw. der Markt für das jeweilige Wertpapier sehr illiquide ist, sind bei einer kurzfristigen Liquidationsstrategie Wertabschläge vorzunehmen.[1565] Der **Kassenbestand** und bestehende **Guthaben** z. B. bei Banken sind sowohl bei einer Liquidation als auch bei der Fortführung mit ihrem Nominalwert anzusetzen. Auch **anfechtbare Rechtsgeschäfte** sind, unabhängig davon, ob das Unternehmen zerschlagen oder fortgeführt werden soll, mit dem gleichen Wert anzusetzen.[1566] Durch ein anfechtbares Rechtsgeschäft sollen Vermögensverschiebungen, die im Vorfeld eines Insolvenzverfahrens lagen und zu einer Benachteiligung der Schuldner geführt haben, rückgängig gemacht werden. Dazu gehören z. B. Zahlungen an Lieferanten, Finanzämter oder Krankenkassen, die vor der Insolvenz geleistet wurden, obwohl der Insolvenzschuldner wusste, dass eine Insolvenz unvermeidbar ist.[1567]

Neben der Eröffnung des Insolvenzverfahrens ist die Tatsache, dass die Insolvenzgläubiger durch abgeschlossene Geschäfte vor der Verfahrenseröffnung benachteiligt wurden, ein erforderlicher Auslöser, um ein vergangenes Rechtsgeschäft anzufechten.[1568] Dies ist unabhängig von der jeweiligen Verwertungsalternative. Bei der Wertermittlung von Anfechtungstatbestän-

---

1563 Vgl. Deutscher Bundestag (Hrsg.), BT-Drucksache 12/2443, S. 171, sowie Heyn, M., Die Erstellung der Verzeichnisse gem. §§ 151-153 InsO, Teil 1, S. 219. Denkbar wäre auch ein Verkauf der Forderungen (*Factoring*), um einen zeitnahen Liquiditätszufluss zu generieren.

1564 Vgl. zustimmend IDW (Hrsg.), Bestandsaufnahme im Insolvenzverfahren (IDW RH HFA 1.010), Rn. 51. Heyn schlägt einen Wertabschlag i. H. v. 20 % des Forderungswertes vor. Vgl. Heyn, M., Die Erstellung der Verzeichnisse gem. §§ 151-153 InsO, Teil 1, S. 220. Dieser pauschalen Wertkorrektur ist nicht zuzustimmen, vielmehr müssen die einzelnen Forderungen individuell bewertet werden.

1565 Vgl. dazu ausführlich Abschnitt 521.122.

1566 Vgl. Laubereau, S., Die Delegation der Ermittlung von Anfechtungsansprüchen, S. 496.

1567 Vgl. Hiebert, O., Anfechtungsfeste Berater-Honorare, S. 254.

1568 Vgl. § 129 Abs. 1 InsO.

den sollte der anfechtbare Betrag des Rechtsgeschäfts mit der Wahrscheinlichkeit, dass die Anfechtungsklage erfolgreich sein wird, gewichtet werden.[1569] Für eine transparente Kommunikation ggü. den Gläubigern sind die einzelnen Anfechtungstatbestände zu erläutern.

521.122. Liquidationswerte

Wie in Abschnitt 521.11 analysiert, hat der Insolvenzverwalter den vollständigen Ansatz aller Massegegenstände sicherzustellen. Grundsätzlich ist im Anschluss an den Berichtstermin und wenn in der Gläubigerversammlung kein anderer Beschluss gefasst wurde „unverzüglich das zur Insolvenzmasse gehörende Vermögen zu verwerten"[1570]. Demzufolge ist in einem Regelinsolvenzverfahren von einer zeitnahen Verwertung auszugehen. Zur Entscheidungsfindung der Gläubiger sind entsprechend die Werte einer sofortigen Liquidation zu ermitteln.

Aus der hohen Liquidationsgeschwindigkeit bei einer sofortigen Liquidation resultiert zumeist gleichzeitig eine geringe Liquidationsintensität.[1571] Der unmittelbare Verwertungsdrang hat einen signifikanten Einfluss auf die im Verzeichnis der Massegegenstände anzusetzenden Werte. Je schneller die Veräußerung von Massegegenständen umgesetzt wird, desto höher sind die anzusetzenden Wertabschläge.[1572]

Für den Wertansatz im Verzeichnis der Massegegenstände hat der Insolvenzverwalter im **ersten Schritt** die **beizulegenden Zeitwerte für die einzelnen Massegegenstände** zu bestimmen.[1573] Somit soll die Bewertung möglichst marktnah und damit frei von subjektiven Einflüssen sein.[1574] Hierdurch kann die erforderliche Objektivierung der Bewertung sichergestellt wer-

---

[1569] Aufgrund der hohen Komplexität, die mit der Ermittlung von Anfechtungstatbeständen verbunden ist, kann der Insolvenzverwalter diese an einen Dritten delegieren. Dies wirkt sich indes negativ auf die Insolvenzmasse aus, da für die Fremdvergabe Kosten anfallen. Vgl. LAUBEREAU, S., Die Delegation der Ermittlung von Anfechtungsansprüchen, S. 498.

[1570] § 159 InsO. Im Sinne der Gläubigerautonomie liegt die Entscheidungsgewalt über den Verfahrensverlauf bei diesen. Vgl. BALTHASAR, H., in: Nerlich/Römermann, InsO Kommentar, § 159, Rn. 1, sowie SPONAGEL, M., Gläubigerinformation im Insolvenzverfahren, S. 275 f.

[1571] Vgl. ausführlich Abschnitt 433.53; IDW (Hrsg.), IDW S 11, Rn. 74, sowie WEGENER, B., in: Wimmer, FK-InsO, 8. Aufl., § 151, Rn. 15.

[1572] Vgl. ALDERSON, M. J./BETKER, B. L., Liquidation Costs and Accounting Data, S. 35 f.; CAMPBELL, J. Y./GIGLIO, S./PATHAK, P., Forced Sales and House Prices, S. 2110; PULVINO, T. C., Do Asset Fire Sales Exist?, S. 972 f., sowie VON BODUNGEN, B., in: Beck'scher InsO Kommentar, 2. Aufl., § 151, Rn. 16.

[1573] Der beizulegende Zeitwert ist gemäß § 255 Abs. 4 S. 1 HGB der Marktpreis. Dies setzt voraus, dass ein aktiver Markt besteht. Sofern ein aktiver Markt fehlt, sind nach § 255 Abs. 4 S. 2 HGB anerkannte andere Bewertungsmethoden, wie z. B. DCF-Verfahren oder Optionspreismodelle, anzuwenden. Vgl. SCHUBERT, W./PASTOR, C., in: Beck'scher Bilanzkommentar, 10. Aufl., § 255, Rn. 519, sowie VON BODUNGEN, B., in: Beck'scher InsO Kommentar, 2. Aufl., § 151, Rn. 16.

[1574] Vgl. SCHUBERT, W./PASTOR, C., in: Beck'scher Bilanzkommentar, 10. Aufl., § 255, Rn. 514.

den. Die Definition des beizulegenden Zeitwerts impliziert, dass die Preissetzung zwischen Geschäftspartnern stattfindet, die sowohl sachverständig als auch vertragswillig und voneinander unabhängig (*at arm's length*) sind.[1575] Die Definition setzt somit u. a. voraus, dass die Geschäftspartner voneinander unabhängig sind. Indes besteht durch die beschlossene sofortige Liquidation die zwingende Notwendigkeit, dass der Insolvenzverwalter die Massegegenstände unverzüglich veräußert.[1576] Dementsprechend ist der Insolvenzverwalter vom potenziellen Erwerber i. w. S. abhängig. Daher kann der beizulegende Zeitwert zwar als Ausgangsgröße herangezogen werden, ist jedoch im **zweiten Schritt** um einen **Wertabschlag zu korrigieren**. Je liquider der Markt für einen Massegegenstand ist, desto geringer ist die Abhängigkeit von einem einzelnen Erwerber.[1577] Entsprechend unabhängiger ist der Insolvenzverwalter von den singulären Interessen eines potenziellen Käufers. Je illiquider der Markt ist, desto größer ist folglich der vorzunehmende Wertabschlag.[1578] Neben der Liquidität des Markts hat die angestrebte Veräußerungsgeschwindigkeit Einfluss auf den anzusetzenden Wertabschlag. Hier gilt grundsätzlich – analog zur Marktliquidität –, dass je schneller ein Gegenstand veräußert werden muss, desto größer ist die anzusetzende Wertkorrektur.[1579] Für Massegegenstände, welche unter der Annahme einer sofortigen Liquidation zu bewerten sind, besteht die Bewertung im Allgemeinen aus zwei Schritten: Im ersten Schritt werden die beizulegenden Zeitwerte ermittelt. Im zweiten Schritt wird der individuelle Wertabschlag erhoben und die Wertkorrektur durchgeführt. Die getrennte Dokumentation des beizulegenden Zeitwerts und des spezifischen Wertabschlags fördert die Klarheit und Übersichtlichkeit der Rechnungslegung. Nachdem die allgemeine Bewertungskonzeption für Liquidationswerte vorgestellt wurde, werden nachfolgend ausgewählte Sachverhalte analysiert.

Für die einzelnen Posten des AV bedeutet dies, dass für **immaterielle Massegegenstände** wie z. B. entgeltlich erworbene Konzessionen, Kundenkarteien, Rechte oder Lizenzen im ersten Schritt die in der spezifischen Situation am Absatzmarkt erzielbaren Veräußerungserlöse zu

---

1575 Vgl. IDW (Hrsg.), IDW PS 314 n. F., Rn. 15, sowie SCHUBERT, W./PASTOR, C., in: Beck'scher Bilanzkommentar, 10. Aufl., § 255, Rn. 513.

1576 Vgl. § 159 InsO.

1577 Die Liquidität eines Massegegenstands ist u. a. von dessen Nutzungsspektrum abhängig. Vgl. DE VARGAS, S. R./ZOLLNER, T., Liquidationswert als objektivierter Unternehmenswert, S. 118.

1578 Vgl. IDW (Hrsg.), IDW PS 314 n. F., Rn. 17.

1579 Vgl. CAMPBELL, J. Y./GIGLIO, S./PATHAK, P., Forced Sales and House Prices, S. 2129 f.

ermitteln sind.[1580] Sofern kein Markt existiert, sind im Bedarfsfall Bewertungsgutachten einzuholen.[1581] Gleiches gilt für selbst geschaffene immaterielle Massegegenstände.[1582] Im zweiten Schritt ist wieder der von der Marktliquidität abhängige Wertabschlag zu ermitteln.[1583] Im Verzeichnis der Massegegenstände ist alsdann die Differenz aus Veräußerungserlös und Wertabschlag anzusetzen.[1584] Zu berücksichtigen ist indes, dass die Verwertungskosten separat im Gläubigerverzeichnis auszuweisen sind.

Neben den immateriellen Massegegenständen sind die **Sachanlagen** im Fall einer sofortigen Liquidation zu bewerten. Grundstücke, technische Anlagen und Maschinen sowie Anlagen, Betriebs- und Geschäftsausstattung sind ebenfalls mit ihren Marktpreisen zu bewerten.[1585] Wie bereits erläutert, sind die einzelnen Massegegenstände – in Abhängigkeit von der Marktliquidität – im Einzelfall um Wertabschläge zu korrigieren. Überdies sind im Sinne des Saldierungsverbots für die Veräußerung entstehende Kosten wie z. B. Demontagekosten für eine Maschine als **Masseverbindlichkeiten** zu berücksichtigen.[1586] Anlagen im Bau sind, abhängig vom Baufortschritt, mit ihren voraussichtlich am Markt erzielbaren Veräußerungserlösen zu bewerten.[1587] Dies kann im Ergebnis zu einem Wertansatz zu Schrottwerten führen.[1588] Vom voraussichtlich für eine Sachgesamtheit erzielbaren Kaufpreis, der z. B. in Form eines Kaufangebots vorliegt, sind die beizulegenden Zeitwerte der der Sachgesamtheit zugehörigen Massegegenstände zu subtrahieren.[1589] Der Saldo aus Kaufpreisangebot und Summe der beizulegenden Zeitwerte ist dann als positiver Unterschiedsbetrag separat für jede Sachgesamtheit anzusetzen

---

1580 Vgl. KASPERZAK, R./BASTINI, K., Unternehmensbewertung zum Liquidationswert, S. 286; HÖFFNER, D., Fortführungswerte in der Vermögensübersicht nach § 153 InsO, S. 2089; HILLEBRAND, C., Rechnungslegung in der Insolvenz, 4. Aufl., S. 63, sowie FRIEß, R., Sanierungsentscheidung im Insolvenzfall, S. 656.

1581 Vgl. WINKELJOHANN, N./DEUBERT, M., in: Beck'scher Bilanzkommentar, 10. Aufl., § 301, Rn. 82. Indes hat der Insolvenzverwalter dabei den Grundsatz der Wirtschaftlichkeit zu beachten.

1582 Vgl. SINZ, R., in: Uhlenbruck/Hirte/Vallender, InsO, 14. Aufl., § 151, Rn. 3, sowie IDW (Hrsg.), Bestandsaufnahme im Insolvenzverfahren (IDW RH HFA 1.010), Rn. 39.

1583 Vgl. PULVINO, T. C., Do Asset Fire Sales Exist?, S. 972 f.

1584 Demzufolge wird der Netto-Wert der Differenz aus Veräußerungserlös und Wertabschlag angesetzt. In Bezug auf die Verwertungskosten ist indes das Saldierungsverbot zu berücksichtigen.

1585 Vgl. WINKELJOHANN, N./DEUBERT, M., in: Beck'scher Bilanzkommentar, 10. Aufl., § 301, Rn. 82, sowie PLATE, G., Die Konkursbilanz, S. 121 f.

1586 Vgl. PLATE, G., Die Konkursbilanz, S. 123 f., sowie IDW (Hrsg.), Bestandsaufnahme im Insolvenzverfahren (IDW RH HFA 1.010), Rn. 42-44.

1587 A. A. IDW (Hrsg.), Bestandsaufnahme im Insolvenzverfahren (IDW RH HFA 1.010), Rn. 45.

1588 A. A. HILLEBRAND, C., Rechnungslegung in der Insolvenz, 4. Aufl., S. 63.

1589 Vgl. SCHMITT, J./MÖHLMANN-MAHLAU, T., Die Insolvenzeröffnungsbilanz und ihre Bedeutung, S. 706; HILLEBRAND, C., Rechnungslegung in der Insolvenz, 4. Aufl., S. 63, sowie IDW (Hrsg.), Bestandsaufnahme im Insolvenzverfahren (IDW RH HFA 1.010), Rn. 40.

und auszuweisen. Die zu den jeweiligen Sachgesamtheiten gehörenden positiven Unterschiedsbeträge sind einzeln auszuweisen.

Finanzanlagen sind ebenso mit ihren beizulegenden Zeitwerten gemindert um voraussichtliche Wertabschläge zu bewerten.[1590] Auch hier ist die Liquidationsperspektive maßgeblich. Demzufolge sind bspw. die Anteile an verbundenen Unternehmen mit ihren tatsächlich am Markt erzielbaren Werten anzusetzen.[1591] Die durch die Insolvenz des Mutterunternehmens entstehenden Implikationen auf das Unternehmen, an dem eine Beteiligung besteht, sind in der Bewertung der Unternehmensanteile zu berücksichtigen.

Wie beim AV ist auch beim **UV** und im speziellen bei den **Vorräten** die Absatzmarktperspektive maßgeblich. Die RHB sind mit ihren am Markt erzielbaren Preisen anzusetzen, die wiederum – je nach Liquidität des Marktes – um Wertabschläge zu korrigieren sind. Wie bei den Anlagen im Bau sind die beizulegenden Zeitwerte der unfertigen Erzeugnisse und unfertigen Leistungen u. a. von ihrem Fertigstellungsgrad abhängig. Sofern die Fertigstellung noch nicht absehbar ist, sind die unfertigen Erzeugnisse mit ihrem Schrottpreis, der je nach Marktliquidität ggf. um Wertabschläge zu vermindern ist, anzusetzen.[1592]

Abhängig vom Inhalt der einzelnen Posten des handelsrechtlichen **aktiven Rechnungsabgrenzungsposten** (ARAP) können die im ARAP enthaltenen bereits bezahlten Leistungen weiterveräußert oder zurückverlangt werden.[1593] So können bspw. bereits entrichtete Raummieten evtl. vom Vermieter zurückverlangt werden, falls die Immobilie nach der Verfahrenseröffnung nicht mehr genutzt wird.[1594] Somit würde eine Forderung ggü. dem Vermieter oder bei einer Weiterveräußerung an eine dritte Partei ggü. dieser entstehen. Wenn die zukünftige, durch den ARAP abgegoltene Leistung nicht an eine dritte Partei veräußert oder die Zahlungen nicht zurückverlangt werden können, darf eine potenzielle Forderung auch nicht im Verzeichnis der Massegegenstände angesetzt werden.[1595]

1590 Vgl. PLATE, G., Die Konkursbilanz, S. 127 f.

1591 Vgl. IDW (Hrsg.), Bestandsaufnahme im Insolvenzverfahren (IDW RH HFA 1.010), Rn. 46.

1592 Die Bewertung von Forderungen, Wertpapieren sowie dem Kassenbestand wurden bereits in Abschnitt 521.121. diskutiert.

1593 Vgl. PLATE, G., Die Konkursbilanz, S. 136.

1594 Hier ist der Ansatzgrundsatz maßgeblich, wonach die der Zahlung des ARAP entgegenstehende Gegenleistung ggü. Dritten verwertbar sein muss und daraus ein Zahlungsmittelzufluss zu erwarten ist.

1595 Vgl. IDW (Hrsg.), Bestandsaufnahme im Insolvenzverfahren (IDW RH HFA 1.010), Rn. 55.

Neben der sofortigen Liquidation hat der Insolvenzverwalter zu prüfen, ob es masseoptimal sein kann, eine **Ausproduktion** durchzuführen.[1596] Massegegenstände, die nicht betriebsnotwendig sind, können grundsätzlich sofort liquidiert werden.[1597] Indes ist zu berücksichtigen, dass das Unternehmen temporär fortgeführt wird. Demnach können die Massegegenstände des nicht betriebsnotwendigen Vermögens auch durchaus später veräußert werden. So fallen die vom Liquidationszeitpunkt abhängigen Wertabschläge, die den Marktpreis mindern, ggf. geringer aus als bei einer sofortigen Liquidation.[1598] Das nicht-betriebsnotwendige Vermögen umfasst die Massegegenstände, die nicht der operativen Geschäftstätigkeit dienen, wie z. B. Wertpapiere oder Kunstgegenstände.[1599]

Für das betriebsnotwendige Vermögen, wie technische Anlagen und Maschinen sowie RHB, sind die im Zuge der **Ausproduktion** erzielbaren Verwertungserlöse zu prognostizieren.[1600] Die für die sofortige Liquidation ermittelten Marktpreise bilden einen ersten Anhaltspunkt. Bei der Bewertung ist indes zu berücksichtigen, dass Massegegenstände z. B. durch Abnutzung an Wert einbüßen. So ist zu prüfen, ob Gegenstände des AV, bspw. immaterielle Massegegenstände wie Lizenzen, durch die weitere Nutzung an Wert verlieren. Gleiches gilt für Sachanlagen. Sofern technische Anlagen und Maschinen zur Produktion genutzt werden, ist auch deren Werteverzehr in die Bewertung einzubeziehen.[1601] Dahingegen ist ebenso zu berücksichtigen, dass bspw. Anlagen im Bau fertiggestellt werden können. Dies wirkt sich in der Regel positiv auf die Insolvenzmasse aus. Wenn unfertige Erzeugnisse ausproduziert werden, ist davon auszugehen, dass höhere Verwertungserlöse erwirtschaftet werden als bei einer Veräußerung unfertiger Erzeugnisse.[1602] Somit ist ein Wertzuwachs im UV zu erwarten. Der Insolvenzverwalter

---

1596 Vgl. SINZ, R., in: Uhlenbruck/Hirte/Vallender, InsO, 14. Aufl., § 151, Rn. 7. Eine Ausproduktion ist indes nur möglich, wenn im Unternehmen ausreichend liquide Mittel vorhanden sind, um den Geschäftsbetrieb temporär aufrechtzuerhalten. Auch für die Ausproduktion ist eine (überschaubare) Planrechnung zu erstellen. Vgl. MÖNNING, R.-D., Betriebsfortführung in der Insolvenz, Rn. 747.

1597 Vgl. FRIEß, R., Sanierungsentscheidung im Insolvenzfall, S. 656; KUHNER, C./MALTRY, H., Unternehmensbewertung, S. 43, sowie ERNST, D./SCHNEIDER, S./THIELEN, B., Unternehmensbewertungen erstellen und verstehen, S. 144.

1598 Vgl. FRIEß, R., Sanierungsentscheidung im Insolvenzfall, S. 656 f. WEGENER geht sogar davon aus, dass die Liquidationswerte bei einer Ausproduktion mit den Marktpreisen identisch sind und demnach kein Wertabschlag vorzunehmen ist. Vgl. WEGENER, B., in: Wimmer, FK-InsO, 8. Aufl., § 151, Rn. 15.

1599 Vgl. ERNST, D./SCHNEIDER, S./THIELEN, B., Unternehmensbewertungen erstellen und verstehen, S. 144.

1600 Die angesetzten Prognosen müssen den Anforderungen der Dokumentationsgrundsätze genügen und vor allem die Grundsätze der Richtigkeit sowie der Klarheit und Übersichtlichkeit erfüllen. Vgl. FÜCHSL, J./WEISHÄUPL, H./JAFFÉ, M., in: Kirchhof/Stürner/Eidenmüller, Kommentar zur InsO, 3. Aufl., § 153, Rn. 2.

1601 Vgl. LEFFSON, U., Die Grundsätze ordnungsmäßiger Buchführung, S. 187.

1602 Vgl. MÖNNING, R.-D., Betriebsfortführung in der Insolvenz, Rn. 716.

hat indes auch die damit verbundenen Kosten zu prognostizieren und als Masseverbindlichkeiten anzusetzen.[1603] Nur wenn der potenzielle Verwertungserlös, der durch die Ausproduktion erwirtschaftet werden kann, die damit verbundenen Kosten übersteigt, wird eine Ausproduktion von rational agierenden Gläubigern in Erwägung gezogen.

Da der Veräußerungszeitpunkt bei einer Ausproduktion weit hinter dem Zeitpunkt einer Liquidation liegen kann, sind die um den Wertabschlag reduzierten erzielbaren Marktpreise auf den Zeitpunkt der Verfahrenseröffnung ggf. abzuzinsen. Somit wird dem Diskontierungsgrundsatz entsprochen und die Barwerte der Liquidationsalternativen sind im Zeitpunkt der Verfahrenseröffnung vergleichbar.[1604]

521.123. Fortführungswerte

Neben den Liquidationswerten hat der Insolvenzverwalter im Sinne eines mehrdimensionalen Wertausweises Fortführungswerte zu bestimmen.[1605] Gemäß § 151 InsO sind nach dem Willen des Gesetzgebers Fortführungseinzelwerte anzusetzen. Da indes, wie in Abschnitt 433.53 analysiert, keine valide Konzeption für die direkte Ermittlung von Einzelfortführungswerten besteht, wird auf das Konzept einer Einzelwertfiktion und damit der Kaufpreisallokation nach § 301 HGB zurückgegriffen.[1606] Dafür werden einzelne Fortführungswerte i. S. d. Einzelwertfiktion indirekt über den ermittelten Unternehmenswert abgeleitet.

Zunächst hat der Insolvenzverwalter im Sinne einer dauerhaften Unternehmensfortführung – nach § 151 Abs. 2 S. 3 InsO mit Unterstützung eines Sachverständigen und unter Hinzuziehung der Gläubiger – ein Fortführungskonzept für das Unternehmen zu erstellen.[1607] Wenn die Insolvenz durch einen kurzfristigen Liquiditätsengpass und nicht durch eine grundsätzlich mangelhafte operative Wirtschaftlichkeit ausgelöst wurde, hat der Insolvenzverwalter ein tragbares Fortführungskonzept zu entwickeln.[1608] In diesem wird das Unternehmen voraussichtlich in der

---

1603 Dies können bspw. Energiekosten sein.

1604 Vgl. dazu ausführlich den Grundsatz der Diskontierung Abschnitt 433.45. Auf die Diskontierung der Gläubigerforderungen wird in Abschnitt 522.22 eingegangen.

1605 Vgl. § 151 Abs. 2 InsO.

1606 Vgl. NICKERT, C., Unternehmensbewertung in der Insolvenz, S. 84-90, sowie im Handelsrecht ZWIRNER, C./BUSCH, J./MUGLER, J., Kaufpreisallokation und Impairment-Test, S. 425, sowie KUNATH, O., Kaufpreisallokation, S. 107 f.

1607 Vgl. MÖNNING, R.-D., Betriebsfortführung in der Insolvenz, Rn. 764. Der Insolvenzverwalter sollte die Gläubiger bei der Erstellung eines Fortführungskonzepts frühzeitig hinzuziehen, um ggf. mögliche Sanierungsbeiträge abzustimmen. Vgl. STEFFAN, B., Der Fortführungswert im Vermögensstatus, S. 109.

1608 Vgl. STEFFAN, B., Der Fortführungswert im Vermögensstatus, S. 108, sowie MÖNNING, R.-D., Betriebsfortführung in der Insolvenz, Rn. 787 f. Nach § 218 InsO kann der Insolvenzplan durch den Insolvenzverwalter oder den Schuldner vorgelegt werden. Vgl. auch Abschnitt 212.22.

Lage sein, positive Cashflows zu erwirtschaften und sich somit ein **positiver Unternehmenswert** ergeben.[1609] In dem Sanierungskonzept können Sanierungsbeiträge der Gläubiger berücksichtigt werden. Das erarbeitete Konzept kann dann im Berichtstermin diskutiert und ggf. im Anschluss nachgebessert werden. Ferner können konkrete Kaufpreisangebote potenzieller Erwerber vorliegen, die als Basis für den Unternehmenswert genutzt werden können.[1610] Sofern kein tragbares Fortführungskonzept entwickelt werden kann, da das Produkt oder die Dienstleistung des insolventen Unternehmens, z. B. bedingt durch disruptive Markteinflüsse, nicht mehr nachgefragt wird, hat der Insolvenzverwalter dies im Sinne des Grundsatzes der wahrscheinlichsten Verwertungsalternative mitzuteilen.[1611]

Im Rahmen der Bruttokapitalisierung sind die auf Basis des Fortführungskonzepts prognostizierten künftigen Zahlungsströme mit dem gewogenen durchschnittlichen Kapitalkostensatz (*weighted average cost of capital; WACC*) zu diskontieren.[1612] Die periodenspezifischen Cashflows hat der Insolvenzverwalter innerhalb des Fortführungskonzepts zu kalkulieren.[1613] Somit wird im **ersten Schritt der Wert des Gesamtkapitals des Unternehmens** ermittelt.[1614] In einem **zweiten Schritt** werden die **beizulegenden Zeitwerte der Massegegenstände** vom Wert des Gesamtkapitals des Unternehmens **subtrahiert**. Die beizulegenden Zeitwerte der Massegegenstände basieren auf den Werten, die für die sofortige Liquidation ermittelt wurden. Indes sind diese nicht um Wertabschläge zu korrigieren. Die beizulegenden Zeitwerte sind wie bei den Liquidationswerten einzeln auszuweisen.[1615] Die zwischen den beizulegenden Zeitwerten und dem Wert des Gesamtkapitals des Unternehmens entstehende Differenz ist, sofern der Wert des Gesamtkapitals die Summe der beizulegenden Zeitwerte übersteigt, als **positiver Unterschiedsbetrag im Verzeichnis der Massegegenstände** anzusetzen. Für den Fall, dass der Wert des Gesamtkapitals geringer als die Summe der beizulegenden Zeitwerte ist, entsteht ein negativer Unterschiedsbetrag. Da die Gläubigerrechte die Hierarchie der Befriedigung durch die einzelnen Massegegenstände bestimmen, ist ein negativer Unterschiedsbetrag nicht pauschal

---

1609 Vgl. STEFFAN, B., Der Fortführungswert im Vermögensstatus, S. 109. Vgl. zu den möglichen Ermittlungsmethoden BALLWIESER, W., Bewertung von Unternehmen und Kaufpreisgestaltung, S. 83-98.

1610 Vgl. HÖFFNER, D., Fortführungswerte in der Vermögensübersicht nach § 153 InsO, S. 2091.

1611 Vgl. LEFFSON, U., Die Grundsätze ordnungsmäßiger Buchführung, S. 187, sowie MÖNNING, R.-D., Betriebsfortführung in der Insolvenz, Rn. 789.

1612 Vgl. BLÖSE, J./WIELAND-BLÖSE, H., Praxisleitfaden Insolvenzreife, S. 129 f., sowie BAETGE, J. U. A., Darstellung des DCF-Verfahrens, S. 359 und S. 362-364, sowie Abschnitt 433.53.

1613 Vgl. BAETGE, J. U. A., Darstellung des DCF-Verfahrens, S. 373.

1614 Vgl. MUGLER, J./ZWIRNER, C., DCF-Verfahren, Rn. 13-32, sowie BAETGE, J. U. A., Darstellung des DCF-Verfahrens, S. 361.

1615 Die beizulegenden Zeitwerte sind gemäß § 255 Abs. 4 HGB zu ermitteln, vgl. ausführlich Fn. 1573.

über alle Massegegenstände zu allokieren. Vielmehr ist dieser lediglich auf die Massegegenstände zu verteilen, an denen keine prioritären Rechte wie z. B. Absonderungsrechte bestehen.

Bei einem konkreten Kaufpreisangebot für das gesamte Unternehmen kann analog verfahren werden.[1616] Sofern das Angebot geringer ist als die Summe der beizulegen Zeitwerte, ist der negative Unterschiedsbetrag auf die Massegegenstände ohne prioritäre Rechte zu verteilen. Ein positiver Unterschiedsbetrag ggü. den beizulegenden Zeitwerten wäre ebenso separat auszuweisen.

521.13 Ausweis im Verzeichnis der Massegegenstände

In der InsO sind für das Verzeichnis der Massegegenstände keine expliziten Gliederungsvorschriften vorgegeben.[1617] Durch den Grundsatz des mehrdimensionalen Ausweises wird indes sowohl eine horizontale als auch eine vertikale Gliederungsstruktur festgelegt.[1618] Für eine adressatenorientierte Rechnungslegung muss bei der Gliederung der Grundsatz der Klarheit und Übersichtlichkeit sowie der Grundsatz der Stetigkeit beachte werden. Die horizontale Struktur hat die im Rahmen der Bewertung kalkulierte Mehrdimensionalität der einzelnen Massegegenstände zu berücksichtigen.[1619] So sind die einzelnen Massegegenstände sowohl einzeln auszuweisen als auch eindeutig zu betiteln.[1620] In der Vermögensübersicht werden die einzelnen Massegegenstände dann aggregiert, indes sind gleichartige Vermögensgegenstände als Gruppe zusammenzufassen.[1621] Der Einzelausweis stellt sicher, dass die Existenz der einzelnen Massegegenstände nachvollzogen werden kann. Dies fördert den Grundsatz der Vollständigkeit und wirkt möglichen Informationsverlusten entgegen.[1622] Ferner sind neben einer eindeutigen Bezeichnung die im Zuge der Inventur ermittelten Mengen jedes Massegegenstands anzugeben.[1623] Nachdem das Mengengerüst gleichartiger Massegegenstände angegeben wurde, sind

1616 Im Jahr 2016 wurden bspw. mehrere Unternehmen aus der Insolvenzmasse der Unister Holding GmbH in einem Bieterverfahren veräußert. Vgl. FLÖTHER UND WISSING (Hrsg.), Unister Holding: Insolvenzverfahren eröffnet. In dem Zuge wurden einzelne Gesellschaften in einem Bieterverfahren veräußert. Vgl. REIMANN, A., Unister-Insolvenz: Erster Verkauf.

1617 Vgl. § 151 InsO; MÖHLMANN-MAHLAU, T., Insolvenzbilanzen, S. 204, sowie MÖHLMANN, T., Die Ausgestaltung der Masse- und Gläubigerverzeichnisse, S. 165.

1618 Vgl. ausführlich Abschnitt 433.56.

1619 Vgl. ausführlich Abschnitt 433.56, sowie MÖHLMANN, T., Die Ausgestaltung der Masse- und Gläubigerverzeichnisse, S. 165.

1620 Vgl. § 151 Abs. 2 InsO.

1621 Für die Aggregation der Werte kann analog zu § 240 Abs. 4 HGB vorgegangen werden.

1622 Vgl. für die KO PLATE, G., Die Konkursbilanz, S. 192. Eine Aggregation der einzelnen Massegegenstände ist in der Vermögensübersicht nach § 153 InsO enthalten.

1623 Ferner soll wie in Abschnitt 433.56 beschrieben die Art der Massegegenstände abgebildet werden. Da dies eine qualitative Information zum Massegegenstand ist, sollte sie im Erläuterungsbericht verortet sein. Vgl. Abschnitt 532.12.

im Sinne des Grundsatzes der Fortführungs- und Zerschlagungsfiktion die Liquidations- und Fortführungswerte anzugeben.[1624] Wie im vorherigen Abschnitt erläutert, sind die anzusetzenden Liquidationswerte von der angestrebten Liquidationsstrategie abhängig. Die Fortführungswerte sind im Zuge der Einzelwertfiktion als beizulegende Zeitwerte anzusetzen. Darüber hinaus sollten – sofern vorhanden – aktuelle handelsrechtliche Buchwerte ausgewiesen werden.[1625] Diese dienen zwar nicht als Entscheidungsgrundlage für die Gläubiger, gleichwohl helfen sie, stille Reserven oder Lasten ggü. den beizulegenden Zeitwerten zu identifizieren.[1626] Außerdem hat der Insolvenzverwalter die zu den Massegegenständen gehörenden Rechte, d. h. Absonderungs- und Aussonderungsrechte, welche ggü. einzelnen Massegegenständen bestehen, anzugeben. So erhalten die absonderungsberechtigten Gläubiger eine direkte Information über ihre Befriedigungsquote. Da die ausgewiesenen Beträge nicht selbsterklärend sind, sollte im horizontalen Ausweis zudem auf die den einzelnen Massegegenständen zugehörigen Erläuterungen verwiesen werden.[1627]

Mit Bezug auf das Saldierungsverbot ist zu berücksichtigen, dass die Massegegenstände brutto auszuweisen sind.[1628] Dementsprechend sind die mit der Liquidation eines Massegegenstands entstehenden Kosten separat im Gläubigerverzeichnis als Masseverbindlichkeiten auszuweisen.[1629] Eine Verrechnung mit dem Wert des Massegegenstands ist nicht gestattet.

Das folgende Beispiel soll die einzelnen Wertansätze und den damit verbundenen Ausweis deutlich machen. Ein insolventes Unternehmen hat am 15.11.2009 einen Insolvenzantrag gestellt. Das Verfahren wurde am 01.01.2010 eröffnet. Der Insolvenzverwalter hat als Massegegenstand u. a. eine Spezialmaschine anzusetzen, die am 01.01.2000 für EUR 15.000.000 angeschafft wurde und linear über 15 Jahre abzuschreiben ist. Die Maschine ist weder mit Aussonderungs- noch mit Absonderungsrechten belegt. Der Buchwert der Maschine am 01.01.2010 liegt bei EUR 5.000.000. Indes ist bekannt, dass die Maschine wesentlich länger als 15 Jahre genutzt werden kann. Daher liegt der Marktpreis bzw. beizulegende Zeitwert der Maschine bei

1624 Vgl. ausführlich Abschnitt 433.56.

1625 Vgl. MÖHLMANN, T., Die Ausgestaltung der Masse- und Gläubigerverzeichnisse, S. 165, sowie PLATE, G., Die Konkursbilanz, S. 195. A. A. HILLEBRAND, C., Insolvenzrechtliche Rechnungslegung, S. 267.

1626 In der RegB ist lediglich festgelegt, dass die handelsrechtlichen Buchwerte nicht als Entscheidungsgrundlage dienen sollen. Vgl. DEUTSCHER BUNDESTAG (Hrsg.), BT-Drucksache 12/2443, S. 172. MÖHLMANN hingegen sieht keinen Mehrwert in der Angabe von Buchwerten. Vgl. MÖHLMANN, T., Die Ausgestaltung der Masse- und Gläubigerverzeichnisse, S. 165 f.

1627 Vgl. MÖHLMANN-MAHLAU, T., Insolvenzbilanzen, S. 204.

1628 Vgl. dazu das Saldierungsverbot in Abschnitt 433.43.

1629 Indes ist der Liquidationswert, wie in Abschnitt 521.122. analysiert, als Nettoposition zwischen dem beizulegenden Zeitwert/Marktpreis und dem anzunehmenden Wertabschlag anzusetzen.

EUR 6.000.000 und demnach über dem Buchwert. Für eine sofortige Liquidation liegt dem Insolvenzverwalter ein Kaufpreisangebot i. H. v. EUR 4.000.000 vor. Durch die zeitnahe Veräußerung und aufgrund des sehr illiquiden Markts ist ein Wertabschlag auf den beizulegenden Zeitwert vorzunehmen. Dieser Wertabschlag liegt bei ca. 33 % des Marktpreises und demzufolge bei EUR 2.000.000. Die Demontagekosten der Maschine würden EUR 400.000 betragen. Für den Fall, dass die Demontage vom Käufer oder einem externen Dienstleister übernommen wird, sind die Kosten im Gläubigerverzeichnis als Masseverbindlichkeit anzusetzen. Da das insolvente Unternehmen seit geraumer Zeit nicht mehr von seinen Lieferanten beliefert wird, sind keine RHB vorrätig. Eine Ausproduktion wird daher grundsätzlich nicht angestrebt. Dem Insolvenzverwalter liegt allerdings ein Kaufpreisangebot eines strategischen Investors für das gesamte Unternehmen vor. Nach einer ersten Einschätzung liegt das Angebot über der Summe der beizulegenden Zeitwerte der einzelnen Massegegenstände. Der horizontale Ausweis der Maschine im Verzeichnis der Massegegenstände würde demnach wie in Abbildung 5-1 aussehen.

Massegegenstand	#	Sofortige Liquidation	Ausproduktion	Fortführung	Buchwert	Fremdrechte	Erläuterungen
Technische Anlagen und Maschinen							
▪ Spezialmaschine	1	4.000.000	-	6.000.000	5.000.000	-	I
▪							

Abbildung 5-1: Ausweis im Verzeichnis der Massegegenstände[1630]

Wie in Abschnitt 433.56 analysiert, sollte sich die vertikale Gliederung an der durch § 266 HGB vorgegebenen Struktur orientieren.[1631] Die in § 266 HGB enthaltene Gliederungsstruktur berücksichtigt zum einen durch die Aufteilung in AV und UV und zum anderen durch die Gliederungsstruktur innerhalb des UV die Liquidierbarkeit der handelsrechtlichen Vermögensgegenstände. Insofern ist es konsequent, diese Struktur ebenso für die insolvenzspezifische Rechnungslegung zu nutzen.[1632] Die einzelnen Massegegenstände sind grundsätzlich – wie in einem Inventar – einzeln auszuweisen, die Aggregation folgt in der Vermögensübersicht. Überdies sind Besonderheiten des Verzeichnisses der Massegegenstände zu berücksichtigen. So sollten für eine bessere Übersichtlichkeit Anfechtungstatbestände separat ausgewiesen werden. Ferner ist auch ein positiver Unterschiedsbetrag einzeln auszuweisen.

1630 Eigene Darstellung.

1631 Vgl. in Anlehnung an die KO PLATE, G., Die Konkursbilanz, S. 193 f.

1632 Vgl. ausführlich Abschnitt 433.56.

521.2 Bilanzierung im Verfahren und zum Verfahrensende

Wie in Abschnitt 222.12 diskutiert, existiert in der InsO grundsätzlich keine allgemeine Pflicht zur Aufstellung einer Zwischenrechnungslegung.[1633] Die in § 66 Abs. 3 InsO enthaltene Vorschrift zur Zwischenrechnungslegung besagt lediglich, dass die Gläubigerversammlung den Insolvenzverwalter beauftragen kann, zu bestimmten Zeitpunkten während des Verfahrens eine Rechnungslegung zu erstellen.[1634] Die Gestaltung der Zwischenrechnung ist auch davon abhängig, ob sich die Gläubiger im Berichtstermin nach § 157 InsO für eine Liquidation, temporäre Fortführung oder die zeitnahe Umsetzung eines Insolvenzplans entscheiden.[1635] Wenn sich die Gläubiger für die vom Insolvenzverwalter vorgestellte Fortführungsoption in Form eines Insolvenzplans entscheiden und dieser umgesetzt werden soll, wird damit das Insolvenzverfahren nach § 258 InsO aufgehoben.[1636] Somit entfällt auch die Pflicht, eine Zwischenrechnungslegung aufzustellen.

Für den Fall, dass die Gläubiger im Berichtstermin noch keine Entscheidung über eine Verwertungsalternative treffen, ist das Unternehmen vorläufig fortzuführen.[1637] Im darauffolgenden Termin sollte der Insolvenzverwalter dann – analog zu den Ausführungen im Abschnitt 521.1 – die aktualisierten Liquidations- und Fortführungswerte in einer Vermögensübersicht, der Zwischenbilanz, gegenüberstellen.[1638] Es sind die gleichen Ansatz-, Bewertungs- und Ausweisvorschriften wie zu Verfahrensbeginn anzuwenden.[1639] Dabei sind wertaufhellende Informationen zu berücksichtigen.[1640]

Wenn in der Vermögensübersicht zum Berichtstermin die Werte einer sofortigen Liquidation größer sind als die einer alternativen Verwertungsform und sich die Gläubiger für eine sofortige Liquidation aussprechen, hat sich der Insolvenzverwalter in der Zwischenbilanz nur noch auf die Liquidationswerte zu beziehen.[1641] Für die Zwischenbilanz gelten, im Sinne des Grundsat-

---

1633 Vgl. Abschnitt 222.12 sowie IDW (Hrsg.), Insolvenzspezifische Rechnungslegung (IDW RH HFA 1.011), Rn. 35.

1634 Vgl. HESS, H., in: InsO, 2. Aufl., § 66, Rn. 72, sowie MOCK, S., in: Uhlenbruck/Hirte/Vallender, InsO, 14. Aufl., § 66, Rn. 109.

1635 Vgl. ZIPPERER, H., in: Uhlenbruck/Hirte/Vallender, InsO, 14. Aufl., § 157, Rn. 2.

1636 Demnach hat der Insolvenzverwalter eine Schlussrechnung zu erstellen, es sei denn, dass nach § 66 Abs. 1 InsO eine andere Regelung im Insolvenzplan beschlossen wurde.

1637 Vgl. § 157 S. 1 InsO.

1638 Vgl. zu den Berichtsdokumenten im Rahmen der Zwischenrechnungslegung Abschnitt 222.12.

1639 Hinsichtlich der Ansatz-, Bewertungs- und Ausweisvorschriften vgl. ausführlich Abschnitt 521.1.

1640 Vgl. BAETGE, J./KIRSCH, H.-J./THIELE, S., Bilanzen, S. 122.

1641 Vgl. ZIPPERER, H., in: Uhlenbruck/Hirte/Vallender, InsO, 14. Aufl., § 157, Rn. 6. Der Insolvenzverwalter

zes der Stetigkeit, die gleichen Ansatz-, Bewertungs- und Ausweisvorschriften wie für die Vermögensübersicht.[1642] Damit die Gläubiger die Entwicklung innerhalb der Liquidation einschätzen können, sind in der Zwischenbilanz die initial ermittelten Liquidationswerte anzugeben. Ziel ist es, die zu Verfahrensbeginn prognostizierten mit den tatsächlich erzielten Liquidationswerten gegenüberzustellen. Sofern ein Massegegenstand noch nicht veräußert wurde, hat der Insolvenzverwalter wertaufhellende Tatsachen in den Ansatz, die Bewertung und den Ausweis einzubeziehen. Für den Fall, dass sich bspw. Marktpreise für im UV angesetzte und noch nicht liquidierte Wertpapiere im Vergleich zum Berichtstermin verändert haben, sind die Wertansätze im Verzeichnis der Massegegenstände und demzufolge auch in der Vermögensübersicht zu aktualisieren. Zudem sind neue Erkenntnisse der zu Verfahrensbeginn angesetzten Anfechtungstatbestände zu berücksichtigen. Sofern im Verlauf klar wird, dass einzelne Anfechtungstatbestände geltend gemacht werden können, sind diese neu zu bewerten und die dann feststehenden Forderungen anzusetzen. Ferner ist die Klärung der Eigentumsverhältnisse einzelner Massegegenstände in der Zwischenbilanz zu berücksichtigen. So gehören Massegegenstände, bei denen sich geklärt hat, dass diese mit Aussonderungsrechten belegt sind, nicht mehr zur Insolvenzmasse. Diese sind folglich nicht weiter im Verzeichnis der Massegegenstände und der Vermögensübersicht anzusetzen.[1643]

Durch die Gegenüberstellung mit der Vermögensübersicht zu Verfahrensbeginn erhalten die Gläubiger einen transparenten Einblick in die Verfahrensentwicklung und können sich so ein Bild von der Verwertungsleistung des Insolvenzverwalters machen.[1644] Die Zwischenrechnungslegung und damit auch die Zwischenbilanz ist nach § 66 Abs. 2 S. 1 InsO vom Insolvenzgericht zu prüfen.[1645]

---

hat dann nach § 159 InsO mit der sofortigen Liquidation zu beginnen. Demzufolge werden die Massegegenstände zeitnah veräußert. Vgl. zudem IDW (Hrsg.), Insolvenzspezifische Rechnungslegung (IDW RH HFA 1.011), Rn. 33.

1642 Hinsichtlich der Ansatz-, Bewertungs- und Ausweisvorschriften vgl. ausführlich Abschnitt 521.1 sowie zum Grundsatz der Stetigkeit Abschnitt 433.33.

1643 Die wertaufhellenden Informationen, die Klärung von Anfechtungstatbeständen, die Aussonderung von Massegegenständen etc. tragen dazu bei, dass aus der Ist-Masse nach § 148 InsO die Soll-Masse wird. Vgl. SMID, S., Praxishandbuch Insolvenzrecht, S. 168-171, sowie Abschnitt 432.24.

1644 Vgl. IDW (Hrsg.), Insolvenzspezifische Rechnungslegung (IDW RH HFA 1.011), Rn. 33.

1645 Vgl. § 66 Abs. 2 S. 1 InsO sowie MOCK, S., in: Uhlenbruck/Hirte/Vallender, InsO, 14. Aufl., § 66, Rn. 81. Für die Vermögensübersicht und die der Vermögensübersicht zugrunde liegenden Verzeichnisse wird indes keine Prüfungspflicht vorgegeben.

Zum **Verfahrensende** hat der Insolvenzverwalter die (Insolvenz-)Schlussbilanz zu erstellen.[1646] Sie hat sich an den Ansatz-, Bewertungs- und Ausweisgrundsätzen der Vermögensübersicht zu Verfahrensbeginn sowie denen der Zwischenbilanz zu richten.[1647] Im Falle einer **Liquidation** ist zum Verfahrensende ein Großteil der Massegegenstände veräußert worden. Es muss eindeutig nachvollzogen werden können, zu welchem Preis der einzelne Massegegenstand veräußert wurde. Demzufolge weist das Verzeichnis der Massegegenstände vor allem Barmittel sowie Massegegenstände aus, die nicht veräußert werden konnten.[1648]

Auch im Falle einer **Fortführung** ist grundsätzlich eine Schlussbilanz zu erstellen. Die für die Vermögensübersicht sowie die Zwischenrechnung geltenden Ansatz-, Bewertungs- und Ausweisvorschriften bleiben bestehen. Indes kann der Insolvenzplan, welchem eine Fortführung zugrunde liegt, nach § 66 Abs. 1 S. 2 InsO eine abweichende Regelung enthalten.[1649] So ist es u. a. möglich, vollständig auf eine Schlussrechnungslegung und demnach auch auf eine Schlussbilanz zu verzichten oder diese zeitlich zu verschieben.[1650] Mit der Bestätigung eines Insolvenzplans ist das Insolvenzverfahren offiziell beendet. Während der Planumsetzung besteht grundsätzlich keine Rechnungslegungspflicht.[1651]

521.3 Würdigung

Die insolvenzspezifische Bilanzierung im Verzeichnis der Massegegenstände und demnach auch der Aktivseite der Vermögensübersicht soll den Gläubigern als primären Adressaten einen unmittelbaren Vergleich der beiden Verwertungsalternativen ermöglichen. Mit der Erstellung eines Fortführungskonzepts durch den Insolvenzverwalter oder Schuldner erhalten die Adressaten eine Einschätzung über das Marktpotenzial und die mit der Fortführung verbundenen Annahmen. Ein Einblick in die einer prognostizierten Fortführung unterliegenden Annahmen beeinflusst die Gläubigerentscheidung maßgeblich, da diese nur einem objektiv umsetzbaren In-

1646 In § 66 Abs. 1 InsO ist lediglich verzeichnet, dass der Insolvenzverwalter Rechnung zu legen hat. Indes ist sich das Schrifttum darüber einig, dass die Schlussrechnungslegung aus einer Einnahmen-/Ausgabenrechnung, einer Schlussbilanz, einem Schlussverzeichnis im Falle der Liquidation sowie einem Schlussbericht bestehen sollte. Vgl. Abschnitt 222.12.

1647 Vgl. WEITZMANN, J., Insolvenzverwalter kein Adressat von Offenlegungspflichten, S. 449.

1648 Vgl. IDW (Hrsg.), Insolvenzspezifische Rechnungslegung (IDW RH HFA 1.011), Rn. 58.

1649 Um Verzögerungen bei der Eröffnung des Insolvenzplanverfahrens zu umgehen, wurde mit dem ESUG diese Regelung eingeführt. Vgl. ausführlich zum ESUG Abschnitt 211.

1650 Die Regelung wurde erlassen, damit mögliche Sanierungschancen nicht durch eine nicht vorhandene Schlussrechnung beeinträchtigt werden können. Vgl. DEUTSCHER BUNDESTAG (Hrsg.), BT-Drucksache 17/5712, S. 27, sowie HARBECK, N., Schlussrechnungen und Insolvenzpläne, S. 391.

1651 Vgl. MOCK, S., in: Uhlenbruck/Hirte/Vallender, InsO, 14. Aufl., § 66, Rn. 40.

solvenzplan zustimmen werden. Durch die Einzelwertfiktion und den daraus resultierenden positiven oder negativen Unterschiedsbetrag bei einer Fortführung wird der Einzelwertidee des § 151 InsO entsprochen. Die Gläubiger können somit ihre spezifische Befriedigungsquote ermitteln.

Im Zuge der Konkretisierung der Bilanzierung sichert die systematische, vollständige und mehrdimensionale Gegenüberstellung der einzelnen Massegegenstände, dass die Zwecke der Dokumentation, der Rechenschaft sowie der Entscheidungsgrundlage erfüllt werden. Durch den zu Verfahrensbeginn angestrebten **Bruttoansatz** auf Einzelwertbasis wird sichergestellt, dass die Massegegenstände vollständig erfasst werden und somit die Ist-Masse ausgewiesen wird.[1652] Durch die Beibehaltung der Ansatzvorschriften im Verfahren wird auch im fortgeschrittenen Verfahren eine vollständige Erfassung gewährleistet. Nach dem Grundsatz der Stetigkeit sind die Ansatz-, Bewertungs- und Ausweisvorschriften bis zur Schlussrechnung beizubehalten, um von der Ist- auf die Soll-Masse überleiten zu können.[1653] Da die Werte der Insolvenzbilanz zum Verfahrensende die Basis für die Vergütung des Insolvenzverwalters bilden, wird durch die gleichbleibenden Bilanzierungsvorschriften sichergestellt, dass der Zweck der Vergütungsgrundlage erfüllt werden kann.[1654]

Bei der **Bewertung** zu Liquidations- und Fortführungswerten werden die beizulegenden Zeitwerte für beide Verwertungsalternativen genutzt. Der so illustrierte mehrdimensionale Bewertungsansatz soll u. a. sicherstellen, dass die in § 29 InsO kodifizierte zeitnahe Aufstellungspflicht und demnach der Grundsatz der zeitnahen Aufstellung umgesetzt werden kann. Die Gläubiger können durch die ähnliche Datenbasis die einzelnen Wertangaben überleiten und direkt gegenüberstellen. Dies dient der Objektivierbarkeit. Zudem wird so der Grundsatz der Wirtschaftlichkeit berücksichtigt. Um den Grundsatzes der Stetigkeit zu erfüllen sind Bewertungsmethoden im Verfahren beizubehalten.[1655] Durch die Mehrdimensionalität der Wertangaben wird dem Zweck der Entscheidungsgrundlage entsprochen.

Das Verzeichnis der Massegegenstände und die Vermögensübersicht werden für die Gläubiger eine Woche vor dem Berichtstermin ausgelegt. Indes ist zu berücksichtigen, dass die angesetzten Liquidations- und Fortführungswerte nicht selbsterklärend sind. Da die Verzeichnisse aber

[1652] Vgl. SMID, S., Praxishandbuch Insolvenzrecht, S. 168 f.
[1653] Vgl. zur Abgrenzung zwischen Ist- und Soll-Masse Fn. 1082.
[1654] Vgl. dazu Abschnitt 213.4.
[1655] Vgl. ausführlich Abschnitt 172.

als eigenständige Dokumente ausgelegt werden, die somit grundsätzlich selbsterklärend sein müssen, wäre ein Erläuterungsteil – vergleichbar mit dem handelsrechtlichen Anhang – wünschenswert.[1656]

Durch die mehrdimensionalen Wertangaben wird sichergestellt, dass der Grundsatz des mehrdimensionalen **Ausweises** eingehalten wird und die Adressaten die Verwertungsalternativen durch die horizontale Gliederung vergleichen können. Ebenso können sie aus den bereitgestellten Informationen einsehen, welche Massegegenstände mit welchen Rechten belegt sind. Der horizontale Ausweis ist für den Grundsatz der Gläubigerorientierung und die Informationsinteressen aller Gläubigergruppen relevant. Die Übernahme der Struktur der vertikalen Gliederung nach § 266 HGB stellt zum einen sicher, dass mögliche Liquidations- oder Fortführungspräferenzen des Insolvenzverwalters nicht indirekt in den Ausweis der Massegegenstände einfließen.[1657] Wie im Grundsatz des mehrdimensionalen Ausweises kodifiziert, sind die Massegegenstände einzeln auszuweisen. Ferner muss der Insolvenzverwalter kein neues Gliederungsschema erarbeiten. Zudem wird durch die vorgegebene Gliederungsstruktur der Grundsatz der Klarheit und Übersichtlichkeit eingehalten, da sich die Adressaten durch die aus dem HGB bekannte Gliederungsstruktur in angemessener Zeit ein Bild von den Massegegenständen und demnach auch von der Lage des insolventen Unternehmens machen können. Mit Blick auf die insolvenzspezifischen Vorschriften wäre es somit erstrebenswert, wenn die InsO klare horizontale und vertikale Gliederungsvorschriften enthalten würde.[1658]

522. Gläubigerverzeichnis

522.1 Vorbemerkungen

Das Gläubigerverzeichnis ist die Grundlage für die Passivseite der Vermögensübersicht.[1659] In der RegB heißt es, dass das Gläubigerverzeichnis die dem „Vermögen gegenüberstehenden Belastungen und Verbindlichkeiten so vollständig wie möglich aufzeigen“[1660] soll.[1661] Demzufolge muss das Gläubigerverzeichnis sämtliche Passiva des insolventen Unternehmens enthalten.[1662] Die in § 152 InsO zum Gläubigerverzeichnis enthaltene Regelung ist bezogen auf den Ansatz und Ausweis konkreter als die Vorschrift zum Verzeichnis der Massegegenstände. Im

[1656] Vgl. dazu ausführlich Abschnitt 533.
[1657] Vgl. ausführlich Abschnitt 433.56.
[1658] Vgl. ausführlich Abschnitt 53.
[1659] Vgl. § 153 Abs. 1 InsO.
[1660] DEUTSCHER BUNDESTAG (Hrsg.), BT-Drucksache 12/2443, S. 171.
[1661] Vgl. IDW (Hrsg.), Bestandsaufnahme im Insolvenzverfahren (IDW RH HFA 1.010), Rn. 57.
[1662] Vgl. PINK, A., in: Bonner Handbuch Rechnungslegung, 2. Aufl., Fach 5, Rn. 69.

Vergleich zum Verzeichnis der Massegegenstände liegt die Besonderheit des Gläubigerverzeichnisses darin, dass dies im Falle eines Regelverfahrens um die Tabelle nach § 175 InsO ergänzt wird. So soll sichergestellt werden, dass nur festgestellte Forderungen aus der Insolvenzmasse bedient werden.[1663]

522.2 Bilanzierung bei Verfahrenseröffnung

522.21 Ansatz im Gläubigerverzeichnis

Wie bei der Herleitung der Ansatzgrundsätze dargelegt, sind Gläubigerforderungen dann im Gläubigerverzeichnis anzusetzen, wenn ein Anspruch gegen das insolvente Unternehmen geltend gemacht werden kann, der zu einem **Zahlungsmittelabfluss führt**.[1664] Die Verpflichtung muss **hinreichend sicher** sein, sodass mit dieser eine **wirtschaftliche Belastung** einhergeht. Die anzusetzenden Forderungen können aus den Büchern und Geschäftspapieren des insolventen Unternehmens durch Angaben des Schuldners[1665] oder durch Anmeldung des jeweiligen Gläubigers in das Gläubigerverzeichnis aufgenommen werden.[1666] Im Gläubigerverzeichnis sind demnach neben den angemeldeten, auch die sich aus der Buchhaltung ergebenden Forderungen anzusetzen.[1667] Eine Indikation zu den ggü. dem Unternehmen bestehenden Verbindlichkeiten liefern die Nebenbücher des externen Rechnungswesens. Aus den Offenen-Posten-Listen einzelner Kreditorenkonten ist ersichtlich, welche Verbindlichkeiten im Eröffnungszeitpunkt ggü. Lieferanten des insolventen Unternehmens bestehen. Ferner können sonstige Verbindlichkeiten ggü. Arbeitnehmern oder auch ggü. verbundenen Unternehmen existieren. Gemäß des Ansatzgrundsatzes für das Gläubigerverzeichnis muss die rechtliche Verpflichtung hinreichend sicher sein und aus dieser eine wirtschaftliche Belastung resultieren. Nach der Eröffnung des Insolvenzverfahrens bleiben die vor der Verfahrenseröffnung existierenden **Arbeitsverhältnisse** grundsätzlich bestehen.[1668] Da der Arbeitsgeldanspruch des Arbeitnehmers

1663 Demnach haben die Gläubiger ihre Forderungen nach § 174 InsO für die Tabelle schriftlich beim Insolvenzverwalter anzumelden. Anschließend wird im Prüfungstermin festgestellt, ob diese rechtmäßig sind. Vgl. DEUTSCHER BUNDESTAG (Hrsg.), BT-Drucksache 12/2443, S. 183 f. Vgl. dazu ausführlich Abschnitt 522.3.

1664 Vgl. ausführlich Abschnitt 433.52.

1665 Mit den sonstigen Angaben sind die Auskunfts- und Mitwirkungspflichten des Schuldners nach § 97 InsO gemeint. Vgl. IDW (Hrsg.), Bestandsaufnahme im Insolvenzverfahren (IDW RH HFA 1.010), Rn. 62, sowie PINK, A., in: Bonner Handbuch Rechnungslegung, 2. Aufl., Fach 5, Rn. 71.

1666 Vgl. § 152 Abs. 1 InsO sowie IDW (Hrsg.), Bestandsaufnahme im Insolvenzverfahren (IDW RH HFA 1.010), Rn. 62. Der Schuldner kann im Zweifelsfall nach § 98 InsO verpflichtet werden, die Vollständigkeit der Gläubigerforderungen eidesstattlich zu versichern.

1667 In der Tabelle sind hingegen nur angemeldete Forderungen gegen das insolvente Unternehmen anzusetzen. Vgl. PINK, A., in: Bonner Handbuch Rechnungslegung, 2. Aufl., Fach 5, Rn. 70.

1668 Allerdings verkürzt sich gemäß § 113 InsO die Kündigungsfrist auf drei Monate. Vgl. RUINER, C./RUPPRECHT, M., Personalmanagement in der Insolvenz, S. 160.

allerdings, wenn überhaupt, nur anteilig vom insolventen Unternehmen beglichen werden kann, wurde von der Bundesagentur für Arbeit das Insolvenzgeld als Sozialleistung eingeführt. In § 165 SGB III ist festgeschrieben, dass Arbeitnehmer eines insolventen Unternehmens Anspruch auf Insolvenzgeld haben.[1669] Der Arbeitnehmer kann folglich, nachdem das Verfahren eröffnet wurde, einen Antrag auf Insolvenzgeld ggü. der Bundesagentur für Arbeit stellen. Die Arbeitnehmerforderungen, welche sich ursprünglich gegen den Arbeitgeber gerichtet haben, gehen nach § 169 SGB III mit Antragsstellung auf die Bundesagentur über, sodass diese nicht mehr im Gläubigerverzeichnis anzusetzen sind. Unter die Definition des Ansatzgrundsatzes sind auch Anwartschaften bzw. **Pensionsansprüche** zu subsumieren. Indes ist zu berücksichtigen, dass Pensionen nicht per se insolvenzfest sind und sie somit nach § 45 InsO als nachrangige Forderungen anzusetzen wären. Um einem Ausfall entgegenzuwirken, ist in § 7 Abs. 1 BetrAVG festgeschrieben, dass Unternehmen ihre Pensionsverpflichtungen bspw. in einem Pensions-Sicherungs-Verein zu besichern haben. Der Arbeitnehmer hätte dann – im Falle einer Insolvenz – „einen Anspruch in Höhe der Leistung“[1670] gegen den Pensions-Sicherungs-Verein. Somit wäre die Forderung auch nicht im Gläubigerverzeichnis anzusetzen. Neben Forderungen der Arbeitgeber können ggü. dem insolventen Unternehmen **Garantie- oder Gewährleistungsansprüche** von Kunden gelten gemacht werden, bei denen die zugehörigen Transaktionen vor der Eröffnung des Verfahrens abgeschlossen wurden. Garantien beziehen sich zumeist auf die Qualität eines Gutes (§ 433 Abs. 2 BGB). Wenn der Garantiefall im eröffneten Insolvenzverfahren eintritt, hat der Kunde seinen Anspruch nach § 174 InsO beim Insolvenzverwalter anzumelden. Sofern die Definition des Ansatzgrundsatzes erfüllt wird, ist der Anspruch dann als (nachrangige) Insolvenzforderung im Gläubigerverzeichnis sowie der Tabelle nach § 175 InsO anzusetzen. Ebenso verhält es sich für Gewährleistungsansprüche. Bei der Veräußerung von Massegegenständen im eröffneten Insolvenzverfahren werden Garantie- und Gewährleistungsansprüche regelmäßig vertraglich ausgeschlossen.[1671]

Die InsO fordert, dass innerhalb des Gläubigerverzeichnisses zwischen den absonderungsberechtigten Gläubigern und den einzelnen Rangklassen der weiteren Gläubiger unterschieden wird.[1672] Dieser systematische Aufbau fördert den Grundsatz der Klarheit und Übersichtlichkeit

---

[1669] Vgl. BUNDESAGENTUR FÜR ARBEIT (Hrsg.), Insolvenzgeld, S. 4.

[1670] § 7 Abs. 1 S.1 BetrAVG.

[1671] Ein Ausschluss von Gewährleistungsansprüchen ist zudem im Sinne des Insolvenzverwalters, um einen Haftungsanspruch nach § 61 InsO gegen den Insolvenzverwalter zu vermeiden. Vgl. SMID, S., Praxishandbuch Insolvenzrecht, S. 426 f.

[1672] Vgl. DEUTSCHER BUNDESTAG (Hrsg.), BT-Drucksache 12/2443, S. 171.

und gibt den Gläubigern eine transparente Datenbasis für ihre Entscheidung im Berichtstermin. So soll nicht nur gewährleistet werden, dass der Zweck der Dokumentation, sondern auch die Zwecke der Rechenschaft und der Entscheidungsgrundlage erfüllt werden.

Aus Nebenabreden wie z. B. Sicherungsvereinbarungen für ausgewählte Massegegenstände, ist für den Insolvenzverwalter ersichtlich, ob **Absonderungsrechte** vorhanden sind. Diese sind spiegelbildlich zum Verzeichnis der Massegegenstände auch im Gläubigerverzeichnis anzusetzen.[1673] Beim Ansatz ist gleichwohl das Saldierungsverbot zu berücksichtigen, wonach bei absonderungsberechtigten Gläubigern keine reine Nettoposition zwischen Gläubigerforderung und dem zu erwartenden Betrag aus der Veräußerung des Massegegenstands anzusetzen ist. Demnach dürfen die erwarteten Erlöse eines Sicherungsguts nicht mit den Ansprüchen aus den Sicherungsrechten verrechnet werden.

Wie in Abschnitt 433.52 diskutiert, sind auch **Aussonderungsrechte** in das Gläubigerverzeichnis aufzunehmen, sofern die entgegenstehenden aussonderungspflichtigen Gegenstände auch im Verzeichnis der Massegegenstände angesetzt werden.[1674] Für einen vollständigen Ansatz zu Verfahrensbeginn ist ein spiegelbildliches Vorgehen zielführend.[1675] Gerade im frühen Stadium eines Insolvenzverfahrens ist es möglich, dass unklar ist, welche Ab- und Aussonderungsrechte gültig und demnach rechtskräftig sind.[1676] Neben Eigentumsvorbehalten, die z. B. relevant sind, wenn ein Lieferant Ware unter Eigentumsvorbehalt anliefert, ist mit dem Eigentum an einer Sache auch gleichermaßen ein Aussonderungsrecht verbunden.[1677] Auch wenn aussonderungsberechtigte Gläubiger einen Anspruch auf die Herausgabe ihres Eigentums nach § 985 BGB haben, sollte der Insolvenzverwalter im Sinne der Massesicherung nach § 148 InsO vorerst das

---

1673 Vgl. HEYN, M., Die Verzeichnisse gem. §§ 151-153 InsO, Teil 2, S. 246 f.; IDW (Hrsg.), Bestandsaufnahme im Insolvenzverfahren (IDW RH HFA 1.010), Rn. 59, sowie MÖHLMANN, T., Die Ausgestaltung der Masse- und Gläubigerverzeichnisse, S. 166.

1674 Vgl. MÖHLMANN-MAHLAU, T., Insolvenzbilanzen, S. 205. Die Aufnahme in das Verzeichnis der Massegegenstände ist lediglich bei unklarer Sachlage anzustreben. Ansonsten sind aussonderungsberechtigte Gläubiger grundsätzlich keine Insolvenzgläubiger und die Befriedigung ihrer Ansprüche richtet sich nach den Gesetzen, die losgelöst vom Insolvenzverfahren sind. Vgl. SMID, S., Praxishandbuch Insolvenzrecht, S. 63.

1675 Auch wenn § 47 InsO festlegt, dass sich der „Anspruch auf Aussonderung [eines] Gegenstands [...] nach den Gesetzen, die außerhalb des Insolvenzverfahrens gelten" bestimmt, so sind die auszusondernden Massegegenstände im Zuge der Erfassung der Ist-Masse mit aufzunehmen bis endgültig geklärt ist, ob die Aussonderungsrechte tatsächlich geltend gemacht werden können. Vgl. HEFERMEHL, H., in: Kirchhof/Stürner/Eidenmüller, Kommentar zur InsO, 3. Aufl., § 53, Rn. 13, sowie SMID, S., Praxishandbuch Insolvenzrecht, S. 63 f. Ferner können gemäß § 135 Abs. 3 InsO Aussonderungsansprüche für maximal ein Jahr verwehrt werden, wenn der Massegegenstand für die Unternehmensfortführung von erheblicher Bedeutung ist. Indes ist für den Gebrauch nach § 135 Abs. 3 S. 2 InsO ein Ausgleich zu entrichten.

1676 Vgl. HEYN, M., Die Verzeichnisse gem. §§ 151-153 InsO, Teil 2, S. 246, sowie IDW (Hrsg.), Bestandsaufnahme im Insolvenzverfahren (IDW RH HFA 1.010), S. 64.

1677 Vgl. SMID, S., Praxishandbuch Insolvenzrecht, S. 67 f.

gesamte Vermögen in Besitz nehmen.[1678] Eine Herausgabe ist dann nach Klärung der Eigentumsverhältnisse im laufenden Verfahren möglich. Die Verbindlichkeiten ggü. dem insolventen Unternehmen, welche durch Absonderungs- oder Aussonderungsrechte bestehen, sind – davon unabhängig ob diese zu Liquidations- oder zu Fortführungswerten bewertet werden – gleichermaßen anzusetzen.

Neben den vorhandenen Verbindlichkeiten hat der Insolvenzverwalter die im Rahmen des Insolvenzverfahrens anfallenden **Masseverbindlichkeiten** anzusetzen.[1679] Masseverbindlichkeiten entstehen nach der Verfahrenseröffnung. Sie sind somit zum Zeitpunkt des Berichtstermins ihrer Art nach, allerdings nicht ihrer Höhe nach bekannt.[1680] Der Ansatz der Masseverbindlichkeiten hängt von der jeweiligen Liquidations- und Fortführungsstrategie ab.[1681] Abhängig davon, ob das insolvente Unternehmen bspw. zeitnah liquidiert oder eine Ausproduktion angestrebt wird, sind unterschiedliche Masseverbindlichkeiten zu prognostizieren und anzusetzen. Je länger ein Insolvenzverfahren andauert, desto umfangreicher sind grundsätzlich auch die Masseverbindlichkeiten. Kosten des Insolvenzverfahrens bestehen nach § 54 InsO aus den verfahrensbezogenen Gerichtskosten sowie der Vergütung des (vorläufigen) Insolvenzverwalters und des Gläubigerausschusses.[1682] Die sonstigen Masseverbindlichkeiten gemäß § 55 InsO begründen sich durch Handlungen des Insolvenzverwalters, welche der Verwertung und Verteilung der Masse nach Verfahrenseröffnung zurechenbar sind.[1683] Sie sind grundsätzlich immer dann anzusetzen, wenn die Insolvenzmasse durch die Gegenleistung des Gläubigers gemehrt wird.[1684] Die Masseverbindlichkeiten können bspw. durch im Rahmen der Ausproduktion fortlaufende Mietvertragsverpflichtungen oder andere Ansprüche aus Dauerschuldverhältnissen

---

1678 Die Vorschriften zur Sicherung der Insolvenzmasse schließen die Aufstellung der Verzeichnisse nach §§ 151 f. InsO ein. Die Vorschriften erstrecken sich über die §§ 148-155 InsO.

1679 Bei den Masseverbindlichkeiten handelt es sich nach § 53 InsO zum einen um Kosten des Insolvenzverfahrens (§ 54 InsO) und zum anderen um sonstige Masseverbindlichkeiten (§ 55 InsO). Vgl. ausführlich Abschnitt 213.3.

1680 Vgl. HEFERMEHL, H., in: Kirchhof/Stürner/Eidenmüller, Kommentar zur InsO, 3. Aufl., § 53, Rn. 12.

1681 Vgl. zur Bewertung im Gläubigerverzeichnis ausführlich Abschnitt 522.22.

1682 Vgl. SMID, S., Praxishandbuch Insolvenzrecht, S. 69 f.

1683 Vgl. § 55 Abs. 1 Nr. 1 InsO. Demnach entstehen Masseverbindlichkeiten dann, wenn sich das Handeln der Insolvenzverwalter auf Geschäfte bezieht, die sich auf die gemeinschaftliche Befriedigung aller Gläubiger nach § 1 InsO auswirken. Vgl. HEFERMEHL, H., in: Kirchhof/Stürner/Eidenmüller, Kommentar zur InsO, 3. Aufl., § 55, Rn. 13. Dazu gehören auch Aufwendungen zur Massesicherung. Vgl. SINZ, R., in: Uhlenbruck/Hirte/Vallender, InsO, 14. Aufl., § 55, Rn. 13.

1684 Vgl. HEFERMEHL, H., in: Kirchhof/Stürner/Eidenmüller, Kommentar zur InsO, 3. Aufl., § 55, Rn. 18.

begründet sein.[1685] Nach § 108 InsO bestehen ausgewählte Dauerschuldverhältnisse, somit auch Miet- und Pachtverhältnisse, im Insolvenzverfahren fort.[1686]

522.22 Bewertung im Gläubigerverzeichnis

522.221. Liquidationswerte

Die Ansatz- und Ausweisvorschriften zu den aufzeichnungspflichtigen Posten des Gläubigerverzeichnisses hat der Gesetzgeber in § 152 InsO weitestgehend expliziert. Zu Bewertungsfragen der einzelnen Gläubigerforderungen existieren jedoch keine konkreten Regelungen. Korrespondierend zum erforderlichen Einzelausweis im Verzeichnis der Massegegenstände sind auch die Gläubigerforderungen im Gläubigerverzeichnis einzeln auszuweisen und zu bewerten.[1687]

Zum Zeitpunkt der Verfahrenseröffnung werden nach § 41 InsO alle Gläubigerforderungen fällig gestellt.[1688] Damit die im Gläubigerverzeichnis angesetzten Forderungen der Gläubiger nicht zu hoch ausgewiesen werden, sind diese, für den Fall, dass es sich um unverzinsliche Forderungen handelt, die noch nicht fällig waren, nach § 41 Abs. 2 InsO auf den Eröffnungszeitpunkt abzuzinsen.[1689]

Mögliche, bis zum Eröffnungsstichtag aufgelaufene Zinsen sind zum Erfüllungsbetrag hinzuzuaddieren.[1690] Im Insolvenzverfahren ist darauf zu achten, dass ggf. Buchungsrückstände in der Kreditorenbuchhaltung existieren. Diese gilt es im Vorhinein aufzuarbeiten. Überdies ist zu berücksichtigen, dass der eigentliche Zahlungsmittelabfluss ggü. den Gläubigern zumeist erst am Verfahrensende zum Zeitpunkt der Schlussrechnung realisiert wird.[1691] Insofern sind – abhängig von der Fristigkeit der geplanten Verwertungsstrategie – die Gläubigerforderungen auf den Berichtszeitpunkt zu diskontieren.[1692] Wenn der Unterschied zwischen Nominal- und Barwert einer Gläubigerforderung bzw. Verbindlichkeit des Unternehmens nicht signifikant ist,

---

1685 Vgl. SMID, S., Praxishandbuch Insolvenzrecht, S. 71.

1686 Vom Schuldner abgeschlossene, nach Verfahrensbeginn fortbestehende Dauerschuldverhältnisse werden als oktroyierte Masseschulden bezeichnet. Vgl. HEFERMEHL, H., in: Kirchhof/Stürner/Eidenmüller, Kommentar zur InsO, 3. Aufl., § 55, Rn. 4.

1687 Vgl. MÖHLMANN-MAHLAU, T., Insolvenzbilanzen, S. 206; IDW (Hrsg.), Bestandsaufnahme im Insolvenzverfahren (IDW RH HFA 1.010), Rn. 63, sowie MÖHLMANN, T., Die Berichterstattung im neuen Insolvenzverfahren, S. 145.

1688 Vgl. § 41 Abs. 1 InsO sowie BITTER, G., in: Kirchhof/Stürner/Eidenmüller, Kommentar zur InsO, 3. Aufl., § 41, Rn. 1.

1689 Vgl. BITTER, G., in: Kirchhof/Stürner/Eidenmüller, Kommentar zur InsO, 3. Aufl., § 41, Rn. 17.

1690 Vgl. PINK, A., in: Bonner Handbuch Rechnungslegung, 2. Aufl., Fach 5, Rn. 78.

1691 Vgl. ausführlich Abschnitt 222.12.

1692 Vgl. Abschnitt 433.45.

kann wie beim Verzeichnis der Massegegenstände auf eine Abzinsung verzichtet werden.[1693] Dies ist bspw. für den Fall einer sofortigen Liquidation denkbar. Eine Ausproduktion kann hingegen über mehrere Jahre andauern. Für einen ordnungsgemäßen Vergleich mit den ebenfalls diskontierten Werten der Massegegenstände sind die Verbindlichkeiten dann ebenso zu ihren Barwerten anzusetzen.[1694]

Die Forderungen der Gläubiger mit **Absonderungsrechten** ergeben sich – abhängig von der jeweiligen Liquidationsstrategie – aus dem Residual zwischen Gläubigeranspruch und dem Wert des dem Absonderungsrecht zugehörigen Massegegenstands.[1695] Für eine möglichst klare und übersichtliche Darstellung hat der Insolvenzverwalter die aus den Liquidationsstrategien resultierenden Wertangaben nebeneinander zu stellen. Gläubiger mit Absonderungsrechten haben das Recht auf eine bevorzugte Befriedigung aus den Verwertungserlösen eines Gegenstands oder eines Rechts der Insolvenzmasse.[1696] Die absonderungsberechtigten Gläubiger erhalten die Erlöse aus der Verwertung des Massegegenstands nach § 166 InsO bis zur Höhe ihres jeweiligen Anspruchs.[1697] Für den Fall, dass der Erlös den Anspruch durch das Sicherungsrecht übersteigt, sind aus dem Überhang zunächst die Massegläubiger zu befriedigen. Wenn diese vollständig befriedigt sind, folgt die Verteilung an die Insolvenzgläubiger.[1698] Demzufolge sind nicht nur die absonderungsberechtigten Gläubiger direkt von der jeweiligen Liquidationsstrategie betroffen, sondern auch die übrigen Gläubigergruppen.[1699]

Nach § 152 Abs. 3 S. 2 InsO soll die „Höhe der **Masseverbindlichkeiten** im Falle einer zügigen Verwertung des Vermögens des Schuldners" geschätzt werden.[1700] Diese zu erwartenden Liquiditätsabflüsse sind zu antizipieren und im Gläubigerverzeichnis anzusetzen.[1701] Der An-

---

1693 Gleiches gilt analog für das Verzeichnis der Massegegenstände. Vgl. dazu Abschnitt 521.122.

1694 Regelinsolvenzverfahren von Kapitalgesellschaften dauern im Durchschnitt ca. vier Jahre. Vgl. ICKS, A./KRANZUSCH, P., Sanierungen in Insolvenzverfahren, S. 43 f.; MÖHLMANN, T., Die Berichterstattung im neuen Insolvenzverfahren, S. 144, sowie Abschnitt 521.122.

1695 Vgl. MÖHLMANN, T., Die Berichterstattung im neuen Insolvenzverfahren, S. 146, sowie IDW (Hrsg.), Bestandsaufnahme im Insolvenzverfahren (IDW RH HFA 1.010), Rn. 67.

1696 Vgl. BRINKMANN, M., in: Uhlenbruck/Hirte/Vallender, InsO, 14. Aufl., § 49, Rn. 1, sowie HEFERMEHL, H., in: Kirchhof/Stürner/Eidenmüller, Kommentar zur InsO, 3. Aufl., § 53, Rn. 14.

1697 Vgl. TETZLAFF, C., in: Kirchhof/Stürner/Eidenmüller, Kommentar zur InsO, 3. Aufl., § 166, Rn. 1-5.

1698 Vgl. HEFERMEHL, H., in: Kirchhof/Stürner/Eidenmüller, Kommentar zur InsO, 3. Aufl., § 53, Rn. 14.

1699 Vgl. dazu auch Abschnitt 522.23.

1700 Unter die Masseverbindlichkeiten sind sowohl die Kosten des Insolvenzverfahrens nach § 54 InsO als auch die sonstigen Masseverbindlichkeiten nach § 55 InsO zu fassen. Vgl. MÖHLMANN, T., Die Berichterstattung im neuen Insolvenzverfahren, S. 147.

1701 Vgl. HILLEBRAND, C., Rechnungslegung in der Insolvenz, 4. Aufl., S. 67; PINK, A., in: Bonner Handbuch Rechnungslegung, 2. Aufl., Fach 5, Rn. 79, sowie ausführlich Abschnitt 433.35.

satz und die Bewertung von Masseverbindlichkeiten sind für den Grundsatz der Gläubigerorientierung essentiell, da die Insolvenzgläubiger im Vergleich zu den Massegläubigern nachrangig bedient werden. Somit haben die Insolvenzgläubiger nur unter der Angabe der zu erwartenden Masseverbindlichkeiten eine gesicherte Basis für die Kalkulation ihrer Befriedigungsquote. Die Grundsätze der Vollständigkeit und der Richtigkeit sind hier notwendige Voraussetzungen für eine belastbare Entscheidungsgrundlage. Nach den Überlegungen des Gesetzgebers sind die Masseverbindlichkeiten nur im Fall einer zügigen Verwertung zu schätzen.[1702] Allerdings hat der Insolvenzverwalter auch für den Fall einer Ausproduktion oder Fortführung die voraussichtlich anfallenden Verfahrenskosten zu quantifizieren. Somit sollte hier die Regelung des § 152 Abs. 3 InsO weiter ausgelegt werden, da sonst ein Teil der voraussichtlich anfallenden Kosten im Fall einer Ausproduktion oder Fortführung nicht angesetzt werden würde, was gegen den Grundsatz der Vollständigkeit verstößt. Eine unvollständige Dokumentation würde den Zwecken der Dokumentation und der Rechenschaft zuwiderlaufen. Zudem würde der Zweck der Entscheidungsgrundlage unzureichend erfüllt werden, da die unvollständigen Informationen zu Fehleinscheinschätzungen bei der Auswahl der Verwertungsalternativen führen könnten. Auch würde die insolvenzspezifische Rechnungslegung den Zweck der Verteilungsgrundlage nur unzureichend erfüllen, da die Insolvenzquote der Gläubiger auf einer unvollständigen Datenbasis ermittelt werden würde. Für eine Ausproduktion sollten folglich die zu erwartenden Kosten, wie z. B. Kosten für den Insolvenzverwalter oder das Insolvenzgericht, durch vorhandene Erfahrungswerte prognostiziert werden.[1703] Demnach sind – unabhängig vom Liquidationszeitraum – auch bei einer Ausproduktion dem Liquidationsplan zugehörige Masseverbindlichkeiten anzusetzen. Diese sind in Kosten des Verfahrens und sonstige Masseverbindlichkeiten zu unterteilen.[1704] Da beide Arten von Masseverbindlichkeiten sowie die übrigen Gläubigerforderungen erst zum Verfahrensende beglichen werden, sind auch diese im Fall einer Ausproduktion ggf. zu diskontieren.

Der Insolvenzverwalter hat die nach § 54 InsO voraussichtlichen Kosten des Verfahrens, d. h. die Gerichtskosten nach § 54 Nr. 1 InsO sowie die Vergütung des Insolvenzverwalters gemäß § 54 Nr. 2 InsO, anzugeben.[1705] Die im Insolvenzverfahren auflaufenden Gerichtskosten sind

1702 Vgl. DEUTSCHER BUNDESTAG (Hrsg.), BT-Drucksache 12/2443, S. 171. Vgl. dazu auch Abschnitt 532.12.

1703 Vgl. HEYN, M., Die Verzeichnisse gem. §§ 151-153 InsO, Teil 2, S. 247.

1704 Vgl. MÖHLMANN, T., Die Berichterstattung im neuen Insolvenzverfahren, S. 147.

1705 Vgl. ANDRES, D., in: Nerlich/Römermann, InsO Kommentar, § 54, Rn. 1, sowie PINK, A., in: Bonner Handbuch Rechnungslegung, 2. Aufl., Fach 5, Rn. 80. Nach § 209 InsO stehen die Kosten des Insolvenzverfahrens im Rang vor allen anderen Masseverbindlichkeiten. Vgl. dazu auch PRASSER, C., Steuerberatungskosten als Auslagen des Verwalters, S. 551.

in Gebühren für den Eröffnungsantrag, Gebühren bei der Verfahrensdurchführung und mögliche Beschwerdegebühren zu untergliedern.[1706] Durch die Gebührenstruktur kann der Insolvenzverwalter die voraussichtlichen Kosten relativ genau prognostizieren. Der Anspruch auf Vergütung des Insolvenzverwalters nach § 54 Nr. 2 InsO ist in § 63 InsO geregelt. Dieser bemisst sich am zu erwartenden Wert der Insolvenzmasse am Verfahrensende.[1707]

Neben den Verfahrenskosten hat der Insolvenzverwalter die sonstigen Masseverbindlichkeiten nach § 55 InsO zu prognostizieren.[1708] Die Bewertung der sonstigen Masseverbindlichkeiten beruht auf dem jeweiligen Liquidationsplan. Gleichwohl stehen die sonstigen Masseverbindlichkeiten in direktem Bezug zur Insolvenzmasse.[1709] In Abhängigkeit von der Liquidationsintensität und -geschwindigkeit variiert die Höhe der im Zuge der Liquidation entstehenden sonstigen Masseverbindlichkeiten. Dazu zählen Kosten, die innerhalb des eröffneten Verfahrens durch die Verwaltung und Verteilung der Masse begründet werden, so z. B. auch die innerhalb des Verfahrens zu entrichtenden Steuern.[1710] Der Insolvenzverwalter hat bei der Erfassung der sonstigen Masseverbindlichkeiten darauf zu achten, dass diese vollständig erfasst werden. Nur so erhalten die einzelnen Gläubigergruppen die Möglichkeit, ihre von der jeweiligen Liquidationsstrategie abhängige Befriedigungsquote einzuschätzen.

Neben den Massegläubigern sind ferner die Forderungen der Insolvenzgläubiger nach § 38 InsO zu bewerten. Dazu gehören bspw. vor der Verfahrenseröffnung entstandene Schadensersatz- oder Umsatzsteueransprüche.[1711] Diese sind grundsätzlich mit ihrem Nennwert anzusetzen, jedoch ist auch hier der Diskontierungsgrundsatz zu beachten. Demnach sind die Forderungen abhängig von deren geplantem Rückzahlungszeitpunkt auf den Stichtag der Verfahrenseröffnung abzuzinsen. Aufgelaufene Zinsen sind auch hier zu berücksichtigen. Durch die Barwertbetrachtung der Massegegenstände und der Verbindlichkeiten des insolventen Unternehmens wird die Vergleichbarkeit der einzelnen Verwertungsalternativen sichergestellt,

---

1706 Die Verfahrenskosten sind in Anlage 1 des Kostenverzeichnisses des Gerichtskostengesetzes (GKG) geregelt. Vgl. SINZ, R., in: Uhlenbruck/Hirte/Vallender, InsO, 14. Aufl., § 54, Rn. 2 f.

1707 Vgl. ausführlich Abschnitt 213.4 sowie ANDRES, D., in: Nerlich/Römermann, InsO Kommentar, § 54, Rn. 12-14.

1708 Vgl. HEYN, M., Die Verzeichnisse gem. §§ 151-153 InsO, Teil 2, S. 247.

1709 Vgl. ANDRES, D., in: Nerlich/Römermann, InsO Kommentar, § 55, Rn. 3.

1710 Vgl. SINZ, R., in: Uhlenbruck/Hirte/Vallender, InsO, 14. Aufl., § 55, Rn. 26 f., sowie ANDRES, D., in: Nerlich/Römermann, InsO Kommentar, § 55, Rn. 27-41.

1711 Vgl. KNOF, B./SINZ, R., in: Uhlenbruck/Hirte/Vallender, InsO, 14. Aufl., § 38, Rn. 41-43 sowie 78 f. Die zeitliche Abgrenzung ist für die Unterscheidung zwischen Insolvenz- und Masseforderungen relevant. Vgl. EHRICKE, U., in: Kirchhof/Stürner/Eidenmüller, Kommentar zur InsO, 3. Aufl., § 38, Rn. 16.

wodurch dem Zweck der Entscheidungsgrundlage entsprochen wird. Neben den Liquidationswerten hat der Insolvenzverwalter ferner Fortführungswerte im Gläubigerverzeichnis anzusetzen.

522.222. Fortführungswerte

Analog zu den ermittelten Fortführungswerten im Verzeichnis der Massegegenstände sind ebenso die Verbindlichkeiten im Gläubigerverzeichnis unter Fortführungsgesichtspunkten anzusetzen.[1712] Wie in Abschnitt 521.123. diskutiert, wird der Wert des Gesamtkapitals bzw. Brutto-Unternehmenswert ermittelt. Um eine laufzeitkonsistente Vergleichbarkeit der Fortführungswerte im Verzeichnis der Massegegenstände und im Gläubigerverzeichnis sicherzustellen, ist auch der Marktwert des Fremdkapitals anzusetzen. Dafür ist von der Annahme der sofortigen Fälligkeit nach § 41 InsO zu abstrahieren. Die Gläubigerforderungen sind vielmehr – im Sinne der Fortführungsannahmen – als Barwerte der künftigen Zahlungsströme anzusetzen. Diese Barwerte können sich von den FK-Werten, die bei einer sofortigen Liquidation angesetzt werden, unterscheiden.[1713] Unterschiede können dadurch entstehen, dass bei einer Fortführung die für die einzelnen Fremdkapitalposten erwarteten Zins- und Tilgungszahlungen mit einer marktgerechten Verzinsung auf den Stichtag der Verfahrenseröffnung diskontiert werden.[1714] Im Fall einer sofortigen Liquidation sind Zinszahlungen indes nicht mehr zu berücksichtigen. Abhängig von den individuellen Vertragsvereinbarungen der bestehenden **Gläubigerforderungen** gegenüber dem Unternehmen sind die einzelnen Barwerte zu ermitteln. So sind bspw. für einen aufgenommenen Kredit, der am Laufzeitende vollständig getilgt werden soll, die künftigen Zinszahlungen auf den Stichtag der Verfahrenseröffnung zu diskontieren. Durch dieses Vorgehen wird sichergestellt, dass in der Vermögensübersicht auf der Aktivseite der Marktwert des Gesamtkapitals mit dem Marktwert des Fremdkapitals auf der Passivseite verglichen wird. Da für den Fortführungsfall im Verzeichnis der Massegegenstände diskontierte Werte angesetzt werden, sind ebenso im Gläubigerverzeichnis Barwerte anzusetzen. Die Bestimmung

1712 Der Verweis auf den mehrdimensionalen Wertansatz und im Speziellen den Ansatz von Fortführungswerten ist in § 152 Abs. 2 S. 3 InsO enthalten. Für den Fall, dass auf der Aktivseite der Vermögensübersicht diskontierte Werte angesetzt werden würden und die Passivseite keine Diskontierung vorsehen würde, wäre aufgrund der unterschiedlichen Laufzeiten keine vergleichende Gegenüberstellung möglich.

1713 Die in Abschnitt 522.221. im Fall einer Liquidation analysierten buchwertnahen Werte bilden für den Fall, dass der für die jeweiligen FK-Positionen individuell vereinbarte Fremdkapitalkostensatz marktüblich ist, den Marktwert des FK ab. Damit würde der Marktwert des FK dem Buchwert des FK entsprechen. Vgl. BAETGE, J. U. A., Darstellung des DCF-Verfahrens, S. 363, sowie MUGLER, J./ZWIRNER, C., DCF-Verfahren, Rn. 24.

1714 Vgl. BAETGE, J. U. A., Darstellung des DCF-Verfahrens, S. 363.

des Marktwerts durchbricht durch die Annahme, dass ggf. noch künftige Zins- und Tilgungszahlungen für die einzelnen FK-Posten geleistet werden, zwar die Idee des § 41 InsO, dass nicht fällige Forderungen fällig gestellt werden, dies ist indes erforderlich, um die Annahme der Unternehmensfortführung zu erfüllen. Zudem wird der Wertansatz so dem Zweck der Entscheidungsgrundlage insolvenzspezifischer Rechnungslegung gerecht.

Auf Basis des vom Insolvenzverwalter vorgelegten ersten (indikativen) Fortführungskonzepts kann im Berichtstermin nach § 157 InsO beschossen werden, dass ein vollständiger Insolvenzplan zu erstellen ist. Bei anschließender Bestätigung des Plans führt dies dazu, dass das eigentliche Insolvenzverfahren beendet wird und sich die am Verfahren teilnehmenden Parteien privatautonom einigen.[1715] Für die Erstellung des Plans ist ggf. zu berücksichtigen, dass die Gläubiger einen Sanierungsbeitrag leisten werden und so auf einen Teil ihrer Forderungen verzichten. Die Sanierungsbeiträge hat der Insolvenzverwalter im Fortführungskonzept einzubeziehen. Für die Ermittlung ihres Sanierungsbeitrags ist die Information, was der eigentliche Marktwert ihrer Forderungen ist, unabdingbar. Eben dieser Wert wird durch die Fortführungswerte innerhalb des Gläubigerverzeichnisses abgebildet.

Auch für die zu erwartenden **Masseverbindlichkeiten** ist eine Barwertbetrachtung anzustreben.[1716] Zunächst sollte der Insolvenzverwalter die zu erwartenden Masseverbindlichkeiten zusammentragen, um diese anschließend auf den Zeitpunkt der Verfahrenseröffnung zu diskontieren. Bei den zu erwartenden Masseverbindlichkeiten sind indes Besonderheiten bei den Kosten des Insolvenzverfahrens zu beachten. So ist nach § 1 S. 2 InsVV für die Vergütung des Insolvenzverwalters zum Verfahrensende auf die Schätzwerte der Masse zum Zeitpunkt des Verfahrensendes abzustellen.[1717] Dementsprechend wird die Vergütung des Insolvenzverwalters mangels einer nicht umgesetzten Liquidation im Fortführungsfall auf Basis der Massegegenstände, auf die sich seine Verwaltertätigkeit bezog, ermittelt.[1718]

[1715] Vgl. Abschnitt 212.22.

[1716] Diese sind, ausgehend vom zu erwarteten Fälligkeitszeitpunkt zum Verfahrensende, mit einem marktgerechten Zins auf den Zeitpunkt der Verfahrenseröffnung zu diskontieren.

[1717] Auch wenn nach § 66 Abs. 1 InsO beim Eintritt in ein Insolvenzplanverfahren auf die Erstellung einer Schlussrechnung ggü. den Gläubigern verzichtet werden kann, so ist dennoch gemäß § 58 InsO ggü. dem Insolvenzgericht und dem Schuldner (§ 259 BGB) Schlussrechnung zu legen.

[1718] Sofern die voraussichtlichen Liquidationswerte von den Fortführungswerten abweichen, dienen bei der Verfahrensbeendigung im Zuge eines Insolvenzplans die jeweils aktuellen objektiven Verkehrswerte als Berechnungsgrundlage für die Verwaltervergütung. Vgl. ausführlich RIEDEL, E., in: Kirchhof/Stürner/Eidenmüller, Kommentar zur InsO, 3. Aufl., § 1 InsVV, Rn. 17, sowie BGH (Hrsg.), 8.7.2004 - IX ZB 589/02.

Sofern vor dem Berichtstermin Nebenabreden zwischen den Gläubigern und dem Insolvenzverwalter hinsichtlich eines Fortführungskonzepts getroffen werden, hat der Insolvenzverwalter diese einzubeziehen. Dies entspricht den Grundsätzen der Richtigkeit sowie der Klarheit und der Übersichtlichkeit. So ist bspw. ein *haircut*, d. h., dass ein Gläubiger auf einen Teil seiner Forderungen ggü. dem insolventen Unternehmen verzichtet, zu berücksichtigten.[1719] Infolgedessen sind die um den *haircut* korrigierten Forderungen im Verzeichnis der Massegegenstände anzusetzen. Da tatsächlich zu erwartende Fortführungswerte angesetzt werden, wird so dem Grundsatz der Fortführungs- und Zerschlagungsfiktion entsprochen. Auch wenn das Stichtagsprinzip begründet, dass die Aufstellung zum Zeitpunkt der Verfahrenseröffnung stattzufinden hat, so sind diese im Erstellungsprozess gewonnen Informationen für die Forderungsbewertung zu berücksichtigen. Der Grundsatz der paritätischen Bewertung besagt, dass sowohl Chancen als auch Risiken gleichermaßen abzubilden sind. Die bereits um einen Sanierungsbeitrag geminderten Wertansätze der Forderungen ggü. dem insolventen Unternehmen entsprechen diesem Paritätsgedanken.[1720]

Die Barwertbetrachtung der Aktiv- und auch der Passivseite dient vor allem dem Zweck der Entscheidungsgrundlage. So wird gemäß des Grundsatzes der Fortführungs- und Zerschlagungsfiktion und im Sinne der Gläubigerorientierung gewährleistet, dass die einzelnen Verwertungsstrategien in einem bestimmten Zeitpunkt verglichen werden können. An die Analyse der Bewertung im Gläubigerverzeichnis anknüpfend, wird im weiteren Verlauf auf den Ausweis der einzelnen Forderungen eingegangen.

522.23 Ausweis im Gläubigerverzeichnis

Wie auch im Verzeichnis der Massegegenstände ist der Ausweis im Gläubigerverzeichnis mehrdimensional.[1721] Für eine eindeutige Identifikation der einzelnen Gläubigerforderungen ist nach § 152 InsO für jede Forderung die „Anschrift [des Gläubigers, Anm. des Verf.] sowie der Grund und der Betrag“[1722] anzugeben.[1723] Der **horizontale** Ausweis ist bei absonderungsberechtigten Gläubigern ferner um die Angabe des Absonderungsgegenstands sowie des sich im

1719 Vgl. Cruces, J. J./Trebesch, C., The Price of Haircuts, S. 85-114; Andersson-Lindström, N., Neue Risiken für Distressed Debt-Investoren bei der Krisen-Umschuldung, S. 1553; Cangemi, R. R., Jr./Mason, J. R./Pagano, M. S., How Much of a Haircut?, S. 11; Dennis, B./Knadel, S., Holding out for a Haircut, S. 234, sowie Gorton, G./Metrick, A., Haircuts, S. 501.

1720 Vgl. zum Grundsatz der paritätischen Bewertung Abschnitt 433.54.

1721 Vgl. dazu auch den Grundsatz des mehrdimensionalen Ausweises in Abschnitt 433.56.

1722 § 152 Abs. 2 S. 2 InsO.

1723 Vgl. IDW (Hrsg.), Bestandsaufnahme im Insolvenzverfahren (IDW RH HFA 1.010), Rn. 63.

Zuge einer Liquidation oder Fortführung ergebenden Restwerts für den Gegenstand zu ergänzen.[1724] Der in § 152 Abs. 2 S. 3 InsO enthaltene Verweis auf § 151 Abs. 2 S. 2 InsO expliziert, dass für absonderungsberechtigte Gläubiger zwischen Fortführungs- und Liquidationswerten zu differenzieren ist.[1725] Nach dem Saldierungsverbot sind Aufrechnungsmöglichkeiten separat im Gläubigerverzeichnis auszuweisen.[1726] Neben dem ausstehenden Betrag ist ferner der Forderungsrang einsehbar. Ziel ist es, dass jede Gläubigerforderung ihrer Art und Höhe nach eindeutig identifizierbar ist.

Im **vertikalen** Ausweis sind die einzelnen Gläubiger nach den in §§ 38-53 InsO kodifizierten Gläubigergruppen zu unterteilen.[1727] Demnach sind diese nach absonderungsberechtigten Gläubigern, Massegläubigern sowie nachrangigen und nicht nachrangigen Insolvenzgläubigern zu gliedern und auszuweisen.[1728] Die Anordnung anhand der jeweiligen Gläubigerrechte führt zu einem transparenten Ausweis und ermöglicht den Gläubigern direkte Rückschlüsse sowie ein ganzheitliches Bild über ihre zu erwartende Befriedigungsquote. Wie in Abschnitt 522.21 hervorgehoben, wirken sich die über die Sicherungsrechte hinausgehenden Erlöse der Massegegenstände absonderungsberechtigter Gläubiger positiv auf die Befriedigungsquote der restlichen Gläubiger aus. Dieser positive Effekt wird durch den Ausweis im Gläubigerverzeichnis transparent und für alle Gläubiger einsehbar. Diese klare Aufteilung fördert den Zweck der Entscheidungsgrundlage, da die Konsequenzen der einzelnen Verwertungsalternativen unmittelbar für alle Gläubiger sichtbar sind.

Die **Masseverbindlichkeiten** sind in Kosten für das Insolvenzverfahren nach § 54 InsO und sonstige Masseverbindlichkeiten gemäß § 55 InsO zu unterteilen. Im Sinne des Zwecks der Rechenschaft sind auch diese entsprechend der in Abschnitt 522.21 illustrierten Ansatzpflichten

1724 Vgl. § 152 Abs. 2 S. 3 InsO sowie PINK, A., in: Bonner Handbuch Rechnungslegung, 2. Aufl., Fach 5, Rn. 72-78.

1725 In § 151 Abs. 2 S. 2 InsO heißt es, dass bei einer Abhängigkeit davon, „ob das Unternehmen fortgeführt oder stillgelegt wird, […] beide Werte anzugeben" sind. Vgl. ANDRES, D., in: Nerlich/Römermann, InsO Kommentar, § 152, Rn. 9, sowie SINZ, R., in: Uhlenbruck/Hirte/Vallender, InsO, 14. Aufl., § 152, Rn. 4.

1726 Vgl. § 152 Abs. 2 S. 3 InsO sowie zum Saldierungsverbot Abschnitt 433.43. Demzufolge sind die Gläubigerforderungen als Brutto-Beträge auszuweisen. Die Aufrechnungsmöglichkeiten sind in §§ 94-96 InsO geregelt. Vgl. dazu auch IDW (Hrsg.), Bestandsaufnahme im Insolvenzverfahren (IDW RH HFA 1.010), Rn. 73.

1727 In § 152 Abs. 2 S. 1 InsO wird darauf verwiesen, dass „die absonderungsberechtigten Gläubiger und die einzelnen Rangklassen der nachrangigen Insolvenzgläubiger gesondert aufzuführen" sind.

1728 Vgl. SINZ, R., in: Uhlenbruck/Hirte/Vallender, InsO, 14. Aufl., § 152, Rn. 4; IDW (Hrsg.), Bestandsaufnahme im Insolvenzverfahren (IDW RH HFA 1.010), Rn. 63, sowie PINK, A., in: Bonner Handbuch Rechnungslegung, 2. Aufl., Fach 5, Rn. 72.

einzeln auszuweisen. Die Gläubiger können so die als Teil der Verfahrenskosten prognostizierte Vergütung des Insolvenzverwalters einsehen. Ferner sind die Gläubiger in der Lage, zu überprüfen, ob der richtige Betrag für die Vergütung des Insolvenzverwalters angesetzt wurde, da dieser – wie in Abschnitt 213.4 betont – auf der zu erwartenden Insolvenzmasse basiert. Da die Verwaltervergütung als Masseverbindlichkeit vorrangig bedient wird, mindert diese die zur Verfügung stehende Masse der nachrangigen Insolvenzgläubiger.

Wie in Abschnitt 522.21 ausgeführt, sollten auch die Forderungen aussonderungsberechtigter Gläubiger im Gläubigerverzeichnis angesetzt und ausgewiesen werden.[1729] Der Ansatz und der Ausweis haben sich daran zu orientieren, ob der den Aussonderungsrechten gegenüberstehende Massegegenstand angesetzt wurde. Nachdem die Rechtslage des Aussonderungsrechts geklärt wurde, ist dies im weiteren Verfahrensverlauf ggf. nicht mehr zu berücksichtigen. Indes ist ein Ausweis zu Verfahrensbeginn unter dem Gesichtspunkt der Vollständigkeit zielführend.

522.3 Bilanzierung im Verfahren und zum Verfahrensende

Der Insolvenzverwalter hat bei der Bilanzierung im Gläubigerverzeichnis – wie auch im Verzeichnis der Massegegenstände – wertaufhellende Informationen zu berücksichtigen. Dies bezieht sich vor allem auf Massegegenstände, deren Aussonderungsrechte zum Zeitpunkt des Berichtstermins noch ungeklärt waren. Sofern aufgeklärt werden konnte, dass die mit Aussonderungsrechten behafteten Massegegenstände nicht mehr im Verzeichnis der Massegegenstände aufgeführt werden, sind die Forderungen auch nicht mehr im Gläubigerverzeichnis anzugeben.

Das Gläubigerverzeichnis nach § 152 InsO wird im Verfahren um die Tabelle gemäß § 175 InsO ergänzt.[1730] Für die Tabelle sind die Forderungen der Insolvenzgläubiger nach § 174 InsO schriftlich beim Insolvenzverwalter anzumelden.[1731] Die Anmeldung der Forderungen muss den Grund und den Betrag der Forderungen enthalten.[1732] Die Tabelle enthält folglich alle angemeldeten und rechtmäßigen Gläubigerforderungen.[1733] Das Gläubigerverzeichnis und die Tabelle unterscheiden sich dahingehend, dass im Gläubigerverzeichnis ggf. Forderungen

---

1729 Vgl. SINZ, R., in: Uhlenbruck/Hirte/Vallender, InsO, 14. Aufl., § 152, Rn. 2, sowie PINK, A., in: Bonner Handbuch Rechnungslegung, 2. Aufl., Fach 5, Rn. 74.

1730 Unter dem Begriff „Tabelle" wird in der InsO die tabellarische Übersicht der angemeldeten Forderungen verstanden.

1731 Vgl. GERHARDT, W., in: Jaeger, InsO Band 6, § 175, Rn. 6, sowie BECKER, C., in: Nerlich/Römermann, InsO Kommentar, § 174, Rn. 1. Mit Insolvenzgläubigern sind Gläubiger i. S. d. §§ 38-39 InsO gemeint. Vgl. KIEßNER, F., in: Wimmer, FK-InsO, 8. Aufl., § 174, Rn. 1; JUNGMANN, C., in: Insolvenzordnung, 19. Aufl., § 174, Rn. 6.

1732 Vgl. JUNGMANN, C., in: Insolvenzordnung, 19. Aufl., § 174, Rn. 2, sowie Rn. 24-36.

1733 Vgl. BECKER, C., in: Nerlich/Römermann, InsO Kommentar, § 175, Rn. 3.

ggü. dem Unternehmen enthalten sind, die im Verfahrensverlauf bestritten wurden und am Verfahrensende nicht mehr anzusetzen sind.[1734] Die Tabelle dient als externe Bestätigung der einzelnen Posten im Gläubigerverzeichnis.[1735] Bei einem Regelinsolvenzverfahren löst die Tabelle das Gläubigerverzeichnis im Verfahrensverlauf schlussendlich ab.[1736] Im Zuge der Forderungsanmeldung werden die Gläubiger nach § 28 Abs. 1 InsO dazu aufgefordert, ihre Forderungen maximal drei Monate nach dem Eröffnungsbeschluss anzumelden.[1737] Es besteht indes keine Ausschlussfrist, sodass ein Gläubiger, der seine Forderung nicht angemeldet hat, diese auch nachträglich, d. h. bis zum Schlusstermin, anmelden kann.[1738] Nachdem die einzelnen Forderungen angemeldet wurden, werden diese im Prüfungstermin nach § 29 Abs. 1 Nr. 2 InsO festgestellt.[1739] Die Prüfung der Forderungen klärt nach § 176 InsO, ob die angemeldeten Forderungen zu Recht bestehen oder ob Forderungen bestritten, d. h. nicht geltend gemacht, werden können.[1740] Dabei werden auch Höhe und Rang der Forderung kontrolliert.[1741] Ab- und aussonderungsberechtigte Gläubiger nehmen nicht am Feststellungsverfahren teil.[1742] Ebenso sind Masseforderungen nach §§ 53-55 InsO davon ausgeschlossen.[1743]

Bei der Zwischenrechnung sollte in der Zwischenbilanz kenntlich gemacht werden, welche Forderungen in der Tabelle angemeldet wurden.[1744] Forderungen, die auf Basis einer Ablehnung im Prüfungstermin nicht zu berücksichtigen sind, sind auch nicht in die Zwischenbilanz aufzunehmen. Für die Forderungsansprüche muss nach dem Beleggrundsatz ein Beleg vorliegen. Für eine transparente Kommunikation ggü. den Gläubigern sollte in der Zwischenrechnung

---

1734 Vgl. PELKA, J./NIEMANN, W., Praxis der Rechnungslegung in Insolvenzverfahren, Rn. 462; IDW (Hrsg.), Bestandsaufnahme im Insolvenzverfahren (IDW RH HFA 1.010), Rn. 61.

1735 Vgl. BECKER, C., in: Nerlich/Römermann, InsO Kommentar, § 174, Rn. 8.

1736 Vgl. IDW (Hrsg.), Bestandsaufnahme im Insolvenzverfahren (IDW RH HFA 1.010), Rn. 60; GERHARDT, W., in: Jaeger, InsO Band 6, § 175, Rn. 1 f.

1737 Nach § 174 Abs. 1 S. 1 InsO sind die Gläubigerforderungen beim Insolvenzverwalter anzumelden. Vgl. JUNGMANN, C., in: Insolvenzordnung, 19. Aufl., § 174, Rn. 3.

1738 Vgl. KIEßNER, F., in: Wimmer, FK-InsO, 8. Aufl., § 174, Rn. 5, sowie BECKER, C., in: Nerlich/Römermann, InsO Kommentar, § 174, Rn. 9 f.

1739 Vgl. BECKER, C., in: Nerlich/Römermann, InsO Kommentar, § 175, Rn. 6. Im Prüfungstermin wird geprüft, ob die Forderungen materiell rechtlich gültig sind. Vgl. GERHARDT, W., in: Jaeger, InsO Band 6, § 175, Rn. 6 f.

1740 Vgl. KIEßNER, F., in: Wimmer, FK-InsO, 8. Aufl., § 174, Rn. 49-54; JUNGMANN, C., in: Insolvenzordnung, 19. Aufl., § 176, Rn. 5. Diese werden dann bestritten und bei der Verteilung der Masse nach § 189 Abs. 3 InsO nicht berücksichtigt. Vgl. zudem KIEßNER, F., in: Wimmer, FK-InsO, 8. Aufl., § 176, Rn. 13-15.

1741 Vgl. BECKER, C., in: Nerlich/Römermann, InsO Kommentar, § 174, Rn. 6. Vgl. § 176 InsO zum Verlauf des Prüftermins.

1742 Vgl. JUNGMANN, C., in: Insolvenzordnung, 19. Aufl., § 174, Rn. 8, sowie BECKER, C., in: Nerlich/Römermann, InsO Kommentar, § 174, Rn. 4.

1743 Vgl. KIEßNER, F., in: Wimmer, FK-InsO, 8. Aufl., § 174, Rn. 44; JUNGMANN, C., in: Insolvenzordnung, 19. Aufl., § 174, Rn. 7; BECKER, C., in: Nerlich/Römermann, InsO Kommentar, § 174, Rn. 4.

1744 Vgl. zur Zwischenbilanz Abschnitt 222.12.

somit eindeutig feststellbar sein, welche Forderungen zum Zeitpunkt der Zwischenrechnung tatsächlich ggü. dem insolventen Unternehmen bestehen.[1745] Nur so kann dem Grundsatz der Klarheit und Übersichtlichkeit entsprochen werden. Die zur Verfahrenseröffnung definierten Ansatz-, Bewertungs- und Ausweisgrundsätze sind i. S. d. Grundsatzes der Stetigkeit weiterhin gültig.

Die nach § 178 Abs. 1 InsO im Prüfungstermin festgestellten Forderungen bilden im Regelverfahren, d. h. bei einer angestrebten Liquidation, die Grundlage für das Verteilungs- bzw. Schlussverzeichnis nach § 188 sowie § 197 InsO.[1746] Demnach werden die im Gläubigerverzeichnis aufgenommenen Forderungen über die Tabelle verifiziert – was dem Grundsatz der Richtigkeit entspricht – und final in der Schlussverteilung bedient.[1747] So wird der Zweck der Verteilungs- und Vergütungsgrundlage erfüllt. Das Gläubigerverzeichnis und die Tabelle werden parallel erstellt.[1748] Bei einer Fortführung durch einen Insolvenzplan wird zwar das Insolvenzverfahren offiziell eingestellt, jedoch ist die Forderungsanmeldung davon unabhängig. Somit können auch noch Forderungen im laufenden Insolvenzplanverfahren i. S. d. Grundsatzes der Vollständigkeit nachträglich angemeldet werden.[1749] Diese sollten grundsätzlich bereits im Gläubigerverzeichnis berücksichtigt worden sein.

522.4 Würdigung

In § 152 InsO wird explizit darauf verwiesen, dass unterschiedliche Informationsquellen zu nutzen sind, damit alle Gläubigerforderungen zu Verfahrensbeginn angesetzt werden. Somit soll sichergestellt werden, dass der Grundsatz der Vollständigkeit eingehalten wird.[1750] Den Gläubigern soll so ermöglicht werden, sich im Sinne der Rechenschaft ein eigenes Urteil über die Verwertungsmöglichkeiten und den Verfahrensstand zu bilden. Dies schließt Aussonderungsrechte bis zu dem Zeitpunkt, zu dem die zugehörigen Eigentumsverhältnisse geklärt sind, ein. Beim **Ansatz** der Forderungen sind die Dokumentationsgrundsätze und insb. der Ansatzgrund-

---

1745 Vgl. JUNGMANN, C., in: Insolvenzordnung, 19. Aufl., § 174, Rn. 1.

1746 Vgl. PELKA, J./NIEMANN, W., Praxis der Rechnungslegung in Insolvenzverfahren, Rn. 470; KÜPPER, N., Nachmeldung zur Tabelle vs. Erstellung des Insolvenzplans, S. 1538; BECKER, C., in: Nerlich/Römermann, InsO Kommentar, § 174, Rn. 6-8, sowie IDW (Hrsg.), Insolvenzspezifische Rechnungslegung (IDW RH HFA 1.011), Rn. 60.

1747 Vgl. HENI, B., Interne Rechnungslegung, Rn. 31.

1748 Vgl. IDW (Hrsg.), Bestandsaufnahme im Insolvenzverfahren (IDW RH HFA 1.010), Rn. 60.

1749 Vgl. KÜPPER, N., Nachmeldung zur Tabelle vs. Erstellung des Insolvenzplans, S. 1538.

1750 Vgl. DEUTSCHER BUNDESTAG (Hrsg.), BT-Drucksache 12/2443, S. 171.

satz zu berücksichtigen. Folglich ist auch der Beleggrundsatz einzuhalten, wonach bspw. Rechnungen oder Kreditverträge dokumentiert werden müssen.[1751] So soll nicht nur eine vollständige, sondern zudem eine richtige Dokumentation sichergestellt werden.[1752] Neben den bereits bestehenden Verbindlichkeiten ist der Insolvenzverwalter dazu verpflichtet, die prognostizierten Masseverbindlichkeiten für den Liquidations- oder Fortführungsfall anzugeben. Auch wenn in § 152 InsO lediglich auf eine „zügigen Verwertung des Vermögens“[1753] Bezug genommen wird, so fallen die Masseverbindlichkeiten auch im Fortführungsfall an und sind demnach ebenso einzuplanen und zu bedienen. Da diese ferner ggü. den Insolvenzgläubigern prioritär befriedigt werden, ist ein Ansatz – unabhängig von der geplanten Verwertungsstrategie – zwingend erforderlich. Auch beim Ansatz im Gläubigerverzeichnis muss das Saldierungsverbot eingehalten werden. Eine Verrechnung von Ansprüchen ist nicht möglich. Diese sind als Bruttopositionen auszuweisen. Durch den in Abschnitt 522.21 erläuterten Ansatz von Forderungen im Gläubigerverzeichnis sollen neben den Zwecken der Dokumentation und der Rechenschaft die Zwecke der Entscheidungs- und der Verteilungsgrundlage beachtet werden.

Bezogen auf die **Bewertung** der Gläubigerforderungen ist dem in § 152 Abs. 2 S. 3 InsO enthaltenen Verweis, dass § 151 Abs. 2 S. 2 InsO ausschließlich für absonderungsberechtigte Gläubiger gilt, zu widersprechen. Laut der InsO sollen lediglich für Forderungen absonderungsberechtigter Gläubiger Liquidations- und Fortführungswerte angegeben werden. Indes profitieren – abhängig davon, ob die Liquidations- oder Fortführungsstrategie die einzelnen, vorrangig zu bedienenden Gläubigergruppen vollständig befriedigt – auch die übrigen Insolvenzgläubiger sowohl von einer Liquidation als auch Fortführung.[1754] Neben den Gläubigerrechten ist bei der Forderungsbewertung auch der Aus- bzw. Rückzahlungszeitpunkt der Forderung einzubeziehen. Der Liquiditätsabfluss kann bei einer Ausproduktion teilweise gar Jahre nach dem Berichtstermin liegen. Abhängig davon, wie viel später eine Rückzahlung an die Gläubiger geplant ist, sind die Forderungen gemäß des Diskontierungsgrundsatzes auf den Eröffnungszeitpunkt des Verfahrens abzuzinsen. Hierdurch wird sichergestellt, dass die einzelnen Verwertungsstrategien vergleichbar sind. Bei einer Fortführung ist davon auszugehen, dass der Barwert der Gläubigerforderungen von der individuellen Vertragsgestaltung zwischen Gläubiger und Schuldner abhängt. Dies hat der Insolvenzverwalter bei der Barwertbetrachtung entsprechend

---

[1751] Vgl. zum Beleggrundsatz ausführlich Abschnitt 433.24.
[1752] Vgl. zum Grundsatz der Richtigkeit Abschnitt 433.32.
[1753] § 152 Abs. 3 S. 2 InsO.
[1754] Vgl. Abschnitt 522.21.

zu berücksichtigen. Mögliche Sanierungsbeiträge in Form eines *haircut* sollten bereits im Gläubigerverzeichnis zum Zeitpunkt des Berichtstermins antizipiert werden.[1755] Somit wird sich explizit an den Informationsinteressen der Gläubiger orientiert, was vor dem Hintergrund der Entscheidungsfindung positiv zu bewerten ist.

Durch die Angabe der Gläubigeranschrift, des Grundes und des Betrags jeder einzelnen Forderung wird dem Grundsatz der Klarheit und Übersichtlichkeit nachgekommen. Durch die zusätzliche Angabe von Aufrechnungsrechten können die Gläubiger ihre individuell bestehende Forderung und die Forderungen der übrigen Gläubiger nachvollziehen. Der an die bestehenden Gläubigerrechte angelehnte vertikale **Ausweis** impliziert einen systematischen Aufbau.[1756] So können die Gläubiger ihre persönliche Befriedigungsquote einsehen, da anhand des Aufbaus ersichtlich wird, welche Forderungen vor- bzw. nachrangig bedient werden. Dies entspricht dem Grundsatz der Klarheit und Übersichtlichkeit und dient dem Zweck der Entscheidungsgrundlage für die vorteilhafteste Verwertungsalternative. Ferner verdeutlicht der separate Ausweis der Masseverbindlichkeiten, wie hoch die Verfahrenskosten sind und welche Vergütung der Insolvenzverwalter für das Verfahren erhält. Hier ist eine Gliederung denkbar, welche die abnehmenden Gläubigerrechte widerspiegelt und demnach von aussonderungsberechtigten bis zu nachrangigen Insolvenzgläubigern gegliedert ist. Der darin enthaltene Einzelausweis der Vergütung des Insolvenzverwalters leistet einen Beitrag dazu, dass der Zweck der Rechenschaft erfüllt wird. Da die Forderungen der Insolvenzgläubiger im Regelverfahren in die Tabelle einzutragen sind und somit im Verfahrensverlauf geprüft werden, findet ferner eine Verifikation selbiger statt. Dies fördert die Richtigkeit der Angaben im Gläubigerverzeichnis.[1757]

523. Zusammenfassung der zweckadäquaten Bilanzierung im Verzeichnis der Massegegenstände sowie im Gläubigerverzeichnis

In den vorherigen Abschnitten wurde die zweckadäquate Bilanzierung der insolvenzspezifischen Rechnungslegung vorgestellt. Die Bilanzierungsvorschläge präzisieren und explizieren die in der InsO abstrakt gehaltenen Vorschriften der §§ 151-153 InsO sowie des § 66 InsO. Die konkreten Vorschläge für den Ansatz, die Bewertung sowie den Ausweis wurden vor dem Hintergrund der Grundsätze insolvenzspezifischer Rechnungslegung sowie der Zwecke der insolvenzspezifischen Rechnungslegung gewürdigt.

1755 Vgl. ausführlich Abschnitt 522.222.
1756 Vgl. zum Grundsatz des systematischen Aufbaus Abschnitt 433.22.
1757 Vgl. zum Grundsatz der Richtigkeit Abschnitt 433.32.

Für das **Verzeichnis der Massegegenstände** wurde ein Vorschlag zum **Ansatz** einzelner Massegegenstände erarbeitet.[1758] In diesem wurde die Aufmerksamkeit vor allem darauf gelegt, dass die Massegegenstände vollständig angesetzt werden. Dafür sind im Zuge der Verfahrenseröffnung auch Massegegenstände, die ggf. mit Aussonderungsrechten belegt sind, einzubeziehen. Darauf aufbauend wurde analysiert, wie eine mehrdimensionale Bewertung der einzelnen Massegegenstände ausgestaltet sein könnte, um sicherzustellen, dass sowohl intersubjektiv nachprüfbare Liquidations- als auch Fortführungswerte angesetzt werden. Im vorgestellten Bilanzierungsvorschlag werden die beizulegenden Zeitwerte als Ausgangspunkt für die **Bewertung** genutzt.[1759] Für die Ermittlung der Werte bei einer sofortigen Liquidation werden die beizulegenden Zeitwerte der Massegegenstände um einen Wertabschlag korrigiert. Bei einer Ausproduktion werden die Barwerte der prognostizierten Veräußerungspreise angesetzt. Die Fortführungswerte werden anhand der künftigen Ertragskraft des Unternehmens ermittelt.[1760] Nachdem der Brutto-Unternehmenswert kalkuliert wurde, wird dieser – analog zu einer Kaufpreisallokation – anhand der beizulegenden Zeitwerte der Massegegenstände verteilt. Das Residual ist – analog zu einem sich ergebenden positiven Unterschiedsbetrag – entsprechend auszuweisen. Hinsichtlich des **Ausweises** wurde in Abschnitt 521.13 vorgeschlagen, dass für das Verzeichnis der Massegegenstände eine einheitliche Gliederungsstruktur heranzuziehen ist. Weder die InsO noch die RegB zur InsO umfassen konkrete Regelungen zum Ansatz, zur Bewertung sowie zum Ausweis der Massegegenstände.

Wie in Abschnitt 522.21 ausgeführt, sind die einzelnen Gläubigerforderungen im **Gläubigerverzeichnis** anhand des jeweiligen Rechtsanspruchs ggü. dem insolventen Unternehmen **anzusetzen**. Hierbei sind – ebenso wie im Verzeichnis der Massegegenstände – Forderungen aussonderungsberechtigter Gläubiger zu Verfahrensbeginn anzusetzen. Ferner sollten nicht nur die absonderungsberechtigten Forderungen zu Liquidations- und Fortführungswerten angesetzt werden, sondern auch die restlichen Insolvenzforderungen. Die durch die Tabelle und den Prüftermin mögliche Verifikation und Falsifikation der Forderungen sollte sich auch auf den Ausweis im Gläubigerverzeichnis beziehen. So sind Forderungen, die gemäß des Prüftermins unbegründet sind, auch nicht im Gläubigerverzeichnis anzusetzen.

[1758] Vgl. Abschnitt 521.11.
[1759] Vgl. ausführlich Abschnitt 522.22.
[1760] Vgl. HENI, B., Interne Rechnungslegung, S. 87.

Die **Bewertung** der Gläubigerforderungen hat sich am Grundsatz der Fortführungs- und Zerschlagungsfiktion zu orientieren. Demnach ist es für die Gläubiger von Interesse, welche Auswirkungen die jeweilige Strategie auf die bestehenden Forderungen hat. Dies schließt einen vollständigen und richtigen Ausweis von Masseverbindlichkeiten ein. Die Konkretisierung und Würdigung der Vorschriften führt zu dem Ergebnis, dass Masseverbindlichkeiten grundsätzlich nicht nur für den Fall einer zeitnahen, d. h. sofortigen Liquidation, vollständig zu prognostizieren, anzusetzen und somit zu bewerten sind, sondern auch bei einer geplanten Ausproduktion oder Unternehmensfortführung.[1761] Falls Gläubiger Sanierungsbeiträge für eine geplante Fortführung leisten, sind diese in der Bewertung zum Zeitpunkt der Verfahrenseröffnung zu berücksichtigen. Die Forderungen ggü. dem insolventen Unternehmen sind – analog zur Insolvenzmasse – grundsätzlich auf den Zeitpunkt der Verfahrenseröffnung zu diskontieren.

In Bezug auf den **Ausweis** im Gläubigerverzeichnis ist in der InsO keine klare Gliederungsstruktur vorgegeben. In § 152 InsO ist lediglich kodifiziert, dass neben den absonderungsberechtigten Gläubigern die einzelnen Rangklassen der Gläubiger anzugeben sind. Hier ist eine einheitlich anzuwendende Gliederung zielführend, um den Ausweis ggü. den Adressaten der insolvenzspezifischen Rechnungslegung zu standardisieren.[1762]

Sowohl für das Verzeichnis der Massegegenstände als auch das Gläubigerverzeichnis und die Vermögensübersicht ist kein **Erläuterungsteil** vorgeschrieben. Dieser wäre jedoch wünschenswert, damit die Gläubiger die in den Verzeichnissen enthaltenen Wertansätze auch ohne mündliche Erklärung durch den Insolvenzverwalter nachvollziehen können.[1763]

Neben den skizzierten Ansatz-, Bewertungs- und Ausweisfragen zum Verzeichnis der Massegegenstände und dem Gläubigerverzeichnis lässt die InsO offen, ob der Insolvenzverwalter im Verfahren eine **Zwischenrechnung** aufzustellen hat. Ferner ist in der InsO nicht geregelt, welche Rechenwerke für die Zwischenrechnung zu erstellen sind.[1764] So ist im Sinne des Grundsatzes der Stetigkeit bspw. eine Fortführung des Verzeichnisses der Massegegenstände sowie des Gläubigerverzeichnisses und der Vermögensübersicht zweckerfüllend. Die nicht vorhan-

[1761] Vgl. Abschnitt 522.22.

[1762] Vgl. dazu Abschnitt 532.12.

[1763] Der Insolvenzverwalter hat gemäß § 156 Abs. 1 InsO lediglich mündlich über die wirtschaftliche Lage des Schuldners zu informieren und ferner die von der Verwertungsstrategie abhängigen Sanierungsaussichten für die Gläubiger zu illustrieren.

[1764] Vgl. § 66 Abs. 3 InsO.

dene Aufstellungspflicht kann dazu führen, dass die Gläubiger lediglich zur Verfahrenseröffnung im Berichtstermin und bei Verfahrensbeendigung durch die Schlussrechnung über den Verlauf des Insolvenzverfahrens informiert werden. Da Insolvenzverfahren teilweise über Jahre andauern, steht diese nicht vorhandene Rechnungslegungspflicht den Zwecken insolvenzspezifischer Rechnungslegung entgegen. Angesichts der skizzierten Probleme betreffend der Qualität und der Quantität der zu erstellenden Berichtsdokumente werden in Abschnitt 53 Verbesserungsmöglichkeiten erarbeitet. Neben der Anpassung bestehender Regelungen wird auch auf weitere Möglichkeiten für eine bessere Zweckerfüllung eingegangen.

53 Verbesserungsmöglichkeiten der Regelungen insolvenzspezifischer Rechnungslegung

531. Vorbemerkungen

Sowohl im Schrifttum als auch in der Praxis herrscht Unsicherheit über die zu erstellenden Berichtsinstrumente und die konkreten Inhalte insolvenzspezifischer Rechnungslegung.[1765] Auch wenn sich in der Praxis einzelne Berichtsdokumente als vermeintliche Standards herausgebildet haben, so werden diese weder flächendeckend noch einheitlich erstellt.[1766] Regelungslücken bestehen bezüglich des Ansatzes, der Bewertung und des Ausweises und führen zu divergierenden Anwendungen in der Praxis. Der in Abschnitt 52 unterbreitete Bilanzierungsvorschlag soll einen Beitrag zur Lösung der Unsicherheit und zu einer stärkeren Standardisierung leisten. Davon ausgehend werden nachfolgend Rückschlüsse auf mögliche Anpassungen der in der InsO kodifizierten Regelungen erarbeitet. Die vorgeschlagenen Anpassungen sollen sicherstellen, dass die Zwecke der insolvenzspezifischen Rechnungslegung, d. h. die Zwecke der Dokumentation, der Rechenschaft, der Entscheidungsgrundlage sowie der Verteilungs- und Vergütungsgrundlage und die Grundsätze insolvenzspezifischer Rechnungslegung, in den Vorschriften der InsO zum Ausdruck kommen. Bei den Verbesserungsvorschlägen sind die Informationsinteressen der Hauptadressaten bzw. der Gläubiger zu berücksichtigen.[1767] Die Anpassungsvorschläge werden in den folgenden Abschnitten hergeleitet und vorgestellt. In der Ana-

[1765] Vgl. KLOOS, I., Standardisierung insolvenzrechtlicher Rechnungslegung, S. 586; HAARMEYER, H./HILLEBRAND, C., Insolvenzrechnungslegung – Teil II, S. 704, sowie DEPPE, M., Schlussrechnung, S. 333 f.

[1766] Vgl. HAARMEYER, H./HILLEBRAND, C., Insolvenzrechnungslegung – Teil II, S. 704.

[1767] Vgl. zur Adressatendiskussion der insolvenzspezifischen Rechnungslegung Abschnitt 222.2.

lyse wird sich auf die in der InsO kodifizierten Regelungen, d. h. das Verzeichnis der Massegegenstände, das Gläubigerverzeichnis, die Vermögensübersicht sowie die Zwischen- und Schlussrechnung, bezogen.

532. Anpassungen bestehender Regelungen der InsO

532.1 Regelungen zu Verfahrensbeginn

532.11 Verzeichnis der Massegegenstände

Um dem **Grundsatz der Vollständigkeit** beim **Ansatz** der Massegegenstände gerecht zu werden, sind zum Zeitpunkt der Verfahrenseröffnung alle existierenden Massegegenstände anzusetzen.[1768] Dazu gehören Massegegenstände, die mit Aus- und Absonderungsrechten belegt sind, sowie die übrigen Gegenstände der Insolvenzmasse nach § 35 InsO. Überdies sind die sich aus Anfechtungstatbeständen ergebenden Ansprüche nach §§ 129-147 InsO einzubeziehen.[1769] Hier sollte in der InsO eindeutig darauf verwiesen werden, dass der Insolvenzverwalter die Vollständigkeit der Insolvenzmasse sicherstellen muss.[1770] Der Insolvenzverwalter hat die auf die Massegegenstände bestehenden Gläubigerrechte kenntlich zu machen, sodass diese den Massegegenständen eindeutig zugeordnet werden können. So wird die **Richtigkeit**, **Klarheit** und **Übersichtlichkeit** gefördert. Zudem wird sichergestellt, dass eine mögliche Aufklärung von Rechten im Verfahrensverlauf nachvollzogen werden kann, wodurch der **Stetigkeitsgedanke** berücksichtigt wird. Der Ansatz einzelner Massegegenstände wird folglich im Verfahrensverlauf transparent und sich ergebende wertaufhellende Tatsachen sind nachvollziehbar.

Ein eindeutiger Verweis innerhalb der InsO, dass das Mengengerüst durch eine **Inventur** zu bestimmen ist, würde die Grundsätze der Richtigkeit und auch der Vollständigkeit stärken. Im Zuge der Inventur könnten u. a. Belege zu den einzelnen Massegegenständen aufgenommen werden. Dies dient nicht nur dem Beleggrundsatz, sondern auch der Klärung strittiger Eigentumsverhältnisse. Die lückenlose Erfassung unterstützt grundsätzlich den Zweck der Dokumentation. Darüber hinaus wird durch eine ganzheitliche und richtige Erfassung die Basis für die korrekte Bewertung der Insolvenzmasse gelegt. Eine intersubjektiv nachprüfbare vollständige

---

1768 Vgl. Abschnitt 521.11.

1769 Für den Fall, dass die Aussonderung bereits bei der Erstellung der Berichtsinstrumente eindeutig war, kann ein Ansatz unterbleiben.

1770 Zwar ist in § 148 Abs. 1 InsO kodifiziert, dass „der Insolvenzverwalter das gesamte zur Insolvenzmasse gehörende Vermögen sofort in Besitz und Verwaltung zu nehmen" hat. Indes ist zum Eröffnungszeitpunkt nicht eindeutig, welches Vermögen zur Insolvenzmasse gehört, sodass eine vollständige Aufnahme vorgelagert stattfinden muss.

Erfassung ist zudem eine notwendige Bedingung für die Zwecke der Vergütungs- und Verteilungsgrundlage. Denn nur so kann der Insolvenzverwalter eine Indikation über seine künftige Vergütung und die Gläubiger analog über ihre zu erwartenden Befriedigungsquoten erhalten.

Gemäß der InsO sind die aus der **Bewertung** resultierenden Fortführungs- und Stilllegungswerte nebeneinander anzugeben.[1771] In der RegB wird hingegen darauf verwiesen, dass Fortführungs- und Einzelveräußerungswerte im Verzeichnis der Massegegenstände aufzuführen sind.[1772] Sowohl für die Ersteller des Verzeichnisses der Massegegenstände, d. h. den Insolvenzverwalter bzw. Schuldner im Falle der Eigenverwaltung, als auch für die Adressaten ist eine Konkretisierung und damit Standardisierung der anzusetzenden Bewertungsmaßstäbe erstrebenswert.[1773] Ein eindeutig nachvollziehbarer und damit transparenter Wertansatz reduziert Informationsasymmetrien zwischen den teilnehmenden Parteien.[1774] Somit soll die Bewertung intersubjektiv nachvollziehbar sein. Im weiteren Verfahrensverlauf sollten die Bewertungsmethoden beibehalten werden. Dies dient dem Grundsatz der Stetigkeit, da die Adressaten die Wertansätze zu unterschiedlichen Verfahrenszeitpunkten vergleichen können. Ein möglicher Lösungsansatz für im Verfahren vergleichbare Wertansätze wurde mit dem Grundsatz mehrdimensionaler Bewertung unterbreitet.[1775] So können die Adressaten die einzelnen Verwertungsstrategie zu Verfahrensbeginn sowie den Erfolg des Insolvenzverwalters im laufenden Verfahren vergleichen. Ferner soll die Einhaltung der Grundsätze der paritätischen Bewertung und der identischen Laufzeit den Zweck der Entscheidungsgrundlage und den Zweck der Rechenschaft unterstützen. Eine Aufnahme konkreter Bewertungsvorschriften in die InsO, aus denen klar wird, wie die Liquidations- und Fortführungswerten zu ermitteln sind, würde die intersubjektive Nachprüfbarkeit fördern. Hinsichtlich der Bewertungsvorschriften zu den **Liquidationswerten** sollten diese vorsehen, dass die Werte auf Basis der beizulegenden Zeitwerte, reduziert um einen spezifischen Wertabschlag, zu ermitteln sind. Die Werte bei einer Ausproduktion sollen auf Basis eines Konzepts, auf welchem die geplante **Ausproduktion** basiert, ermittelt werden. Darin sind die zu erwartenden Veräußerungserlöse der Massegegenstände aufzuführen, sodass die Gläubiger die prognostizierten Werte nachvollziehen können. Die Veräußerungserlöse sind die tatsächlich zu erwartenden erzielbaren Marktpreise. Da der Gesetzgeber eine Ge-

---

1771 Vgl. § 151 Abs. 2 S. 2 InsO.
1772 Vgl. DEUTSCHER BUNDESTAG (Hrsg.), BT-Drucksache 12/2443, S. 171.
1773 Vgl. STEFFAN, B., Der Fortführungswert im Vermögensstatus, S. 110.
1774 Vgl. zu den Informationsasymmetrien Abschnitt 213.6.
1775 Vgl. Abschnitt 433.53.

genüberstellung zum Verfahrensbeginn anstrebt, sind die Wertansätze – abhängig vom geplanten Liquidationszeitpunkt – auf diesen zu diskontieren.[1776] Die InsO sollte demzufolge einen Verweis auf die Ermittlungssystematik der zugrunde zu legenden Wertansätze enthalten.

Bei einer dauerhaften **Unternehmensfortführung** ist die künftige Ertragskraft des Unternehmens in die Wertermittlung einzubeziehen. Werte, die sich auf die Substanzwertkonzeption stützen, sind nicht zweckdienlich.[1777] Der Unternehmenswert wird aus den Barwerten künftiger Zahlungsströme ermittelt.[1778] Der Bruttounternehmenswert wird sodann auf die Massegegenstände verteilt. Der vorzunehmende Wertansatz einzelner Massegegenstände beruht auf den beizulegenden Zeitwerten.[1779] Die Aufteilung des Unternehmenswertes anhand der vorgeschlagenen Einzelwertfiktion dient dazu, den einzelnen Gläubigergruppen – und vor allem den absonderungsberechtigten Gläubigern – eine Indikation über ihre individuelle Befriedigungsquote zu vermitteln. Diese hängt bei Gläubigern mit Absonderungsrechten von den einzelnen mit dem jeweiligen Recht belegten Massegegenständen ab, was die Idee des Gesetzgebers, diese einzeln auszuweisen, nachvollziehbar macht. Duch das Vorgehen wird das Ertragspotenzial des Unternehmens berücksichtigt und gleichzeitig der Idee des Einzelwertausweises entsprochen. Folglich sollte der Verweis auf die erforderliche Erstellung eines (indikativen) Fortführungskonzepts und einer darauf basierenden Unternehmensbewertung in den Vorschriften der InsO berücksichtigt werden.

Unabhängig davon, ob eine Bewertung zu Liquidations- oder zu Fortführungswerten durchgeführt wird, sind Chancen und Risiken gleichermaßen in die Wertansätze einzubeziehen.[1780] Der Grundsatz der paritätischen Bewertung spiegelt sich darin wieder, dass z. B. auf der einen Seite Wertabschläge bei der Bewertung von Liquidationswerten vorzunehmen sind, auf der anderen Seite indes Anfechtungstatbestände als potenzielle Chancen einzubeziehen sind. Die Wertansätze müssen intersubjektiv nachprüfbar sein. Eine Anfechtung sollte mit der anzunehmenden Wahrscheinlichkeit gewichtet werden, mit der sie voraussichtlich auch realisiert wird.

Die Wertansätze im Verzeichnis der Massegegenstände sollen nach den aktuellen Regelungen der insolvenzspezifischen Rechnungslegung für sich alleine aussagefähig sein. Diese sind indes

---

1776 Vgl. zum Diskontierungsgrundsatz ausführlich Abschnitt 433.45.
1777 Vgl. ausführlich Abschnitt 433.53.
1778 Vgl. ausführlich Abschnitt 433.53 sowie Abschnitt 521.123.
1779 Vgl. Abschnitt 433.53.
1780 Vgl. ausführlich Abschnitt 433.54.

ohne Erläuterung nicht immer vollumfänglich nachvollziehbar.[1781] Demnach sollte der Insolvenzverwalter als Ergänzung zum Verzeichnis der Massegegenstände den vorgeschlagenen **Erläuterungsbericht** anfertigen, was aktuell nicht vorgeschrieben ist.[1782] In diesem sollten die der Bewertung zugrunde liegenden Annahmen und die Bewertungsmethoden deutlich gemacht werden.[1783] Darüber hinaus sollten die Bewertungsgrundlagen für die beizulegenden Zeitwerte und die für die Liquidationswerte relevanten Wertabschläge ausgewiesen und begründet werden. So könnten die Adressaten die einzelnen Wertansätze nachvollziehen und überprüfen. Zudem sollte der Insolvenzverwalter die für die Inventur genutzten Bewertungsvereinfachungsverfahren erörtern.[1784] Zusätzlich sollte der Insolvenzverwalter im Erläuterungsbericht erklären, welche individuellen Chancen und Risiken für die jeweilige Verwertungsalternative gesehen werden und wie diese in die Bewertung der einzelnen Massegegenstände eingeflossen sind. So sollte z. B. verplausibilisiert werden, warum ein Anfechtungstatbestand mit welchem Wert angesetzt wurde. Der Erläuterungsbericht würde somit den Informationsgehalt des Verzeichnisses der Massegegenstände stärken, was wiederum den Zweck der Rechenschaft und Entscheidungsgrundlage stützen würde.[1785] Die Adressaten haben erst durch den Erläuterungsbericht die Möglichkeit, die im Verzeichnis der Massegegenstände angesetzten Werte intersubjektiv nachzuprüfen. Dies dient der Dokumentation und fördert den Grundsatz der Richtigkeit. Nicht zuletzt aufgrund der hohen Komplexität der Bewertung würde es sich anbieten, die Regelungen des § 151 InsO um eine entsprechende Vorschrift zum Erläuterungsbericht zu ergänzen, denn durch diesen würden den Adressaten zusätzliche entscheidungsrelevante Informationen zum Ansatz und zur Bewertung der Massegegenstände bereitstehen.[1786] Die Gläubiger könnten sich damit gezielter auf den Berichtstermin und die darin zu treffenden Entscheidungen vorbereiten.

1781 Bereits HENI forderte, dass „de lege ferenda bei den insolvenzrechtlichen Rechnungslegungsvor-schriften das Verhältnis zwischen zahlenfixierter Rechnungslegung und verbalen Berichtsinstrumenten neu austariert werden“ muss, so HENI, B., Interne Rechnungslegung, S. 59.

1782 Nach § 154 InsO ist das Verzeichnis „spätestens eine Woche vor dem Berichtstermin in der Geschäftsstelle zur Einsicht der Beteiligten niederzulegen“. Der Erläuterungsbericht sollte Informationen zu den Wertansätzen im Verzeichnis der Massegegenstände sowie im Gläubigerverzeichnis enthalten. Vgl. zum Gläubigerverzeichnis Abschnitt 532.12. Auch PLATE empfahl für die Konkursbilanz, einzelne Bewertungstatbestände separat zu erläutern. Vgl. PLATE, G., Die Konkursbilanz, S. 203 f.

1783 Vgl. § 284 Abs. 2 Nr. 1 HGB sowie in Analogie zum handelsrechtlichen Anhang FISCHER, T. R./PASKERT, D., Anhang von Kapitalgesellschaften, S. 293.

1784 Vgl. dazu FISCHER, T. R./PASKERT, D., Anhang von Kapitalgesellschaften, S. 194, sowie Abschnitt 521.121.

1785 Vgl. analog zum Anhang ERNST, E., Lagebericht und Anhang, S. 1.

1786 Vgl. HENI, B., Interne Rechnungslegung, S. 59, sowie mit Bezug zur KO PLATE, G., Die Konkursbilanz, S. 76.

Neben der Bewertung sollte in der InsO der **Ausweis** in den Vorschriften zum Verzeichnis der Massegegenstände festgeschrieben werden. Eine klar vorgegebene Gliederungsstruktur würde den Grundsatz des systematischen Aufbaus berücksichtigen. Ferner wäre sowohl dem Ersteller als auch dem Adressaten im Vorhinein die Struktur bekannt. Außerdem würde der Grundsatz der Wirtschaftlichkeit berücksichtigt werden, da der Insolvenzverwalter kein individuelles Gliederungsschema erstellen muss. Der horizontale Ausweis sollte um die letzten vorliegenden handelsrechtlichen Buchwerte ergänzt werden. Auch wenn die RegB zur InsO klarstellt, dass handelsrechtliche Buchwerte nicht als Entscheidungskriterium heranzuziehen sind, so sollten diese dennoch – sofern vorliegend – angesetzt werden.[1787] So können die Gläubiger erkennen, ob etwaige stille Reserven oder Lasten aufgedeckt wurden.[1788] Zudem ist im horizontalen Ausweis auf den Erläuterungsbericht zu verweisen. Der vertikale Ausweis der Werte der einzelnen Massegegenstände sollte sich an § 266 HGB anlehnen. Dazu wäre ein klarer Verweis in § 151 InsO zielführender, als dies in der aktuellen Rechtslage der Fall ist.[1789] Da die Gliederungsstruktur im Verfahrensverlauf beizubehalten ist, wird so zusätzlich dem Grundsatz der Stetigkeit entsprochen. Demnach sollten die Regelungen zum Ansatz, zur Bewertung sowie zum Ausweis angepasst und vor allem konkretisiert werden. Eine zusätzliche Ergänzung um einen Erläuterungsbericht ist darüber hinaus im Interesse einer adressatengerechten Berichterstattung.

532.12 Gläubigerverzeichnis

Die in § 152 InsO enthaltene Vorschrift soll einen vollständigen und übersichtlichen **Ansatz** aller Verbindlichkeiten des insolventen Unternehmens im Gläubigerverzeichnis sicherstellen.[1790] Ein Ansatz ist grundsätzlich unabhängig von der Verfahrensart. Bezugnehmend auf bestehende Verpflichtungen zum Eröffnungszeitpunkt wird die Vollständigkeit dadurch gewährleistet, dass unterschiedliche Informationsquellen wie „Bücher und Geschäftspapiere“[1791], sonstige Angaben des Schuldners und die Anmeldung von Forderungen zu nutzen sind. Ferner hat der Schuldner die Vollständigkeit nach § 153 Abs. 2 InsO an Eides statt zu versichern. Allerdings sind laut § 152 InsO die zu erwartenden Masseverbindlichkeiten lediglich „im Falle

[1787] Vgl. DEUTSCHER BUNDESTAG (Hrsg.), BT-Drucksache 12/2443, S. 172.
[1788] Vgl. zudem Abschnitt 521.13.
[1789] Vgl. dazu Abschnitt 521.13.
[1790] Vgl. dazu auch die Ansatzgrundsätze in Abschnitt 433.52.
[1791] § 152 Abs. 1 InsO.

einer zügigen Verwertung des Vermögens des Schuldners“[1792] zu schätzen und demnach anzusetzen. Indes fallen Masseverbindlichkeiten ebenso bei einer geplanten Ausproduktion sowie Unternehmensfortführung an. Demzufolge ist der Hinweis, dass die Masseverbindlichkeiten nach §§ 54 f. InsO nur bei einer zeitnahen Verwertung bzw. sofortigen Liquidation zu schätzen sind, nicht zielführend. Vielmehr sollten – zur Einhaltung des Grundsatzes der Vollständigkeit – die Masseverbindlichkeiten bei jeglicher Verwertungsalternative abgeschätzt und angesetzt werden. Dementsprechend wäre hier § 152 InsO anzupassen. Ein Ansatz, der unabhängig von der Verwertungsstrategie ist, berücksichtigt zudem den Grundsatz der Fortführungs- und Zerschlagungsfiktion, da auch im Zuge einer Fortführung Masseverbindlichkeiten anfallen und beglichen werden müssen. Folglich sind im Sinne des Stichtagsprinzips die Barwerte der zu erwartenden Zahlungen der Masseverbindlichkeiten auch im Gläubigerverzeichnis zum Berichtstermin anzusetzen.

Die **Bewertung** der einzelnen Gläubigerforderungen sollte auch von der entsprechenden Verwertungsstrategie abhängen.[1793] Demnach sind die Forderungen bei einer sofortigen Liquidation gemäß § 41 InsO unmittelbar fällig zu stellen. Hinsichtlich einer geplanten Fortführung ist dieses Vorgehen nicht zielführend. Der Zweck der Entscheidungsgrundlage könnte vielmehr dadurch gesteigert werden, dass z. B. auf Basis des fixierten Kreditvertrags und des darin enthaltenen Tilgungsplans der Barwert der Verbindlichkeit ermitteln werden würde. Damit wird nicht nur der Diskontierungsgrundsatz berücksichtigt, sondern auch die betriebswirtschaftliche und somit ökonomische Realität abgebildet. Sofern die Gläubiger – für den Fall einer Fortführung – Sanierungsbeiträge in Form von Stundungen[1794] oder einem *haircut* zusichern, sollten diese den Barwerten des ursprünglichen Tilgungsplans gegenübergestellt werden. Im Gläubigerverzeichnis kann so für den Fortführungsfall der tatsächliche vom insolventen Unternehmen zu leistende Rückzahlungsbetrag angesetzt werden. Die Gegenüberstellung von ursprünglich vereinbartem Barwert und Rückzahlungsbetrag inklusive des entsprechenden Sanierungsbeitrags sollte – wie bereits beim Verzeichnis der Massegegenstände – im **Erläuterungsbericht** deutlich gemacht werden. So können die Adressaten die im Falle einer Fortführung vereinbarten Sanierungsbeträge nachzuvollziehen.

1792 § 152 Abs. 3 S. 2 InsO.

1793 Vgl. Abschnitt 522.22.

1794 Vgl. HESSE, T., Debt Restructuring, S. 104 f.

Vor dem Hintergrund des mehrdimensionalen **Ausweises** sollten neben den Liquidationsgrundsätzlich auch Fortführungswerte angegeben werden. In § 152 Abs. 2 InsO wird jedoch darauf Bezug genommen, dass ausschließlich bei „den absonderungsberechtigten Gläubigern" nach § 151 Abs. 2 S. 2 InsO Fortführungs- und Stilllegungswerte anzugeben sind. Für den Fall, dass Sanierungsbeiträge von nicht absonderungsberechtigten Gläubigern für den Fortführungsfall zugesichert werden, sind gleichwohl auch für diese Liquidations- und Fortführungswerte anzugeben. Demzufolge ist die in § 152 Abs. 2 InsO enthaltene Einschränkung auf absonderungsberechtigte Gläubiger nicht zielführend und entspricht nicht dem Grundsatz der Fortführungs- und Zerschlagungsfiktion. Daher sollte der Gesetzgeber in Erwägung ziehen, auch bei den übrigen Gläubigerforderungen Fortführungs- und Liquidationswerte einzufordern. Demnach wäre dann die horizontale Gliederungsstruktur mit der Struktur des Verzeichnisses der Massegegenstände vergleichbar. Überdies sollten – sofern vorliegend – auch die handelsrechtlichen Buchwerte der Verbindlichkeiten als Referenzpunkt angegeben werden.

Die vertikale Gliederung ist gemäß § 152 Abs. 2 S. 1 InsO anhand der einzelnen Rangklassen vorzunehmen. Hier ist eine hierarchische Anordnung anhand der Befriedigungsrechte sinnvoll, da die Gläubiger so ihre vom Rang der Forderung abhängige Befriedigungsquote ermitteln können.[1795] Dementsprechend wäre ein in § 152 InsO enthaltener Verweis auf eine hierarchische Gliederung, beginnend mit den Verbindlichkeiten der aussonderungsberechtigten Gläubiger über die absonderungsberechtigten Gläubiger hin zu den Massegläubigern und sonstigen Gläubigern, zweckentsprechend. Eine so vorgegebene Struktur würde ferner dem Grundsatz der Klarheit und Übersichtlichkeit entsprechen. Die Anpassungen der Regelungen zum Gläubigerverzeichnis würden den der Zweck der Entscheidungsgrundlage stärken und so die Gläubigerautonomie stützen.

Die hinsichtlich des Verzeichnisses der Massegegenstände sowie des Gläubigerverzeichnisses hergeleiteten Anpassungsvorschläge wirken sich auch auf die **Vermögensübersicht** aus. Die in § 153 Abs. 1 InsO geforderte „geordnete Übersicht [...], in der die Gegenstände der Insolvenzmasse und die Verbindlichkeiten des Schuldners aufgeführt und einander gegenübergestellt werden,"[1796] ist grundsätzlich beizubehalten. Indes sollte in § 153 Abs. 1 S. 2 InsO nicht nur – wie derzeit – darauf verwiesen werden, dass die Bewertung der Gegenstände des Verzeichnisses der Massegegenstände sowie die Gliederung der Verbindlichkeiten zu übernehmen

---

1795 Vgl. analog dazu PLATE, G., Die Konkursbilanz, S. 194 f.

1796 § 153 Abs. 1 S. 1 InsO.

sind. Vielmehr sind sowohl für Massegegenstände als auch für Gläubigerforderungen der Ansatz, die Bewertung und in aggregierter Form der Ausweis zu übernehmen. Der Ansatz und die Bewertung sollten dementsprechend sowohl Fortführungs- als auch Liquidationswerte enthalten. Somit wäre in § 153 InsO zu ergänzen, dass sowohl der Ansatz als auch die Bewertung und grundsätzlich die Gliederung der §§ 151 und 152 InsO zu übernehmen sind. Die Gliederung der Aktivseite sollte sich am Ausweis nach § 266 HGB zu orientieren.[1797] Die nach § 151 InsO anzusetzenden Massegegenstände sollten jedoch nicht einzeln sondern als Gruppe ausgewiesen werden. Hinsichtlich der Passivseite sind die Ansatz- und Bewertungsmaßstäbe des Gläubigerverzeichnisses maßgeblich und dementsprechend zu übernehmen. Die Gliederung soll den Gliederungsvorschlag für das Gläubigerverzeichnis berücksichtigen. Folglich sind nach § 152 InsO Gläubigerforderungen gleicher Rangklassen zusammenzufassen.

Die Gläubiger hätten so die Möglichkeit, die Werte lückenlos zwischen dem Verzeichnis der Massegegenstände, der Vermögensübersicht und dem Gläubigerverzeichnis überzuleiten. Die Summe der jeweiligen Einzelwerte der Verzeichnisse sollte dem zugehörigen aggregierten Wert in der Vermögensübersicht entsprechen. Die grundsätzlich gleiche Gliederungsstruktur würde die Überleitung erleichtern. Die in Abschnitt 532.11 sowie in Abschnitt 532.12 vorgestellte Ergänzung der Verzeichnisse um einen Erläuterungsbericht gilt gleichermaßen für die Vermögensübersicht. Der Erläuterungsbericht wäre entsprechend des Ausweises im Verzeichnis der Massegegenstände und im Gläubigerverzeichnis zu gliedern, sodass dieser sowohl zur Erklärung der Wertansätze in den Verzeichnissen als auch in der Vermögensübersicht dienen könnte.

532.2 Regelungen im eröffneten Verfahren zur Zwischen- und Schlussrechnung

Die InsO enthält bezüglich der anzufertigenden Berichtsinstrumente der Zwischenrechnung im Verfahrensverlauf keine spezifischen Regelungen.[1798] Wie in Abschnitt 222.12 illustriert, werden gleichwohl in der Praxis eine Einnahmen-/Ausgabenrechnung, eine Zwischenbilanz sowie ein Zwischenbericht angefertigt. Die Einnahmen-/Ausgabenrechnung soll alle Zahlungsvorgänge in chronologischer Reihenfolge enthalten.[1799] Die Zwischenbilanz ist grundsätzlich eine Fortschreibung der Vermögensübersicht von Verfahrensbeginn an. Der Zwischenbericht soll

[1797] Vgl. Abschnitt 521.13.
[1798] Vgl. IDW (Hrsg.), Insolvenzspezifische Rechnungslegung (IDW RH HFA 1.011), Rn. 35.
[1799] Vgl. ausführlich Abschnitt 222.12.

die bisherige Verwaltertätigkeit beschreiben, demnach also Maßnahmen, die die Verwaltung und Verwertung betreffen, enthalten sowie die Wertansätze erläutern.[1800]

Für die Bilanzierung innerhalb der Berichtsinstrumente der Zwischenrechnung sind die hergeleiteten Zwecke und Grundsätze insolvenzspezifischer Rechnungslegung maßgeblich. In § 66 InsO ist lediglich vermerkt, dass „zu bestimmten Zeitpunkten während des Verfahrens“[1801] Zwischenrechnung gelegt werden kann. Für die Inhalte wird auf § 66 Abs. 1 und Abs. 2 InsO verwiesen. Die beiden Absätze, auf die verwiesen wird, enthalten indes keine konkreten Vorschriften, welche Dokumente der Insolvenzverwalter anzufertigen hat, sodass hier eine Regelungslücke besteht. Das in der Praxis gängige Vorgehen, u. a. eine **Zwischenbilanz** zu erstellen, die auf der Vermögensübersicht aufbaut, entspricht dem Grundsatz der Stetigkeit. Da indes Vermögensübersicht und auch Zwischenbilanz aggregierte Darstellungen des Verzeichnisses der Massegegenstände sowie des Gläubigerverzeichnisses sind, sind notwendigerweise auch beide Verzeichnisse fortzuschreiben.[1802] Hier würde sich ein Verweis in § 66 Abs. 3 InsO anbieten, dass die zum Verfahrensbeginn erstellten Berichtsdokumente für die Zwischenrechnung fortzuschreiben sind. Die zu Verfahrensbeginn genutzten Ansatz-, Bewertungs- und Ausweisvorschriften behalten ihre Gültigkeit, wobei wertaufhellende Tatsachen zu berücksichtigen sind.[1803] Darüber hinaus sollten die zu Verfahrensbeginn angesetzten Werte für eine Gegenüberstellung des tatsächlich erzielten Veräußerungserlöses im Zuge einer Liquidation oder Ausproduktion beibehalten und in einer extra Spalte ausgewiesen werden. Als Ergänzung zur Zwischenbilanz bzw. den fortgeschriebenen Verzeichnissen würde ein **Erläuterungsbericht** die Informationsqualität für die Adressaten stärken. In diesem wäre zu erörtern, wenn sich bspw. der Wertansatz eines Massegegenstands oder einer Verbindlichkeit signifikant ggü. dem angesetzten Wert zu Verfahrensbeginn verändert hat. Ebenfalls wäre zu erläutern, wenn sich bspw. bei einem Massegegenstand geklärt hat, dass dieser mit Aussonderungsrechten belegt ist und nicht mehr angesetzt wird, dies gleichwohl zu Verfahrensbeginn noch nicht feststand. Da in § 66 InsO für die Zwischenrechnung u. a. auf § 66 Abs. 2 InsO verwiesen wird, sollte diese

---

1800 Vgl. FÖRSCHLE, G./WEISANG, A., Rechnungslegung im Insolvenzverfahren, Rn. 30; IDW (Hrsg.), Insolvenzspezifische Rechnungslegung (IDW RH HFA 1.011), Rn. 33, sowie Abschnitt 222.12.

1801 § 66 Abs. 3 InsO.

1802 Eine konkrete Regelung der Berichtsdokumente der Zwischenrechnung wurde im Jahr 2007 in einem Gesetzesantrag der Länder Nordrhein-Westfalen und Niedersachsen gefordert. Sie plädierten für ein Gesetz zur Verbesserung und Vereinfachung der Aufsicht in Insolvenzverfahren. Vgl. DEUTSCHER BUNDESRAT (Hrsg.), BR-Drucksache 566/07, S. 3 f.

1803 Vgl. zu den Ansatz-, Bewertungs- und Ausweisvorschriften Abschnitt 52.

mindestens eine Woche vor der Gläubigerversammlung ausgelegt werden. Wenn die Berichtsinstrumente inklusive eines Erläuterungsberichts ausgelegt werden würden, könnte so das Verständnis für die darin enthaltenen Wertansätze gesteigert werden.

Der tatsächlich erzielte Liquiditätszufluss, der sich – vor allem bei einer Liquidation – durch die Veräußerung eines Massegegenstands ergibt, ist in einer **Einnahmen-/Ausgabenrechnung** zu erfassen. Eine lückenlose Dokumentation der aus der Veräußerung erzielten Einnahmen und auch Ausgaben stützt den Dokumentations- und den Rechenschaftszweck. Demnach wäre es zielführend, wenn § 66 InsO – neben dem Verweis auf Fortschreibung der Berichtsdokumente zu Verfahrensbeginn – die Pflicht, eine Einnahmen-/Ausgabenrechnung zu erstellen, beinhalten würde. Ferner wird in § 66 Abs. 3 InsO nicht darauf eingegangen, in welchen Zeitintervallen eine Zwischenrechnung zu erstellen ist.[1804]

Auch für die **Schlussrechnung** enthält § 66 InsO keine detaillierten Vorgaben hinsichtlich der zu erstellenden Berichtsdokumente.[1805] Zwar besagt die InsO, dass der Insolvenzverwalter bei der „Beendigung seines Amts einer Gläubigerversammlung Rechnung zu legen“[1806] hat, indes ist nicht kodifiziert, welche Berichtsdokumente die Rechnungslegung umfassen soll.[1807] Analog zu den zu erstellenden Dokumenten der Zwischenrechnung wäre es zweckdienlich, wenn die InsO klare Vorschriften darüber enthalten würde, welche Berichtsdokumente für die Schlussrechnung aufzustellen sind.

Wenn die Vermögensübersicht nicht nur im Verfahren durch eine Zwischenbilanz, sondern auch am Verfahrensende in Form einer **Schlussbilanz** aufgestellt werden würde, könnten die Gläubiger den Verfahrensverlauf und das -ergebnis nachvollziehen.[1808] Für die Schlussbilanz gelten die gleichen Ansatz-, Bewertungs- und Ausweisgrundsätze wie für die Vermögensübersicht sowie Zwischenbilanz. Auch für die Schlussbilanz gelten die Grundsätze insolvenzspezifischer Rechnungslegung.[1809] In der Fortschreibung der Vermögensübersicht sollten zudem der Grundsatz des systematischen Aufbaus, der Grundsatz der Vollständigkeit, der Grundsatz der zeitnahen Aufstellung und das Stichtagsprinzip beachtet werden. Die Schlussbilanz setzt sich

1804 Dieser Aspekt wird in Abschnitt 533. diskutiert.
1805 Vgl. SCHMITT, F., in: Wimmer, FK-InsO, 8. Aufl., § 66, Rn. 7.
1806 § 66 Abs. 1 InsO.
1807 Auch in der RegB sind keine Vorschriften zu den Berichtsinstrumenten der insolvenzspezifischen Zwischen- und Schlussrechnung enthalten. Vgl. DEUTSCHER BUNDESTAG (Hrsg.), BT-Drucksache 12/2443, S. 131, sowie IDW (Hrsg.), Insolvenzspezifische Rechnungslegung (IDW RH HFA 1.011), Rn. 43 und 47.
1808 Vgl. IDW (Hrsg.), Insolvenzspezifische Rechnungslegung (IDW RH HFA 1.011), Rn. 56-58.
1809 Vgl. ausführlich Abschnitt 433.

aus dem fortgeschriebenen Verzeichnis der Massegegenstände und dem Gläubigerverzeichnis für den Fortführungsfall zusammen und bildet die Entscheidungsgrundlage für die Schlussverteilung.[1810] Sofern sich die Gläubiger für eine Liquidation entschieden haben, wird die Passivseite durch die in der Tabelle enthaltenen Informationen substituiert.[1811] Hier wäre es zweckdienlich, wenn die in § 66 InsO enthaltenen Regelungen darum ergänzt würden, dass neben einer Schlussbilanz eine Fortsetzung der zu Verfahrensbeginn zu erstellenden Verzeichnisse erforderlich ist.[1812] Dies würde die in der InsO bestehende Regelungslücke schließen.[1813]

In der InsO spezifizierte Berichtsdokumente fördern die Dokumentationspflichten des Insolvenzverwalters und tragen zum Abbau von Informationsasymmetrien zwischen Insolvenzverwalter und Adressaten bei. So wird sowohl dem Zweck der Dokumentation als auch dem Zweck der Rechenschaft entsprochen. Durch pflichtgemäß zu erstellende Berichtsdokumente wird ferner sichergestellt, dass den Insolvenzgerichten und Gläubigern standardisierte und prüfungsfähige Inhalte vorgelegt werden.[1814] Nur so kann die Einhaltung der Grundsätze insolvenzspezifischer Rechnungslegung gewährleistet und auch intersubjektiv überprüft werden.

Analog zur Zwischenrechnung sind bis zur Schlussrechnung alle Liquiditätsströme in einer Einnahmen-/Ausgabenrechnung festzuhalten.[1815] Nur so können die Adressaten die Ein- und Ausgaben im Verfahren nachvollziehen und die Verwertungsleistung des Insolvenzverwalters beurteilen. Die **Einnahmen-/Ausgabenrechnung** sollte somit vom Verfahrensbeginn bis zum -ende fortgeführt werden. So würden die Dokumentationsgrundsätze eingehalten werden und die Adressaten können sich von der Richtigkeit der Rechnungslegung und damit der Handlungen des Insolvenzverwalters überzeugen. Da die Schlussrechnung gemäß § 66 InsO „mit den Belegen“[1816] auszulegen ist, wären Rückschlüsse zwischen der Schlussbilanz sowie der Einnahmen-/Ausgabenrechnung möglich.

1810 Vgl. IDW (Hrsg.), Insolvenzspezifische Rechnungslegung (IDW RH HFA 1.011), Rn. 42.

1811 Vgl. ausführlich Abschnitt 522.221.

1812 Vgl. zustimmend DEUTSCHER BUNDESRAT (Hrsg.), BR-Drucksache 566/07, S. 5 f.

1813 Vgl. MÄUSEZAHL, U., Schlussrechnungsprüfung, S. 581; HAARMEYER, H./HILLEBRAND, C., Insolvenzrechnungslegung – Teil I, S. 413.

1814 Von der überwiegenden Mehrheit der Rechtspfleger, die für die Prüfung der Schlussrechnung verantwortlich sind, wird eine Standardisierung der zu erstellenden Berichtsdokumente und der Prüfungsinhalte gewünscht. Vgl. HAARMEYER, H./HILLEBRAND, C., Insolvenzrechnungslegung – Teil I, S. 415. Zur Prüfungspflicht vgl. ferner MOCK, S., in: Uhlenbruck/Hirte/Vallender, InsO, 14. Aufl., § 66, Rn. 81, sowie Abschnitt 222.12.

1815 Vgl. DEUTSCHER BUNDESRAT (Hrsg.), BR-Drucksache 566/07, S. 5.

1816 § 66 Abs. 2 S. 2 InsO.

Wie die Berichtsdokumente zu Verfahrensbeginn ist auch die Schlussrechnung mindestens eine Woche vor der Gläubigerversammlung – in welcher die Schlussrechnung besprochen wird – zur Einsicht niederzulegen.[1817] Somit haben die Adressaten die Möglichkeit, diese im Vorhinein einzusehen und zu überprüfen. Laut herrschender Meinung sollte der Insolvenzverwalter einen Schlussbericht erstellen. Indes ist dieser laut InsO nicht verpflichtend.[1818] Der Schlussbericht kann als Fortsetzung bzw. Ergänzung des Erläuterungsberichts zu Verfahrensbeginn bzw. zur Zwischenrechnungslegung angesehen werden. In diesem sollte der Insolvenzverwalter zum einen zum Verfahrensverlauf Stellung nehmen und zum anderen die Entwicklung von wesentlichen Posten von Massegegenständen und Gläubigerforderungen erläutern.[1819] So könnten werterhellende Tatsachen nachvollzogen werden. Zudem wäre ersichtlich, wenn Massegegenstände veräußert oder Verbindlichkeiten beglichen würden. Des Weiteren wäre der Unterschied zwischen den initialen Wertansätzen mit den tatsächlich realisierten Wertansätzen vergleichbar. Mögliche Bewertungsunterschiede zwischen Vermögensübersicht und Schlussbilanz wären demnach transparent. Da die Schlussrechnung – ebenso wie die Rechnungslegung zu Verfahrensbeginn und im Verfahren – grundsätzlich selbsterklärend sein sollte, wäre die Pflicht, einen Schlussbericht i. S. eines **Erläuterungsberichts** anzufertigen, nachvollziehbar und im Sinne der Zwecke insolvenzspezifischer Rechnungslegung.[1820] Durch die Pflicht, einen Schlussbericht aufzustellen, würde den Dokumentationsgrundsätzen entsprochen und der Zweck der Rechenschaft gestärkt werden. Die Gläubiger könnten somit im Detail nachvollziehen, welche Sachverhalte hinter der Wertentwicklung einzelner Massegegenstände stehen.[1821] Dies würde der in der InsO angestrebten Gläubigerautonomie und somit dem Grundsatz der *par conditio creditorum* entsprechen. Der Argumentation folgend sollte demnach auch in § 66 InsO ein Erläuterungsbericht gefordert werden.

533. Prüfungs-, Berichts- und Archivierungspflichten zur Erfüllung der Zwecke insolvenzspezifischer Rechnungslegung

Neben den in den Abschnitten 532.1 und 532.2 vorgestellten Anpassungs- und Konkretisierungsvorschlägen insolvenzspezifischer Rechnungslegung zu Verfahrensbeginn sowie im er-

---

1817 Vgl. § 66 Abs. 2 S. 3 InsO.

1818 Vgl. Basinski, A./Hillebrand, C./Lambrecht, M., Insolvenzrechnungslegung, S. 4 f., sowie Abschnitt 222.12.

1819 Vgl. Mock, S., in: Uhlenbruck/Hirte/Vallender, InsO, 14. Aufl., § 66, Rn. 57.

1820 Vgl. Harbeck, N., Schlussrechnungen und Insolvenzpläne, S. 391.

1821 Vgl. IDW (Hrsg.), Insolvenzspezifische Rechnungslegung (IDW RH HFA 1.011), Rn. 52 f.

öffneten Verfahren, existieren noch weitere Möglichkeiten, die Einhaltung der Zwecke insolvenzspezifischer Rechnungslegung zu fördern. Nach § 66 InsO besteht zwar eine **Prüfungspflicht** für die Zwischen- und Schlussrechnung, indes gilt diese nicht für die Rechnungslegung zu Verfahrensbeginn. In Anbetracht der Tatsache, dass vor allem die Verzeichnisse und die Vermögensübersicht den Zweck der Entscheidungsgrundlage zu erfüllen haben, können aus einer fehlerhaften, ungeprüften Rechnungslegung weitreichende ökonomische und existenzielle Fehlentscheidungen resultieren. Eine bereits entschiedene sofortige Liquidation ist zu einem späteren Verfahrenszeitpunkt kaum umkehrbar. Demnach ist es zweckdienlich, die Richtigkeit und Vollständigkeit des Verzeichnisses der Massegegenstände, des Gläubigerverzeichnisses, der Vermögensübersicht sowie der Erläuterungsberichte vor der Kommunikation ggü. den Gläubigern vom Insolvenzgericht prüfen zu lassen.[1822] Durch die Prüfung könnte ferner sichergestellt werden, dass die in den Berichtsinstrumenten bereitgestellten Informationen intersubjektiv nachprüfbar sind. Eine in den §§ 151-153 InsO zu ergänzende Regelung für eine Prüfungspflicht würde zur Einhaltung der Zwecke und Grundsätze insolvenzspezifischer Rechnungslegung beitragen.

Neben einer Prüfungspflicht zu Verfahrensbeginn wäre eine **regelmäßige Berichterstattung** ggü. den Gläubigern zweckdienlich.[1823] In Abschnitt 532.2 wurden Verbesserungsvorschläge hinsichtlich der zu erstellenden Berichtsdokumente sowie deren Inhalte in der Zwischenrechnungslegung vorgestellt. Indes sollten neben Regelungen zur Qualität der Dokumentation auch konkrete Regelungen zur Quantität, d. h. wie häufig berichterstattet werden muss, kodifiziert werden. So kann dem Gedanken der Rechenschaft und Entscheidungsgrundlage – ob ein Insolvenzverfahren z. B. nachträglich in die Verwertungsalternative einer sofortigen Liquidation überführt wird – entsprochen werden. In der Praxis hat sich gemeinhin ein Berichtsturnus von sechs Monaten etabliert.[1824] So können aktuelle Erkenntnisse und wertaufhellende Tatsachen zeitnah ggü. den Gläubigern kommuniziert werden. Die Verzeichnisse sollten demnach im lau-

1822 Vgl. HESS, H., in: InsO, 2. Aufl., § 66, Rn. 42.

1823 Die InsO lässt in § 66 InsO offen, ob und wann Zwischenrechnungen zu erstellen sind. Vgl. FISCHER-BÖHNLEIN, K./KÖRNER, S., Rechnungslegung von Kapitalgesellschaften im Insolvenzverfahren, S. 193. Vgl. gleicher Meinung PAPE, G., Stärkung der Gläubigerrechte, S. 93.

1824 Vgl. DEUTSCHER BUNDESRAT (Hrsg.), BR-Drucksache 566/07, S. 17 f.; IDW (Hrsg.), Insolvenzspezifische Rechnungslegung (IDW RH HFA 1.011), Rn. 35; MOCK, S., in: Uhlenbruck/Hirte/Vallender, InsO, 14. Aufl., § 66, Rn. 110, sowie FREGE, M. C./NICHT, M., Insolvenzverfahren, S. 409. Vgl. zur KO ähnlich PLATE, G., Die Konkursbilanz, S. 75.

fenden Verfahren – unter Berücksichtigung des Grundsatzes der Wirtschaftlichkeit – fortgeschrieben werden.[1825] Die Ergänzung des § 66 InsO um eine turnusmäßige Aufstellungspflicht würde die Zwecke der Dokumentation, Rechenschaft und auch Entscheidungsgrundlage stärken und den Grundsätzen insolvenzspezifischer Rechnungslegung gerecht werden.

Neben den ergänzenden Aufstellungs- und Berichtspflichten ist in der InsO nicht geregelt, ob und wie lange die erstellten Berichtsdokumente und die zugehörigen Belege aufzubewahren sind.[1826] In § 66 Abs. 2 S. 2 InsO ist lediglich kodifiziert, dass Belege grundsätzlich ggü. den Gläubigern auszulegen und folglich aufzubewahren sind. Wie in Abschnitt 433.26 illustriert, wäre es jedoch erstrebenswert, die Belege und angefertigten Berichtsinstrumente auch über das Verfahrensende hinaus aufzubewahren. So kann sich der Insolvenzverwalter auch über die Schlussrechnung hinausgehend ggü. möglichen Regressansprüchen der Gläubiger exkulpieren. Zudem wäre im Falle einer Fortführung des Unternehmens die Dokumentation vollständig und lückenlos. Es scheint angebracht, die in der InsO enthaltenen Vorschriften zur insolvenzspezifischen Rechnungslegung, um eine – an das Handelsrecht angelehnte – **Archivierungspflicht** für die Berichtsinstrumente zu Verfahrensbeginn, im Verfahren und am Verfahrensende zu ergänzen.

54 Würdigung

Basierend auf dem im vierten Kapitel hergeleiteten Zweck-Grundsatz-System wurden im fünften Kapitel konkrete Bilanzierungsfragen insolvenzspezifischer Rechnungslegung analysiert. Im Abschnitt 52 wurden Bilanzierungsvorschläge für das Verzeichnis der Massegegenstände sowie das Gläubigerverzeichnis unterbreitet. Der Bilanzierungsvorschlag zum **Verzeichnis der Massegegenstände** widmete sich zunächst dem Ansatz von Massegegenständen. Die vorgestellte Konzeption soll vor allem einen **vollständigen Ansatz** aller Massegegenstände garantieren.[1827] Ein Massegegenstand ist dann anzusetzen, wenn dieser ggü. Dritten verwertbar ist und das insolvente Unternehmen der rechtliche Eigentümer des Massegegenstands ist. Ferner muss ein Zahlungsmittelzufluss von diesem ausgehen. Um den Zweck der Dokumentation erfüllen zu können, ist dem Grundsatz der Vollständigkeit zu entsprechen. Nach dem Grundsatz der zeitnahen Aufstellung ist die insolvenzspezifische Rechnungslegung so bald wie möglich nach der Verfahrenseröffnung zu erstellen. Die Pflicht der zügigen Aufstellung führt ggf. dazu,

---

1825 Vgl. ECKARDT, D., in: Jaeger, InsO Band 5, § 151, Rn. 18 f. A. A. DEUTSCHER BUNDESTAG (Hrsg.), BT-Drucksache 16/7251, S. 17.

1826 Vgl. Abschnitt 433.26.

1827 Es können auch Inventurvereinfachungsverfahren genutzt werden. Vgl. ausführlich Abschnitt 521.11.

dass ausgewählte Eigentumsverhältnisse noch nicht vollends geklärt sind. Demnach sollten auch Massegegenstände, bei denen nicht klar ist, ob diese mit Aussonderungsrechten belegt sind, angesetzt werden, da ein Einigungsprozess über Eigentumsverhältnisse langwierig sein kann und im Zuge der Klärung masseschmälernde Anwaltskosten entstehen können. Auf der einen Seite ist das Stichtagsprinzip und auf der anderen Seite sind vorhandene wertaufhellende Informationen zu berücksichtigen. Der Insolvenzverwalter hat, **spiegelbildlich** zu den **potenziellen Risiken, mögliche Chancen** in Form von Anfechtungstatbeständen anzusetzen, was den Grundsatz der **paritätischen Bewertung** fördert. Die anzusetzenden Massegegenstände sind nach dem Saldierungsverbot, d. h. ohne die sich aus der Verwertung entstehenden Masseverbindlichkeiten, zu bewerten. So sollen die **Sachverhalte intersubjektiv nachprüfbar** sein und den Gläubigern alle für ihre **Entscheidung relevante Informationen** zur Verfügung gestellt werden. Der in Abschnitt 532.11 unterbreitete **Bilanzierungsvorschlag** soll nicht nur **standardisieren und konkretisieren**, welche Massegegenstände zum Vermögen des insolventen Unternehmens gehören, sondern vor allem dazu beitragen, dass der **Ansatz vollständig** ist.[1828] Dies wird ferner durch den Grundsatz der Vollständigkeit unterstützt. So wird mittelbar das über allem stehende Ziel der *par conditio creditorum* gefördert. Da die Vergütung des Insolvenzverwalters und die zu erwartende Befriedigungsquote der Gläubiger grundsätzlich vom Betrag der Insolvenzmasse abhängen, ist eine lückenlose Masseaufnahme die fundamentale Basis für die Erfüllung der Zwecke der Verteilungs- und der Vergütungsgrundlage.

Im Sinne einer transparenten Gläubigerkommunikation muss die **Bewertung der Massegegenstände objektivierbar** sein, sodass möglichst **keine Informationsasymmetrien** zwischen Insolvenzverwalter (Agent) und Gläubigern (Prinzipal) bestehen.[1829] Nach § 151 InsO, dem Grundsatz der Fortführungs- und Zerschlagungsfiktion sowie dem Grundsatz der mehrdimensionalen Bewertung, sind Fortführungs- und Liquidationswerte gegenüberzustellen.[1830] So können die beiden Verwertungsalternativen verglichen werden. Durch den Bilanzierungsvorschlag sowie die unterbreiteten gesetzlichen Anpassungen soll die Bewertung der Massegegenstände für die Gläubiger verständlich und nachvollziehbar sein. Ferner ist der Grundsatz der Stetigkeit zu beachten, sodass ein Vergleich im Verfahrensverlauf möglich ist. Der hinsichtlich der Bewertung von Liquidations- und Fortführungswerten gemachte Vorschlag soll sicherstellen, dass

1828 Vgl. Abschnitt 532.11.

1829 Bei Verfahren in Eigenverwaltung würde nach §§ 270-285 InsO die Rechnungslegungspflicht gemäß § 281 Abs. 3 S. 1 InsO beim Schuldner verbleiben und dieser als Agent agieren. Vgl. Abschnitt 212.23. Vgl. zur Prinzipal-Agent-Theorie Abschnitt 213.6.

1830 Vgl. zum Grundsatz der Fortführungs- und Zerschlagungsfunktion Abschnitt 433.42.

die tatsächlich erzielbaren Werte einer Unternehmenszerschlagung oder -fortführung angegeben werden. Die **Liquidationswerte** sind als Netto-Position im Verzeichnis der Massegegenstände anzugeben. Indes hat der Insolvenzverwalter den angesetzten Wert im **Erläuterungsbericht** durch eine separate Angabe von beizulegendem Zeitwert und Wertabschlag deutlich zu machen, was sich positiv auf die Transparenz der zur Verfügung gestellten Informationen auswirkt. Damit die Bewertung für die Adressaten nachvollziehbar ist, sollte die Ratio der einzelnen Wertansätze im Erläuterungsbericht beschrieben werden.[1831] Somit soll sichergestellt werden, dass die Gestaltungsspielräume des Insolvenzverwalters bei der Bewertung von Liquidationswerten eingegrenzt werden und so mögliche *hidden information* proaktiv vermieden werden.

Analog zu den Liquidationswerten soll die vorgeschlagene **Bewertungskonzeption der Fortführungswerte** dazu beitragen, dass den Gläubigern ein möglichst realistisches Abbild über den künftig zu erwartenden Unternehmenswert vermittelt wird. Die Einhaltung des Grundsatzes der Fortführungs- und Zerschlagungsfiktion stützt die Idee, dass nicht der Substanzwert, sondern die künftige Ertragskraft des Unternehmens für die Gläubigerentscheidung relevant ist.[1832] Die zu erwartende Unternehmensentwicklung wird in dem unterbreiteten Bilanzierungsvorschlag berücksichtigt. Die Gläubiger erhalten so einen Eindruck von zukünftig realisierbaren Sanierungsbeiträgen sowie den **tatsächlich zu erwartenden Unternehmenswert**. Die Vergleichbarkeit der Verwertungsalternativen zum Zeitpunkt der Verfahrenseröffnung wird durch den Diskontierungsgrundsatz sichergestellt.[1833] Durch die intersubjektiv nachprüfbaren Liquidations- und Fortführungswerte wird der Gedanke der **Gläubigerautonomie** gestützt. Die Gläubiger haben so eine valide Grundlage für die im Berichtstermin zu treffende Entscheidung der Zerschlagung oder Fortführung des Unternehmens.

Der **Ausweis** wurde u. a. durch den **Grundsatz des mehrdimensionalen Ausweises** konkretisiert. Dieser stellt sicher, dass die Gläubiger die Verwertungsalternativen in einer **horizontalen Gegenüberstellung** nachvollziehen können. Die zusätzliche Angabe der letzten handelsrechtlichen Buchwerte soll den Gläubigern ermöglichen zu erkennen, ob stille Reserven oder stille Lasten aufgedeckt wurden. Dies ist im Sinne des Grundsatzes der Klarheit und Übersichtlichkeit, da durch den Ausweis von handelsrechtlichen Buchwerten die angesetzten Liquidations-

---

1831 Vgl. ausführlich Abschnitt 532.11.
1832 Vgl. ausführlich Abschnitt 433.42.
1833 Vgl. ausführlich Abschnitt 433.45.

und Fortführungswerte durch den somit entstehenden Referenzpunkt verständlicher und zuverlässiger werden.[1834] Ebenso soll der in Abschnitt 53 unterbreitete Vorschlag, die **vertikale Gliederung** an § 266 HGB anzulehnen, die Klarheit und Übersichtlichkeit fördern. Eindeutig festgelegte Gliederungsvorschriften erleichtern den Adressaten, die im Verzeichnis der Massegegenstände unterbreiteten Wertansätze nachzuvollziehen. Zudem hat der Insolvenzverwalter kein eigenes Gliederungsschema zu erstellen, was eine zeitnahe Aufstellung fördert.

Bei der Bilanzierung im **Gläubigerverzeichnis** wurde in der Analyse sowie der daran anschließenden Konkretisierung herausgearbeitet, dass beim **Ansatz** – unabhängig von der Verwertungsalternative – alle hinreichend sicheren rechtlichen Verpflichtungen des Unternehmens zu berücksichtigen sind. Neben einer wirtschaftlichen Belastung müssen aus den Verpflichtungen Vermögensansprüche gegen das insolvente Unternehmen resultieren, die zu einem Zahlungsmittelabfluss führen. Die Ansprüche müssen ferner vor der Verfahrenseröffnung begründet und hinreichend genau quantifizierbar sein. Dies entspricht dem Vollständigkeitsgedanken, welcher auch für den Ansatz von Masseverbindlichkeiten anzuwenden ist. Durch den Ansatz aller existierenden und künftigen Verpflichtungen, die von der jeweiligen Verwertungsalternative abhängen, erhalten die Gläubiger einen Einblick in ihre individuell zu erwartenden Befriedigungsquoten. Dies stützt die Zwecke der Rechenschaft, der Entscheidungsgrundlage sowie der Verteilungsgrundlage.

Bei der **Bewertung** einzelner Gläubigerforderungen sind sowohl bei einer **Liquidation** als auch bei einer **Fortführung** die tatsächlich zu erwartenden und demnach rechtlich fixierten prognostizierten Liquiditätsabflüsse abzubilden. Grundsätzlich sind gemäß des Diskontierungsgrundsatzes die **Barwerte der fixierten Liquiditätsabflüsse** anzusetzen.[1835] Für die Gläubiger soll somit – im Sinne des Zwecks der Entscheidungsgrundlage – kalkulierbar sein, wie hoch ihre individuell zu erwartende und von der Verwertungsstrategie abhängige Insolvenzquote ist. Durch die **horizontale Gegenüberstellung der Liquidations- und Fortführungswerte** können die Gläubiger die Verwertungsalternativen und die zu erwartende Befriedigungsquote ihrer Ansprüche unmittelbar vergleichen. Der **vertikale Ausweis** soll sich – wie aktuell in § 152 InsO verzeichnet – an den **einzelnen Gläubigergruppen** orientieren.[1836] Der darüber

1834 Vgl. zum Grundsatz der Klarheit und Übersichtlichkeit Abschnitt 433.34.
1835 Diese werden nach § 41 InsO fällig gestellt.
1836 Vgl. ausführlich Abschnitt 522.23.

hinausgehende Vorschlag, dass die Gliederung anhand der abnehmenden Gläubigerrechte angeordnet werden soll, stützt einen klaren und verständlichen Ausweis.[1837] Ferner wird so der Zweck der Entscheidungsgrundlage gestärkt, da die einzelnen Gläubiger ihre auf der jeweiligen Forderung basierende, zu erwartende Befriedigungsquote direkt nachvollziehen können.

Die identifizierten Verbesserungspotenziale für das Verzeichnis der Massegegenstände und das Gläubigerverzeichnis sind auch für den **Ansatz** und die **Bewertung der Vermögensübersicht** anzuwenden. Analog zu den Verzeichnissen fördern die unterbreiteten Vorschläge einen vollständigen und übersichtlichen Ansatz und vor allem eine nachvollziehbare Bewertung. Hinsichtlich des Ausweises sollte sich die **horizontale Gliederung innerhalb der Vermögensübersicht grundsätzlich an den Verzeichnissen** orientieren. Im vertikalen Ausweis sind inhaltlich zusammenhängende Posten zu aggregieren. Dies reduziert die Komplexität und fördert die Übersichtlichkeit, da nicht jeder Massegegenstand einzeln ausgewiesen wird und stützt somit den Gedanken eines klaren Ausweises. Die Möglichkeit, lückenlos und eindeutig zwischen den Verzeichnissen und der Vermögensübersicht überzuleiten, soll sicherstellen, dass auch die Wertansätze in der Vermögensübersicht intersubjektiv nachvollziehbar sind.

Die Empfehlung, einen **Erläuterungsbericht** anzufertigen, stützt den Gedanken der intersubjektiven Nachprüfbarkeit. So soll die Gläubigerautonomie gestärkt werden.[1838] Über die Ansatz-, Bewertungs- und Ausweisvorschläge hinausgehend werden in Abschnitt 532.2 Verbesserungsmöglichkeiten für die im Verfahren und zum Verfahrensende zu erstellenden Berichtsdokumente unterbreitet. Da sich bis dato noch **kein allgemeingültiger Kanon an Pflichtdokumenten** herausgebildet hat, wurden in Abschnitt 532.2 die notwendigerweise zu erstellenden Berichtsdokumente herausgearbeitet. So sollen die Gläubiger die Entwicklung und den Erfolg des Insolvenzverfahrens im Verfahrensverlauf nachvollziehen können, was u. a. den Stetigkeitsgedanken fördert. Da gemäß des Vorschlags die Ansatz-, Bewertungs- und Ausweisregeln im Verfahrensverlauf beizubehalten sind, soll zu unterschiedlichen Zeitpunkten eine lückenlose Gegenüberstellung ermöglicht werden. Die Anwendung der entwickelten **Grundsätze insolvenzspezifischer Rechnungslegung** soll einen Beitrag dazu leisten, dass die **Vergleichbarkeit** der Dokumente auch im Verfahrensverlauf gewährleistet ist.

[1837] Vgl. zu den vorgeschlagenen Verbesserungsmöglichkeiten Abschnitt 532.12.

[1838] Vgl. SPONAGEL, M., Gläubigerinformation im Insolvenzverfahren, S. 275.

Zudem werden in Abschnitt 533. weitere Möglichkeiten hergeleitet, um die Zwecke und damit auch die Grundsätze insolvenzspezifischer Rechnungslegung direkt oder indirekt zu unterstützen. Um eine richtige und objektive Berichterstattung zu **Verfahrensbeginn** sicherzustellen, sollten die **Berichtsinstrumente** – analog zur Zwischen- und Schlussrechnung – **geprüft** werden. Fehlerhafte Entscheidungen zu Verfahrensbeginn sind nur schwer umkehrbar. Daher ist es wichtig, eine geprüfte und damit valide Grundlage für die Gläubigerentscheidung bereitzustellen. Zudem sollte eine regelmäßige Berichterstattung mit einer **Regelberichtsfrist von sechs Monaten** angestrebt werden. So erhalten die Gläubiger einen wiederkehrenden Einblick in den Verfahrensstand und können abschätzen, wie sich ihre individuelle Befriedigungsquote entwickelt. Im Sinne des Archivierungsgrundsatzes und vor dem Hintergrund potenzieller Regressansprüche ggü. dem Insolvenzverwalter sollten die Berichtsdokumente und Belege auch über das Verfahren hinaus aufbewahrt werden. Daher wird in Abschnitt 533. die Einführung einer **Archivierungspflicht** vorgeschlagen.

Die in Abschnitt 53 unterbreiteten konkreten Vorschläge für eine Anpassung der insolvenzrechtlichen Vorschriften gehen über den in Abschnitt 52 hergeleiteten Bilanzierungsvorschlag hinaus. Somit soll garantiert werden, dass die rechnungslegungsbezogenen Vorschriften der InsO die Zwecke und Grundsätze insolvenzspezifischer Rechnungslegung erfüllen. Eine **Anpassung der Regelungen** ist zielführend, um eine **intersubjektiv nachprüfbare insolvenzspezifische Rechnungslegung** zu gewährleisten, welche den in der Vergangenheit geforderten Standardisierungsbestrebungen gerecht wird. Der unterbreitete Vorschlag soll ein erster Vorstoß hin zu einer Überarbeitung der Regelungen insolvenzspezifischer Rechnungslegung sein. Die entwickelten Grundsätze insolvenzspezifischer Rechnungslegung können als Ansatzpunkt für die Weiterentwicklung dienen. Die Kombination der **Vorschläge** trägt wesentlich dazu bei, dass **Regelungslücken reduziert** werden.

6 Zusammenfassung und Ausblick

Das Ziel der vorliegenden Untersuchung war es, ein Zweck-Grundsatz-System insolvenzspezifischer Rechnungslegung zu entwickeln. Darauf basierend sollten ferner konkrete Bilanzierungsvorschläge sowie Verbesserungsmöglichkeiten insolvenzspezifischer Rechnungslegung hergeleitet werden. Um zunächst sowohl ein Verständnis über den Verlauf eines Insolvenzverfahrens als auch die Verfahrensbeteiligten zu gewinnen, wurden im **zweiten Kapitel** die **Grundlagen zur InsO** sowie zum Insolvenzverfahren gelegt. Darin wurden die einzelnen **Insolvenzeröffnungsgründe**, namentlich die Zahlungsunfähigkeit, die drohende Zahlungsunfähigkeit und die Überschuldung, gezeigt. Anschließend wurde sich den bestehenden **Verfahrensarten**, d. h. dem Regelinsolvenz-, dem Insolvenzplanverfahren und dem Verfahren in Eigenverwaltung bzw. Schutzschirmverfahren, gewidmet. Um die Interessen der **einzelnen Verfahrensteilnehmer** zu illustrieren, wurde zudem das Zusammenspiel einzelner Stakeholder zueinander untersucht. Hierbei lag der Schwerpunkt auf den Gläubigern sowie den Prinzipal-Agenten-Beziehungen zwischen den einzelnen Verfahrensteilnehmern. So konnten bestehende Informationsasymmetrien aufgedeckt werden. Diese Ergebnisse sind die Grundlage für die in den nachfolgenden Abschnitten geführte Adressatendiskussion, wobei die **Gläubiger als primäre Adressaten der insolvenzspezifischen Rechnungslegung** identifiziert wurden. Demnach hat sich auch die insolvenzspezifische Rechnungslegung an deren Informationsinteressen – als berechtigte Informationsempfänger – zu orientieren. Ferner wurden im zweiten Kapitel die – indes nur teilweise in der Praxis umgesetzten – insolvenzspezifischen Berichtsinstrumente zu Verfahrensbeginn sowie im Verfahren und zum Verfahrensende erörtert. Über die anzufertigenden Dokumente im Verfahren und zum Verfahrensende existieren keine standardisierten Dokumentations- oder Berichtspflichten, sodass auch in Bezug auf die darin zu verzeichnenden Inhalte Regelungslücken existieren. Dies ist kritisch, da die insolvenzspezifische Rechnungslegung ein wichtiges Instrument für die Verwertungsentscheidung durch die Gläubiger ist und diese anhand der Rechnungslegung den Erfolg eines Insolvenzverfahrens nachvollziehen müssen.

Als Ergänzung zu den insolvenzrechtlichen Grundlagen wurden im **dritten Kapitel** die **methodischen Grundlagen** zur Herleitung der Zwecke und Grundsätze insolvenzspezifischer Rechnungslegung erarbeitet. Ein Zweck ist ein Mittel, um einen erstrebenswerten künftigen Zustand zu erreichen.[1839] Grundsätze sind „Basis-Regeln", um die Zwecke zu konkretisieren. Die **Hermeneutik** dient als Instrument, um auf Basis der InsO die Zwecke und Grundsätze der insolvenzspezifischen Rechnungslegung herzuleiten. Folgende Kriterien bilden den hermeneutischen Auslegungskanon: Der **Wortlaut und -sinn** der jeweiligen Vorschrift sowie der **Bedeutungszusammenhang** in dem die gesetzlichen Vorschriften stehen. Zudem ist die **Entstehungsgeschichte** der Vorschriften und der vom **Gesetzgeber intendierte Zweck** (subjektive *ratio legis*) einzubeziehen. Ferner ist der **objektiv-teleologische Zweck** (objektive *ratio legis*) zu berücksichtigen, worunter allgemeine Zweck- und Gerechtigkeitserwägungen fallen. Zuletzt ist die **Verfassungskonformität** sicherzustellen.[1840]

Der Hauptteil der Arbeit beginnt im **vierten Kapitel**. Darin werden zunächst die Zwecke der insolvenzspezifischen Rechnungslegung hergeleitet. Basierend auf dem bis dato in der Literatur geführten Diskurs zu Zielen und Aufgaben insolvenzspezifischer Rechnungslegung wurden, angesichts möglicher Analogieschlüsse zu den handelsrechtlichen Zwecken, Impulse für die sich anschließende Herleitung erarbeitet. Die darauffolgende Analyse nutzte die Hermeneutik als Untersuchungsrahmen. Die Ergebnisse der Analyse greifen die eingangs gestellte Forschungsfrage auf und können zu folgenden Zwecken insolvenzspezifischer Rechnungslegung verdichtet werden:

- Als wesentlicher Zweck und zugleich Grundlage für die Erfüllung der weiteren Zwecke wurde der **Dokumentationszweck** ermittelt. Für die Verwaltung der Insolvenzmasse ist dieser essentiell. Ohne eine Dokumentation ist weder ersichtlich, welche Gläubigerforderungen den Massegegenständen gegenüberstehen, noch könnten die von der Verwertungsalternative abhängigen Verwertungsergebnisse nachvollzogen werden. Sowohl die historische Entwicklung als auch Wortsinn und Bedeutungszusammenhang der §§ 5, 66 und 151-153 InsO leiten auf den Dokumentationszweck hin. Im Zuge der Untersuchung konnte zudem die Verfassungskonformität des Dokumentationszwecks bestätigt werden.

- Für die Vermittlung eines vollständigen und verständlichen Eindrucks ist ferner der **Zweck der Rechenschaft** einzuhalten. Die Beachtung des Rechenschaftszwecks soll u. a. sicherstellen, dass sich die Gläubiger ein Urteil über das verwaltete Vermögen, den

[1839] Vgl. Abschnitt 32.
[1840] Vgl. Abschnitt 333.

Verfahrensstand und den Verwertungserfolg bilden können. Ausgewählte Vorschriften der InsO fördern die Möglichkeit der Urteilsbildung. Als Beispiel für die Unterstützung der Urteilsbildung lässt sich § 152 InsO nennen, worin die einzelnen Gläubigerforderungen anhand von Rangklassen angeordnet werden. Gerade die seit Einführung der InsO enthaltene Prüfungspflicht der Zwischen- und Schlussrechnung unterstreicht den Rechenschaftszweck insolvenzspezifischer Berichtsdokumente. Ferner zeigt die historische Entwicklung von der KO hin zur InsO, dass die Transparenz und damit auch die Möglichkeit zur Urteilsbildung durch die InsO angestrebt wurde.

- Die historische Entwicklung, die Zusammenlegung der VglO und KO sowie die daraus resultierende in der InsO geforderte Gegenüberstellung von Liquidations- und Fortführungswerten lassen darauf schließen, dass die insolvenzspezifische Rechnungslegung auch den Zweck der **Entscheidungsgrundlage** zu erfüllen hat. Nachdem das Verfahren eröffnet wurde, liegt die primäre Entscheidungsmacht bei den Gläubigern, welche zum Berichtstermin über die Verwertungsalternative zu entscheiden haben, was im Wortlaut des § 156 InsO kodifiziert ist. Durch den Zweck der Entscheidungsgrundlage wird die Gläubigerautonomie gestärkt. Auch wenn die Gläubiger über die ursprüngliche Eigentumssphäre des Schuldners entscheiden, ist dies verfassungskonform.[1841]

- Neben den bisher vorgestellten Zwecken konnte mit Unterstützung der Hermeneutik der Zweck der **Verteilungs- und Vergütungsgrundlage** hergeleitet werden. Gemäß der Verteilungsgrundlage dienen die im Insolvenzverfahren erstellten Berichtsdokumente im Liquidationsfall als Basis, um die Insolvenzmasse auf die einzelnen Gläubigergruppen zu verteilen. Zudem bemisst sich der Vergütungsanspruch des Insolvenzverwalters anhand des Wertes der Insolvenzmasse, wobei die Schlussrechnung nach § 66 InsO in diesem Zusammenhang die Kalkulationsgrundlage bildet.

Zur Konkretisierung der Zwecke insolvenzspezifischer Rechnungslegung wurden in der vorliegenden Arbeit in Abschnitt 43 **Grundsätze insolvenzspezifischer Rechnungslegung** hergeleitet. Diese können in die vier Kategorien der **Dokumentations-**, der **Rahmen-**, der **System-** sowie der **Ansatz-, Bewertungs- und Ausweisgrundsätze** unterteilt werden. Abbildung 6-1 fasst die entwickelten Grundsätze zusammen.

1841 Vgl. Abschnitt 423.312.2.

Abbildung 6-1: Übersicht über die Grundsätze insolvenzspezifischer Rechnungslegung[1842]

Das Zweck-Grundsatz-System ist das Grundgerüst für die Weiterentwicklung der Vorschriften zur insolvenzspezifischen Rechnungslegung. Auf Basis der im **fünften Kapitel** verorteten **kritischen Analyse** der Vorschriften insolvenzspezifischer Rechnungslegung werden ausgewählte Sachverhalte konkretisiert. Der Schwerpunkt wird auf die Berichtsdokumente zu Verfahrensbeginn gelegt, da diese zum einen die Grundlage für wegweisende Gläubigerentscheidungen sind und sich zum anderen die Berichtsinstrumente im Verfahren wie auch zum Verfahrensende auf die gleichen Ansatz-, Bewertungs- und Ausweisvorschriften beziehen. Dementsprechend wird die Bilanzierung mit Blick auf das Verzeichnis der Massegegenstände, das Gläubigerverzeichnis und die Vermögensübersicht als Aggregation der beiden Verzeichnisse analysiert und konkretisiert.

Grundsätzlich ist im **Verzeichnis der Massegegenstände** gemäß des Ansatzgrundsatzes das gesamte Vermögen des insolventen Unternehmens anzusetzen, insofern das insolvente Unternehmen der **rechtliche Eigentümer** und der Massegegenstand **ggü. Dritten verwertbar** ist. Dazu zählen auch Gegenstände, auf die ein Aussonderungsrecht bestehen könnte. Beim initialen Ansatz muss vor allem der Grundsatz der Vollständigkeit beachtet werden. Eine Inventur unterstützt die Aufnahme aller materiellen und immateriellen Massegegenstände. Diese

[1842] Eigene Darstellung.

schließt selbstgeschaffene immaterielle Massegegenstände, wie z. B. Markenrechte oder Kundendaten, ein. Auch Ansprüche aus Anfechtungstatbeständen sind zu berücksichtigen. Der unterbreitete **Bewertungsvorschlag** sieht vor, dass ausgewählte Posten im **Verzeichnis der Massegegenstände** sowohl im Liquidations- als auch Fortführungsfall identisch bewertet werden.[1843] Dazu gehören bspw. Wertpapiere, Bankguthaben und auch Anfechtungstatbestände. In Bezug auf die **Liquidationswerte** sind grundsätzlich Nettopositionen zwischen beizulegenden Zeitwerten und individuellen Wertabschlägen zu ermitteln. Für den Fall einer Ausproduktion ist der künftige Liquidationswert im Sinne der Vergleichbarkeit der einzelnen Verwertungsalternativen auf den Zeitpunkt der Verfahrenseröffnung zu diskontieren. Die zudem anzusetzenden **Fortführungswerte** sind in zwei Schritten zu ermitteln. Zunächst ist auf Basis eines Fortführungskonzepts der Gesamt- bzw. Brutto-Unternehmenswert zu ermitteln. Im zweiten Schritt wird der Unternehmenswert, der auf den beizulegenden Zeitwerten basierend, auf die einzelnen Vermögensgegenstände verteilt. Das Residual zwischen dem Brutto-Unternehmenswert und der Summe der beizulegenden Zeitwerte ist als positiver respektive negativer Unterschiedsbetrag anzusetzen. Die einzelnen Liquidations- und Fortführungswerte sind horizontal nebeneinander **auszuweisen**. Sofern vorliegend, sind zudem die letzten handelsrechtlichen Buchwerte aufzunehmen. Der vertikale Ausweis hat sich an den handelsrechtlichen Vorschriften und im Speziellen an § 266 HGB zu orientieren.

Im **Gläubigerverzeichnis** sind – analog zum Verzeichnis der Massegegenstände – gemäß des Ansatzgrundsatzes alle tatsächlichen sowie sich im Verfahren ergebenden hinreichend sicheren rechtliche Verpflichtung des Unternehmens **anzusetzen**. Dazu gehören auch die im Verfahren entstehenden Masseverbindlichkeiten sowie die auf noch nicht geklärten Aussonderungsrechten bestehenden Ansprüche. Hinsichtlich der **Bewertung** ist bei einer Liquidation der zu erwartende Auszahlungszeitpunkt und der damit verbundene Zahlungsmittelabfluss der Forderungen zu beachten. Anhand des prognostizierten Liquiditätsabflusses ist der Forderungsbetrag auf den Zeitpunkt der Verfahrenseröffnung zu diskontieren, sodass sowohl im Verzeichnis der Massegegenstände als auch im Gläubigerverzeichnis Barwerte angesetzt werden. Dies ist eine Grundvoraussetzung, um die daraus resultierenden Wertansätze in der Vermögensübersicht vergleichen zu können. Bei einer geplanten Fortführung sind ebenso die Barwerte der vereinbarten Zahlungsströme der Gläubigerforderungen anzusetzen. Sofern Sanierungsbeiträge vereinbart wurden, sollten diese anstelle der ursprünglichen Forderungen angesetzt werden. Im Sinne der

1843 Vgl. Abschnitt 521.121.

Transparenz sind diese separat zu erläutern. Die in § 152 InsO kodifizierten **Ansatzkategorien** sind grundsätzlich zu übernehmen. Die **Vermögensübersicht** ist die Aggregation der beiden Verzeichnisse und soll sicherstellen, dass die unterschiedlichen Verwertungsstrategien verglichen werden können.

An die Ergebnisse des konkreten Bilanzierungsvorschlags schließt sich die **Weiterentwicklung der Vorschriften** in Abschnitt 53 an. Auf Basis der vorangegangenen Analyse wurden Möglichkeiten hergeleitet, um die Zwecke insolvenzspezifischer Rechnungslegung besser zu erreichen. Diese lassen sich wie folgt zusammenfassen:

- Bei dem zu **Verfahrensbeginn** anzufertigenden **Verzeichnis der Massegegenstände** sollte in der InsO darauf verwiesen werden, dass der Insolvenzverwalter einen vollständigen Ansatz sicherstellen muss. Mit diesem ist im Sinne des Dokumentationszwecks ein Ansatz aller Massegegenstände, unabhängig davon, ob Aus- oder Absonderungsrechte bestehen, verbunden. Ferner wäre ein klarer Verweis darauf, dass eine Inventur anzufertigen ist, zielführend. Hinsichtlich der Bewertung sollte die InsO klare Vorschriften dazu enthalten, dass im Sinne des Grundsatzes der mehrdimensionalen Bewertung die Liquidationswerte als beizulegende Zeitwerte abzüglich eines individuellen Wertabschlags zu ermitteln sind und die Fortführungswerte auf einem Fortführungskonzept basieren müssen. So wird der Zweck der Entscheidungsgrundlage gestützt. Der Ausweis hat sowohl den Grundsatz des systematischen als auch des mehrdimensionalen Ausweises einzubeziehen. Im Sinne einer transparenten Gläubigerkommunikation wird empfohlen, neben den Liquidations- und Fortführungswerten auch die handelsrechtlichen Buchwerte anzugeben. Mit Bezug auf den vertikalen Ausweis sollte die InsO einen Verweis auf die Struktur nach § 266 HGB enthalten. Beim Ansatz im **Gläubigerverzeichnis** sollte in § 152 InsO darauf verwiesen werden, dass – im Sinne eines vollständigen Ausweises – Masseverbindlichkeiten unabhängig vom Verfahrenstyp geschätzt und angesetzt werden. Auch beim Ansatz sowie der Bewertung und beim Ausweis ist nach Liquidations- und Fortführungswerten zu differenzieren. Hinsichtlich der **Bewertung** sind sowohl von der Verwertungsstrategie als auch den prognostizierten Auszahlungspunkten abhängig Barwerte anzusetzen. Sanierungsbeiträge z. B. in Form von *haircuts* sind zu berücksichtigen. Der mehrdimensionale Ausweis sollte in der „Horizontalen" handelsrechtliche Buchwerte einschließen und in der „Vertikalen" nach der abnehmenden Rechtsstellung der Gläubiger gegliedert sein. Als Resultat der beiden Verzeichnisse sollte in der **Vermögensübersicht** darauf verwiesen werden, dass sowohl der Ansatz als auch die Bewertung der §§ 151, 152 InsO zu übernehmen sind. Die Aggregation der Aktivseite sollte sich wiederum an § 266 HGB orientieren, die der Passivseite an den Gläubigerrechten.

- Um die Wertansätze im Verzeichnis der Massegegenstände sowie dem Gläubigerverzeichnis nachvollziehen zu können, sollten die einzelnen Bewertungsmaßstäbe für den Fall der Liquidation und auch den Fall der Fortführung in einem **Erläuterungsbericht** deutlich gemacht werden. Dieser muss die Wertansätze im Verzeichnis der Massegegenstände und im Gläubigerverzeichnis einbeziehen.

- Neben den konkreten Ansatz-, Bewertungs- und Ausweisvorschriften sollte die InsO um eine **Prüfungspflicht** der Berichtsinstrumente zu **Verfahrensbeginn** ergänzt werden. So wird die Richtigkeit der insolvenzspezifischen Rechnungslegung gefördert und es wird sichergestellt, dass die Wertansätze intersubjektiv nachvollziehbar sind. Da die Gläubiger zu Verfahrensbeginn über die Verwertungsstrategie des Unternehmens entscheiden, ist es gerade zu Verfahrensbeginn essentiell, dass den Gläubigern richtige und nachprüfbare Informationen zur Verfügung gestellt werden.

- Für die **Zwischenrechnung** im eröffneten Verfahren wurde in Abschnitt 532.2 konkludiert, dass in der InsO – basierend auf der Vermögensübersicht – eine Zwischenbilanz angefertigt werden sollte, die den gleichen Bilanzierungsvorschriften unterliegt. Wertaufhellende Tatsachen sind darin zu berücksichtigen und in einem fortgeführten Erläuterungsbericht klarzustellen. Da die Zwischenrechnung selbsterklärend sein muss, stützt die Erklärung der Wertansätze den Zweck der Rechenschaft. Zudem sollte in den insolvenzrechtlichen Vorschriften eine pflichtgemäße Aufstellung einer Einnahmen-/Ausgabenrechnung gefordert werden. Die Ergänzung um eine festgeschriebene sechsmonatige Regelberichtsfrist fördert die Zwecke insolvenzspezifischer Rechnungslegung.

- Analog zur Zwischenrechnung sollten auch die zu erstellenden Berichtsinstrumente der **Schlussrechnung** konkretisiert werden. Damit die Gläubiger das Ergebnis des Insolvenzverfahrens nachvollziehen können, sollte der Insolvenzverwalter zum Verfahrensende eine den Grundsätzen insolvenzspezifischer Rechnungslegung entsprechende **Schlussbilanz** erstellen. Zudem sollte in der InsO kodifiziert sein, dass die Einnahmen-/Ausgabenrechnung bis zum Verfahrensende fortzuführen ist. Da auch die Schlussrechnung selbsterklärend sein muss, sollten die Wertansätze in einem Erläuterungsbericht, der ein integraler Bestandteil des Schlussberichts sein könnte, illustriert werden.

- Um den Verfahrensverlauf nachvollziehen zu können sowie zur Exkulpation des Insolvenzverwalters, sollte die InsO ferner eindeutige **Archivierungsvorschriften** zu den angefertigten Berichtsdokumenten enthalten.

Als **Gesamtfazit** der vorliegenden Arbeit bleibt demnach festzustellen, dass, basierend auf den hergeleiteten Zwecken und Grundsätzen insolvenzspezifischer Rechnungslegung, die in der InsO enthaltenen Vorschriften zur insolvenzspezifischen Rechnungslegung zu konkretisieren und zu erweitern sind. Dadurch stünde den Gläubigern – als primäre Adressaten – eine intersubjektiv nachprüfbare Entscheidungsgrundlage zu Verfahrensbeginn zur Verfügung, die zudem den Verfahrensverlauf durch regelmäßige und standardisierte Zwischenrechnungen nachvollziehbar machen würde. Gleichermaßen sollen die eruierten Verbesserungsvorschläge eine standardisierte Schlussrechnung sicherstellen, die bestehende Informationsasymmetrien minimiert. Dem Gesetzgeber wird daher nahegelegt, die Dauerbaustelle InsO durch die Verbesserung der insolvenzspezifischen Rechnungslegung zu verkleinern und so die Informationsbedürfnisse der Gläubiger besser zu befriedigen.

Quellenverzeichnis

Verzeichnis der Kommentare und Handbücher

ADLER, HANS/DÜRING, WALTHER/SCHMALTZ, KURT, Rechnungslegung und Prüfung der Unternehmen. Kommentar zum HGB, AktG, GmbHG, PublG nach den Vorschriften des Bilanzrichtlinien-Gesetzes, 6. Aufl., Stuttgart 1994/2001 (zitiert: ADS, 6. Aufl.).

ANDRES, DIRK/LEITHAUS, ROLF/DAHL, MICHAEL (Hrsg.), Insolvenzordnung. Kommentierung der Insolvenzordnung, 3. Aufl., München 2014 (zitiert: BEARBEITER, in: Andres/Leithaus/Dahl, InsO, 3. Aufl.).

BÖCKING, HANS-JOACHIM/CASTAN, EDGAR/HEYMANN, GERD/PFITZER, NORBERT /SCHEFFLER, EBERHARD (Hrsg.), Beck'sches Handbuch der Rechnungslegung, München 1887 ff. (Stand: Juli 2016) (zitiert: BEARBEITER, in: Beck HdR).

BRAUN, EBERHARD (Hrsg.), Insolvenzordnung (InsO), Kommentar, 6. Aufl., München 2014 (zitiert: BEARBEITER, in: Braun, InsO Kommentar, 6. Aufl.).

DUSEMOND, MICHAEL/KÜTING, PETER/WEBER, CLAUS-PETER/WIRTH, JOHANNES (Hrsg.), Handbuch der Rechnungslegung – Einzelabschluss, 5. Aufl., Stuttgart 2002 ff. (Stand: November 2016) (zitiert: BEARBEITER, in: HdR-E, 5. Aufl.).

FRIDGEN, ALEXANDER/GEIWITZ, ARNDT/GÖPFERT, BURKARD (Hrsg.), Beck'scher Online-Kommentar InsO, 4. Aufl., München 2016 (zitiert: BEARBEITER, in: Beck'scher InsO Kommentar, 2. Aufl.).

GOTTWALD, PETER (Hrsg.), Insolvenzrechts-Handbuch, 5. Aufl., München 2015 (zitiert: BEARBEITER, in: Insolvenzrechts-Handbuch, 5. Aufl.).

GROTTEL, BERND/SCHMIDT, STEFAN/SCHUBERT, WOLFGANG/WINKELJOHANN, NORBERT/DEUBERT, MICHAEL (Hrsg.), Beck'scher Bilanzkommentar. Handels- und Steuerbilanz, 10. Aufl., München 2016 (zitiert: BEARBEITER, in: Beck'scher Bilanzkommentar, 10. Aufl.).

HAARMEYER, HANS/MOCK, SEBASTIAN (Hrsg.), Insolvenzrechtliche Vergütung (InsVV), 5. Aufl., München 2014 (zitiert: BEARBEITER, in: Insolvenzrechtliche Vergütung (InsVV), 5. Aufl.).

HESS, HARALD/WEIS, MICHAELA/WIENBERG, RÜDIGER (Hrsg.), InsO. Kommentar zur Insolvenzordnung mit EGInsO, 2. Aufl., Heidelberg 2001 (zitiert: BEARBEITER, in: InsO, 2. Aufl.).

HOFBAUER, MAX A./KUPSCH, PETER (Hrsg.), Bonner Handbuch Rechnungslegung, 2. Aufl., Bonn 2006 (zitiert: BEARBEITER, in: Bonner Handbuch Rechnungslegung, 2. Aufl.).

JAEGER, ERNST/HENCKEL, WOLFRAM/GERHARDT, WALTER (Hrsg.), Insolvenzordnung Großkommentar. Erster Band §§ 1-55, Berlin 2004 (zitiert: BEARBEITER, in: Jaeger, InsO Band 1).

JAEGER, ERNST/HENCKEL, WOLFRAM/GERHARDT, WALTER (Hrsg.), Insolvenzordnung Großkommentar. Zweiter Band §§ 56-102, Berlin 2007 (zitiert: BEARBEITER, in: Jaeger, InsO Band 2).

JAEGER, ERNST/HENCKEL, WOLFRAM/GERHARDT, WALTER (Hrsg.), Insolvenzordnung Großkommentar. Sechster Band §§ 174-261, Berlin 2010 (zitiert: BEARBEITER, in: Jaeger, InsO Band 6).

JAEGER, ERNST/HENCKEL, WOLFRAM/GERHARDT, WALTER (Hrsg.), Insolvenzordnung Großkommentar. Fünfter Band §§ 148-173, Berlin 2016 (zitiert: BEARBEITER, in: Jaeger, InsO Band 5).

KIRCHHOF, HANS-PETER/STÜRNER, ROLF/EIDENMÜLLER, HORST (Hrsg.), Münchener Kommentar zur Insolvenzordnung, 3. Aufl., München 2013 (zitiert: BEARBEITER, in: Kirchhof/Stürner/Eidenmüller, Kommentar zur InsO, 3. Aufl.).

NERLICH, JÖRG/RÖMERMANN, VOLKER (Hrsg.), Insolvenzordnung (InsO) Kommentar, Loseblatt, München 1999 ff. (Stand: Juli 2016) (zitiert: BEARBEITER, in: Nerlich/Römermann, InsO Kommentar).

SCHMIDT, ANDREAS (Hrsg.), Hamburger Kommentar zum Insolvenzrecht. InsO - EuInsVO - EGInsO (Auszug) - InsVV - VbrInsFV - InsOBekV - Insolvenzstrafrecht, 5. Aufl., Köln 2015 (zitiert: BEARBEITER, in: HamK zum Insolvenzrecht).

SCHMIDT, KARSTEN/AHRENS, MARTIN (Hrsg.), Insolvenzordnung. InsO mit EuInsVO, 19. Aufl., München 2016 (zitiert: BEARBEITER, in: Insolvenzordnung, 19. Aufl.).

UHLENBRUCK, WILHELM/HIRTE, HERIBERT/VALLENDER, HEINZ (Hrsg.), Insolvenzordnung. Kommentar, 13. Aufl., München 2010 (zitiert: BEARBEITER, in: Uhlenbruck/Hirte/Vallender, InsO, 13. Aufl.).

UHLENBRUCK, WILHELM/HIRTE, HERIBERT/VALLENDER, HEINZ (Hrsg.), Insolvenzordnung. Kommentar, 14. Aufl., München 2015 (zitiert: BEARBEITER, in: Uhlenbruck/Hirte/Vallender, InsO, 14. Aufl.).

VON STAUDINGER, JULIUS (Hrsg.), Kommentar zum Bürgerlichen Gesetzbuch mit Einführungsgesetzen und Nebengesetzen, Berlin 2013 (zitiert: BEARBEITER, in: von Staudinger, BGB Kommentar).

WIMMER, KLAUS (Hrsg.), FK-InsO Frankfurter Kommentar zur Insolvenzordnung. mit EuInsVO, InsVV und weiteren Nebengesetzen, 8. Aufl., Köln 2015 (zitiert: BEARBEITER, in: Wimmer, FK-InsO, 8. Aufl.).

SCHULZE-OSTERLOH, OTTO/HENNRICHS, JOACHIM/WÜSTEMANN, JENS (Hrsg.), Handbuch des Jahresabschlusses. Bilanzrecht nach HGB, EStG, IFRS, Loseblatt, Köln 2002 ff. (Stand: Mai 2016) (zitiert: BEARBEITER, in: HdJ).

Verzeichnis der Aufsätze und sonstigen Fachbeiträge

ALDERSON, MICHAEL J./BETKER, BRIAN L., Liquidation Costs and Accounting Data, in: Financial Management 1996, S. 25-36 (Liquidation Costs and Accounting Data).

AMEND, ANGELIKA, Das Finanzmarktstabilisierungsergänzungsgesetz oder der Bedeutungsverlust des Insolvenzrechts, in: ZIP 2009, S. 589-599 (Finanzmarktstabilisierungsergänzungsgesetz).

ANDERSSON-LINDSTRÖM, NILS, Wem gehört der Haircut? – Neue Risiken für Distressed Debt-Investoren bei der Krisen-Umschuldung, in: Zeitschrift für Wirtschafts- und Bankrecht 2015, S. 1553-1557 (Neue Risiken für Distressed Debt-Investoren bei der Krisen-Umschuldung).

APP, MICHAEL, Handelsrechtliche, steuerrechtliche und insolvenzrechtliche Rechnungslegungspflichten eines insolventen Unternehmens, in: StW 2005, S. 139-141 (Rechnungslegungspflichten eines insolventen Unternehmens).

ARBEITSKREIS EXTERNE UND INTERNE ÜBERWACHUNG DER UNTERNEHMUNG DER SCHMALENBACH-GESELLSCHAFT FÜR BETRIEBSWIRTSCHAFT (Hrsg.), Überwachung der Wirksamkeit des internen Kontrollsystems und des Risikomanagementsystems durch den Prüfungsausschuss – Best Practice, in: DB 2011, S. 2101-2105
(Wirksamkeit des internen Kontrollsystems).

ARENS, WOLFGANG/PELKE, CHRISTIAN, Anfechtung durch den Insolvenzverwalter bei mehrjähriger Freistellung des Arbeitnehmers, in: DB 2014, S. 2776-2777
(Anfechtung durch den Insolvenzverwalter).

BALLWIESER, WOLFGANG, Grundsätze ordnungsmäßiger Buchführung und neues Bilanzrecht, in: ZfB Ergänzungsheft 1987, S. 3-24 (Grundsätze ordnungsmäßiger Buchführung).

BALLWIESER, WOLFGANG, Informations-GoB auch im Lichte von IAS und US-GAAP, in: KoR 2002, S. 115-121 (Informations-GoB).

BALLWIESER, WOLFGANG, Fundamentale Fragen von Rechnungswesen und Unternehmensbewertung - vor und nach Dieter Schneider, in: zfbf 2015, S. 490-521 (Fundamentale Fragen von Rechnungswesen und Unternehmensbewertung).

BEISSE, HEINRICH, Rechtsfragen der Gewinnung von GoB, in: BFuP 1990, S. 499-514 (Rechtsfragen der Gewinnung von GoB).

BETH, STEPHAN, Die gerichtliche Prüfung der Voraussetzung des Schutzschirmverfahrens nach § 270b InsO, in: ZInsO 2015, S. 369-375 (Voraussetzung des Schutzschirmverfahrens).

BEYER, ANNAMIA/BEYER, ALEXANDER, Verkauf von Kundendaten in der Insolvenz – Verstoß gegen datenschutzrechtliche Bestimmungen?, in: NZI 2016, S. 241-245 (Verkauf von Kundendaten in der Insolvenz).

BRAUN, EBERHARD/HEINRICH, JENS, Auf dem Weg zu einer (neuen) Insolvenzplankultur in Deutschland – Ein Beitrag zu dem Regierungsentwurf für ein Gesetz zur weiteren Erleichterung der Sanierung von Unternehmen, in: NZI 2011, S. 505-517 (Insolvenzplankultur in Deutschland).

BROCKMEYER, KLAUS/KNÜPPE, WOLFGANG, Zur Abwehr von Belegmanipulationen im EDV-gestützten Rechnungswesen, in: WPg 1985, S. 489-494 (Abwehr von Belegmanipulationen).

BRUNNMEIER, ALFRED J., Laufende Buchführung und Buchführungstätigkeit nach den Grundsätzen ordnungsmäßiger Buchführung. Gleichzeitig eine Stellungnahme zu Äußerungen im Schrifttum zum Datenverarbeiter im Steuerberatungsrecht, in: DB Beilage 12 zu Heft Nr. 32 1977, S. 1-12 (Grundsätze ordnungsmäßiger Buchführung).

BRUSCHKE, GERHARD, Überblick über das Insolvenzrecht. Die Insolvenzordnung als kompliziertes Rechtsgebiet mit Haftungsrisiko, in: AO-StB 2015, S. 300-306 (Überblick über das Insolvenzrecht).

BURGER, ANTON/SCHELLBERG, BERNHARD, Der Insolvenzplan im neuen Insolvenzrecht, in: DB 1994, S. 1833-1837 (Insolvenzplan im neuen Insolvenzrecht).

BÜTTNER, HOLGER, Eine eigene Insolvenzgerichtsbarkeit – zwischen Wunsch und Wirklichkeit. Anmerkungen zum Vorschlag von Rechtsanwalt Dr. Gerloff auf der Tagung des NIVD e.V. am 2.9.2016, in: ZInsO 2017, S. 13-22 (Insolvenzgerichtsbarkeit).

CAMPBELL, JOHN Y./GIGLIO, STEFANO/PATHAK, PARAG, Forced Sales and House Prices, in: AER 2011, S. 2108-2131 (Forced Sales and House Prices).

COMMANDEUR, ANJA/RÖMER, ALEXANDER, Aktuelle Entwicklungen im Insolvenzrecht. Neufassung der Europäischen Insolvenzordnung, in: NZG 2015, S. 988-991 (Entwicklungen im Insolvenzrecht).

CORNELL, BRADFORD/SHAPIRO, ALAN C., Corporate Stakeholders and Corporate Finance, in: Financial Management 1987, S. 5-14 (Corporate Stakeholders).

CRUCES, JUAN J./TREBESCH, CHRISTOPH, Sovereign Defaults: The Price of Haircuts, in: American Economic Journal: Macroeconomics 2013, S. 85-117 (The Price of Haircuts).

DE VARGAS, SANTIAGO RUIZ/ZOLLNER, THOMAS, Die Ermittlung des Liquidationswertes als objektiviertem Unternehmenswert, in: BewertungsPraktiker 2015, S. 104-121 (Liquidationswert als objektivierter Unternehmenswert).

DENNIS, BENJAMIN/KNADEL, SIMON, Holding out for a Haircut: Financial Crisis, Moral Hazard, and Interest Rate Policy, in: International Journal of Finance and Economics 2000, S. 233-249 (Holding out for a Haircut).

DEPPE, MONIKA, Insolvenzrecht für "Greenhorns". Lektion 33: Schlussbericht, in: InsBüro 2016, S. 455-457 (Schlussbericht).

DEPPE, MONIKA, Insolvenzrecht für „Greenhorns“. Lektion 32: Schlussrechnung, in: InsBüro 2016, S. 332-334 (Schlussrechnung).

DÖLLERER, GEORG, Grundsätze ordnungsmäßiger Bilanzierung, deren Entstehung und Ermittlung, in: BB 1959, S. 1217-1221 (Grundsätze ordnungsmäßiger Bilanzierung).

DRUKARCZYK, JOCHEN/SCHÜLER, ANDREAS, Insolvenztatbestände, prognostische Elemente und ihre gesetzeskonforme Handhabung. Zugleich Entgegnung auf den Beitrag von Groß/Amen, WPg 2002, S. 225 bis 240, in: WPg 2003, S. 56-67 (Insolvenztatbestände).

EHLERS, JANNIKE, Anforderungen an die Fortführungs-/Fortbestehensprognose, in: ZInsO 2016, S. 1244-1249 (Anforderungen an die Fortführungs-/Fortbestehensprognose).

EICHHOLZ, ANDREA/WUSCHEK, THOMAS, MaRisk-konforme Begleitung von Krisenengagements. Welche Sanierungsmaßnahmen bedürfen eines Sanierungskonzepts?, in: ZInsO 2016, S. 2180-2186 (MaRisk-konforme Begleitung von Krisenengagements).

EICKE, CHRISTIAN, Informationspflichten der Mitglieder des Gläubigerausschusses, in: ZInsO 2006, S. 798-803 (Informationspflichten der Mitglieder des Gläubigerausschusses).

EICKES, STEFAN, Zum Fortführungsgrundsatz der handesrechtlichen Rechnungslegung in der Insolvenz, in: DB 2015, S. 933-937 (Fortführungsgrundsatz in der Insolvenz).

EIDENMÜLLER, HORST, Was ist ein Insolvenzverfahren?, in: ZIP 2016, S. 145-151 (Was ist ein Insolvenzverfahren).

EISOLT, DIRK/SCHMIDT, THOMAS, Praxisfragen der externen Rechnungslegung in der Insolvenz, in: BB 2009, S. 654-658 (Rechnungslegung in der Insolvenz).

ENGELHARD, HANS A., Politische Akzente einer Insolvenzrechtsreform, in: ZIP 1986, S. 1287-1291 (Politische Akzente einer Insolvenzrechtsreform).

ENGER, HENNING/WOLFF, GERHARDT, Zur Unbrauchbarkeit des Überschuldungstatbestands als gläubigerschützendes Instrument, in: AG 1978, S. 99-112 (Zur Unbrauchbarkeit des Überschuldungstatbestands).

ERNST, EDGAR, Lagebericht und Anhang – Häufig unterschätzt!, in: BB 2012, S. I (Lagebericht und Anhang).

EXLER, MARKUS W./SITUM, MARIO/SORRENTINO, GIUSEPPE/VOGT, TANKRED, Strategische Optionen zur Kapitalisierung der Marke. Eine empirische Untersuchung des Markenwerts aus Sicht von Insolvenzverwaltern, in: KSI 2016, S. 53-60 (Strategische Optionen zur Kapitalisierung der Marke).

FISCHER, THOMAS R./PASKERT, DIERK, Inhalt und Struktur des Anhangs von Kapitalgesellschaften, in: BuW 1991, S. 293-299 (Anhang von Kapitalgesellschaften).

FISCHER-BÖHNLEIN, KARIN/KÖRNER, SABINE, Rechnungslegung von Kapitalgesellschaften im Insolvenzverfahren, in: BB 2001, S. 191-199 (Rechnungslegung von Kapitalgesellschaften im Insolvenzverfahren).

FLÖTHER, LUCAS F., ESUG: Erfahrungen, Probleme, Änderungsnotwendigkeiten, in: ZIP 2015, S. 2159-2165 (ESUG).

FÖRSTER, KARSTEN, ZInsO-Leserecho. Betr.: Förster, Klartext: Das Geheimnis des going concern (ZinsO 1999, 555), in: ZInsO 1999, S. 664 (ZInsO-Leserecho).

FÖRSTER, KARSTEN, Sinn und Unsinn des Fortführungswertes – kleine Nachlese der aktuellen Diskussion, in: ZInsO 2000, S. 21-22 (Sinn und Unsinn des Fortführungswertes).

FÖRSTER, KARSTEN/TOST, ANGELA, Die Archivierung von Geschäftsunterlagen in Insolvenzverfahren, in: ZInsO 1998, S. 297-303 (Archivierung von Geschäftsunterlagen in Insolvenzverfahren).

FRANKE, JOHANNES/GOTH, DANIEL/FIRMENICH, MIRIAM, Die (gerichtliche?!) Schlussrechnungsprüfung im Insolvenzverfahren – zwischen Legalitäts- und Legitimitätskontrolle, in: ZInsO 2009, S. 123-127 (Schlussrechnungsprüfung im Insolvenzverfahren).

FREGE, MICHAEL C./NICHT, MATTHIAS, Informationserteilung und Informationsverwendung im Insolvenzverfahren, in: InsVZ 2010, S. 407-417 (Insolvenzverfahren).

FREIBERG, JENS, Einzel- vs. Gesamtbewertung bei Verteilung der Wertminderung einer Cash Generating Unit, in: PiR 2009, S. 145-148 (Cash Generating Unit).

FREIDANK, CARL-CHRISTIAN/SCHRÖDER, MARIO HENRY, Unternehmensfortführung versus Liquidation. Eine betriebswirtschaftliche Analyse des Schutzschirmverfahrens unter Berücksichtigung von IDW S 9, in: WPg 2016, S. 237-244 (Unternehmensfortführung vs. Liquidation).

FRIEß, RÜDIGER, Die Sanierungsentscheidung im Insolvenzfall – eine Frage der Unternehmensbewertung?, in: DStR 2004, S. 654-660 (Sanierungsentscheidung im Insolvenzfall).

FRIND, FRANK, Das „unbekannte Wesen" – was macht/darf der vorläufige Sachwalter in der Eigenverwaltung?, in: InsBüro 2016, S. 14-20 (Sachwalter in der Eigenverwaltung).

FRÖHLICH, ANDREAS/ECKHARDT, JONAS, Bewertung insolventer Unternehmen (in Eigenverwaltungsverfahren): Rahmenbedingungen, Herausforderungen, Lösungsansätze, Würdigung, in: ZInsO 2015, S. 925-936 (Bewertung insolventer Unternehmen).

FRYSTATZKI, CHRISTIAN, Die Hinweise des Instituts der Wirtschaftsprüfer zur Rechnungslegung in der Insolvenz, in: NZI 2009, S. 581-586 (Hinweise zur Rechnungslegung in der Insolvenz).

FÜRST, THOMAS, Prüfungs- und Überwachungspflichten im Insolvenzverfahren, in: DZWir 2006, S. 499-502 (Prüfungs- und Überwachungspflichten im Insolvenzverfahren).

GARBER, THORSTEN, Ein Gesetz der Wirtschaft: Insolvenz gehört saniert, in: ZInsO 2015, S. 1937-1938 (Ein Gesetz der Wirtschaft: Insolvenz gehört saniert).

GEIWITZ, ARNDT, Hat das ESUG seine Ziele erreicht?, in: WPg 2015, S. 1 (Hat das ESUG seine Ziele erreicht?).

GORTON, GARY/METRICK, ANDREW, Haircuts, in: Federal Reserve Bank of St. Louis Review 2010, S. 507-519 (Haircuts).

GRAVENBRUCHER KREIS (Hrsg.), Die Bestellpraxis von Unternehmensinsolvenzverwaltern. Befragung der Insolvenzgerichte, durchgeführt durch das Institut für Freie Berufe Nürnberg (2008), in: ZIP 2009, S. 1-29 (Bestellpraxis).

GRELL, FRANK/KLOCKENBRINK, ULRICH, Stimmverbote in Gläubigerversammlung und Gläubigerausschuss – Grenzen der Gläubigermitbestimmung in Insolvenzverfahren?, in: DB 2014, S. 2514-2519 (Stimmverbote in Gläubigerversammlung und Gläubigerausschuss).

GROß, PAUL J., Die Fortbestehensprognose. – Rechtliche Anforderungen und ihre betriebswirtschaftlichen Grundlagen –, in: WPg 2002, S. 225-240 (Die Fortbestehensprognose).

GROß, PAUL J., Zur Beurteilung der „handelsrechtlichen Fortführungsprognose" durch den Abschlussprüfer, in: WPg 2010, S. 119-137 (Handelsrechtliche Fortführungsprognose).

GROß, PAUL J./AMEN, MATTHIAS, Going-Concern-Prognosen im Insolvenz- und im Bilanzrecht. Grundlagen, Unterschiede und wechselseitige Verflechtungen, in: DB 2005, S. 1861-1868 (Going-Concern-Prognosen im Insolvenz- und im Bilanzrecht).

HAARMANN, WILHELM/VORWERK, SABINE, Rechtliche Anforderungen an die Feststellung der positiven Fortführungsprognose – insbesondere im Hinblick auf Start-up-Unternehmen, in: BB 2015, S. 1603-1614 (Rechtliche Anforderungen an die Feststellung der positiven Fortführungsprognose).

HAARMEYER, HANS/BASINSKI, ANNE/HILLEBRAND, CHRISTOPH/WEBER, JENS, Empfehlungen zur Schlussrechnungslegung und Schlussrechnungsprüfung der Forschungsgruppe „Schlussrechnung" des Rheinland-Pfälzischen Zentrums für Insolvenzrecht und Sanierungspraxis (ZEFIS), in: ZInsO 2010, S. 1689-1695 (Empfehlungen zur Schlussrechnungslegung und Schlussrechnungsprüfung).

HAARMEYER, HANS/BASINSKI, ANNE/HILLEBRAND, CHRISTOPH/WEBER, JENS, Durchbruch in der insolvenzrechtlichen Rechnungslegung. Bericht über den aktuellen Stand der Forschungsgruppe „Schlussrechnung" des Rheinland-Pfälzischen Zentrums für Insolvenzrecht und Sanierungspraxis (ZEFIS), in: ZInsO 2011, S. 1874-1884 (Durchbruch in der insolvenzrechtlichen Rechnungslegung).

HAARMEYER, HANS/HILLEBRAND, CHRISTOPH, Insolvenzrechnungslegung. Diskrepanz zwischen gesetzlichem Anspruch und Wirklichkeit – Teil I, in: ZInsO 2010, S. 412-416 (Insolvenzrechnungslegung – Teil I).

HAARMEYER, HANS/HILLEBRAND, CHRISTOPH, Insolvenzrechnungslegung. Diskrepanz zwischen gesetzlichem Anspruch und Wirklichkeit – Teil II, in: ZInsO 2010, S. 702-706 (Insolvenzrechnungslegung – Teil II).

HARBECK, NILS, Schlussrechnungen und Insolvenzpläne – Feuer und Wasser?, in: ZInsO 2014, S. 388-391 (Schlussrechnungen und Insolvenzpläne).

HARZ, MICHAEL, Unternehmenskrise und Insolvenzreife. Gutachterliche Vorgehensweise bei der Prüfung einschließlich elektronischer Schnellerkennung von Buchführungs- und Bilanzmanipulationen, in: ZInsO 2015, S. 2050-2062 (Unternehmenskrise und Insolvenzreife).

HENI, BERNHARD, Rechnungslegung im Insolvenzverfahren. Derzeitiger Stand und Entwicklungstendenzen, in: WPg 1990, S. 93-99 (Rechnungslegung im Insolvenzerfahren).

HENI, BERNHARD, Rechnungslegung im Insolvenzverfahren. Zahlenfriedhöfe auf Kosten der Gläubiger?, in: ZInsO 1999, S. 609-616 (Zahlenfriedhöfe auf Kosten der Gläubiger?).

HENI, BERNHARD, Funktion und Konzeption insolvenzrechtlicher Planbilanzen, in: ZInsO 2006, S. 57-64 (Funktion und Konzeption insolvenzrechtlicher Planbilanzen).

HENKE, WILHELM, Jurisprudenz und Soziologie, in: Juristenzeitung 1974, S. 729-735 (Jurisprudenz und Soziologie).

HENKEL, ANDREAS, Für eine Kultur der nachhaltigen Eigenverwaltung, in: ZInsO 2015, S. 2477-2480 (Kultur der nachhaltigen Eigenverwaltung).

HESS, HARALD, Die Rechtsstellung der Verfahrensbeteiligten in der Insolvenzverordnung, in: FLF 1994, S. 203-208 (Die Rechtsstellung der Verfahrensbeteiligten).

HESS, HARALD, Das Insolvenzeröffnungsverfahren nach der Insolvenzordnung, in: Finanzierung-Leasing-Factoring 1995, S. 8-12 (Insolvenzeröffnungsverfahren).

HESS, HARALD/WEIS, MICHAELA, Die Schlußrechnung des Insolvenzverwalters, in: NZI 1999, S. 249-288 (Die Schlußrechnung des Insolvenzverwalters).

HEYN, MICHAELA, Die Erstellung der Verzeichnisse gem. §§ 151-153 InsO, Teil 1, in: InsBüro 2009, S. 214-220 (Die Erstellung der Verzeichnisse gem. §§ 151-153 InsO, Teil 1).

HEYN, MICHAELA, Die Erstellung der Verzeichnisse gem. §§ 151-153 InsO, Teil 2, in: InsBüro 2009, S. 246-251 (Die Verzeichnisse gem. §§ 151-153 InsO, Teil 2).

HIEBERT, OLAF, Das Honorar des Beraters in der Krise. Handlungsempfehlung zur Vermeidung von Anfechtungsrisiken, in: KSI 2016, S. 254-259 (Anfechtungsfeste Berater-Honorare).

HILLEBRAND, CHRISTOPH, Handelsrechtliche Rechnungslegung in der Insolvenz. Diese Pflichten muss der Insolvenzverwalter erfüllen, in: BBB 2007, S. 153-156 (Handelsrechtliche Rechnungslegung Insolvenz).

HILLEBRAND, CHRISTOPH, Insolvenzrechtliche Rechnungslegung. Was jeder Insolvenzverwalter beachten muss, in: BBB 2007, S. 266-273 (Insolvenzrechtliche Rechnungslegung).

HILLEBRAND, CHRISTOPH, Externe (handelsrechtliche) Rechnungslegung im Insolvenzverfahren. IDW RH HFA 1.012 veröffentlicht, in: WPg 2016, S. 465-469 (Externe (handelsrechtliche) Rechnungslegung im Insolvenzverfahren).

HIRSCHBERGER, WOLFGANG/LEUZ, NORBERT, Der Grundsatz der Wesentlichkeit bei der Jahresabschlussprüfung, in: DB 2012, S. 2529-2535 (Der Grundsatz der Wesentlichkeit bei der Jahresabschlussprüfung).

HÖFFNER, DIETMAR, Fortführungswerte in der Vermögensübersicht nach § 153 lnsO. Zur Problematik der durch die Insolvenzordnung eingeführten „zweigeteilten" Rechnungslegung bei Verfahrenseröffnung, in: ZIP 1999, S. 2088-2092 (Fortführungswerte in der Vermögensübersicht nach § 153 lnsO).

HOFMANN, MATTHIAS, Die Eigenverwaltung insolventer Kapitalgesellschaften im Konflikt zwischen Gesetzeszweck und Insolvenzpraxis, in: ZIP 2007, S. 260-264 (Eigenverwaltung insolventer Kapitalgesellschaften).

HÖPFNER, ALEXANDER, Aktuelle Rechtsprechung zur Bestellung juristischer Personen zum Insolvenzverwalter, in: BB 2016, S. 1034-1036 (Aktuelle Rechtsprechung zur Bestellung juristischer Personen zum Insolvenzverwalter).

HORSTKOTTE, MARTIN/LAROCHE, PETER/WALTENBERGER, JOCHEN/FRIND, FRANK, „Ich hab' noch ein bisschen InsO dabei", in: ZInsO 2016, S. 2186-2192 („Ich hab' noch ein bisschen InsO dabei").

HUBER, HERWART/MAGILL, NICHOLAS, Der (vorläufige) Gläubigerausschuss: aktuelle praxisrelevante Aspekte aus dem Blickwinkel eines Kreditinstituts, in: ZInsO 2016, S. 200-207 (Der (vorläufige) Gläubigerausschuss).

IDW (Hrsg.), IDW Rechnungslegungshinweis: Bestandsaufnahme im Insolvenzverfahren (IDW RH HFA 1.010), in: IDW Fachnachrichten 2008, S. 309-320 (Bestandsaufnahme im Insolvenzverfahren (IDW RH HFA 1.010)).

IDW (Hrsg.), IDW Rechnungslegungshinweis: Insolvenzspezifische Rechnungslegung im Insolvenzverfahren (IDW RH HFA 1.011), in: IDW Fachnachrichten 2008, S. 321-331 (Insolvenzspezifische Rechnungslegung (IDW RH HFA 1.011)).

IDW (Hrsg.), IDW Standard: Grundsätze zur Durchführung von Unternehmensbewertungen (IDW S 1 i.d.F. 2008), in: IDW Fachnachrichten 2008, S. 271-292 (IDW S 1 i. d. F. 2008).

IDW (Hrsg.), Neufassung des IDW Prüfungsstandards: Die Prüfung von geschätzten Werten in der Rechnungslegung einschließlich von Zeitwerten (IDW PS 314 n.F.), in: IDW Fachnachrichten 2009, S. 415-427 (IDW PS 314 n. F.).

IDW (Hrsg.), IDW Stellungnahme zur Rechnungslegung: Auswirkungen einer Abkehr von der Going-Concern-Prämisse auf den handelsrechtlichen Jahresabschluss (IDW RS HFA 17), in: IDW Fachnachrichten 2011, S. 438-444 (IDW RS HFA 17).

IDW (Hrsg.), IDW Rechnungslegungshinweis: Externe (handelsrechtliche) Rechnungslegung im Insolvenzverfahren (IDW RH HFA 1.012), in: IDW Fachnachrichten 2014, S. 386-391 (Externe Rechnungslegung im Insolvenzverfahren (IDW RH HFA 1.012)).

IDW (Hrsg.), IDW Standard: Bescheinigung nach § 270b InsO (IDW S 9), in: IDW Fachnachrichten 2014, S. 615-621 (IDW S 9).

IDW (Hrsg.), IDW Standard: Beurteilung des Vorliegens von Insolvenzeröffnungsgründen (IDW S 11), in: IDW Fachnachrichten 2015, S. 202-213 (IDW S 11).

JEHLE, NADJA, Präsentation von Finanzinformationen. Interdisziplinäre Ansätze und Entwicklungen in der Rechnungslegung, in: PiR 2016, S. 111-117 (Präsentation von Finanzinformationen).

JENSEN, MICHAEL/MECKLING, WILLIAM H., Theory of the Firm: Managerial Behavior, Agency Costs and Ownership Structure, in: Journal of Financial Economics 1976, S. 305-360 (Theory of the Firm).

KAHLERT, GÜNTER, Einkommensbesteuerung in der Insolvenz. Zugleich Besprechung BFH, Urteil vom 16.04.2015 – III R 21/11, in: WPg 2015, S. 1197-1203 (Einkommensbesteuerung in der Insolvenz).

KASPERZAK, RAINER/BASTINI, KAROLA, Unternehmensbewertung zum Liquidationswert – Gesellschaftsrechtliche Anlässe, Rechtsprechung und Bemessung, in: WPg 2015, S. 285-293 (Unternehmensbewertung zum Liquidationswert).

KLOOS, INGOMAR, Zur Standardisierung insolvenzrechtlicher Rechnungslegung. Bemerkungen im Hinblick auf Ziele und Grenzen des § 66 InsO, in: NZI 2009, S. 586-591 (Standardisierung insolvenzrechtlicher Rechnungslegung).

KLUTH, DAVID, Keine Geltendmachung von Kosten für ein Gläubigerinformationssystem vom Insolvenzverwalter als Massekosten. Zugleich Anmerkung zu BGH, NZI 2016, 802, in: NZI 2016, S. 865-866 (Kosten für ein Gläubigerinformationssystem).

KRAMß, MICHAEL, Umsetzung der Aufbewahrungspflichten von Geschäftsunterlagen unter Sicherheitsaspekten, in: NZI 2008, S. XVI-XXI (Umsetzung der Aufbewahrungspflichten von Geschäftsunterlagen).

KRANZUSCH, PETER, Das eigenverwaltete Insolvenzverfahren als Sanierungsweg – veränderte Nutzung seit der Insolvenzrechtsreform von 2012, in: ZInsO 2016, S. 1077-1083 (Das eigenverwaltete Insolvenzverfahren als Sanierungsweg).

KREMER, ANDRE, Zur Pflicht des Insolvenzverwalters zur zeitnahen Erstellung einer Schlussrechnung. Anmerkung zum Beschluss des OLG Koblenz vom 5.1.2015, Az. 3 W 616/14, in: EWiR 2015, S. 387-388 (Pflicht zur zeitnahen Erstellung einer Schlussrechnung).

KUNATH, OLIVER, Kaufpreisallokation: Bilanzierung erworbener immaterieller Vermögenswerte nach IFRS 3 (2004)/IAS 38 (rev. 2004) und ED IFRS 3 (amend. 2005), in: ZfCM 2005, S. 107-120 (Kaufpreisallokation).

KUNZ, PETER/MUNDT, KRISTINA, Rechnungslegungspflichten in der Insolvenz (Teil I), in: DStR 1997, S. 620-625 (Rechnungslegungspflichten in der Insolvenz (Teil I)).

KUNZ, PETER/MUNDT, KRISTINA, Rechnungslegungspflichten in der Insolvenz (Teil II), in: DStR 1997, S. 664-671 (Rechnungslegungspflichten in der Insolvenz (Teil II)).

KÜPPER, NORBERT, Nachmeldung zur Tabelle vs. Erstellung des Insolvenzplans, in: ZInsO 2015, S. 1538 (Nachmeldung zur Tabelle vs. Erstellung des Insolvenzplans).

KUßMAUL, HEINZ/PALM, TIM, Pflicht zur Verlustanzeige und Rechnungslegung in der Insolvenz als Sonderbilanztatbestände, in: StB 2015, S. 104-109 (Pflicht zur Verlustanzeige und Rechnungslegung).

LAUBEREAU, STEPHAN, Die Delegation der Ermittlung von Anfechtungsansprüchen. Auswirkung auf die Verwaltervergütung, in: ZInsO 2016, S. 496-500 (Die Delegation der Ermittlung von Anfechtungsansprüchen).

LIÈVRE, BERT/STAHL, PETER/EMS, ALEXANDER, Anforderungen an die Aufstellung und die Prüfung der Schlußrechnung im Insolvenzverfahren, in: KTS 1999, S. 1-23 (Anforderungen an die Schlußrechnung).

LISSNER, STEFAN, Die Übertragung der Schlussrechnungsprüfung auf Sachverständige. Teilprivatisierung gerichtlicher Aufgabe, berufspolitischer Super-GAU oder gelegentliche und gerechtfertigte Notwendigkeit im Insolvenzverfahren?, in: ZInsO 2015, S. 1184-1189 (Die Übertragung der Schlussrechnungsprüfung auf Sachverständige).

LISSNER, STEFAN, Die Verzinsung der insolvenzrechtlichen Vergütung, in: AGS 2015, S. 1-6 (Verzinsung der insolvenzrechtlichen Vergütung).

LISSNER, STEFAN, Die Aufsicht über den Insolvenzverwalter (Teil 2), in: InsBüro 2016, S. 147-152 (Aufsicht über den Insolvenzverwalter (Teil 2)).

LISSNER, STEFAN, Die Aufsicht über den Insolvenzverwalter (Teil 1), in: InsBüro 2016, S. 100-103 (Aufsicht über den Insolvenzverwalter (Teil 1)).

LORENZ, MARTIN/KOLLER, DANIEL, Änderung des Geschäftsjahres nach Insolvenzeröffnung, in: WPg 2014, S. 1142-1144 (Änderung des Geschäftsjahres nach Insolvenzeröffnung).

MÄUSEZAHL, UWE, Schlussrechnungsprüfung – Perspektiven für die gerichtliche Praxis, in: ZInsO 2006, S. 580-585 (Schlussrechnungsprüfung).

MENZEL, ROLF-J., Die insolvenzspezifische Aktenlagerung – eine Chance statt lästiger Pflicht, in: NZI 2008, S. XXI (Insolvenzspezifische Aktenlagerung).

METOJA, ERION, Externe Prüfung der insolvenzrechtlichen Rechnungslegung - ein Nutzen für die Verfahrensbeteiligten?, in: ZInsO 2016, S. 992-999 (Externe Prüfung der insolvenzrechtlichen Rechnungslegung).

MITLEHNER, STEPHAN, „Fortführungswert“ der Massegegenstände, in: ZIP 2000, S. 1825-1828 („Fortführungswert“ der Massegegenstände).

MÖHLMANN, THOMAS, Die Ausgestaltung der Masse- und Gläubigerverzeichnisse sowie der Vermögensübersicht nach neuem Insolvenzrecht, in: DStR 1999, S. 163-170 (Die Ausgestaltung der Masse- und Gläubigerverzeichnisse).

MUJKANOVIC, ROBIN, Der Grundsatz der Wesentlichkeit. Entwurf eines Practice Statement zu den IFRS, in: PiR 2016, S. 31-36 (Der Grundsatz der Wesentlichkeit).

MÜLLER, UDO/RAUTMANN, HEIKO, Die Antragsberechtigung des Massegläubigers, in: ZInsO 2015, S. 2365-2367 (Antragsberechtigung des Massegläubigers).

MÜLLER-FELDHAMMER, RALF, Die übertragende Sanierung – ein ungelöstes Problem der Insolvenzrechtsform, in: ZIP 2003, S. 2186-2193 (Die übertragende Sanierung).

NESTLER, ANKE, BDU-Grundsätze ordnungsgemäßer Markenbewertung – welcher „Wertbeitrag“ ist für die Bewertungspraxis zu erwarten?, in: BB 2016, S. 809-813 (BDU-Grundsätze ordnungsgemäßer Markenbewertung).

NICKERT, CORNELIUS, Unternehmensbewertung in der Insolenz, in: Bewertungs Praktiker 2012, S. 82-91 (Unternehmensbewertung in der Insolvenz).

NICKERT, CORNELIUS, Erfordernis einer Unternehmensbewertung in der Insolvenz?, in: ZInsO 2013, S. 1722-1729 (Erfordernis einer Unternehmensbewertung in der Insolvenz?).

O. V., ZIP-Dokumentation. Empfehlungen der „Uhlenbruck-Kommission“ zur Vorauswahl und Bestellung von InsolvenzverwalterInnen sowie Transparenz, Aufsicht und Kontrolle im Insolvenzverfahren, in: ZIP 2007, S. 1432-1436 (Empfehlungen der "Uhlenbruck-Kommission").

O. V., Festsetzung der Vergütung des Insolvenzverwalters. Rechtfertigung eines Zurückbleibens der Vergütung hinter dem Regelsatz. Beurteilung der Zahl von lediglich fünf Gläubigern als gering, in: ZInsO 2016, S. 772 (Festsetzung der Vergütung des Insolvenzverwalters).

OFD RHEINLAND (Hrsg.), Aktivierung von Vorschüssen bei bilanzierenden Insolvenzverwaltern, in: BBK 2016, S. 312 (Aktivierung von Vorschüssen bei bilanzierenden Insolvenzverwaltern).

OSSADNIK, WOLFGANG, Grundsatz und Interpretation der „Materiality“. Eine Untersuchung zur Auslegung ausgewählter Materiality-Bestimmungen durch die Rechnungslegungspraxis, in: WPg 1993, S. 617-629 (Materiality).

PAPE, GERHARD, Stärkung der Gläubigerrechte und Verschärfung der Aufsicht im Insolvenzverfahren, in: ZVI 2008, S. 89-98 (Stärkung der Gläubigerrechte).

PAPE, GERHARD, Insolvenzverwalter mit beschränkter Haftung Vol. 2. Übergang des Bestellungsrechts auf die Organe juristischer Personen?, in: ZInsO 2015, S. 1650-1657 (Insolvenzverwalter mit beschränkter Haftung).

PLATE, GEORG, Eignung von Zahlungsunfähigkeit und Überschuldung als Indikatoren für die Insolvenzreife einer Unternehmung, in: DB 1980, S. 217-222 (Eignung von Zahlungsunfähigkeit und Überschuldung als Indikatoren für die Insolvenzreife einer Unternehmung).

PULVINO, TODD C., Do Asset Fire Sales Exist? An Empirical Investigation of Commercial Aircraft Transactions, in: JoF 1998, S. 939-978 (Do Asset Fire Sales Exist?).

RECK, REINHARD, Rechnungslegung des Insolvenzverwalters, in: BuW 2003, S. 837-844 (Rechnungslegung des Insolvenzverwalters).

RECK, REINHARD, Inhalte und Grundsätze der Schlussrechnungsprüfung, in: ZInsO 2008, S. 495-499 (Inhalte und Grundsätze der Schlussrechnungsprüfung).

RECK, REINHARD/SCHMITTMANN, JENS M., Die Berechnungsgrundlage der Vergütung und der pagatorische Zahlungsbegriff, in: ZInsO 2015, S. 2254-2257 (Berechnungsgrundlage der Vergütung und der pagatorische Zahlungsbegriff).

RUINER, CHRISTOPH/RUPPRECHT, MARCO, Besondere Herausforderungen des Personalmanagements in der Insolvenz. Teil I: Kündigung in der Insolvenz, in: KSI 2015, S. 160-163 (Personalmanagement in der Insolvenz).

SCHERRER, GERHARD/HENI, BERNHARD, Externe Rechnungslegung bei Liquidation, in: DStR 1992, S. 797-804 (Externe Rechnungslegung bei Liquidation).

SCHMALENBACH, EUGEN, Grundsätze ordnungsgemäßer Bilanzierung, in: ZfhF 1933, S. 225-233 (Grundsätze ordnungsgemäßer Bilanzierung).

SCHMIDT, KARSTEN, Die stille Liquidation: Stiefkind des Insolvenzrechts. Eine Problemskizze am Beispiel der GmbH und der GmbH & Co, in: ZIP 1982, S. 9-14
(Die stille Liquidation).

SCHMITT, JENS/MÖHLMANN-MAHLAU, THOMAS, Die Insolvenzeröffnungsbilanz und ihre Bedeutung für die Weiterführung und Sanierung der Insolvenzschuldnerin, in: NZI 2007, S. 703-708 (Die Insolvenzeröffnungsbilanz und ihre Bedeutung).

SCHMITTMANN, JENS M., Jahresabschluss: Änderung des Geschäftsjahresrhythmus durch den Insolvenzverwalter, in: DB 2015, S. 239-240 (Änderung des Geschäftsjahresrhythmus).

SCHNEIDER, DIETER, Rechtsfindung durch Deduktion von Grundsätzen ordnungsmäßiger Buchführung aus gesetzlichen Jahresabschlußzwecken?, in: StuW 1983, S. 141-160 (Rechtsfindung durch Deduktion von Grundsätzen ordnungsmäßiger Buchführung).

SCHOBERTH, JOERG/SERVATIUS, HANS-GERD/THEES, ALEXANDER, Anforderungen an die Gestaltung von Internen Kontrollsystemen, in: BB 2006, S. 2571-2577 (Gestaltung von Internen Kontrollsystemen).

SCHULZ, PATRICK/BISMARCK, KOLJA von, Rechtsentwicklungen im Insolvenz- und Sanierungsrecht 2016, in: DB 2016, S. 49-52 (Rechtsentwicklungen im Insolvenz- und Sanierungsrecht 2016).

SCHWARZ, TIM/RADDE, JENS, Die Bilanzierung des Geschäfts- oder Firmenwerts in der deutschen Unternehmenspraxis. Eine quantitative und qualitative empirische Analyse der IFRS-Konzernabschlüsse des DAX, MDAX, TecDAX, in: WPg 2015, S. 584-596 (Geschäfts- oder Firmenwert in der deutschen Unternehmenspraxis).

SMID, STEFAN, Der Kernbereich der Insolvenzverwaltung. Insolvenzrechtliche Voraussetzungen der gewerbesteuerrechtlichen Beurteilung der Arbeit des Insolvenzverwalters - zu den Prämissen des Urteils des BFH vom 12.12.2001, in: DZWir 2002, S. 265-273 (Der Kernbereich der Insolvenzverwaltung).

SPONAGEL, MAXIMILIAN, Gläubigerinformation im Insolvenzverfahren. Informationspflichten des Insolvenzverwalters gegenüber dem Gläubiger, in: DZWir 2011, S. 270-276 (Gläubigerinformation im Insolvenzverfahren).

SPREMANN, KLAUS, Stakeholder-Ansatz versus Agency-Theorie, in: ZfB 1989, S. 742-746 (Stakeholder-Ansatz versus Agency-Theorie).

STEFFAN, BERNHARD, Der Fortführungswert im Vermögensstatus nach § 153 InsO als Ausfluss des Fortführungskonzepts, in: ZInsO 2003, S. 106-111 (Der Fortführungswert im Vermögensstatus).

STEFFAN, BERNHARD/SOLMECKE, HENRIK, Die Bescheinigung im Schutzschirmverfahren nach § 270b InsO – Institut der Wirtschaftsprüfer veröffentlicht Standard IDW S 9, in: WPg 2015, S. 269-277 (Die Bescheinigung im Schutzschirmverfahren).

THAUT, MICHAEL, Offene Fragen zur Anwendung des HGB-Abzinsungssatzes auf Pensionsrückstellungen und dessen Auswirkungen auf Unternehmensgewinne und -ausschüttungen, in: DB 2016, S. 2185-2191 (Anwendung des HGB-Abzinsungssatzes).

TOBIAS, ROBERT/MEIẞNER, FABIAN/MÜLLER, SEBASTIAN, Vier Jahre ESUG: Eigenverwaltungserfahrungen mit Insolvenzplänen und Dual Tracking. Schlussfolgerungen aus bereits abgewickelten Praxisfällen, in: KSI 2016, S. 73-76 (Eigenverwaltungserfahrungen).

TRAMS, KAI, Gläubigerversammlung: Rechtsstellung, Teilnahme und Kompetenzen, in: NJW Spezial 2010, S. 405-406 (Gläubigerversammlung).

TRAMS, KAI, Die Auskunftsansprüche des Insolvenzverwalters, in: NJW Spezial 2016, S. 149-150 (Die Auskunftsansprüche des Insolvenzverwalters).

UHLENBRUCK, WILHELM, Aus- und Abwahl des Insolvenzverwalters. Eine Schicksalsfrage der Insolvenzrechtsreform, in: KTS 1989, S. 229-252 (Aus- und Abwahl des Insolvenzverwalters).

UHLENBRUCK, WILHELM, Die Rechnungslegungspflicht des vorläufigen Insolvenzverwalters, in: NZI 1999, S. 289-294 (Die Rechnungslegungspflicht des vorläufigen Insolvenzverwalters).

UHLENBRUCK, WILHELM, Kompetenzverteilung und Entscheidungsbefugnisse im neuen Insolvenzverfahren, in: WM 1999, S. 1197-1256 (Kompetenzverteilung und Entscheidungsbefugnisse im neuen Insolvenzverfahren).

VALLENDER, HEINZ, Aktuelle Entwicklungen des Regelinsolvenzverfahrens im Jahr 2014, in: NJW 2015, S. 1341-1348 (Regelinsolvenzverfahren).

VALLENDER, HEINZ, Gerichtliche Erfahrungen mit Eigenverwaltung und Schutzschirmverfahren, in: DB 2015, S. 231-239 (Eigenverwaltung und Schutzschirmverfahren).

VIERTELHAUSEN, ANDREAS, Aufbewahrung von Steuerunterlagen im Insolvenzverfahren, in: Insolvenz & Vollstreckung, S. 259-266 (Aufbewahrung von Steuerunterlagen im Insolvenzverfahren).

VON BUCHWALDT, JUSTUS, Die „Insolvenz in der Eigenverwaltung" – auf die richtige Vorbereitung kommt es an, in: BB 2015, S. 3017-3022 (Insolvenz in der Eigenverwaltung).

WEITZMANN, JÖRN, Rechnungslegung und Schlussrechnungsprüfung, in: ZInsO 2007, S. 449-455 (Rechnungslegung und Schlussrechnungsprüfung).

WEITZMANN, JÖRN, Insolvenzverwalter kein Adressat von Offenlegungspflichten, in: ZInsO 2008, S. 662-663 (Insolvenzverwalter kein Adressat von Offenlegungspflichten).

WITHUS, KARL-HEINZ, Internes Kontrollsystem und Risikomanagementsystem – Neue Anforderungen an die Wirtschaftsprüfer durch das BilMoG, in: WPg 2009, S. 858-862 (Internes Kontrollsystem und Risikomanagementsystem).

WOLF, KLAUS, Das rechnungslegungsbezogene interne Kontrollsystem. Darstellung am Beispiel der Daimler AG, in: PiR 2012, S. 182-188 (Das rechnungslegungsbezogene interne Kontrollsystem).

WÜSTEMANN, JENS/KOCH, CHRISTOPHER, Zinseffekte und Kostensteigerungen in der Rückstellungsbewertung nach BilMoG, in: BB 2010, S. 1075-1078 (Rückstellungsbewertung nach BilMoG).

ZWIRNER, CHRISTIAN/BUSCH, JULIA/MUGLER, JÖRG, Kaufpreisallokation und Impairment-Test. Eine Fallstudie zur Wertermittlung und Werthaltigkeitsprüfung beim Unternehmenserwerb, in: KoR 2012, S. 425-431 (Kaufpreisallokation und Impairment-Test).

Verzeichnis der Monographien

ACHLEITNER, ANN-KRISTIN, Die Normierung der Rechnungslegung. Eine vergleichende Untersuchung unterschiedlicher institutioneller Ausgestaltungen des nationalen und internationalen Standardsetzungsprozesses, Zürich 1995 (Die Normierung der Rechnungslegung).

ALEXY, ROBERT, Recht, Vernunft, Diskurs. Studien zur Rechtsphilosophie, Frankfurt am Main 1995 (Recht, Vernunft, Diskurs).

ALPARSLAN, ADEM, Strukturalistische Prinzipal-Agenten-Theorie. Eine Reformulierung der Hidden-Action-Modelle aus der Perspektive des Strukturalismus, Wiesbaden 2006 (Strukturalistische Prinzipal-Agenten-Theorie).

ARNTZ, REINER/PICHT, HERIBERT/MAYER, FELIX, Einführung in die Terminologiearbeit, 6. Aufl., Hildesheim 2009 (Einführung in die Terminologiearbeit).

BAETGE, JÖRG, Möglichkeiten der Objektivierung des Jahreserfolges, Düsseldorf 1970 (Möglichkeiten der Objektivierung des Jahreserfolges).

BAETGE, JÖRG/KIRSCH, HANS-JÜRGEN/THIELE, STEFAN, Bilanzen, 14. Aufl., Düsseldorf 2017 (Bilanzen).

BAETGE, JÖRG/ZÜLCH, HENNING, Rechnungslegungsgrundsätze nach HGB und IFRS, Köln 2004 (Rechnungslegungsgrundsätze nach HGB und IFRS).

BALZ, MANFRED/LANDFERMANN, HANS-GEORG, Die neuen Insolvenzgesetze. Insolvenzordnung und Einführungsgesetz zur Insolvenzordnung mit Einleitung, Begründung des Regierungsentwurfs, Bericht des Rechtsausschusses, 2. Aufl., Düsseldorf 1999 (Die neuen Insolvenzgesetze).

BASINSKI, ANNE/HILLEBRAND, CHRISTOPH/LAMBRECHT, MARTIN, Handbuch der Insolvenzrechnungslegung, Bonn 2014 (Insolvenzrechnungslegung).

BAUER, FRANZ/STÜRNER, ROLF, Zwangsvollstreckungs-, Konkurs- und Vergleichsrecht. Ein Lehrbuch, 12. Aufl., Heidelberg 1995 (Zwangsvollstreckungs-, Konkurs- und Vergleichsrecht).

BAUER, PETER M., Der Insolvenzplan. Untersuchungen zur Rechtsnatur anhand der geschichtlichen Entwicklung, Münster 2009 (Der Insolvenzplan).

BLÖSE, JOCHEN/WIELAND-BLÖSE, HEIKE, Praxisleitfaden Insolvenzreife. Insolvenzantragsgründe prüfen, feststellen, beseitigen, Berlin 2011 (Praxisleitfaden Insolvenzreife).

BÖHL, MEINRAD, Hermeneutik. Die Geschichte der abendländischen Textauslegung von der Antike bis zur Gegenwart, Wien 2013 (Hermeneutik).

BORK, REINHARD, Einführung in das Insolvenzrecht, 7. Aufl., Tübingen 2014 (Einführung in das Insolvenzrecht).

BRAUN, EBERHARD/UHLENBRUCK, WILHELM, Unternehmensinsolvenz. Grundlagen, Gestaltungsmöglichkeiten, Sanierung mit der Insolvenzordnung, Düsseldorf 1997 (Unternehmensinsolvenz).

BUNDESAGENTUR FÜR ARBEIT (Hrsg.), Insolvenzgeld, Nürnberg 2013 (Insolvenz-geld).

BUNDESMINISTERIUM DER JUSTIZ (Hrsg.), Erster Bericht der Kommission für Insolvenzrecht, Köln 1985 (Erster Bericht der Kommission für Insolvenzrecht).

BYDLINSKI, FRANZ, Juristische Methodenlehre und Rechtsbegriff, 2. Aufl., Wien 1991 (Juristische Methodenlehre und Rechtsbegriff).

COENENBERG, ADOLF GERHARD/FISCHER, THOMAS M./GÜNTHER, THOMAS, Kostenrechnung, 6. Aufl., Stuttgart 2007 (Kostenrechnung).

COENENBERG, ADOLF GERHARD/FISCHER, THOMAS M./GÜNTHER, THOMAS, Kostenrechnung und Kostenanalyse, 9. Aufl., Stuttgart 2016 (Kostenrechnung und Kostenanalyse).

COENENBERG, ADOLF GERHARD/HALLER, AXEL/SCHULTZE, WOLFGANG, Jahresabschluss und Jahresabschlussanalyse. Betriebswirtschaftliche, handelsrechtliche, steuerrechtliche und internationale Grundlagen – HGB, IAS/IFRS, US-GAAP, DRS, 24. Aufl., Stuttgart 2016 (Jahresabschluss und Jahresabschlussanalyse).

CZAYKA, LOTHAR, Formale Logik und Wissenschaftsphilosophie. Einführung für Wirtschaftswissenschaftler, Oldenburg 1991 (Formale Logik und Wissenschaftsphilosophie).

DAMODARAN, ASWATH, The Dark Side of Valuation. Valuing Young, Distressed, and Complex Businesses, 2. Aufl., Upper Saddle River 2010 (The Dark Side of Valuation).

DANN, WILFRIED, Das Konkursvorrecht der Öffentlichen Abgaben, Berlin 1962 (Das Konkursvorrecht).

DRUKARCZYK, JOCHEN, Unternehmen und Insolvenz. Zur effizienten Gestaltung des Kreditsicherungs- und Insolvenzrechts, Wiesbaden 1987 (Unternehmen und Insolvenz).

EICKES, STEFAN, Zum Grundsatz der Unternehmensfortführung in der Insolvenz, Wiesbaden 2014 (Grundsatz der Unternehmensfortführung in der Insolvenz).

ERNST, DIETMAR/SCHNEIDER, SONJA/THIELEN, BJOERN, Unternehmensbewertungen erstellen und verstehen. Ein Praxisleitfaden, 2. Aufl., München 2006 (Unternehmensbewertung).

ERNST, DIETMAR/SCHNEIDER, SONJA/THIELEN, BJOERN, Unternehmensbewertungen erstellen und verstehen. Ein Praxisleitfaden, 5. Aufl., München 2012 (Unternehmensbewertungen erstellen und verstehen).

EUROPÄISCHE KOMMISSION (Hrsg.), Mitteilung der Kommission an das Europäische Parlament, den Rat, den europäischen Wirtschafts- und Sozialausschuss und den Ausschuss der Regionen – Aktionsplan Unternehmertum 2020. Den Unternehmergeist in Europa neu entfachen, Brüssel 2013 (Aktionsplan Unternehmertum 2020).

EWERT, RALF, Rechnungslegung, Gläubigerschutz und Agency-Probleme, Wiesbaden 1986 (Rechnungslegung, Gläubigerschutz und Agency-Probleme).

FEY, DIRK, Imparitätsprinzip und GoB-System im Bilanzrecht 1986, Berlin 1987 (Imparitätsprinzip und GoB-System).

FISCHER, THOMAS R., Agency-Probleme bei der Sanierung von Unternehmen, Wiesbaden 1999 (Agency-Probleme bei der Sanierung von Unternehmen).

FORSTER, WOLFGANG, Konkurs als Verfahren. Francisco Salgado de Somoza in der Geschichte des Insolvenzrechts, Köln 2009 (Konkurs als Verfahren).

FRANK, PETER, Von der systematischen Bibliographie zur Dokumentation, Darmstadt 1978 (Dokumentation).

FREGE, MICHAEL C./KELLER, ULRICH/RIEDEL, ERNST/SCHRADER, SIEGFRIED, Insolvenzrecht, 8. Aufl., München 2015 (Insolvenzrecht).

GAUS, WILHELM, Dokumentations- und Ordnungslehre. Theorie und Praxis des Information Retrieval, 5. Aufl., Berlin, Heidelberg 2005 (Dokumentations- und Ordnungslehre).

GESSMANN, MARTIN, Zur Zukunft der Hermeneutik, München 2012 (Zur Zukunft der Hermeneutik).

HAARMEYER, HANS/WIPPERFÜRTH, SYLVIA, Guter Rat bei Insolvenz. Problemlösungen für Schuldner und Gläubiger, 4. Aufl., München 2015 (Guter Rat bei Insolvenz).

HAARMEYER, HANS/WUTZKE, WOLFGANG/FÖRSTER, KARSTEN, Handbuch zur Insolvenzordnung. InsO/EGInsO, 3. Aufl., München 2001 (Handbuch zur Insolvenzordnung).

HAARMEYER, HANS/WUTZKE, WOLFGANG/FÖSTER, KARSTEN, Gesamtvollstreckungsordnung. Kommentar zur Gesamtvollstreckungsordnung und zum Gesetz über die Unterbrechung von Gesamtvollstreckungsverfahren, 4. Aufl., Köln 1998 (Gesamtvollstreckungsordnung).

HÄSEMEYER, LUDWIG, Insolvenzrecht, 4. Aufl., Köln, München 2007 (Insolvenzrecht).

HATER, ANDRE, Insolvenzrechtliche Fortbestehensprognose und handelsrechtliche Fortführungsprognose, Düsseldorf 2013 (Insolvenzrechtliche Fortbestehensprognose und handelsrechtliche Fortführungsprognose).

HEESE, MICHAEL, Gläubigerinformation in der Insolvenz. Eine vergleichende Untersuchung des U.S.-amerikanischen und deutschen Rechts zur Verbesserung des Gläubigerschutzes im Insolvenzverfahren, Tübingen 2008 (Gläubigerinformation in der Insolvenz).

HEINEN, EDMUND, Handelsbilanzen, 12. Aufl., Wiesbaden 1986 (Handelsbilanzen).

HELBLING, CARL, Unternehmensbewertung und Steuern. Unternehmensbewertung in Theorie und Praxis, insbesondere die Berücksichtigung der Steuern aufgrund der Verhältnisse in der Schweiz und in Deutschland, 8. Aufl., Düsseldorf 1995 (Unternehmensbewertung und Steuern).

HENI, BERNHARD, Interne Rechnungslegung im Insolvenzverfahren, Düsseldorf 2006 (Interne Rechnungslegung).

HESSE, TIMO, Debt Restructuring. Eine Untersuchung der Abbildung finanzieller Sanierungsmaßnahmen nach HGB unter Berücksichtigung der IFRS, Lohmar 2014 (Debt Restructuring).

HEYRATH, MICHAEL/EBELING, STEFAN/RECK, REINHARD, Schlussrechnungsprüfung im Insolvenzverfahren, Münster 2008 (Schlussrechnungsprüfung im Insolvenzverfahren).

HILLEBRAND, CHRISTOPH, Rechnungslegung in der Insolvenz, 2. Aufl., Berlin 2013 (Rechnungslegung in der Insolvenz).

HILLEBRAND, CHRISTOPH, Die Rechnungslegung in der Insolvenz, 4. Aufl., Hagen 2015 (Rechnungslegung in der Insolvenz, 4. Aufl.).

HORSCH, JÜRGEN, Kostenrechnung. Klassische und neue Methoden in der Unternehmenspraxis, Wiesbaden 2015 (Kostenrechnung).

JAEGER, ERNST, Lehrbuch des deutschen Konkursrechts, 8. Aufl., Berlin 1932 (Lehrbuch des deutschen Konkursrechts).

JAEGER, ERNST/HENCKEL, WOLFRAM/WEBER, FRIEDRICH, Konkursordnung. Großkommentar, Berlin 1977 (Konkursordnung).

KALVERAM, WILHELM, Industrielles Rechnungswesen. Doppelte Buchhaltung und Kontenrahmen, Betriebsabrechnung, Kostenrechnung, 6. Aufl., Wiesbaden 1970 (Industrielles Rechnungswesen).

KELLER, ULRICH, Insolvenzrecht, München 2006 (Insolvenzrecht).

KLEIN, THOMAS, Handelsrechtliche Rechnungslegung im Insolvenzverfahren, Düsseldorf 2004 (Handelsrechtliche Rechnungslegung im Insolvenzverfahren).

KRAMER, ERNST A., Juristische Methodenlehre, 4. Aufl., München 2013 (Juristische Methodenlehre).

KRAMER, RALPH/PETER, FRANK K., Insolvenzrecht. Grundkurs für Wirtschaftswissenschaftler, Wiesbaden 2012 (Insolvenzrecht).

KRUSE, HEINRICH WILHELM, Grundsätze ordnungsmäßiger Buchführung. Rechtsnatur und Bestimmung, Köln 1970 (GoB).

KUHNER, CHRISTOPH/MALTRY, HELMUT, Unternehmensbewertung, Berlin 2006 (Unternehmensbewertung).

LARENZ, KARL/CANARIS, CLAUS-WILHELM, Methodenlehre der Rechtswissenschaft, 3. Aufl., Berlin 1995 (Methodenlehre der Rechtswissenschaft).

LEFFSON, ULRICH, Wirtschaftsprüfung, 3. Aufl., Wiesbaden 1985 (Wirtschaftsprüfung).

LEFFSON, ULRICH, Die Grundsätze ordnungsmäßiger Buchführung, 7. Aufl., Düsseldorf 1987 (Die Grundsätze ordnungsmäßiger Buchführung).

LEPA, BRITA, Insolvenzordnung und Verfassungsrecht. Eine Untersuchung der Verfassungsmäßigkeit der InsO und der Einwirkung verfassungsrechtlicher Wertungen auf die Anwendung dieses Gesetzes, Berlin 2002 (Insolvenzordnung und Verfassungsrecht).

MAG, WOLFGANG, Entscheidung und Information, München 1977 (Entscheidung und Information).

MÖHLMANN, THOMAS, Die Berichterstattung im neuen Insolvenzverfahren, Köln 1999 (Die Berichterstattung im neuen Insolvenzverfahren).

MÖNNING, ROLF-DIETER, Betriebsfortführung in der Insolvenz, Köln 1997 (Betriebsfortführung in der Insolvenz).

MOXTER, ADOLF, Bilanzlehre, 2. Aufl., Wiesbaden 1976 (Bilanzlehre).

MOXTER, ADOLF, Grundsätze ordnungsmäßiger Unternehmensbewertung, Wiesbaden 1976 (Grundsätze ordnungsmäßiger Unternehmensbewertung I).

MOXTER, ADOLF, Grundsätze ordnungsmäßiger Unternehmensbewertung, 2. Aufl., Wiesbaden 1983 (Grundsätze ordnungsmäßiger Unternehmensbewertung II).

MOXTER, ADOLF, Grundsätze ordnungsgemäßer Rechnungslegung, Düsseldorf 2003 (Grundsätze ordnungsgemäßer Rechnungslegung).

MÜNSTERMANN, HANS, Wert und Bewertung der Unternehmung, Wiesbaden 1966 (Unternehmung).

PELKA, JÜRGEN/NIEMANN, WALTER, Praxis der Rechnungslegung in Insolvenzverfahren. Unter besonderer Berücksichtigung des Bilanzrichtlinien-Gesetz, 5. Aufl., Köln 2001 (Praxis der Rechnungslegung in Insolvenzverfahren).

PERRIDON, LOUIS/STEINER, MANFRED/RATHGEBER, ANDREAS, Finanzwirtschaft der Unternehmung, 16. Aufl., München 2012 (Finanzwirtschaft der Unternehmung).

PILTZ, DETLEV J., Die Unternehmensbewertung in der Rechtsprechung, Düsseldorf 1994 (Die Unternehmensbewertung in der Rechtsprechung).

PINK, ANDREAS, Insolvenzrechnungslegung. Eine Analyse der konkurs-, handels- und steuerrechtlichen Rechnungslegungspflichten des Insolvenzverwalters, Düsseldorf 1995 (Insolvenzrechnungslegung).

PLATE, GEORG, Die Konkursbilanz, 2. Aufl., Köln 1981 (Die Konkursbilanz).

PLINKE, WULFF/RESE, MARIO, Industrielle Kostenrechnung. Eine Einführung, 7. Aufl., Berlin, Heidelberg 2006 (Industrielle Kostenrechnung).

POPPER, KARL/KEUTH, HERBERT, Logik der Forschung, 11. Aufl., Tübingen 2005 (Logik der Forschung, 11. Aufl.).

POPPER, KARL R., Logik der Forschung, 5. Aufl., Tübingen 1973 (Logik der Forschung, 5. Aufl.).

PUPPE, INGEBORG, Kleine Schule des juristischen Denkens, 3. Aufl., Göttingen 2014 (Schule des juristischen Denkens).

RAPP, MARC STEFFEN/WOLFF, MICHAEL, Vergütung deutscher Vorstandsorgane 2014. Analyse der Unternehmen des deutschen Prime Standards von 2005 bis 2013, Düsseldorf 2014 (Vergütung deutscher Vorstandsorgane 2014).

RAUSCH, WERNER, Gläubigerschutz im Insolvenzverfahren. Eine ökonomische Analyse einschlägiger rechtlicher Grundlagen, Köln 1985 (Gläubigerschutz im Insolvenzverfahren).

RIEDEMANN, SUSANNE, Zur Entwicklung des Konkursrechts seit Inkrafttreten der Konkursordnung unter dem Aspekt der Gläubigerautonomie, Norderstedt 2004 (Zur Entwicklung des Konkursrechts).

RIEPER, BERND, Betriebswirtschaftliche Entscheidungsmodelle. Grundlagen, Herne 1992 (Betriebswirtschaftliche Entscheidungsmodelle).

SCHMALENBACH, EUGEN, Dynamische Bilanz, 13. Aufl., Köln 1962 (Dynamische Bilanz).

SCHMIDT, KARSTEN, Liquidationsbilanzen und Konkursbilanzen. Rechtsgrundlagen für Sonderbilanzen bei aufgelösten Handelsgesellschaften, Heidelberg 1989 (Liquidations- und Konkursbilanzen).

SCHMIDT, KARSTEN, Wege zum Insolvenzrecht der Unternehmen. Befunde, Kritik, Perspektiven, Köln 1990 (Wege zum Insolvenzrecht).

SCHNEIDER, DIETER, Betriebswirtschaftslehre. Band 2: Rechnungswesen, 2. Aufl., München 1997 (Betriebswirtschaftslehre).

SEUFFERT, LOTHAR, Deutsches Konkursprozessrecht, Leipzig 1899 (Deutsches Konkursprozessrecht).

SIEGEL, DANIEL, Die Bilanzierung latenter Steuern im handelsrechtlichen Jahresabschluss nach § 274 HGB, Lohmar 2011 (Bilanzierung latenter Steuern im handelsrechtlichen Jahresabschluss).

SMID, STEFAN, Praxishandbuch Insolvenzrecht, 5. Aufl., Berlin 2007 (Praxishandbuch Insolvenzrecht).

SMITH, ADAM, An inquiry into the nature and causes of the Wealth of Nations, Lausanne 2007 (Wealth of Nations).

SOLMECKE, HENRIK, Auswirkungen des Bilanzrechtsmodernisierungsgesetzes (BilMoG) auf die handelsrechtlichen Grundsätze ordnungsmäßiger Buchführung, Düsseldorf 2009 (Auswirkungen des BilMoG auf die handelsrechtlichen GoB).

SPIETH, EBERHARD, Die Grundsätze ordnungsmäßiger Buchführung und Inventur in steuerrechtlicher Betrachtung, Köln 1956 (Die GoB und GoI).

STAAB, JÜRGEN, Die 7 häufigsten Insolvenzgründe erkennen und vermeiden. Wie KMU nachhaltig erfolgreich bleiben, Wiesbaden 2015 (Die 7 häufigsten Insolvenzgründe erkennen und vermeiden).

STREIM, HANNES, Grundzüge der handels- und steuerrechtlichen Bilanzierung, Stuttgart 1988 (Grundzüge der Bilanzierung).

VON SAVIGNY, FRIEDRICH CARL, System des heutigen Römischen Rechts, Berlin 1840 (System des heutigen Römischen Rechts).

WINNEFELD, ROBERT, Bilanz-Handbuch. Handels- und Steuerbilanz, Rechtsformspezifisches Bilanzrecht, Bilanzielle Sonderfragen, Sonderbilanzen, IAS/US-GAAP, 5. Aufl., München 2015 (Bilanz-Handbuch).

WULF, INGE/MÜLLER, STEFAN, Bilanztraining, 13. Aufl., Freiburg 2011 (Bilanz-training).

WÜSTEMANN, JENS, Institutionenökonomik und internationale Rechnungslegungsordnungen, Tübingen 2002 (Institutionenökonomik und internationale Rechnungslegungsordnungen).

Verzeichnis der Beiträge in Sammelwerken

BAETGE, JÖRG, Rechnungslegungszwecke des aktienrechtlichen Jahresabschlusses, in: Bilanzfragen. Festschrift zum 65. Geburtstag von Prof. Dr. Ulrich Leffson, hrsg. v. Baetge, Jörg/Moxter, Adolf/Schneider, Dieter, Düsseldorf 1976, S. 13-30 (Rechnungslegungszwecke des aktienrechtlichen Jahresabschlusses).

BAETGE, JÖRG, Grundsätze ordnungsmäßiger Buchführung, in: Handwörterbuch Unternehmensrechnung und Controlling, hrsg. v. Küpper, Hans-Ulrich/Wagenhofer, Alfred, Stuttgart 2002, S. 635-647 (Grundsätze ordnungsmäßiger Buchführung).

BAETGE, JÖRG/COMMANDEUR, DIRK, Vergleichbar – vergleichbare Beträge in aufeinanderfolgenden Jahresabschlüssen, in: Handwörterbuch unbestimmter Rechtsbegriffe im Bilanzrecht des HGB, hrsg. v. Leffson, Ulrich/Rückle, Dieter/Großfeld, Bernhard, Köln 1986, S. 326-335 (Vergleichbarkeit in aufeinanderfolgenden Jahresabschlüssen).

BAETGE, JÖRG/LIENAU, ACHIM, Der Gläubigerschutzgedanke im Mixed Fair Value-Modell des IASB, in: Kritisches zu Rechnungslegung und Unternehmensbesteuerung. Festschrift zur Vollendung des 65. Lebensjahres von Theodor Siegel, hrsg. v. Schneider, Dieter u. a., Berlin 2005, S. 65-86 (Der Gläubigerschutzgedanke).

BAETGE, JÖRG/NIEMEYER, KAI/KÜMMEL, JENS/SCHULZ, ROLAND, Darstellung des Discounted Cashflow-Verfahren (DCF-Verfahren) mit Beispiel, in: Praxishandbuch der Unternehmensbewertung. Grundlagen und Methoden, Bewertungsverfahren, Besonderheiten bei der Bewertung, hrsg. v. Peemöller, Volker H., 6. Aufl., Herne 2015, S. 353-508 (Darstellung des DCF-Verfahrens).

BAETGE, JÖRG/THIELE, STEFAN, Gesellschafterschutz versus Gläubigerschutz. Rechenschaft versus Kapitalerhaltung, in: Handelsbilanzen und Steuerbilanzen, hrsg. v. Budde, Wolfgang Dieter/Moxter, Adolf/Offerhaus, Klaus, Düsseldorf 1997, S. 11-24 (Gesellschafterschutz versus Gläubigerschutz).

BALLWIESER, WOLFGANG, Zur Frage der Rechtsform-, Konzern- und Branchenunabhängigkeit der Grundsätze ordnungsmäßiger Buchführung, in: Rechenschaftslegung im Wandel. Festschrift für Wolfgang Dieter Budde, hrsg. v. Förschle, Gerhart/Kaiser, Klaus/Moxter, Adolf, München 1995, S. 43-66 (Grundsätze ordnungsmäßiger Buchführung).

BALLWIESER, WOLFGANG, Bewertung von Unternehmen und Kaufpreisgestaltung, in: Unternehmenskauf nach IFRS und HGB. Purchase Price Allocation, Goodwill und Impairment-Test, hrsg. v. Ballwieser, Wolfgang/Beyer, Sven/Zelger, Hansjörg, 3. Aufl., Stuttgart 2014, S. 97-114 (Bewertung von Unternehmen und Kaufpreisgestaltung).

BALZ, MANFRED, Die Ziele der Insolvenzordnung, in: Kölner Schrift zur Insolvenzordnung. Das neue Insolvenzrecht in der Praxis, hrsg. v. Arbeitskreis f. Insolvenz- u. Schiedsgerichtswesen e. V., 2. Aufl., Berlin 2000, S. 3-22 (Ziele der Insolvenzordnung).

BAUR, MICHAEL/KANTOWSKY, JAN/SCHULTE, AXEL, Stakeholder Management in der Restrukturierung – Vorwort, in: Stakeholder Management in der Restrukturierung. Perspektiven und Handlungsfelder in der Praxis, hrsg. v. Baur, Michael/Kantowsky, Jan/Schulte, Axel, 2. Aufl., Wiesbaden 2015, S. V-VI (Stakeholder Management in der Restrukturierung - Vorwort).

BECK, RAINER/HÖLZLE, GERRIT, Rechnungslegung durch den Insolvenzverwalter, in: Handbuch Insolvenzrecht, hrsg. v. Bork, Reinhard/Hölzle, Gerrit, Köln 2014, S. 1667-1724 (Rechnungslegung durch den Insolvenzverwalter).

BECK, SIEGFRIED, 8. Kapitel. Insolvenz – Materiellrechtlicher Teil, in: Handbuch des Wirtschafts- und Steuerstrafrechts, hrsg. v. Wabnitz, Heinz-Bernd/Janovsky, Thomas, 4. Aufl., München 2014, S. 409-469 (Insolvenz – Materiellrechtlicher Teil).

BLERSCH, JÜRGEN, Die vorzeitige Entnahme der Verwaltervergütung – unkalkulierbares Risiko für Verwalter und Windfall Profits für Gläubiger? Das Urteil des Bundesgerichtshofs vom 20.3.2014 – IX ZR 25/12, in: Festschrift für Bruno M. Kübler zum 70. Geburtstag, hrsg. v. Bork, Reinhard/Kayser, Godehard/Kebekus, Frank, München 2015, S. 51-71 (Die vorzeitige Entnahme der Verwaltervergütung).

BÖHM, BASTIAN, Die Gläubiger – Gläubigergruppen, Gläubigerorganisation, Gläubigerversammlung, in: Handbuch des Insolvenzrechts, hrsg. v. Nitsch, Karl Wolfhart, Bremen 2011, S. 132-151 (Die Gläubiger).

BRINKMANN, MORITZ, G. Beendigung des Verfahrens und gesellschaftliche Rechtsfolgen, in: Die GmbH in Krise, Sanierung und Insolvenz. Gesellschaftsrecht, Insolvenzrecht, Steuerrecht, Arbeitsrecht, Bankrecht und Organisation bei Krisenvermeidung, Krisenbewältigung und Abwicklung, hrsg. v. Schmidt, Karsten/Uhlenbruck, Wilhelm/Brinkmann, Moritz, 5. Aufl., Köln 2016, S. 867-873 (Verfahrensbeendigung).

BUSSE VON COLBE, WALTHER, Unternehmenskontrolle durch Rechnungslegung, in: Internationale Unternehmenskontrolle und Unternehmenskultur. Beiträge zu einem Symposium, hrsg. v. Sandrock, Otto, Tübingen 1994, S. 37-58 (Unternehmenskontrolle).

CLEMM, HERMANN, Abzinsung bei der Bilanzierung. Klarheiten, Unklarheiten, Spiel-räume, in: Ertragbesteuerung Zurechnung - Ermittlung - Gestaltung. Festschrift für Ludwig Schmidt zum 65. Geburtstag, hrsg. v. Raupach, Arndt/Uelner, Adalbert, München 1993, S. 177-194 (Abzinsung bei der Bilanzierung).

CLEMM, HERMANN, Abzinsung von Passiva, in: Steuerberater Jahrbuch 1978/88, hrsg. v. Herzig, Norbert/Niemann, Ursula/Curtius-Hartung, Rudolf, Köln 1988, S. 66-89 (Abzinsung Passiva).

DEPRÉ, PETER, Zwangsverwalter versus Insolvenzverwalter. Parallelen und Unterschiede, in: Festschrift für Bruno M. Kübler zum 70. Geburtstag, hrsg. v. Bork, Reinhard/Kayser, Godehard/Kebekus, Frank, München 2015, S. 109-118 (Zwangsverwalter versus Insolvenzverwalter).

EBENROTH, CARSTEN THOMAS, Klar und übersichtlich, in: Handwörterbuch unbestimmter Rechtsbegriffe im Bilanzrecht des HGB, hrsg. v. Leffson, Ulrich/Rückle, Dieter/Großfeld, Bernhard, Köln 1986, S. 264-272 (Klar und übersichtlich).

EHRICKE, ULRICH, Zu Beschränkungen der Antragsbefugnis gemäß § 78 Abs. 1 InsO, in: Festschrift für Bruno M. Kübler zum 70. Geburtstag, hrsg. v. Bork, Reinhard/Kayser, Godehard/Kebekus, Frank, München 2015, S. 119-135 (Beschränkungen der Antragsbefugnis).

FÖRSCHLE, GERHART/WEISANG, ANDREAS, R. Rechnungslegung im Insolvenzverfahren, in: Sonderbilanzen. Von der Gründungsbilanz bis zur Liquidationsbilanz, hrsg. v. Förschle, Gerhart/Deubert, Michael/Winkeljohann, Norbert, 5. Aufl., München 2016, S. 835-855 (Rechnungslegung im Insolvenzverfahren).

FREGE, MICHAEL C./NICHT, MATTHIAS/SCHILDT, CHARLOTTE, Gläubigerrechte bei der Teilabtretung von Insolvenzforderungen nach Eintritt eines Eröffnungsgrundes, in: Festschrift für Bruno M. Kübler zum 70. Geburtstag, hrsg. v. Bork, Reinhard/Kayser, Godehard/Kebekus, Frank, München 2015, S. 159-170 (Gläubigerrechte bei der Teilabtretung von Insolvenzforderungen).

GERHARDT, WALTER, Zielbestimmung und Einheitlichkeit des Insolvenzverfahrens, in: Insolvenzrecht im Umbruch. Analysen und Alternativen, hrsg. v. Leipold, Dieter, Köln 1991, S. 1-7 (Zielbestimmung und Einheitlichkeit des Insolvenzverfahrens).

GERHARDT, WALTER, Von der Insolvenzrechtsreform zur Insolvenzverordnung. Entwicklung und Endprodukt aus der persönlichen Sicht eines Kommissionsmitglieds, in: Festgabe Zivilrechtslehrer 1934/1935, hrsg. v. Hadding, Walther, Berlin 1999, S. 121-145 (Von der Insolvenzrechtsreform zur Insolvenzverordnung).

GRUB, VOLKER, Die Stellung des Schuldners im Insolvenzverfahren, in: Kölner Schrift zur Insolvenzordnung. Das neue Insolvenzrecht in der Praxis, hrsg. v. Arbeitskreis für Insolvenz- und Schiedsgerichtswesen e. V., 2. Aufl., Berlin 2000, S. 671-710 (Die Stellung des Schuldners im Insolvenzverfahren).

HAARMEYER, HANS, Strukturmerkmale der Vergütung im Insolvenzverfahren, in: Kölner Schrift zur Insolvenzordnung. Das neue Insolvenzrecht in der Praxis, hrsg. v. Arbeitskreis für Insolvenz- und Schiedsgerichtswesen e. V., 2. Aufl., Berlin 2000, S. 483-495 (Strukturmerkmale der Vergütung im Insolvenzverfahren).

HAESELER, HERBERT R./HÖRMANN, FRANZ, Wertorientierte Steuerung von Unternehmen und Konzernen mittels Kennzahlen. Beliebte Praktikerkonzepte auf dem wissenschaftlichen Prüfstand, in: Jahrbuch für Controlling und Rechnungswesen 2006, hrsg. v. Seicht, Gerhard, Wien 2006, S. 115-130 (Wertorientierte Steuerung).

HOCHHOLD, STEFANIE/RUDOLPH, BERND, Principal-Agent-Theorie, in: Theorien und Methoden der Betriebswirtschaft. Handbuch für Wissenschaftler und Studierende, hrsg. v. Schwaiger, Manfred/Meyer, Anton, München 2011, S. 131-145 (Principal-Agent-Theorie).

HOLZER, JOHANNES, Bruno M. Kübler und die Reform des Insolvenzrechts, in: Festschrift für Bruno M. Kübler zum 70. Geburtstag, hrsg. v. Bork, Reinhard/Kayser, Godehard/Kebekus, Frank, München 2015, S. 279-290 (Reform des Insolvenzrechts).

HÖLZLE, GERRIT, Das Insolvenzrecht im Wandel. Der Insolvenzverwalter: Vom Verwerter zum Unternehmer; das Insolvenzverfahren: Vom unglücklichen Übel zur strategischen Option, in: Zivilrecht im Wandel. Festschrift für Peter Derleder zum 75. Geburtstag, hrsg. v. Knops, Kai-Oliver/Bamberger, Heinz Georg/Hölzle, Gerrit, Berlin 2015, S. 223-234 (Insolvenzrecht im Wandel).

JELINEK, WOLFGANG, Kompetenzverteilung zwischen Insolvenzverwalter und Insolvenzgläubiger, in: Insolvenzrecht im Umbruch. Analysen und Alternativen, hrsg. v. Leipold, Dieter, Köln 1991, S. 21-29 (Kompetenzverteilung zwischen Insolvenzverwalter und Insolvenzgläubiger).

KEBEKUS, FRANK/ZENKER, WOLFGANG, Das Gesellschaftsorgan als Insolvenzverwalter? Zur Haftungssituation bei der Eigenverwaltung, in: Festschrift für Bruno M. Kübler zum 70. Geburtstag, hrsg. v. Bork, Reinhard/Kayser, Godehard/Kebekus, Frank, München 2015, S. 331-342 (Das Gesellschaftsorgan als Insolvenzverwalter?).

KONDAKOW, NIKOLAJ I., Deduktion, in: Wörterbuch der Logik. Wörterbuch der Logik, hrsg. v. Albrecht, Erhard/Asser, Günter, 2. Aufl., Leipzig 1983, S. 111-113 (Deduktion).

KOSIOL, ERICH, Pagatorische Bilanz (Erfolgsrechnung), in: Lexikon des kaufmännischen Rechnungswesens, hrsg. v. Bott, Karl, Stuttgart 1957, S. 2085-2120 (Pagatorische Bilanz (Erfolgsrechnung)).

LANG, JOACHIM, Grundsätze ordnungsmäßiger Buchführung I. Begriff, Bedeutung, Rechtsnatur, in: Handwörterbuch unbestimmter Rechtsbegriffe im Bilanzrecht des HGB, hrsg. v. Leffson, Ulrich/Rückle, Dieter/Großfeld, Bernhard, Köln 1986, S. 221-240 (Grundsätze ordnungsmäßiger Buchführung).

LEFFSON, ULRICH, Bewertungsprinzipien, in: Handwörterbuch des Rechnungswesens, hrsg. v. Chmielewicz, Klaus/Schweitzer, Marcell, 2 Aufl., Stuttgart 1981, S. 151-161 (Bewertungsprinzipien).

LEFFSON, ULRICH/BAETGE, JÖRG, Allgemeine Buchführungsvorschriften, in: Handwörterbuch des Rechnungswesens, hrsg. v. Kosiol, Erich, Stuttgart 1970, S. 314-319 (Allgemeine Buchführungsvorschriften).

MAUS, HEINZ, Der Insolvenzplan, in: Kölner Schrift zur Insolvenzordnung. Das neue Insolvenzrecht in der Praxis, hrsg. v. Arbeitskreis für Insolvenz- und Schiedsgerichtswesen e. V., 2. Aufl., Berlin 2000, S. 931-965 (Der Insolvenzplan).

MÖHLMANN-MAHLAU, THOMAS, Insolvenzbilanzen, in: Sonderbilanzen, hrsg. v. Veit, Klaus-Rüdiger, Berlin 2004, S. 191-253 (Insolvenzbilanzen).

MÖNNING, ROLF-DIETER, Der Schutzschirm: Strategische Insolvenz und Haftung, in: Festschrift für Bruno M. Kübler zum 70. Geburtstag, hrsg. v. Bork, Rein-hard/Kayser, Godehard/Kebekus, Frank, München 2015, S. 431-447 (Der Schutz-schirm: Strategische Insolvenz und Haftung).

MOXTER, ADOLF, Bilanzrechtliche Abzinsungsgebote und -verbote, in: Ertragbesteuerung Zurechnung - Ermittlung - Gestaltung. Festschrift für Ludwig Schmidt zum 65. Geburtstag, hrsg. v. Raupach, Arndt/Uelner, Adalbert, München 1993, S. 195-207 (Abzinsungsgebote und -verbote).

MOXTER, ADOLF, Fundamentalgrundsätze ordnungsmäßiger Rechenschaft, in: Bilanzfragen. Festschrift zum 65. Geburtstag von Prof. Dr. Ulrich Leffson, hrsg. v. Baetge, Jörg/Moxter, Adolf/Schneider, Dieter, Düsseldorf 1976, S. 87-100 (Fundamentalgrundsätze ordnungsmäßiger Rechenschaft).

MUGLER, JÖRG/ZWIRNER, CHRISTIAN, DCF-Verfahren, in: Handbuch Unternehmensbewertung. Funktionen – Moderne Verfahren – Branchen – Rechnungslegung, hrsg. v. Petersen, Karl/Zwirner, Christian/Brösel, Gerrit, Köln 2013, S. 293-312 (DCF-Verfahren).

MUGLER, JÖRG/ZWIRNER, CHRISTIAN, Relevanz von Einzelbewertungsverfahren (Substanz-/Liquidationswert), in: Handbuch Unternehmensbewertung. Funktionen – Moderne Verfahren – Branchen – Rechnungslegung, hrsg. v. Petersen, Karl/Zwirner, Christian/Brösel, Gerrit, Köln 2013, S. 799-814 (Einzelbewertungsverfahren).

NAUMANN, DIETER, Die Aufsicht des Insolvenzgerichts über den Insolvenzverwalter, in: Kölner Schrift zur Insolvenzordnung. Das neue Insolvenzrecht in der Praxis, hrsg. v. Arbeitskreis für Insolvenz- und Schiedsgerichtswesen e. V., 2. Aufl., Berlin 2000, S. 431-451 (Die Aufsicht des Insolvenzgerichts über den Insolvenzverwalter).

PAPE, GERHARD, Kapitel 13 – Aufgaben und Befugnisse des Insolvenzgerichts, in: Insolvenzrecht, hrsg. v. Pape, Gerhard/Uhlenbruck, Wilhelm/Voigt-Salus, Joachim, 2. Aufl., München 2010, S. 120-134 (Aufgaben und Befugnisse des Insolvenzgerichts).

PAPE, GERHARD, Kapitel 14 – Rechte und Pflichten des Insolvenzverwalters, in: Insolvenzrecht, hrsg. v. Pape, Gerhard/Uhlenbruck, Wilhelm/Voigt-Salus, Joachim, 2. Aufl., München 2010, S. 142-166 (Rechte und Pflichten des Insolvenzverwalters).

PAPE, GERHARD, Kapitel 16 – Die Beteiligung der Gläubiger in der Insolvenzordnung, in: Insolvenzrecht, hrsg. v. Pape, Gerhard/Uhlenbruck, Wilhelm/Voigt-Salus, Joachim, 2. Aufl., München 2010, S. 186-218 (Die Beteiligung der Gläubiger in der Insolvenzordnung).

PEEMÖLLER, VOLKER H./KUNOWSKI, STEFAN, Ertragswertverfahren nach IDW, in: Praxishandbuch der Unternehmensbewertung. Grundlagen und Methoden; Bewertungsverfahren; Besonderheiten bei der Bewertung, hrsg. v. Peemöller, Volker H., 6. Aufl., Herne 2015, S. 277-352 (Ertragswertverfahren nach IDW).

PELLENS, BERNHARD, Rechnungslegungssysteme, in: Handwörterbuch der Betriebswirtschaft, hrsg. v. Köhler, Richard, 6. Aufl., Stuttgart 2007, S. 1544-1553 (Rechnungslegungssysteme).

PÖGGELER, WOLFGANG, Die Aufgaben des Insolvenzrechts, in: „Ins Wasser geworfen und Ozeane durchquert". Festschrift für Knut Wolfgang Nörr, hrsg. v. Ascheri, Mario u. a., Köln 2003, S. 739-762 (Die Aufgaben des Insolvenzrechts).

PRASSER, CONNY, Steuerberatungskosten als Auslagen des Verwalters gemäß § 54 Nr. 2 InsO bei Masseunzulänglichkeit, in: Festschrift für Bruno M. Kübler zum 70. Geburtstag, hrsg. v. Bork, Reinhard/Kayser, Godehard/Kebekus, Frank, München 2015, S. 551-555 (Steuerberatungskosten als Auslagen des Verwalters).

PRÜTTING, HANNS, Rechtsmissbrauch und Insolvenzantrag, in: Festschrift für Bruno M. Kübler zum 70. Geburtstag, hrsg. v. Bork, Reinhard/Kayser, Godehard/Kebekus, Frank, München 2015, S. 567-575 (Rechtsmissbrauch und Insolvenzantrag).

RATTUNDE, ROLF, Kapitel 13 – Vorläufige Eigenverwaltung und Schutzschirmverfahren, in: Betriebsfortführung im Insolvenzverfahren. Betriebsfortführung in der Insolvenz, hrsg. v.

Borchardt, Peter-Alexander/Frind, Frank, 2. Aufl., Köln 2014, S. 484-536 (Vorläufige Eigenverwaltung).

RÜCKLE, DIETER, Bewertungsprinzipien, in: Handwörterbuch des Rechnungswesens, hrsg. v. Chmielewicz, Klaus, 3. Aufl., Stuttgart 1993, S. 192-202 (Bewertungsprinzipien).

SCHLUCK-AMEND, ALEXANDRA, V – Betriebsfortführung und Betriebseinstellung, in: Die GmbH in Krise, Sanierung und Insolvenz. Gesellschaftsrecht, Insolvenzrecht, Steuerrecht, Arbeitsrecht, Bankrecht und Organisation bei Krisenvermeidung, Krisenbewältigung und Abwicklung, hrsg. v. Schmidt, Karsten/Uhlenbruck, Wilhelm/Brinkmann, Moritz, 5. Aufl., Köln 2016, S. 679-690 (Betriebsfortführung).

SCHMIDT, KARSTEN, IV. Überschuldung, in: Die GmbH in Krise, Sanierung und Insolvenz. Gesellschaftsrecht, Insolvenzrecht, Steuerrecht, Arbeitsrecht, Bankrecht und Organisation bei Krisenvermeidung, Krisenbewältigung und Abwicklung, hrsg. v. Schmidt, Karsten/Uhlenbruck, Wilhelm/Brinkmann, Moritz, 5. Aufl., Köln 2016, S. 464-491 (Überschuldung).

SCHMITTMANN, JENS M., Grenzen der Auslagerung der Schlussrechnungsprüfung auf Dritte, in: Festschrift für Bruno M. Kübler zum 70. Geburtstag, hrsg. v. Bork, Reinhard/Kayser, Godehard/Kebekus, Frank, München 2015, S. 645-653 (Grenzen der Auslagerung der Schlussrechnungsprüfung auf Dritte).

SIEBEN, GÜNTER/MALTRY, HELMUT, Teil I: Der Substanzwert der Unternehmung, in: Praxishandbuch der Unternehmensbewertung. Grundlagen und Methoden; Bewertungsverfahren; Besonderheiten bei der Bewertung, hrsg. v. Peemöller, Volker H., 6. Aufl., Herne 2015, S. 759-783 (Der Substanzwert).

SMID, STEFAN, Die Haftung des Insolvenzverwalters in der Insolvenzordnung - Kontinuität und Diskontinuität des Rechts der Haftung des Insolvenzverwalters, in: Kölner Schrift zur Insolvenzordnung. Das neue Insolvenzrecht in der Praxis, hrsg. v. Arbeitskreis für Insolvenz- und Schiedsgerichtswesen e. V., 2. Aufl., Berlin 2000, S. 453-482 (Die Haftung des Insolvenzverwalters in der Insolvenzordnung).

SPLIEDT, JÜRGEN D., 9. Teil: Eigenverwaltung und Schutzschirmverfahren, in: Die GmbH in Krise, Sanierung und Insolvenz. Gesellschaftsrecht, Insolvenzrecht, Steuerrecht, Arbeitsrecht, Bankrecht und Organisation bei Krisenvermeidung, Krisenbewältigung und Abwicklung, hrsg. v. Schmidt, Karsten/Uhlenbruck, Wilhelm/Brinkmann, Moritz, 5. Aufl., Köln 2016, S. 959-1048 (9. Teil: Eigenverwaltung).

SPLIEDT, JÜRGEN D., G. Vorläufige Insolvenzverwaltung, in: Die GmbH in Krise, Sanierung und Insolvenz. Gesellschaftsrecht, Insolvenzrecht, Steuerrecht, Arbeitsrecht, Bankrecht und Organisation bei Krisenvermeidung, Krisenbewältigung und Abwicklung, hrsg. v. Schmidt, Karsten/Uhlenbruck, Wilhelm/Brinkmann, Moritz, 5. Aufl., Köln 2016, S. 595-622 (Vorläufige Insolvenzverwaltung).

TIPKE, KLAUS, Auslegung unbestimmter Rechtsbegriffe, in: Handwörterbuch unbestimmter Rechtsbegriffe im Bilanzrecht des HGB, hrsg. v. Leffson, Ulrich/Rückle, Dieter/Großfeld, Bernhard, Köln 1986, S. 1-11 (Auslegung unbestimmter Rechtsbegriffe).

UHLENBRUCK, WILHELM, Die Rechtsstellung des vorläufigen Insolvenzverwalters, in: Kölner Schrift zur Insolvenzordnung. Das neue Insolvenzrecht in der Praxis, hrsg. v. Arbeitskreis f. Insolvenz- u. Schiedsgerichtswesen e. V., 2. Aufl., Berlin 2000, S. 325-373 (Die Rechtsstellung des vorläufigen Insolvenzverwalters).

UHLENBRUCK, WILHELM, Von der Notwendigkeit richterlicher „Augenhöhe“ im Insolvenzverfahren, in: Festschrift für Bruno M. Kübler zum 70. Geburtstag, hrsg. v. Bork, Reinhard/Kayser, Godehard/Kebekus, Frank, München 2015, S. 709-729 (Von der Notwendigkeit richterlicher „Augenhöhe“ im Insolvenzverfahren).

UTHOFF, CARSTEN, Finanzkommunikation zu Wirtschaftsauskunfteien in der Restrukturierung, in: Stakeholder Management in der Restrukturierung. Perspektiven und Handlungsfelder in der Praxis, hrsg. v. Baur, Michael/Kantowsky, Jan/Schulte, Axel, 2. Aufl., Wiesbaden 2015, S. 350-365 (Finanzkommunikation in der Restrukturierung).

VALLENDER, HEINZ, F. Der vorläufige Gläubigerausschuss, in: Die GmbH in Krise, Sanierung und Insolvenz. Gesellschaftsrecht, Insolvenzrecht, Steuerrecht, Arbeitsrecht, Bankrecht und Organisation bei Krisenvermeidung, Krisenbewältigung und Abwicklung, hrsg. v. Schmidt, Karsten/Uhlenbruck, Wilhelm/Brinkmann, Moritz, 5. Aufl., Köln 2016, S. 579-594 (Der vorläufige Gläubigerausschuss).

VILL, GERHARD, Zur Reform des insolvenzrechtlichen Vergütungsrechts. Überlegungen zu grundlegenden Prinzipien für eine Neustrukturierung der Vergütung von Verwalter und vorläufigem Verwalter, in: Festschrift für Bruno M. Kübler zum 70. Geburtstag, hrsg. v. Bork, Reinhard/Kayser, Godehard/Kebekus, Frank, München 2015, S. 741-756 (Zur Reform des insolvenzrechtlichen Vergütungsrechts).

VOIGT-SALUS, JOACHIM, Kapitel 25 – Die Absonderungsrechte, in: Insolvenzrecht, hrsg. v. Pape, Gerhard/Uhlenbruck, Wilhelm/Voigt-Salus, Joachim, 2. Aufl., München 2010, S. 326-334 (Die Absonderungsrechte).

VOIGT-SALUS, JOACHIM, Kapitel 27 – Die Insolvenzgläubiger, in: Insolvenzrecht, hrsg. v. Pape, Gerhard/Uhlenbruck, Wilhelm/Voigt-Salus, Joachim, 2. Aufl., München 2010, S. 345-352 (Die Insolvenzgläubiger).

WELLENSIEK, JOBST, Die Aufgaben des Insolvenzverwalters nach der Insolvenzordnung, in: Kölner Schrift zur Insolvenzordnung. Das neue Insolvenzrecht in der Praxis, hrsg. v. Arbeitskreis f. Insolvenz- u. Schiedsgerichtswesen e. V., 2. Aufl., Berlin 2000, S. 403-429 (Die Aufgaben des Insolvenzverwalters).

WÜSTEMANN, JENS/WÜSTEMANN, SONJA, Das System der Grundsätze ordnungsmäßiger Buchführung nach dem Bilanzrechtsmodernisierungsgesetz, in: Besteuerung, Rechnungslegung und Prüfung der Unternehmen. Festschrift für Professor Dr. Norbert Krawitz, hrsg. v. Baumhoff, Hubertus/Dücker, Reinhard/Köhler, Stefan, Wiesbaden 2010, S. 751-780 (Das System der GoB nach dem BilMoG).

YOSHIDA, TAKESHI, Methode und Aufgabe der Ermittlung der Grundsätze ordnungsmäßiger Buchführung, in: Bilanzfragen. Festschrift zum 65. Geburtstag von Prof. Dr. Ulrich Leffson, hrsg. v. Baetge, Jörg/Moxter, Adolf/Schneider, Dieter, Düsseldorf 1976, S. 49-63 (Methode und Aufgabe der Ermittlung der GoB).

ZIMMER, FRANK THOMAS, Die Beteiligten: Gericht, Verwalter, Schuldner, Gläubiger, in: Handbuch Insolvenzrecht, hrsg. v. Bork, Reinhard/Hölzle, Gerrit, Köln 2014, S. 185-317 (Die Verfahrensbeteiligten).

ZIPPERER, HELMUT, Was, wenn nicht alles endet, wenn alles endet ...?, in: Festschrift für Bruno M. Kübler zum 70. Geburtstag, hrsg. v. Bork, Reinhard/Kayser, Godehard/Kebekus, Frank, München 2015, S. 859-871 (Was, wenn nicht alles endet, wenn alles endet).

Verzeichnis der Gesetze und Gesetzesmaterialien

Aktiengesetz (AktG) vom 06.09.1965, BGBl. I 1965, S. 1089-1184, zuletzt geändert durch Gesetz vom 10.05.2016, BGBl. I 2016, S. 1142-1157.

Bürgerliches Gesetzbuch (BGB) in der Fassung der Bekanntmachung vom 02.01.2002, BGBl. I 2002, S. 42-44, zuletzt geändert durch Gesetz vom 11.03.2016, BGBl. I 2016, S. 396.

BUNDESVERFASSUNGSGERICHT (Hrsg.), BVerfGE 65, 1 – Volkszählung (BVerfGE 65, 1).

DER REICHSMINISTER DER JUSTIZ (Hrsg.), Entwurf eines Gesetzes über den Vergleich zur Abwendung des Konkurses, Nr. 2340 1926 (Entwurf einer Vergleichsordnung).

DEUTSCHER BUNDESTAG (Hrsg.), BT-Drucksache 344/08 vom 23.05.2008: Entwurf eines Gesetzes zur Modernisierung des Bilanzrechts (Bilanzrechtsmodernisierungsgesetz - BilMoG) (BT-Drucksache 344/08).

DEUTSCHER BUNDESRAT (Hrsg.), BR-Drucksache 566/07 vom 15.08.1907: Entwurf eines Gesetzes zur Verbesserung und Vereinfachung der Aufsicht in Insolvenzverfahren (GAVI) (BR-Drucksache 566/07).

DEUTSCHER BUNDESTAG (Hrsg.), BT-Drucksache 12/7302 vom 19.04.1994: Beschlußempfehlung und Bericht des Rechtsausschusses (6. Ausschuß) zu dem Gesetzentwurf der Bundesregierung – Drucksache 12/2443 (BT-Drucksache 12/7302).

DEUTSCHER BUNDESTAG (Hrsg.), BT-Drucksache 12/8120 vom 24.06.1994: Unterrichtung durch den Bundesrat 1994 (BT-Drucksache 12/8120).

DEUTSCHER BUNDESTAG (Hrsg.), BT-Drucksache 12/2443 vom 15.04.1992: Entwurf einer Insolvenzordnung (InsO) (BT-Drucksache 12/2443).

DEUTSCHER BUNDESTAG (Hrsg.), BT-Drucksache 14/120 vom 02.12.1998: Entwurf eines Gesetzes zur Änderung des Einführungsgesetzes zur Insolvenzordnung und anderer Gesetze (EGInsOÄndG) (BT-Drucksache 14/120).

DEUTSCHER BUNDESTAG (Hrsg.), BT-Drucksache 16/10600 vom 14.10.2008: Entwurf eines Gesetzes zur Umsetzung eines Maßnahmenpakets zur Stabilisierung des Finanzmarktes (Finanzmarktstabilisierungsgesetz – FMStG)
(BT-Drucksache 16/10600).

DEUTSCHER BUNDESTAG (Hrsg.), BT-Drucksache 16/7251 vom 21.11.2007: Entwurf eines Gesetzes zur Verbesserung und Vereinfachung der Aufsicht in Insolvenzverfahren (GAVI) (BT-Drucksache 16/7251).

DEUTSCHER BUNDESTAG (Hrsg.), BT-Drucksache 16/4194 vom 31.01.2007: Entwurf eines Gesetzes zur Vereinfachung des Insolvenzverfahrens
(BT-Drucksache 16/4194).

DEUTSCHER BUNDESTAG (Hrsg.), BT-Drucksache 17/5712 vom 04.05.2011: Entwurf eines Gesetzes zur weiteren Erleichterung der Sanierung von Unternehmen
(BT-Drucksache 17/5712).

DEUTSCHER BUNDESTAG (Hrsg.), BT-Drucksache 11/7350 vom 07.06.1990 Entwurf eines Gesetzes zu dem Vertrag vom 18. Mai 1990 über die Schaffung einer Währungs-, Wirtschafts- und Sozialunion zwischen der Bundesrepublik Deutschland und der Deutschen Demokratischen Republik 1990 (BT-Drucksache 11/7350).

DEUTSCHER BUNDESTAG (Hrsg.), BT-Drucksache 16/10067 vom 30.07.2008: Entwurf eines Gesetzes zur Modernisierung des Bilanzrechts (Bilanzrechtsmodernisierungsgesetz – BilMoG) 2008 (BT-Drucksache 16/10067).

DEUTSCHER BUNDESTAG (Hrsg.), BT-Drucksache 16/12407 vom 24.03.2009: Beschlussempfehlung und Bericht des Rechtsausschusses (6. Ausschuss). zu dem Gesetzentwurf der Bundesregierung – Drucksache 16/10067 – 2009
(BT-Drucksache 16/12407).

DEUTSCHER BUNDESTAG (Hrsg.), BT-Drucksache 18/407 vom 30.01.2014: Entwurf eines Gesetzes zur Erleichterung der Bewältigung von Konzerninsolvenzen 2014 (BT-Drucksache 18/407).

Gesetz zur Modernisierung des GmbH-Rechts und zur Bekämpfung von Missbräuchen (MoMiG) vom 23. Oktober 2008, BGBL. I 2008, S. 2026-2047.

Handelsgesetzbuch (HGB) vom 10.05.1897, RGBL. 1897, S. 219-436, zuletzt geändert durch Gesetz vom 05.07.2016, BGBl. I 2016, S. 1578.

Insolvenzordnung (InsO) vom 05.10.1994, BGBl. I 1994, S. 2866-2910, zuletzt geändert durch Gesetz vom 22.12.2016, BGBl. I 2016, S. 3147-3149.

Insolvenzrechtliche Vergütungsverordnung (InsVV) vom 19.08.1998, BGBl. I 1998, S. 2205, zuletzt geändert durch Gesetz vom 15.07.2013, BGBl. I 2013, S. 2379.

Verzeichnis der Rechtsprechung

BGH (Hrsg.), Urteil vom 24.05.2005 – IX ZR 123/04, in: ZIP 2005, S. 1426–1431.

BGH (Hrsg.), Urteil vom 8.7.2004 – IX ZB 589/02, in: NZI 2004, S. 626-628.

BGH (Hrsg.), Urteil vom 19.09.2013 – IX AR(VZ) 1/12, in: Monatsschrift für deutsches Recht 2013, S. 1374-1375.

BGH (Hrsg.), Urteil des IX. Zivilsenats vom 13.3.2003 – IX ZR 64/02 in: NZI 2003, 398-400.

LG Heilbronn (Hrsg.), Urteil vom 04.02.2009 – 1 T 30/09, in: ZIP 2009, S. 1437-1438.

Verzeichnis der Internetdokumente

BERGER, CHRISTIAN, Synopse Insolvenzordnung / Konkursordnung, verfügbar unter: http://www.uni-leipzig.de/~urheber/neu/fileadmin/Synopse_InsO-KO.pdf (Stand: 15.02.2017) (Synopse InsO/KO).

BIBLIOGRAPHISCHES INSTITUT GMBH (Hrsg.), verteilen, verfügbar unter: http://www.duden.de/rechtschreibung/verteilen (Stand: 15.02.2017) (verteilen laut Duden).

BIBLIOGRAPHISCHES INSTITUT GMBH (Hrsg.), Zweck, verfügbar unter: http://www.duden.de/rechtschreibung/Zweck (Stand: 15.02.2017) (Zweck laut Duden).

BIBLIOGRAPHISCHES INSTITUT GMBH (Hrsg.), Vergütung, verfügbar unter: http://www.duden.de/rechtschreibung/Verguetung (Stand: 15.02.2017) (Vergütung laut Duden).

BRD UND DDR (Hrsg.), Vertrag über die Schaffung einer Währungs-, Wirtschafts- und Sozialunion zwischen der Deutschen Demokratischen Republik und der Bundesrepublik Deutschland, verfügbar unter: http://www.verfassungen.de/de/ddr/waehrungsunionsvertrag90.htm (Stand: 15.02.2017) (Vertrag über die Schaffung einer Währungs-, Wirtschafts- und Sozialunion).

BUNDESVERFASSUNGSGERICHT (Hrsg.), Entscheidungen des Bundesverfassungsgerichts, verfügbar unter: http://www.bundesverfassungsgericht.de/SiteGlobals/Forms/Suche/Entscheidungensuche_Formular.html?language_=de (Stand: 15.02.2017) (Entscheidungen des BVerfGE).

BUNDESVERFASSUNGSGERICHT (Hrsg.), Beschluss vom 12. Januar 2016 – BvR 3102/13, verfügbar unter: http://www.bundesverfassungsgericht.de/SharedDocs/Entscheidungen/DE/2016/01/rs20160112_1bvr310213.html (Stand: 15.02.2017) (BvR 3102/13).

CANGEMI, ROBERT R., JR./MASON, JOSEPH R./PAGANO, MICHAEL S., How Much of a Haircut? Options-Based Structural Modeling of Defaulted Bond Recovery Rates, verfügbar unter:

http://fic.wharton.upenn.edu/fic/papers/06/0618.pdf (Stand: 15.02.2017) (How Much of a Haircut?).

FLÖTHER UND WISSING (Hrsg.), Unister Holding: Insolvenzverfahren eröffnet, verfügbar unter: http://insolvenzverwaltung.floether-wissing.de/presse/items/unister-holding-insolvenzverfahren-eroeffnet.html (Stand: 15.02.2017) (Unister Holding: Insolvenzverfahren eröffnet).

ICKS, ANNETTE/KRANZUSCH, PETER, Sanierungen in Insolvenzverfahren. – übertragende Sanierungen und insolvenzplanbasierte Eigensanierung in NRW, verfügbar unter: http://www.ifm-bonn.org//uploads/tx_ifmstudies/IfM-Materialien-195_2010.pdf (Stand: 15.02.2017) (Sanierungen in Insolvenzverfahren).

REIMANN, ANNINA, Insolvenzverwalter verkauft kurz-mal-weg.de, verfügbar unter: http://www.wiwo.de/unternehmen/dienstleister/unister-insolvenz-insolvenzverwalter-verkauft-kurz-mal-weg-de/14839812.html (Stand: 15.02.2017) (Unister-Insolvenz: Erster Verkauf).

SCHMALZ, DIETER, Prüfungsschema: Verfassungsmäßigkeit eines Bundesgesetzes, verfügbar unter: http://www.juratelegramm.de/Pruefungsschemata/Verfassungsmaessigkeit_Bundesgesetz.htm (Stand: 15.02.2017) (Prüfungsschema: Verfassungsmäßigkeit).

STATISTA (Hrsg.), Anzahl der Unternehmensinsolvenzen in Deutschland von 1999 bis 2016, verfügbar unter: https://de.statista.com/statistik/daten/studie/2554/umfrage/entwicklung-der-unternehmensinsolvenzen-seit-1999/ (Stand: 15.02.2017) (Unternehmensinsolvenzen in Deutschland).

STATISTA (Hrsg.), Insolvenzen – Statista-Dossier, verfügbar unter: https://de.statista.com/statistik/studie/id/6818/dokument/insolvenzen-statista-dossier/ (Stand: 15.02.2017) (Insolvenzen – Statista-Dossier).

THAETNER, THOMAS, Konkurs und Verstaatlichung. Konkursverfahren in der DDR unter dem Aspekt der Verstaatlichung der Wirtschaft, verfügbar unter: http://fhi.rg.mpg.de/legacy/zitat/0002thaetner.htm (Stand: 15.02.2017) (Konkurs und Verstaatlichung).

VAN REENEN, JOHN, The Growth of Network Computing: Quality Adjusted Price Changes for Network Servers, verfügbar unter: http://www.econbiz.de/Record/the-growth-of-networkcomputing-quality-adjusted-price-changes-for-network-servers-reenen-john-van/10005510407 (Stand: 15.02.2017) (Growth of Network Computing).

VERBAND DER VEREINE CREDITREFORM E. V. (Hrsg.), Insolvenzen in Deutschland, 1. Halbjahr 2016, verfügbar unter: http://www.creditreform.de/nc/aktuelles/news-list/details/news-detail/insolvenzen-in-deutschland-1-halbjahr-2016-2761.html (Stand: 15.02.2017) (Insolvenzen in Deutschland, 1. Halbjahr 2016).

VERBAND DER VEREINE CREDITREFORM E. V. (Hrsg.), Insolvenzen in Deutschland, Jahr 2016, verfügbar unter: http://www.creditreform.de/nc/aktuelles/news-list/details/news-detail/insolvenzen-in-deutschland-jahr-2016-3303.html (Stand: 15.02.2017) (Insolvenzen in Deutschland, Jahr 2016).

VERBAND INSOLVENZVERWALTER DEUTSCHLANDS E.V. (Hrsg.), Berufsgrundsätze der Insolvenzverwalter, verfügbar unter: http://www.vid.de/de/qualitaet/berufsgrundsaetze.html (Stand: 15.02.2017) (Berufsgrundsätze der Insolvenzverwalter).

VERBAND INSOLVENZVERWALTER DEUTSCHLANDS E.V. (Hrsg.), Grundsätze ordnungsgemäßer Insolvenzverwaltung (GOI). Beschlussfassung 03.05.2013, verfügbar unter: http://www.vid.de/de/qualitaet/goi.html (Stand: 15.02.2017) (Grundsätze ordnungsgemäßer Insolvenzverwaltung (GOI)).